剑指JVM

虚拟机实践与性能调优

尚硅谷教育 著

清华大学出版社

北京

内 容 简 介

Java 虚拟机知识的枯燥和乏味，让很多 Java 开发人员望而却步。本书旨在让 Java 虚拟机的学习不再困难重重，原理讲解通俗易懂，案例呈现生动实用，理论与实践相辅相成，让学习者切身领会到 Java 虚拟机的奥义。

本书内容全面，讲解细致，实战性强。全书共分 5 篇：引言篇讲述了 Java 与 Java 虚拟机的关系，以及 Java 虚拟机的相关知识；第 1 篇讲述了运行时数据区，涉及 Java 内存区域的各个核心结构，以及对象创建的各种细节；第 2 篇讲述了垃圾收集，涉及各种收集算法、垃圾收集器；第 3 篇讲述了字节码与类的加载；第 4 篇讲述了性能监控与调优，带领读者学习 Java 虚拟机常用的监控与调优工具，并附有企业级的性能调优案例。

本书适合 Java 开发人员、系统调优师、系统架构师阅读，也可作为高等院校及培训机构相关专业的教材。

图书在版编目 (CIP) 数据

剑指 JVM：虚拟机实践与性能调优 / 尚硅谷教育著 .—北京：清华大学出版社，2023.4
ISBN 978-7-302-62811-8

Ⅰ . ①剑…　Ⅱ . ①尚…　Ⅲ . ① JAVA 语言—程序设计　Ⅳ . ① TP312.8

中国国家版本馆 CIP 数据核字 (2023) 第 032128 号

责任编辑：杜　杨
封面设计：郭　鹏
版式设计：方加青
责任校对：胡伟民
责任印制：朱雨萌

出版发行：清华大学出版社
　　　　　网　　　址：http://www.tup.com.cn，http://www.wqbook.com
　　　　　地　　　址：北京清华大学学研大厦 A 座　　　　　邮　　编：100084
　　　　　社 总 机：010-83470000　　　　　　　　　　　邮　　购：010-62786544
　　　　　投稿与读者服务：010-62776969，c-service@tup.tsinghua.edu.cn
　　　　　质 量 反 馈：010-62772015，zhiliang@tup.tsinghua.edu.cn
印 装 者：三河市科茂嘉荣印务有限公司
经　　销：全国新华书店
开　　本：185mm×260mm　　　印　　张：34.75　　　字　　数：985 千字
版　　次：2023 年 5 月第 1 版　　　印　　次：2023 年 5 月第 1 次印刷
定　　价：129.00 元

产品编号：098708-01

前言

Java 语言的重中之重是 Java 虚拟机。在程序开发的过程中，经常会出现一些棘手的问题，比如内存泄漏、频繁垃圾收集导致系统时延高等，这时候就需要 Java 虚拟机的知识储备了。对于 Java 语言的掌握，API 层面的开发好比武功中的一招一式，而 Java 虚拟机就像是内功，内外兼修才能在 Java 武林中立于不败之地。

学习 Java 虚拟机对于提升开发人员的技术深度至关重要。当下的学习资料要么晦涩难懂，要么浅尝辄止，或是只注重理论缺少实操，学习者无法在实践中融会贯通。本书为解决这样的学习痛点而编写，基于尚硅谷多年的教学积累，以及作者在 B 站 300 万播放量的 Java 虚拟机视频，秉承"初学有所得，重读有所悟"的理念详解 Java 虚拟机知识体系。

本书以理论为骨架，以案例为血肉，理论知识系统全面，案例众多实战性强。理论讲解采用了丰富的图示，通过生活化的举例，由浅入深，通俗易懂。同时，本书拒绝纸上谈兵，每个章节都有大量的案例展示，包括企业级的性能调优方案，让学习者可以理论结合实践，边学边练，切身感觉到 Java 虚拟机的奇妙之处。书中 Java 虚拟机知识点覆盖全面，囊括了 Java 程序员在工作或面试中会频繁遇到的核心原理和应用实践。

全书共分 5 篇，总计 26 章，内容简介如下。

引言篇。

- 第 1 章：Java 与 JVM 的关系、JVM 发展历程、JVM 架构模型和 JVM 生命周期。

第 1 篇：运行时数据区篇。

- 第 2 ～ 8 章：JVM 运行时数据区的内存结构，包括程序计数器、虚拟机栈、本地方法接口、本地方法栈、堆和方法区。
- 第 9 ～ 10 章：对象实例化的详细过程、对象在内存中的布局及对象的访问方式、直接内存的优势。
- 第 11 章：虚拟机的热点代码探测方法、即时编译器及其他编译器。
- 第 12 章：字符串常量池在不同 JDK 版本中的位置变化，字符串拼接操作的底层原理。

第 2 篇：垃圾收集篇。

- 第 13 ～ 15 章：Java 内存收集体系，通过引用计数法和可达性分析算法定位垃圾对象，常用的垃圾收集算法（标记 - 清除算法、复制算法、标记 - 压缩算法）。
- 第 16 章：常见的垃圾收集器（CMS 垃圾收集器、G1 垃圾收集器等）。

第 3 篇：字节码与类的加载篇。

- 第 17 章：通过案例介绍 class 文件的各个组成部分，如魔数、文件版本号、常量池等。
- 第 18 章：JVM 中的字节码指令。
- 第 19 ～ 20 章：类的加载过程和类加载器，类加载过程采用的双亲委派机制，类加载过程需经历的"加载""链接"和"初始化"三个阶段，链接阶段细分的"验证""准备"和"解析"。

第 4 篇：性能监控与调优篇。

- 第 21 ～ 22 章：JDK 自带的命令行工具和可视化工具的使用方法。
- 第 23 ～ 24 章：JVM 中常用的运行时参数、分析不同垃圾收集器产生的 GC 日志。

● 第 25 ～ 26 章：常见的内存溢出场景和企业级的性能调优案例。

本书既适合对 Java 虚拟机感兴趣的初学者，也适合希望管理和优化系统的中高级开发人员，不同基础的学习者都能从本书中有所收获。

本书的配套视频，可以在尚硅谷教育公众号（微信号：atguigu）聊天窗口发送关键词jvmbook，即可免费获取。

关于我们

尚硅谷是一家专业的 IT 教育培训机构，在北京、深圳、上海、武汉、西安、成都等地有多所分校，开设有 Java、大数据、前端等多门学科，累计发布视频教程超过 4000 小时，广受赞誉。通过面授课程、视频分享、在线学习、直播课堂、图书出版等多种方式，满足了全国编程爱好者对多样化学习场景的需求。

尚硅谷一直坚持"技术为王，课比天大"的发展理念，设有独立的研究院，与多家互联网大厂的研发团队保持技术交流，保障教学内容始终基于研发一线，坚持聘用名校、名企的技术专家，进行源码级技术讲解。

希望通过我们的努力，帮助到更多需要帮助的人，让天下没有难学的技术，为中国的软件人才培养尽一点绵薄之力。

尚硅谷教育

目录

引言篇

第 1 篇　运行时数据区篇

第 2 篇　垃圾收集篇

第 3 篇　字节码与类的加载篇

第 4 篇　性能监控与调优篇

引言篇

第 1 章　JVM 与 Java 体系结构

Java 不仅是一门编程语言，它还是一个由一系列计算机软件和规范组成的技术体系，这个技术体系提供了完整的用于软件开发和跨平台部署的支持环境，并广泛应用于嵌入式系统、移动终端、企业服务器、大型机等多种场合。而 Java 虚拟机（Java Virtual Machine，JVM，后文将统一使用 JVM）是整个 Java 平台的基石，是 Java 技术用于实现硬件与操作系统无关的关键部分。本章初步介绍 Java 和 JVM 的关系，阐述深入了解 JVM 的原因，以及 JVM 的内部架构和发展历程，为更加全面地了解并使用 Java 语言打下坚实的基础，更好地解决实际项目中的性能优化和部分项目瓶颈问题。

1.1　为什么要学习 JVM

很多读者都有找工作的经历，随着互联网门槛越来越高，JVM 知识也是中高级程序员求职面试时经常被问到的话题。所以如果想要通过面试，JVM 知识是必备技能之一。除去面试，在程序开发的时候也会出现一些比较棘手的问题，比如：

（1）处于运行状态的线上系统突然卡死，造成系统无法访问，甚至直接内存溢出异常（Out Of Memory Error，OOM，后文统一使用 OOM）。

（2）希望解决线上 JVM 垃圾回收的相关问题，但却无从下手。

（3）新项目上线，对各种 JVM 参数设置一脸茫然，选择系统默认设置，最后系统宕机。

以上问题都与本书要介绍的 JVM 有关，当学完本书后这些问题便可迎刃而解。大部分 Java 开发人员，会在项目中使用与 Java 平台相关的各种集成技术，但是对于 Java 技术的核心 JVM 却了解甚少。当然也有一些有一定工作经验的开发人员，心里一直认为 SSM、微服务等技术才是重点，基础技术并不重要，这其实是一种本末倒置的"病态"。如果我们把核心类库的 API 比作数学公式的话，那么 JVM 的知识就好比公式的推导过程。对于一位合格的开发者来说，JVM 中的一些知识也是必须掌握的。

JVM 中的垃圾收集机制为我们整合了很多烦琐的工作，大大提高了开发的效率。垃圾收集也不是万能的，知悉 JVM 内存结构和工作机制也是 Java 工程师进阶的必备能力，它是设计高扩展性应用和诊断程序运行时问题的基础。深入了解 JVM，有利于开发人员对项目做性能优化、保证平台性能和稳定性、优化项目架构、分析系统潜在风险以及解决系统瓶颈问题。

1.2　Java 及 JVM 的简介

1.2.1　Java：跨平台的语言

十几年来，Java 始终占据编程语言排行榜前列。TIOBE 2022 年 7 月公布的编程语言排行榜，如图 1-1 所示。

随着 Java 以及 Java 社区的不断壮大，Java 也早已不再是简简单单的一门计算机语言了，它更是一个开放的平台、一种共享的文化、一个庞大的社区。

作为一个开放的平台，JVM 功不可没。JVM 负责解释执行字节码的程序，不仅可以执行 Java 程序，任何一种能够编译成字节码的计算机语言都可以在 JVM 上运行，如 Groovy、Scala、JRuby、Kotlin 等语言，因此它们也属于 Java 平台的一部分，Java 平台也因它们变得更加丰富多彩。也就是说，JVM 的设计解决了 Java 程序跨平台的问题，同时还解决了很多语言的跨平台问题。

Jul 2022	Jul 2021	Change		Programming Language	Ratings	Change
1	3	^		Python	13.44%	+2.48%
2	1	˅		C	13.13%	+1.50%
3	2	˅		Java	11.59%	+0.40%
4	4			C++	10.00%	+1.98%
5	5			C#	5.65%	+0.82%
6	6			Visual Basic	4.97%	+0.47%
7	7			JavaScript	1.78%	-0.93%
8	9	^		Assembly language	1.65%	-0.76%
9	10	^		SQL	1.64%	+0.11%
10	16	^		Swift	1.27%	+0.20%
11	8	˅		PHP	1.20%	-1.38%
12	13	^		Go	1.14%	-0.03%
13	11	˅		Classic Visual Basic	1.07%	-0.32%
14	20	^		Delphi/Object Pascal	1.06%	+0.21%
15	17	^		Ruby	0.99%	+0.04%
16	21	^		Objective-C	0.94%	+0.17%
17	18	^		Perl	0.78%	-0.12%
18	14	˅		Fortran	0.76%	-0.36%
19	12	˅		R	0.76%	-0.57%
20	19	˅		MATLAB	0.73%	-0.15%

TIOBE Programming Community Index

图 1-1　2022 年 7 月公布的最新编程语言排行榜

作为一种共享的文化，Java 开源的决策可谓英明。正因为开源，在 Java 生态圈里有着数不清的流行框架，如 Tomcat、Struts、Hibernate、Spring、MyBatis 等。包括 JDK 和 JVM 自身也有不少开源的实现，如 OpenJDK、Apache Harmony 等。现在一提到 Java，大家就能想到"开源"，共享的精神在 Java 世界里无处不在。

作为一个庞大的社区，Java 拥有全世界最多的技术参与者和拥护者，有数不清的开源社区、活跃的论坛、丰富的技术博客、优质的视频资料。使用 Java 开发的应用有桌面应用程序、嵌入式开发到企业级应用、移动端 App、后台服务器、中间件，其形式之丰富、参与人数之众多也是其他语言无法企及的。显然 Java 社区已经构建起了一个良好而庞大的生态系统。正如那句谚语："人多力量大，柴多火焰高。"这些 Java 语言的使用者和支持者才是 Java 最大的优势和财富。恭喜正在看本书的你，也即将成为这个大家庭的一员。

世界上没有最好的编程语言，只有最适用于具体应用场景的编程语言。Java 语言的跨平台性是"一次编译，到处运行"，编写的以".java"结尾的源文件，经过编译器编译之后生成字节码文件，字节码文件可以在不同的平台上进行解释运行。针对不同操作系统安装对应平台的 JVM 虚拟机即可运行 Java 程序，如图 1-2 所示。

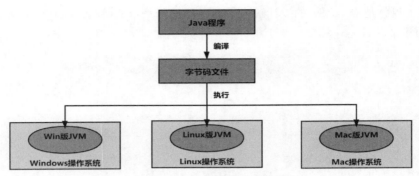

图 1-2　Java 语言的跨平台性

按照技术所服务的领域来划分，Java 技术体系可以分为以下四条主要的产品线。

（1）Java SE（Standard Edition）：支持面向桌面级应用（如 Windows 下的应用程序）的 Java 平台，提供了完整的 Java 核心 API，这条产品线在 JDK 6 以前被称为 J2SE。

（2）Java EE（Enterprise Edition）：支持使用多层架构的企业应用（如 ERP、MIS、CRM 应用）的 Java 平台，除了提供 Java SE API 外，还对其做了大量有针对性的扩充，并提供了相关的部署支持，这条产品线在 JDK 6 以前被称为 J2EE，在 JDK 10 以后被 Oracle 放弃，捐献给 Eclipse 基金会管理，此后被称为 Jakarta EE。

（3）Java ME（Micro Edition）：支持 Java 程序运行在移动终端（手机、PDA）上的平台，对 Java API 有所精简，并加入了移动终端的针对性支持，这条产品线在 JDK 6 以前被称为 J2ME。有一点读者请勿混淆，现在在智能手机上非常流行的、主要使用 Java 语言开发程序的 Android 并不属于 Java ME。

（4）Java Card：支持 Java 小程序（Applets）运行在小内存设备（如智能卡）上的平台。

1.2.2　JVM：跨语言的平台

本书所讲的 JVM 与 Java SE 8 平台相互兼容，如果说 Java 是跨平台的语言，那 JVM 就是跨语言的平台。首先，我们看一下 JVM 的官方文档，如图 1-3 所示，请扫码查看。

1.2. The Java Virtual Machine

The Java Virtual Machine is the cornerstone of the Java platform. It is the component of the technology responsible for its hardware- and operating system-independence, the small size of its compiled code, and its ability to protect users from malicious programs.

The Java Virtual Machine is an abstract computing machine. Like a real computing machine, it has an instruction set and manipulates various memory areas at run time. It is reasonably common to implement a programming language using a virtual machine; the best-known virtual machine may be the P-Code machine of UCSD Pascal.

The first prototype implementation of the Java Virtual Machine, done at Sun Microsystems, Inc., emulated the Java Virtual Machine instruction set in software hosted by a handheld device that resembled a contemporary Personal Digital Assistant (PDA). Oracle's current implementations emulate the Java Virtual Machine on mobile, desktop and server devices, but the Java Virtual Machine does not assume any particular implementation technology, host hardware, or host operating system. It is not inherently interpreted, but can just as well be implemented by compiling its instruction set to that of a silicon CPU. It may also be implemented in microcode or directly in silicon.

The Java Virtual Machine knows nothing of the Java programming language, only of a particular binary format, the class file format. A class file contains Java Virtual Machine instructions (or bytecodes) and a symbol table, as well as other ancillary information.

For the sake of security, the Java Virtual Machine imposes strong syntactic and structural constraints on the code in a class file. However, any language with functionality that can be expressed in terms of a valid class file can be hosted by the Java Virtual Machine. Attracted by a generally available, machine-independent platform, implementors of other languages can turn to the Java Virtual Machine as a delivery vehicle for their languages.

The Java Virtual Machine specified here is compatible with the Java SE 8 platform, and supports the Java programming language specified in *The Java Language Specification, Java SE 8 Edition*.

图 1-3　JVM 官方文档介绍

JVM 是整个 Java 平台的基石，是 Java 技术用于实现硬件无关与操作系统无关的关键部分，是 Java 语言生成出极小体积的编译代码的运行平台，是保障用户机器免于恶意代码损害的屏障。

　　JVM 可以看作是一台抽象的计算机。如同个人计算机，它有自己的指令集以及各种运行时内存区域。使用虚拟机来实现一门程序设计语言是相当常见的，业界中流传最为久远的虚拟机可能是 UCSD Pascal 的 P-Code 虚拟机。

　　第一个 JVM 的原型机是由 Sun Microsystems 公司实现的，它用在一种类似 PDA（Person Digital Assistant，掌上电脑）的手持设备上，以仿真实现 JVM 指令集。时至今日，Oracle 已经将许多 JVM 实现应用于移动设备、台式机和服务器等领域。但 JVM 并不局限于特定的实现技术、主机硬件和主机操作系统。JVM 也不局限于特定的代码执行方式，它虽然不强求使用解释器来执行程序，但是也可以通过把自己的指令集编译为实际 CPU 的指令来实现。它可以通过微代码（Microcode）来实现，甚至可以直接在 CPU 中实现。

　　JVM 与 Java 语言并没有必然的联系，它只与特定的二进制文件格式——class 文件格式所关联。class 文件包含 JVM 指令集 [或者称为字节码（Bytecode）] 和符号表，以及其他一些辅助信息。

　　基于安全方面的考虑，JVM 在 class 文件中施加了许多强制性的语法和结构化约束，凡是能用 class 文件正确表达出来的编程语言，都可以放在 JVM 里面执行。由于它是一个通用的、与机器无关的执行平台，所以其他语言的实现者都可以考虑将 JVM 作为那些语言的交付媒介。

　　随着 Java 7 的正式发布，JVM 的设计者通过 JSR-292 规范基本实现了在 JVM 平台上运行非 Java 语言编写的程序，如图 1-4 所示。不同的编译器，可以编译出相同的字节码文件，字节码文件也可以在不同的 JVM 上运行。

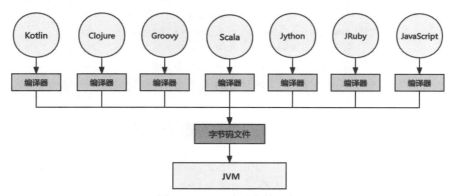

图 1-4　JVM 跨平台的语言

　　JVM 根本不关心运行在其内部的程序到底是使用何种编程语言编写的，它只关心"字节码"文件。也就是说 JVM 拥有语言无关性，并不会单纯地与 Java 语言"终身绑定"，只要其他编程语言的编译结果满足并包含 JVM 的内部指令集、符号表以及其他的辅助信息，它就是一个有效的字节码文件，就能够被虚拟机所识别并装载运行。现在开发语言越来越多，虽然 Java 语言并不是最强大的语言，但 JVM 可以说是业内公认的最强大的虚拟机。

　　我们平时说的 Java 字节码，指的是用 Java 语言编译成的字节码。准确地说，任何能在 JVM 平台上执行的字节码格式都是一样的。所以应该统称为"JVM 字节码"。

　　Java 平台上的多语言混合编程正在成为主流，通过特定领域的语言去解决特定领域的问题是当前软件开发应对日趋复杂的项目需求的一个方向。

　　试想一下，在一个项目之中，并行处理使用 Clojure 语言，展示层使用 JRuby/Rails 语言，中间层则使用 Java 语言，每个应用层都使用不同的编程语言来完成。而且，接口对每一层的开发者都是透明的，各种语言之间的交互不存在任何困难，就像使用自己语言的原生 API 一样方便，因为它们最终都运行在一个虚拟机上。

对这些运行于 JVM 之上、Java 之外的语言，来自系统级的、底层的支持正在迅速增强，以 JSR-292 为核心的一系列项目和功能改进（如 Da Vinci Machine 项目、Nashorn 引擎、InvokeDynamic 指令、java.lang.invoke 包等），推动 JVM 从"Java 语言的虚拟机"向"多语言虚拟机"的方向发展。

前面讲了这么多 JVM，那么 JVM 在整个 JDK 体系中处于什么位置呢？如图 1-5 所示，JDK 包含了 JRE，JRE 包含了 JVM。

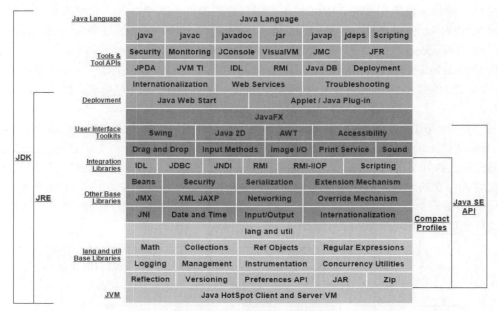

图 1-5　JVM 在 JDK 中的位置

1.3　Java 发展的重大事件

1991 年，在 Sun 计算机公司中，由 Patrick Naughton、MikeSheridan 及 James Gosling 领导的小组 Green Team 开发出了新的程序语言，命名为 Oak，后期命名为 Java。

1995 年，Sun 正式发布 Java 和 HotJava 产品，Java 首次公开亮相。

1996 年 1 月 23 日，Sun 发布了 JDK 1.0。

1998 年，JDK 1.2 版本发布。同时，Sun 发布了 JSP/Servlet、EJB 规范，以及将 Java 分成了 J2EE、J2SE 和 J2ME。这表明了 Java 开始向企业、桌面应用和移动设备应用三大领域挺进。

2000 年，JDK 1.3 发布，Java HotSpot Virtual Machine 正式发布，成为 Java 的默认虚拟机。

2002 年，JDK 1.4 发布，古老的 Classic 虚拟机退出历史舞台。

2003 年年底，Java 平台的 Scala 正式发布，同年 Groovy 也加入了 Java 阵营。

2004 年，JDK 1.5 发布。同时 JDK 1.5 改名为 JavaSE 5.0。

2006 年，JDK 6 发布。同年，Java 开源并建立了 Open JDK。顺理成章，HotSpot 虚拟机也成为了 Open JDK 中的默认虚拟机。

2007 年，Java 平台迎来了新伙伴 Clojure。

2008 年，Oracle 收购了 BEA，得到了 JRockit 虚拟机。

2009 年，Twitter 宣布把后台大部分程序从 Ruby 迁移到 Scala，这是 Java 平台的又一次大规模应用。

2009 年 4 月，Oracle 收购了 Sun，获得 Java 商标和最具价值的 HotSpot 虚拟机。此时，Oracle 拥有市场占用率最高的两款虚拟机 HotSpot 和 JRockit，并计划在未来对它们进行整合，成为 HotRockit。

2011 年，JDK 7 发布。在 JDK 1.7u4 中，正式启用了新的垃圾回收器 G1。

2014 年，JDK 8 发布。JDK 8 是继 JDK 5 后改革最大的一个版本，添加了很多新特性，如 Lambda 表达式、Stream API 以及函数式编程等。

2017 年，JDK 9 发布。将 G1 设置为默认 GC，替代 CMS。

2017 年，IBM 的 J9 开源，形成了现在的 Open J9 社区。

2018 年，Android 的 Java 侵权案判决，Google 赔偿 Oracle 计 88 亿美元。

2018 年，Oracle 宣告 JavaEE 成为历史名词，JDBC、JMS、Servlet 赠予 Eclipse 基金会。

2018 年，JDK 11 发布，LTS 版本的 JDK，发布革命性的 ZGC，调整 JDK 授权许可。

2019 年，JDK 12 发布，加入 RedHat 领导开发的 Shenandoah GC。

2020 年，JDK 15 发布，ZGC 转正，支持的平台包括 Linux、Windows 和 macOS。同时，Shenandoah 垃圾回收算法终于从实验特性转变为产品特性。

1.4 Open JDK 和 Oracle JDK

在调整 JDK 授权许可之后，每次发布 JDK 的新版本的时候都会同时发布两个新的 Open JDK 版本和 Oracle JDK 版本。两个版本的主要区别是基于的协议不同，Open JDK 基于 GPL 协议，Oracle JDK 基于 OTN 的协议。Open JDK 的维护期间为半年，即半年更新一个版本，一旦出现问题就需要更新 JDK 的版本。Oracle JDK 的维护期为 3 年，但是商业使用需要付费。两者之间还有很多代码实现是一样的，例如 JDBC、javac、core libraries 等，如图 1-6 所示。

在 JDK 11 之前，Oracle JDK 中还会存在一些 Open JDK 中没有的、闭源的功能。但在 JDK 11 中，我们可以认为 Open JDK 和 Oracle JDK 代码实质上已经完全一致。

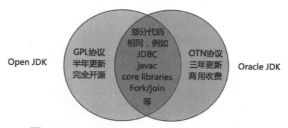

图 1-6 Open JDK、Oracle JDK 之间的关系

1.5 虚拟机与 JVM

1.5.1 虚拟机

所谓虚拟机，就是一台虚拟的计算机。它是一款软件，用来执行一系列虚拟计算机指令。大体上，虚拟机可以分为系统虚拟机和程序虚拟机。

大名鼎鼎的 Visual Box、VMware 就属于系统虚拟机，它们完全是对物理计算机进行仿真，提供了一个可运行完整操作系统的软件平台。

程序虚拟机的典型代表就是 JVM，它专门为执行单个计算机程序而设计，在 JVM 中执行的指令称为 Java 字节码指令。

无论是系统虚拟机还是程序虚拟机，在上面运行的软件都被限制于虚拟机提供的资源中。

1.5.2　JVM

JVM 是一台执行 Java 字节码的虚拟计算机，它拥有独立的运行机制，其运行的 Java 字节码也未必由 Java 语言编译而成。各种语言可以共享 JVM 带来的跨平台性，此外 JVM 还包含可以做到自动垃圾回收的优秀垃圾回收器以及可靠的即时编译器，这些都是 JVM 平台的优点。

JVM 就是二进制字节码的运行环境，负责装载字节码到其内部，解释 / 编译为对应平台上的机器指令执行。每一条 Java 指令，Java 虚拟机规范中都有详细定义，如怎么取操作数、怎么处理操作数、处理结果放在哪里，等等。

JVM 是运行在操作系统之上的，它与硬件没有直接的交互，如图 1-7 所示。

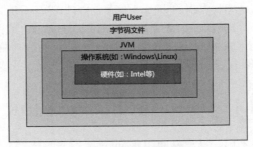

图 1-7　JVM 运行在操作系统之上

1.6　JVM 的整体结构

HotSpot VM 是目前市面上高性能虚拟机的代表作之一，它采用解释器与即时编译器并存的架构。在今天，Java 程序的运行性能早已脱胎换骨，已经达到了可以和 C/C++ 程序一较高下的地步。首先看一下 JVM 的整体结构图，如图 1-8 所示。

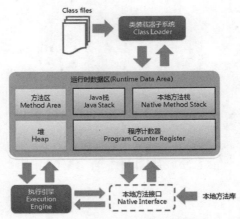

图 1-8　HotSpot VM 整体结构图

该架构可以分成三层：

- 最上层：类装载器子系统。javac 编译器将编译好的字节码文件，通过 Java 类装载器执行机制，把对象或字节码文件存放在 JVM 内存划分区域。
- 中间层：运行时数据区（Runtime Data Area）。主要是在 Java 代码运行时用于存放数据的区域，包括方法区、堆、Java栈、程序计数器、本地方法栈。
- 最下层：执行引擎层。执行引擎包含解释器、JIT（Just In Time）编译器和垃圾回收器（Garbage Collection，GC），在后续章节会进行详细的介绍。

1.7　Java 代码执行流程

　　Java 源文件经过编译器的词法分析、语法分析、语义分析、字节码生成器等一系列过程生成以 ".class" 为后缀的字节码文件。Java 编译器编译过程中，任何一个节点执行失败都会造成编译失败。字节码文件再经过 JVM 的类加载器、字节码校验器、翻译字节码（解释执行）或 JIT 编译器（编译执行）的过程编译成机器指令，提供给操作系统进行执行。

　　JVM 的主要任务就是将字节码装载到其内部，解释 / 编译为对应平台上的机器指令执行。JVM 使用类加载器（Class Loader）装载 class 文件，虽然各个平台的 JVM 内部实现细节不尽相同，但是它们共同执行的字节码内容却是一样的。类加载完成之后，会进行字节码校验，字节码校验通过，JVM 解释器会把字节码翻译成机器码交由操作系统执行。

　　早期，我们说 Java 是一门解释型语言，因为在 Java 刚诞生，即 JDK1.0 的时候，Java 的定位是一门解释型语言，也就是将 Java 程序编写好之后，先通过 javac 将源码编译为字节码，再对生成的字节码进行逐行解释执行。现在我们提到 Java，更多地认为其是一门半编译半解释型的语言，因为 Java 为了解决性能问题，采用了一种叫作 JIT 即时编译的技术，也就是将执行比较频繁的整个方法或代码块直接编译成本地机器码，以后执行这些方法或代码时，直接执行生成的机器码即可。换句话说，在 HotSpot VM 内部，即时编译器与解释器是并存的，通过编译器与解释器的协同工作，既可以保证程序的响应时间，同时还能够提高程序的执行性能。目前市面上大多数主流虚拟机都采用此架构。Java 代码的具体执行流程，如图 1-9 所示。

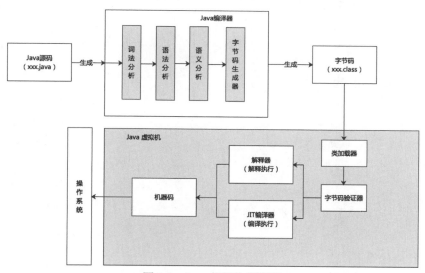

图 1-9　Java 代码执行流程

1.8　JVM 的架构模型

　　Java 编译器输入的指令流是一种基于栈的指令集架构，另外一种指令集架构则是基于寄存器的指令集架构。具体来说，这两种架构之间的区别如下。

1. 基于栈式架构的特点

（1）设计和实现更简单，适用于资源受限的系统。比如机顶盒、打印机等嵌入式设备。

（2）避开了寄存器的分配难题，使用零地址指令方式分配，只针对栈顶元素操作。

（3）指令流中的指令大部分是零地址指令，其执行过程依赖操作栈。指令集更小，编译器更容易实现。

（4）不需要硬件支持，可移植性更好，可以更好地实现跨平台。

2. 基于寄存器架构的特点

（1）典型的应用是 x86 的二进制指令集。比如传统的 PC 以及 Android 的 Davlik 虚拟机。

（2）指令集架构则完全依赖硬件，可移植性差。

（3）指令直接由 CPU 来执行，性能优秀和执行更高效。

（4）花费更少的指令去完成一项操作。

（5）在大部分情况下，基于寄存器架构的指令集往往都以一地址指令、二地址指令和三地址指令为主，而基于栈式架构的指令集却是以零地址指令为主。

案例 1：执行 2+3 这种逻辑操作，其代码示例如下：

```java
package com.atguigu.section01;
/**
 * @author atguigu
 */
public class StackStruTest {
    public static void main(String[] args) {
        int i = 2;
        int j = 3;
        int k = i + j;
        System.out.println("i+j="+k);
    }
}
```

基于栈的计算流程（以 JVM 为例）：

```
iconst_2      // 常量 2 入栈
istore_1
iconst_3      // 常量 3 入栈
istore_2
iload_1
iload_2
iadd          // 常量 2、3 出栈，执行相加
istore_0      // 结果 5 入栈
```

整个执行流程如下：

（1）常量 2 压入操作数栈（见 4.4 节）。

（2）弹出操作数栈栈顶元素，保存到局部变量表（见 4.3 节）第 1 个位置（把常量 2 保存到局部变量表）。

（3）常量 3 压入操作数栈。

（4）弹出操作数栈栈顶元素，保存到局部变量表第 2 个位置（把常量 3 保存到局部变量表）。

（5）变量表中第 1 个变量压入操作数栈。

（6）变量表中第 2 个变量压入操作数栈。

（7）操作数栈中的前两个 int 相加，并将结果压入操作数栈栈顶。

（8）弹出操作数栈栈顶元素，保存到局部变量表第 0 个位置（把结果 5 保存到局部变量表）。

基于寄存器的计算流程如下：

```
mov eax,2   // 将 eax 寄存器的值设为 2
add eax,3   // 将 eax 寄存器的值加 3
```

接下来详细讲解一下基于栈的计算流程，案例 2 是在案例 1 的类中新增 calc() 方法。案例 2 代码如下：

```
public int calc() {
    int a = 100;
    int b = 200;
    int c = 300;
    return (a + b) * c;
}
```

反编译后的结果如下：

```
public int calc() {
Code:
Stack=2, Locals=4, Args_size=1
0:  bipush  100
2:  istore_1
3:  sipush  200
6:  istore_2
7:  sipush  300
10: istore_3
11: iload_1
12: iload_2
13: iadd
14: iload_3
15: imul
16: ireturn
}
```

字节码文件的反编译命令是 javap（见 17.4 节），例如使用下面的命令反编译 StackStruTest.class 文件：javap -v StackStruTest.class。具体流程如图 1-10 ～图 1-16 所示。

指令执行流程如下：

（1）常量 100 压入操作数栈（见 4.4 节）。

（2）弹出操作数栈栈顶元素，保存到局部变量表（见 4.3 节）第 1 个位置（把常量 100 保存到局部变量表）。

（3）常量 200 压入操作数栈。

（4）弹出操作数栈栈顶元素，保存到局部变量表第 2 个位置（把常量 200 保存到局部变量表）。

图 1-10　案例 2 字节码指令执行流程图（1）　　图 1-11　案例 2 字节码指令执行流程图（2）

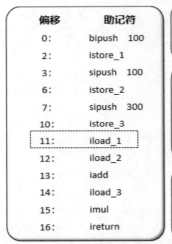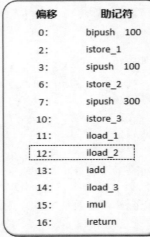

图 1-12　案例 2 字节码指令执行流程图（3）　　图 1-13　案例 2 字节码指令执行流程图（4）

图 1-14　案例 2 字节码指令执行流程图（5）　　图 1-15　案例 2 字节码指令执行流程图（6）

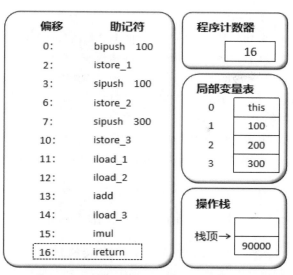

图 1-16 案例 2 字节码指令执行流程图（7）

（5）常量 300 压入操作数栈。

（6）弹出操作数栈栈顶元素，保存到局部变量表第 3 个位置（把常量 300 保存到局部变量表）。

（7）变量表中第 1 个变量压入操作数栈。

（8）变量表中第 2 个变量压入操作数栈。

（9）操作数栈中的前两个 int 相加，并将结果压入操作数栈栈顶。

（10）变量表中第 3 个变量压入操作数栈。

（11）操作数栈中的前两个 int 相乘，并将结果压入操作数栈栈顶。

（12）弹出操作数栈栈顶元素，保存到局部变量表第 0 个位置（把结果 90000 保存到局部变量表）。

我们来总结一下，由于跨平台性的设计，Java 的指令都是根据栈来设计的。不同平台 CPU 架构不同，所以不能设计为基于寄存器的。基于栈式架构的优点是跨平台、指令集小、编译器容易实现，缺点是性能较差，实现同样的功能需要更多的指令。

时至今日，尽管嵌入式平台已经不是 Java 程序的主流运行平台（准确来说，应该是 HotSpotVM 的宿主环境已经不局限于嵌入式平台），那么为什么不将架构更换为基于寄存器的架构呢？

首先基于栈的架构从设计和实现上更简单一些，如入栈出栈等方面；其次在非资源受限的平台当中也是可用的，即体现了它的跨平台性。

1.9 JVM 的生命周期

JVM 的生命周期包含三个状态：JVM 的启动、JVM 的执行和 JVM 的退出。

JVM 可以通过 Java 命令启动，接着通过引导类加载器（Bootstrap Class Loader）加载类文件，最后找到程序中的 main() 方法，去执行 Java 应用程序。

JVM 的执行表示一个已经启动的 JVM 开始执行 Java 程序。JVM 通过 main() 方法开始执行程序，程序结束时 JVM 就停止。执行一个 Java 程序的时候，真正在执行的是一个叫作 JVM 的进程，通常情况下，一个 Java 程序对应一个 JVM 进程。

JVM 的退出有如下几种情况。

（1）Java 应用程序正常执行结束，即当所有的非守护线程执行结束。

（2）Java 应用程序在执行过程中遇到了异常或错误而异常终止，比如发生内存溢出导致程序结束。

（3）由于操作系统出现错误而导致 JVM 进程终止，比如机器宕机。

（4）用户手动强制关闭 JVM，比如使用 kill 命令。

（5）某线程调用 Runtime 类或 System 类的 exit() 方法。

除此之外，JNI（Java Native Interface）规范描述了用 JNI Invocation API 来加载或卸载 JVM 时 JVM 的退出情况。

1.10　JVM 的发展历程

许多 Java 程序员都会潜意识地把 JVM 与 OracleJDK 的 HotSpot 虚拟机等同看待，也许还有一些程序员会注意到 BEA JRockit 和 IBM J9 虚拟机，但绝大多数人对 JVM 的认识就仅限于此了。从 1996 年年初 Sun 发布的 JDK 1.0 中包含的 Sun Classic 虚拟机到今天，曾经涌现、湮灭过许多或经典、或优秀、或有特色、或有争议的虚拟机。在这一节中，我们仍先把代码与技术放下，一起来回顾 JVM 的发展轨迹和历史变迁。

1.10.1　Sun Classic VM

早在 1996 年 Java 1.0 版本的时候，Sun 公司发布了一款名为 Sun Classic VM 的 JVM，它同时也是世界上第一款商用 JVM，JDK 1.4 时完全被淘汰。

这款虚拟机内部只提供解释器。如果使用 JIT 编译器，就需要进行外挂，但是一旦使用了 JIT 编译器，JIT 就会接管虚拟机的执行系统，解释器就不再工作。Sun Classic VM 虚拟机无法使解释器和编译器协同工作，其执行效率也和传统的 C/C++ 程序有很大的差距，"Java 语言很慢"的印象就是在这个阶段开始在用户心中树立起来的。

1.10.2　Exact VM

为了解决 Classic 虚拟机所面临的各种问题，提升运行效率，在 JDK 1.2 时，Sun 公司提供了 Exact VM 虚拟机。

Exact VM 因使用准确式内存管理（Exact Memory Management，也可以叫 Non-Conservative/Accurate Memory Management）而得名。准确式内存管理是指虚拟机可以知道内存中的某个位置的数据具体是什么类型。Exact VM 已经具有热点探测的功能，采用了编译器与解释器混合工作的模式。虽然 Exact VM 的技术相对 Classic VM 来说进步了很多，但是它只在 Solaris 平台短暂使用，很快就被 HotSpot VM 所取代。

1.10.3　HotSpot VM

相信很多 Java 程序员都听说过 HotSpot 虚拟机，它是 Sun/Oracle JDK 和 Open JDK 中的默认虚拟机，也是目前使用范围最广的 JVM。然而 HotSpot 虚拟机最初由一家名为 Longview Technologies 的小公司设计，这款虚拟机在即时编译等方面有着优秀的理念和实际成果，Sun 公司在 1997 年收购了 Longview Technologies 公司，从而获得了 HotSpot 虚拟机。2009 年，Sun 公司被 Oracle 公司收购，在 JDK 1.3 中 HotSpot VM 成为默认虚拟机。

HotSpot VM 继承了 Sun 之前两款商用虚拟机的优点，也有许多自己新的技术优势，比如它的热点代码探测技术。程序执行过程中，一个被多次调用的方法，或者一个方法体内部循环次数较多的循环体都可以被称为"热点代码"，探测到热点代码后，通知即时编译器以方法为单位触发标准即时编译和栈上替换编译（On-Stack Replacement，OSR）。此外，HotSpot VM是编译器与解释器同时存在的，当程序启动后，解释器可以马上发挥作用，省去编译的时间，立即执行。编译器把代码编译成机器码，需要一定的执行时间，但编译为机器码后，执行效率高。通过编译器与解释器恰当地协同工作，可以在最优的程序响应时间与最佳的执行性能中取得平衡，而且无须等待本地代码输出再执行程序，即时编译的时间压力也相对减小。不管是仍在广泛使用的 JDK 6，还是使用比例较高的 JDK 8 中，默认的虚拟机都是 HotSpot。

因此本书中默认介绍的虚拟机都是 HotSpot，相关 GC 机制也主要是指 HotSpot 的 GC 机制。对于 HotSpot 虚拟机从服务器、桌面到移动端、嵌入式都有应用。得益于 Sun/Oracle JDK 在 Java 应用中的统治地位，HotSpot 理所当然地成为全世界使用最广泛的 JVM，是虚拟机家族中毫无争议的"武林盟主"。

1.10.4　BEA的JRockit

JRockit 虚拟机曾号称是"世界上速度最快的 JVM"，它是 BEA 在 2002 年从 Appeal Virtual Machines 公司收购获得的 JVM。BEA 将其发展为一款专门为服务器硬件和服务端应用场景高度优化的虚拟机，由于专注于服务端应用，它可以不太关注于程序启动速度，因此 JRockit 内部不包含解释器实现，全部代码都靠即时编译器编译后执行。除此之外，JRockit 的垃圾收集器和 Java Mission Control 故障处理套件等部分的实现，在当时众多的 JVM 中也处于领先水平。JRockit 随着 BEA 被 Oracle 收购，现已不再继续发展，永远停留在 R28 版本，这是 JDK 6 版 JRockit 的代号。

使用 JRockit 产品，客户已经体验到了显著的性能提高（一些超过了 70%）和硬件成本的减少（达 50%）。JRockit 面向延迟敏感型应用的解决方案 JRockit Real Time 提供了毫秒级或微秒级的 JVM 响应时间，适合财务、军事指挥、电信网络的需要。MissionControl 服务套件是一组以极低的开销来监控、管理和分析生产环境中的应用程序的工具。2008 年 BEA 被 Oracle 收购后，Oracle 表达了整合两大优秀虚拟机的工作，大致在 JDK 8 中完成。整合的方式是在 HotSpot 的基础上，移植 JRockit 的优秀特性。

1.10.5　IBM的J9

IBM J9 虚拟机并不是 IBM 公司唯一的 JVM，不过目前 IBM 主力发展无疑就是 J9。J9 这个名字最初只是内部开发代号而已，开始选定的正式名称是"IBM Technology for Java Virtual Machine"，简称 IT4J，内部代号 J9。

1.10.6　KVM和CDC/CLDC HotSpot

KVM 中的 K 是"Kilobyte"的意思，它强调简单、轻量、高度可移植，但是运行速度比较慢。在 Android、iOS 等智能手机操作系统出现前曾经在手机平台上得到非常广泛应用。KVM 目前在智能控制器、传感器、老人手机、经济欠发达地区的功能手机还有应用。

2019 年，传音手机的出货量超过小米、OPPO、vivo 等智能手机巨头，仅次于华为（含荣耀品牌）排行全国第二。传音手机做的是功能机，销售市场主要在非洲，上面仍用着 Java ME 的 KVM。

Oracle 在 Java ME 产品线上的两款虚拟机为 CDC HotSpot Implementation VM 和 CLDCHotSpot Implementation VM。其中 CDC 全称是 Connected Device Configuration，CLDC 全称是 Connected

Limited Device Configuration。CDC 和 CLDC 虚拟机希望能够在手机、电子书、PDA 等移动设备上建立统一的 Java 编程接口。面向更低端设备的 CLDC 倒是在智能控制器、传感器等领域有自己的一片市场，现在也还在继续发展，但前途并不乐观。

1.10.7　Azul VM

我们平时所提及的"高性能 JVM"一般是指 HotSpot、JRockit、J9 这类在通用平台上运行的商用虚拟机。Azul VM 是 Azul Systems 公司在 HotSpot 基础上进行大量改进，与特定硬件平台绑定、软硬件结合的专有虚拟机，可以理解为定制版虚拟机，主要应用于 Azul Systems 公司的专有硬件 Vega 系统上。每个 Azul VM 实例都可以管理至少数十个 CPU 和数百 GB 内存的硬件资源，并提供在巨大内存范围内停顿时间可控的垃圾收集器（即业内赫赫有名的 PGC 和 C4 收集器）。2010 年起，Azul 公司的重心逐渐开始从硬件转向软件，发布了自己的 Zing 虚拟机，可以在通用 x86 平台上提供接近 Vega 系统的性能和一致的功能特性。

1.10.8　Liquid VM

Liquid VM 和 Azul VM 一样，也是与特定硬件平台绑定、软硬件配合的专有虚拟机。Liquid VM 是 BEA 公司开发的可以直接运行在自家 Hypervisor 系统上的 JRockit 虚拟机的虚拟化版本。正常情况下，运行 Java 代码时，需要先调用 JVM，再通过 JVM 调用操作系统，而 Liquid VM 不需要操作系统的支持，或者说它本身实现了一个专用操作系统的必要功能，如线程调度、文件系统、网络支持等。由虚拟机越过通用操作系统直接控制硬件可以获得很多好处，如在线程调度时，不需要再进行内核态 / 用户态的切换，这样可以最大限度地发挥硬件的能力，提升 Java 程序的执行性能。随着 JRockit 虚拟机终止开发，Liquid VM 项目也停止了。

1.10.9　Apache Harmony

Apache Harmony 是一个 Apache 软件基金会旗下以 Apache License 协议开源的实际兼容于 JDK 5 和 JDK 6 的 Java 程序运行平台，它含有自己的虚拟机和 Java 类库 API，用户可以在上面运行 Eclipse、Tomcat、Maven 等常用的 Java 程序。但是，它并没有通过 TCK（Technology Compatibility Kit）认证。如果一个公司要宣称自己的运行平台"兼容于 Java 技术体系"，那该运行平台就必须要通过 TCK 的兼容性测试，Apache 基金会曾要求当时的 Sun 公司提供 TCK 的使用授权，但是一直遭到各种理由的拖延和搪塞，直到 Oracle 收购了 Sun 公司之后，双方关系越闹越僵，最终导致 Apache 基金会愤然退出 JCP 组织，这是 Java 社区有史以来最严重的分裂事件之一。

当 Sun 公司把自家的 JDK 开源形成 OpenJDK 项目之后，Apache Harmony 开源的优势被极大地抵消，以至于连 Harmony 项目的最大参与者 IBM 公司也宣布辞去 Harmony 项目管理主席的职位，转而参与 OpenJDK 的开发。虽然 Harmony 没有真正地被大规模商业运用过，但是它的许多代码（主要是 Java 类库部分的代码）被吸纳进 IBM 的 JDK 7 实现以及 Google Android SDK 之中，尤其是对 Android 的发展起到了很大的推动作用。

1.10.10　Microsoft JVM

微软为了在 Internet Explorer 3 浏览器中支持 Java Applets 应用而开发了自己的 JVM。这款 JVM 和其他 JVM 相比，在 Windows 系统下性能最好，它提供了一种安全的环境，可以防止恶意代码的执行，并且可以检测和阻止恶意代码的传播。它在 1997 年和 1998 年连续获得了 *PC Magazine* 杂志的"编辑选择奖"。1997 年 10 月，Sun 公司正式以侵犯商标、不正当竞争等罪名控告微软，官司的结果是微软向 Sun 公司赔偿 2000 万美元。此外，微软最终因垄断赔偿给 Sun 公司的总金额高达 10 亿美元，承诺终止该 JVM 的发展，并逐步在产品中移除 JVM 相关功能。现在 Windows 上安装的 JDK 都是 HotSpot。

1.10.11　Taobao JVM

Taobao JVM 由 Ali JVM 团队发布。阿里巴巴是国内使用 Java 最强大的公司，覆盖云计算、金融、物流、电商等众多领域，需要解决高并发、高可用、分布式的复合问题，有大量的开源产品。Ali JVM 团队基于 Open JDK 开发了自己的定制版本 Alibaba JDK，简称 AJDK。它是整个阿里 Java 体系的基石，也是基于 OpenJDK HotSpot VM 发布的国内第一个优化、深度定制且开源的高性能服务器版 JVM。

其中创新的 GCIH（GC Invisible Heap）技术实现了 off-heap，即将生命周期较长的 Java 对象从 heap 之中移到 heap 之外，并且 GC 不能管理 GCIH 内部的 Java 对象，以此达到降低 GC 的回收频率和提升 GC 的回收效率的目的。同时 GCIH 中的对象还能够在多个 JVM 进程中实现共享。Taobao JVM 中使用 crc32 指令实现 JVM intrinsic 降低 JNI 的调用开销，提供了 PMU hardware 的 Java profiling tool 和诊断协助功能，以及专门针对大数据场景的 ZenGC。

Taobao JVM 应用在阿里巴巴产品上性能高，硬件严重依赖 Intel 的 CPU，损失了兼容性，但提高了性能。目前已经在淘宝、天猫上线，把 Oracle 官方 JVM 版本全部替换了。

1.10.12　Dalvik VM/ART VM

Dalvik 虚拟机曾经是 Android 平台的核心组成部分之一，它是一个由 Google 开发的轻量级 Java 虚拟机，用于在 Android 系统上运行 Java 应用程序。它是一个基于 Java 虚拟机规范的虚拟机，但是它的实现和标准的 Java 虚拟机有很大的不同。它使用一种叫作 Dalvik Executable（DEX）的文件格式来存储应用程序的字节码，而不是标准的 Java 字节码，但是 DEX 文件可以通过 class 文件转化而来。它还使用一种叫作 Register-based 的指令集，而不是标准的 Stack-based 指令集。Dalvik 虚拟机的设计目标是为了在移动设备上运行，因此它能够节省内存和电量，以及提高性能。

在 Android 发展的早期，Dalvik 虚拟机随着 Android 的成功迅速流行，在 Android 2.2 中开始提供即时编译器实现，执行性能又有了进一步提高。不过到了 Android 4.4 时代，支持提前编译（Ahead of Time Compilation，AOT）的 ART 虚拟机迅速崛起，在当时性能还不算特别强大的移动设备上，提前编译要比即时编译更容易获得高性能，所以在 Android 5.0 里 ART 就全面代替了 Dalvik 虚拟机。

1.10.13　Graal VM

2018 年 4 月，Oracle Labs 新公开了一项黑科技：Graal VM，如图 1-17 所示。从它的口号"Run Programs Faster Anywhere"就能感觉到一颗蓬勃的野心，这句话显然是与 1995 年 Java 刚诞生时的"Write Once，Run Anywhere"遥相呼应。

Graal VM 被官方称为"Universal VM"和"Polyglot VM"，这是一个在 HotSpot 虚拟机基础上增强而成的跨语言全栈虚拟机，可以作为"任何语言"的运行平台使用，这里"任何语言"包括了 Java、Scala、Groovy、Kotlin 等基于 JVM 之上的语言，还包括了 C、C++、Rust 等基于 LLVM 的语言，同时支持其他如 JavaScript、Ruby、Python 和 R 语言等。Graal VM 可以无额外开销地混合使用这些编程语言，支持不同语言中混用对方的接口和对象，也能够支持这些语言使用已经编写好的本地库文件。

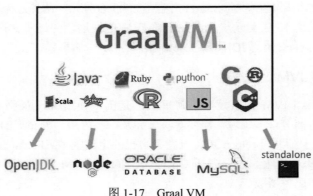

图 1-17　Graal VM

1.10.14　其他JVM

其 他 的 JVM 有 Java Card VM、Squawk VM、JavaInJava、Maxine VM、Jikes RVM、IKVM.
NET、Jam VM、Cacao VM、Sable VM、Kaffe、Jelatine JVM、Nano VM、MRP、Moxie JVM 等。

具体 JVM 的内存结构，其实取决于其实现，不同厂商的虚拟机，或者同一厂商发布的不
同版本，都有可能存在一定差异。本书主要以 Oracle HotSpot 虚拟机来展开学习。

1.11　本章小结

本章在对 Java 的介绍中引出了 Java 语言的基石——JVM。本章简单地介绍了 Java 和 JVM
的关系，可以初步了解到 JVM 的发展历程、JVM 的架构模型和 JVM 的生命周期。本章只是
对 JVM 进行初步介绍，对于一个 Java 语言工程师来讲，深入了解 JVM 的内部构造是十分必
要的。对于 JVM 的了解有利于充分理解代码的底层原理，而且对于项目的深度优化来说也是
不可或缺的一部分。后续章节将带领读者朋友对 JVM 进行全面细致的了解。

第1篇　运行时数据区篇

第 2 章　运行时数据区及线程概述

内存是非常重要的系统资源,是硬盘和 CPU 的中间仓库及桥梁,承载着操作系统和应用程序的实时运行。JVM 在程序执行期间把它所管理的内存分为若干个不同的数据区域。这些不同的数据区域可以分为两种类型:一种是在 JVM 启动时创建,仅在 JVM 退出时才被销毁,这种可以理解为线程共享的,另外一种数据区是针对每个线程的,是在创建线程时创建的,并在线程退出时销毁,这种可以理解为线程私有的。本章将从线程的角度出发讲述 JVM 内存区域的划分。

2.1　运行时数据区概述

JVM 内存布局规定了 Java 在运行过程中内存申请、分配、管理的策略,保证了 JVM 的高效稳定运行。不同的 JVM 在内存的划分方式和管理机制方面存在着部分差异。下文将结合 Java 虚拟机规范,来探讨一下经典的 JVM 内存布局。

如图 2-1 所示,运行时数据区可简单分为 Native Method Stack(本地方法栈)、Program Counter Register(程序计数器)、Java Virtual Machine Stack(虚拟机栈)、Heap(堆区)和 Method Area(方法区)。JVM 内存详细布局如图 2-2 所示,其中虚拟机栈是以栈帧为基本单位构成的,栈帧包括局部变量表、操作数栈、动态链接、方法返回地址和一些附加信息。堆区分为 Young 区(新生代)、Old 区(老年代),这里讲解的是基于"经典分代"的 HotSpot 虚拟机内存布局。方法区分为常量池、方法元信息、klass 类元信息。

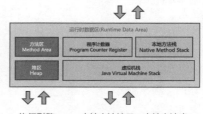

图 2-1　JVM 内存布局

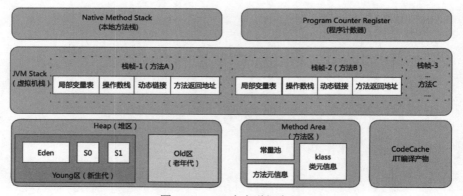

图 2-2　JVM 内存详细布局

JVM 定义了若干种程序运行期间会使用到的运行时数据区,其中有一些会随着虚拟机启动而创建,随着虚拟机退出而销毁。另外一些则是与线程一一对应的,这些与线程对应的数据区域会随着线程开始和结束而创建和销毁。

如图 2-3 所示,浅色的区域为单个线程私有,深色的区域为多个线程共享。

(1)线程私有的区域包括程序计数器(Program Counter Register,PC Register)、虚拟机栈(Virtual Machine Stack,VMS)和本地方法栈(Native Method Stack,NMS)。

(2)线程间共享的区域包括堆区(Heap)、方法区(Method Area)。

我们来举例说明一下什么是线程共享。在 Java 中存在一个类 Runtime,这个类的详细介绍如图 2-4 所示。该类采用了单例设计模式，每一个 Java 应用程序都有当前类 Runtime 的唯一实例。当前 Runtime 对象可以通过类的 getRuntime() 方法获取，一个 JVM 实例就对应着一个 Runtime 实例，Runtime 对象就相当于运行时环境。通过这个实例可以允许在应用程序中进行一些交互操作，比如获得虚拟机的内存信息等。当多个线程访问该对象时，只有一个实例供线程访问，这就是线程共享。

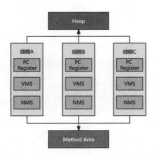

Class Runtime

java.lang.Object
　　java.lang.Runtime

public class **Runtime**
extends Object

Every Java application has a single instance of class Runtime that allows the application to interface with the environment in which the application is running. The current runtime can be obtained from the getRuntime method.

An application cannot create its own instance of this class.

图 2-3　线程共享和私有的结构图　　　　　　　图 2-4　Runtime 类的介绍

2.2　线程

　　线程是一个程序里的运行单元。JVM 允许一个应用有多个线程并行执行。在 HotSpot 虚拟机中，每个线程都与操作系统的本地线程直接映射。当一个 Java 线程准备好执行以后，此时这个操作系统的本地线程也会同时创建。Java 线程执行终止后，本地线程也会回收。

　　操作系统负责将线程调度到任何一个可用的中央处理器（Central Processing Unit，CPU）上。一旦本地线程初始化成功，它就会调用 Java 线程中的 run() 方法。run() 方法正常执行完成包含两种情况。一种是执行过程中未出现异常，方法正常执行结束。另一种是执行过程中出现了异常但是触发了相应的异常处理机制。方法正常执行完成之后，Java 线程和本地线程都会被回收，并释放相应的资源。

　　需要强调的一点，如果执行 run() 方法的过程中出现了一些未捕获的异常或者有些异常没有及时处理，这时就会导致 Java 线程终止，本地线程再决定 JVM 是否要终止。JVM 是否要终止取决于当前线程是不是最后一个非守护线程，非守护线程也称为用户线程，用户线程可以认为是系统的工作线程，它会完成这个程序要完成的业务操作，当一个 Java 应用内只有守护线程时，JVM 自动退出。

　　守护线程是一种特殊的线程，就和它的名字一样，它是系统的守护者，在后台默默完成一些系统性的服务。在 HotSpot 虚拟机中，常见的守护线程主要包括以下 3 种。

　　（1）垃圾回收线程：这种线程对在 JVM 里不同种类的垃圾收集行为提供了支持。

　　（2）编译线程：这种线程在运行时会将字节码编译成本地代码。

　　（3）手动创建守护线程：在调用 start() 方法前调用 setDaemon(true) 可以将线程标记为守护线程。

2.3　本章小结

　　本章对运行时数据区的内部结构进行了简单介绍，运行时数据区包括方法区、程序计数器、本地方法栈、堆区以及虚拟机栈。从线程的角度可以把运行时数据区分为线程私有和线程共享两部分，最后介绍了 HotSpot 虚拟机中后台线程的分类。

第 3 章　程序计数器

本章将重点讲解程序计数器的作用，我们会通过代码案例对程序计数器进行详细讲解，并会为读者解答程序计数器常见的问题。

3.1　程序计数器介绍

JVM 中的程序计数器英文全称是 Program Counter Register，其中 Register 的命名源于 CPU 的寄存器，寄存器用于存储指令相关的现场信息，CPU 只有把数据装载到寄存器才能够运行。

程序计数器中的寄存器并非是广义上所指的物理寄存器，或许将其翻译为指令计数器会更加贴切（也称为程序钩子），并且也可以避免一些不必要的误会，为了使用习惯，本书还是使用程序计数器来表示 Program Counter Register。JVM 中的程序计数器是对物理寄存器的一种抽象模拟。

程序计数器是一块较小的内存空间，如图 3-1 所示，属于运行时数据区的一部分。它可以看作是当前线程所执行的字节码的行号指示器。在 JVM 的概念模型里，字节码解释器工作时就是通过改变这个计数器的值来选取下一条需要执行的字节码指令，它是程序控制流的指示器。分支、循环、跳转、异常处理、线程恢复等基础功能，都需要依赖这个计数器来完成。

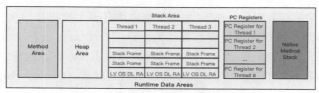

图 3-1　程序计数器

如果线程正在执行的是一个 Java 方法，这个计数器记录的是正在执行的虚拟机字节码指令的地址；如果正在执行的是本地（Native）方法，这个计数器值则应为空（Undefined）。此内存区域是唯一一个在 "Java 虚拟机规范" 中没有规定任何 OutOfMemoryError 情况的区域。程序计数器既没有垃圾回收也没有内存溢出。

程序计数器用来存储下一条指令的地址，也就是将要执行的指令代码。由执行引擎读取下一条指令，如图 3-2 所示，下一小节会通过举例来说明程序计数器的工作流程。

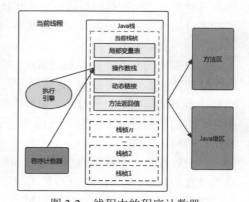

图 3-2　线程中的程序计数器

程序计数器是一块很小的内存空间，几乎可以忽略不计。它也是运行速度最快的存储区域。在 JVM 规范中，每个线程都有它自己的程序计数器，是线程私有的，生命周期与线程的生命周期保持一致。

3.2　程序计数器举例说明

下面通过程序实现算式 "3-4" 的计算，讲述程序计数器的执行流程。相对应的字节码文件反编译后的结果，如图 3-3 所示。

如图 3-4 所示，指令地址（偏移地址）就是程序计数器所存储的结构。在本书第 18 章字节码指令集中会详细地讲解操作指令的具体含义。图 3-4 中指令地址的 5 可以理解为程序计数器所存储的数据。执行引擎会在程序计数器存储 5 的位置读取相应的操作指令，接下来执行引擎会操作 JVM 的局部变量表、操作数栈进行存、取、加、减等运算操作，还需要将字节码指令翻译成相应的机器指令，再让对应的 CPU 进行运算。

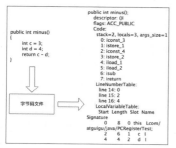

图 3-3　class 文件反编译后结果图

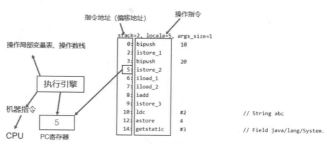

图 3-4　案例运算流程图

3.3　程序计数器常见问题

（1）使用程序计数器存储字节码指令地址有什么用？为什么使用程序计数器记录当前线程的执行地址？

因为 CPU 需要不停地切换各个线程，切换回来以后，就需要知道接着从哪里开始继续执行。JVM 的字节码解释器通过改变程序计数器的值，来明确下一条应该执行什么样的字节码指令。

（2）程序计数器为什么会被设定为线程私有？

CPU 时间片即 CPU 分配给各个程序的时间，每个线程被分配一个时间段，称作它的时间片。在宏观上，我们可以同时打开多个应用程序，每个程序同时运行。但在微观上，由于只有一个 CPU，一次只能处理程序要求的一部分，为了处理公平，就要引入时间片，每个程序轮流执行，如图 3-5 所示。

所谓的多线程是在一个特定的时间段内只会执行其中某一个线程的方法，CPU 会不停地做任务切换，这样必然导致经常中断或恢复，如何保证分毫无差呢？为了能够准确地记录各个线程正在执行的当前字节码指令地址，最好的办法自然是为每一个线程都分配一个程序计数器，这样一来各个线程之间便可以进行独立计算，从而不会出现相互干扰的情况。如图 3-6 所示，线程 1、线程 2 和线程 3 分别由不同的程序计数器记录，假如当前程序执行的位置分别是 5、7 和 17，这样当 CPU 做任务切换的时候，每个线程都有自己的记录，就可以有条不紊地恢复。

图 3-5　CPU 轮流执行多线程

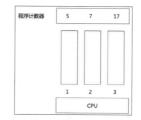

图 3-6　程序计数器在线程中的作用

3.4　本章小结

本章重点讲解了运行时数据区的程序计数器，它可以看作是当前线程所执行的字节码的行号指示器，指示着下一条将要执行的字节码指令。通过案例可以详细地看出程序计数器在运行程序的线程中起到的作用。程序计数器是线程私有的，各线程之间程序计数器互不干扰。

第 4 章　虚拟机栈

有不少 Java 开发人员一提到 Java 内存结构，就会将 JVM 中的内存区理解为仅有 Java 堆
（heap）和 Java 栈（stack）。这种划分想法来源于传统的 C、C++ 程序的内存布局结构，但是
在 Java 里有些粗糙了。尽管这种理解和划分非常不全面，但是从某种意义上来说，却恰恰反
映出了这两个内存区是绝大多数 Java 开发人员最关注的，也是程序运行的关键。

众所周知，如果 Java 程序运行出现异常，程序会打印相应的异常堆栈信息，通过这些堆
栈信息可以知道方法的调用链路。那么堆栈本身又是怎样的呢？栈由栈帧组成，每个栈帧又包
括局部变量表、操作数栈、动态链接、方法返回地址和一些附加信息。本章将会对虚拟机栈的
内部结构进行详细讲解，关于堆的内容请看本书第 7 章。

4.1　虚拟机栈概述

在第 1 章中我们已经提到，Java 语言具有跨平台性，由于不同平台的 CPU 架构不同，所
以 Java 的指令不能设计为基于寄存器的，而是设计为基于栈架构的。基于栈架构的优点是可
以跨平台，指令集小，编译器容易实现。缺点是性能较低，实现同样的功能需要更多的指令。

Java 虚拟机栈（Java Virtual Machine Stack）早期也叫 Java 栈。每个线程在创建时都会创建
一个虚拟机栈，其内部由许多栈帧（Stack Frame）构成，每个栈帧对应着一个 Java 方法的调用，
如代码清单 4-1 所示。与数据结构上的栈有着类似的含义，它是一块先进后出的数据结构，只
支持出栈和入栈两种操作。栈是线程私有的，虚拟机栈的生命周期和线程一致，下面举例说明。

代码清单4-1　一个栈帧对应一个Java方法的调用

```
package com.atguigu.section01;
/**
 * @author atguigu
 */
public class StackTest {

    public static void main(String[] args) {
        StackTest test = new StackTest();
        test.methodA();
    }

    public void methodA() {
        int i = 10;
        int j = 20;
        methodB();
    }

    public void methodB(){
        int k = 30;
        int m = 40;
    }
}
```

每个方法被执行的时候，JVM 都会同步创建一个栈帧用于存储局部变量表、操作数栈、动态链接、方法出口等信息。每一个方法被调用直至执行完毕的过程，就对应着一个栈帧在虚拟机栈中从入栈到出栈的过程。如图 4-1 所示，methodB() 方法处于栈顶，把处于栈顶的方法称为当前方法，当 methodB() 方法执行完之后（图 4-1 中上面的框）就出栈了，methodA() 方法又成了当前方法。

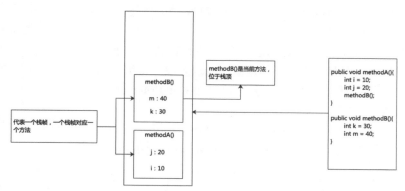

图 4-1　栈中的栈帧

虚拟机栈的作用是主管 Java 程序的运行，栈解决程序的运行问题，即程序如何执行或者说如何处理数据。

以菜品佛跳墙为例，如图 4-2 所示，在做菜之前，需要准备相应的食材，比如鳐鱼翅、小鲍鱼、瑶柱、广肚等主料，这些食材就相当于 Java 中的变量。图 4-2 中关于佛跳墙的做法列出了 9 个步骤，每一步负责把对应的食材放入到图 4-2 中右侧的瓦罐中，比如第一步把姜片铺在罐底，第二步负责铺上冬笋片，后面的步骤不再赘述，这个流程步骤就相当于虚拟机栈，负责处理 Java 中的相关变量。图 4-2 中右侧的瓦罐就相当于堆空间了，关于堆的内容我们将在本书第 7 章讲解。

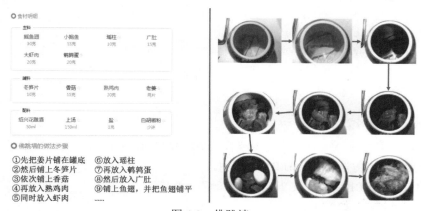

图 4-2　佛跳墙

虚拟机栈保存方法的局部变量（8 种基本数据类型、对象的引用地址）和部分结果，并参与方法的调用和返回。虚拟机栈有如下几个特点。

（1）栈是一种快速有效的分配存储方式，访问速度仅次于程序计数器。

（2）对于栈来说不存在垃圾回收问题，但存在内存溢出。

（3）栈是先进后出的，每个方法执行，伴随着压栈操作；方法执行结束后，伴随着出栈操作，如图 4-3 所示。

Java 虚拟机规范允许虚拟机栈的大小是可动态扩展的或者是固定不变的（注意：目前 HotSpot 虚拟机中不支持栈大小动态扩展）。关于虚拟机栈的大小可能出现的异常有以下两种。

（1）如果采用固定大小的 Java 虚拟机栈，那每一个线程的 Java 虚拟机栈容量在线程创建的时候按照固定大小来设置。如果线程请求分配的栈容量超过 Java 虚拟机栈允许的最大容量，JVM 将会抛出一个 StackOverflowError 异常。

（2）如果 Java 虚拟机栈可以动态扩展，并且在尝试扩展的时候无法申请到足够的内存，或者在创建新的线程时没有足够的内存去创建对应的虚拟机栈，那 JVM 将会抛出一个 OutOfMemoryError（OOM，内存溢出）异常。

图 4-3　栈的压栈和出栈

代码清单 4-2 的目的是抛出 StackOverflowError 异常。

代码清单4-2　StackOverflowError异常

```java
package com.atguigu.section01;
/**
 * @author atguigu
 */
public class StackDeepTest {
    private static int count = 0;
    public static void recursion() {
        count++;
        recursion();
    }
    public static void main(String args[]) {
        try {
            recursion();
        } catch (Throwable e) {
            System.out.println("deep of calling = " + count);
            e.printStackTrace();
        }
    }
}
```

我们可以使用参数 -Xss 选项来设置线程的最大栈空间，栈的大小直接决定了函数调用的最大可达深度。修改方法以 IntelliJ IDEA 为例。

（1）单击 IntelliJ IDEA 开发工具的"Run"，再单击"Edit Configurations"，如图 4-4 所示。

（2）进入"Edit Configurations"界面，修改"VM options"，然后单击"OK"按钮即可，如图 4-5 所示。

在没有设置栈大小的时候输出结果，栈大小默认为 1M，如图 4-6 所示。

设置栈大小为 256K 之后的结果，如图 4-7 所示。

可以看到，当栈大小从默认的 1M 减小为 256K 之后，

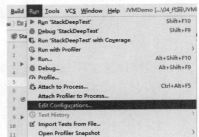

图 4-4　设置栈内存大小（1）

栈调用深度从 22558 变为了 3561。这直接证明了栈的大小决定了函数调用的最大可达深度，即栈空间越大，函数调用深度越深，反之亦然。

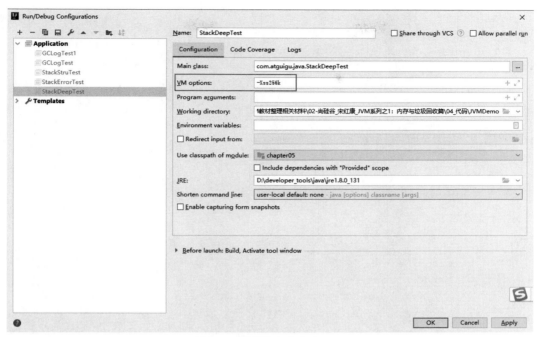

图 4-5　设置栈内存大小（2）

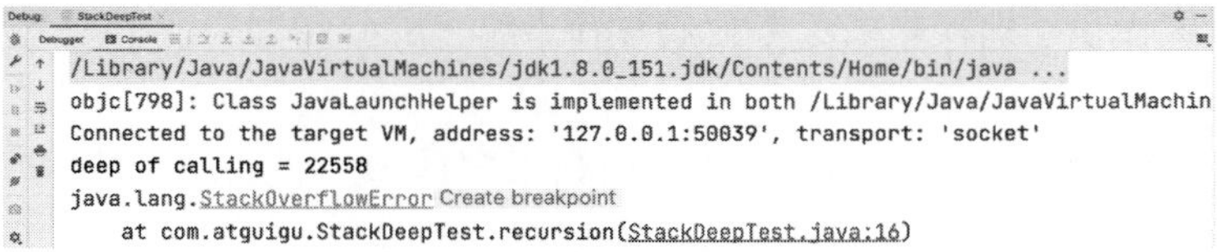

图 4-6　设置栈内存输出结果（1）

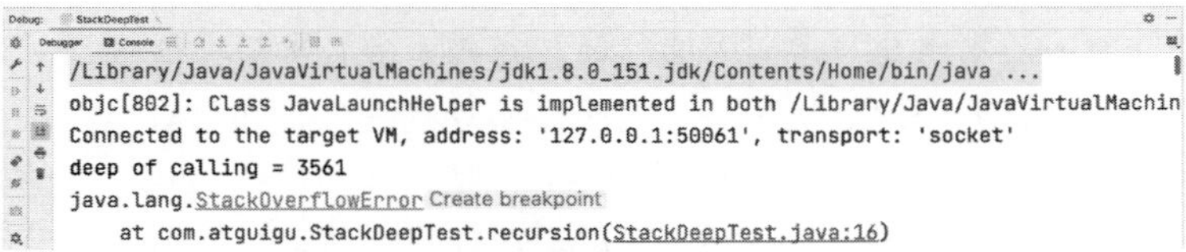

图 4-7　设置栈内存输出结果（2）

代码清单 4-3 的目的是抛出 OOM 异常。

代码清单4-3　OOM异常

```java
package com.atguigu;
import java.util.concurrent.CountDownLatch;
/**
 * @author atguigu
 */
public class TestStackOutOfMemoryError {
    public static void main(String[] args) {
        for (int i = 0; ; i++) {
            System.out.println("i = " + i);
            new Thread(new HoldThread()).start();
        }
    }
}
```

```
    }
class HoldThread extends Thread {
    CountDownLatch cdl = new CountDownLatch(1);
    @Override
    public void run() {
        try {
            cdl.await();
        } catch (InterruptedException e) {
        }
    }
}
```

运行结果如下：

```
i = 14271
Exception in thread "main" java.lang.OutOfMemoryError: unable to create
new native thread
        at java.lang.Thread.start0(Native Method)
        at java.lang.Thread.start(Thread.java:717)
         at TestNativeOutOfMemoryError.main(TestNativeOutOfMemoryError.
java:9)
```

需要注意的是案例 2 运行环境要求 32 位操作系统。

4.2　栈的存储单位

　　每个线程都有自己的栈，栈中的数据都是以栈帧（Stack Frame）的形式存在。在这个线程上正在执行的每个方法都各自对应一个栈帧，也就是说栈帧是 Java 中方法的执行环境。栈帧是一个内存区块，是一个数据集，维系着方法执行过程中的各种数据信息。

　　在一条活动线程中，一个时间点上只会有一个活动的栈帧，即只有当前正在执行的方法的栈帧（栈顶栈帧）是有效的，这个栈帧被称为当前栈帧，与当前栈帧相对应的方法就是当前方法，定义这个方法的类就是当前类。如图 4-8 所示，执行引擎运行的所有字节码指令只针对当前栈帧进行操作。如果在该方法中调用了其他方法，对应的新的栈帧会被创建出来，放在栈的顶端，成为新的当前帧。JVM 直接对 Java 栈的操作只有两个，就是对栈帧的压栈和出栈，遵循"先进后出""后进先出"原则。

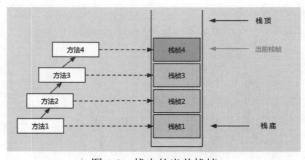

图 4-8　栈中的当前栈帧

　　代码清单 4-4 演示了在一条活动线程中，一个时间点上只会有一个活动的栈帧。可以看到在 main() 方法中调用了 methodA()，methodA() 中调用完 methodB() 之后又输出了一条语句。

代码清单4-4　CurrentFrameTest.java

```java
package com.atguigu;

/**
 * @author atguigu
 */
public class CurrentFrameTest{
    public static  void methodA() {
        System.out.println(" 当前栈帧对应的方法 ->methodA");
        methodB();
        System.out.println(" 当前栈帧对应的方法 ->methodA");
    }
  public static void methodB() {
      System.out.println(" 当前栈帧对应的方法 ->methodB");
    }

    public static void main(String[] args) {
        methodA();
    }
}
```

　　输出结果如图4-9所示，可以看到先执行了methodA()中的第一条输出语句，接着又执行了methodB()，之后又返回执行了methodA()中的第二条输出语句，证明了当执行某一个方法的时候其他方法是没有在执行的，即一个时间点上，只会有一个活动的栈帧。

当前栈帧对应的方法->methodA
当前栈帧对应的方法->methodB
当前栈帧对应的方法->methodA

图 4-9　栈中栈帧的执行顺序

　　代码清单 4-5 演示了栈帧遵循"先进后出""后进先出"原则。代码中 method1() 调用了method2()，method2() 调用了 method3()。

代码清单4-5　　"先进后出""后进先出"原则

```java
package com.atguigu;

/**
 * @author atguigu
 */
public class StackFrameTest {
    public static void main(String[] args) {
        try {
            StackFrameTest test = new StackFrameTest();
            test.method1();
        } catch (Exception e) {
            e.printStackTrace();
        }
        System.out.println("main() 正常结束 ");
    }
    public void method1() {
        System.out.println("method1() 开始执行 ...");
        method2();
```

```
        System.out.println("method1() 执行结束 ...");
    }
    public int method2() {
        System.out.println("method2() 开始执行 ...");
        int i = 10;
        int m = (int) method3();
        System.out.println("method2() 即将结束 ...");
        return i + m;
    }
    public double method3() {
        System.out.println("method3() 开始执行 ...");
        double j = 20.0;
        System.out.println("method3() 即将结束 ...");
        return j;
    }
}
```

　　输出结果如图 4-10 所示，当一个方法 method1() 被调用时就产生了一个栈帧 F1，并被压入到栈中，method1() 方法又调用了 method2() 方法，于是产生栈帧 F2 也被压入栈，method2() 方法又调用了 method3() 方法，于是产生栈帧 F3 也被压入栈，执行完毕后，先弹出 F3 栈帧，再弹出 F2 栈帧，最后弹出 F1 栈帧。以上案例证明了栈帧遵循"先进后出""后进先出"原则。

　　不同线程中所包含的栈帧是不允许存在相互引用的，即不可能在一个栈帧之中引用另外一个线程的栈帧。如果当前方法调用了其他方法，方法返回之际，当前栈帧会传回此方法的执行结果给前一个栈帧，接着虚拟机会丢弃当前栈帧，使得前一个栈帧重新成为当前栈帧。Java 方法有两种返回方法的方式：一种是正常的函数返回，使用 return 指令；另外一种是抛出异常。不管使用哪种方式，都会导致栈帧被弹出。

```
method1()开始执行...
method2()开始执行...
method3()开始执行...
method3()即将结束...
method2()即将结束...
method1()执行结束...
main()正常结束
```

　　下面介绍每个栈帧中存储的内容，如图 4-11 所示。

● 局部变量表（Local Variables）。

● 操作数栈（Operand Stack）（或表达式栈）。

● 动态链接（Dynamic Linking）（或指向运行时常量

图 4-10　栈中嵌套方法执行的顺序

池的方法引用）。

● 方法返回地址（Return Address）（或方法正常退出或异常退出的定义）。

● 一些附加信息。例如，对程序调试提供支持的信息。

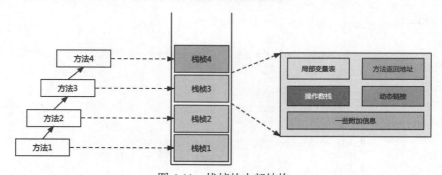

图 4-11　栈帧的内部结构

　　在多线程环境中，当前线程和当前栈帧如图 4-12 所示。

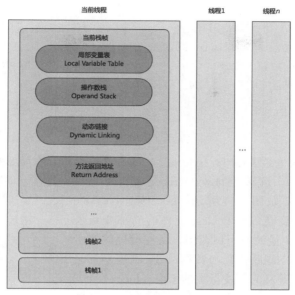

图 4-12　多线程的栈和栈帧

下面的小节分别介绍栈帧中存储的内容。

4.3　局部变量表

4.3.1　局部变量表简介

　　局部变量表也称为局部变量数组或本地变量表。局部变量表定义为一个数字数组，主要用于存储方法参数和定义在方法体内的局部变量，这些数据类型包括各类基本数据类型、对象引用（reference）以及 returnAddress 类型。对于基本数据类型的变量，则直接存储它的值，对于引用类型的变量，则存的是指向对象的引用。

　　由于局部变量表是建立在线程的栈上，是线程的私有数据，因此不存在数据安全问题。

　　局部变量表所需的容量大小是在编译期确定下来的，并保存在方法的 Code 属性的 maximum local variables 数据项中。在方法运行期间是不会改变局部变量表的大小的。

　　方法嵌套调用的次数由栈的大小决定。一般来说，栈越大，方法嵌套调用次数越多。对一个方法而言，它的参数和局部变量越多，使得局部变量表越膨胀，它的栈帧就越大，以满足方法调用所需传递的信息增大的需求。进而调用方法就会占用更多的栈空间，导致其嵌套调用次数就会减少。

　　局部变量表中的变量只在当前方法调用中有效。在方法执行时，虚拟机通过使用局部变量表完成参数值到参数变量列表的传递过程。当方法调用结束后，随着方法栈帧的销毁，局部变量表也会销毁。

　　下面通过代码清单 4-6 演示局部变量表，注意，在查看局部变量表之前需要编译好代码，即编译为 class 文件。

代码清单4-6　查看局部变量表

```
package com.atguigu;

/**
 * @author atguigu
```

```
    */
public class LocalVariableTest {
    public static void main(String[] args) {
        LocalVariableTest test = new LocalVariableTest();
        int num = 10;
        long num1 =12;
    }
}
```

通过 IntelliJ IDEA 安装 Jclasslib Bytecode Viewer 插件可以查看局部变量表。安装好插件以后，单击"View"选项，选择"Show Bytecode With Jclasslib"选项，如图 4-13 所示。

上面的操作结果如图 4-14 所示，LocalVariableTable 用来描述方法的局部变量表，在 class 文件的局部变量表中，显示了每个局部变量的作用域范围、所在槽位的索引（Index 列）、变量名（Name 列）和数据类型（J 表示 long 型）。参数值的存放总是从局部变量表的索引（Index）为 0 开始，到变量总个数减 1 的索引结束，可以看到，main() 方法中总共存在 4 个变量，分别是 args、test、num 和 num1，Index 的初始值为 0，最终值为 3。

图 4-13　使用工具查看局部变量表

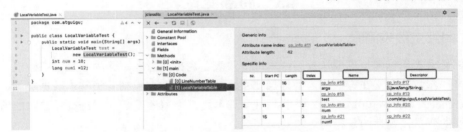

图 4-14　class 文件的局部变量表

如图 4-15 所示，在"Code"选项下的"Misc"列中 Maximum local variables 值为 5，可是明明局部变量表中变量的数量只有 4 个，为什么局部变量表大小是 5 呢？这是因为局部变量表最基本的存储单元是 slot，long 类型的数据占两个 slot（见 4.3.2 节），所以需要加 1。

图 4-15　局部变量表大小

4.3.2　Slot

局部变量表最基本的存储单元是 slot（变量槽）。局部变量表中存放编译期可知的各种基本数据类型（8 种）、引用（reference）类型、return Address 类型的变量。

在局部变量表里，32 位以内的类型（包括 reference、returnAddress 类型）只占用一个

slot，64 位的类型（long 和 double）占用两个 slot。

- byte、short、char 在存储前被转换为 int，boolean 也被转换为 int，0 表示 false，非 0 表示 true。
- long 和 double 则占据两个 slot。

JVM 会为局部变量表中的每一个 slot 都分配一个访问索引，通过这个索引即可成功访问到局部变量表中指定的局部变量值。

如图 4-16 所示，long 类型和 double 类型的占两个 slot，当调用 long 类型或 double 类型的变量时用它的起始索引。即调用 long 类型的 m 时需要用索引 "1"，调用 double 类型的 q 时需要用索引 "4"。

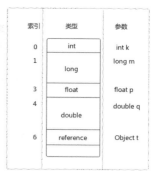

图 4-16　slot 的访问索引

当一个实例方法被调用的时候，它的方法参数和方法体内部定义的局部变量将会按照顺序被复制到局部变量表中的每一个 slot 上。如果需要访问局部变量表中一个 64 位的局部变量值，只需要使用该变量占用的两个 slot 中的第一个 slot 的索引即可。比如，访问 long 类型或 double 类型变量，如果当前帧是由构造方法或者实例方法创建的，那么该对象引用 this 将会存放在 index 为 0 的 slot 处，其余的参数按照参数表顺序继续排列。

栈帧中的局部变量表中的 slot 是可以重用的，如果一个局部变量过了其作用域，那么在其作用域之后申明的新的局部变量就很有可能会复用过期局部变量的 slot，从而达到节省资源的目的。

代码清单 4-7 演示了局部变量表中变量对 slot 的占用。

代码清单4-7　变量对slot的占用

```java
package com.atguigu;
/**
 * @author atguigu
 */
public class SlotTest {
    public void localVarl() {
        int a = 0;
        System.out.println(a);
        int b = 0;
    }
    public void localVar2() {
        {
            int a = 0;
            System.out.println(a);
        }
        // 此时的 b 就会复用 a 的槽位
        int b = 0;
    }
}
```

localVarl() 方法局部变量表的长度为 3，变量的个数为 3 个，局部变量分别是 this、a、b，没有重复利用的 slot，如图 4-17 所示。

localVar2() 方法局部变量表的长度为 2，变量的个数为 2 个，局部变量分别是 this、b。a

的作用域在大括号内，当出了 a 的作用域后 b 复用了 a 的 slot，如图 4-18 所示。

图 4-17 localVarl() 方法对局部变量表中 slot 的利用

起始PC	长度	序号	
2	7	1	cp_info #14 a
0	12	0	cp_info #11 this
11	1	2	cp_info #16 b

图 4-18 localVar2() 方法对局部变量表中 slot 的利用

参数表分配完毕之后，再根据方法体内定义的变量的顺序和作用域分配。上面说了局部变量的存储位置，局部变量的值是怎么初始化的呢？我们知道静态变量有两次初始化的机会：第一次是在"准备阶段"，执行系统初始化，对静态变量设置零值；另一次则是在"初始化"阶段，赋予程序员在代码中定义的初始值。和静态变量初始化不同的是，局部变量表不存在系统初始化的过程，这意味着一旦定义了局部变量则必须手动初始化，否则无法使用，如代码清单 4-8 所示。

代码清单4-8 验证局部变量必须手动初始化

```
package com.atguigu;
/**
 * @author atguigu
 */
public class SlotTest1 {
    public void test() {
        int i;
        // 局部变量未初始化赋值，无法使用。
        System.out.println(i);
    }
}
```

值得注意的是，在栈帧中，与性能调优关系最为密切的部分就是前面提到的局部变量表。在方法执行时，虚拟机使用局部变量表完成方法的传递。

局部变量表中的变量也是重要的垃圾回收根节点，只要被局部变量表中直接或间接引用的对象都不会被回收。

4.4 操作数栈

每一个独立的栈帧中除了包含局部变量表以外，还包含一个后进先出的操作数栈，也可以称为表达式栈（Expression Stack）。

操作数栈也是栈帧中重要的内容之一，它主要用于保存计算过程的中间结果，同时作为计算过程中变量临时的存储空间。

操作数栈在方法执行过程中，根据字节码指令往栈中写入数据或提取数据，即入栈（push）/ 出栈（pop）。

某些字节码指令将值压入操作数栈，其余的字节码指令将操作数从栈中取出，比如，执行复制、交换、求和等操作。使用它们后再把结果压入栈，如图 4-19 所示，2 和 3 分别出栈，经过 iadd 指令执行后再入栈。

操作数栈就是 JVM 执行引擎的一个工作区，当一个方法刚开始执行的时候，一个新的栈帧也会随之被创建出来，这个方法的操作数栈是空的。

图 4-19　操作数栈入栈、出栈和运算操作

每一个操作数栈都会拥有一个明确的栈深度用于存储数值，其所需的最大深度在编译期就定义好了，保存在方法的 Code 属性中的 Maximum stack size 数据项中。栈中的任何一个元素都可以是任意的 Java 数据类型。32 位的类型占用一个栈单位深度，64 位的类型占用两个栈单位深度。

操作数栈并非采用访问索引的方式来进行数据访问的，而是只能通过标准的入栈（push）和出栈（pop）操作来完成一次数据访问。如果被调用的方法带有返回值的话，其返回值将会被压入当前栈帧的操作数栈中，并更新程序计数器中下一条需要执行的字节码指令。

操作数栈中元素的数据类型必须与字节码指令的序列严格匹配，这由编译器在编译期间进行验证，同时在类加载过程中的类检验阶段的数据流分析阶段要再次验证。另外，我们说 JVM 的解释引擎是基于栈的执行引擎，其中的栈指的就是操作数栈，如代码清单 4-9 所示。

代码清单4-9　栈帧中的操作数栈

```java
package com.atguigu.section04;

/**
 * @author atguigu
 */
public class OperandStackTest {
    public void testAddOperation() {
        byte i = 2;
        int j = 3;
        int k = i + j;
    }
}
```

使用 javap 命令反编译 class 文件：javap -v 类名 .class，部分结果如下：

```
public void testAddOperation();
    Code:
        0: iconst_2
        1: istore_1
        2: iconst_3
        3: istore_2
        4: iload_1
        5: iload_2
        6: iadd
        7: istore_3
        8: return
```

字节码执行步骤追踪如下所示。

（1）由"iconst_2"指令将数值 2 从 byte 类型转换为 int 类型后压入操作数栈的栈顶（对于 byte、short 和 char 类型的值在入栈之前，会被转换为 int 类型），如图 4-20 所示。

（2）当成功入栈后，"istore_1"指令便会负责将栈顶元素出栈并存储在局部变量表中访问索引为 1 的 slot 上，如图 4-21 所示。

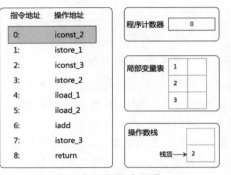

图 4-20　字节码指令操作（1）　　　　图 4-21　字节码指令操作（2）

（3）接下来执行"iconst_3"指令将数值 3 压入栈顶，如图 4-22 所示。

（4）通过"istore_2"指令将栈顶元素出栈，并存储在局部变量表中索引为 2 的 slot 上，如图 4-23 所示。

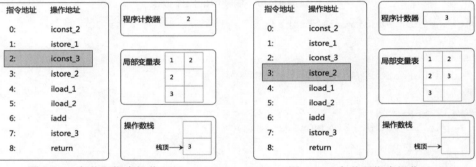

图 4-22　字节码指令操作（3）　　　　图 4-23　字节码指令操作（4）

（5）"iload_1"指令会将局部变量表中访问索引为 1 的 slot 上的数值 2 重新压入操作数栈的栈顶，如图 4-24 所示。

（6）"iload_2"指令会将局部变量表中访问索引为 2 的 slot 上的数值 3 重新压入操作数栈的栈顶，如图 4-25 所示。

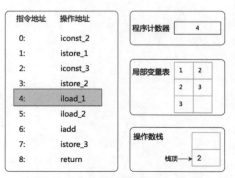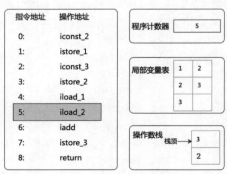

图 4-24　字节码指令操作（5）　　　　图 4-25　字节码指令操作（6）

（7）紧接着"iadd"指令便会将这两个数值出栈，执行加法运算后再将运行结果重新压入栈顶，如图4-26所示。

（8）"istore_3"会将运行结果出栈并存储在局部变量表中访问索引为3的slot上，如图4-27所示。最后"return"指令的作用就是方法执行完成之后的返回操作。

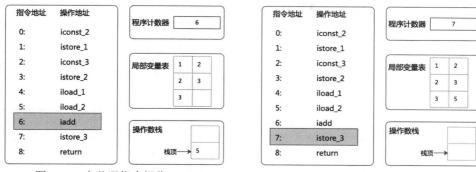

图 4-26 字节码指令操作（7）　　　　图 4-27 字节码指令操作（8）

4.5 栈顶缓存技术

前面讲过，目前主流的JVM基本都是基于栈式架构的虚拟机，此外还有一种架构是基于寄存器的。基于栈式架构的虚拟机和基于寄存器架构的虚拟机在完成同一逻辑的时候，前者使用到的字节码指令比后者需要的字节码指令更多，这也就意味着将需要更多的指令分派（Instruction Dispatch）次数和内存读、写次数。

由于操作数是存储在内存中的，因此频繁地执行内存读、写操作必然会影响执行速度。为了提升性能，HotSpot虚拟机的设计者提出了栈顶缓存（Top-of-Stack Cashing，ToS）技术。所谓栈顶缓存技术就是当一个栈的栈顶或栈顶附近元素被频繁访问，就会将栈顶或栈顶附近的元素缓存到物理CPU的寄存器中，将原本应该在内存中的读、写操作分别变成了寄存器中的读、写操作，从而降低对内存的读、写次数，提升执行引擎的执行效率。要理解这一点，需要了解计算机的硬件知识，对于CPU而言，从读取速度上来说，CPU从寄存器中读取速度最快，其次是内存，最后是磁盘。CPU从寄存器中读取数据的速度往往比从内存中读取要快好几个数量级，这种速度差异非常大，达百倍以上。那么为什么不把数据全部放入寄存器呢？这是因为一个CPU能够集成的寄存器数量极其有限，相比于内存空间简直就是沧海一粟，所以性能和空间两者始终不能两全。栈顶缓存正是针对CPU这种在时间和空间上不能两全的遗憾而进行的改进措施。就好比我们在系统设计时，都会加入缓存这种中间件，首先系统从缓存中查询数据，如果缓存存在则返回，否则查询DB，两者设计思想有异曲同工之妙。

4.6 动态链接

每一个栈帧内部都包含一个指向运行时常量池中该栈帧所属方法的引用。包含这个引用的目的就是为了支持当前方法的代码能够实现动态链接（Dynamic Linking）。

在Java源文件被编译成字节码文件时，所有的变量和方法引用都作为符号引用（Symbolic Reference）保存在class文件的常量池里。比如，描述一个方法调用了另外的其他方法时，就是通过常量池中指向方法的符号引用来表示的。动态链接的目的就是在JVM加载了字节码文件，将类数据加载到内存以后，当前栈帧能够清楚记录此方法的来源。将字节码文件中记录的符号引用转换为调用方法的直接引用，直接引用就是程序运行时方法在内存中的具体地址。

如图 4-28 所示，图中 Thread 区域代表着一个个的线程，Stack Frame 区域代表着栈中的一个栈帧，Current Class Constant Pool Reference 区域为动态链接，method references 区域代表着方法的引用地址，即直接引用。动态链接指向运行时常量池中的方法的引用地址，运行时常量池指的是 class 文件中常量池表在程序运行时在内存中的形式。

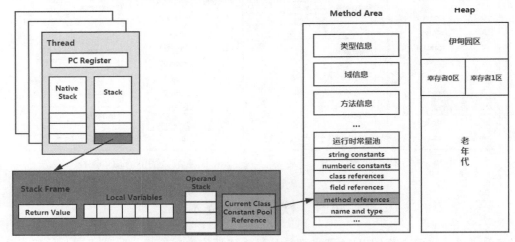

图 4-28　方法区与栈的关联结构

4.7　方法的调用

4.7.1　方法调用的分类

前面说了动态链接的作用就是将符号引用转换为调用方法的直接引用。在 JVM 中，将符号引用转换为调用方法的直接引用与方法的绑定机制相关，方法的绑定机制有两种，分别是静态链接和动态链接。

1. 静态链接

当一个字节码文件被装载进 JVM 内部时，如果被调用的目标方法在编译期可知，且运行期保持不变时。这种情况下，将调用方法的符号引用转换为直接引用的过程称为静态链接。

2. 动态链接

如果被调用的方法在编译期无法被确定下来，也就是说，只能够在程序运行期将调用方法的符号引用转换为直接引用，由于这种引用转换过程具备动态性，因此也就被称为动态链接。

静态链接和动态链接一般还会被称为早期绑定（Early Binding）和晚期绑定（Late Binding）。绑定的意思就是一个字段、方法或者类的符号引用被转换为直接引用的过程，这仅仅发生一次。

如代码清单 4-10 所示，对静态链接和动态链接进行说明。

代码清单4-10　静态链接和动态链接

```
package com.atguigu;

/**
 * 说明静态链接和动态链接的例子
 * @author atguigu
```

```
    */
class Animal {
    public void sound(){
        System.out.println(" 动物发声 ");
    }
}
interface Huntable{
    void hunt();
}
class Dog extends Animal implements Huntable{
    @Override
    public void sound() {
        System.out.println(" 汪汪汪 ");
    }
    @Override
    public void hunt() {
        System.out.println(" 捕食耗子，多管闲事 ");
    }
}
class Cat extends Animal implements Huntable{
    public Cat(){
        super();// 表现为：静态链接
    }
    public Cat(String name){
        this();// 表现为：静态链接
    }
    @Override
    public void sound() {
        super.sound();// 表现为：静态链接
        System.out.println(" 喵喵喵 ");
    }
    @Override
    public void hunt() {
        System.out.println(" 捕食耗子，天经地义 ");
    }
}
public class AnimalTest {
    public void showAnimal(Animal animal){
        animal.sound();// 表现为：动态链接
    }
    public void showHunt(Huntable h){
        h.hunt();// 表现为：动态链接
    }
}
```

上面代码中有类 Animal 和接口 Huntable，Dog 类和 Cat 类继承了 Animal 类和实现了 Huntable 接口，并且重写了 sound() 方法和 hunt() 方法。在测试类 AnimalTest 编写

showAnimal(Animal animal) 方法，此时是无法在编译期可知的，因为该方法是可以传入 Dog 类和 Cat 类的，无法确定，同理 showHunt(Huntable h) 方法也是一样的道理，本身传入的就是接口，更无法确定了，所以这两个方法都是动态链接。

Cat 类中的构造方法 Cat() 则可以在编译期确定，因为该方法就是针对 Cat 类的实例调用的，所以是静态链接，Dog 类同理。

随着高级语言的横空出世，类似于 Java 的面向对象的编程语言越来越多，尽管这类编程语言在语法风格上存在一定的差别，但是它们彼此之间始终保持着一个共性，那就是都支持封装、继承和多态等面向对象特性。既然这一类的编程语言具备多态特性，那么自然也就具备静态链接和动态链接两种绑定方式。

4.7.2 虚方法与非虚方法

前面说了方法绑定分为静态链接和动态链接，静态链接是指方法在编译期就确定了具体的调用版本，这个版本在运行时是不可变的，一般称这样的方法为非虚方法。除去非虚方法的都叫作虚方法。一般来说，静态方法、私有方法、final 方法、实例构造器、父类方法都是非虚方法。在代码清单 4-9 中 showHunt(Huntable h) 和 showAnimal(Animal animal) 是虚方法，而 Cat 类中的构造方法 Cat() 是非虚方法。

有时候如果不能很好地区分虚方法和非虚方法，可以通过字节码文件的方法调用指令来区分。虚拟机中提供了以下 5 条方法调用指令。

（1）invokestatic：调用静态方法，解析阶段确定唯一方法版本。

（2）invokespecial：调用 <init> 方法、私有及父类方法，解析阶段确定唯一方法版本。

（3）invokevirtual：调用所有虚方法。

（4）invokeinterface：调用接口方法。

（5）invokedynamic：动态解析出需要调用的方法，然后执行。

方法调用指令可以分为普通调用指令和动态调用指令，前四条指令是普通调用指令，它们固化在虚拟机内部，方法的调用执行不可人为干预。第五条指令是动态调用指令，invokedynamic 指令支持由用户确定方法版本。其中 invokestatic 指令和 invokespecial 指令调用的方法称为非虚方法，其余的（final 修饰的除外）称为虚方法。解析调用中的非虚方法和虚方法，如代码清单 4-11 所示。

代码清单4-11　解析调用中的非虚方法和虚方法

```
package com.atguigu;

/**
 * 解析调用中非虚方法、虚方法的测试
 * invokestatic 指令和 invokespecial 指令调用的方法称为非虚方法
 * @author atguigu
 */
class Father {
    public Father() {
        System.out.println("father 的构造器 ");
    }

    public static void showStatic(String str) {
        System.out.println("father " + str);
```

```java
    }

    public final void showFinal() {
        System.out.println("father show final");
    }

    public void showCommon() {
        System.out.println("father 普通方法 ");
    }
}

public class Son extends Father {
    public Son() {
        //invokespecial
        super();
    }

    public Son(int age) {
        //invokespecial
        this();
    }

    // 不是重写的父类的静态方法，因为静态方法不能被重写！
    public static void showStatic(String str) {
        System.out.println("son " + str);
    }

    private void showPrivate(String str) {
        System.out.println("son private" + str);
    }

    public void show() {
        //invokestatic
        showStatic("atguigu.com");
        //invokestatic
        super.showStatic("good!");
        //invokespecial
        showPrivate("hello!");
        //invokespecial
        super.showCommon();

        //invokevirtual
        // 因为此方法声明有 final，不能被子类重写，所以也认为此方法是非虚方法。
        showFinal();
        // 虚方法如下：
        //invokevirtual
        showCommon();
```

```
        info();

        MethodInterface in = null;
        //invokeinterface
        in.methodA();
    }
    public void info() {
    }

    public void display(Father f) {
        f.showCommon();
    }

    public static void main(String[] args) {
        Son so = new Son();
        so.show();
    }
}

interface MethodInterface {
    void methodA();
}
```

通过 jclasslib 工具查看该类的字节码文件，可以发现在 show() 方法中各个方法对应的字节码指令如表 4-1 所示。

表4-1 show()方法中各个方法对应的字节码指令

方 法 名	字节码指令
showStatic("atguigu.com")	invokestatic #12
super.showStatic("good!");	invokestatic #14
showPrivate("hello!");	invokespecial #16
super.showCommon();	invokespecial #17
showFinal();	invokevirtual #18
showCommon();	invokevirtual #19
info();	invokevirtual #20
in.methodA();	invokeinterface #21

从表 4-1 中可以看出，前四个方法都是由字节码指令 invokestatic 和 invokespecial 调用，所以这四种方法属于非虚方法。第五个方法由字节码指令 invokevirtual 调用，但是该方法是由 final 关键字修饰的，所以该方法也是非虚方法。后面的方法都是虚方法。

运行结果如图 4-29 所示。

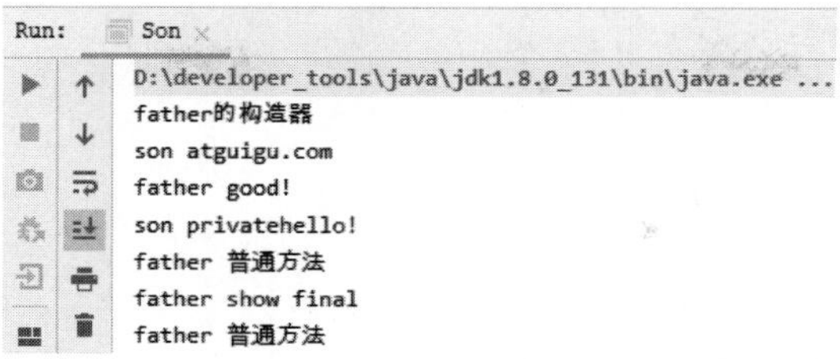

图 4-29　虚方法 / 非虚方法测试结果图

4.7.3　关于invokedynamic指令

JVM 字节码指令集一直比较稳定，一直到 Java 7 中才增加了一个 invokedynamic 指令，这是 Java 为了支持"动态类型语言"而做的一种改进。

动态类型语言和静态类型语言的区别就在于对类型的检查是在编译期还是在运行期，满足前者就是静态类型语言，满足后者是动态类型语言。举例如下：

● 静态类型语言 Java：String info = "atguigu"; //info = atguigu。
● 动态类型语言 JavaScript：var name = "atguigu"; var name = 10。
● 动态类型语言 Python: info = 130.5。

在 Java 语言中，如果定义了 info 变量，但是不指定数据类型，那么在编译期间会报错，所以 Java 语言属于静态类型语言。在 JavaScript 和 Python 语言中则不需要指定对应的数据类型，在程序运行期间根据变量值去指定类型信息。

但是在 Java 7 中并没有提供直接生成 invokedynamic 指令的方法，需要借助 ASM 这种底层字节码工具来产生 invokedynamic 指令。直到 Java 8 的 Lambda 表达式出现，invokedynamic 指令在 Java 中才有了直接的生成方式。

Java 7 中增加的动态语言类型支持的本质是对 Java 虚拟机规范的修改，而不是对 Java 语言规则的修改。增加新的虚拟机指令，最直接的受益者就是运行在 Java 平台的动态语言的编译器。通过代码清单 4-12 可以在字节码指令中查看 invokedynamic 指令。

代码清单4-12　invokedynamic指令

```java
package com.atguigu;

/**
 * 体会 invokedynamic 指令
 *
 * @author atguigu
 */
@FunctionalInterface
interface Func {
    public boolean func(String str);
}
public class Lambda {
    public void lambda(Func func) {
        return;
    }
    public static void main(String[] args) {
        Lambda lambda = new Lambda();
```

```
        //invokedynamic
        Func func = s -> {
            return true;
        };
        lambda.lambda(func);
        //invokedynamic
        lambda.lambda(s -> {
            return true;
        });
    }
}
```

通过图 4-30 可以看出，在 main() 方法字节码文件中就会有 invokedynamic 指令，在 Java 7 中是没有的，在 Java 8 中使用 Lambda 表达式就会出现。Lambda 表达式的引入使得 Java 在一定程度上具备了动态类型语言的特点，但是整体来说 Java 还是一个静态类型语言。

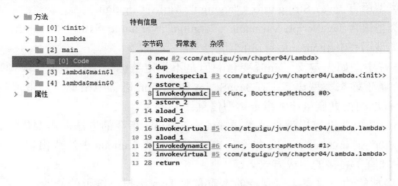

图 4-30　Lambda 表达式中的 invokedynamic 指令

4.7.4　方法重写的本质

虚方法的多态性的前提是建立在方法的重写和类的继承的基础上，Java 语言中方法重写的本质如下。

（1）找到操作数栈顶的第一个元素所指向的对象的实际类型，记作 C。

（2）如果在类型 C 中找到与常量中的描述符和简单名称都相符的方法，则进行访问权限校验，如果通过则返回这个方法的直接引用，查找过程结束；如果不通过，则返回 java.lang.IllegalAccessError 异常。IllegalAccessError 异常表示程序试图访问或修改一个属性或调用一个方法，但是没有对应的权限。一般来说，IllegalAccessError 异常会引起编译器异常。这个错误如果发生在运行时，就说明一个类发生了不兼容的改变。例如，Maven 的 jar 包冲突。

（3）如果在类型 C 中找不到与常量中的描述符和简单名称都相符的方法，按照继承关系从下往上依次对 C 的各个父类进行第 2 步的搜索和验证过程。

（4）如果始终没有找到合适的方法，则抛出 java.lang.AbstractMethodError 异常。

4.7.5　虚方法表

在面向对象的编程中，会频繁使用动态分派，即在运行期根据实际变量类型确定方法执行版本。方法执行版本的选择需要在类的方法元数据中搜索合适的目标方法，所以频繁地搜索会影响 JVM 的性能。因此 JVM 通过在类的方法区建立一个虚方法表（Virtual Method Table）来提高性能，使用虚方法表索引表来代替查找。

　　每个类中都有一个虚方法表，表中存放着各个方法的实际入口。那么虚方法表什么时候被创建？虚方法表会在类加载的链接阶段被创建并开始初始化，类的变量初始值准备完成之后，JVM 会把该类的虚方法表也初始化完毕。

　　如图 4-31 所示，Son 类继承于 Father 类，Father 类包含 talk() 和 eat() 两个方法，Son 类重写了 Father 类的 talk() 方法和 eat() 方法。当在 Son 类调用 toString() 等方法时直接找到 Object 类，不用再经过 Father 类，虚方法表的作用就是可以直接调用 Object 类中的方法，从而提高效率。

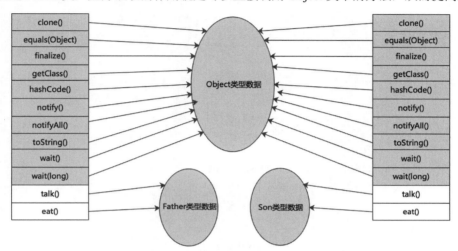

图 4-31　虚方法表的方法调用

　　如代码清单 4-13 所示，查看不同类的虚方法表。

代码清单4-13　虚方法表

```java
package com.atguigu;

/**
 * 虚方法表的举例
 *
 * @author atguigu
 */
interface Huntable{
    void hunt();
}
class Dog {
    public void hunt() {
    }
    public String toString() {
        return "Dog";
    }
}
class Cat implements Huntable{
    public void eat() {
    }
    public void hunt() {
```

```
    }
    protected void finalize() {
    }
    public String toString(){
        return "Cat";
    }
}

class TibetanMastiff extends Dog implements Huntable{
    public void hunt() {
        super.hunt();
    }
}

public class VirtualMethodTable {
}
```

Cat 类实现了 Huntable 接口，TibetanMastiff（藏獒）类继承了 Dog 类并实现了 Huntable 接口，如图 4-32 所示。

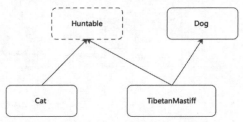

1. Dog类虚方法表

Dog 类声明了 hunt() 方法、重写了 toString() 方法，没有重写的方法指向 Object 类。当 Dog 类对象调用 toString() 方法、hunt () 方法时调用自己本身的方法，除此之外，Dog 类对象调用 equals()、

图 4-32　各类的继承、实现关系图

finalize() 等方法时，则是直接调用 Object 类中的方法，如图 4-33 所示。

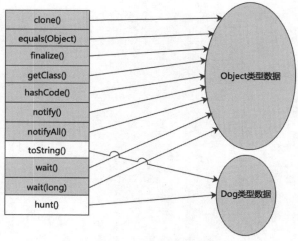

图 4-33　Dog 类虚方法表

2.TibetanMastiff类虚方法表

TibetanMastiff 类调用 hunt() 方法直接调用自己的，TibetanMastiff 类没有重写 toString() 方法，所以调用的是父类 Dog 类的 toString() 方法，其他方法直接调用 Object 类的，如图 4-34 所示。

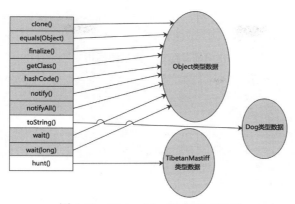

图 4-34 TibetanMastiff 类虚方法表

3. Cat类虚方法表

Cat 类重写了 finalize() 方法、toString() 方法，当调用 finalize()、toString()、eat()、hunt() 方法时直接调用自己的，调用其他方法时直接调用 Object 类的，如图 4-35 所示。

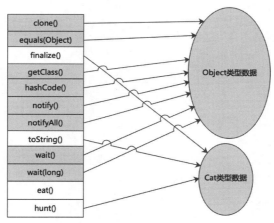

图 4-35 Cat 类虚方法表

4.8 方法返回地址

方法返回地址存储的是调用该方法的程序计数器的值。一个方法的结束有两种可能，分别是正常执行完成结束和出现异常导致非正常结束。

无论通过哪种方式退出，在方法退出后都返回到该方法被调用的位置。方法正常退出时，调用者的程序计数器的值作为返回地址，即调用该方法的指令的下一条指令的地址。而通过异常退出的，返回地址是要通过异常表来确定，栈帧中一般不会保存这部分信息。

1. 方法正常完成退出

执行引擎遇到任意一个方法返回的字节码指令（return），会有返回值传递给上层的方法调用者，简称正常完成出口。一个方法在正常调用完成之后，究竟需要使用哪一个返回指令，还需要根据方法返回值的实际数据类型而定。

在字节码指令中，返回指令包含 ireturn（当返回值是 boolean、byte、char、short 和 int 类型时使用）、lreturn（当返回值是 long 类型时使用）、freturn（当返回值是 float 类型时使用）、dreturn（当返回值是 double 类型时使用）以及 areturn（当返回值是引用类型时使用），另外还有一个 return 指令供声明为 void 的方法、实例初始化方法、类和接口的初始化方法使用。

如代码清单 4-14 所示，演示了方法返回指令。

代码清单4-14　方法返回指令

```
package com.atguigu;
import java.util.Date;
/**
 * 返回指令包含 ireturn、lreturn、freturn、dreturn、areturn,
 * 另外还有一个 return 指令供声明为 void 的方法
 *
 * @author atguigu
 */
public class ReturnAddressTest {
    // 字节码中返回指令是 ireturn
    public boolean methodBoolean() {
        return false;
    }

    // 字节码中返回指令是 ireturn
    public byte methodByte() {
        return 0;
    }

    // 字节码中返回指令是 ireturn
    public short methodShort() {
        return 0;
    }

    // 字节码中返回指令是 ireturn
    public char methodChar() {
        return 'a';
    }

    // 字节码中返回指令是 ireturn
    public int methodInt() {
        return 0;
    }

    // 字节码中返回指令是 ireturn
    public long methodLong() {
        return 0L;
    }

    // 字节码中返回指令是 lreturn
    public float methodFloat() {
        return 0.0f;
    }
```

```
// 字节码中返回指令是 dreturn
public double methodDouble() {

    return 0.0;
}

// 字节码中返回指令是 areturn
public String methodString() {
    return null;
}

// 字节码中返回指令是 areturn
public Date methodDate() {
    return null;
}

// 字节码中返回指令是 return
public void methodVoid() {

}

// 字节码中返回指令是 return
static {
    int i = 10;
}
}
```

当返回值为 boolean、byte、short、char、int 类型时，字节码中返回指令为 ireturn，如图 4-36 所示。

图 4-36　字节码中返回指令为 ireturn

当返回值为 long 类型时，字节码中返回指令为 lreturn，如图 4-37 所示。

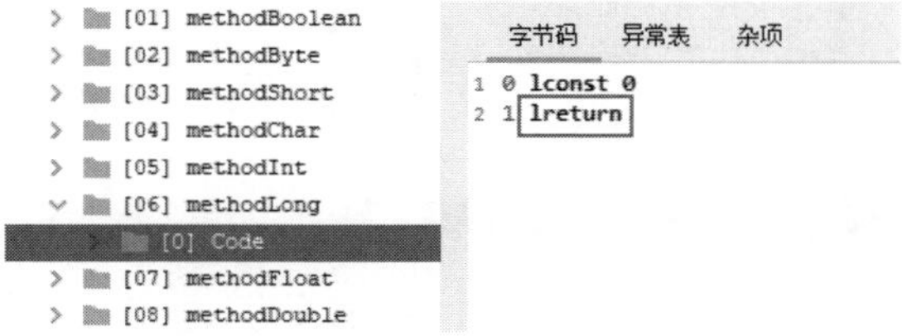

图 4-37　字节码中返回指令为 lreturn

当返回值为 float 类型时，字节码中返回指令为 freturn，如图 4-38 所示。

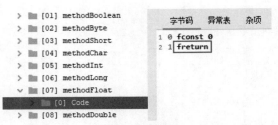

图 4-38　字节码中返回指令为 freturn

当返回值为 double 类型时，字节码中返回指令为 dreturn，如图 4-39 所示。

图 4-39　字节码中返回指令为 dreturn

当返回值为引用类型时，字节码中返回指令为 areturn，如图 4-40 所示。

图 4-40　字节码中返回指令为 areturn

当返回值为 void 或代码块或构造方法时，字节码中返回指令为 return，如图 4-41 所示。

图 4-41　字节码中返回指令为 return

2. 方法执行异常退出

在方法执行的过程中遇到了异常（Exception），并且这个异常没有在方法内进行处理（没有使用 try-catch 语句或者 try-finally 语句处理异常），也就是只要在本方法的异常表中没有搜索到匹配的异常处理器，就会导致方法退出，简称异常完成出口。

如果方法执行过程中抛出异常时，使用 try-catch 语句或者 try-finally 语句处理异常，异常处理会存储在一个异常表中，如图 4-42 所示，方便在发生异常的时候快速找到处理异常的代码，关于异常处理的详细讲解见 18.9 节。

Bytecode	Exception Table	Misc		
Nr.	Start PC	End PC	Handler PC	Catch Type
0	14	17	20	cp_info #5 java/lang/Exception

图 4-42　异常表

本质上，方法的退出就是当前栈帧出栈的过程。此时，需要恢复上层方法的局部变量表、操作数栈、将返回值压入调用者栈帧的操作数栈、设置程序计数器值等，让调用者的方法继续执行下去。

正常完成出口和异常完成出口的区别在于，通过异常完成出口退出的方法不会给上层调用者产生任何的返回值。

4.9　本章小结

本章重点讲解了 Java 语言为什么基于栈结构进行设计，以及栈帧与线程之间的关系。栈是由一个个的栈帧组成，每个栈帧包括局部变量表、操作数栈、动态链接、方法返回地址和一些附加信息。其中局部变量表主要用于存储方法参数和定义在方法体内的局部变量，slot 是局部变量表中最基本的存储单元。操作数栈也是栈帧中重要的内容之一，它主要用于保存计算过程的中间结果，同时作为计算过程中变量临时的存储空间。每一个栈帧内部都包含一个指向运行时常量池中该栈帧所属方法的引用，包含这个引用的目的就是为了支持当前方法的代码能够实现动态链接。方法返回地址中存储的是调用该方法的程序计数器的值，当字节码指令执行到 ireturn、lreturn、freturn、dreturn、areturn、return 时该方法执行结束。最后详细介绍了方法调用的分类、虚方法、非虚方法、虚方法表等内容。

虽然 Java 语言使用非常广泛，但是有些事务 Java 仍然无法处理。例如线程相关的功能，在线程类当中就有很多本地方法接口。那么 Java 如何来处理这些问题呢？Java 设计师提出了一种解决方案就是本地方法接口。本章将会讲解本地方法接口在 Java 语言中所起到的作用，以及为什么要使用本地方法接口。

5.1　本地方法接口概述

本地方法接口（Java Native Interface，JNI）在 JVM 中的位置，如图 5-1 所示。图中的虚线框区域就是本地方法接口，负责和本地方法库、JVM 之间的交互。

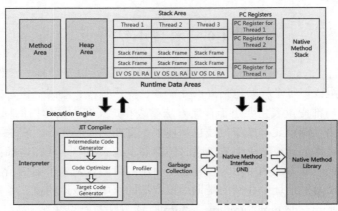

图 5-1　本地方法接口

官方这样描述本地方法："A method that is native and implemented in platform-dependent code, typically written in another programming language such as C." 意思是本地方法的实现一般是由其他语言编写的，比如可以使用 C 语言实现。我们可以理解为 JNI 就是使用 Java 语言调用非 Java 代码实现的接口。

JNI 可以帮助 Java 代码与使用其他编程语言（例如 C、C++ 和汇编）编写的应用程序和库进行交互。这个特征并非 Java 所特有，许多编程语言都有这一机制，比如在 C++ 中，可以用 extern "C" 告知 C++ 编译器去调用一个 C 语言的函数。在定义一个 Native Method 时，并不提供实现体（类似只定义了 Java Interface），因为其实现体是由非 Java 语言在外面实现的。

JNI 最重要的好处是它对底层 JVM 的实现没有任何限制。因此，JVM 供应商可以添加对 JNI 的支持，而不会影响 JVM 的其他部分。

本地方法接口的作用是融合不同的编程语言为 Java 所用，它的初衷是融合 C/C++ 程序。例如 Object 类的 getClass() 方法，它是有方法体的，不过方法体的具体实现并不是 Java 语言实现的，主要是 C/C++ 语言实现的，如图 5-2 所示。

如代码清单 5-1 所示，演示了本地方法的格式。

```
 * @return The {@code Class} object that represents the runtime
 *         class of this object.
 * @jls 15.8.2 Class literals
 */
@Contract(pure = true)
public final native Class<?> getClass();
```

图 5-2　Object 类中的本地接口

代码清单5-1　本地方法代码示例

```
package com.atguigu.section05;
    /**
```

```
 * @author atguigu
 */
public class MyNatives {
    public native void Native1(int x);

    public native static long Native2();

    private native synchronized float Native3(Object o);

    native void Native4(int[] ary) throws Exception;

}
```

由上述代码示例可知，每个方法都是用 native 修饰，并且都没有方法体（具体的方法体由非 Java 代码实现），表示该方法为本地方法。需要注意的是该方法并不是抽象方法。标识符 native 可以与所有其他的 Java 标识符连用，但是 abstract 除外。

上面介绍了什么是 Native Method，但是为什么要使用 Native Method 呢？下面将会从三个方面介绍 Java 中为什么使用 Native Method。

（1）减少重复劳动。

有时 Java 应用需要与 Java 外面的环境交互，这是本地方法存在的主要原因。如果本地已经有一个用另一种语言编写的库，这时候希望通过某种方式使其可供 Java 代码访问，而不是重新使用 Java 语言编写一套功能一样的库，那么这种方式就是 JNI。

例如，Java 需要与一些底层系统交互时，本地方法为我们提供了一个非常简洁的接口，而且我们无须去了解 Java 应用之外的烦琐的细节。要不然底层系统的厂商还需要提供一套 Java 形式的类库，这样就是重复劳动了。

（2）标准 Java 类库不支持应用程序所需的平台相关特性。

JVM 支持 Java 语言本身和运行时库，它是 Java 程序赖以生存的平台，它由一个解释器（解释字节码）和一些连接到本地代码的库组成。然而不管怎样，它毕竟不是一个完整的系统，它经常依赖一些底层系统的支持，这些底层系统常常是强大的操作系统。通过本地方法，我们可以使用 Java 自身的 JRE 与底层系统进行交互，甚至 JVM 的部分实现就是用 C 语言编写的。还有，如果我们要使用一些 Java 语言本身没有提供封装的操作系统的特性时，也需要使用本地方法。

（3）性能要求。

假如想用较低级别的语言（例如汇编）实现一小部分性能要求严格的代码，这时候就可以使用到 JNI 了。

目前本地方法的使用越来越少，在企业级应用中已经比较罕见，除非是与硬件有关的应用，比如通过 Java 程序驱动打印机或者 Java 系统管理生产设备。因为现在的异构领域间的通信很发达，比如可以使用 Socket 通信，也可以使用 Web Service，等等。

5.2　本章小结

通过对本章内容的学习，我们可以看出 Java 语言中的部分方法并非由 Java 实现，这类方法的存在使 Java 与外界环境的交互更加方便快捷。Java 为我们提供的简洁的本地方法接口，不仅使我们无须去了解 Java 应用之外的烦琐细节，还增加了 Java 语言的扩展性。

第 6 章　本地方法栈

本章将会重点讲解运行时数据区中的本地方法栈区域，包括本地方法栈的概念，以及本地方法栈中可能发生的异常情况。

6.1　本地方法栈概述

Java 虚拟机实现可能会使用到传统的栈（通常称为 C Stack）来支持本地方法（使用 Java 语言以外的其他语言编写的方法）的执行，这个栈就是本地方法栈（Native Method Stack）。

本地方法栈和 Java 虚拟机栈发挥的作用是类似的，它们直接的区别是 Java 虚拟机栈用于管理 Java 方法的调用，而本地方法栈用于管理本地方法的调用，如图 6-1 所示。

本地方法栈是线程私有的。本地方法栈的大小允许被实现成固定大小或者是可动态扩展的。在内存溢出方面，它与 Java 虚拟机栈也是相同的。

● 如果线程请求分配的栈容量超过本地方法栈允许的最大容量，Java 虚拟机将会抛出一个 StackOverflowError 异常。

● 如果本地方法栈可以动态扩展，并且在尝试扩展的时候无法申请到足够的内存，或者在创建新的线程时没有足够的内存去创建对应的本地方法栈，那么 Java 虚拟机将会抛出一个 OutOfMemoryError 异常。

它的具体做法是在 Native Method Stack 中登记本地方法，在 Execution Engine 执行时加载本地方法库。

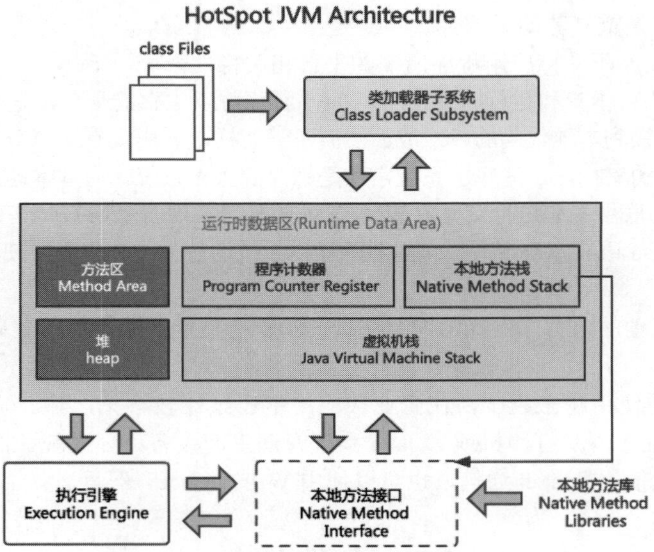

图 6-1　本地方法栈

当某个线程调用一个本地方法时，它就进入了一个全新的并且不再受虚拟机限制的世界。它和虚拟机拥有同样的权限，如下 3 项表示本地方法可能涉及的权限调用。

● 本地方法可以通过本地方法接口来访问运行时数据区中的其他区域。

● 本地方法甚至可以直接使用本地处理器中的寄存器。

● 本地方法可以直接从本地内存的堆中分配任意数量的内存。

　　并不是所有的 JVM 都支持本地方法，因为 Java 虚拟机规范并没有明确要求本地方法栈的使用语言、具体实现方式、数据结构等。如果 JVM 产品不打算支持本地方法，也可以无须实现本地方法栈，如果支持本地方法栈，那这个栈一般会在线程创建的时候按线程分配。

　　在 Java 中，本地方法栈和虚拟机栈是如何关联的呢？如图 6-2 所示，当调用线程的 start() 方法的时候，在当前线程中开辟一个 start() 方法的栈帧并压入栈，在 start() 方法中又调用了 start0() 方法（图中画框处）。start0() 方法是一个本地方法，所以 start0() 方法需要通过本地方法栈调用，可以使用动态链接的方式直接指向本地方法，由执行引擎来执行该本地方法。类似的案例还有 Java 应用中连接 MySQL 数据库或者 Redis 数据库等。

```
  C  Thread.java ×

699    public synchronized void start() {
700        /**
701         * This method is not invoked for the main method thread or "system"
702         * group threads created/set up by the VM. Any new functionality added
703         * to this method in the future may have to also be added to the VM.
704         *
705         * A zero status value corresponds to state "NEW".
706         */
707        if (threadStatus != 0)
708            throw new IllegalThreadStateException();
709
710        /* Notify the group that this thread is about to be started
711         * so that it can be added to the group's list of threads
712         * and the group's unstarted count can be decremented. */
713        group.add(this);
714
715        boolean started = false;
716        try {
717            start0();
718            started = true;
719        } finally {
720            try {
721                if (!started) {
722                    group.threadStartFailed(t: this);
723                }
724            } catch (Throwable ignore) {
```

图 6-2　本地方法栈和虚拟机栈结合案例

6.2　本章小结

　　本章主要讲解了本地方法栈。本地方法栈用于管理本地方法的调用，但是本地方法依赖 JVM 的实现，有的 JVM 并不支持本地方法，HotSpot 虚拟机是支持的。Java 虚拟机规范允许本地方法栈实现成固定的大小，或者根据计算来实现动态扩展和收缩。本地方法栈可能会发生 StackOverflowError 和 OutOfMemoryError 异常情况。

第 7 章　堆

　　前面章节讲了栈是运行时的单位，栈解决程序的运行问题，即程序如何执行，或者说如何处理数据。栈中处理的数据主要来源于堆（Heap），堆是存储的单位，堆解决的是数据存储的问题，即数据怎么放、放在哪儿。堆是 JVM 所管理的内存中最大的一块区域，在工作中遇到的大部分问题来自于堆空间，所以更好地了解堆内存结构就显得非常必要。本章将会重点讲解堆内存的内部结构以及对象在堆空间中的分配策略。

7.1　堆的核心概述

7.1.1　JVM实例与堆内存的对应关系

　　在 JVM 中，堆是各个线程共享的运行时内存区域，也是供所有类实例和数组对象分配内存的区域。一个 JVM 实例只存在一个堆内存，我们创建类 HeapDemo 和 HeapDemo1 说明一个 JVM 实例只有一个堆内存，如代码清单 7-1 和代码清单 7-2 所示。

代码清单7-1　HeapDemo类

```
package com.atguigu.java;

/**
 * -Xms10M -Xmx10M
 *
 * @author atguigu
 */
public class HeapDemo {
    public static void main(String[] args) {
        System.out.println("start...");
        try {
            Thread.sleep(1000000);
        } catch (InterruptedException e) {
            e.printStackTrace();
        }

        System.out.println("end...");
    }
}
```

代码清单7-2　HeapDemo1类

```
package com.atguigu.java;

/**
 * -Xms20M -Xmx20M
 * @author atguigu
 */
public class HeapDemo1 {
```

```java
public static void main(String[] args) {
    System.out.println("start...");
    try {
        Thread.sleep(1000000);
    } catch (InterruptedException e) {
        e.printStackTrace();
    }
    System.out.println("end...");
}
}
```

上面的代码很简单，启动程序，使程序等待 1000 秒。两段代码的内存大小设置是不一样的：HeapDemo 使用参数 Xms 和 Xmx 设置内存大小为 10MB；HeapDemo1 使用参数 Xms 和 Xmx 设置内存大小为 20MB。这里大家知道参数 Xms 和 Xmx 是用来设置内存大小即可，后面我们会详细介绍。

启动完程序之后，此时两个 Java 程序对应两个 JVM 实例，对应的进程 id（图 7-1 中 pid）分别是 111348 和 101564，通过 JDK 自带工具 jvisualvm 来查看程序的堆空间，该工具会在后续的章节详细介绍，如图 7-1 所示。

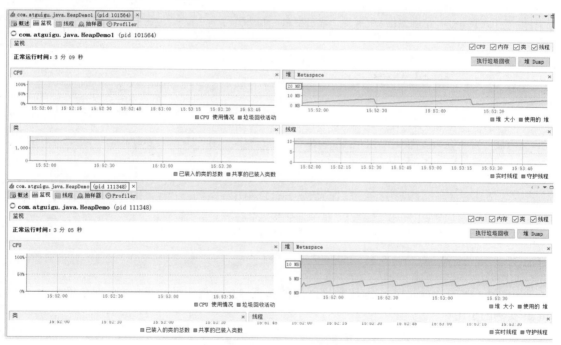

图 7-1 一个 JVM 实例对应唯一的堆

从图 7-1 中可以看到两个应用程序对应不同的堆空间分配，各自对应的堆内存分别是 10MB 和 20MB，也对应上了参数 Xms 和 Xmx 的设置。上述试验结果说明，每个应用程序对应唯一的堆空间，即每个 JVM 实例对应唯一的堆空间。

如图 7-2 所示，堆也是 Java 内存管理的核心区域。堆在 JVM 启动的时候被创建，其空间大小也随之被确定。堆是 JVM 管理的最大一块内存空间，其大小是可以根据参数调节的，它可以处于物理上不连续的内存空间中，但在逻辑上应该被视为连续的。

图 7-2　运行时数据区

7.1.2　堆与栈的关系

堆中存放的是对象，栈帧中保存的是对象引用，这个引用指向对象在堆中的位置。下面的案例用于说明栈和堆之间的关系，如代码清单 7-3 所示。

代码清单7-3　栈和堆之间的关系

```java
package com.atguigu.java;

/**
 * @author atguigu
 */
public class SimpleHeap {
    private int id;// 属性、成员变量

    public SimpleHeap(int id) {
        this.id = id;
    }

    public void show() {
        System.out.println("My ID is " + id);
    }

    public static void main(String[] args) {
        SimpleHeap s1 = new SimpleHeap(1);
        SimpleHeap s2 = new SimpleHeap(2);
    }
}
```

如图 7-3 所示，展示了 Java 栈和堆之间的关系。Java 栈中的 s1 和 s2 分别是堆中 s1 实例和 s2 实例的引用。

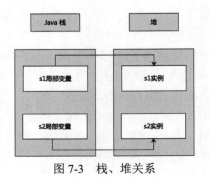

图 7-3　栈、堆关系

代码中的 main() 方法与字节码对应的关系如图 7-4 所示，关于如何理解字节码的含义，后面的章节会详细介绍，比如 new 指令用来开辟堆空间，创建对象。

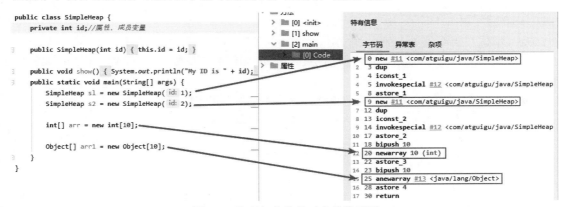

图 7-4 代码与字节码对应的关系图

7.1.3 JVM堆空间划分

在方法结束后，堆中的对象不会马上被移除，仅仅在垃圾收集的时候才会被移除。堆也是 GC（Garbage Collector，垃圾收集器）执行垃圾回收的重点区域。现代垃圾收集器大部分都基于分代收集理论设计，这是因为堆内存也是分代划分区域的，堆内存分为新生代（又叫年轻代）和老年代。

（1）新生代，英文全称 Young Generation Space，简称为 Young 或 New。该区域又分为 Eden 区和 Survivor 区。Survivor 区又分为 Survivor0 区和 Survivor1 区。Survivor0 和 Survivor1 也可以叫作 from 区和 to 区，简写为 S0 区和 S1 区。

（2）老年代，也称为养老区，英文全称 Tenured Generation Space，简称为 Old 或 Tenured。堆内存区域规划如图 7-5 所示。

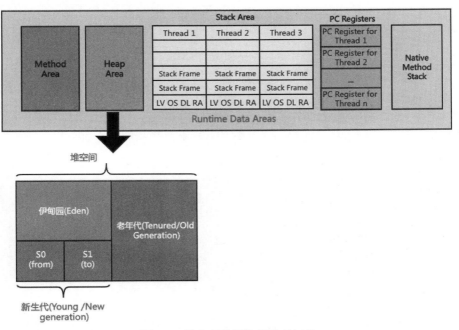

图 7-5 堆内存的新生代和老年代

7.2 设置堆内存大小与内存溢出

7.2.1 设置堆内存大小

Java 堆区用于存储 Java 对象实例，堆的大小在 JVM 启动时就已经设定好了，可以通过 JVM 参数 "-Xms" 和 "-Xmx" 来进行设置。Intellij IDEA 中参数设置步骤如图 7-6 和图 7-7 所示。

- "-Xms" 用于表示堆区的起始内存，等价于 -XX:InitialHeapSize。
- "-Xmx" 用于表示堆区的最大内存，等价于 -XX:MaxHeapSize。

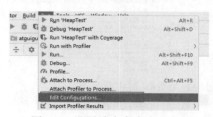

图 7-6 设置堆内存大小（1）

图 7-7 设置堆内存大小（2）

一旦堆区中的内存大小超过 "-Xmx" 所指定的最大内存，将会抛出内存溢出异常（OutOfMemoryError，OOM）。

通常会将 "-Xms" 和 "-Xmx" 两个参数配置相同的值。否则，服务器在运行过程中，堆空间会不断地扩容与回缩，势必形成不必要的系统压力。所以在线上生产环境中，JVM 的 Xms 和 Xmx 设置成同样大小，避免在 GC 后调整堆大小时带来的额外压力。

- 初始内存大小占据物理内存大小的 1/64。
- 最大内存大小占据物理内存大小的 1/4。

下面我们通过代码演示查看堆区的默认配置大小，如代码清单 7-4 所示。

代码清单7-4 查看堆区的默认配置大小

```
package com.atguigu.java;

/**
 * 1. 设置堆空间大小的参数
 * -Xms 用来设置堆空间（新生代 + 老年代）的初始内存大小
 * -X 是 JVM 的运行参数
 * ms 是 memory start
 * -Xmx 用来设置堆空间（新生代 + 老年代）的最大内存大小
 * <p>
 * 2. 默认堆空间的大小
 * 初始内存大小：物理电脑内存大小 1/64
 * 最大内存大小：物理电脑内存大小 1/4
 * 3. 手动设置：-Xms600m -Xmx600m
 * 开发中建议将初始堆内存和最大的堆内存设置成相同的值。
 * <p>
 * 4. 查看设置的参数：方式一：jps/jstat -gc 进程 id
 * 方式二：-XX:+PrintGCDetails
 *
 * @author atguigu
```

```
    */
public class HeapSpaceInitial {
    public static void main(String[] args) {
        // 返回 JVM 中的堆内存总量
        long initialMemory = Runtime.getRuntime()
                .totalMemory() / 1024 / 1024;
        // 返回 JVM 试图使用的最大堆内存量
        long maxMemory = Runtime.getRuntime()
                .maxMemory() / 1024 / 1024;
        System.out.println("-Xms : " + initialMemory + "M");
        System.out.println("-Xmx : " + maxMemory + "M");
        System.out.println(" 系统内存大小为:" + initialMemory * 64.0 /
                1024 + "G");
        System.out.println(" 系统内存大小为:" + maxMemory * 4.0 / 1024 +
                "G");
        /*try {
            Thread.sleep(1000000);
        } catch (InterruptedException e) {
            e.printStackTrace();
        }*/
    }
}
```

代码输出结果如图 7-8 所示。

```
Connected to the target VM, address: '127.0.0.1:64160', transport: 'socket'
-Xms : 245M
-Xmx : 3641M
系统内存大小为: 15.3125G
系统内存大小为: 14.22265625G
```

图 7-8　设置堆内存之后的运行结果

由图 7-8 可知，最终计算系统内存大小不到 16GB，这是因为内存的制造厂商会有不同的进制计算方式，比如现实是以 1000 进制计算 GB，而计算机中是以 1024 进制计算，这样会出现一定的误差。

上面案例讲解了默认的内存参数配置原则，那么通过 -Xms 和 -Xmx 手动配置了参数之后，程序运行起来后如何查看设置的参数呢？继续以代码清单 7-4 为例，解开 sleep 相关代码的注释，运行代码，然后通过以下两种方式查看设置的参数明细。

（1）按 Windows+R 键打开命令行，输入"jps"查看进程 id，再输入"jstat -gc 进程 id"命令查看参数配置，如图 7-9 所示。

```
C:\Windows\System32\cmd.exe
Microsoft Windows [版本 10.0.18363.1139]
(c) 2019 Microsoft Corporation. 保留所有权利。

D:\developer_tools\java\jdk1.8.0_131\bin>jps
11616 HeapSpaceInitial
11844 Launcher
6868 Main
13308 Jps
14428

D:\developer_tools\java\jdk1.8.0_131\bin>jstat -gc 11616
 S0C    S1C    S0U   S1U    EC      EU      OC      OU    MC
 FGCT    GCT
25600.0 25600.0 0.0   0.0  153600.0 12288.1 409600.0 0.0  4480.0
 0.000   0.000

D:\developer_tools\java\jdk1.8.0_131\bin>
```

图 7-9　查看设置的参数（方式一）

通过图 7-9 我们可以看到 jstat –gc 命令下的结果有很多参数选项，下面我们解释其中几个参数的含义。

- S0C：第一个幸存区的大小。
- S1C：第二个幸存区的大小。
- S0U：第一个幸存区的使用大小。
- S1U：第二个幸存区的使用大小。
- EC：Eden 区的大小。
- EU：Eden 区的使用大小。
- OC：老年代大小。
- OU：老年代使用大小。

通过计算可以得到堆内存中的大小，S0C 加上 S1C、EC、OC 的大小，正好就是 600MB。

（2）在 IDEA 中进行设置 VM options 为 "-XX:+PrintGCDetails"，参数配置如图 7-10 所示。

图 7-10　查看设置的参数（方式二）

输出结果如图 7-11 所示。

```
-Xms : 575M
-Xmx : 575M
Heap
 PSYoungGen      total 179200K, used 12288K [0x00000000f3800000, 0x0000000100000000, 0x0000000100000000)
  eden space 153600K, 8% used [0x00000000f3800000,0x00000000f44001b8,0x00000000fce00000)
  from space 25600K, 0% used [0x00000000fe700000,0x00000000fe700000,0x0000000100000000)
  to   space 25600K, 0% used [0x00000000fce00000,0x00000000fce00000,0x00000000fe700000)
 ParOldGen       total 409600K, used 0K [0x00000000da800000, 0x00000000f3800000, 0x00000000f3800000)
  object space 409600K, 0% used [0x00000000da800000,0x00000000da800000,0x00000000f3800000)
 Metaspace       used 3501K, capacity 4498K, committed 4864K, reserved 1056768K
  class space     used 387K, capacity 390K, committed 512K, reserved 1048576K
```

图 7-11　查看输出结果

输出 -Xms 和 -Xmx 结果为 575M，这是因为只计算了一个 From 区，另外一个 To 区没有参与内存的计算。从结果可以得到各个区域的大小，Eden 区大小为 153600K，From 区大小为 25600K，To 区大小为 25600K，Old 区大小为 409600K。两种方式查看的结果是一样的。

7.2.2　内存溢出案例

在堆内存区域最容易出现的问题就是 OOM，下面我们通过代码清单 7-5 演示 OOM。

代码清单7-5　堆内存溢出案例

```
package com.atguigu.java;
import java.util.ArrayList;
import java.util.Random;
```

```
/**
 * -Xms600m -Xmx600m
 *
 * @author atguigu
 */
public class OOMTest {
    public static void main(String[] args) {
        ArrayList<Picture> list = new ArrayList<>();
        while (true) {
            /*try {
                Thread.sleep(20);
            } catch (InterruptedException e) {
                e.printStackTrace();
            }*/
            list.add(new Picture(new Random().nextInt(1024 * 1024)));
        }
    }
}


class Picture {
    private byte[] pixels;

    public Picture(int length) {
        this.pixels = new byte[length];
    }
}
```

代码输出结果如图 7-12 所示，可以看到程序已经发生了 OOM 异常。

图 7-12　内存溢出异常输出结果

使用 JDK 自带工具 jvisualvm 查看堆内存中占用较大内存的对象为 byte[] 数组，可以判断是由于 byte 数组过大导致的内存溢出，如图 7-13 所示。

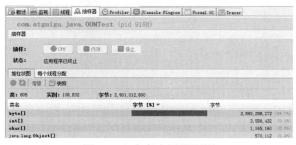

图 7-13　内存占用类别图

关于内存溢出的情况还有很多种，我们会在后面的章节中一一介绍，并且会给出对应的解决方案，当前读者对堆内存溢出有一个大致的认识即可。

7.3 新生代与老年代

存储在 JVM 中的 Java 对象可以被划分为两类，分别是生命周期较短的对象和生命周期较长的对象。

● 生命周期较短的对象，创建和消亡都非常迅速。
● 生命周期较长的对象，在某些极端的情况下甚至与 JVM 的生命周期保持一致。

Java 堆区分为新生代和老年代，生命周期较短的对象一般放在新生代，生命周期较长的对象会进入老年代。在堆内存中新生代和老年代的所占用的比例分别是多少呢？新生代与老年代在堆结构的占比可以通过参数"-XX:NewRatio"配置。默认设置是"-XX:NewRatio=2"，表示新生代占比为 1，老年代占比为 2，即新生代占整个堆的 1/3，如图 7-14 所示。

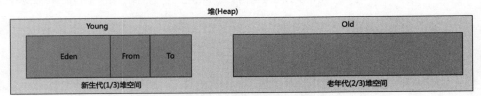

图 7-14　新生代与老年代占比图

可以修改"-XX:NewRatio=4"，表示新生代占比为 1，老年代占比为 4，新生代占整个堆的 1/5。

下面我们通过代码演示堆区新生代和老年代的比例，如代码清单 7-6 所示。

代码清单7-6　新生代和老年代配置比例

```java
package com.atguigu.java;

/**
 * -Xms600M -Xmx600M
 * <p>
 * -XX:NewRatio : 设置新生代与老年代的比例。默认值是 2.
 *
 * @author atguigu
 */
public class EdenSurvivorTest {
    public static void main(String[] args) {
        System.out.println(" 我只是来打个酱油～ ");
        try {
            Thread.sleep(1000000);
        } catch (InterruptedException e) {
            e.printStackTrace();
        }
    }
}
```

堆内存大小设置为 600M，设置新生代与老年代的比例为 1 ：4，如图 7-15 所示。

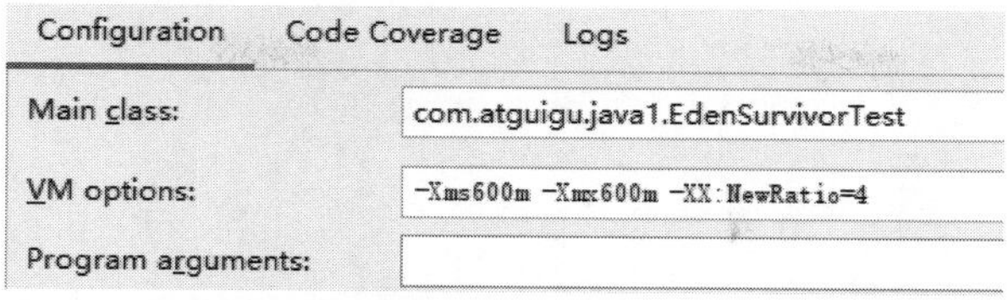

图 7-15 设置新生代与老年代的比例为 1：4

运行时堆空间新生代和老年代所占比例如图 7-16 所示，可以看到新生代内存大小为 120M，老年代内存大小为 480M，比例为 1：4。这里需要注意的是，在 Eden Space 后面的数据包括 119M 和 90M 两个，其中 119M 指的是 Eden 区的最大容量，90M 指的是初始化容量，一般计算的时候以 90M 为准，下面的 Survivor 区同理。

图 7-16 新生代与老年代的比例图

在 HotSpot 虚拟机中，新生代又分为一个 Eden 区和两个 Survivor 区，这三块区域在新生代中的占比也是可以通过参数设置的。Eden 区和两个 Survivor 区默认所占的比例是 8：1：1。但是大家查看图 7-16 的时候发现 Eden 区和两个 Survivor 区默认所占的比例为 6：1：1，这是因为 JDK8 的自适应大小策略导致的，JDK8 默认使用 UseParallelGC 垃圾回收器，该垃圾回收器默认启动参数 AdaptiveSizePolicy，该参数会根据垃圾收集的情况自动计算 Eden 区和两个 Survivor 区的大小。使用 UseParallelGC 垃圾回收器的情况下，如果想看到 Eden 区和两个 Survivor 区的比例为 8：1：1 的话，只能通过参数 "-XX:SurvivorRatio" 手动设置为 8：1：1，或者直接使用 CMS 垃圾收集器。

参数 "-XX:SurvivorRatio" 可以设置 Eden 区和两个 Survivor 区比例。比如 "-XX:SurvivorRatio=3" 表示 Eden 区和两个 Survivor 区所占的比例是 3：1：1。下面通过代码演示设置 Eden 区和两个 Survivor 区的比例，如代码清单 7-7 所示。

代码清单7-7　设置Eden区和两个Survivor区的比例

```
package com.atguigu.java;
/**
 * -Xms600M -Xmx600M
 * -XX:SurvivorRatio：设置新生代中 Eden 区与 Survivor 区的比例。默认值是 8
 * -Xmn：设置新生代的空间的大小（一般不设置）
```

```
 *
 * @author atguigu
 */
public class EdenSurvivorTest1 {
    public static void main(String[] args) {
        System.out.println(" 我只是来打个酱油～ ");
        try {
            Thread.sleep(1000000);
        } catch (InterruptedException e) {
            e.printStackTrace();
        }
    }
}
```

设置 Eden 区和两个 Survivor 区的比例为 3 ：1 ：1，如图 1-17 所示。

Configuration	Code Coverage	Logs
Main class:	com.atguigu.java1.EdenSurvivorTest	
VM options:	-Xms600m -Xmx600m -XX:SurvivorRatio=3	
Program arguments:		

图 7-17　设置 Eden 区和两个 Survivor 区的比例

运 行 时 Eden 区 和 另 外 两 个 Survivor 区 的 大 小 分 别 是 120M 和 40M，所 占 比 例 为 3 ：1 ：1，如图 7-18 所示。

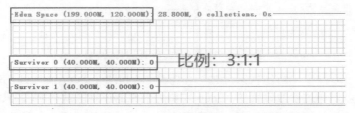

图 7-18　Eden 区、Survivor0 区和 Survivor1 区比例

IBM 公司的专门研究表明，新生代中 80% 的对象都是"朝生夕死"的，表明大部分对象的产生和销毁都在新生代完成。所以某些情况下可以使用参数"-Xmn"设置新生代的最大内存来提高程序执行效率，一般来说这个参数使用默认值就可以了。

7.4　图解对象分配过程

为新对象分配内存是一件非常严谨和复杂的任务，JVM 的设计者不仅需要考虑内存如何分配、在哪里分配等问题，并且由于内存分配算法与内存回收算法密切相关，所以还需要考虑 GC 执行完内存回收后，是否会在内存空间中产生内存碎片。内存具体分配过程有如下步骤。

（1）new 的对象先放 Eden 区，此区有大小限制。

（2）当 Eden 区的空间填满时，程序又需要创建对象，JVM 的垃圾回收器将对 Eden 区进行垃圾回收（此时是 YGC 或者叫 Minor GC，见 7.5.1 节），将 Eden 区中不再被其他对象所引用的对象进行销毁。再加载新的对象放到 Eden 区。

（3）然后将 Eden 区中的剩余对象移动到 S0 区，被移动到 S0 区的对象上有一个年龄计数器，值设置为 1，如图 7-19 所示。浅色区域的对象被移动到 S0 区，深色区域的对象被销毁。

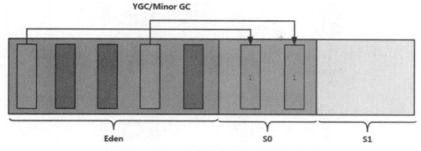

图 7-19　Eden 区将剩余对象移动到 S0 区

（4）如果再次触发垃圾回收，此时垃圾收集器将对 Eden 区和 S0 区进行垃圾回收，没有被回收的对象就会移动到 S1 区，S0 区移动过来的对象的年龄计数器变为 2，Eden 区转移过来的对象的年龄计数器为 1。注意，此刻 S0 区中没有对象，如图 7-20 所示。

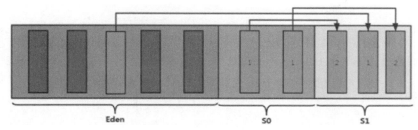

图 7-20　Eden 区、S0 区将剩余对象移动到 S1 区

（5）如果再次经历垃圾回收，此时没有被回收的对象会重新放回 S0 区，接着再去 S1 区，对象在 S0 区和 S1 区之间每移动一次，年龄计数器都会加 1。

（6）什么时候能去老年代呢？可以通过参数：-XX:MaxTenuringThreshold=<N> 对年龄计数器进行设置，默认是 15，超过 15 的对象进入老年代，如图 7-21 所示。

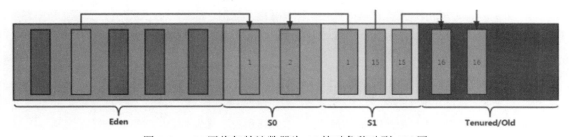

图 7-21　S1 区将年龄计数器为 15 的对象移动到 Old 区

（7）在老年代，内存相对充足。当老年代内存不足时，再次触发 GC，此时可能发生 Major GC 或者 Full GC，进行老年代的内存清理，关于 Major GC 和 Full GC 的讲解请查看 7.5.1 节。

（8）若老年代执行了 Major GC 之后发现依然无法进行对象的保存，就会产生 OOM 异常。

S0 区、S1 区之所以也被称为 From 区和 To 区，是因为对象总是从某个 Survivor（From）区转移至另一个 Survivor（To）区。正常来说，垃圾回收频率应该是频繁在新生代收集，很少在老年代收集，几乎不在永久代 / 元空间（方法区的具体体现）收集。对象在堆空间分配的流程，如图 7-22 所示，注意图中我们用 YGC 表示 Young GC，FGC 表示 Full GC。

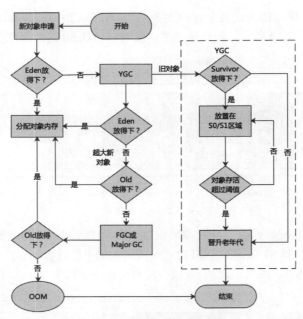

图 7-22　对象分配流程图

下面我们通过代码演示 Eden 区和两个 Survivor 区的变化规律，如代码清单 7-8 所示。

代码清单7-8　Eden区和两个Survivor区的变化规律

```java
package com.atguigu.java;

import java.util.ArrayList;
import java.util.Random;

/**
 * -Xms600m -Xmx600m
 *
 * @author atguigu
 */
public class HeapInstanceTest {
    byte[] buffer = new byte[new Random().nextInt(1024 * 200)];

    public static void main(String[] args) {
        ArrayList<HeapInstanceTest> list = new ArrayList<>();
        while (true) {
            list.add(new HeapInstanceTest());
            try {
                Thread.sleep(10);
            } catch (InterruptedException e) {
                e.printStackTrace();
            }
        }
    }
}
```

当程序运行起来后可以用 jvisualvm 工具进行查看，如图 7-23 所示。可以看出新生代的 Eden 区达到上限的时候进行了一次 Minor GC，将没有被回收的数据存放在 S1 区，当再次进行垃圾回收的时候，将 Eden 区和 S1 区没有被回收的数据存放在 S0 区。老年代则是在每次垃圾回收的时候，将 S0 区或 S1 区储存不完的数据存放在老年代，如图 7-23 中 Old Gen 区域所示，当每次垃圾进行回收后老年代的数据就会增加，增加到老年代的数据存不下的时候将会进行 Major GC，进行垃圾回收之后发现老年代还是存不下的时候就会抛出 OOM 异常，如图 7-24 所示。

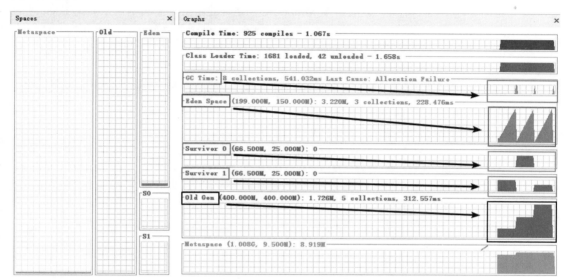

图 7-23　程序运行时区域内存情况图

```
HeapInstanceTest ×
D:\developer_tools\java\jdk1.8.0_131\bin\java.exe ...
Exception in thread "main" java.lang.OutOfMemoryError: Java heap space
    at com.atguigu.jvm.chapter07.HeapInstanceTest.<init>(HeapInstanceTest.java:12)
    at com.atguigu.jvm.chapter07.HeapInstanceTest.main(HeapInstanceTest.java:17)
```

图 7-24　程序运行时结果图

7.5　Minor GC、Major GC、Full GC

7.5.1　GC的分类

JVM 在进行 GC 时，并非每次都对上面三个内存区域（新生代、老年代和方法区）一起回收，大部分时候回收的都是新生代。

在 HotSpot VM 中，GC 按照回收区域分为两种类型，分别是部分 GC（Partial GC）和整堆 GC（Full GC）。部分 GC 是指不完整收集整个 Java 堆，又细分为新生代 GC、老年代 GC 和混合 GC。

（1）新生代 GC（Minor GC / Young GC）：只是新生代（Eden、S0 和 S1 区）的垃圾收集。

（2）老年代 GC（Major GC / Old GC）：只是老年代的垃圾收集。目前，只有 CMS GC 会有单独收集老年代的行为。很多时候 Major GC 会和 Full GC 混淆使用，需要具体分辨是老年代回收还是整堆回收。

（3）混合 GC（Mixed GC）：收集整个新生代以及部分老年代的垃圾收集。目前，只有 G1 GC 会有这种行为。

整堆 GC（Full GC）则指的是整个 Java 堆和方法区的垃圾收集。

7.5.2　分代式GC策略的触发条件

知道 GC 的分类后，什么时候触发 GC 呢？

新生代 GC（Minor GC）触发机制如下。

（1）当新生代空间不足时，就会触发 Minor GC，这里的新生代空间不足指的是 Eden 区的空间不足，Survivor 区空间不足不会引发 GC（每次 Minor GC 会清理新生代的内存）。

（2）因为 Java 对象大多都具备"朝生夕灭"的特性，所以 Minor GC 非常频繁，一般回收速度也比较快。这一定义既清晰又易于理解。

（3）Minor GC 会引发 STW（Stop-The-World），暂停其他用户的线程，等垃圾回收结束，用户线程才恢复运行。

老年代 GC（Major GC/Old GC）触发机制如下。

（1）对象从老年代消失时，就会触发 Major GC 或 Full GC。

（2）出现了 Major GC，经常会伴随至少一次的 Minor GC（但非绝对，在 Parallel Scavenge 收集器的收集策略里就有直接进行 Major GC 的策略选择过程）。也就是在老年代空间不足时，会先尝试触发 Minor GC。如果之后空间还不足，则触发 Major GC。

（3）Minor GC 的速度一般会比 Major GC 快 10 倍以上，Major GC 的 STW 时间更长。

（4）如果 Major GC 后内存还不足，就会报 OOM 了。

Full GC 触发机制有如下 5 种情况。

（1）调用 System.gc() 时，系统建议执行 Full GC，但是不必然执行。

（2）老年代空间不足。

（3）方法区空间不足。

（4）老年代的最大可用连续空间小于历次晋升到老年代对象的平均大小就会进行 Full GC。

（5）由 Eden 区、S0（From）区向 S1（To）区复制时，如果对象大小大于 S1 区可用内存，则把该对象转存到老年代，且老年代的可用内存小于该对象大小。

Full GC 是开发或调优中尽量要避免的，这样暂停时间会短一些。

7.5.3　GC举例

在数据的执行过程中，先把数据存放到 Eden 区，当 Eden 区空间不足时，进行新生代 GC 把数据存放到 Survivor 区。当新生代空间不足时，再把数据存放到老年代，当老年代空间不足时就会触发 OOM。下面我们通过代码演示 GC 的情况，如代码清单 7-9 所示。

代码清单7-9　GC情形演示

```
package com.atguigu.section05;

import java.util.ArrayList;
import java.util.List;

/**
 * 测试 MinorGC 、MajorGC、FullGC
 * -Xms9m -Xmx9m -XX:+PrintGCDetails
```

```
    * @author atguigu
    */
public class GCTest {
    public static void main(String[] args) {
        int i = 0;
        try {
            List<String> list = new ArrayList<>();
            String a = "atguigu.com";
            while (true) {
                list.add(a);
                a = a + a;
                i++;
            }

        } catch (Throwable t) {
            t.printStackTrace();
            System.out.println(" 遍历次数为: " + i);
        }
    }
}
```

运行结果如图 7-25 所示。

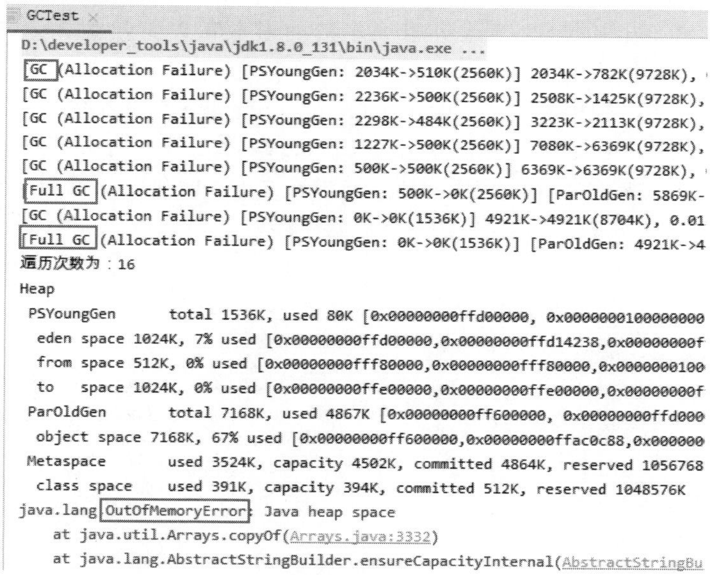

图 7-25 GC 日志信息

图 7-25 展示的是 GC 日志信息，后面的章节会专门详细介绍如何看懂 GC 日志，各位读者稍安勿躁。目前读者知道第一个标记框中的 GC 表示新生代 GC，第二个和第三个表示整堆 GC，最后一个标记框表示出现了 OOM 现象即可。

图 7-25 中可以看出程序先经历了新生代 GC，后经历了整堆 GC 再抛出 OOM。OOM 之前肯定要经历一次整堆 GC，当老年代空间不足时首先进行一次垃圾回收，当垃圾回收之后仍然空间不足才会报 OOM。

7.6　堆空间分代思想

为什么需要把 Java 堆分代？不分代就不能正常工作了吗？经研究，不同的对象生命周期不同。70% ～ 99% 的对象是临时对象。其实不分代完全可以，分代的唯一理由就是优化 GC性能。如果没有分代，那所有的对象都在一块，就如同把一个学校的人都关在一个教室。GC的时候要找到哪些对象没用，这样就需要对堆的所有区域进行扫描。而很多对象都是"朝生夕死"的，如果分代的话，把新创建的对象放到某一地方，当 GC 的时候先把这块存储"朝生夕死"对象的区域进行回收，这样就会腾出很大空间。

7.7　堆中对象的分配策略

如果对象在 Eden 区出生，并经过第一次 MinorGC 后仍然存活，并且能被 Survivor 区容纳的话，将被移动到 Survivor 区中，并将对象年龄设为 1。对象在 Survivor 区中每经过一次 Minor GC，年龄就增加 1 岁，当它的年龄增加到一定程度时（默认为 15 岁，其实每个 JVM、每个 GC都有所不同），就会被晋升到老年代中。对象晋升老年代的年龄阈值，可以通过"-XX:MaxTenuringThreshold"来设置，也会有其他情况直接分配对象到老年代。对象分配策略如下所示。

（1）优先分配到 Eden 区。

（2）大对象直接分配到老年代，在开发过程中应尽量避免程序中出现过多的大对象。

（3）长期存活的对象分配到老年代。

（4）通过动态对象年龄判断，如果 Survivor 区中相同年龄的所有对象的大小总和大于 Survivor 区的一半，年龄大于或等于该年龄的对象可以直接进入老年代，无须等到MaxTenuringThreshold 中要求的年龄。

（5）空间分配担保，使用参数 -XX:HandlePromotionFailure 来设置空间分配担保是否开启，但是 JDK 6 Update 24 该参数不再生效，JDK 6 Update 24 之后版本的规则变为，只要老年代的连续空间大于新生代对象总大小或者历次晋升的平均大小，就会进行 Minor GC，否则将进行Full GC。更详细的说明见 7.9 节堆空间的参数设置小结。

下面我们通过代码演示大对象直接进入老年代的情景，如代码清单 7-10 所示。

代码清单7-10　大对象直接进入老年代

```
package com.atguigu.java;

/** 测试：大对象直接进入老年代
 * -Xms60m -Xmx60m -XX:NewRatio=2
 * -XX:SurvivorRatio=8 -XX:+PrintGCDetails
 * @author atguigu
 */
public class YoungOldAreaTest {
    public static void main(String[] args) {
        byte[] buffer = new byte[1024 * 1024 * 20];//20M
    }
}
```

结果如图 7-26 所示。20M 的数据出现在 ParOldGen 区也就是老年代，说明大对象在 Eden区存不下，直接分配到老年代。

```
Heap
 PSYoungGen      total 18432K, used 2628K [0x00000000fec00000, 0x0000000100000000, 0x0000000100000000
  eden space 16384K, 16% used [0x00000000fec00000,0x00000000fee91210,0x00000000ffc00000)
  from space 2048K, 0% used [0x00000000ffe00000,0x00000000ffe00000,0x0000000100000000)
  to   space 2048K, 0% used [0x00000000ffc00000,0x00000000ffc00000,0x00000000ffe00000)
 ParOldGen       total 40960K, used 20480K [0x00000000fc400000, 0x00000000fec00000, 0x00000000fec000
  object space 40960K, 50% used [0x00000000fc400000,0x00000000fd800010,0x00000000fec00000)
 Metaspace       used 3493K, capacity 4498K, committed 4864K, reserved 1056768K
  class space    used 387K, capacity 390K, committed 512K, reserved 1048576K
```

图 7-26 大对象直接进入老年代

7.8 为对象分配内存: TLAB

程序中所有的线程共享 Java 中的堆区域，但是堆中还有一部分区域是线程私有，这部分区域称为线程本地分配缓存区（Thread Local Allocation Buffer，TLAB）。

TLAB 表示 JVM 为每个线程分配了一个私有缓存区域，这块缓存区域包含在 Eden 区内。简单说 TLAB 就是在堆内存中的 Eden 区分配了一块线程私有的内存区域。什么是 TLAB 呢？

（1）从内存模型角度来看，新生代区域继续对 Eden 区域进行划分，JVM 为每个线程分配了一个私有缓存区域，如图 7-27 所示。

（2）多线程同时分配内存时，使用 TLAB 可以避免一系列的非线程安全问题，同时还能够提升内存分配的吞吐量，因此我们可以将这种内存分配方式称为快速分配策略。

（3）所有 Open JDK 衍生出来的 JVM 都提供了 TLAB 的设计。

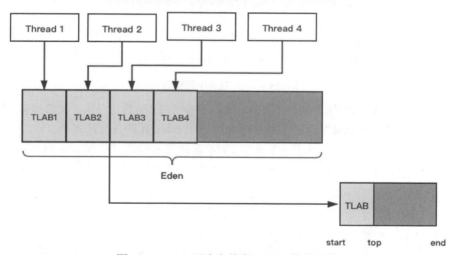

图 7-27 Eden 区中各线程 TLAB 的分配情况

为什么有 TLAB 呢？原因如下。

（1）堆区是线程共享区域，任何线程都可以访问到堆区中的共享数据。

（2）由于对象实例的创建在 JVM 中非常频繁，因此在并发环境下从堆区中划分内存空间是线程不安全的。

（3）为避免多个线程操作同一地址，需要使用加锁等机制，进而影响分配速度。

尽管不是所有的对象实例都能够在 TLAB 中成功分配内存，但 JVM 确实是将 TLAB 作为内存分配的首选。在程序中，开发人员可以通过选项"-XX:+/-UseTLAB"设置是否开启 TLAB 空间。下面我们通过代码演示"-XX:UseTLAB"参数的设置，如代码清单 7-11 所示。

代码清单7-11　"-XX:UseTLAB"参数设置演示

```java
package com.atguigu.java;

/**
 * 测试 -XX:UseTLAB 参数是否开启的情况 ：默认情况是开启的
 *
 * @author atguigu
 */
public class TLABArgsTest {
    public static void main(String[] args) {
        System.out.println(" 我只是来打个酱油～ ");
        try {
            Thread.sleep(1000000);
        } catch (InterruptedException e) {
            e.printStackTrace();
        }
    }
}
```

运行结果如图 7-28 所示，通过 jinfo 命令查看参数是否设置，UseTLAB 前面如果有 "+" 号，证明 TLAB 是开启状态。

```
C:\Windows\System32\cmd.exe

D:\developer_tools\java\jdk1.8.0_131\bin>jps
11524 Jps
10376 Launcher
7448
7752 TLABArgsTest

D:\developer_tools\java\jdk1.8.0_131\bin>jinfo -flag UseTLAB 7752
-XX:+UseTLAB
```

图 7-28　查看 TLAB 的状态

默认情况下，TLAB 空间的内存非常小，仅占有整个 Eden 区的 1%，我们可以通过选项 "-XX:TLABWasteTargetPercent" 设置 TLAB 空间所占用 Eden 区的百分比大小。

一旦对象在 TLAB 空间分配内存失败时，JVM 就会尝试着通过使用加锁机制确保数据操作的原子性，从而直接在 Eden 区中分配内存。加上了 TLAB 之后的对象分配过程如图 7-29 所示。

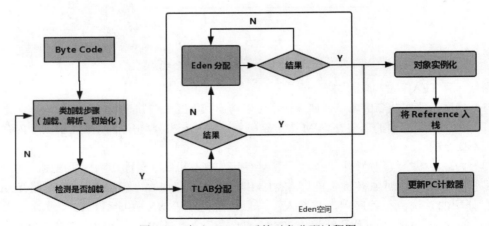

图 7-29　加入 TLAB 后的对象分配过程图

7.9　堆空间的参数设置小结

前面讲到了堆空间中几个参数对内存的影响，比如 Xms 和 Xmx 用来设置堆内存的大小，此外还有很多其他的参数。下面解说几个常用的参数设置。

- -XX:+PrintFlagsInitial：查看所有的参数的默认初始值。
- -XX:+PrintFlagsFinal：查看所有的参数的最终值（可能会存在修改，不再是初始值）。
- -Xms：初始堆空间内存（默认为物理内存的 1/64）。
- -Xmx：最大堆空间内存（默认为物理内存的 1/4）。
- -Xmn：设置新生代的大小（初始值及最大值）。
- -XX:NewRatio：配置新生代与老年代在堆结构的占比。
- -XX:SurvivorRatio：设置新生代中 Eden 和 S0/S1 空间的比例。
- -XX:MaxTenuringThreshold：设置新生代垃圾的最大年龄。
- -XX:+PrintGCDetails：输出详细的 GC 处理日志。打印 GC 简要信息：① -XX:+PrintGC；② -verbose:gc。
- -XX:HandlePromotionFailure：是否设置空间分配担保，在发生 Minor GC 之前，JVM 会检查老年代最大可用的连续空间是否大于新生代所有对象的总空间。如果大于，则此次 Minor GC 是安全的；如果小于，则 JVM 会查看 -XX:HandlePromotionFailure 设置值是否允许担保失败。

参数 HandlePromotionFailure 设置策略如下。

（1）如果 HandlePromotionFailure=true，那么会继续检查老年代最大可用连续空间是否大于历次晋升到老年代的对象的平均大小。

- 如果大于，则尝试进行一次 Minor GC，但这次 Minor GC 依然是有风险的。
- 如果小于，则改为进行一次 Full GC。

（2）如果 HandlePromotionFailure=false，则改为进行一次 Full GC。

在 JDK6 Update 24 之后，HandlePromotionFailure 参数不会再影响到虚拟机的空间分配担保策略，观察 Open JDK 中的源码变化，虽然源码中还定义了 HandlePromotion Failure 参数，但是在代码中已经不会再使用它。JDK6 Update 24 之后的规则变为只要老年代的连续空间大于新生代对象总大小或者历次晋升的平均大小，就会进行 Minor GC，否则将进行 Full GC。

7.10　堆是否为分配对象存储的唯一选择

7.10.1　对象不一定存储在堆中

在《深入理解 Java 虚拟机》中关于 Java 堆内存有这样一段描述："随着 Java 语言的发展，现在已经能看到有些许迹象表明日后可能出现值类型的支持，即使只考虑现在，由于即时编译技术的进步，尤其是逃逸分析技术的日益强大，栈上分配、标量替换等优化手段已经导致一些微妙的变化悄然发生，所以说 Java 对象实例都分配在堆上也渐渐变得不那么绝对了。"

在 JVM 中，对象是在 Java 堆中分配内存的，这是一个普遍的常识。但是，有一种特殊情况，那就是如果经过逃逸分析（Escape Analysis）后发现，一个对象并没有逃逸出方法，那么就可能被优化成栈上分配。这样就无须在堆上分配内存，也无须进行垃圾回收了。这也是最常见的堆外存储技术。

此外，前面提到的基于 Open JDK 深度定制的 TaoBaoVM，其中创新的 GCIH（GC

Invisible Heap）技术实现 off-heap，将生命周期较长的 Java 对象从 Heap 中移至 Heap 外，并且 GC 不能管理 GCIH 内部的 Java 对象，以此达到降低 GC 回收频率和提升 GC 回收效率的目的。

7.10.2 逃逸分析概述

前面我们提到了对象经过逃逸分析，有可能把对象分配到栈上。也就是说如果将对象分配到栈，需要使用逃逸分析手段。

逃逸分析是一种可以有效减少 Java 程序中同步负载和内存堆分配压力的跨函数全局数据流分析算法。

通过逃逸分析，Java HotSpot 编译器能够分析出一个新对象引用的使用范围，从而决定是否要将这个对象分配到堆上。逃逸分析的基本行为就是分析对象的动态作用域。

- 当一个对象在方法中被定义后，若对象只在方法内部使用，则认为没有发生逃逸。
- 当一个对象在方法中被定义后，若它被外部方法所引用，则认为发生逃逸。例如作为调用参数传递到其他地方中。

下面我们通过伪代码演示没有发生逃逸的对象，如代码清单 7-12 所示。

代码清单7-12　伪代码演示没有发生逃逸的对象

```
public void my_method() {
    V v = new V();
    //use v
    //......
    v = null;
}
```

代码示例中的对象 V 的作用域只在 method() 方法区内，若没有发生逃逸，则可以分配到栈上，随着方法执行的结束，栈空间就被移除了。

下面我们通过代码演示发生逃逸的对象，如代码清单 7-13 所示。

代码清单7-13　演示发生逃逸的对象

```
public static StringBuffer createStringBuffer(String s1, String s2) {
    StringBuffer sb = new StringBuffer();
    sb.append(s1);
    sb.append(s2);
    return sb;
}
```

如果想让上述代码中的 StringBuffer sb 不发生逃逸，可以参考代码清单 7-14 所示的方法。

代码清单7-14　StringBuffer不发生逃逸

```
public static String createStringBuffer(String s1, String s2) {
    StringBuffer sb = new StringBuffer();
    sb.append(s1);
    sb.append(s2);
    return sb.toString();
}
```

代码清单 7-15 展示了不同情景的逃逸分析。

代码清单7-15 不同情景的逃逸分析

```java
package com.atguigu.java;

/**
 * 逃逸分析
 * 如何快速地判断是否发生了逃逸分析，就看 new 的对象实体是否有可能在方法外被调用
 * @author atguigu
 */
public class EscapeAnalysis {
    public EscapeAnalysis obj;

    // 方法返回 EscapeAnalysis 对象，发生逃逸
    public EscapeAnalysis getInstance() {
        return obj == null ? new EscapeAnalysis() : obj;
    }



    // 为成员属性赋值，发生逃逸
    public void setObj() {
        this.obj = new EscapeAnalysis();
    }

    // 如果当前的 obj 引用声明为 static 类型，是否会发生逃逸？答案是会发生逃逸。
    // 对象的作用域仅在当前方法中有效，没有发生逃逸
    public void useEscapeAnalysis() {
        EscapeAnalysis e = new EscapeAnalysis();
    }
    // 引用成员变量的值，发生逃逸
    public void useEscapeAnalysis1() {
        EscapeAnalysis e = getInstance();
    //getInstance().xxx() 同样会发生逃逸
    }
}
```

在 JDK 6u23 版本之后，HotSpot 中默认就已经开启了逃逸分析。如果使用的是较早的版本，开发人员则可以通过以下参数来设置逃逸分析的相关信息。

（1）选项"-XX：+DoEscapeAnalysis"开启逃逸分析。

（2）选项"-XX：+PrintEscapeAnalysis"查看逃逸分析的筛选结果。

一般在开发中能使用局部变量的，就不要使用在方法外定义。

7.10.3 逃逸分析优化结果

使用逃逸分析，编译器可以对程序做如下优化。

（1）栈上分配。将堆分配转化为栈分配。针对那些作用域不会逃逸出方法的对象，在分配内存时不再将对象分配在堆内存中，而是将对象分配在栈上，这样，随着方法的调用结束，栈空间的回收也会回收掉分配到栈上的对象，不再给垃圾收集器增加额外的负担，从而提升应用程序整体性能。

（2）同步省略。如果一个对象被发现只能从一个线程被访问到，那么对于这个对象的操作

可以不考虑同步。

（3）分离对象或标量替换。有的对象可能不需要作为一个连续的内存结构存在也可以被访问到，那么对象的部分（或全部）可以不存储在内存中，而是存储在栈中。

7.10.4　逃逸分析之栈上分配

JIT（Just In Time）编译器在编译期间根据逃逸分析的结果，发现如果一个对象没有逃逸出方法的话，就可能被优化成栈上分配。分配完成后，继续在调用栈内执行，最后线程结束，栈空间被回收，局部变量对象也被回收。这样就无须进行垃圾回收了。常见的栈上分配场景如代码清单 7-16 所示，展示了栈上分配节省存储空间的效果。

代码清单7-16　栈上分配测试

```java
package com.atguigu.java;

/**
 * 栈上分配测试
 * -Xmx1G -Xms1G -XX:-DoEscapeAnalysis -XX:+PrintGCDetails
 *
 * @author atguigu
 */
public class StackAllocation {
    public static void main(String[] args) {
        long start = System.currentTimeMillis();
        for (int i = 0; i < 10000000; i++) {
            alloc();
        }
        // 查看执行时间
        long end = System.currentTimeMillis();
        System.out.println(" 花费的时间为: " + (end - start) + " ms");
        // 为了方便查看堆内存中对象个数，线程 sleep
        try {
            Thread.sleep(1000000);
        } catch (InterruptedException e1) {
            e1.printStackTrace();
        }
    }

    private static void alloc() {
        // 未发生逃逸
        User user = new User();
    }

    static class User {
    }
}
```

未开启逃逸分析时创建 1000 万个 User 对象花费的时间为 200ms，如图 7-30 所示。

图 7-30　未开启逃逸分析时创建 1000 万个对象所花费的时间

未开启逃逸分析时 User 对象的实例数为 1000 万个，如图 7-31 所示。

类名	字节 [%] ▼	字节	实例数
com.atguigu.java2.StackAllocation$User	▓▓▓▓▓▓▓	160,000,000 (74.8%)	10,000,000 (98.8%)
int[]	▓	40,125,024 (18.6%)	4,557 (0.0%)
byte[]		5,920,920 (2.7%)	10,825 (0.1%)
char[]		3,329,040 (1.5%)	35,642 (0.3%)
java.lang.Object[]		925,312 (0.4%)	25,537 (0.2%)
java.lang.String		550,080 (0.2%)	22,920 (0.2%)
java.util.TreeMap$Entry		384,000 (0.1%)	9,600 (0.0%)
java.io.ObjectStreamClass$WeakClassKey		327,872 (0.1%)	10,246 (0.1%)
java.lang.Class		209,456 (0.0%)	1,858 (0.0%)
jdk.internal.org.objectweb.asm.Item		152,768 (0.0%)	2,728 (0.0%)
java.lang.reflect.Method		134,904 (0.0%)	1,533 (0.0%)
java.lang.StringBuilder		126,048 (0.0%)	5,252 (0.0%)
java.lang.Class[]		106,808 (0.0%)	4,421 (0.0%)
java.io.ObjectStreamClass		97,344 (0.0%)	936 (0.0%)
java.lang.Long		94,392 (0.0%)	3,933 (0.0%)
jdk.internal.org.objectweb.asm.Item[]		91,360 (0.0%)	158 (0.0%)
java.util.HashMap		90,960 (0.0%)	1,895 (0.0%)

图 7-31　未开启逃逸分析时内存中 User 对象的实例数

把 "-XX:-DoEscapeAnalysis" 的 "-" 号改成 "+" 号，就意味着开启了逃逸分析。开启逃逸分析后花费的时间为 18ms，时间比之前少了很多，如图 7-32 所示。

图 7-32　开启逃逸分析后所花费的时间

开启逃逸分析后当前内存中有 51090 个对象，内存中不再维护 1000 万个对象，如图 7-33 所示。

类名	字节 [%] ▼	字节	实例数
int[]	▓▓▓▓▓▓▓	45,391,208 (76.9%)	3,993 (1.9%)
byte[]	▓	5,631,472 (9.5%)	9,125 (4.3%)
char[]	▓	2,973,272 (5.0%)	31,503 (14.9%)
com.atguigu.java2.StackAllocation$User		817,440 (1.3%)	51,090 (24.2%)
java.lang.Object[]		607,728 (1.0%)	15,795 (7.4%)
java.lang.String		497,712 (0.8%)	20,738 (9.8%)
java.util.TreeMap$Entry		250,600 (0.4%)	6,265 (2.9%)
java.lang.Class		208,624 (0.3%)	1,850 (0.8%)
java.io.ObjectStreamClass$WeakClassKey		175,296 (0.2%)	5,478 (2.5%)
jdk.internal.org.objectweb.asm.Item		152,768 (0.2%)	2,728 (1.2%)
java.lang.reflect.Method		134,904 (0.2%)	1,533 (0.7%)
java.lang.Class[]		103,048 (0.1%)	4,286 (2.0%)
java.lang.StringBuilder		101,232 (0.1%)	4,218 (2.0%)
jdk.internal.org.objectweb.asm.Item[]		91,360 (0.1%)	158 (0.0%)
java.util.HashMap$Node		79,744 (0.1%)	2,492 (1.1%)
short[]		73,456 (0.1%)	982 (0.4%)
java.util.HashMap$Node[]		71,464 (0.1%)	811 (0.3%)

图 7-33　开启逃逸分析后内存中 User 对象的实例数

7.10.5　逃逸分析之同步省略

线程同步的代价是相当高的，同步的后果是降低了并发性和性能。在动态编译同步块的时候，JIT 编译器可以借助逃逸分析，来判断同步块所使用的锁对象是否只能够被一个线程访问而没有被发布到其他线程。如果没有，那么 JIT 编译器在编译这个同步块的时候就会取消对这部分代码的同步，这样就能大大提高并发性和性能。这个取消同步的过程就叫同步省略，也叫锁消除。代码清单 7-17 展示了同步省略效果。

代码清单7-17　同步省略

```
package com.atguigu.java;
```

```
/**
 * 同步省略说明
 *
 * @author atguigu
 */
public class SynchronizedTest {
    public void f() {
        Object hollis = new Object();
        synchronized (hollis) {
            System.out.println(hollis);
        }
    }
}
```

代码中对 hollis 对象进行加锁，但是 hollis 对象的生命周期只在 f() 方法中，并不会被其他线程访问，所以在 JIT 编译阶段就会被优化掉。优化后的代码如代码清单 7-18 所示。

代码清单7-18　优化后的代码

```
package com.atguigu.java;

/**
 * 同步省略说明
 *
 * @author atguigu
 */
public class SynchronizedTest {
    public void f1() {
        Object hollis = new Object();
        System.out.println(hollis);
    }
}
```

当代码中对 hollis 这个对象进行加锁时的字节码文件如图 7-34 所示。同步省略是将字节码文件加载到内存之后才进行的，所以当我们查看字节码文件的时候仍然能看到 synchronized 的身影，在字节码文件中体现为 monitorenter 和 monitorexit，如图 7-34 中标记框所示。

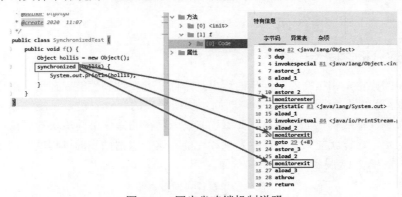

图 7-34　同步省略锁机制说明

7.10.6 逃逸分析之标量替换

标量（Scalar）是指一个无法再分解成更小数据的数据。Java 中的原始数据类型就是标量。相对的，那些还可以分解的数据叫作聚合量（Aggregate），Java 中的对象就是聚合量，因为它可以分解成其他聚合量和标量。

在 JIT 编译器的编译阶段，如果经过逃逸分析，发现一个对象不会被外界访问的话，那么经过 JIT 优化，就会把这个对象拆解成若干个成员变量。这个过程就是标量替换。

代码清单 7-19 展示了标量替换效果。

代码清单7-19　标量替换

```java
public static void main(String[] args) {
    alloc();
}
private static void alloc() {
    Point point = new Point(1,2);
    System.out.println("point.x="+point.x+"; point.y="+point.y);
}
class Point{
    private int x;
    private int y;
}
```

以上代码经过标量替换后，就会变成如下效果。

```java
private static void alloc() {
    int x = 1;
    int y = 2;
    System.out.println("point.x="+x+"; point.y="+y);
}
```

可以看到，point 这个聚合量经过逃逸分析后，并没有逃逸就被替换成两个聚合量了。那么标量替换有什么好处呢？就是可以大大减少堆内存的占用。因为一旦不需要创建对象了，那么就不再需要分配堆内存了。标量替换为栈上分配提供了很好的基础。

通过参数 -XX:+EliminateAllocations 可以开启标量替换（默认打开），允许将对象打散分配在栈上。代码清单 7-20 展示了标量替换之后对性能的优化效果。

代码清单7-20　标量替换性能优化测试

```java
package com.atguigu.java;

/**
 * 标量替换测试
 * -Xmx100m -Xms100m
 * -XX:+DoEscapeAnalysis -XX:+PrintGC -XX:-EliminateAllocations
 *
 * @author atguigu
 */
public class ScalarReplace {
    public static class User {
        public int id;
```

```
        public String name;
    }

    public static void alloc() {
        User u = new User();// 未发生逃逸
        u.id = 5;
        u.name = "www.atguigu.com";
    }

    public static void main(String[] args) {
        long start = System.currentTimeMillis();
        for (int i = 0; i < 10000000; i++) {
            alloc();
        }
        long end = System.currentTimeMillis();
        System.out.println(" 花费的时间为: " + (end - start) + " ms");
    }
}
```

使用如下参数运行上述代码。

```
-server -Xmx100m -Xms100m -XX:+DoEscapeAnalysis
-XX:+PrintGC -XX:+EliminateAllocations
```

使用参数说明如下。

● 参数 -server：启动 Server 模式，因为在 Server 模式下，才可以启用逃逸分析。
● 参数 -XX:+DoEscapeAnalysis：启用逃逸分析。
● 参数 -Xmx100M：指定了堆空间最大为 100MB。
● 参数 -XX:+PrintGC：将打印 GC 日志。
● 参数 -XX:+EliminateAllocations：开启了标量替换（默认打开），允许将对象打散分配
在栈上，比如对象拥有 id 和 name 两个字段，那么这两个字段将会被视为两个独立的
局部变量进行分配。

当未开启标量替换时，"-XX:-EliminateAllocations"设置为"-"号，程序运行花费的时间
如图 7-35 所示。

当开启标量替换时，"-XX:+EliminateAllocations"设置为"+"号，程序运行花费的时间
如图 7-36 所示。

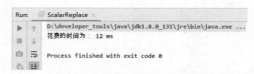

图 7-35　未开启标量替换时程序运行的时间 　　　　图 7-36　开启标量替换时程序运行的时间

开启标量替换时明显可以看出代码运行的时间减少了很多，同时也没有发生 GC 操作。

上述代码在主函数中调用了 1 亿次 alloc() 方法。调用 alloc() 方法的时候创建对象，每个
User 对象实例需要占据约 16 字节的空间，因此调用 1 亿次 alloc() 方法总共需要大约 1.5GB 内
存空间。如果堆空间小于这个值，就必然会发生 GC，所以当堆空间设置为 100MB 并且关闭

标量替换的时候，发生了 GC。

7.10.7　逃逸分析小结：逃逸分析并不成熟

关于逃逸分析的论文在 1999 年就已经发表了，但直到 JDK 1.6 才有实现，而且这项技术到如今也并不是十分成熟。

其根本原因就是无法保证逃逸分析的性能收益一定能高于它的消耗。虽然经过逃逸分析可以做标量替换、栈上分配和锁消除，但是逃逸分析自身也需要进行一系列复杂分析，这其实也是一个相对耗时的过程。一个极端的例子就是经过逃逸分析之后，发现所有对象都是逃逸的，那这个逃逸分析的过程就白白浪费掉了。

虽然这项技术并不十分成熟，但是它也是即时编译器优化技术中一个十分重要的手段。有一些观点认为，通过逃逸分析 JVM 会在栈上分配那些不会逃逸的对象，这在理论上是可行的，但是取决于 JVM 设计者的选择。Oracle Hotspot JVM 中并未实现栈上分配，上面案例测试的效果都是基于标量替换实现的，这一点在逃逸分析相关的文档里已经说明，对象被标量替换以后便不再是对象了，所以可以明确所有的对象实例都创建在堆上。

目前很多书籍还是基于 JDK 7 以前的版本。JDK 8 和之后的版本中内存分配已经发生了很大变化。比如 intern 字符串的缓存和静态变量曾经都被分配在永久代上，而永久代已经被元空间取代。但是 JDK 8 和之后的版本中 intern 字符串缓存和静态变量并不是被转移到元空间，而是直接在堆上分配。所以这一点同样符合前面的结论：对象实例都是分配在堆上。

7.11　本章小结

本章介绍了 JVM 的主要内存区域分为堆内存和非堆内存，非堆内存在不同 JDK 版本中的实现是不一样的。堆内存区域又进行了细致的划分，主要目的是为了优化垃圾收集。

接着讲解了对象在堆内存中的分配过程和策略，新生代是大部分对象诞生、成长和消亡的区域。对象在这里产生、应用，最后被垃圾回收器收集、结束生命。老年代放置生命周期较长的对象，通常都是从 Survivor 区域筛选复制过来的 Java 对象，也可能是大对象直接分配到老年代。

然后讲解了 GC 的分类，当 GC 只发生在新生代中，回收新生代对象的行为被称为 Minor GC。当 GC 发生在老年代时，则被称为 Major GC 或者 Full GC。程序正常运行的情况下，Minor GC 的发生频率要比 Major GC 高很多，即老年代中垃圾收集发生的频率要大大低于新生代垃圾收集的频率。

最后谈到了 JIT 编译器通过逃逸分析来优化对象的分配，经过逃逸分析之后的代码，如果对象没有发生逃逸行为，则可能会发生栈上分配、同步省略和标量替换行为。

第 8 章　方法区

本章将会重点讲解运行时数据区中的方法区。前面的章节已经讲解了堆和栈以及它们之间的关系。本章将会把堆、栈、方法区三者的关系串起来，这样大家对数据在内存中的展示就会更加清晰。说完了它们的关系之后，还会讲解方法区中存储的内容、方法区的内部结构以及方法区的异常情况。最后大家要注意，方法区是随着 JDK 版本变更而不断变化的，我们也将会在本章介绍不同 JDK 版本中方法区的演变细节。

8.1　栈、堆、方法区的交互关系

如图 8-1 所示，针对 HotSpot 虚拟机，从内存结构上看运行时数据区包含本地方法栈、程序计数器、虚拟机栈、堆和方法区。本章将重点讲解方法区，也就是图 8-1 中的 Method Area。

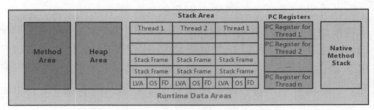

图 8-1　运行时数据区中的方法区

上面是从内存结构的角度看方法区在运行时数据区所处的位置，下面从线程共享与否的角度来看运行时数据区的划分，如图 8-2 所示。

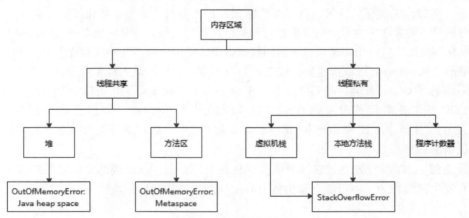

图 8-2　内存区域的划分

栈、堆、方法区三者之间的交互关系如图 8-3 所示，从最简单的代码角度出发，当前声明的变量是 Student 类型的 student，把整个 Student 类的结构加载到方法区，把变量 student 放到虚拟机栈中，new 的对象放到 Java 堆中。

如图 8-4 所示，在虚拟机栈局部变量表中存放的是各个变量，其中 reference 区域就相当于图 8-3 中的 student 变量，引用类型 reference 指向了堆空间中

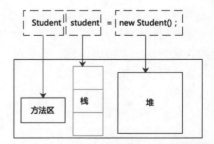

图 8-3　栈、堆、方法区交互关系的实例图

对象的实例数据，在堆的对象实例数据中有一个到对象类型数据的指针，这个指针指向了方法区中对象类型的数据。

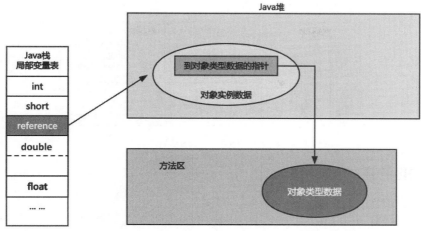

图 8-4　栈、堆、方法区内存结构关系图

8.2　方法区的理解

8.2.1　方法区的官方描述

方法区的官方描述如图 8-5 所示。

2.5.4. Method Area

The Java Virtual Machine has a *method area* that is shared among all Java Virtual Machine threads. The method area is analogous to the storage area for compiled code of a conventional language or analogous to the "text" segment in an operating system process. It stores per-class structures such as the run-time constant pool, field and method data, and the code for methods and constructors, including the special methods (§2.9) used in class and instance initialization and interface initialization.

The method area is created on virtual machine start-up. Although the method area is logically part of the heap, simple implementations may choose not to either garbage collect or compact it. This specification does not mandate the location of the method area or the policies used to manage compiled code. The method area may be of a fixed size or may be expanded as required by the computation and may be contracted if a larger method area becomes unnecessary. The memory for the method area does not need to be contiguous.

A Java Virtual Machine implementation may provide the programmer or the user control over the initial size of the method area, as well as, in the case of a varying-size method area, control over the maximum and minimum method area size.

The following exceptional condition is associated with the method area:

- If memory in the method area cannot be made available to satisfy an allocation request, the Java Virtual Machine throws an `OutOfMemoryError`.

图 8-5　方法区官方描述

图 8-5 所示文档的意思是在 JVM 中，方法区是可供各个线程共享的运行时内存区域。方法区与传统语言中的编译代码存储区或者操作系统进程的正文段的作用非常类似，它存储了每一个类的结构信息，例如，运行时常量池（Runtime Constant Pool）、字段和方法数据、构造函数和普通方法的字节码内容，还包括一些在类、实例、接口初始化时用到的特殊方法。

方法区在虚拟机启动的时候创建，虽然方法区是堆的逻辑组成部分，但是简单的虚拟机实现可以选择在这个区域不实现垃圾收集和压缩。Java 8 的虚拟机规范也不限定实现方法区的内存位置和编译代码的管理策略。方法区的容量可以是固定的，也可以随着程序执行的需求动态扩展，并在不需要太多空间时自动收缩。方法区在实际内存空间中可以是不连续的。

Java 虚拟机规范中明确说明："尽管所有的方法区在逻辑上是属于堆的一部分，但一些简单的实现可能不会选择去进行垃圾收集或者进行压缩。"但对于 HotSpot 虚拟机而言，方法区还有一个别名叫作 Non-Heap（非堆），目的就是要和堆区分开。所以，方法区可以看作是一块独立于 Java 堆的内存空间，如图 8-6 所示。

图 8-6　运行时数据区中方法区的所在位置

8.2.2　方法区的基本理解

对于方法区的理解我们要注意以下几个方面。

（1）方法区（Method Area）与堆一样，是各个线程共享的内存区域。

（2）方法区在 JVM 启动的时候被创建，并且它实际的物理内存空间和虚拟机堆区一样都可以是不连续的。

（3）方法区的大小跟堆空间一样，可以选择固定大小或者可扩展。方法区的大小决定了系统可以保存多少个类。如果系统定义了太多的类，导致方法区溢出，虚拟机同样会抛出内存溢出错误，如 java.lang.OutOfMemoryError: PermGen space 或者 java.lang.OutOfMemoryError: Metaspace。

以下情况都可能导致方法区发生 OOM 异常：加载大量的第三方 jar 包、Tomcat 部署的工程过多（30 ～ 50 个）或者大量动态地生成反射类。关闭 JVM 就会释放这个区域的内存。

8.2.3　JDK中方法区的变化

在 JDK 7 及以前，习惯上把方法区称为永久代。但是 JDK 8 移除了永久代，官方说明如图 8-7 所示，请扫码查看。

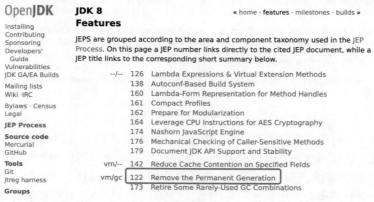

图 8-7　JDK 8 删除了永久代

为什么会有上面的变化呢？Java 虚拟机规范对如何实现方法区，不做统一要求，例如 BEA JRockit 和 IBM J9 等虚拟机中不存在永久代的概念。JDK 7 及之前的 HotSpot 虚拟机把垃圾收集扩展到永久代，这样 HotSpot 虚拟机就可以像管理堆一样管理永久代，不需要单独针对方法区写内存管理代码了。现在看来，让虚拟机管理永久代内存并不是很好的想法，因为永久代很容易让 Java 程序发生内存溢出（超过 -XX:MaxPermSize 上限）。而 BEA JRockit 和 IBM J9 虚拟机是在本地内存中实现的方法区，只要没有触碰到进程可用的内存上限就不会出问题。借鉴 BEA JRockit 虚拟机对于方法区的实现，HotSpot 虚拟机在 JDK 8 也完全废弃了永久代的概念，取而代之的是在本地内存中实现的元空间（Metaspace），图 8-8 和图 8-9 分别说明了不同版本的 JDK 对方法区的描述，JDK 7 及其之前的方法区一般称为永久代，JDK 8 之后称为元空间。

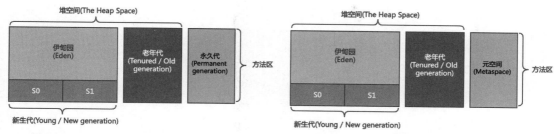

图 8-8　JDK 7 中的方法区实现：永久代　　　　　图 8-9　JDK 8 中的方法区实现：元空间

元空间的本质和永久代类似，都是对 JVM 规范中方法区的实现。不过元空间与永久代最大的区别在于元空间不在虚拟机设置的内存中，而是在本地内存。另外，永久代、元空间二者并不只是名字变了，内部结构也调整了，稍后会做介绍。

根据 Java 虚拟机规范的规定，如果方法区无法满足新的内存分配需求，将抛出 OOM 异常。

8.3　设置方法区大小与 OOM

8.3.1　设置方法区内存的大小

方法区的大小不必是固定的，JVM 可以根据应用的需要动态调整，下面根据 JDK 版本来分别说明方法区的大小设置和注意事项。

JDK 7 及以前的方法区相关设置如下。

（1）通过 -XX:PermSize 参数设置永久代初始分配空间。默认值是 20.75MB。

（2）通过 -XX:MaxPermSize 参数设置永久代最大可分配空间。32 位机器默认是 64MB，64 位机器模式是 82MB，可以使用 jinfo 命令查看相关参数设置，如图 8-10 所示。当 JVM 加载的类信息容量超过了该值，会报异常 OutOfMemoryError:PermGen space。

```
选择C:\Windows\System32\cmd.exe
D:\Java7\JDK7>jps
9508 MethodAreaDemo
14860 Launcher
15788 Jps
7868

D:\Java7\JDK7>jinfo -flag PermSize 9508
-XX:PermSize=21757952

D:\Java7\JDK7>jinfo -flag MaxPermSize 9508
-XX:MaxPermSize=85983232
```

图 8-10　JDK 7 及以前方法区的默认大小

JDK8 及以后方法区相关设置如下。

元空间大小可以使用参数 -XX:MetaspaceSize 和 -XX:MaxMetaspaceSize 指定，替代 JDK7 中的永久代的初始值和最大值。默认值依赖于具体的系统平台，取值范围是 12 ～ 20MB。例如在 Windows 平台下，-XX:MetaspaceSize 默认大约是 20MB，如果 -XX:MaxMetaspaceSize 的值是 -1，表示没有空间限制。与永久代不同，如果不指定大小，在默认情况下，虚拟机会耗尽所有的可用系统内存。如果元空间发生溢出，虚拟机一样会抛出异常 OutOfMemoryError: Metaspace。

假设 -XX:MetaspaceSize 默认值为 20MB，这是初始的高水位线，一旦方法区内存使用触及这个水位线，Full GC 将会被触发并卸载没用的类（包括这些类对应的类加载器也不再存活）。垃圾收集后，高水位标记可能会根据类元数据释放的空间量自动提高或降低，如果释放的空间很少，那么在不超过 MaxMetaspaceSize 时，该值会被提高，以免过早引发下一次垃圾收集。如果释放空间过多，那么该值会被降低。如果初始化的高水位线设置过低，上述高水位线调整情况会发生很多次。通过垃圾回收器的日志可以观察到 Full GC 多次调用。为了避免频繁 GC，建议将 -XX:MetaspaceSize 设置为一个相对较高的值。

下面我们用代码清单 8-1 测试 JDK 8 中方法区内存的设置。

代码清单8-1　JDK 8中方法区内存设置

```
package com.atguigu.chapter08;

/**
 * 测试设置方法区大小
 *
 * JDK 7 及以前:
 * -XX:PermSize=100m -XX:MaxPermSize=100m
 *
 * JDK 8 及以后:
 * -XX:MetaspaceSize=100m -XX:MaxMetaspaceSize=100m
 * @author atguigu
 */
public class MethodAreaDemo {
    public static void main(String[] args) {
        System.out.println("start...");
        try {
            Thread.sleep(1000000);
        } catch (InterruptedException e) {
            e.printStackTrace();
        }
        System.out.println("end...");
    }
}
```

如上述代码所示，把元空间设置为 100MB，设置参数 "-XX:MetaspaceSize=100m -XX:MaxMetaspaceSize=100m"，查看元空间大小的设置如图 8-11 所示，显示为 104857600，单位是 byte，换算为 MB 正好是 100MB。

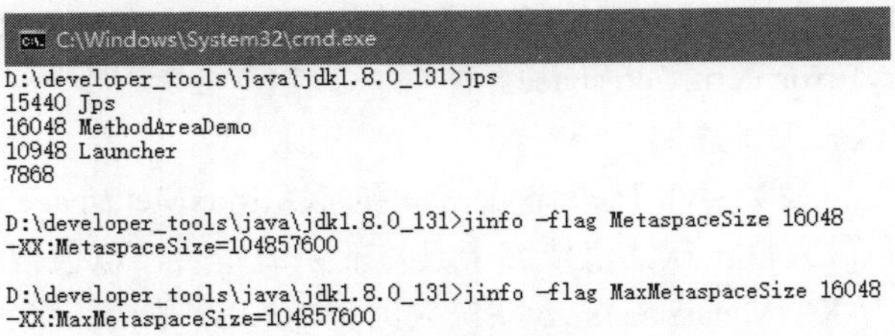

```
D:\developer_tools\java\jdk1.8.0_131>jps
15440 Jps
16048 MethodAreaDemo
10948 Launcher
7868

D:\developer_tools\java\jdk1.8.0_131>jinfo -flag MetaspaceSize 16048
-XX:MetaspaceSize=104857600

D:\developer_tools\java\jdk1.8.0_131>jinfo -flag MaxMetaspaceSize 16048
-XX:MaxMetaspaceSize=104857600
```

图 8-11　查看设置后元空间的大小

在 JDK 8 及以上版本中，设定 MaxPermSize 参数，JVM 在启动时并不会报错，但是会提示如下信息。

```
Java HotSpot 64Bit Server VM warning:ignoring option MaxPermSize=2560m;
support was removed in 8.0
```

8.3.2 方法区内存溢出

当方法区发生内存溢出的时候，我们应该怎么去解决呢？下面举例展示如何解决方法区内存溢出，将 JDK 7 版本的永久代大小设置为 5MB，将 JDK 8 版本的方法区空间大小设置为10MB，分别查看加载多少类的时候发生内存溢出。如代码清单 8-2 所示，代码的含义很简单，利用 ClassWriter 不停地创建 class 文件，然后加载到方法区中，直到方法区内存溢出。

代码清单8-2 方法区内存溢出

```java
package com.atguigu.chapter08;

import com.sun.xml.internal.ws.org.objectweb.asm.ClassWriter;
import jdk.internal.org.objectweb.asm.Opcodes;

/**
 * JDK6/7 中:
 * -XX:PermSize=5m -XX:MaxPermSize=5m
 * <p>
 * JDK8 中:
 * -XX:MetaspaceSize=10m -XX:MaxMetaspaceSize=10m
 *
 * @author atguigu
 */
public class OOMTest extends ClassLoader {
    public static void main(String[] args) {
        int j = 0;
        try {
            OOMTest test = new OOMTest();
            for (int i = 0; i < 10000; i++) {
                // 创建 ClassWriter 对象，用于生成类的二进制字节码
                ClassWriter classWriter = new ClassWriter(0);
                // 指明版本号、修饰符、类名、包名、父类、接口
                classWriter.visit(Opcodes.V1_8, Opcodes.ACC_PUBLIC,
                        "Class" + i, null,
                        "java/lang/Object", null);
                // 返回 byte[]
                byte[] code = classWriter.toByteArray();
                // 类的加载,Class 对象
                test.defineClass("Class" + i,
                        code, 0, code.length);
                j++;
            }
        } finally {
            System.out.println(j);
        }
    }
}
```

在 JDK 8 中把元空间设置为 10M，创建了 8531 个对象，抛出异常 "java.lang.OutOfMemoryError:

Metaspace"，如图 8-12 所示。

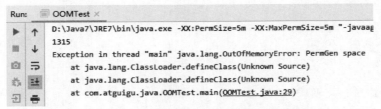

图 8-12　JDK 8 中出现的方法区内存溢出异常

在 JDK 7 中把永久代设置为 5M，创建了 1315 个对象，抛出异常"java.lang.OutOfMemoryError: PermGen space"，如图 8-13 所示。

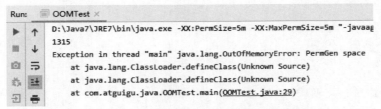

图 8-13　JDK7 中出现的方法区内存溢出异常

案例结果如图 8-13 所示，不同版本的 JDK 分别产生了元空间异常和永久代异常。

8.4　方法区的内部结构

方法区内部结构如图 8-14 所示。Java 源代码编译之后生成 class 文件，经过类加载器把 class 文件中的内容加载到 JVM 运行时数据区。class 文件中的一部分信息加载到方法区，比如类 class、接口 interface、枚举 enum、注解 annotation 以及运行时常量池等类型信息。

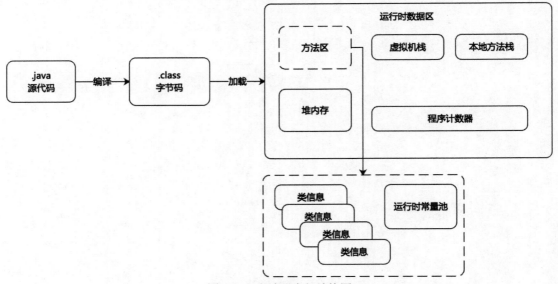

图 8-14　方法区内部结构图

上面我们从类加载到运行时数据区的角度说明了方法区什么时候放入数据，下面我们比较详细地说明方法区中存放什么样的数据。方法区和 Java 堆一样，是各个线程共享的内存区域，它用于存储已被虚拟机加载的类型信息、常量、静态变量、即时编译器编译后的代码缓存等，如图 8-15 所示。不同的虚拟机实现，部分信息的存储位置是有变化的，我们上面讲到的这些信息存放在方法区是比较经典的说法。

类型信息　　运行时常量池　　静态变量　　JIT代码缓存　　域信息　　方法信息

图 8-15　方法区内部存储信息图

接下来对方法区中存储的内容信息分别详细说明。

8.4.1　类型信息、域信息和方法信息介绍

下面我们先介绍类型信息、域信息和方法信息中存储的内容分别是什么。

1. 类型信息

对每个加载的类型（类 class、接口 interface、枚举 enum、注解 annotation），JVM 必须在方法区中存储以下类型信息。

- 完整有效全类名，包括包名和类名。
- 直接父类的完整有效名（对于 interface 或是 java.lang.Object，都没有父类）。
- 修饰符（public、abstract、final 的某个子集）。
- 直接接口的一个有序列表。

2. 域信息

JVM 必须在方法区中保存类型的所有域的相关信息以及域的声明顺序。域的相关信息包括域名称、域类型、域修饰符（public、private、protected、static、final、volatile、transient 的某个子集）。

3. 方法信息

JVM 必须保存所有方法的以下信息，同域信息一样包括声明顺序。

- 方法名称。
- 方法的返回类型（或 void）。
- 方法参数的数量和类型（按顺序）。
- 方法的修饰符（public、private、protected、static、final、synchronized、native、abstract 的一个子集）。
- 方法的字节码（bytecodes）、操作数栈深度、局部变量表大小（abstract 和 native 方法除外）。
- 异常表（abstract 和 native 方法除外），异常表会记录每个异常处理的开始位置、结束位置、代码处理在程序计数器中的偏移地址、被捕获的异常类的常量池索引。

通过代码清单 8-3 测试方法区的内部构成。

代码清单8-3　方法区内部构成

```
package com.atguigu.chapter08;


import java.io.Serializable;


/**
```

```
 *  测试方法区的内部构成
 *
 * @author atguigu
 */
public class MethodInnerStrucTest extends Object implements
        Comparable<String>, Serializable {
    // 属性
    public int num = 10;
    private static String str = " 测试方法的内部结构 ";

    // 方法
    public void test1() {
        int count = 20;
        System.out.println("count = " + count);
    }

    public static int test2(int cal) {
        int result = 0;
        try {
            int value = 30;
            result = value / cal;
        } catch (Exception e) {
            e.printStackTrace();
        }
        return result;
    }

    @Override
    public int compareTo(String o) {
        return 0;
    }
}
```

上述代码的 class 文件经反编译（使用命令 javap –v –p MethodInnerStrucTest.class）之后的类型信息如下所示，可以看到完整有效全类名为 com.atguigu.MethodInnerStrucTest；父类为 java.lang.Object；实现的接口为 java.lang.Comparable<java.lang.String>；修饰符为 public。

```
public class com.atguigu.MethodInnerStrucTest extends java.lang.Object
implements java.lang.Comparable<java.lang.String>, java.io.Serializable
```

上述代码的 class 文件经反编译之后的域信息如下所示，其中包含两个域信息，分别是 num 和 str。首先分析 num 的各项信息，num 为域名称、I 表示域类型为 Integer、ACC_PUBLIC 表示域修饰符为 public。接着分析 str 的各项信息，str 为域名称、Ljava/lang/String 表示域类型为 String、ACC_PRIVATE 和 ACC_STATIC 表示域修饰符为 private static。

```
public int num;
    descriptor: I
    flags: ACC_PUBLIC
```

```
    private static java.lang.String str;
        descriptor: Ljava/lang/String;
        flags: ACC_PRIVATE, ACC_STATIC
```

上述代码的 class 文件经反编译之后的 test1() 方法信息如下所示，可以看到方法名称是
test1(); ()V 表示返回值是 void；该方法没有参数，所以没有参数名称和类型；ACC_PUBLIC 表
示方法修饰符是 public；Code 后面的字节码包括方法的字节码指令、操作数栈深度为 3、局部
变量表大小为 2。

```
public void test1();
    descriptor: ()V
    flags: ACC_PUBLIC
    Code:
        stack=3, locals=2, args_size=1
            0: bipush          20
            2: istore_1
            3: getstatic       #3
            6: new             #4
            9: dup
           10: invokespecial   #5
           13: ldc             #6
           15: invokevirtual   #7
           18: iload_1
           19: invokevirtual   #8
           22: invokevirtual   #9
           25: invokevirtual   #10
           28: return
    LineNumberTable:
        line 10: 0
        line 11: 3
        line 12: 28
    LocalVariableTable:
        Start  Length  Slot  Name  Signature
            0      29     0  this  Lcom/atguigu/MethodInnerStrucTest;
            3      26     1  count  I
```

除了 test1() 方法外，大家可以看到反编译文件中还有一个方法叫作 MethodInnerStruc
Test()，我们知道 Java 中如果不手动定义构造方法的话，Java 默认会提供一个无参的构造方法，
在 class 文件反编译之后，可以看到无参构造方法信息如下所示。

```
public com.atguigu.MethodInnerStrucTest();
    descriptor: ()V
    flags: ACC_PUBLIC
    Code:
        stack=2, locals=1, args_size=1
            0: aload_0
            1: invokespecial #1
```

```
        4: aload_0
        5: bipush          10
        7: putfield        #2
       10: return
     LineNumberTable:
       line 5: 0
       line 7: 4
     LocalVariableTable:
       Start   Length   Slot   Name   Signature
           0       11      0   this   Lcom/atguigu/MethodInnerStrucTest;
```

最后，我们看到 test2() 方法的信息中还存在一个异常表，如下所示，其中 Exception table 表示异常表。

```
public static int test2(int);
    descriptor: (I)I
    flags: ACC_PUBLIC, ACC_STATIC
    Code:
      stack=2, locals=3, args_size=1
         0: iconst_0
         1: istore_1
         2: bipush          30
         4: istore_2
         5: iload_2
         6: iload_0
         7: idiv
         8: istore_1
         9: goto            17
        12: astore_2
        13: aload_2
        14: invokevirtual #12
        17: iload_1
        18: ireturn
      Exception table:
         from    to  target type
            2     9     12   Class java/lang/Exception
      LineNumberTable:
        line 14: 0
        line 16: 2
        line 17: 5
        line 21: 9
        line 19: 12
        line 20: 13
        line 22: 17
      LocalVariableTable:
        Start   Length   Slot   Name   Signature
            5        4      2   value   I
```

13	4	2	e	Ljava/lang/Exception;
0	19	0	cal	I
2	17	1	result	I

8.4.2　类变量和常量

static 修饰的成员变量为类变量或者静态变量，静态变量和类关联在一起，随着类的加载而加载。类变量被类的所有实例共享，即使没有类实例时也可以访问它。

在 JDK 7 之前类变量也是方法区的一部分，JDK 7 及以后的 JDK 类变量放在了堆空间。此外，使用 final 修饰的成员变量表示常量，使用 static final 修饰的成员变量称为静态常量，静态常量和静态变量的区别是静态常量在编译期就已经为其赋值。

下面用案例说明静态常量和静态变量的区别，如代码清单 8-4 所示。

代码清单8-4　静态常量和静态变量的区别

```
package com.atguigu.chapter08;

/**
 * non-final 的类变量
 *
 * @author atguigu
 */
public class MethodAreaTest {
    public static void main(String[] args) {
        Order order = null;
        order.hello();
        System.out.println(order.count);
    }
}

class Order {
    public static int count = 1;
    public static final int number = 2;
    public static void hello() {
        System.out.println("hello!");
    }
}
```

运行结果如图 8-16 所示。

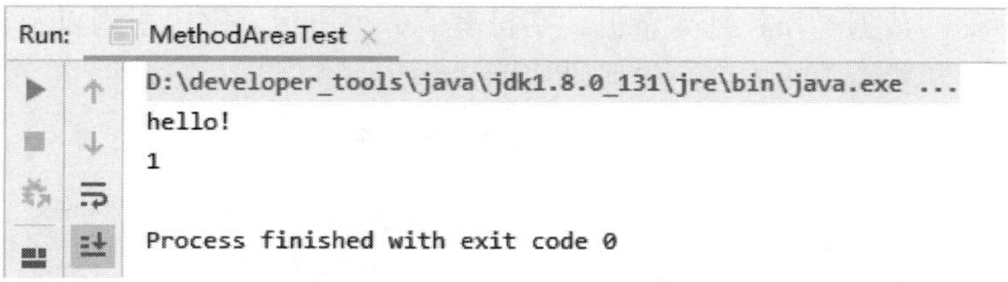

图 8-16　non-final 的类变量示例运行结果

可以看到当 order 对象设置为 null 的时候，调用类变量 count 时并没有报空指针异常，这是因为类变量被类的所有实例共享，即使没有类实例时也可以访问它，但是在工作中，一般不会写这样的代码，都是直接使用类名来调用。

再说一下类变量和静态常量的区别。首先将上面代码使用 javap 命令反编译，结果如图 8-17 所示。可以发现被声明为 static 的类变量 count 在编译时期并没有做赋值处理，而对于声明为 "static final" 的常量处理方法则不同，每个全局常量在编译的时候就会被赋值。

```
{
    public static int count;
      descriptor: I
      flags: ACC_PUBLIC, ACC_STATIC

    public static final int number;
      descriptor: I
      flags: ACC_PUBLIC, ACC_STATIC, ACC_FINAL
      ConstantValue: int 2
```

图 8-17　声明为 final 的全局常量的赋值

8.4.3　常量池

方法区内部包含了运行时常量池。class 文件中有个 constant pool，翻译过来就是常量池。当 class 文件被加载到内存中之后，方法区中会存放 class 文件的 constant pool 相关信息，这时候就成为了运行时常量池。所以要弄清楚方法区的运行时常量池，需要理解 class 文件中的常量池。一个 Java 应用程序中所包含的所有 Java 类的常量池组成了 JVM 中的大的运行时常量池。常量池在 class 文件中的相关结构如图 8-18 所示，图中画框的地方有两个元素，分别是 constant_pool_count 和 constant_pool[constant_pool_count-1]，它们分别表示常量池容量和所有的常量。

4.1. The ClassFile Structure

A class file consists of a single ClassFile structure:

```
ClassFile {
    u4              magic;
    u2              minor_version;
    u2              major_version;
    u2              constant_pool_count;
    cp_info         constant_pool[constant_pool_count-1];
    u2              access_flags;
    u2              this_class;
    u2              super_class;
    u2              interfaces_count;
    u2              interfaces[interfaces_count];
    u2              fields_count;
    field_info      fields[fields_count];
    u2              methods_count;
    method_info     methods[methods_count];
    u2              attributes_count;
    attribute_info  attributes[attributes_count];
}
```

The items in the ClassFile structure are as follows:

图 8-18　class 结构中的常量池

常量池内存储的数据类型包括数量值、字符串值、类引用、字段引用以及方法引用。下面我们使用代码说明常量池中的内容，如代码清单 8-5 所示。

代码清单8-5　常量池

```
package com.atguigu;
public class DynamicLinkingTest {
    int num = 10;
    public void methodA(){
        System.out.println("methodA()....");
```

```
    }
    public void methodB(){
        System.out.println("methodB()....");
        methodA();
        num++;

    }
}
```

通过"javap –v DynamicLinkingTest.class"命令查看 class 文件，如代码清单 8-6 所示。

代码清单8-6　查看class文件

```
bogon:atguigu root$ javap -v DynamicLinkingTest.class
Constant pool:
   #1 = Methodref          #9.#23
   #2 = Fieldref           #8.#24
   #3 = Fieldref           #25.#26
   #4 = String             #27
   #5 = Methodref          #28.#29
   #6 = String             #30
   #7 = Methodref          #8.#31
   #8 = Class              #32
   #9 = Class              #33
  #10 = Utf8               num
  #11 = Utf8               I
  #12 = Utf8               <init>
  #13 = Utf8               ()V
  #14 = Utf8               Code
  #15 = Utf8               LineNumberTable
  #16 = Utf8               LocalVariableTable
  #17 = Utf8               this
  #18 = Utf8               Lcom/atguigu/chapter08/DynamicLinkingTest;
  #19 = Utf8               methodA
  #20 = Utf8               methodB
  #21 = Utf8               SourceFile
  #22 = Utf8               DynamicLinkingTest.java
  #23 = NameAndType        #12:#13          // "<init>":()V
  #24 = NameAndType        #10:#11          // num:I
  #25 = Class              #34              // java/lang/System
  #26 = NameAndType        #35:#36          // out:Ljava/io/PrintStream;
  #27 = Utf8               methodA()....
  #28 = Class              #37              // java/io/PrintStream
  #29 = NameAndType        #38:#39          // println:(Ljava/lang/String;)V
  #30 = Utf8               methodB()....
  #31 = NameAndType        #19:#13          // methodA:()V
  #32 = Utf8               com/atguigu/chapter08/DynamicLinkingTest
  #33 = Utf8               java/lang/Object
  #34 = Utf8               java/lang/System
  #35 = Utf8               out
```

```
#36 = Utf8          Ljava/io/PrintStream;
#37 = Utf8          java/io/PrintStream
#38 = Utf8          println
#39 = Utf8          (Ljava/lang/String;)V
```

可以看到在 class 文件中包含了名为 Constant Pool 的属性，该属性表示 class 文件中的常量池，Methodref 表示方法的符号引用，Fieldref 表示字段的符号引用。

可以通过 jclasslib 工具查看常量池中的内容，如图 8-19 所示。

如图 8-20 所示，DynamicLinkingTest.java（代码清单 8-5）文件大小为 265 字节，但是里面却使用了 String、System、PrintStream 及 Object 等多种类结构。如果使用常量池存储这些结构的符号引用和常量，在 Java 文件中直接调用这些引用和常量即可，这样便可以节省很多空间。如果没有常量池这样的设计，就需要手动在 Java 代码中体现这些完整的类结构，这样就会导致 Java 文件占用空间变大。企业开发中，随着 Java 文件的增多和代码量的增加，就会导致 Java 文件非常庞大，冗余度过高。综上，常量池的作用就是提供一些符号和常量，便于指令的识别。

图 8-19 常量池中的数据　　　　图 8-20 DynamicLinkingTest.java 文件大小

可以把常量池看作一张表，虚拟机指令根据这张常量表找到要执行的类名、方法名、参数类型、字面量等类型。在这里大家对字节码中常量池存放的数据有了大概的认识，本书第 17 章会继续详细介绍常量池怎么去存储数据以及它的数据结构。

8.4.4 运行时常量池

上面我们讲了 class 文件中的常量池，接下来我们再讲一下什么是运行时常量池。运行时常量池（Runtime Constant Pool）是方法区的一部分。常量池表是 class 文件的一部分，用于存放编译期生成的各种字面量与符号引用，这部分内容将在类加载后存放到方法区的运行时常量池中。

虚拟机加载类或接口后，就会创建对应的运行时常量池。JVM 为每个已加载的类型（类或接口）都维护一个常量池。池中的数据项像数组项一样，是通过索引访问的。

运行时常量池中包含多种不同的常量，包括编译期就已经明确的数值字面量，也包括到运行期解析后才能够获得的方法或者字段引用。此时不再是常量池中的符号地址了，这里换为真实地址。

运行时常量池相对于 class 文件常量池的另外一个重要特征是具备动态性，Java 语言并不要求常量一定只有编译期才能产生，也就是说，并非预置入 class 文件中常量池的内容才能进入方法区运行时常量池，运行期间也可以将新的常量放入池中，这种特性被开发人员利用得比较多的便是 String 类的 intern() 方法。

当创建类或接口的运行时常量池时，如果构造运行时常量池所需的内存空间超过了方法区所能提供的最大值，则 JVM 会抛 OOM 异常。

8.5　方法区使用举例

上面我们讲了方法区比较经典的内部存储结构，包括类型信息、常量、静态变量、即时编译器编译后的代码缓存等。下面我们从代码的角度深度剖析方法区的使用过程，如代码清单8-7 所示。

代码清单8-7　代码示例

```java
package com.atguigu.section05;
/**
 * @author atguigu
 */
public class MethodAreaDemo1 {
    public static void main(String[] args) {
        String x = "shangguigu";
        System.out.println(x);
    }
}
```

上面的代码很简单，使用 javap 命令反编译代码，常量池中的内容如下所示。

```
Constant pool:
   #1 = Methodref          #6.#22
   #2 = String             #23
   #3 = Fieldref           #24.#25
   #4 = Methodref          #26.#27
   #5 = Class              #28
   #6 = Class              #29
   #7 = Utf8               <init>
   #8 = Utf8               ()V
   #9 = Utf8               Code
  #10 = Utf8               LineNumberTable
  #11 = Utf8               LocalVariableTable
  #12 = Utf8               this
  #13 = Utf8               Lcom/atguigu/MethodAreaDemo1;
  #14 = Utf8               main
  #15 = Utf8               ([Ljava/lang/String;)V
```

```
#16 = Utf8                 args
#17 = Utf8                 [Ljava/lang/String;
#18 = Utf8                 x
#19 = Utf8                 Ljava/lang/String;
#20 = Utf8                 SourceFile
#21 = Utf8                 MethodAreaDemo1.java
#22 = NameAndType          #7:#8
#23 = Utf8                 shangguigu
#24 = Class                #30
#25 = NameAndType          #31:#32
#26 = Class                #33
#27 = NameAndType          #34:#35
#28 = Utf8                 com/atguigu/MethodAreaDemo1
#29 = Utf8                 java/lang/Object
#30 = Utf8                 java/lang/System
#31 = Utf8                 out
#32 = Utf8                 Ljava/io/PrintStream;
#33 = Utf8                 java/io/PrintStream
#34 = Utf8                 println
#35 = Utf8                 (Ljava/lang/String;)V
```

class 文件反编译之后方法区中 main() 方法的信息如下，根据反编译的结果我们可以看到局部变量表大小是 2，这是在编译期已经确定好的，程序中有 2 个变量，分别是 args 和 x，所以局部变量表的大小是 2。还可以看到操作数栈的深度是 2，剩下的就是字节码指令了。

```
public static void main(java.lang.String[]);
    descriptor: ([Ljava/lang/String;)V
    flags: ACC_PUBLIC, ACC_STATIC
    Code:
      stack=2, locals=2, args_size=1
         0: ldc             #2
         2: astore_1
         3: getstatic       #3
         6: aload_1
         7: invokevirtual #4
        10: return
```

我们主要查看方法区中字节码指令如何与程序计数器以及虚拟机栈之间协同合作。字节码指令前面的序号表示程序计数器中指令编号，字节码指令表示当前指令的具体操作。接下来我们针对执行过程画图讲解，具体流程如下。

（1）首先执行"ldc #2"指令，指令序号为 0，程序计数器指令编号是 0，该指令表示的含义是把常量池中编号为 2 的符号引用放入操作数栈，常量池中编号为 2 的符号引用又指向了编号为 23 的符号引用，继续查找常量池便可看到 23 号符号引用是"shangguigu"，所以我们把"shangguigu"放入操作数栈，如图 8-21 所示。

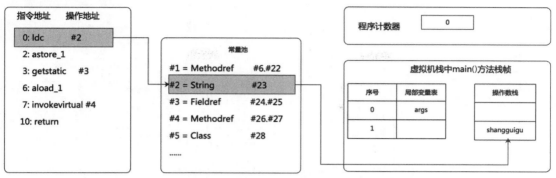

图 8-21　方法区中字节码指令与程序计数器和虚拟机栈的协作关系（1）

（2）接下来执行"astore_1"指令，指令序号为 2，程序计数器指令编号是 2，该指令表示的含义是把操作数栈顶中的元素放入局部变量表中序号为 1 的位置，如图 8-22 所示。

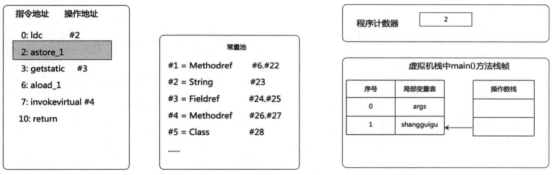

图 8-22　方法区中字节码指令与程序计数器和虚拟机栈的协作关系（2）

（3）"getstatic #3"指令的序号为 3，程序计数器指令编号是 3，该指令表示的含义是将常量池中编号为 #24、#25 的符号引用放入操作数栈，24 号和 25 号的符号引用又指向 30 号、31 号和 32 号，分别对应 java/lang/System、out 和 Ljava/io/PrintStream，也就是说把 System 类中的静态常量 out 放入操作数栈，如图 8-23 所示。

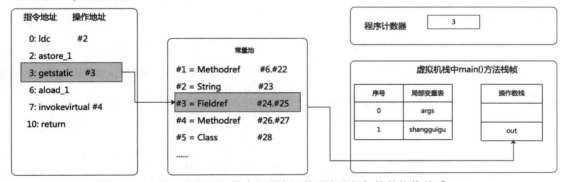

图 8-23　方法区中字节码指令与程序计数器和虚拟机栈的协作关系（3）

（4）"aload_1"指令的序号为 6，程序计数器指令编号是 6，该指令表示的含义是把局部变量表中序号为 1 的数据放入操作数栈，如图 8-24 所示。

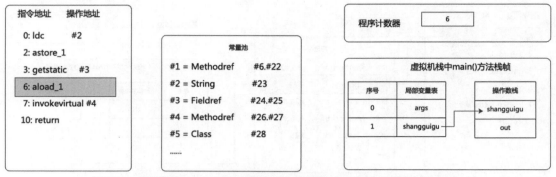

图 8-24　方法区中字节码指令与程序计数器和虚拟机栈的协作关系（4）

（5）"invokevirtual #4"指令的序号为 7，程序计数器指令编号为 7，该指令调用常量池中编号为 4 指向的方法引用，查看常量池内容可知该方法是 PrintStream.println()，将操作数栈中的两个元素弹出，作为 println() 方法的参数传入 println() 方法的操作数栈中，如图 8-25 所示。

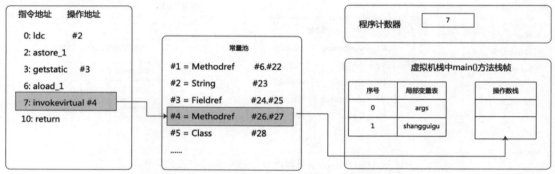

图 8-25　方法区中字节码指令与程序计数器和虚拟机栈的协作关系（5）

（6）最后调用 return 指令，该指令的含义是 main() 方法调用结束返回 void，如图 8-26 所示。

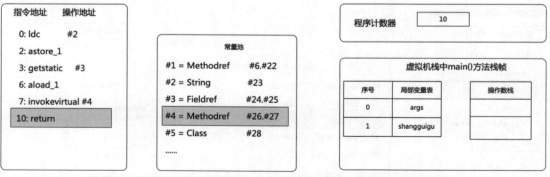

图 8-26　方法区中字节码指令与程序计数器和虚拟机栈的协作关系（6）

我们通过简单的案例说明方法区中字节码指令与常量池、程序计数器以及虚拟机栈之间的协作关系流程图。随着字节码指令的执行，程序计数器中存储的指令会发生变化；虚拟机栈中的操作数栈和局部变量表也会根据字节码指令而发生变化，这就是内存区域之间的协作关系。

8.6 方法区的演进细节

8.6.1 HotSpot虚拟机中方法区的变化

以 JDK 7 为例，前面讲过只有 HotSpot 虚拟机才有永久代的概念。对于 BEA JRockit、IBM J9 等虚拟机来说，是不存在永久代的概念的。原则上如何实现方法区属于虚拟机实现的细节，不受 Java 虚拟机规范管束，并不要求统一。下面看一下 HotSpot 虚拟机中方法区的变化，如表8-1 所示。

表8-1 HotSpot虚拟机中方法区的变化

JDK版本	方法区的变化
JDK 6 及之前	有永久代，静态变量存放在永久代上
JDK 7	有永久代，但已经逐步"去永久代"，字符串常量池、静态变量移除，保存在堆中
JDK 8 及以后	无永久代，类型信息、字段、方法、常量保存在使用本地内存的元空间中，但字符串常量池、静态变量仍在堆中

JDK 6 中方法区的内容如图 8-27 所示。

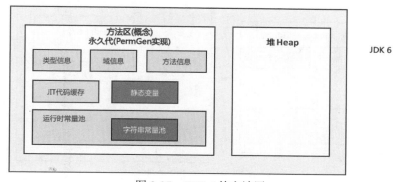

图 8-27 JDK 6 的方法区

JDK 7 中方法区的内容如图 8-28 所示。可以发现相对 JDK 6 来说，字符串常量池（StringTable）位置发生了变化。为什么要对字符串常量池的位置进行调整呢？因为永久代的回收效率很低，在 Full GC 的时候才会触发，而 Full GC 是老年代的空间不足、永久代不足时才会触发。这就导致字符串常量池回收效率不高。我们程序中一定会有大量的字符串被创建，而很多字符串往往不需要永久保存，那么回收效率低的话，就会导致永久代内存严重不足。如果将字符串放到堆里，内存就能及时回收利用。

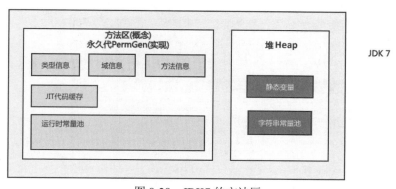

图 8-28 JDK7 的方法区

字符串常量池调整的官方声明如图 8-29 所示。官网声明请扫码查看。

图 8-29 所示的声明大致意思为：在 JDK 7 中，字符串常量不再在 Java 堆的永久代中分配，而是和应用程序创建的其他对象一样，在 Java 堆的主要部分（称为新生代和老年代）中分配。这一更改将导致更多数据驻留在主 Java 堆中，而在永久生成中数据更少，因此可能需要调整堆大小。由于这一更改，大多数应用程序在堆使用方面只会看到相对较小的差异，但加载更多的类或大量使用 String. intern() 方法的大型应用程序将看到更显著的差异。关于 String.intern() 方法的使用请看 12.4 节。

Area: HotSpot
Synopsis: In JDK 7, interned strings are no longer allocated in the permanent generation of the Java heap, but are instead allocated in the main part of the Java heap (known as the young and old generations), along with the other objects created by the application. This change will result in more data residing in the main Java heap, and less data in the permanent generation, and thus may require heap sizes to be adjusted. Most applications will see only relatively small differences in heap usage due to this change, but larger applications that load many classes or make heavy use of the `String.intern()` method will see more significant differences.
RFE: 6962931

图 8-29　字符串常量池调整的官方解释

JDK 8 中方法区的内容如图 8-30 所示，这个时候方法区的实现元空间不再占用 JVM 内存，而是把元空间放到了本地内存。

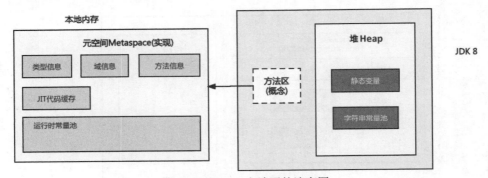

图 8-30　JDK 8 方法区的演变图

8.6.2　永久代为什么被元空间替换

官方解释元空间替换永久代的原因如图 8-31 所示。

Motivation

This is part of the JRockit and Hotspot convergence effort. JRockit customers do not need to configure the permanent generation (since JRockit does not have a permanent generation) and are accustomed to not configuring the permanent generation.

Description

Move part of the contents of the permanent generation in Hotspot to the Java heap and the remainder to native memory.

Hotspot's representation of Java classes (referred to here as class meta-data) is currently stored in a portion of the Java heap referred to as the permanent generation. In addition, interned Strings and class static variables are stored in the permanent generation. The permanent generation is managed by Hotspot and must have enough room for all the class meta-data, interned Strings and class statics used by the Java application. Class metadata and statics are allocated in the permanent generation when a class is loaded and are garbage collected from the permanent generation when the class is unloaded. Interned Strings are also garbage collected when the permanent generation is GC'ed.

The proposed implementation will allocate class meta-data in native memory and move interned Strings and class statics to the Java heap. Hotspot will explicitly allocate and free the native memory for the class meta-data. Allocation of new class meta-data would be limited by the amount of available native memory rather than fixed by the value of -XX:MaxPermSize, whether the default or specified on the command line.

图 8-31　元空间替换永久代的官方解释

这段话的意思是，元空间替换永久代这部分内容是 JRockit 虚拟机和 HotSpot 虚拟机融合的一部分，我们知道 JRockit 不需要配置永久代，HotSpot 虚拟机也在慢慢地去永久代。

JDK 7 之前的版本中，HotSpot 虚拟机将类型信息、内部字符串和类静态变量存储在永久代中，垃圾收集器也会对该区域进行垃圾回收。JDK 7 将 HotSpot 虚拟机中永久代内部字符串和类静态变量数据移动到 Java 堆中，但是依然存在永久代。

随着 Java 8 的到来，HotSpot 虚拟机中再也见不到永久代了。但是这并不意味着类的元数据信息也消失了。这些数据被移到了一个与堆不相连的本地内存区域，这个区域叫作元空间，元数据信息内存的分配将受本机可用内存量的限制，而不是由 "-XX:MaxPermSize" 的值固定。由于类的元数据分配在本地内存中，元空间的最大可分配空间就是系统可用内存空间。这项改动是很有必要的，原因有以下两点。

（1）为永久代设置空间大小是很难确定的。

在某些场景下，如果动态加载类过多，容易产生永久代的 OOM。比如某个集成了很多框架的 Web 工程中，因为功能繁多，在运行过程中要不断动态加载很多类，可能出现如下致命错误。

```
Exception in thread "main" java.lang.OutOfMemoryError: PermGen space
```

而元空间和永久代之间最大的区别在于：元空间并不在虚拟机中，而是使用本地内存。因此，默认情况下，元空间的大小仅受本地内存限制。

（2）将元数据从永久代剥离出来放到元空间中，不仅实现了对元数据的无缝管理，而且因为元空间大小仅受本地内存限制，也简化了 Full GC，并且可以在 GC 不暂停的情况下并发地释放元数据。

8.6.3 静态变量存放的位置

8.6.2 节我们讲了 JDK 7 及以后的版本中静态变量存放位置的改变，从方法区存储改为堆内存存储，是我们学习 JVM 过程中的一个结论，下面我们用代码去验证上面的结论。如代码清单 8-8 所示。

代码清单8-8 代码示例

```
package com.atguigu.chapter08;
/**
 * 结论:
 * 静态引用对应的对象实体始终都存在堆空间
 *
 * jdk7:
 * -Xms200m -Xmx200m -XX:PermSize=300m
 * -XX:MaxPermSize=300m -XX:+PrintGCDetails
 * jdk 8:
 * -Xms200m -Xmx200m -XX:MetaspaceSize=300m
 * -XX:MaxMetaspaceSize=300m-XX:+PrintGCDetails
 * @author atguigu
 */
public class StaticFieldTest {
    private static byte[] arr = new byte[1024 * 1024 * 100];//100MB
    public static void main(String[] args) {
        System.out.println(StaticFieldTest.arr);
```

```
        }
    }
```

在 JDK 7 中创建 100M 字节数组存放到老年代，如图 8-32 所示。

```
Run:      StaticFieldTest ×
D:\Java7\JRE7\bin\java.exe ...
[B@150b75f2
Heap
 PSYoungGen      total 60416K, used 6272K [0x00000000fbd00000, 0x0000000100000000, 0x0000000100000000)
  eden space 52224K, 12% used [0x00000000fbd00000,0x00000000fc320048,0x00000000ff000000)
  from space 8192K, 0% used [0x00000000ff800000,0x00000000ff800000,0x0000000100000000)
  to   space 8192K, 0% used [0x00000000ff000000,0x00000000ff000000,0x00000000ff800000)
 ParOldGen       total 136704K, used 102400K [0x00000000f3780000, 0x00000000fbd00000, 0x00000000fbd00000)
  object space 136704K, 74% used [0x00000000f3780000,0x00000000f9b80010,0x00000000fbd00000)
 PSPermGen       total 307200K, used 2896K [0x00000000e0b80000, 0x00000000e0e541d0, 0x00000000f3780000)
  object space 307200K, 0% used [0x00000000e0b80000,0x00000000e0e541d0,0x00000000f3780000)
```

图 8-32　JDK 7 中字节数组存放的位置

在 JDK 8 中创建 100M 字节数组存放到老年代，如图 8-33 所示。

```
StaticFieldTest ×
D:\developer_tools\java\jdk1.8.0_131\jre\bin\java.exe ...
[B@1540e19d
Heap
 PSYoungGen      total 59904K, used 5172K [0x00000000fbd80000, 0x0000000100000000, 0x0000000100000000)
  eden space 51712K, 10% used [0x00000000fbd80000,0x00000000fc28d1b0,0x00000000ff000000)
  from space 8192K, 0% used [0x00000000ff800000,0x00000000ff800000,0x0000000100000000)
  to   space 8192K, 0% used [0x00000000ff000000,0x00000000ff000000,0x00000000ff800000)
 ParOldGen       total 136704K, used 102400K [0x00000000f3800000, 0x00000000fbd80000, 0x00000000fbd80000)
  object space 136704K, 74% used [0x00000000f3800000,0x00000000f9c00010,0x00000000fbd80000)
 Metaspace       used 3498K, capacity 4498K, committed 4864K, reserved 1056768K
  class space     used 387K, capacity 390K, committed 512K, reserved 1048576K
```

图 8-33　JDK8 中字节数组存放的位置

　　静态引用对应的对象实体始终都存放在堆空间，所以 JDK 7 和 JDK 8 中创建的字节数组都是存放在堆空间，JDK 7 及之后的版本创建对象的引用名（即定义的 arr）也存放在堆空间中，如代码清单 8-9 所示。

代码清单8-9　代码示例

```java
package com.atguigu.chapter08;

/**
 * 测试静态变量对象的引用名是否存放在堆空间中
 * 此案例中静态变量的引用名是 staticOrder
 *
 * @author atguigu
 */
public class MethodAreaTest {
    public static Order staticOrder = new Order();
    public static int count = 1;
    public static final int NUMBER = 2;

    public static void main(String[] args) {
        try {
```

```
                System.out.println(staticOrder);
                System.out.println(MethodAreaTest.count);
                System.out.println(MethodAreaTest.NUMBER);
                Thread.sleep(1000000);
            } catch (InterruptedException e) {
                e.printStackTrace();
            }
        }
    }
    class Order {
    }
```

在 JDK 9 中，新增了一款工具叫 jhsdb，使用 jhsdb 工具来连接到 Java 进程或启动事后调试器来分析 JVM 的核心转储内容。这是 JDK 9 的新特性，其实在 JDK 9 之前，JAVA_HOME/lib 目录下有个 sa-jdi.jar，可以通过如下命令启动 JHSDB（图形界面）及 CLHSDB（命令行形式）。简而言之，jhsdb 工具就是对 sa-jdi.jar 进行了一层封装。

```
D:\Program Files\Java\jdk1.7.0_80\lib>java -cp sa-jdi.jar sun.jvm.hotspot.HSDB
D:\Program Files\Java\jdk1.7.0_80\lib>java -cp sa-jdi.jar sun.jvm.hotspot.CLHSDB
```

sa-jdi.jar 中 sa 的全称为 Serviceability Agent，它之前是 Sun 公司提供的一个用于协助调试 HotSpot 的组件，HSDB 便是使用 Serviceability Agent 来实现的。

上面的代码测试环境使用的是 JDK 7。使用 jps 命令查看当前应用的进程号，如图 8-34 所示。

图 8-34　JDK8 中字节数组存放的位置

启动 HSDB，如图 8-35 所示，Windows 上要 JDK 7 及其以上的版本才可以用 HSDB，JDK 6 是无法使用的。

连接目标进程，单击 "File" → "Attach to HotSpot process…" 选项，如图 8-36 所示。

输入刚刚查询到的进程号，如图 8-37 所示。

单击 "OK" 按钮，在菜单里选择 "Windows" → "Console"，如图 8-38 所示。

然后会得到一个空白的 Command Line 窗口。在里面按一下 Enter 键就会出现 "hsdb>" 提示符，如图 8-39 所示。

图 8-35　HSDB 主界面

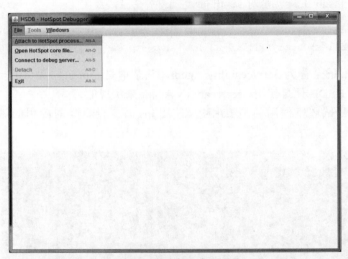

图 8-36　连接目标进程

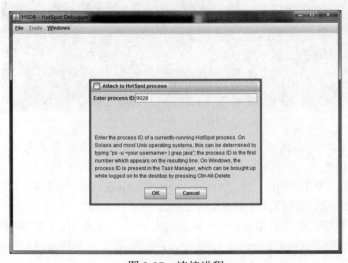

图 8-37　连接进程

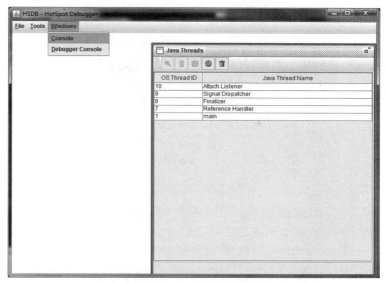

图 8-38　HSDB 连接进程成功界面

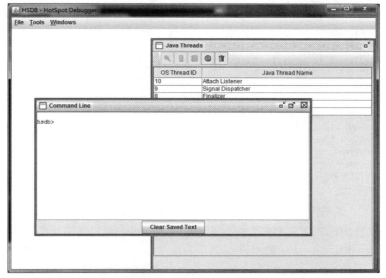

图 8-39　HSDB 命令窗口

输入 universe 命令来查看 GC 堆的地址范围和使用情况，如图 8-40 所示。

```
hsdb> universe
ParallelScavengeHeap [ PSYoungGen [
eden =  [0x00000007d7000000, 0x00000007d713d7f8, 0x00000007d8f00000) ,
from =  [0x00000007d9400000, 0x00000007d9400000, 0x00000007d9900000) ,
to =   [0x00000007d8f00000, 0x00000007d8f00000, 0x00000007d9400000)  ]
PSOldGen [  [0x0000000785000000, 0x0000000785000000, 0x000000078a200000)  ]
PSPermGen [  [0x000000077fe00000, 0x000000078007eb70, 0x0000000781300000)  ]  ]
hsdb> |
```

图 8-40　universe 命令

使用 scanoops 指令查看对象的地址，scanoops 接受两个必选参数和一个可选参数：必选参数是要扫描的地址范围，一个是起始地址另一个是结束地址；可选参数用于指定要扫描什么类型的对象实例。如图 8-41 所示，查看 Young 区的对象。使用 jhsdb 工具发现对象的数据在内存中的地址都落在 Young 区的范围内。所以得出结论为只要是对象实例必然会在 Java 堆中分配。

```
hsdb> scanoops 0x00000007d7000000 0x00000007d9400000 Order
0x00000007d709bd18 Order
```

图 8-41　对象在 Eden 区所对应的地址值

使用 revptrs 可以看到某个对象被哪个指针引用，该指令也叫反向指针。如果 a 变量引用着 b 对象，那么从 b 对象出发去找 a 变量就是找一个反向指针，如图 8-42 所示。这里找到一个引用该对象的地方，是在一个 java.lang.Class 的实例里，并且给出了实例地址。

```
hsdb> revptrs 0x00000007d709bd18
Computing reverse pointers...
Done.|
null
Oop for java/lang/Class @ 0x00000007d709a620
hsdb>
```

图 8-42　对象的引用地址

通过"Tools"→"Inspector"功能查看引用所在的位置，如图 8-43 所示。

接着，找到引用 staticOrder 对象的地方，是在一个 java.lang.Class 的实例里，并且给出了这个实例的地址，通过 Inspector 工具查看该对象实例，可以清楚看到这确实是一个 java.lang.Class 类型的对象实例，里面有一个名为 staticOrder 的实例字段，如图 8-44 所示。

图 8-43　Inspector 功能

图 8-44　变量 staticObj 所对应的地址值

从 Java 虚拟机规范所定义的概念模型来看，所有 Class 相关的信息都应该存放在方法区之中，但方法区该如何实现，Java 虚拟机规范并未做出规定，这就成了一件允许不同虚拟机自己灵活把握的事情。JDK 7 及其以后版本的 HotSpot 虚拟机选择把静态变量与类型在 Java 语言一端的映射 Class 对象存放在一起，存储于 Java 堆之中，从我们的试验中也明确验证了这一点。

8.7　方法区的垃圾回收

有些人认为方法区是没有垃圾收集行为的，其实不然。一般来说这个区域的回收效果比较难令人满意，尤其是类的卸载，条件相当苛刻。但是这部分区域的回收又确实是必要的。以前 Sun 公司的 Bug 列表中，曾出现过的若干个严重的 Bug 就是由于低版本的 HotSpot 虚拟机对此区域未完全回收而导致内存泄漏。

方法区的垃圾收集主要回收两部分内容：常量池中废弃的常量和不再使用的类型信息。

先来说说方法区内常量池之中主要存放的两大类常量：字面量和符号引用。字面量比较接近 Java 语言层次的常量概念，如文本字符串、被声明为 final 的常量值等。而符号引用则属于编译原理方面的概念，包括下面三类常量。

- 类和接口的全限定名。
- 字段的名称和描述符。
- 方法的名称和描述符。

HotSpot 虚拟机对常量池的回收策略是很明确的，只要常量池中的常量没有被任何地方引用，就可以被回收。回收废弃常量与回收 Java 堆中的对象非常类似。判定一个常量是否"废弃"还是相对简单的，而要判定一个类型是否属于"不再被使用的类"的条件就比较苛刻了。需要同时满足下面三个条件。

- 该类所有的实例都已经被回收，也就是 Java 堆中不存在该类及其任何派生子类的实例。
- 加载该类的类加载器已经被回收，这个条件除非是经过精心设计的可替换类加载器的场景，如 OSGi、JSP 的重加载等，否则通常是很难达成的。
- 该类对应的 java.lang.Class 对象没有在任何地方被引用，无法在任何地方通过反射访问该类的方法。

JVM 被允许对满足上述三个条件的无用类进行回收，这里说的仅仅是"被允许"，而并不是和对象一样，没有引用了就必然会回收。关于是否要对类型进行回收，HotSpot 虚拟机提供了 -Xnoclassgc 参数进行控制，还可以使用"-verbose:class""-XX:+TraceClassLoading"以及"-XX:+TraceClassUnLoading"查看类加载和卸载信息。

在大量使用反射、动态代理、CGLib 等字节码框架，动态生成 JSP 以及 OSGi 这类频繁自定义类加载器的场景中，通常都需要 JVM 具备类型卸载的能力，以保证不会对方法区造成过大的内存压力。

8.8 本章小结

本章介绍了运行时数据区中方法区、堆、栈之间的交互关系，并详细讲解了方法区的相关知识。方法区（Method Area）是可提供各个线程共享的运行时内存区域，它用于存储已被虚拟机加载的类型信息、常量、即时编译器编译后的代码缓存等。方法区的大小不必是固定的，在 JDK 7 及之前是通过"XX:PermSize"和"-XX:MaxPermSize"进行设置方法区的初始分配空间和最大分配空间，在 JDK 8 及之后是通过"-XX:MetaspaceSize"和"-XX:MaxMetaspaceSize"设置元空间的初始分配空间和最大分配空间。

本章还讲解了常量池和运行时常量池的存储内容。在 JDK 的版本升级中方法区也逐渐地进行着调整，由永久代变成了元空间。方法区同样也是需要垃圾回收的，主要回收常量池中废弃的常量和不再使用的类型信息。

第 9 章　对象的实例化内存布局与访问定位 ●●●●●●●●●

前面几章我们已经对运行时数据区各个区域有了一个比较细致的了解，平时大家经常使用 new 关键字来创建对象，那么我们创建对象的时候，怎么去和运行时数据区关联起来呢？本章将会带着这样的问题来重点讲解对象实例化的过程和方式，包括对象在内存中是怎样布局的，以及对象的访问定位方式，带领大家更加深入地学习对象的实例化布局。

9.1　对象的实例化

对象的实例化将分成两部分讲解，第一部分为创建对象的方式，第二部分为创建对象的步骤。如图 9-1 所示，是对象实例化的整体结构图。

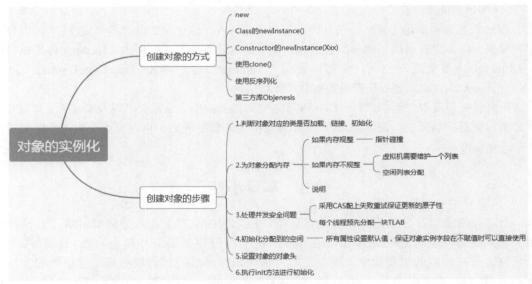

图 9-1　对象的实例化

9.1.1　创建对象的方式

创建对象的方式有多种，例如使用 new 关键字、Class 的 newInstance() 方法、Constructor 类的 newInstance() 方法、clone() 方法、反序列化、第三方库 Objenesis 等，如图 9-2 所示。

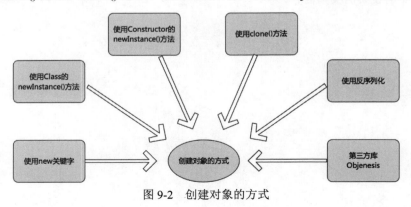

图 9-2　创建对象的方式

每种创建对象方式的实际操作如下。

- 使用 new 关键字——调用无参或有参构造器创建。
- 使用 Class 的 newInstance() 方法——调用无参构造器创建，且需要是 public 的构造器。
- 使用 Constructor 类的 newInstance() 方法——调用无参或有参、不同权限修饰构造器创建，实用性更广。
- 使用 clone() 方法——不调用任何参构造器，且对象需要实现 Cloneable 接口并实现其定义的 clone() 方法，且默认为浅复制。
- 使用反序列化——从指定的文件或网络中，获取二进制流，反序列化为内存中的对象。
- 第三方库 Objenesis——利用了 asm 字节码技术，动态生成 Constructor 对象。

Java 是面向对象的静态强类型语言，声明并创建对象的代码很常见，根据某个类声明一个引用变量指向被创建的对象，并使用此引用变量操作该对象。在实例化对象的过程中，JVM 中发生了什么变化呢？

下面从最简单的 Object ref = new Object(); 代码进行分析，利用 javap -verbose -p 命令查看对象创建的字节码，如图 9-3 所示。

```
Code:
    stack=2, locals=2, args_size=1
        0: new           #2                // class java/lang/Object
        3: dup
        4: invokespecial #1                // Method java/lang/Object."<init>":()V
        7: astore_1
        8: return
```

图 9-3　创建对象的字节码命令

各个指令的含义如下。

- new：首先检查该类是否被加载。如果没有加载，则进行类的加载过程；如果已经加载，则在堆中分配内存。对象所需的内存的大小在类加载完成后便可以完全确定，为对象分配空间的任务等同于把一块确定大小的内存从 Java 堆中划分出来。这个指令完毕后，将指向实例对象的引用变量压入虚拟机栈栈顶。
- dup：在栈顶复制该引用变量，这时的栈顶有两个指向堆内实例对象的引用变量。
- invokespecial：调用对象实例方法，通过栈顶的引用变量调用 <init> 方法。<init> 是对象初始化时执行的方法，而 <clinit> 是类初始化时执行的方法。

从上面的四个步骤中可以看出，需要从栈顶弹出两个实例对象的引用。这就是为什么会在 new 指令下面有一个 dup 指令。其实对于每一个 new 指令来说，一般编译器都会在其下面生成一个 dup 指令，这是因为实例的初始化方法（<init> 方法）肯定需要用到一次，然后第二个留给业务程序使用，例如给变量赋值、抛出异常等。如果我们不用，那编译器也会生成 dup 指令，在初始化方法调用完成后再从栈顶 pop 出来。

9.1.2　创建对象的步骤

前面所述是从字节码角度看待对象的创建过程，现在从执行步骤的角度来分析，如图 9-4 所示。创建对象的步骤如下。

1. 判断对象对应的类是否加载、链接、初始化

虚拟机遇到一条 new 指令，首先去检查这个指令的参数能否在 Metaspace 的常量池中定位到一个类的符号引用，并且检查这个符号引用代表的类是否已经被加载、解析和初始化（即判断类元信息是否存在）。如果没有，那么在双亲委派模式下，使用当前类加载器以 "ClassLoader+ 包名 + 类名" 为 Key 查找对应的 ".class" 文件。如果没有找到文件，则抛出 ClassNotFoundException 异常。如果找到，则进行类加载，并生成对应的 Class 类对象。

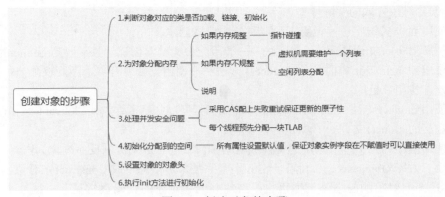

图 9-4　创建对象的步骤

2. 为对象分配内存

首先计算对象占用空间大小，接着在堆中划分一块内存给新对象。如果实例成员变量是引用变量，仅分配引用变量空间即可，即 4 字节大小。

● 如果内存规整，使用指针碰撞。

如果内存是规整的，那么虚拟机将采用指针碰撞法（Bump The Pointer）来为对象分配内存。意思是所有用过的内存在一边，空闲的内存在另外一边，中间放着一个指针作为分界点的指示器，分配内存就仅仅是把指针向空闲那边挪动一段与对象大小相等的距离罢了。一般使用带有 compact（整理）过程的收集器时，使用指针碰撞，例如 Serial Old、Parallel Old 等垃圾收集器。

● 如果内存不规整，虚拟机需要维护一个列表，使用空闲列表（Free List）分配。

如果内存不是规整的，已使用的内存和未使用的内存相互交错，那么虚拟机将采用空闲列表法来为对象分配内存。意思是虚拟机维护了一个列表，记录哪些内存块是可用的，在分配的时候从列表中找到一块足够大的空间划分给对象实例，并更新列表上的内容。这种分配方式称为空闲列表。

选择哪种分配方式由 Java 堆是否规整决定，而 Java 堆是否规整又由所采用的垃圾收集器是否带有压缩整理功能决定。

3. 处理并发安全问题

创建对象是非常频繁的操作，在分配内存空间时，另外一个问题是保证 new 对象的线程安全性。虚拟机采用了两种方式解决并发问题。

● CAS（Compare And Swap）：是一种用于在多线程环境下实现同步功能的机制。CAS 操作包含三个操作数，内存位置、预期数值和新值。CAS 的实现逻辑是将内存位置处的数值与预期数值相比较，若相等，则将内存位置处的值替换为新值；若不相等，则不做任何操作。

● TLAB：把内存分配的动作按照线程划分在不同的空间之中进行，即每个线程在 Java 堆中预先分配一小块内存。

4. 初始化分配到的空间

内存分配结束，虚拟机将分配到的内存空间都初始化为零值（不包括对象头）。这一步保证了对象的实例字段在 Java 代码中可以不用赋初始值就可以直接使用，程序能访问到这些字段的数据类型所对应的零值。

5. 设置对象的对象头

将对象的所属类（即类的元数据信息）、对象的 HashCode、对象的 GC 信息、锁信息等数据存储在对象头中。这个过程的具体设置方式取决于 JVM 实现。

6. 执行init()方法进行初始化

从 Java 程序的视角看来，初始化才正式开始。初始化成员变量，执行实例化代码块，调用类的构造方法，并把堆内对象的首地址赋值给引用变量。

因此一般来说（由字节码中是否跟随由 invokespecial 指令所决定），new 指令之后接着就是执行方法，把对象按照程序员的意愿进行初始化，这样一个真正可用的对象才算完全创建出来。

创建对象的流程已经讲完了，接下来我们讲解对象在内存中是如何布局的。

9.2　对象的内存布局

对象的内存布局如图 9-5 所示。

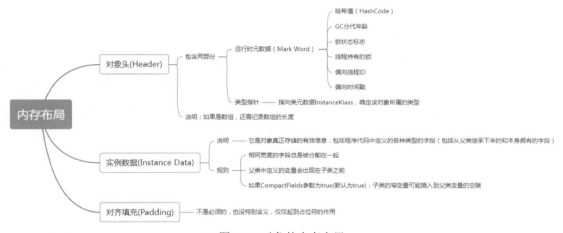

图 9-5　对象的内存布局

在 HotSpot 虚拟机中，对象在内存中的布局可以分成对象头（Header）、实例数据（Instance Data）、对齐填充（Padding）三部分。

1. 对象头

主要包括对象自身的运行时元数据，比如哈希值、GC 分代年龄、锁状态标志等，同时还包含一个类型指针，指向类元数据，表明该对象所属的类型。此外，如果对象是一个数组，对象头中还必须有一块用于记录数组的长度的数据。因为正常通过对象元数据就知道对象的确切大小。所以数组必须得知道长度。

2. 实例数据

它是对象真正存储的有效信息，包括程序代码中定义的各种类型的字段（包括从父类继承下来的和本身拥有的字段）。

3. 对齐填充

由于 HotSpot 虚拟机的自动内存管理系统要求对象起始地址必须是 8 字节的整数倍，换句话说就是任何对象的大小都必须是 8 字节的整数倍。对象头部分已经被精心设计成正好是 8 字节的倍数（1 倍或者 2 倍），因此，如果对象实例数据部分没有对齐的话，就需要通过对齐填充来补全。它不是必要存在的，仅仅起着占位符的作用。

对象的内存布局示例如图 9-6 所示。

下面我们用代码来讲述实例在内存中的布局，如代码清单 9-1 所示。

图 9-6　对象的内存布局示例图

代码清单9-1　实例在内存中的布局

```
package com.atguigu.section02;
/**
 * @author atguigu
 */
public class Customer{
    int id = 1001;
    String name;
    Account acct;
    {
        name = "匿名客户";
    }
    public Customer(){
        acct = new Account();
    }
}
class Account{
}

package com.atguigu.sectioin02;

/**
 * @author atguigu
 */
public class CustomerTest {
    public static void main(String[] args) {
        Customer cust = new Customer();
    }
}
```

　　把 CustomerTest 中 main() 方法看作是主线程，主线程虚拟机栈中放了 main() 方法的栈帧，其中栈帧里包含了局部变量表、操作数栈、动态链接、方法返回地址、附加信息等结构。局部变量表对于 main() 方法来讲第一个位置放的是 args，第二个位置放的是 cust，cust 指向堆空间中 new Customer() 实体。Customer 对象实体整体来看分为对象头、实例数据、对齐填充。对象头中主要有运行时元数据和元数据指针，元数据指针也可称为类型指针，运行时元数据包含哈希值、GC 分代年龄、锁状态标志等信息；类型指针指向当前对象所属类的信息，也就是方法区的 Customer 类的 Klass 类元信息，Klass 类元信息包括对象的类型信息；在实例数据中包含父类的实例数据，对于当前对象来讲它有 id、name、acct 三个变量，name 的字符串常量放在堆空间的字符串常量池中，成员变量 acct 指向 new Account() 对象实例在堆中的内存地址，new Account() 对象实例的对象头中也维护了一个类型指针指向方法区的 Account 的 Klass 类元信息。整体布局如图 9-7 所示。

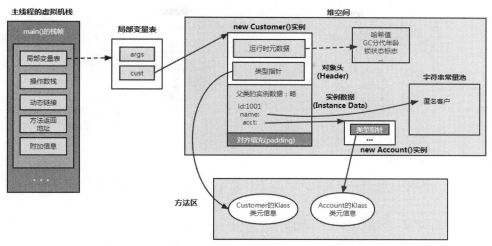

图 9-7　实例中的内存布局图

9.3　对象的访问定位

9.3.1　对象访问的定位方式

前面讲解了创建对象的方式以及对象的内存结构。创建好对象之后，接下来就是去访问对象，那么 JVM 是如何通过栈帧中的对象引用访问到其内部对象实例的呢？如图 9-8 所示，通常来讲，栈帧存储指向堆区中的对象地址，对象中含有该类对象的类型指针，也就是我们说的元数据指针，如果访问对象，只需要访问栈帧中的地址即可。

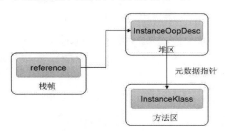

图 9-8　对象的引用访问对象实例图

《Java 虚拟机规范》没有对访问对象做具体的说明和要求，所以对象访问方式由虚拟机实现而定。主流有两种方式，分别是使用句柄访问和使用直接指针访问。

9.3.2　使用句柄访问

堆需要划分出一块内存来做句柄池，reference 中存储对象的句柄池地址，句柄中包含对象实例与类型数据各自具体的地址信息，如图 9-9 所示。

这样做的好处是 reference 中存储稳定句柄地址，对象被移动（垃圾收集时移动对象很普遍）时只会改变句柄中实例数据指针，reference 本身不需要被修改。但是这样做会造成多开辟一块空间来存储句柄地址，相当于是间接访问对象。

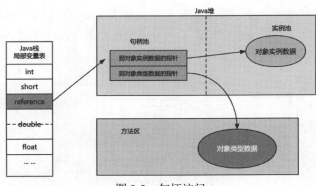

图 9-9　句柄访问

9.3.3　使用指针访问

reference 中存储的就是对象的地址，如果只是访问对象本身的话，就不需要多一次间接访问的开销。

这样做的好处是访问速度更快，Java 中对象访问频繁，每次访问都节省了一次指针定位的时间开销。HotSpot 虚拟机主要使用直接指针访问的方式，如图 9-10 所示。

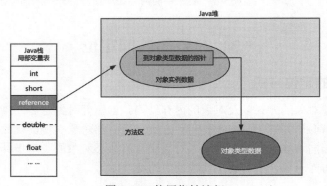

图 9-10　使用指针访问

JVM 可以通过对象引用准确定位到 Java 堆区中的对象，这样便可成功访问到对象的实例数据。JVM 通过存储在对象中的元数据指针定位到存储在方法区中的对象的类型信息，即可访问目标对象的具体类型。

9.4　本章小结

本章讲解了多种创建对象的方式，如使用 new 关键字、Class 的 newInstance() 方法、Constructor 类的 newInstance() 方法等。紧接着讲解了创建对象的步骤，总共分为 6 步：第 1 步是判断对象对应的类是否加载、链接、初始化；第 2 步是为对象分配内存；第 3 步是处理并发安全问题；第 4 步是初始化分配到的空间；第 5 步是设置对象的对象头；第 6 步是执行 init 方法进行初始化。接下来讲解了对象的内存布局，并且使用案例讲解了对象在内存布局中的内容。最后讲解了访问对象的两种主流方式，分别是使用句柄访问和使用指针访问，其中经常使用的 HotSpot 虚拟机主要使用指针访问。

第 10 章　直接内存

Java 中的内存从广义上可以划分为两个部分,一部分是我们之前章节讲解过的受 JVM 管理的堆内存,另一部分则是不受 JVM 管理的堆外内存,也称为直接内存。直接内存由操作系统来管理,这部分内存的应用可以减少垃圾收集对应用程序的影响。本章将会重点讲解直接内存的优缺点、如何设置直接内存的大小,以及直接内存的内存溢出现象。

10.1　直接内存概述

直接内存不是虚拟机运行时数据区的一部分,也不是 Java 虚拟机规范中定义的内存区域。直接内存是在 Java 堆外的、直接向操作系统申请的内存区间。直接内存来源于 NIO(Non-Blocking IO),可以通过 ByteBuffer 类操作。ByteBuffer 类调用 allocateDirect() 方法可以申请直接内存,方法内部创建了一个 DirectByteBuffer 对象,DirectByteBuffer 对象存储直接内存的起始地址和大小,据此就可以操作直接内存。直接内存和堆内存之间的关系如图 10-1 所示。

代码清单 10-1 展示了直接内存的占用和释放。

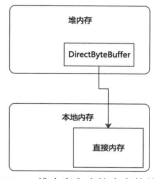

图 10-1　堆内存和直接内存的关系

代码清单10-1　查看直接内存的占用和释放

```java
package com.atguigu.chapter10;

import java.nio.ByteBuffer;
import java.util.Scanner;

/**
 * 查看直接内存的占用与释放
 *
 * @author atguigu
 */
public class BufferTest {
    private static final int BUFFER = 1024 * 1024 * 1024;//1GB

    public static void main(String[] args) {
        // 直接分配本地内存空间
        ByteBuffer byteBuffer = ByteBuffer.allocateDirect(BUFFER);
        System.out.println(" 直接内存分配完毕,请求指示! ");
        Scanner scanner = new Scanner(System.in);
        scanner.next();
        System.out.println(" 直接内存开始释放! ");
        byteBuffer = null;
        System.gc();
        scanner.next();
    }
}
```

直接分配后的本地内存空间如图 10-2 所示，可以看到内存为 1063332KB，换算过来大约是 1GB。

名称	PID	状态	用户名	CPU	内存(活动的专用工作集)
java.exe	5248	正在运行	SYST...	00	9,108 K
java.exe	32	正在运行	Admi...	00	108,184 K
java.exe	15212	正在运行	Admi...	00	1,063,332 K
LockApp.exe	14684	已挂起	Admi...	00	K

图 10-2　本地内存空间

释放内存后的本地内存空间如图 10-3 所示，内存释放后的空间为 17424KB，几乎释放了 1GB 的内存。

名称	PID	状态	用户名	CPU	内存(活动的专用工作集)
java.exe	5248	正在运行	SYST...	00	8,088 K
java.exe	32	正在运行	Admi...	00	108,192 K
java.exe	15212	正在运行	Admi...	00	17,424 K
LockApp.exe	14684	已挂起	Admi...	00	K

图 10-3　释放内存后的本地内存空间

通常，访问直接内存的速度会优于 Java 堆，读写性能更高。因此出于性能考虑，读写频繁的场合可能会考虑使用直接内存。Java 的 NIO 库允许 Java 程序使用直接内存，用于数据缓冲区。

通过前面的案例我们可以把 Java 进程占用的内存理解为两部分，分别是 JVM 内存和直接内存。前面我们讲解方法区的时候，不同版本 JDK 中方法区的实现是不一样的，JDK 7 使用永久代实现方法区，永久代中的数据还是使用 JVM 内存存储数据。JDK 8 使用元空间实现方法区，元空间中的数据放在了本地内存当中，直接内存和元空间一样都属于堆外内存，如图 10-4 所示。

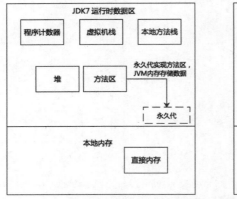
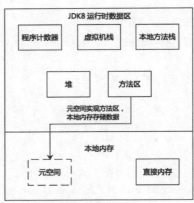

图 10-4　JDK 7 和 JDK 8 内存结构的对比图

10.2　直接内存的优势

文件读写必然涉及磁盘的读写，但是 Java 本身不具备磁盘读写的能力，因此借助操作系统提供的方法，在 Java 中表现出来的形式就是 Java 中的本地方法接口调用本地方法库。普通 IO 读取一份物理磁盘的文件到内存中，需要下面两步。

（1）把磁盘文件中的数据读取到系统内存中。

（2）把系统内存中的数据读取到 JVM 堆内存中。

如图 10-5 所示，为了使得数据可以在系统内存和 JVM 堆内存之间相互复制，需要在系统内存和 JVM 堆内存都复制一份磁盘文件。这样做不仅浪费空间，而且传输效率低下。

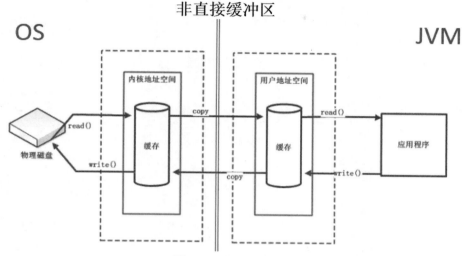

图 10-5　非直接缓冲区

当使用 NIO 时，如图 10-6 所示。操作系统划出一块直接缓冲区可以被 Java 代码直接访问。这样当读取文件的时候步骤如下。

（1）物理磁盘读取文件到直接内存。

（2）JVM 通过 NIO 库直接访问数据。

以上步骤便省略了系统内存和 JVM 内存直接互相复制的过程，不仅节省了内存空间，也提高了数据传输效率。可以这样理解：直接内存是在系统内存和 Java 堆内存之间开辟出的一块共享区域，供操作系统和 Java 代码访问。

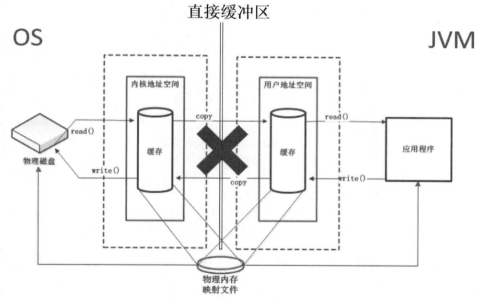

图 10-6　直接缓冲区

下面通过一个案例来对普通 IO 和 NIO 性能做比较，如代码清单 10-2 所示。

代码清单10-2　IO和NIO的性能比较

```java
package com.atguigu.chapter10;

import java.io.FileInputStream;
import java.io.FileOutputStream;
import java.io.IOException;
import java.nio.ByteBuffer;
import java.nio.channels.FileChannel;

/**
 * @author atguigu
 */
public class BufferTest1 {

    private static final String TO = "F:\\test\\异界BD中字.mp4";
    private static final int _100Mb = 1024 * 1024 * 100;

    public static void main(String[] args) {
        long sum = 0;
        String src = "F:\\test\\异界BD中字.mp4";
        for (int i = 0; i < 3; i++) {
            String dest = "F:\\test\\异界BD中字_" + i + ".mp4";
            //sum += io(src,dest);//54606
            sum += directBuffer(src, dest);//50244
        }

        System.out.println("总花费的时间为：" + sum);
    }

    private static long directBuffer(String src, String dest) {
        long start = System.currentTimeMillis();

        FileChannel inChannel = null;
        FileChannel outChannel = null;
        try {
            inChannel = new FileInputStream(src).getChannel();
            outChannel = new FileOutputStream(dest).getChannel();

            ByteBuffer byteBuffer = ByteBuffer.allocateDirect(_100Mb);
            while (inChannel.read(byteBuffer) != -1) {
                byteBuffer.flip();// 修改为读数据模式
                outChannel.write(byteBuffer);
                byteBuffer.clear();// 清空
            }
        } catch (IOException e) {
```

```
                    e.printStackTrace();
        } finally {
            if (inChannel != null) {
                try {
                    inChannel.close();
                } catch (IOException e) {
                    e.printStackTrace();
                }


            }
            if (outChannel != null) {
                try {
                    outChannel.close();
                } catch (IOException e) {
                    e.printStackTrace();
                }
            }
        }
        long end = System.currentTimeMillis();
        return end - start;
    }

    private static long io(String src, String dest) {
        long start = System.currentTimeMillis();
        FileInputStream fis = null;
        FileOutputStream fos = null;
        try {
            fis = new FileInputStream(src);
            fos = new FileOutputStream(dest);
            byte[] buffer = new byte[_100Mb];
            while (true) {
                int len = fis.read(buffer);
                if (len == -1) {
                    break;
                }
                fos.write(buffer, 0, len);
            }
        } catch (IOException e) {
            e.printStackTrace();
        } finally {
            if (fis != null) {
                try {
                    fis.close();
                } catch (IOException e) {
                    e.printStackTrace();
                }
```

```
                }
                if (fos != null) {
                    try {
                        fos.close();
                    } catch (IOException e) {
                        e.printStackTrace();
                    }
                }
            }
            long end = System.currentTimeMillis();
            return end - start;
        }
}
```

上述代码中复制三次 1.5GB 的影片文件，使用 IO 复制文件所耗费的时间为 54606ms，使用 NIO 复制文件所耗费的时间为 50244ms，相对来说有了性能的提升，如果适当增大直接内存或者增多复制的次数，效果会更明显。

10.3 直接内存异常

直接内存也可能导致 OutOfMemoryError 异常。由于直接内存在 Java 堆外，因此它的大小不会直接受限于 "-Xmx" 指定的最大堆大小，但是系统内存也是有限的，Java 堆和直接内存的总和依然受限于操作系统能给出的最大内存。接下来通过一个案例演示直接内存的内存溢出现象，如代码清单 10-3 所示。

代码清单10-3　直接内存的内存溢出

```
package com.atguigu.chapter10;

import java.nio.ByteBuffer;
import java.util.ArrayList;

/**
 * 直接内存内存的 OOM:  OutOfMemoryError: Direct buffer memory
 *
 * @author atguigu
 */
public class BufferTest2 {
    private static final int BUFFER = 1024 * 1024 * 20;//20MB

    public static void main(String[] args) {
        ArrayList<ByteBuffer> list = new ArrayList<>();
        int count = 0;
        try {
            while (true) {
                ByteBuffer byteBuffer = ByteBuffer
                        .allocateDirect(BUFFER);
```

```
                list.add(byteBuffer);
                count++;
                try {
                    Thread.sleep(100);
                } catch (InterruptedException e) {
                    e.printStackTrace();
                }
            }
        } finally {
            System.out.println(count);
        }
    }
}
```

运行结果如图 10-7 所示，可以看到结果发生了内存溢出异常。

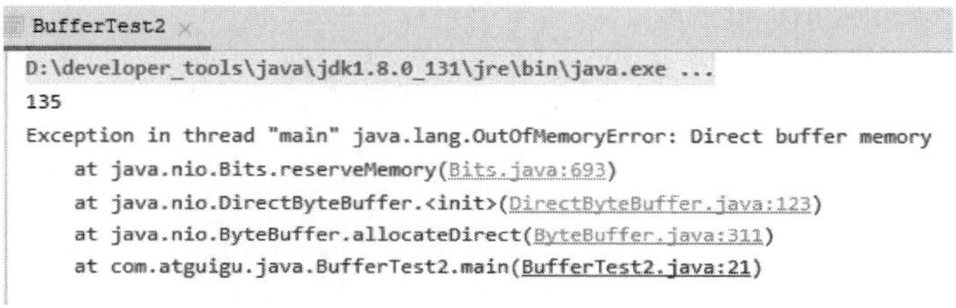

```
BufferTest2 ×
D:\developer_tools\java\jdk1.8.0_131\jre\bin\java.exe ...
135
Exception in thread "main" java.lang.OutOfMemoryError: Direct buffer memory
    at java.nio.Bits.reserveMemory(Bits.java:693)
    at java.nio.DirectByteBuffer.<init>(DirectByteBuffer.java:123)
    at java.nio.ByteBuffer.allocateDirect(ByteBuffer.java:311)
    at com.atguigu.java.BufferTest2.main(BufferTest2.java:21)
```

图 10-7 内存溢出异常

直接内存由于不受 JVM 的内存管理，所以需要开发人员自己来管理，以防内存溢出，通常有两种方式。

（1）当 ByteBuffer 对象不再使用的时候置为 null，调用 System.gc() 方法告诉 JVM 可以回收 ByteBuffer 对象，最终系统调用 freemermory() 方法释放内存。System.gc() 会引起一次 Full GC，通常比较耗时，影响程序执行。

（2）调用 Unsafe 类中的 freemermory() 方法释放内存。

可以通过参数 -XX:MaxDirectMemorySize 来指定直接内存的最大值。若不设置 -XX:MaxDirectMemorySize 参数，其默认值与 "-Xmx" 参数配置的堆内存的最大值一致。

10.4 申请直接内存源码分析

ByteBuffer 类调用 allocateDirect() 方法申请直接内存，底层调用的是 DirectByteBuffer 类的构造方法，源码如下所示。

```
public static ByteBuffer allocateDirect(int capacity) {
    return new DirectByteBuffer(capacity);
}
```

进入到 DirectByteBuffer 类的构造方法，如代码清单 10-4 所示，该类访问权限是默认级别的，只能被同一个包下的类访问，所以开发人员无法直接调用，所以需要通过 ByteBuffer 类调用。构造方法中申请内存的核心代码就是 Unsafe 类中的 allocateMemory(size) 方法，该方法是一个 native 方法，不再深究。

代码清单10-4　进入到Dirert ByteBuffer类的构造方法

```
DirectByteBuffer(int cap) {                          // package-private
    super(-1, 0, cap, cap);
    boolean pa = VM.isDirectMemoryPageAligned();
    int ps = Bits.pageSize();
    long size = Math.max(1L, (long)cap + (pa ? ps : 0));
    // 告诉内存管理器要分配内存，这里只是将堆外内存的相关属性设置好，没有真正地分配内存
    Bits.reserveMemory(size, cap);

    long base = 0;
    try {
    // 分配直接内存，大小为size，返回内存地址base
        base = unsafe.allocateMemory(size);
    } catch (OutOfMemoryError x) {
        Bits.unreserveMemory(size, cap);
        throw x;
    }
    unsafe.setMemory(base, size, (byte) 0);
    if (pa && (base % ps != 0)) {
        // Round up to page boundary
        address = base + ps - (base & (ps - 1));
    } else {
        address = base;
    }
    cleaner = Cleaner.create(this, new Deallocator(base, size, cap));
    att = null;
}
```

Unsafe 类无法直接被开发工程师使用，因为其构造方法是私有的，但是我们可以通过反射机制获取 Unsafe 对象，进而申请直接内存，如代码清单 10-5 所示。

代码清单10-5　申请直接内存

```
Class clazz = Unsafe.class;
Field field = clazz.getDeclaredField("theUnsafe");
field.setAccessible(true);
Unsafe unsafe = (Unsafe)unsafeField.get(null);
// 申请直接内存
unsafe.allocateMemory(size);
```

10.5　本章小结

本章讲解了直接内存的概念，直接内存来源于 NIO，它是一块堆外内存，这些内存直接受操作系统管理。

通过读写影片的案例，展示了 NIO 和普通 IO 读取数据的性能对比，从结果来看，NIO 的数据传输效率要比 IO 高，说明直接内存的使用可以提高数据传输效率，如果在读写频繁的场合可以考虑使用直接内存。直接内存不受 JVM 管理，相对于堆内存来讲更加难以控制，使用直接内存就意味着失去了 JVM 管理内存的可行性，需要由开发人员管理，所以在使用直接内存的时候要注意空间的释放。

到目前为止，我们已经讲完了 JVM 的运行时数据区，我们知道 Java 源文件经过编译之后生成 class 文件，class 文件加载到内存中，此时物理机器并不能直接执行代码，因为它没办法识别 class 文件中的内容，此时就需要执行引擎（Execution Engine）来做相应的处理。本章将主要讲解执行引擎在 JVM 中的作用。

11.1　概述

执行引擎是 JVM 核心的组成部分之一。可以把 JVM 架构分成三部分，如图 11-1 所示，执行引擎位于 JVM 的最下层（图中虚线框部分），可以粗略地看到执行引擎负责和运行时数据区交互。

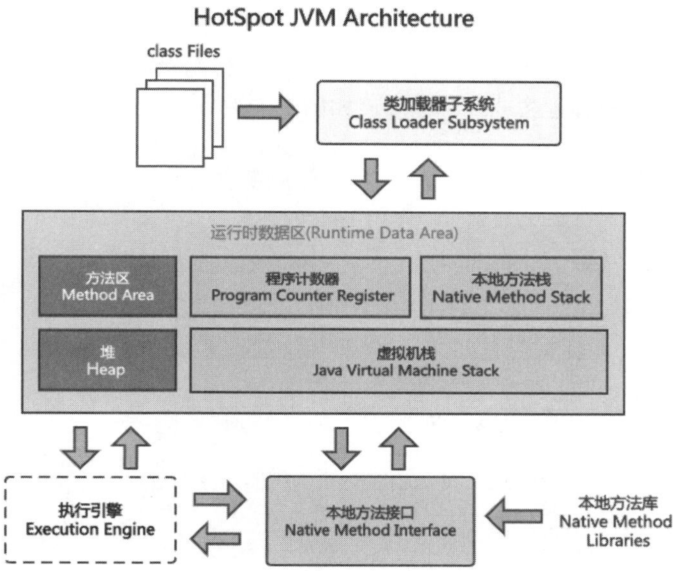

图 11-1　执行引擎在 JVM 中的位置

11.2　计算机语言的发展史

在讲解执行引擎之前，需要知道什么是机器码、汇编语言、高级语言以及为什么会有 Java 字节码的出现。

11.2.1　机器码

各种用 0 和 1 组成的二进制编码方式表示的指令，叫作机器指令码，简称机器码。计算机发展的初始阶段，人们就用机器码编写程序，我们也称为机器语言。机器语言虽然能够被计算机理解和接受，但和人类的语言差别太大，不易被人们理解和记忆，并且用它编程容易出差错。使用机器码编写的程序一经输入计算机，CPU 可以直接读取运行，因此和其他语言编的程序相比，执行速度最快。机器码与 CPU 紧密相关，所以不同种类的 CPU 所对应的机器码也就不同。

11.2.2　汇编语言

由于机器码是由 0 和 1 组成的二进制序列，可读性实在太差，于是人们发明了指令。指令就是把机器码中特定的 0 和 1 序列，简化成对应的指令（一般为英文简写，如 mov、inc 等），可读性稍好，这就是我们常说的汇编语言。在汇编语言中，用助记符（Mnemonics）代替机器码的操作码，用地址符号（Symbol）或标号（Label）代替指令或操作数的地址。

不同的硬件平台，各自支持的指令是有差别的。因此每个平台所支持的指令，称为对应平台的指令集，如常见的 x86 指令集对应的是 x86 架构的平台，ARM 指令集对应的是 ARM 架构的平台。不同平台之间指令不可以直接移植。

由于计算机只认识机器码，所以用汇编语言编写的程序还必须翻译成机器码，计算机才能识别和执行。

11.2.3　高级语言

为了使计算机用户编程更容易些，后来就出现了各种高级计算机语言。比如 C、C++ 等更容易让人识别的语言。

当计算机执行高级语言编写的程序时，仍然需要把程序解释或编译成机器的指令码。完成这个过程的程序就叫作解释程序或编译程序，如图 11-2 所示。

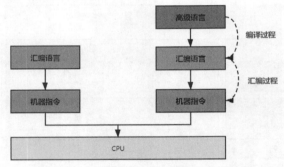

图 11-2　高级语言转化为机器指令的过程

11.2.4　字节码

字节码是一种中间状态（中间码）的二进制代码（文件），需要转译后才能成为机器码。字节码主要为了实现特定软件运行和软件环境，与硬件环境无关。如图 11-3 所示，Java 程序可以通过编译器将源码编译成 Java 字节码，特定平台上的虚拟机将字节码转译为可以直接执行的指令，也就实现了跨平台性。

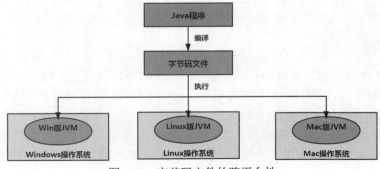

图 11-3　字节码文件的跨平台性

11.3 Java 代码编译和执行过程

我们知道虚拟机并不是真实存在的，是由软件编写而成的，它是相对于物理机的概念。但是虚拟机和物理机一样都可以执行一系列的计算机指令，其区别是物理机的执行引擎是直接建立在处理器、缓存、指令集和操作系统层面上的，而虚拟机的执行引擎则是由软件自行实现的，因此可以不受物理条件制约地定制指令集与执行引擎的结构体系，执行那些不被硬件直接支持的指令集格式。

JVM 装载字节码到内存中，但字节码仅仅只是一个实现跨平台的通用契约而已，它并不能够直接运行在操作系统之上，因为字节码指令并不等价于机器码，它内部包含的仅仅只是一些能够被 JVM 所识别的字节码指令、符号表，以及其他辅助信息。

如果想要让一个 Java 程序运行起来，执行引擎的任务就是将字节码指令解释 / 编译为对应平台上的机器码才可以。简单来说，JVM 中的执行引擎充当了将高级语言翻译为机器语言的译者，就好比两个国家领导人之间的交流需要翻译官一样。

在 Java 虚拟机规范中制定了 JVM 执行引擎的概念模型，这个概念模型成为各大发行商的 JVM 执行引擎的统一规范。执行引擎的工作流程如图 11-4 所示。

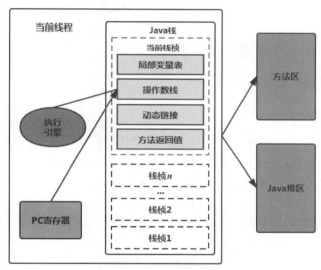

图 11-4　执行引擎工作流程

（1）执行引擎在执行的过程中需要执行什么样的字节码指令完全依赖 PC 寄存器。

（2）每当执行完一项指令操作后，PC 寄存器就会更新下一条需要被执行的指令地址。

（3）方法在执行的过程中，执行引擎有可能会通过存储在局部变量表中的对象引用准确定位到存储在 Java 堆区中的对象实例信息，以及通过对象头中的元数据指针定位到目标对象的类型信息。

所有的 JVM 的执行引擎输入、输出都是一致的，输入的是字节码二进制流，处理过程是字节码解析执行的过程，输出的是执行结果。

大部分的程序代码转换成物理机的目标代码或虚拟机能执行的指令集之前，都需要经过图 11-5 中的各个步骤，程序源码到抽象语法树的过程属于代码编译的过程，和虚拟机无关，如图 5-1 中矩形实线框所示；指令流到解释执行的过程属于生成虚拟机指令集的过程，如图 5-1 中矩形虚线框所示；优化器到目标代码的过程属于生成物理机目标代码的过程，如图 5-1 中最下层云状图形所示。

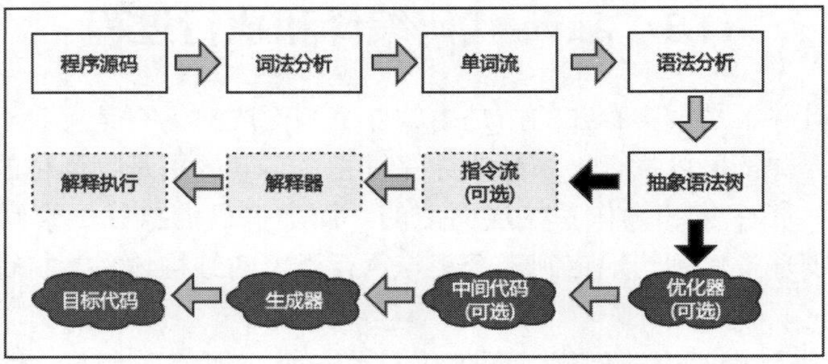

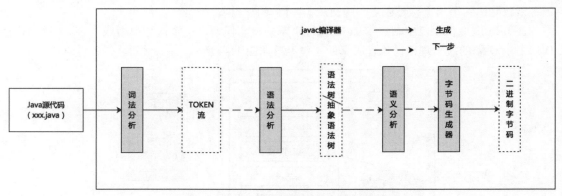

图 11-5　源代码转换为机器的目标代码流程

　　具体来说，Java 代码编译是由 Java 源码编译器来完成，流程图如图 11-6 所示。在 Java 中，javac 编译器主要负责词法分析、语法分析和语义分析，最终生成二进制字节码，此过程发生在虚拟机外部。

图 11-6　Java 源代码转换字节码流程

　　Java 源代码经过 javac 编译器编译之后生成字节码，Java 字节码的执行是由 JVM 执行引擎来完成，流程图如图 11-7 所示。可以看到图中有 JIT 编译器和字节码解释器两种路径执行字节码，也就是说可以解释执行，也可以编译执行。在前面的章节中我们讲过，Java 是一种解释类型的语言，其实 JDK 1.0 时代，将 Java 语言定位为"解释执行"还是比较准确的，再后来，Java 也发展出可以直接生成本地代码的编译器，所以 Java 语言就不再是纯粹的解释执行语言了。现在 JVM 在执行 Java 代码的时候，通常都会将解释执行与编译执行结合起来进行，这也就是为什么现在 Java 语言被称为半编译半解释型语言的原因。关于解释器（Interpreter）与 JIT 编译器，我们会在 11.4 节和 11.5 节做详细的介绍。

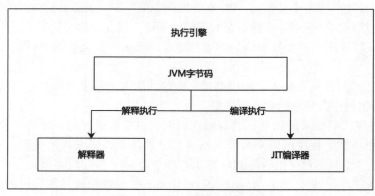

图 11-7　Java 字节码执行流程

11.4　解释器

解释器的作用是当 JVM 启动时会根据预定义的规范对字节码采用逐行解释的方式执行，将每条字节码文件中的内容"翻译"为对应平台的机器码执行。

JVM 设计者的初衷是为了满足 Java 程序实现跨平台特性，因此避免采用静态编译的方式直接生成机器码，从而诞生了实现解释器在运行时采用逐行解释字节码执行程序的想法。如图 11-8 所示，如果不采用字节码文件的形式，我们就需要针对不同的平台（Windows、Linux、Mac）编译不同的机器指令，那么就需要耗费很多精力和时间；如果采用了字节码的形式，那么就只需要从源文件编译到字节码文件即可，虽然在不同的平台上，但是 JVM 中的解释器可以识别同一套字节码文件，大大提高了开发效率。

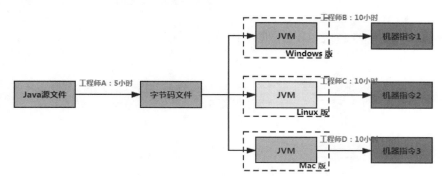

图 11-8　解释器功能

解释器真正意义上所承担的角色就是一个运行时的"翻译者"，将字节码文件中的内容"翻译"为对应平台的机器码执行。

在 Java 的发展历史里，一共有两套解释执行器，分别是古老的字节码解释器和现在普遍使用的模板解释器。字节码解释器在执行时通过纯软件代码模拟字节码的执行，效率非常低下。而模板解释器将每一条字节码和一个模板函数相关联，模板函数中直接产生这条字节码执行时的机器码，从而很大程度上提高了解释器的性能。在 HotSpot VM 中，解释器主要由 Interpreter 模块和 Code 模块构成。Interpreter 模块实现了解释器的核心功能，Code 模块用于管理 HotSpot VM 在运行时生成的机器码。

由于解释器在设计和实现上非常简单，因此除了 Java 语言之外，还有许多高级语言同样也是基于解释器执行的，比如 Python、Perl、Ruby 等。但是在今天，基于解释器执行已经沦落为低效的代名词。为了解决低效这个问题，JVM 平台支持一种叫作即时编译的技术。即时编译的目的是避免函数被解释执行，而是将整个函数体编译成机器码，每次函数执行时，只执行编译后的机器码即可，这种方式可以使执行效率大幅度提升。不过无论如何，基于解释器的执行模式仍然为中间语言的发展做出了不可磨灭的贡献。

11.5　JIT 编译器

JIT 编译器（Just In Time Compiler）的作用就是虚拟机将字节码直接编译成机器码。但是现代虚拟机为了提高执行效率，会使用即时编译技术将方法编译成机器码后再执行。

在 JDK 1.0 时代，JVM 完全是解释执行的，随着技术的发展，现在主流的虚拟机中大都包含了即时编译器。

HotSpot VM 是目前市面上高性能虚拟机的代表作之一。它采用解释器与即时编译器并存的架构。在 JVM 运行时，解释器和即时编译器能够相互协作，各自取长补短，尽力去选择最合适的方式来权衡编译本地代码的时间和直接解释执行代码的时间。

在此大家需要注意，无论是采用解释器进行解释执行，还是采用即时编译器进行编译执行，都是希望程序执行要快。最终字节码都需要被转换为对应平台的机器码。

可以使用 jconsole 工具查看程序的运行情况，代码如下所示。

```java
package com.atguigu;
import java.util.ArrayList;

public class JITTest {
    public static void main(String[] args) {
        ArrayList<String> list = new ArrayList<>();

        for (int i = 0; i < 1000; i++) {
            list.add("让天下没有难学的技术");
            try {
                Thread.sleep(100000);
            } catch (InterruptedException e) {
                e.printStackTrace();
            }
        }
    }
}
```

结果如图 11-9 所示，可以看见用到了 JIT 编译器。关于 jconsole 工具的使用可以查看后面的内容。

图 11-9   jconsole 查看 JIT 编译器

11.5.1   为什么HotSpot VM同时存在JIT编译器和解释器

既然 HotSpot VM 中已经内置 JIT 编译器了，那么为什么还需要再使用解释器来"拖累"程序的执行性能呢？比如 JRockit VM 内部就不包含解释器，字节码全部都依靠即时编译器编译后执行。

首先明确，当程序启动后，解释器可以马上发挥作用，省去编译的时间，立即执行。编译器要想发挥作用，把代码编译成机器码，需要一定的执行时间，但编译为机器码后，执行效率高。

尽管 JRockit VM 中程序的执行性能会非常高效，但程序在启动时必然需要花费更长的时间来进行编译（即"预热"）。对于服务端应用来说，启动时间并非是关注重点，但对于那些看中启动时间的应用场景而言，或许就需要采用解释器与即时编译器并存的架构来换取一个平衡点。在此模式下，当 JVM 启动时，解释器可以首先发挥作用，而不必等待 JIT 全部编译完成后再执行，这样可以省去许多不必要的编译时间。随着程序运行时间的推移，即时编译器逐渐发挥作用，根据热点代码探测功能，将有价值的字节码编译为机器码，并缓存起来，以换取更高的程序执行效率。

注意解释执行与编译执行在线上环境存在微妙的辩证关系。机器在热机状态可以承受的负载要大于冷机状态。如果以热机状态时的流量进行切流，可能使处于冷机状态的服务器因无法承载流量而假死。

在生产环境发布过程中，以分批的方式进行发布，根据机器数量划分成多个批次，每个批次的机器数至多占到整个集群的1/8。曾经有这样的故障案例，某程序员在发布平台进行分批发布，在输入发布总批数时，误填写成分为两批发布。如果是热机状态，在正常情况下一半的机器可以勉强承载流量，但由于刚启动的JVM均是解释执行，还没有进行热点代码统计和JIT动态编译，导致机器启动之后，当前1/2发布成功的服务器马上全部宕机，此故障证明了JIT的存在。

如图11-10所示，以人类语言为例，形象生动地展示了Java语言中前端编译器、解释器和后端编译器（即JIT编译器）共同工作的流程。前端编译器将不同的语言统一编译成字节码文件（即"乌拉库哈吗哟"），这些信息我们是看不懂的，而是供JVM来读取的。之后可以通过解释器逐行将字节码指令解释为本地机器指令执行，或者通过JIT把热点代码编译为本地机器指令执行。

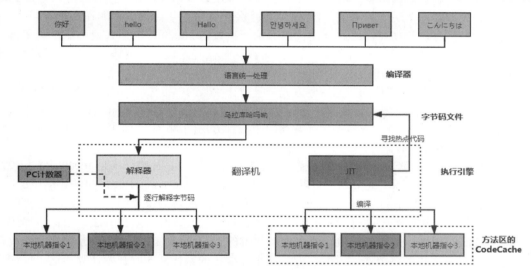

图 11-10　解释器和 JIT 编译器共同工作流程

在此我们要说明一点，Java语言的"编译期"其实是一段"不确定"的操作过程，因为它可能是指一个前端编译器（其实叫"编译器的前端"更准确一些）把.java文件转变成.class文件的过程。也可能是指虚拟机的后端运行期编译器（JIT编译器，Just In Time Compiler）把字节码转变成机器码的过程。还可能是指使用静态提前编译器（AOT编译器，Ahead Of Time Compiler）直接把.java文件编译成本地机器代码的过程。

11.5.2　热点代码探测确定何时JIT

是否需要启动JIT编译器将字节码直接编译为对应平台的机器码需要根据代码被调用执行的频率而定。那些需要被编译为本地代码的字节码也被称为"热点代码"，JIT编译器在运行时会针对那些频繁被调用的"热点代码"做出深度优化，将其直接编译为对应平台的机器码，以此提升Java程序的执行性能。

一个被多次调用的方法，或者是一个方法体内部循环次数较多的循环体都可以被称为"热点代码"，因此都可以通过JIT编译器编译为机器码，并缓存起来。

一个方法被多次调用的时候，从解释执行切换到编译执行是在两次方法调用之间产生的，因为上一次方法在被调用的时候还没有将该方法编译好，所以仍然需要继续解释执行，而不需要去等待程序被编译，否则太浪费时间了，等再次调用该方法的时候，发现该方法已经被编译好，那么就会使用编译好的机器码执行了。

还有一种情况就是一个方法体内包含大量的循环的代码，比如下面的代码。

```
public static void main(String[] args) {
    for (int i = 0;i<20000;i++){
        System.out.println(i);
    }
}
```

main() 方法被执行的次数只有一次，但是方法体内部有一个循环 20000 次的循环体，这种情况下，就需要将循环体编译为机器码，而不是将 main() 方法编译为机器码，这个时候就需要在循环入口处判断是否该循环体已经被编译为机器码。由于这种编译方式不需要等待方法的执行结束，因此也被称为栈上替换编译，或简称 OSR（On Stack Replacement）编译。

一个方法究竟要被调用多少次，或者一个循环体究竟需要执行多少次循环才可以达到这个标准？必然需要一个明确的阈值，JIT 编译器才会将这些"热点代码"编译为机器码执行。这里主要依靠热点探测功能，比如上面代码的循环次数为 20000 次，那么就可能在循环执行5000 次的时候开始被编译，然后在第 5200 次循环的时候开始使用机器码，中间的 20 次循环依然是解释执行，因为编译也是需要消耗时间的。

目前 HotSpot VM 所采用的热点探测方式是基于计数器的热点探测。HotSpot VM 会为每一个方法都建立两个不同类型的计数器，分别为方法调用计数器（Invocation Counter）和回边计数器（Back Edge Counter）。方法调用计数器用于统计方法的调用次数，回边计数器则用于统计循环体执行的循环次数。

方法调用计数器的默认阈值在 Client 模式下是 1500 次，在 Server 模式下是 10000 次。超过这个阈值，就会触发 JIT 编译。这个阈值可以通过虚拟机参数 -XX:CompileThreshold 来手动设定。

一般而言，如果以缺省参数启动 Java 程序，方法调用计数器统计的是一段时间之内方法被调用的次数。当超过一定的时间限度，如果方法的调用次数没有达到方法调用计数器的阈值，这个方法的调用计数器的数值调整为当前数值的 1/2，比如 10 分钟之内方法调用计数器数值为 1000，下次执行该方法的时候，方法调用计数器的数值从 500 开始计数。这个过程称为方法调用计数器热度的衰减（Counter Decay），而这段时间就称为此方法统计的半衰周期（Counter Half Life Time），可以使用 -XX:CounterHalfLifeTime 参数设置半衰周期的时间，单位是秒。可以使用 JVM 参数 "-XX:-UseCounterDecay" 关闭热度衰减，让方法计数器统计方法调用的绝对次数，这样，只要系统运行时间足够长，绝大部分方法都会被编译成机器码。一般而言，如果项目规模不大，并且产品上线后很长一段时间不需要进行版本迭代，都可以尝试把热度衰减关闭，这样可以使 Java 程序在线上运行的时间越久，执行性能会更佳。

如图 11-11 所示，当一个方法被调用时，会先检查该方法是否存在被 JIT 编译过的版本，如果存在，则编译执行。如果不存在已被编译过的版本，则将此方法的调用计数器值加 1，然后判断方法计数器的数值是否超过设置的阈值。如果已超过阈值，那么将会向 JIT 申请代码编译，如果没有超过阈值，则继续解释执行。

回边计数器的作用是统计一个方法中循环体代码执行的次数，在字节码中遇到控制流向后跳转的指令称为"回边"（Back Edge），回边可简单理解为循环末尾跳转到循环开始。回边计数器的流程如下所示，当程序执行过程中遇到回边指令时，判断是否已经存在编译的机器码，如果存在，则编译执行即可，如果不存在，则回边计数器加 1，再次判断是否超过阈值，如果没有超过，则解释执行，如果超过阈值，则向编译器提交编译请求，之后编译器开始编译代码，程序继续解释执行。回边计数器的阈值可以通过参数 "-XX:OnStackReplacePercentage"设置。显然，建立回边计数器统计的目的就是为了触发 OSR 编译，如图 11-12 所示。

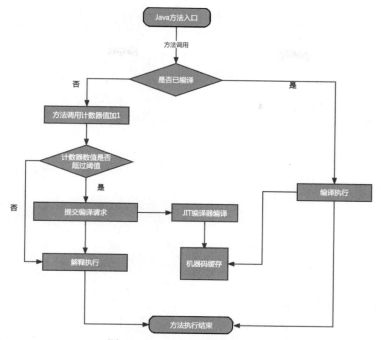

图 11-11   方法计数器执行流程

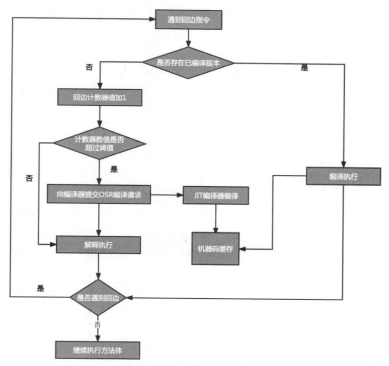

图 11-12   回边计数器执行流程

11.5.3   设置执行模式

缺省情况下 HotSpot VM 采用解释器与即时编译器并存的架构，使用 java –version 命令可以查看，如下所示，mixed mode 表示解释器与即时编译器并存。

```
C:\Users\Administrator>java -version
java version "1.8.0_131"
Java(TM) SE Runtime Environment (build 1.8.0_131-b11)
Java HotSpot(TM) 64-Bit Server VM (build 25.131-b11, mixed mode)
```

当然，开发人员可以根据具体的应用场景，通过下面的命令显式地为 JVM 指定在运行时到底是完全采用解释器执行，还是完全采用即时编译器执行。

-Xint 命令表示完全采用解释器模式执行程序，如下所示。

```
C:\Users\Administrator>java -Xint  -version
java version "1.8.0_131"
Java(TM) SE Runtime Environment (build 1.8.0_131-b11)
Java HotSpot(TM) 64-Bit Server VM (build 25.131-b11, interpreted mode)
```

-Xcomp 命令表示完全采用即时编译器模式执行程序。如果即时编译出现问题，解释器会介入执行，如下所示。

```
C:\Users\Administrator>java -Xcomp  -version
java version "1.8.0_131"
Java(TM) SE Runtime Environment (build 1.8.0_131-b11)
Java HotSpot(TM) 64-Bit Server VM (build 25.131-b11, compiled mode)
```

-Xmixed 命令表示采用解释器和即时编译器的混合模式共同执行程序，如下所示。

```
C:\Users\Administrator>java -Xmixed  -version
java version "1.8.0_131"
Java(TM) SE Runtime Environment (build 1.8.0_131-b11)
Java HotSpot(TM) 64-Bit Server VM (build 25.131-b11, mixed mode)
```

11.5.4　C1编译器和C2编译器

在 HotSpot VM 中内嵌有两个 JIT 编译器，分别为 Client Compiler 和 Server Compiler，通常简称为 C1 编译器和 C2 编译器。开发人员可以通过如下命令显式指定 JVM 在运行时到底使用哪一种即时编译器。

（1）-client：指定 JVM 运行在 Client 模式下，并使用 C1 编译器。C1 编译器会对字节码进行简单和可靠的优化，耗时短，以达到更快的编译速度。

（2）-server：指定 JVM 运行在 Server 模式下，并使用 C2 编译器。C2 进行耗时较长的优化，以及激进优化，但优化的代码执行效率更高。

在不同的编译器上有不同的优化策略，C1 编译器上主要有方法内联，去虚拟化、冗余消除。

（1）方法内联：将引用的函数代码编译到引用点处，这样可以减少栈帧的生成，减少参数传递以及跳转过程。

（2）去虚拟化：对唯一的实现类进行内联。

（3）冗余消除：在运行期间把一些不会执行的代码折叠掉。

C2 的优化主要是在全局层面，逃逸分析是优化的基础。基于逃逸分析在 C2 上有如下几种优化。

（1）标量替换：用标量值代替聚合对象的属性值。

（2）栈上分配：对于未逃逸的对象分配对象在栈而不是堆。

（3）同步消除：清除同步操作，通常指 synchronized。

Java 分层编译（Tiered Compilation）策略：不开启性能监控的情况下，程序解释执行可以触发 C1 编译，将字节码编译成机器码，可以进行简单优化。如果开启性能监控，C2 编译会根据性能监控信息进行激进优化。不过在 Java 7 版本之后，一旦开发人员在程序中显式指定命令"-server"时，默认将会开启分层编译策略，由 C1 编译器和 C2 编译器相互协作共同来执行编译任务。一般来讲，JIT 编译出来的机器码性能比解释器高。C2 编译器启动时长比 C1 编译器慢，系统稳定执行以后，C2 编译器执行速度远远快于 C1 编译器。

默认情况下 HotSpot VM 则会根据操作系统版本与物理机器的硬件性能自动选择运行在哪一种模式下，以及采用哪一种即时编译器。

对于 32 位 Windows 操作系统，不论硬件什么配置都会默认使用 Client 模式，可以执行"java -server -version"命令，切换为 Server 模式，但已经是 Server 模式的，不能切换为 Client 模式。对于 32 位其他类型的操作系统，如果内存配置为 2GB 或以上且 CPU 数量大于或等于 2，默认情况会以 Server 模式运行，低于该配置依然使用 Client 模式。64 位的操作系统只有 Server 模式。

对于开发人员来讲，基本都是 64 位的操作系统了，因为 32 位的内存限制为 4GB，显得捉襟见肘。现在生产环境上，基本上都是 Server 模式。所以我们只需要掌握 Server 模式即可，Client 模式基本不会使用了。

11.6　AOT 编译器和 Graal 编译器

JDK 9 引入了 AOT 编译器（Ahead Of Time Compiler，静态提前编译器）及 AOT 编译工具 jaotc。将所输入的 class 文件转换为机器码，并存放至生成的动态共享库之中。

所谓 AOT 编译，是与即时编译相对立的一个概念。我们知道，即时编译指的是在程序的运行过程中，将字节码转换为可在硬件上直接运行的机器码，并部署至托管环境中的过程。而 AOT 编译指的则是，在程序运行之前，便将字节码转换为机器码的过程，也就是说在程序运行之前通过 jaotc 工具将 class 文件转换为 so 文件。

AOT 编译的最大好处是 JVM 加载已经预编译成二进制库，可以直接执行，无须通过解释器执行，不必等待即时编译器的预热，减少 Java 应用给人带来"第一次运行慢"的不良体验。把编译的本地机器码保存到磁盘，不占用内存，并可多次使用。但是破坏了 Java"一次编译，到处运行"的特性，必须为不同硬件编译对应的发行包，降低了 Java 链接过程的动态性，加载的代码在编译工作前就必须全部已知。

自 JDK 10 起，HotSpot 又加入一个全新的即时编译器——Graal 编译器。它的编译效果在短短几年内就追平了 C2 编译器，未来可期。目前，它还依然带着"试验状态"的标签，需要使用参数"-XX:+UnlockExperimentalVMOptions -XX:+UseJVMCICompiler"去激活，才可以使用。

11.7　本章总结

本章讲述了执行引擎在 JVM 中起到的作用，执行引擎充当了将 class 文件中的内容翻译为机器语言的译者，使得物理机器可以识别，进而使得程序可以执行。HotSpot VM 中的执行引擎同时存在解释器和 JIT 编译器，即代码可以解释执行，也可以编译执行。从执行效率上讲，编译执行要比解释执行的效率高。从 JVM 启动时间来看，解释器可以首先发挥作用，而不必等待 JIT 全部编译完成后再执行，这样可以省去许多不必要的编译时间编译执行。此外，是否需要启动 JIT 编译器将字节码直接编译为对应平台的机器码需要根据代码被调用执行的频率而定，尽管如此，程序编译执行仍是未来的发展方向。

第 12 章　字符串常量池

在 Java 程序中 String 类的使用几乎无处不在，String 类代表字符串，字符串对象可以说是 Java 程序中使用最多的对象了。首先，在 Java 中创建大量对象是非常耗费时间的。其次，在程序中又经常使用相同的字符串对象，如果每次都去重新创建相同的字符串对象将会非常浪费空间。最后，字符串对象具有不可变性，即字符串对象一旦创建，内容和长度是固定的，既然这样，那么字符串对象完全可以共享。所以就有了 StringTable 这一特殊的存在，StringTable 叫作字符串常量池，用于存放字符串常量，这样当我们使用相同的字符串对象时，就可以直接从 StringTable 中获取而不用重新创建对象。本章对于开发人员意义重大，弄懂字符串常量池及其字符串的相关内容，对程序优化至关重要。

12.1　String 的基本特性

12.1.1　String类概述

String 是字符串的意思，可以使用一对双引号引起来表示，而 String 又是一个类，所以可以用 new 关键字创建对象。因此字符串对象的创建有两种方式，分别是使用字面量定义和 new 的方式创建，如下所示。

- 字面量的定义方式：String s1 = "atguigu"；
- 以 new 的方式创建：String s2 = new String("hello")。

String 类声明是加 final 修饰符的，表示 String 类不可被继承；String 类实现了 Serializable 接口，表示字符串对象支持序列化；String 类实现了 Comparable 接口，表示字符串对象可以比较大小。

String 在 JDK 8 及以前版本内部定义了 final char[] value 用于存储字符串数据。JDK 9 时改为 finalbyte[] value。String 在 JDK 9 中存储结构变更通知如图 12-1 所示。官方文档请扫码查看。

Motivation

The current implementation of the String class stores characters in a char array, using two bytes (sixteen bits) for each character. Data gathered from many different applications indicates that strings are a major component of heap usage and, moreover, that most String objects contain only Latin-1 characters. Such characters require only one byte of storage, hence half of the space in the internal char arrays of such String objects is going unused.

Description

We propose to change the internal representation of the String class from a UTF-16 char array to a byte array plus an encoding-flag field. The new String class will store characters encoded either as ISO-8859-1/Latin-1 (one byte per character), or as UTF-16 (two bytes per character), based upon the contents of the string. The encoding flag will indicate which encoding is used.

图 12-1　JDK7 和 JDK8 存储结构的对比图

图 12-1 这两段话的大致意思如下：String 类的当前实现将字符串存储在 char 数组中，每个 char 类型的字符使用 2 字节（16 位）。从许多不同的应用程序收集的数据表明，字符串是堆使用的主要组成部分，而大多数字符串对象只包含 Latin-1 字符。这些字符只需要 1 字节的存储空间，也就是说这些字符串对象的内部字符数组中有一半的空间并没有使用。

我们建议将 String 类的内部表示形式从 UTF-16 字符数组更改为字节数组加上字符编码级的标志字段。新的 String 类将根据字符串的内容存储编码为 ISO-8859-1/Latin-1（每个字符 1

字节）或 UTF-16（每个字符 2 字节）编码的字符。编码标志将指示所使用的编码。

基于上述官方给出的理由，String 不再使用 char[] 来存储，改成了 byte[] 加上编码标记，以此达到节约空间的目的。JDK9 关于 String 类的部分源码如代码清单 12-1 所示，可以看出来已经将 char[] 改成了 byte[]。

代码清单12-1　JDK 9版本String的部分源码

```
public final class String
    implements java.io.Serializable, Comparable<String>, CharSequence {
    @Stable
    private final byte[] value;
    private int hash;
    private final byte coder;
    @Native static final byte LATIN1 = 0;
    @Native static final byte UTF16  = 1;
}
```

String 类做了修改，与字符串相关的类（如 AbstractStringBuilder、StringBuilder 和 String Buffer）也都随之被更新为使用相同的表示形式，HotSpot VM 的内部字符串操作也做了更新。

12.1.2　String的不可变性

String 是不可变的字符序列，即字符串对象具有不可变性。例如，对字符串变量重新赋值、对现有的字符串进行连接操作、调用 String 的 replace 等方法修改字符串等操作时，都是指向另一个字符串对象而已，对于原来的字符串的值不做任何改变。下面通过代码验证 String 的不可变性，如代码清单 12-2 所示。

代码清单12-2　String的不可变性

```
package com.atguigu.section01;

import org.junit.Test;

/**
 * String 的基本使用：体现 String 对象的不可变性
 *
 * @author atguigu
 */
public class StringTest1 {
    @Test
    public void test01(){
        String s1 = "java";
        String s2 = "java";
        s1 = "atguigu";
        System.out.println(s1);//atguigu
        System.out.println(s2);//java
    }


    @Test
    public void test2() {
```

```
    String s1 = "java";
    String s2 = s1 + "atguigu";
    System.out.println(s1);//java
    System.out.println(s2);//javaatguigu
}

@Test
public void test3(){
    String s1 = "java";
    String s2 = s1.concat("atguigu");
    System.out.println(s1);//java
    System.out.println(s2);//javaatguigu
}

@Test
public void test4(){
    String s1 = "java";
    String s2 = s1.replace("a","A");
    System.out.println(s1);//java
    System.out.println(s2);//jAvA
}
}
```

上面的代码解析如表 12-1 所示。

表12-1　StringTest1类代码的解析

方　法	代　码　解　析
test1 方法	s1 变量指向新的字符串对象"atguigu"，而不是直接修改"java"字符串对象的内容
test2 方法	s1 和"atguigu"拼接后得到新的字符串，s2 指向这个新字符串，s1 不变
test3 方法	s1 和"atguigu"拼接后得到新的字符串，s2 指向这个新字符串，s1 不变
test4 方法	基于 s1 创建一个新字符串然后替换，s2 指向这个新字符串，s1 不变

下面的代码也能说明 String 的不可变性，如代码清单 12-3 所示。

代码清单12-3　String的"值传递"表象

```
package com.atguigu.section01;

/**
 * @author atguigu
 */
public class StringExer {
    String str = new String("good");
    char[] ch = { 't' , 'e' , 's' , 't' };

    public void change(String str, char ch[]) {
        System.out.println(str);//good
        System.out.println(ch);//test
        str = str + " test ok";
```

```
        ch[0] = 'b';
        System.out.println(str);//good test ok
        System.out.println(ch);//best
    }

    public static void main(String[] args) {
        StringExer ex = new StringExer();
        ex.change(ex.str, ex.ch);
        System.out.println(ex.str);//good
        System.out.println(ex.ch);//best
    }
}
```

在上面的代码中，因为 change(String str, char ch[]) 方法的两个形参都是引用数据类型，接收的都是实参对象的首地址，即 str 和 ex.str 指向同一个对象，ch 和 ex.ch 指向同一个对象，所以在 change 方法中打印 str 和 ch 的结果和实参 ex.str 和 ex.ch 一样。虽然 str 在 change 方法中进行了拼接操作，str 的值变了，但是由于 String 对象具有不可变性，str 指向了新的字符串对象，就和实参对象 ex.str 无关了，所以 ex.str 的值不会改变。而 ch 在 change 方法中并没有指向新对象，对 ch[0] 的修改，相当于对 ex.ch[0] 的修改。

12.2 字符串常量池

因为 String 对象的不可变性，所以 String 的对象可以共享。但是 Java 中并不是所有字符串对象都共享，只会共享字符串常量对象。Java 把需要共享的字符串常量对象存储在字符串常量池（StringTable）中，即字符串常量池中是不会存储相同内容的字符串的。

12.2.1 字符串常量池的大小

String 的 StringTable 是一个固定大小的 HashTable，不同 JDK 版本的默认长度不同。如果放进 StringTable 的 String 非常多，就会造成 Hash 冲突严重，从而导致链表很长，链表过长会造成当调用 String.intern() 方法时性能大幅下降。

- 在 JDK6 中 StringTable 长度默认是 1009，所以如果常量池中的字符串过多就会导致效率下降很快。
- 在 JDK 7 和 JDK 8 中，StringTable 长度默认是 60013。
- StringTable 长度默认是 60013。

使用 "-XX:StringTableSize" 可自由设置 StringTable 的长度。但是在 JDK 8 中，StringTable 长度设置最小值是 1009。

下面我们使用代码来测试不同的 JDK 版本中对 StringTable 的长度限制，如代码清单 12-4 所示。

代码清单12-4 不同的JDK版本中对StringTable的长度限制

```
package com.atguigu.section02;

/**
 * 测试 StringTableSize 参数
 * JDK 1.6 默认 -XX:StringTableSize=1009
```

```
 * JDK 1.7 默认 -XX:StringTableSize=60013
 * JDK 1.8 -XX:StringTableSize 必须 >= 1009
 * @author atguigu
 */
public class StringTest2 {
    public static void main(String[] args) {
        System.out.println(" 我来打个酱油 ");
        try {
            // 让程序运行得更久一点
            Thread.sleep(1000000);
        } catch (InterruptedException e) {
            e.printStackTrace();
        }
    }
}
```

先运行上面的 Java 程序，然后使用 jps 和 jinfo 命令来查看当前 Java 进程和打印指定 Java 进程的配置信息。

当使用 JDK 6 时，StringTable 的长度默认值是 1009，如图 12-2 所示。

```
C:\WINDOWS\system32\cmd.exe
C:\Users\Administrator>jps
9952 StringTest2
9620 Jps
3240 Launcher
8376

C:\Users\Administrator>jinfo -flag StringTableSize 9952
-XX:StringTableSize=1009
```

图 12-2　JDK 6 时 StringTable 的固定长度

使用“-XX:StringTableSize=10”设置 StringTable 的长度为 10 后，如图 12-3 所示。

```
C:\WINDOWS\system32\cmd.exe
C:\Users\Administrator>jps
448 Launcher
9652 Jps
8376
12396 StringTest2

C:\Users\Administrator>jinfo -flag StringTableSize 12396
-XX:StringTableSize=10
```

图 12-3　JDK 6 时设置 StringTable 的长度为 10

当使用 JDK 7 和 JDK 8 时，StringTable 的长度默认值是 60013，如图 12-4 所示。

```
C:\WINDOWS\system32\cmd.exe
C:\Users\Administrator>jps
2688 Launcher
7384 StringTest2
8376
11980 Jps

C:\Users\Administrator>jinfo -flag StringTableSize 7384
-XX:StringTableSize=60013
```

图 12-4　JDK 7 时 StringTable 的固定长度

当 JDK 8 设置 StringTable 的长度过短的话会抛出“Could not create the Java Virtual Machine”异常。如图 12-5 所示，设置的 StringTable 长度为 10 时抛出异常。

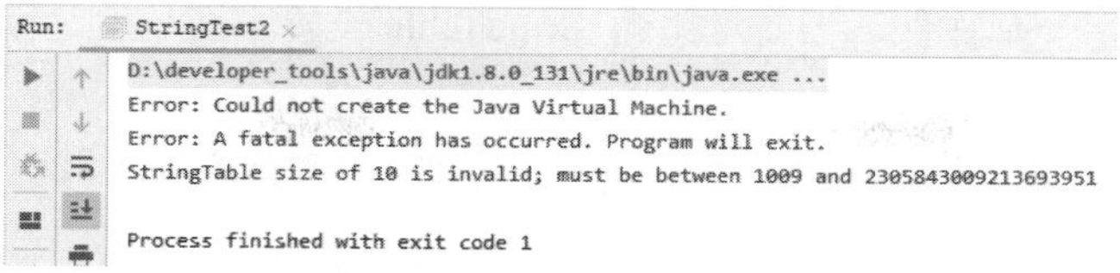

图 12-5　JDK 8 时设置 StringTable 的长度过短抛出异常

上面程序测试了不同版本的 JDK 对于 StringTable 的长度有不同的限制，接下来测试不同的 StringTable 长度对于性能的影响，业务需求为产生 10 万个长度不超过 10 的字符串，如代码清单 12-5 所示。

代码清单12-5　不同的StringTable长度对于性能的影响（1）

```
package com.atguigu.section01;

import java.io.FileWriter;
import java.io.IOException;
import java.util.Random;

/**
 * 产生 10 万个长度不超过 10 的字符串，包含 a-z,A-Z
 * @author atguigu
 */
public class GenerateString {
    public static void main(String[] args) throws IOException {
        FileWriter fw = new FileWriter("words.txt");

        Random random = new Random();
        for (int i = 0; i < 100000; i++) {
            //length: 1 - 10
            int length = random.nextInt(10) + 1;
            fw.write(getString(length) + "\n");
        }

        fw.close();
    }

    public static String getString(int length) {
        String str = "";
        Random random = new Random();
        for (int i = 0; i < length; i++) {
            //26 个大写字母编码：>=65，大小写字母编码相差 32
            int num = random.nextInt(26) + 65;
            num += random.nextInt(2) * 32;
            str += (char) num;
        }
        return str;
    }
}
```

上述代码会产生一个文件，下面对比当 StringTable 设置不同长度时读取该文件所用的时耗，如代码清单 12-6 所示。

代码清单12-6　不同的StringTable长度对于性能的影响（2）

```java
package com.atguigu.section01;

import java.io.BufferedReader;
import java.io.FileReader;
import java.io.IOException;


/**
 * 测试对比当字符串常量池设置不同长度时读取该文件所用的时耗
 * -XX:StringTableSize=1009
 * -XX:StringTableSize=100009
 * @author atguigu
 */

public class GenerateStringRead {
    public static void main(String[] args) {
        BufferedReader br = null;
        try {
            br = new BufferedReader(new FileReader("words.txt"));
            long start = System.currentTimeMillis();
            String data;
            while ((data = br.readLine()) != null) {
                // 如果 StringTable 中没有对应 data 的字符串的话，则在常量池中生成
                data.intern();
            }

            long end = System.currentTimeMillis();
            System.out.println(" 花费的时间为: " + (end - start));
        } catch (IOException e) {
            e.printStackTrace();
        } finally {
            if (br != null) {
                try {
                    br.close();
                } catch (IOException e) {
                    e.printStackTrace();
                }

            }
        }
    }
}
```

当字符串常量池的长度设置为"-XX:StringTableSize=1009"时，读取的时间为143ms。当字符串常量池的长度设置为"-XX:StringTableSize=100009"时，读取的时间为47ms。由此可以看出当字符串常量池的长度较短时，代码执行性能降低。

12.2.2　字符串常量池的位置

除String外，在Java语言中还有8种基本数据类型，为了节省内存、提高运行速度，Java虚拟机为这些类型都提供了常量池。

8种基本数据类型的常量池都由系统协调使用。String类型的常量池使用比较特殊，当直接使用字面量的方式（也就是直接使用双引号）创建字符串对象时，会直接将字符串存储至常量池。当使用其他方式（如以new的方式）创建字符串对象时，字符串不会直接存储至常量池，但是可以通过调用String的intern()方法将字符串存储至常量池。intern()方法的具体使用将在12.4节讲解。

字符串常量池在8.6.1节中讲到：HotSpot虚拟机中在Java 6及以前版本中字符串常量池放到了永久代，在Java 7及之后版本中字符串常量池被放到了堆空间。字符串常量池位置之所以调整到堆空间，是因为永久代空间默认比较小，而且永久代垃圾回收频率低。将字符串保存在堆中，就是希望字符串对象可以和其他普通对象一样，垃圾对象可以及时被回收，同时可以通过调整堆空间大小来优化应用程序的运行。

下面用代码来展示不同JDK版本中字符串常量池的变化，如代码清单12-7所示。

代码清单12-7　不同JDK版本中字符串常量池的变化

```
package com.atguigu.section02;

import java.util.ArrayList;

/**
 * JDK6 中:
 * -XX:PermSize=20m -XX:MaxPermSize=20m -Xms128m  -Xmx256m
 * JDK7 中:
 * -XX:PermSize=20m -XX:MaxPermSize=20m -Xms128m  -Xmx256m
 * JDK8 中:
 * -XX:MetaspaceSize=20m -XX:MaxMetaspaceSize=20m -Xms256m  -Xmx128m
 * @author atguigu
 */
public class StringTest3 {
    public static void main(String[] args) {
        ArrayList<String> list = new ArrayList<String>();
        int i = 0;
        while(true){
            list.add(String.valueOf(i++).intern());
        }
    }
}
```

当使用JDK 6时，设置永久代（PermSize）内存为20MB，堆内存大小最小值为128MB，最大值为256MB，运行代码后，报出永久代内存溢出异常，如图12-6所示。

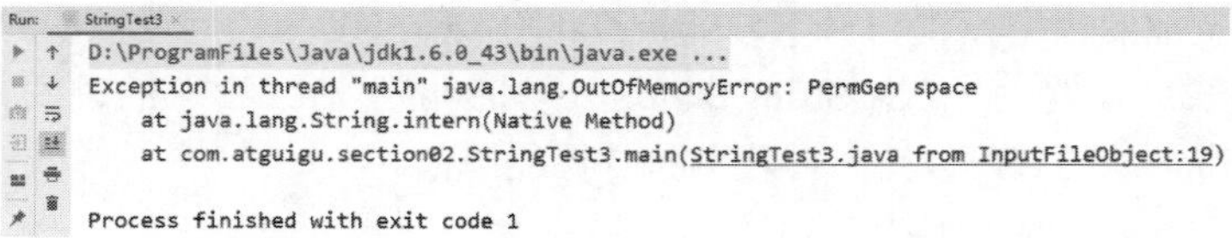

图 12-6　JDK 6 中永久代内存溢出异常

在 JDK 7 中设置永久代（PermSize）内存为 20MB，堆内存大小最小值为 128MB，最大值为 256MB，运行代码后，报出如图 12-7 所示堆内存溢出异常。由此可以看出，字符串常量池被放在了堆中，最终导致堆内存溢出。

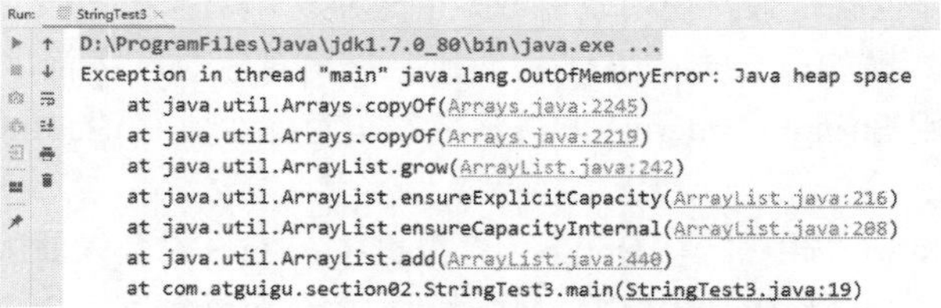

图 12-7　JDK 7 中堆内存溢出异常

在 JDK 8 中因为永久代被取消，所以 PermSize 参数换成了 MetaspaceSize 参数，设置元空间（MetaspaceSize）的大小为 20MB，堆内存大小最小值为 128MB，最大值为 256MB 时，运行代码报错和 JDK 版本一样，也是堆内存溢出错误。

12.2.3　字符串常量对象的共享

因为 String 对象是不可变的，所以可以共享。存储在 StringTable 中的字符串对象是不会重复的，即相同的字符串对象本质上是共享同一个。Java 语言规范里要求完全相同的字符串字面量，应该包含同样的 Unicode 字符序列（包含同一份码点序列的常量），如代码清单 12-8 所示。

代码清单12-8　完全相同的字符串字面量指向同一个String类实例

```java
package com.atguigu.chapter12;

import org.junit.Test;
/**
 * 字符串对象个数
 * @author atguigu
 */
public class StringTest4 {
    @Test
    public void test1(){
        String s1 = "hello";//code(1)
        String s2 = "hello";//code(2)
        String s3 = "atguigu";//code(3)
    }
}
```

Debug 运行并查看 Memory 内存结果如图 12-8 所示，code(1) 代码运行之前，字符串的数量为 3468 个，code(1) 语句执行之后，字符串的数量为 3469 个，说明 code(1) 语句产生了 1 个新的字符串对象。当 code(2) 语句执行之后，字符串的数量仍然为 3469 个，说明 code(2) 语句没有产生新的字符串对象，和 code(1) 语句共享同一个字符串对象"hello"。当 code(3) 语句执行之后，字符串的数量为 3470 个，说明 code(3) 语句又产生了 1 个新的字符串对象，因为 code(3) 语句的字符串"atguigu"和之前的字符串常量对象不一样。

只有在 StringTable 中的字符串常量对象才会共享，不是在 StringTable 中的字符串对象，不会共享。例如 new 出来的字符串不在字符串常量池，如代码清单 12-9 所示。

代码清单12-9　演示new出来的字符串不在字符串常量池

```java
package com.atguigu.section03;

import org.junit.Test;

public class StringTest4 {
    @Test
    public void test2(){
        String s1 = new String("hello");//code(4)
        String s2 = new String("hello");//code(5)
    }
}
```

Debug 运行并查看 Memory 内存结果如图 12-9 所示。code(4) 代码运行之前，字符串的数量为 3466 个，code(4) 语句执行之后，字符串的数量为 3468 个，说明 code(4) 语句产生了两个新的字符串对象，一个是 new 出来的，一个是字符串常量对象"hello"。当 code(5) 语句执行之后，字符串的数量为 3469 个，说明 code(5) 语句只新增了 1 个字符串对象，它是新 new 出来的，而字符串常量对象"hello"和 code(4) 语句共享同一个。

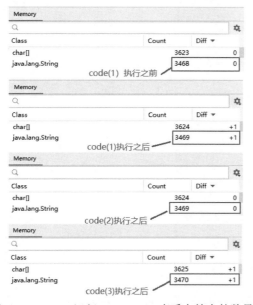

图 12-8　Debug 运行 StringTest4 查看字符串的数量

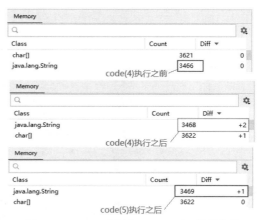

图 12-9　Debug 运行 StringTest5 查看字符串的数量

12.3 字符串拼接操作

12.3.1 不同方式的字符串拼接

在日常开发中，大家会经常用到字符串的拼接，字符串的拼接通常使用"+"或 String 类的 concat() 方法，它们有什么不同呢？另外，使用针对字符串常量拼接和字符串变量拼接又有什么区别呢？字符串拼接结果存放在常量池还是堆中呢？通过运行和分析下面的代码，相信你可以得出结论。

代码清单 12-10 验证常量与常量拼接在编译期优化之后，其拼接结果放在字符串常量池。

代码清单12-10　字符串拼接结果对比

```java
package com.atguigu.chapter12;

import org.junit.Test;

/**
 * 字符串拼接操作
 *
 * @author atguigu
 */
public class StringTest5 {
    @Test
    public void test1() {
        String s1 = "a" + "b" + "c";// 编译期优化：等同于 "abc"
        String s2 = "abc"; //"abc" 一定是放在 StringTable 中
        System.out.println(s1 == s2); //true
    }

    @Test
    public void test2() {
        String s1 = "javaEE";
        String s2 = "hadoop";
        String s3 = "javaEEhadoop";
        String s4 = "javaEE" + new String("hadoop");
        String s5 = s1 + "hadoop";
        String s6 = "javaEE" + s2;
        String s7 = s1 + s2;
        //"+" 拼接中出现字符串变量等非字面常量
        // 结果都不在 StringTable 中
        System.out.println(s3 == s4);//false
        System.out.println(s3 == s5);//false
        System.out.println(s3 == s6);//false
        System.out.println(s3 == s7);//false
        System.out.println(s5 == s6);//false
        System.out.println(s5 == s7);//false
        System.out.println(s6 == s7);//false
    }
```

```java
@Test
public void test3() {
    String s1 = "javaEE";
    String s2 = "hadoop";
    String s3 = "javaEEhadoop";
    String s4 = s1.concat(s2);
    //concat 拼接结果不在 StringTable 中
    System.out.println(s3 == s4);//false
}

@Test
public void test4() {
    String s1 = "hello";
    String s2 = "java";
    String s3 = "hellojava";
    String s4 = (s1 + s2).intern();
    String s5 = s1.concat(s2).intern();
    // 拼接后调用 intern() 方法, 结果都在 StringTable 中
    System.out.println(s3 == s4);
    System.out.println(s3 == s5);
}

@Test
public void test5() {
    final String s1 = "hello";
    final String s2 = "java";
    String s3 = "hellojava";
    String s4 = s1 + s2;
    System.out.println(s3 == s4);//true
}
}
```

上面的代码解析如表 12-2 所示。

表12-2　StringTest 5类代码的解析

方　　法	代 码 解 析
test1 方法	字面常量与字面常量的"+"拼接结果在常量池, 原理是编译器优化
test2 方法	字符串"+"拼接中只要其中有一个是变量或非字面常量, 结果不会直接放在 StringTable 中
test3 方法	凡是使用 concat() 方法拼接的结果不会放在 StringTable 中
test4 方法	如果拼接的结果调用 intern() 方法, 则主动将常量池中还没有的字符串对象放入池中, 并返回此对象地址
test5 方法	s1 和 s2 前面加了 final 修饰, 那么 s1 和 s2 仍然是字符串常量, 即 s1 和 s2 是 "hello" 和 "java" 的代名词而已

通过上面的代码我们可以得出以下结论:

（1）字符串常量池中不会存在相同内容的字符串常量。

（2）字面常量字符串与字面常量字符串的"+"拼接结果仍然在字符串常量池。

（3）字符串"+"拼接中只要其中有一个是变量或非字面常量, 结果不会放在字符串常量池中。

（4）凡是使用 concat() 方法拼接的结果也不会放在字符串常量池中。

（5）如果拼接的结果调用 intern() 方法，则主动将常量池中还没有的字符串对象放入池中，并返回此对象地址。

12.3.2　字符串拼接的细节

看了上面小节的运行结果，有些读者就开始有疑问了，为什么这几种字符串拼接结果存储位置不同呢？下面我们将通过查看源码和分析字节码等方式来为大家揭晓答案。

如图 12-10 所示，字节码命令视图可以看出代码清单 12-10 中 StringTest 类的 test1 方法中两个字符串加载的内容是相等的，也就是编译器对 "a" + "b" + "c" 做了优化，直接等同于 "abc"。

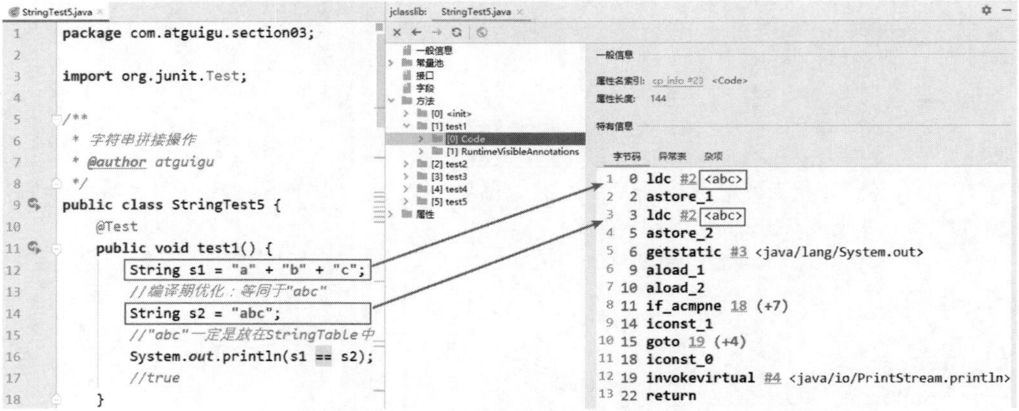

图 12-10　字符串常量 "+" 拼接和字符串常量的对比

如图 12-11 所示，从字节码命令视图可以看出代码清单 12-10 中 StringTest 类的 test2 方法中，两个字符串拼接过程使用 StringBuilder 类的 append() 方法来完成，之后又通过 toString() 方法转为 String 字符串对象。而 StringBuilder 类的 toString() 方法源码如代码清单 12-11 所示，它会重新 new 一个字符串对象返回，而直接 new 的 String 对象一定是在堆中，而不是在常量池中。

图 12-11　"+" 拼接过程使用了 StringBuilder 类

代码清单12-11　StringBuilder类toString方法源码

```
@Override
```

```
public String toString() {
    // Create a copy, don't share the array
    return new String(value, 0, count);
}
```

下面查看 String 类的 concat() 方法源码，如代码清单 12-12 所示，只要拼接的不是一个空字符串，那么最终结果都是 new 一个新的 String 对象返回，所以拼接结果也是在堆中，而非常量池。

代码清单12-12　String类concat方法源码

```
public String concat(String str) {
    if (str.isEmpty()) {
        return this;
    }
    int len = value.length;
    int otherLen = str.length();
    char buf[] = Arrays.copyOf(value, len + otherLen);
    str.getChars(buf, len);
    return new String(buf, true);
}
```

12.3.3　"+"拼接和StringBuilder拼接效率

在上一节，我们提到了"+"拼接过程中，如果"+"两边有非字符串常量出现，编译器会将拼接转换为 StringBuilder 的 append 拼接。那么使用"+"拼接和直接使用 StringBuilder 的 append() 拼接，效率有差异吗？代码清单 12-13 演示了字符串"+"拼接和 StringBuilder 的 append() 的效率对比。

代码清单12-13　字符串"+"拼接和StringBuilder的append()效率对比

```
package com.atguigu.chapter12;

import org.junit.Test;
/**
 * 字符串拼接效率
 * @author atguigu
 */
public class StringConcatTimeTest {
    @Test
    public void test1() {
        long start = System.currentTimeMillis();
        String src = "";
        for (int i = 0; i < 100000; i++) {
            src = src + "a";
            // 每次循环都会创建一个 StringBuilder、String
        }
        long end = System.currentTimeMillis();
        System.out.println(" 花费的时间为: " + (end - start));
        // 花费的时间为: 4014ms
        long totalMemory = Runtime.getRuntime().totalMemory();
```

```
        long freeMemory = Runtime.getRuntime().freeMemory();
        System.out.println(" 占用的内存: " + (totalMemory - freeMemory));
        // 占用的内存: 1077643816B
    }
    @Test
    public void test2() {
        long start = System.currentTimeMillis();
        // 只需要创建一个 StringBuilder
        StringBuilder src = new StringBuilder();
        for (int i = 0; i < 100000; i++) {
            src.append("a");
        }
        long end = System.currentTimeMillis();
        System.out.println(" 花费的时间为: " + (end - start));
        // 花费的时间为: 7ms
        long totalMemory = Runtime.getRuntime().totalMemory();
        long freeMemory = Runtime.getRuntime().freeMemory();
        System.out.println(" 占用的内存: " + (totalMemory - freeMemory));
        // 占用的内存: 13422072B
    }
}
```

创建 100000 个字符串的拼接使用 test1() 方法耗时 4014ms，占用内存 1077643816 字节，使用 test2() 方法耗时 7ms，占用内存 13422072 字节，明显 test2() 方法的效率更高。这是因为 test2() 方法中 StringBuilder 的 append() 自始至终只创建过一个 StringBuilder 对象。test1() 方法中使用 String 的字符串拼接方式会创建多个 StringBuilder 和 String 对象。

12.4 intern() 的使用

从代码清单 12-10 的 StringTest5 类的 test4() 方法中可以看出，无论是哪一种字符串拼接，拼接后调用 intern() 结果都在字符串常量池。这是为什么呢？查看 intern() 方法的官方文档解释说明，如图 12-12 所示。

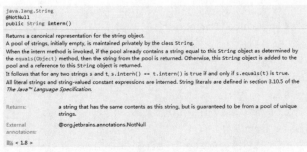

图 12-12 intern() 方法的官方文档解释说明

当调用 intern() 方法时，如果池中已经包含一个等于此 String 对象的字符串，则返回池中的字符串。否则，将此 String 对象添加到池中，并返回此 String 对象的引用。也就是说，如果在任意字符串上调用 intern() 方法，那么其返回地址引用和直接双引号表示的字面常量值的地址引用是一样的。例如：new String（"I love atguigu"）.intern() == "I love atguigu" 和 "I love atguigu"== new String("I love atguigu").intern() 的结果都是 true。

12.4.1　不同JDK版本的intern()方法

虽然 intern() 方法都是指返回字符串常量池中字符串对象引用，但是在不同的 JDK 版本中，字符串常量池的位置不同，决定了字符串常量池是否会与堆中的字符串共享问题。下面通过代码清单 12-14 查看不同 JDK 版本的字符串常量共享的区别。

代码清单12-14　不同JDK版本的字符串常量共享的区别

```
package com.atguigu.section04;

import org.junit.Test;

/**
 * 不同 JDK 版本 intern() 方法测试
 * @author atguigu
 */
public class StringInternTest {
    @Test
    public void test1(){
        String s = "ab";
        String s1 = new String("a") + new String("b");
        String s2 = s1.intern();
        System.out.println(s1 == s);//JDK6、JDK7 和 JDK8:false
        System.out.println(s2 == s);//JDK6、JDK7 和 JDK8:true
    }

    @Test
    public void test2(){
        String s1 = new String("a") + new String("b");
        String s2 = s1.intern();
        String s = "ab";
        System.out.println(s1 == s);//JDK6:false   JDK7 和 JDK8:true
        System.out.println(s2 == s);//JDK6:true   JDK7 和 JDK8:true
    }
}
```

在 JDK6 中，上述代码 test1() 和 test2() 方法运行结果都是 false 和 true。这是因为 JDK6 时，HotSpot 虚拟机中字符串常量池在永久代，不在堆中，所以，字符串常量池不会和堆中的字符串共享，即无论是 test1() 还是 test2()，s1 指向的是堆中的字符串对象的地址，而 s2 和 s 指向的是永久代中字符串对象的地址。

在 JDK7 和 JDK8 中上述代码 test1() 方法运行结果是 false 和 true，test2() 方法运行结果是 true 和 true。这是因为 HotSpot 虚拟机在 JDK 7 和 JDK 8 中，字符串常量池被设置在了堆中，所以，字符串常量池可以和堆共享字符串。在 test1() 方法中，由于是先给 s 赋值 "ab"，后出现 s1.intern() 的调用，也就是在用 intern() 方法之前，堆中已经有一个字符串常量 "ab" 了，字符串常量池中记录的是它的地址，intern() 方法也直接返回该地址，而给 s1 变量赋值的是新 new 的堆中的另一个字符串的地址，所以 test1() 方法运行结果是 false 和 true。在 test2() 方法中，由于是先调用 s1.intern()，后出现给 s 赋值 "ab"，此时 intern() 方法之前，堆中并不存在字符串常量 "ab"，所以就直接把 s1 指向的 new 出来的堆中的字符串 "ab" 的地址放到了字符串常量表中，之后给 s 变量赋值 "ab" 时，也直接使用该地址，所以 test1() 方法运行结果是 true 和 true。

上述表达使用内存示意图说明的话，JDK 6 的 test1() 和 test2() 的内存示意图一样，如图 12-13 所示。JDK 7 和 JDK 8 的 test1() 和 test2() 的内存示意图不一样，如图 12-14 所示。

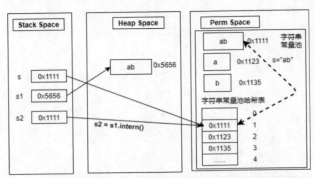

图 12-13　JDK 6 版本 test1() 和 test2() 方法的内存示意图

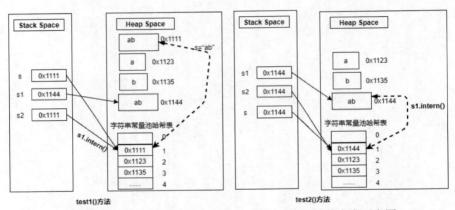

图 12-14　JDK 7、JDK 8 版本 test1() 和 test2() 方法的内存示意图

12.4.2　intern()方法的好处

根据上一个小节的分析，JDK 7 及其之后的版本，intern() 方法可以直接把堆中的字符串对象的地址放到字符串常量池表共享，从而达到节省内存的目的。下面通过一段代码，分别测试不用 intern() 方法和使用 intern() 方法的字符串对象的个数及其内存占用情况，如代码清单 12-15 所示。

代码清单12-15　不使用intern()和使用intern()对象个数和内存占用区别

```
package com.atguigu.chapter12;

/**
 * 使用 intern() 节省空间
 *
 * @author atguigu
 */
```

```java
public class StringInternMemoryTest {
    static final int MAX_COUNT = 1000 * 10000;
    static final String[] arr = new String[MAX_COUNT];
    static final Integer[] data = new Integer[]{1, 2, 3, 4, 5, 6, 7, 8, 9, 10};
    public static void main(String[] args) {
        long start = System.currentTimeMillis();
        for (int i = 0; i < MAX_COUNT; i++) {
            //arr[i]=new String(String.valueOf(data[i%data.length]));
            arr[i]=new String(String.valueOf(data[i%data.length]))
                    .intern();
        }
        long end = System.currentTimeMillis();
        System.out.println(" 花费的时间为: " + (end - start));
        try {
            Thread.sleep(1000000);
        } catch (InterruptedException e) {
            e.printStackTrace();
        }
        System.gc();
    }
}
```

当没有使用 intern() 时花费的时间为 7307ms，通过 JDK 自带工具 jvisualvm.exe 结合 VisualVM Launcher 插件可以查看其运行时内存中的字节数和实例数，如图 12-15 所示。

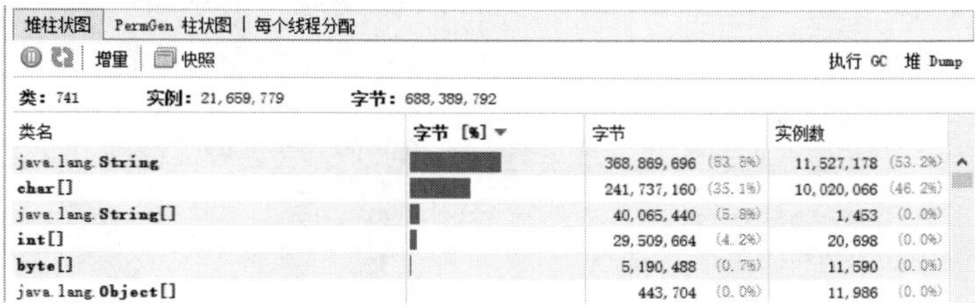

图 12-15 没使用 intern() 时实例数和占用字节数

当使用 intern() 时花费的时间为 1311ms，其运行时内存中的字节数和实例数，如图 12-16 所示。

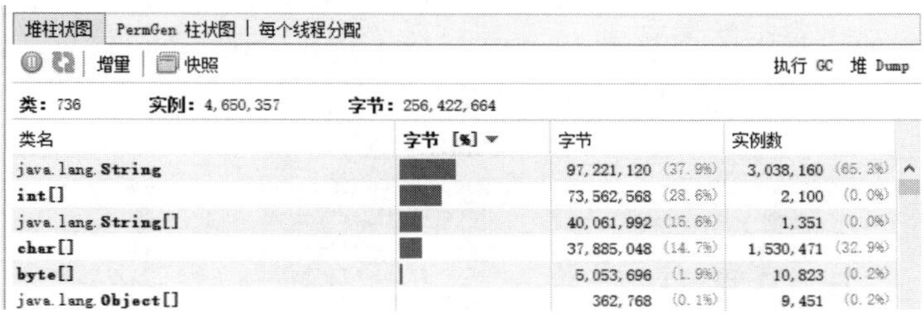

图 12-16 使用 intern() 时实例数和占用字节数

从上面的内存监测样本可以得出结论，程序中存在大量字符串，尤其存在很多重复字符串时，使用 intern() 可以大大节省内存空间。例如大型社交网站中很多人都存储北京市海淀区等信息，这时候如果字符串调用 intern() 方法，就会明显降低内存消耗。

12.5 字符串常量池的垃圾回收

字符串常量池中存储的虽然是字符串常量，但是依然需要垃圾回收。我们接下来验证字符串常量池中是否存在垃圾回收操作。首先设置 JVM 参数"-Xms15m -Xmx15m -XX:+PrintStringTableStatistics -XX:+PrintGCDetails"，然后分别设置不同的运行次数，其中"-XX:+PrintStringTableStatistics"参数可以打印 StringTable 的使用情况，测试代码如代码清单 12-16 所示。

代码清单12-16 验证StringTable中是否存在垃圾回收

```java
package com.atguigu.section06;

/**
 * String 的垃圾回收：
 * -Xms15m -Xmx15m -XX:+PrintStringTableStatistics -XX:+PrintGCDetails
 *
 * @author atguigu
 */
public class StringGCTest {
    public static void main(String[] args) {
        for (int j = 0; j < 100000; j++) {
            String.valueOf(j).intern();
        }
    }
}
```

当循环次数为 100 次时，关于 StringTable statistics 的统计信息如图 12-17 所示，图中方框标记内容为堆空间中 StringTable 维护的字符串的个数，并没有 GC 信息。

```
StringTable statistics:
Number of buckets       :   60013 =    480104 bytes, avg   8.000
Number of entries       :    1875 =     45000 bytes, avg  24.000
Number of literals      :    1875 =    163472 bytes, avg  87.185
Total footprint         :         =    688576 bytes
Average bucket size     :   0.031
Variance of bucket size :   0.031
Std. dev. of bucket size:   0.177
Maximum bucket size     :       2
```

图 12-17 循环次数为 100 次时字符串的个数

当循环次数为 10 万次时，关于 StringTable statistics 的统计信息如图 12-18 所示，堆空间中 StringTable 维护的字符串的个数就不足 10 万个，并且出现了 GC 信息，如图 12-19 所示。说明此时进行了垃圾回收使得堆空间的字符串信息下降了。

```
StringTable statistics:
Number of buckets       :   60013 =    480104 bytes, avg   8.000
Number of entries       :   63714 =   1529136 bytes, avg  24.000
Number of literals      :   63714 =   3627384 bytes, avg  56.932
Total footprint         :         =   5636624 bytes
Average bucket size     :   1.062
Variance of bucket size :   0.831
Std. dev. of bucket size:   0.912
Maximum bucket size     :       5
```

图 12-18 循环次数为 10 万次时字符串的个数

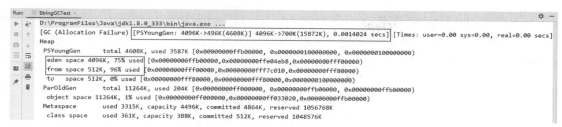

图 12-19　代码运行时的 GC 信息

12.6　G1 中的 String 去重操作

　　不同的垃圾收集器使用的算法是不同的，其中 G1 垃圾收集器对字符串去重的官方说明如图 12-20 所示，官方文档可扫码查看。

　　上面内容大致意思就是许多大型 Java 应用的瓶颈在于内存。测试表明，在这些类型的应用里面，Java 堆中存活的数据集合差不多 25% 是字符串对象。更进一步，这里面差不多一半字符串对象是重复的，重复的意思是指 string1.equals(string2) 的结果是 true。堆上存在重复的字符串对象必然是一种内存的浪费。在 G1 垃圾收集器中实现自动持续对重复的字符串对象进行去重，这样就能避免浪费内存。那么 G1 垃圾收集器是如何对字符串进行去重的呢？

Summary

Reduce the Java heap live-data set by enhancing the G1 garbage collector so that duplicate instances of String are automatically and continuously deduplicated.

Non-Goals

It not a goal to implement this feature for garbage collectors other than G1.

Motivation

Many large-scale Java applications are currently bottlenecked on memory. Measurements have shown that roughly 25% of the Java heap live data set in these types of applications is consumed by String objects. Further, roughly half of those String objects are duplicates, where duplicates means string1.equals(string2) is true. Having duplicate String objects on the heap is, essentially, just a waste of memory. This project will implement automatic and continuous String deduplication in the G1 garbage collector to avoid wasting memory and reduce the memory footprint.

图 12-20　G1 对字符串去重的说明

　　G1 垃圾收集器对重复的字符串对象去重的步骤如下。

　　（1）当垃圾收集器工作的时候，会访问堆上存活的对象。对每一个访问的对象，都会检查是否为候选的要去重的字符串对象。

　　（2）如果是，把这个对象的一个引用插入到队列中等待后续的处理。一个去重的线程在后台运行，处理这个队列。处理队列的一个元素意味着从队列删除这个元素，然后尝试去重它引用的字符串对象。

　　（3）使用一个哈希表（HashTable）来记录所有的被字符串对象使用的不重复的 char 数组。当去重的时候会查这个哈希表，来看堆上是否已经存在一个一模一样的 char 数组。

　　（4）如果存在，字符串对象会被调整引用那个数组，释放对原来的数组的引用，最终会被垃圾收集器回收。

　　（5）如果查找失败，char 数组会被插入到 HashTable，这样以后就可以共享这个数组了。

　　实现对字符串对象去重的相关命令行选项如下。

　　（1）UseStringDeduplication (bool)：开启 String 去重，默认是不开启，需要手动开启。

（2）PrintStringDeduplicationStatistics (bool)：打印详细的去重统计信息。

（3）StringDeduplicationAgeThreshold (uintx)：达到这个年龄的字符串对象被认为是去重的候选对象。

12.7　本章小结

本章首先介绍了 String 类的创建方式及其特性。字符串的分配和其他的对象分配一样，耗费高昂的时间与空间代价。JVM 为了提高性能和减少内存开销，在实例化字符串常量的时候进行了一些优化，使用字符串常量池实现对字符串常量对象的共享以节省大量的内存空间。

接着介绍了不同版本的 JDK，字符串常量池在内存中的位置是不一样的。在 JDK6 版本中，字符串常量池存放在永久代。JDK7 及其之后的版本放在了堆空间。JDK 这么做的原因是因为永久代的空间是比较小的，如果字符串对象非常多的时候内存就明显不够用了。另一个原因是把字符串对象保存在堆中，String 和其他普通对象一样，可以通过调整堆空间大小来优化应用程序的运行。

通过案例演示使用不同方式创建字符串、拼接字符串，都将会对程序性能产生很大的影响，当出现大量字符串拼接时，使用字符串缓冲区 StringBuilder 或 StringBuffer 将提高字符串拼接效率。我们又通过案例讲解了 Sting 类中 intern() 方法的作用，当应用程序需要存储大量相同字符串的时候，调用 intern() 方法，可以大大降低内存消耗。

通过本章学习，相信各位读者在开发中使用字符串时会更加得心应手。

第2篇　垃圾收集篇

第 13 章　垃圾收集概述

从本章开始，将会引出一个在 JVM 学习中十分重要的概念——垃圾收集。垃圾收集（Garbage Collection，GC）并不是 Java 语言所独有的，早在 1960 年，Lisp 语言中就已经开始使用内存的动态分配和垃圾收集技术。可见，在很早以前，程序运行中产生的垃圾如何处理就已经引起了开发人员的重视。

13.1　什么是垃圾

前面已经提过，垃圾收集技术并不是 Java 语言所独有的，如今垃圾收集技术已经是现代开发语言的标配了。但垃圾收集技术却是 Java 语言的招牌能力，其优秀的垃圾收集机制极大地提高了开发效率。即使经过长时间的发展，Java 的垃圾收集机制仍在不断演进变化，这是因为，不同的设备、不同的应用场景，对垃圾收集机制提出了更高的挑战。想要搞清楚垃圾收集机制，首先要弄清楚第一个问题：什么是垃圾？

在 Java 官网中，对垃圾的定义为："An object is considered garbage when it can no longer be reached from any pointer in the running program." 意思是，在运行的程序中，当一个对象没有任何指针指向它时，它就会被视为垃圾。

由此可以看出，判断一个对象是否为垃圾对象的关键标准就是是否有指针指向它。当一个对象没有任何指针指向它时，即说明该对象不再被引用。如果一个对象不被引用之后还继续留在内存中，被占用的空间也无法被其他对象使用，如果这些垃圾对象所占用的空间一直保留至程序结束，随着垃圾对象越来越多，将可能导致内存溢出。对这种垃圾对象的清理就类似于我们熟悉的磁盘碎片整理，通过定时清理磁盘中的垃圾碎片，可以有效提升空间利用率。

那么，如何判断一个对象是否有指针指向它呢？关于这一问题，开发人员有很多探讨，诞生了众多对象存活判定算法。这些内容将在 14.1 节中做详细讲解。

13.2　为什么需要垃圾收集

现在，我们来回答第二个问题：为什么需要垃圾收集？

对于高级语言来说，一个基本认知是如果不进行垃圾收集，内存迟早都会被消耗完。因为不断地分配内存空间而不进行回收，就好像不停地生产生活，而从来不打扫垃圾一样。

垃圾对象可能散列在任意位置，它所占用的内存被回收后，就会出现零零散散的空位，这些零散的内存利用率是很低的，当需要申请一个较大对象的内存时，可能出现找不到一整块连续的可用的存储空间，所以垃圾收集不仅是把垃圾对象所占用的内存进行回收，还涉及内存的整理。这就好比生活中的清洁、整理等家务，不仅要把垃圾扔掉，还要对物品进行规整，重新摆放，才能让家里看起来更干净整洁、空间利用率更高。

随着应用程序所应付的业务越来越庞大、复杂，用户越来越多，没有垃圾收集就不能保证应用程序的正常进行。

13.3　如何进行垃圾收集

13.3.1　早期垃圾收集

那如何进行垃圾收集呢？

在早期的 C/C++ 时代，垃圾收集基本上是手工进行的。开发人员使用 new 关键字申请内存，使用 delete 关键字释放内存。以下是 C++ 里面申请和释放内存的代码。

```
MibBridge *pBridge = new cmBaseGroupBridge();
// 如果注册失败，使用 delete 释放该对象所占内存区域
if (pBridge->Register(kDestroy) != NO_ERROR)
    delete pBridge;
```

这种方式可以灵活决定内存释放的时间，但是却给开发人员带来了很大的负担。因为开发人员必须在代码中频繁申请内存和释放内存，倘若有一些对象由于程序员的编码疏忽，忘记了释放内存，这些垃圾对象永远没有被清除，随着系统运行时间的不断增长，垃圾对象所耗内存可能持续上升，直至出现内存溢出，造成应用程序崩溃。

在有了垃圾收集机制可以自动回收垃圾对象的内存后，上述代码极有可能变成下面这样，不需要再去手动释放内存，等待回收机制自动处理即可。

```
MibBridge *pBridge = new cmBaseGroupBridge();
pBridge->Register(kDestroy);
```

现在，除了 Java 以外，C#、Python、Ruby 等语言都使用了自动垃圾收集的思想，这也是未来的发展趋势。可以说，这种自动化的内存分配和垃圾收集的方式已经成为现代开发语言的标配。

13.3.2　Java垃圾收集机制

Java 使用的是自动内存管理机制，有内存分配器和垃圾收集器来代为分配和回收内存。自动内存管理机制使开发人员无须参与内存的分配和回收，将开发人员从繁重的内存管理工作中解放出来，同时降低了内存泄漏和内存溢出的风险。

但是对于 Java 开发人员来说，自动内存管理就像一个黑匣子，如果过度依赖它，将会弱化开发人员在程序出现内存溢出等问题时定位和解决问题的能力。所以，了解 JVM 的自动内存分配和垃圾收集机制就显得非常重要，只有在真正了解 JVM 是如何管理内存后，我们才能够在遇见 OutOfMemoryError 问题时，快速地根据错误异常日志定位并解决问题。

如图 13-1 所示，Java 的垃圾收集机制主要作用于运行时数据区中的堆和方法区（图中的虚线区域）。其中，堆是垃圾收集器的工作重点。

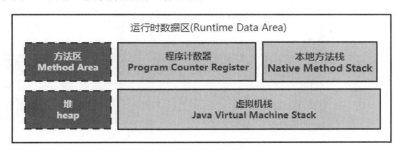

图 13-1　GC 的作用区域

Java 的垃圾收集机制中有两个十分重要的概念，也是我们需要重点了解和学习的，分别是垃圾收集算法和分代算法。

在 JVM 中，垃圾收集算法主要有以下三种。

- 标记 - 清除算法。
- 复制算法。
- 标记压缩算法。

这三种算法主要解决了将垃圾标记出来之后如何清除的问题，我们将在第 14 章中详细讲解。三种算法各有利弊，单独采用其中任何一种算法，都不能取得很好的效果。所以在 JVM 中，会针对内存的不同区域采用不同的垃圾收集算法，这就是分代算法。具体的内存区域如何划分，不同分区又需要采取何种垃圾收集算法，在第 14 章中将会详细讲解。

13.4　本章小结

本章的内容主要是带领读者对垃圾收集的概念做初步了解，并为大家梳理了将来进一步学习垃圾收集的思路。下面总结几个关键问题。

- 什么是垃圾？没有任何有效引用指向的对象就是垃圾。
- 为什么要进行垃圾收集？提高内存的利用率，降低内存泄漏和内存溢出的风险，减少程序员的代码负担。
- 收集哪里的垃圾？ Java 虚拟机运行时堆和方法区内存。
- 谁来进行垃圾收集？垃圾收集器。
- 如何进行垃圾收集？不同的区域使用不同垃圾收集算法的分代处理。

在后面的章节中，将会更加细致地讲解所有垃圾收集中的重点内容，包括垃圾算法的具体原理和过程、垃圾收集器的分类和发展、对象引用的 4 种形式，等等。

第 14 章　垃圾收集相关算法

垃圾回收可以分成两个阶段，分别是标记阶段和清除阶段，本章将重点讲解两个阶段各自使用的算法。标记阶段的任务是标记哪些对象是垃圾，标记算法包括引用计数算法和可达性分析算法。清除阶段的任务是清除垃圾对象，清除算法包括标记 – 清除算法、复制算法和标记 – 压缩算法。此外本章还将介绍分代收集算法、增量收集算法、分区算法和对象的 finalization 机制。

14.1　对象存活判断

在堆里存放着几乎所有的 Java 对象实例，在 GC 执行垃圾回收之前，首先需要区分出内存中哪些是存活对象，哪些是已经死亡的对象。只有被标记为死亡的对象，GC 才会在执行垃圾回收时，释放掉其所占用的内存空间，这个过程我们可以称为垃圾标记阶段。

那么在 JVM 中究竟是如何标记一个死亡对象呢？简单来说，当一个对象已经不再被任何的存活对象继续引用时，就可以宣判为已死亡。

判断对象存活一般有两种方式：引用计数算法和可达性分析算法。

14.1.1　引用计数算法

引用计数算法（Reference Counting）比较简单，对每个对象保存一个整型的引用计数器属性，用于记录对象被引用的次数。

对于一个对象 A，只要有任何一个对象引用了 A，则 A 的引用计数器就加 1；当引用失效时，引用计数器就减 1。只要对象 A 的引用计数器的值为 0，即表示对象 A 不可能再被使用，可进行回收。

引用计数算法的优点是实现简单，垃圾对象便于辨识，判定效率高，回收没有延迟性。但是引用计数算法也存在如下几个缺点：

● 每个对象需要单独的字段存储计数器，这样的做法增加了存储空间的开销。

● 每次赋值操作都需要更新计数器，伴随着加法和减法操作，这增加了时间开销。

另外，引用计数器有一个严重的问题，即无法处理循环引用的情况。比如有对象 A 和对象 B，对象 A 中含有对象 B 的引用，对象 B 中又含有对象 A 的引用。此时对象 A 和对象 B 的引用计数器都不为 0，但是系统中却不存在任何第 3 个对象引用了对象 A 或对象 B。也就是说对象 A 和对象 B 是应该被回收的垃圾对象，但由于垃圾对象之间互相引用，从而使垃圾回收器无法识别，引起内存泄漏，如图 14-1 所示。这是一条致命缺陷，所以目前主流的 JVM 都摒弃了该算法。

图 14-1　对象的循环引用

下面我们使用代码来证明目前 HotSpot 的虚拟机中没有使用引用计数算法来判断对象是否可以回收，如代码清单 14-1 所示。

代码清单14-1　证明Java中没有使用引用计数法

```
package com.atguigu.chapter14;

/**
 * -XX:+PrintGCDetails
 * 证明：Java 使用的不是引用计数算法
 *
 * @author atguigu
 */
public class RefCountGC {
    // 这个成员属性唯一的作用就是占用一点内存
    private byte[] bigSize = new byte[5 * 1024 * 1024];//5MB
    Object reference = null;

    public static void main(String[] args) {
        RefCountGC obj1 = new RefCountGC();
        RefCountGC obj2 = new RefCountGC();
        obj1.reference = obj2;
        obj2.reference = obj1;
        obj1 = null;
        obj2 = null;
        // 显式地执行垃圾回收行为
        // 这里发生 GC，obj1 和 obj2 能否被回收？
        System.gc();
    }
}
```

如果 HotSpot 中使用了引用计数算法，那么就算把 obj1 和 obj2 的引用置为 null，在 Java 堆当中的两块对象依然保持着互相引用，将会导致两个对象内存无法回收，如图 14-2 所示。

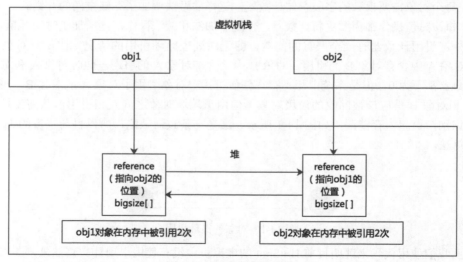

图 14-2　对象引用示意图

然而运行程序，并打印 GC 详细信息显示堆区所占的空间为 491K，远远小于 10M，表示 obj1 和 obj2 的对象被 Java 的垃圾回收机制给回收了，否则 obj1 和 obj2 各有一个 5M 的 bigSize 数组实例对象，堆内存将超过 10M。所以目前 HotSpot 的虚拟机的垃圾标记阶段没有采用引用计数法。程序运行结果的 GC 信息如图 14-3 所示。

```
[GC (System.gc()) [PSYoungGen: 14172K->808K(57344K)] 14172K->816K(188416K), 0.0016668 secs] [Times: user=
[Full GC (System.gc()) [PSYoungGen: 808K->0K(57344K)] [ParOldGen: 8K->666K(131072K)] 816K->666K(188416K),
Heap
 PSYoungGen      total 57344K, used 491K [0x0000000780900000, 0x0000000784900000, 0x00000007c0000000)
  eden space 49152K, 1% used [0x0000000780900000,0x000000078097af88,0x0000000783900000)
  from space 8192K, 0% used [0x0000000783900000,0x0000000783900000,0x0000000784100000)
  to   space 8192K, 0% used [0x0000000784100000,0x0000000784100000,0x0000000784900000)
 ParOldGen       total 131072K, used 666K [0x0000000701a00000, 0x0000000709a00000, 0x0000000780900000)
  object space 131072K, 0% used [0x0000000701a00000,0x0000000701aa6a38,0x0000000709a00000)
 Metaspace       used 3497K, capacity 4498K, committed 4864K, reserved 1056768K
  class space    used 387K, capacity 390K, committed 512K, reserved 1048576K
```

图 14-3　代码运行结果图

Java 没有选择引用计数，是因为其存在一个基本的难题，也就是很难处理循环引用关系。但并不是所有语言都摒弃了引用计数算法，例如 Python 语言就支持引用计数算法，在 Python 语言中可以采用手动解除或者使用弱引用（Weakref）的方式解决循环引用，但是如果处理不当，循环引用就会导致内存泄漏。

14.1.2　可达性分析算法

相对于引用计数算法而言，可达性分析算法同样具备实现简单和执行高效等特点，更重要的是，该算法可以有效地解决在引用计数算法中循环引用的问题，防止内存泄漏的发生，这个算法目前较为常用。

Java 语言选择使用可达性分析算法判断对象是否存活。这种类型的垃圾收集通常叫作追踪性垃圾收集（Tracing Garbage Collection），它的基本流程如下。

可达性分析算法是以 GC Root（根对象）（见 14.2.1 节）为起始点，按照从上至下的方式搜索被根对象集合所连接的目标对象是否可达。GC Root 不止一个，它们构成了一个集合，称为"GC Roots"，所谓"GC Roots"集合就是一组必须活跃的引用。

使用可达性分析算法后，内存中的存活对象都会被根对象集合直接或间接连接着，搜索所走过的路径称为引用链（Reference Chain）。如果目标对象没有在引用链上，则表示对象是不可达的，就意味着该对象已经死亡，可以标记为垃圾对象。即在可达性分析算法中，只有引用链上的对象才是存活对象。

14.2　GC Roots 集合

在可达性分析算法中使用了 GC Root，那么 GC Roots 集合中就是一组必须活跃的引用。那么哪些对象的引用需要放到 GC Roots 集合呢？

14.2.1　GC Roots

在 Java 语言中，GC Roots 集合中的对象引用包括以下几种类型。
- 虚拟机栈中对象的引用，比如，各个线程被调用的方法中使用到的引用数据类型的参数、局部变量等。
- 本地方法栈内 JNI（本地方法）对象的引用。
- 方法区中引用数据类型的静态变量。

- 方法区中常量对象的引用，比如字符串常量池（String Table）里的引用。
- 所有被同步锁 synchronized 持有的对象引用。
- JVM 内部的引用。基本数据类型对应的 Class 对象引用，一些常驻的异常对象引用（如 NullPointerException、OutOfMemoryError），系统类加载器对象引用等。
- 反映 JVM 内部情况的 JMXBean、JVMTI 中注册的回调、本地代码缓存对象的引用等。

GC Roots 内存引用示例如图 14-4 所示。左侧表示 GC Roots，右侧分为 Reachable Objects（可达对象）和 Unreachable Objects（不可达对象），其中不可达对象就是所谓的垃圾对象。就好比果园里面的果树，如果水果长在树上，肯定是可以根据树根找到水果的，此时水果就不是垃圾；如果水果掉落到地上，此时树根无法连接水果，掉落的水果就是垃圾。

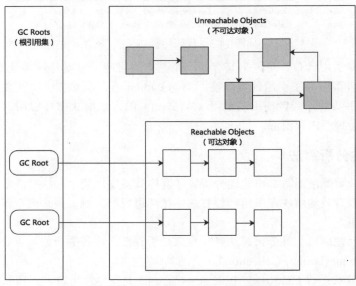

图 14-4　GC Roots 内存引用示例图

除了这些固定的 GC Roots 集合以外，根据用户所选用的垃圾收集器以及当前回收的内存区域不同，还可以有其他对象"临时性"地加入，共同构成完整的 GC Roots 集合。

另外，如果只针对 Java 堆中的某一块区域进行垃圾回收（比如新生代），必须考虑到内存区域是 JVM 自己的实现细节，而不是孤立封闭的，这个区域的对象完全有可能被其他区域的对象所引用，这时候就需要一并将关联的区域对象加入 GC Roots 集合中去考虑，才能保证可达性分析的准确性。

如果要使用可达性分析算法来判断内存是否可回收，那么分析工作必须在一个能保障一致性的快照中进行。这点不满足的话分析结果的准确性就无法保证，这也是导致垃圾回收时必须STW（Stop The World，整个应用程序暂停一段时间）的一个重要原因。即使是号称不会发生停顿的 CMS 收集器中，枚举根节点时也是必须要停顿的。

14.2.2　MAT追踪GC Roots的溯源

MAT 是 Memory Analyzer 的简称，它是一款功能强大的 Java 堆内存分析器。MAT 是基于 Eclipse 开发的，是一款免费的性能分析工具。MAT 可以用于查找内存泄漏以及查看内存消耗情况。下面我们使用 MAT 查看哪些对象是 GC Root。

大家可以扫码下载并使用 MAT，如图 14-5 所示。

图 14-5　MAT 官方介绍

下面演示如何通过 MAT 来查看哪些对象是 GC Roots，如代码清单 14-2 所示。

代码清单14-2　MAT分析GC Roots

```java
package com.atguigu.chapter14;

import java.util.ArrayList;
import java.util.Date;
import java.util.List;
import java.util.Scanner;

/**
 * @author atguigu
 */
public class GCRootsTest {
    public static void main(String[] args) {
        List<String> numList = new ArrayList<>();
        Date birth = new Date();
        for (int i = 0; i < 100; i++) {
            numList.add(String.valueOf(i));
            try {
                Thread.sleep(10);
            } catch (InterruptedException e) {
                e.printStackTrace();
            }
        }
        System.out.print(" 添加完毕，请操作：");
        new Scanner(System.in).nextLine();
        //nextLine() 方法等着用户输入数据，是一个阻塞方法，此时留出时间，可以给内存拍照，
        // 生成 dump 文件
        numList = null;
        birth = null;
        System.out.print("numList、birth 已置空，请操作：");
        new Scanner(System.in).nextLine();
        System.out.println(" 结束 ");
```

```
    }
  }
```

分析堆内存之前，首先需要获取 dump 文件。dump 文件又叫内存转储文件或内存快照文件，是进程的内存镜像。dump 文件中包含了程序运行的模块信息、线程信息、堆栈调用信息、异常信息等数据。获取 dump 文件有两种方式，分别是使用命令 jmap 和使用 jvisualvm 工具。

（1）使用命令 jmap，如图 14-6 所示。运行 GCRootsTest 程序后，使用 jps 命令查询到 GCRootsTest 进程 pid，再使用命令 jmap –dump:format=b,live,file 就可以导出堆内存文件，命令的详细介绍请看第 21 章。可以分别在两次等待键盘输入时，使用 jmap 命令生成 dump 文件。

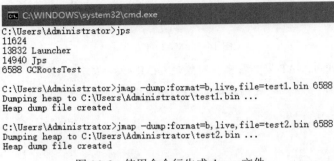

图 14-6 使用命令行生成 dump 文件

（2）使用 jvisualvm 工具。

使用 VisualVM Launcher 插件运行 JDK 自带的 jvisualvm.exe 工具捕获的 heap dump 文件是一个临时文件，关闭 jvisualvm 后自动删除，若要保留，需要将其另存为文件。使用 VisualVM Launcher 插件启动 GCRootsTest 程序之后，可通过以下方法存储 dump 文件。

● 在左侧"应用程序"子窗口中右击相应的应用程序（例如，com.atguigu.section03. GCRootsTest）。
● 在右侧"监视"子标签页中单击"堆 Dump"按钮，如图 14-7 所示。

本地应用程序的堆作为应用程序标签页的一个子标签页打开。同时，堆在左侧的应用程序栏中对应一个含有时间戳的节点。右击这个节点选择"另存为（S）"即可将堆保存到本地，如图 14-8 所示。

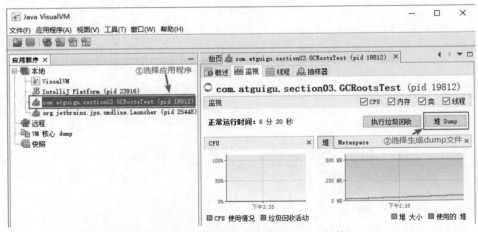

图 14-7 使用 jvisualvm 导出 dump 文件

图 14-8　dump 文件概要及另存为操作示意图

　　堆文件已经准备就绪，下面就需要分析哪些对象是 GC Root 了。
Eclipse 中对 Garbage Collection Roots 的官方描述如图 14-9 所示，官方文档
可扫码查看。

　　使用 Memory Analyzer 工具查看 jvisualvm 导出的 dump 文件的步骤
如下。

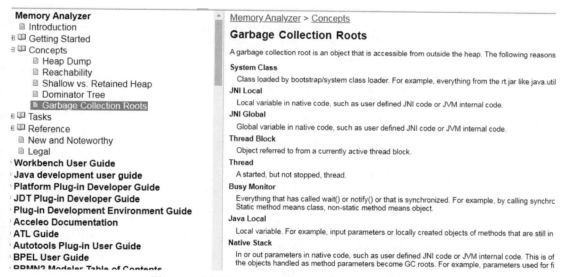

图 14-9　官网中对 Garbage Collection Roots 的描述

　　（1）打开 Memory Analyzer 工具，单击 "File" 中的 "Open File" 选择要打开的 dump 文
件，如图 14-10 所示。

　　（2）当打开 dump 文件后选择设置中的 "Java Basics" 下的 "GC Roots"，单击打开，如
图 14-11 所示。

　　（3）当打开文件后在 Thread 下找到 main
主线程后单击打开，如图 14-12 所示。

　　（4）如图 14-13 所示，可以看到 String、
ArrayList、Date 都作为 GC Root 出现了，当
前程序主线程 GC Roots 中共有 21 个实体。

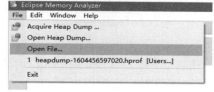

图 14-10　用 Memory Analyzer 打开 dump 文件（1）

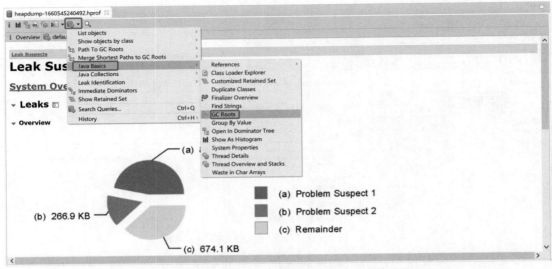

图 14-11　用 Memory Analyzer 打开 dump 文件（2）

```
∨ Thread
  ∨ ⊙ java.lang.Thread
    > java.lang.Thread @ 0x701a025e8  JMX server connection timeout 15 Thread
    > java.lang.Thread @ 0x701a02780  RMI TCP Accept-0 Thread
    > java.lang.Thread @ 0x701a094e8  RMI Scheduler(0) Thread
    > java.lang.Thread @ 0x701a10e18  RMI TCP Connection(2)-192.168.1.98 Thread
    > java.lang.Thread @ 0x701a18e08  RMI TCP Connection(1)-192.168.1.98 Thread
    > java.lang.Thread @ 0x701a1b2e0  Signal Dispatcher Thread
    > java.lang.Thread @ 0x701a1e0d0  main Thread
    > java.lang.Thread @ 0x701a2bd28  Attach Listener Thread
    Σ Total: 8 entries
  > ⊙ java.lang.ref.Finalizer$FinalizerThread
  > ⊙ java.lang.ref.Reference$ReferenceHandler
  > ⊙ com.intellij.rt.execution.application.AppMainV2$1
  Σ Total: 4 entries
```

图 14-12　查看线程

Class Name	Objects	Shallow Heap	Retained Heap
∨ java.lang.Thread @ 0x701a1e0d0 main Thread		120	19,624
> <class> class java.lang.Thread @ 0x701a019d8 System Class		40	184
> group java.lang.ThreadGroup @ 0x701a02568 main		48	128
> <Java Local> java.nio.charset.CoderResult @ 0x701a08dd8		24	24
> contextClassLoader sun.misc.Launcher$AppClassLoader @ 0x701a09d88		88	27,944
> <JNI Local> java.io.FileDescriptor @ 0x701a1b618		40	40
> <Java Local> java.io.FileInputStream @ 0x701a1b640		32	48
> <Java Local> byte[8192] @ 0x701a1b660		8,208	8,208
> <Java Local> java.io.BufferedInputStream @ 0x701a1d670		40	8,248
> sun.nio.cs.StreamDecoder @ 0x701a1d698		48	136
> <Java Local> char[1024] @ 0x701a1d6c8 \u0000\u0000\u0000\u0000\u0000		2,064	2,064
> <Java Local> java.nio.HeapCharBuffer @ 0x701a1ded8		48	48
> <Java Local> java.io.InputStreamReader @ 0x701a1df08		24	24
> <Java Local> java.nio.HeapCharBuffer @ 0x701a1df20		48	2,112
> <Java Local> java.util.Scanner @ 0x701a1df50		136	920
> <Java Local> java.lang.String[0] @ 0x701a1dfd8		16	16
> <Java Local> java.util.ArrayList @ 0x701a1dfe8		24	5,280
> <Java Local> java.util.Date @ 0x701a1e000		24	24
> name java.lang.String @ 0x701a1e248 main		24	48
> inheritedAccessControlContext java.security.AccessControlContext @ 0x701...		40	40
> threadLocals java.lang.ThreadLocal$ThreadLocalMap @ 0x701a1e2a0		24	568
> blockerLock java.lang.Object @ 0x701a1e708		16	16
Σ Total: 21 entries			

图 14-13　查看当前程序主线程中所有的 GC Root

　　继续执行程序，程序中将 numList 和 birth 变量值修改为 "null" 后，用上述同样方法再保存一个 dump 文件，之后再用 Memory Analyzer 工具打开，如图 14-14 所示，可以看出图中的 ArrayList 和 Date 实体类都消失了，当前程序的主线程中 GC Roots 还有 19 个实体。

图 14-14 查看当前程序主线程中剩余的 GC Root

14.2.3 JProfiler追踪GC Roots的溯源

另外，也可以使用 Java 剖析工具 JProfiler 进行 GC Roots 的溯源。JProfiler 是一个独立的应用程序，但它提供 Eclipse 和 IntelliJ IDEA 等 IDE 的插件。安装好 JProfiler 程序之后，就可以与 IntelliJ IDEA 集成，之后就可以在 IDEA 中通过 JProfiler 插件启动运行了。JProfiler 程序可以扫码下载。

（1）在 IDEA 中用 JProfiler 插件运行 JProfiler 程序，如图 14-15 所示。

图 14-15 在 IDEA 中运行 JProfiler 程序

（2）当程序运行起来之后，JProfiler 便会监控该程序的内存、线程、类、对象的变化。如图 14-16 所示，选中左侧"Live memory（实时内存）"当前动态的内存情况，在"All Objects（所有对象）"中可以看到当前程序中所有对象的个数。

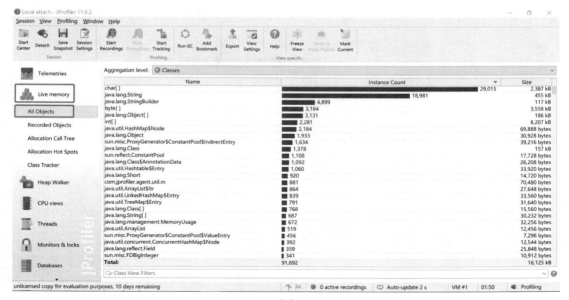

（a）

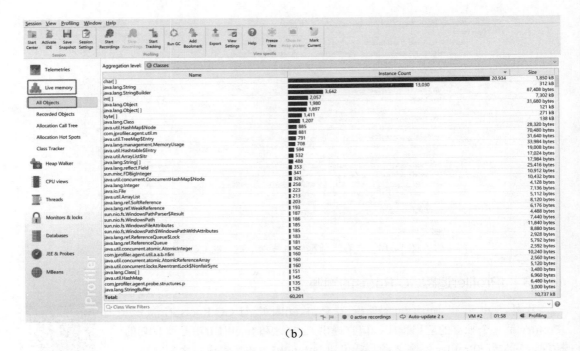

（b）

图 14-16　JProfiler 中动态内存所有对象统计图

（3）此时选择"View（视图）"菜单中的"Mark Current Values（标记当前值）"选项标记当前的值，如图 14-17 所示，标记后所有对象数量的显示颜色为绿色。

（4）随着程序的运行，对象数量的颜色可能会发生变化，左半部分的区域表示截至标记时刻内存中的对象数量，颜色发生变化的右边区域表示从标记开始之后对象数量的变化，从"Difference（相差）"值列中也可以看到详细的数量变化。我们可以根据对象数量的变化来分析内存的变化，例如 String 类型的对象在标记之后增加了 2461 个，如图 14-18 所示。

图 14-17　JProfiler 中动态内存标记当前值

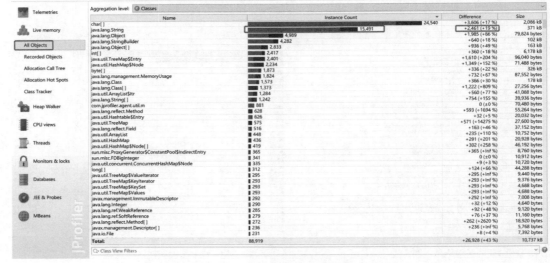

图 14-18　JProfiler 中动态内存标记之后的变化

（5）如果需要单独查询某个类型的对象数据，鼠标右击该类型，在弹出的上下文菜单中选择"Show Selection In Heap Walker（在堆遍历器中显示所选内容）"进行单独查询。下面我们单独查询对象数量最多的 char[] 类型数组的数据，如图 14-19 所示。

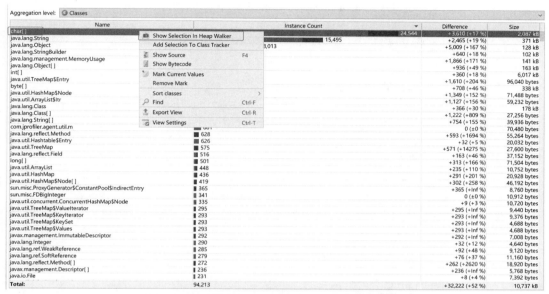

图 14-19 选择单独查询 char[] 类型数组对象信息

（6）进入单独查询 char[] 类型的对象时，可以看出包含了和 char[] 类型数组对象有关的 Classes、Allocations、Biggest Objects、References 等信息，如图 14-20 所示。

图 14-20 char[] 类型数组对象相关信息查询页

（7）下面我们重点关注 char[] 类型数组的相关引用，选择"References（引用）"时我们看到了所有 char[] 类型数组对象的引用信息，如图 14-21 所示。进行排查内存泄漏问题时可以进行溯源。

（8）此时选中"Incoming references（传入引用）"，如图 14-22 所示。Incoming references 表示查看当前对象被哪些外部对象引用，据此可以判断当前对象和哪个 GC Root 相关联。

（9）例如选中"char[] [" 添加完毕，请操作：..."]"这个 char[] 类型数组对象，再单击"Show Paths To GC Root（显示到 GC Root 的路径）"按钮，可以查看它被 GC Root 引用，如图 14-23 所示。

（10）在弹出的对话框中，选择"Single root（单根）"，单击"OK"，如图 14-24 所示。

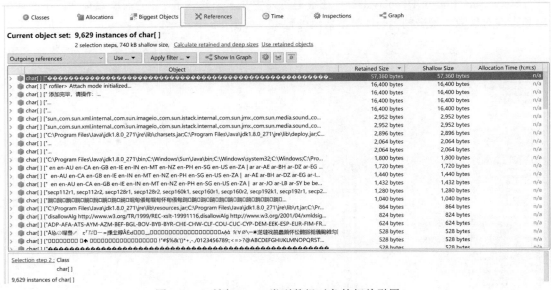

图 14-21　所有 char[] 类型数组对象的相关引用

图 14-22　选择具体 char[] 类型数组对象引用信息

图 14-23　查询"char[] [" 添加完毕，请操作：..."]"这个 char[] 类型数组的 GC Root

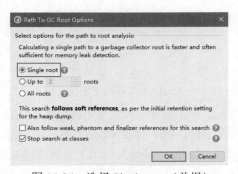

图 14-24　选择 Single root（单根）

（11）如图 14-25 所示，显示了"char[] [" 添加完毕，请操作：..."]"这个 char[] 类型数组对象的 GC Root 是 System.out 对象。

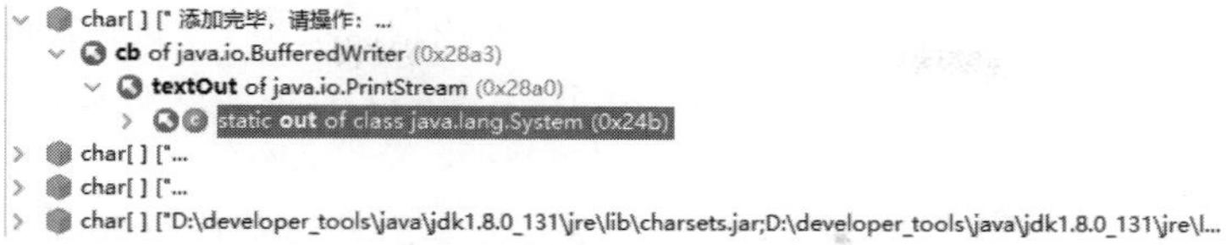

图 14-25　查看"char[] [" 添加完毕，请操作：..."]" 这个 char[] 类型数组对象 GC Root 的来源

14.3　对象的 finalization 机制

Java 语言提供了对象终止（finalization）机制来允许开发人员自定义对象被销毁之前的处理逻辑。当垃圾回收器发现没有引用指向一个对象时，通常接下来要做的就是垃圾回收，即清除该对象，而 finalization 机制使得在清除此对象之前，总会先调用这个对象的 finalize() 方法。

finalize() 方法允许在子类中被重写，用于在对象被回收时进行资源释放或清理相关内存，例如关闭文件、套接字和数据库连接等。但是，不要过分依赖对象的 finalize() 方法来释放资源，最好有其他的方法来释放资源，例如手动调用 close() 方法，理由如下。

（1）在调用 finalize() 方法时可能会导致对象复活，即在 finalize() 方法中当前对象 this 又被赋值给了一个有效的变量引用。

（2）一个糟糕的 finalize() 会严重影响 GC 的性能，而长时间的 GC 是会影响程序运行性能和体验的。

（3）finalize() 方法的执行时间是没有保障的，它完全由 GC 线程决定，极端情况下，若不发生 GC，则 finalize() 方法将没有执行机会。另外，finalize() 方法工作效率很低。如果一个对象在回收前需要调用 finalize() 方法的话，要先将其加入一个队列，之后由 Finalizer 线程处理这些对象，而这个线程的优先级非常低，所以很难被 CPU 执行到，进而导致对象的 finalize() 方法迟迟不能被执行，资源迟迟不能被释放，对象迟迟不能被垃圾回收。

从功能上来说，finalize() 方法与 C++ 中的析构函数比较相似，都是用来做清理善后的工作。只不过 C++ 中需要手动调用析构函数清理内存，而 Java 采用的是基于垃圾回收器的自动内存管理机制。finalize() 方法在本质上不同于 C++ 中的析构函数。

由于 finalize() 方法的存在，JVM 中的对象一般处于三种可能的状态。如果从所有的根节点都无法访问到某个对象，说明该对象已经不再使用了。一般来说，此对象需要被回收。但事实上，也并非是"非死不可"的，这时候它们暂时处于"缓刑"阶段。一个无法触及的对象有可能在某一个条件下"复活"自己，如果这样，那么对它的回收就是不合理的，为此，定义 JVM 中的对象可能的三种状态。

（1）可触及的：从根节点开始，可以到达这个对象。

（2）可复活的：对象的所有引用都被释放，但是对象有可能在 finalize() 中复活。

（3）不可触及的：对象的 finalize() 被调用，并且没有复活，那么就会进入不可触及状态。不可触及的对象不可能被复活，因为每一个对象的 finalize() 只会被调用一次。

以上三种状态中只有在对象不可触及时才可以被回收。

判定一个对象 objA 是否可回收，至少要经历以下两次标记过程。

（1）如果 GC Roots 到对象 objA 没有引用链，则进行第一次标记。

（2）判断此对象是否有必要执行 finalize() 方法。

- 如果对象 objA 没有重写 finalize() 方法，或者 finalize() 方法已经被 JVM 调用过，则 JVM 视为"没有必要执行"，objA 被判定为不可触及。

- 如果对象 objA 重写了 finalize() 方法，且还未执行过，那么 objA 会被插入到 F-Queue 队列中，由一个 JVM 自动创建的、低优先级的 Finalizer 线程触发其 finalize() 方法执行。

- finalize() 方法是对象逃脱死亡的最后机会，稍后 GC 会对 F-Queue 队列中的对象进行第二次标记。如果 objA 在 finalize() 方法中与引用链上的任何一个对象建立了联系，那么在第二次标记时，objA 会被移出"即将回收"集合。之后，对象如果再次出现没有引用存在的情况，finaliz() 方法就不会被再次调用，对象会直接变成不可触及的状态，也就是说，一个对象的 finalize() 方法只会被调用一次。

下面通过代码演示对象的 finalization 机制，测试代码如代码清单 14-3 所示。

代码清单14-3　测试对象的finalization机制

```java
package com.atguigu.chapter14;

/**
 * 测试 Object 类中 finalize() 方法，即对象的 finalization 机制
 *
 * @author atguigu
 */
public class CanReliveObj {
    public static CanReliveObj obj;// 类变量，属于 GC Root

    // 此方法只能被调用一次
    @Override
    protected void finalize() throws Throwable {
        super.finalize();
        System.out.println(" 调用当前类重写的 finalize() 方法 ");
        obj = this;// 当前对象复活
    }

    public static void main(String[] args) {
        try {
            obj = new CanReliveObj();
            //obj 设置为 null，表示 obj 不引用 CanReliveObj 对象了，它成了垃圾对象
            obj = null;
            System.gc();// 调用垃圾回收器
            System.out.println(" 第 1 次 gc");
            // 第 1 次 GC 时，重写了 finalize() 方法，finalize() 会被调用
            // finalize() 方法中，CanReliveObj 对象可能复活
            // 因为 Finalizer 线程优先级很低，暂停 2 秒，以等待它被 CPU 调度
            Thread.sleep(2000);
            if (obj == null) {
                System.out.println("obj is dead");
            } else {
                System.out.println("obj is still alive");
            }
            // 下面这段代码与上面的完全相同，但是这次自救却失败了
```

```
            obj = null;
            System.gc();
            System.out.println(" 第 2 次 gc");
            // 因为 Finalizer 线程优先级很低，暂停 2 秒，以等待它被 CPU 调度
            Thread.sleep(2000);
            if (obj == null) {
                System.out.println("obj is dead");
            } else {
                System.out.println("obj is still alive");
            }
        } catch (InterruptedException e) {
            e.printStackTrace();
        }
    }
}
```

在没有重写 Object 类中 finalize() 方法时，即注释掉代码清单 14-3 中的 finalize() 方法，当第一次进行 GC 时 obj 对象已经被垃圾回收了，运行结果如图 14-26 所示。

当重写 Object 类中 finalize() 方法时，当第一次进行 GC 时调用了 finalize() 方法，因为在 finalize() 方法中又让静态变量 obj 引用了当前对象，所以 obj 对象就没有被垃圾回收，当第二次进行 GC 时 obj 对象才被垃圾回收。运行结果如图 14-27 所示。

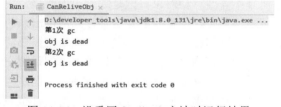

图 14-26　没重写 finalize() 方法时运行结果

图 14-27　重写 finalize() 方法时运行结果

上述代码可以看到第一次回收时，对象的 finalize() 方法被执行，但是它仍然可以存活。但是任何一个对象的 finalize() 方法都只会被系统自动调用一次，如果面临下一次回收，它的 finalize() 方法不会被再次执行，因此第 2 段代码的自救行动就失败了。

14.4　清除垃圾对象

当成功区分出内存中存活对象和死亡对象后，GC 接下来的任务就是执行垃圾回收，释放无用对象所占用的内存空间，以便有足够的可用内存空间分配给新对象。

目前在 JVM 中比较常见的三种垃圾收集算法是标记 – 清除算法（Mark-Sweep）、复制算法（Copying）、标记 – 压缩算法（Mark-Compact）。

14.4.1　标记–清除算法

标记 – 清除算法是一种非常基础和常见的垃圾收集算法，该算法由 J.McCarthy 等人在 1960 年提出并应用于 Lisp 语言。

标记 – 清除算法的执行过程是当堆中的有效内存空间（Available Memory）被耗尽的时候，就会停止整个程序，然后进行两项工作，一是标记，二是清除。

● 标记：垃圾收集器从引用根节点开始遍历，标记所有被引用的对象。
● 清除：垃圾收集器对堆内存从头到尾进行线性遍历，如果发现某个对象为不可达对象，则将其回收。

标记 – 清除算法解析如图 14-28 所示。

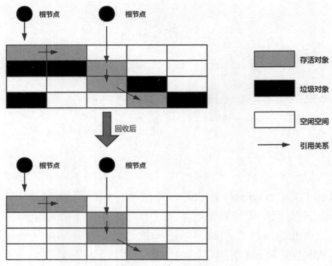

图 14-28　标记 – 清除算法

标记 - 清除算法的优点是简单、容易实现，而且不需要移动对象。但是缺点也很明显，在进行 GC 的时候，需要停止整个应用程序，导致用户体验差。最重要的是这种方式清理出来的空闲内存是不连续的，会产生内存碎片，而且该算法清除对象并不是真的置空，而是把需要清除的对象地址保存在空闲的地址列表里，下次有新对象申请内存时，判断某块内存空间是否充足，如果充足，新的对象将会覆盖原来标记为垃圾的对象，从而实现内存的重复使用。但是因为可用内存不连续问题，在大对象申请内存时，需要花费更多时间去找寻合适的位置，甚至失败。所以标记 - 清除算法效率不高，且内存利用率低下，甚至有些内存碎片无法重复利用。

14.4.2　复制算法

为了解决标记—清除算法在垃圾收集中内存利用率低的缺陷，M.L.Minsky 于 1963 年发表了著名的论文《使用双存储区的 Lisp 语言垃圾收集器》（*A Lisp Garbage Collector Algorithm Using Serial Secondary Storage*）。M.L.Minsky 在该论文中描述的算法被人们称为复制（Copying）算法，它也被 M.L.Minsky 本人成功地引入到了 Lisp 语言的一个实现版本中。

它的核心思想是将活着的内存空间分为两块，每次只使用其中一块，在垃圾回收时将正在使用的内存中的存活对象复制到未被使用的内存块中，之后清除正在使用的内存块中的所有对象。两块内存交替使用，从而完成垃圾对象的回收，如图 14-29 所示。

复制算法没有标记和清除过程，实现简单，运行高效。内存从一块空间复制到另一块空间可以保证空间的连续性，不会出现内存碎片问题。但是复制算法需要双倍内存空间，而且需要移动对象，这就涉及修改对象引用地址值的问题。另外，对于 G1 这种把内存拆分成大量 region 的垃圾收集器，意味着需要维护各个 region 之间对象引用关系，在时空消耗方面都不低。

特别需要注意的是如果系统中的垃圾对象很少，复制算法不会很理想。因为复制算法需要复制的存活对象数量变大，使得垃圾回收器的运行效率变低。

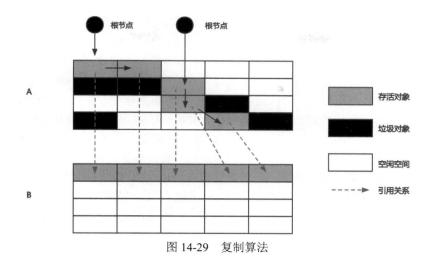

图 14-29　复制算法

14.4.3　标记–压缩算法

　　复制算法的高效性是建立在存活对象少、垃圾对象多的前提下。这种情况在新生代经常发生，但是在老年代，更常见的情况是大部分对象都是存活对象。如果依然使用复制算法，由于存活对象较多，复制的成本也将很高。因此，基于老年代垃圾回收的特性，需要使用其他的算法。

　　标记–清除算法的确可以应用在老年代中，但是该算法不仅执行效率低下，而且在执行完内存回收后还会产生内存碎片，所以 JVM 的设计者需要重新优化垃圾对象的清除算法。1970年前后，G. L. Steele 、C. J. Chene 和 D.S. Wise 等研究者发布了标记–压缩算法。在许多现代的垃圾收集器中，人们都使用了标记–压缩算法。该算法的执行过程如图 14-30 所示。

　　（1）第一阶段和标记–清除算法一样，从根节点开始标记所有被引用对象。

　　（2）第二阶段将所有的存活对象压缩到内存的一端，按顺序排放。

　　（3）第三阶段清理边界外所有的空间。

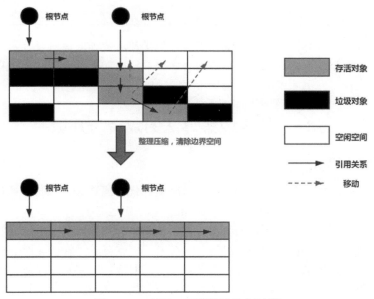

图 14-30　标记–压缩算法执行过程

标记－压缩算法的最终效果等同于标记－清除算法执行完成后，再进行一次内存碎片整理，因此，也可以把它称为标记－清除－压缩（Mark-Sweep-Compact）算法。

二者的本质差异在于标记－清除算法是一种非移动式的回收算法，标记－压缩是移动式的。是否移动回收后的存活对象却是一项优缺点并存的风险决策，优点是避免了内存碎片，也大大简化了可用内存和不可用内存的区分，缺点是移动对象意味着需要修改对象的引用地址值。

可以看到，在标记－压缩算法中标记的存活对象将会被整理，按照内存地址依次排列，而未被标记的内存会被清理。如此一来，当我们需要给新对象分配内存时，JVM 只需要持有一个可用内存的起始地址即可，这比维护一个空闲地址列表显然少了许多开销。

如果内存空间以规整和有序的方式分布，即已用和未用的内存都各自一边，彼此之间维系着一个记录下一次内存分配起始点的标记指针，当为新对象分配内存时，只需要将新对象分配在第一个空闲内存位置上，同时修改指针的偏移量，这种分配方式就叫作指针碰撞（Bump the Pointer）。

标记－压缩算法算法的优点如下。
- 消除了标记－清除算法当中，内存区域分散的缺点，我们需要给新对象分配内存时，JVM 只需要持有一个内存的起始地址即可。
- 消除了复制算法当中，内存减半的高额代价。

该算法的缺点如下。
- 从效率上来说，标记－压缩算法要低于复制算法，因为需要先标记，再整理移动。
- 另外，如果对象被其他对象引用，移动对象的同时，还需要调整引用的地址。
- 对象移动过程中，需要全程暂停用户应用程序，即 STW（Stop The World）。

下面我们将前面讲解的三种算法做总结对比，如表 14-1 所示。

表14-1　三种算法的对比表

	标记–清除	标记–压缩	复　制
速度	中等	最慢	最快
空间开销	少（但会堆积碎片）	少（不堆积碎片）	通常需要活对象的两倍大小（不堆积碎片）
移动对象	否	是	是

从效率上来说，复制算法是当之无愧的老大，但是却浪费了太多内存。为了尽量兼顾上面提到的三个指标，标记－压缩算法相对另外两种回收算法更加平滑一些，它比复制算法多了一个标记的阶段，比标记－清除多了一个整理内存的阶段。

14.5　垃圾收集算法的复合与升级

14.5.1　分代收集算法

前面所有这些算法中，并没有一种算法可以完全替代其他算法，它们都具有自己独特的优势和特点，此时分代收集（Generational Collecting）算法应运而生。

在程序开发中，有这样一个既定的事实：不同的对象的生命周期是不一样的。例如有些对象与业务信息相关，比如 Http 请求中的 Session 对象、线程对象、Socket 连接对象，这类对象跟业务直接挂钩，因此生命周期比较长。但是还有一些对象，主要是程序运行过程中生成的临时变量，这些对象生命周期会比较短，甚至有些对象只用一次即可回收。还有像 String 这种比较特殊类型的对象，因为对象的不可变性，对 String 对象的修改、拼接等操作都会产生很多垃圾对象，它们的生命周期也都很短。因此在 HotSpot 的 JVM 中，把 Java 堆分为新生代和老年代，生命周期较短的对象一般放在新生代，生命周期较长的对象会进入老年代。不同区域的对象，采取不同的收集方式，以便提高回收效率。

目前几乎所有的垃圾收集器都是采用分代收集算法执行垃圾回收的。基于分代的概念，垃圾收集器所使用的内存回收算法必须结合新生代和老年代各自的特点。

1）新生代（Young Gen）

新生代特点是区域相对老年代较小，对象生命周期短、存活率低、回收频繁。而复制算法的效率只和当前存活对象数量大小有关，结合新生代的特点，新生代使用复制算法，速度最快、效率也最高。复制算法在新生代，对于常规应用的垃圾回收，一次通常可以回收 70% ～ 99% 的内存空间，回收性价比很高。所以现在的商业 JVM 都是用这种收集算法回收新生代。鉴于复制算法内存利用率不高的问题，HotSpot 没有把新生区简单地一分为二，而是通过把新生区分为 Eden、From 和 To 三个区域，如图 14-31 所示，每次新生代发生 GC 时，把 Eden 区和上次幸存区中在本次 GC 仍然存活的对象复制到另一个幸存区，幸存区在 From 区和 To 区之间切换，总有一块空间为空，从而解决内存利用率低的问题。

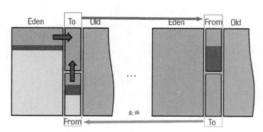

图 14-31　复制算法在新生代的应用场景

2）老年代（Tenured Gen）

老年代特点是区域较大，对象生命周期长、存活率高、回收不及新生代频繁。这种情况存在大量存活率高的对象，复制算法明显变得不合适。一般是由标记 – 清除或者标记 – 清除与标记 – 压缩的混合实现。

在老年代的收集算法有以下特点：

- 标记（Mark）阶段的开销与存活对象的数量呈正比。
- 清除（Sweep）阶段的开销与所管理区域的大小呈正比。
- 压缩（Compact）阶段的开销与存活对象的数量呈正比。

以 HotSpot 中的 CMS（Concurrent Mark Sweep）回收器为例，CMS 是基于标记 – 清除算法实现的，对于对象的回收效率很高。当因为内存碎片导致出现 Concurrent Mode Failure 异常时，CMS 将采用基于标记 – 压缩算法的 Serial Old 回收器作为补偿措施，此时 Serial Old 会执行 Full GC 以达到对老年代内存的整理。

分代的思想被现有的 JVM 广泛使用，几乎所有的垃圾回收器都区分新生代和老年代。

14.5.2　增量收集算法

上述现有的算法，在垃圾回收过程中，应用软件将处于一种 STW（Stop The World）的状态。在 STW 状态下，应用程序所有的线程都会挂起，暂停一切正常的工作，等待垃圾回收的完成。如果垃圾回收时间过长，应用程序会被挂起很久，将严重影响用户体验或者系统的稳定性。为了解决这个问题，急需一种实时垃圾收集算法，增量收集（Incremental Collecting）算法由此诞生。

增量收集基本思想是如果一次性将所有的垃圾进行处理，会造成系统长时间的停顿，那么就可以让垃圾收集线程和应用程序线程交替执行。每次垃圾收集线程只收集一小片区域的内存空间，接着切换到应用程序线程。依次反复，直到垃圾收集完成。

总的来说，增量收集算法的基础仍是传统的标记－清除和复制算法。增量收集算法通过对线程间冲突的妥善处理，允许垃圾收集线程以分阶段的方式完成标记、清理或复制工作。

增量收集算法的优点是在垃圾回收过程中，间断性地执行了应用程序代码，从而解决了系统的长时间停顿带来的用户体验差和系统稳定性问题。但是因为线程切换和上下文转换的消耗，会使得垃圾回收的总体成本上升，造成系统吞吐量的下降。

14.5.3 分区收集算法

一般来说，在相同条件下，堆空间越大，一次 GC 所需要的时间就越长，有关 GC 产生的停顿也就越长。为了更好地控制 GC 产生的停顿时间，将一块大的内存区域分割成多个小块，根据目标的停顿时间，每次合理地回收若干个小区间，而不是整个堆空间，从而减少一次 GC 所产生的停顿。

分代算法按照对象的生命周期长短将堆空间划分成两个部分，分区算法将整个堆空间划分成连续的不同小区间（region），如图 14-32 所示。每一个小区间都独立使用、独立回收。这种算法的好处是可以控制一次回收多少个小区间。

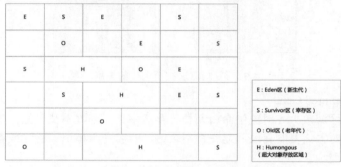

图 14-32 分区算法示例图

大家要注意一点，这些只是基本的算法思路，实际 GC 实现过程要复杂得多，目前还在发展中的前沿 GC 都是复合算法，并且并行和并发兼备。

14.6 本章小结

本章详细讲解了垃圾回收的相关算法。垃圾回收可以分成标记阶段和清除阶段，其中标记阶段使用的算法通常有引用计数算法、可达性分析算法。引用计数算法就是对每个对象保存一个整型的引用计数器属性，用于记录对象被引用的情况。可达性分析算法就是通过一系列被称为 GC Root 的根对象作为起始点进行引用追溯，把那些不可达的对象进行垃圾收集。清除阶段使用的算法包括标记－清除算法、复制算法、标记－压缩算法。标记－清除算法就是先标记后清除；复制算法就是把存活的对象复制到另一个区域，再把原区域进行垃圾收集；标记－压缩算法是在标记清除算法的基础上，把标记存活的对象压缩到内存的一端按顺序排放，清除边界外所有的空间。

鉴于以上三种算法各有缺点，从而催生了分代收集算法、增量收集算法和分区算法的思想。

第 15 章　垃圾收集相关概念

通过上一章的学习，让我们对垃圾收集的算法思路有所了解，相当于主体思路有了，但是要把这些算法落地，还涉及很多细节。本章将为大家讲解除了收集算法之外的其他相关技术点，为第 16 章垃圾收集器的学习扫清障碍。本章讲解的内容包括 System.gc()、内存溢出、内存泄漏、STW 机制以及垃圾收集的串行、并行、并发三种情况，还有强引用、软引用、弱引用、虚引用四种引用。

15.1　System.gc() 的理解

在默认情况下，通过 System.gc() 或者 Runtime.getRuntime().gc() 的调用，会显式触发 Full GC，同时对老年代和新生代进行回收，尝试释放被丢弃对象占用的内存。然而 System.gc() 调用附带一个免责声明，无法保证对垃圾收集器的调用，也就是说该方法的作用只是提醒垃圾收集器执行垃圾收集（Garbage Collection，GC），但是不确定是否马上执行 GC。一般情况下，垃圾收集是自动进行的，无须手动触发，否则就失去自动内存管理的意义了。下面使用代码演示调用 System.gc() 手动触发 GC，如代码清单 15-1 所示。

代码清单15-1　手动调用System.gc()

```
package com.atguigu.chapter15;

public class TestSystem {
    public static void main(String[] args) {
        byte[] buffer = new byte[10 * 1024 * 1024];
        buffer = null;
        // System.gc();// 手动触发 GC
    }
}
```

执行上面方法之前配置 JVM 参数 -XX:+PrintGCDetails，方便看到 GC 日志信息，进而分析内存是否被回收。虽然"buffer=null"操作使得上一行代码的 byte[] 数组对象成了垃圾对象，但是因为当前 JVM 内存充足，不加"System.gc();"这句代码的话，自动 GC 操作并没有被触发，如图 15-1 所示。当加上"System.gc();"这句代码时，就手动触发了 GC 操作，如图 15-2 所示。

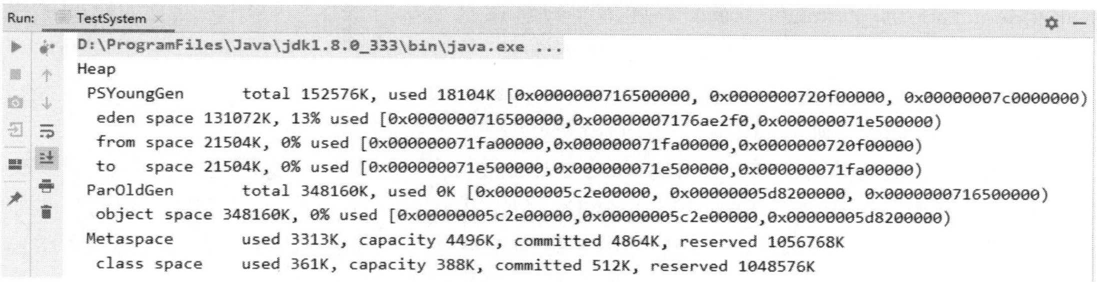

```
Run:    TestSystem ×                                                                    ⚙ —
▶   ▸   D:\ProgramFiles\Java\jdk1.8.0_333\bin\java.exe ...
■   ↑   Heap
    ↓    PSYoungGen       total 152576K, used 18104K [0x0000000716500000, 0x0000000720f00000, 0x00000007c0000000)
▣   ⇥    eden space 131072K, 13% used [0x0000000716500000,0x00000007176ae2f0,0x000000071e500000)
⇥   ⇥    from space 21504K, 0% used [0x000000071fa00000,0x000000071fa00000,0x0000000720f00000)
■        to   space 21504K, 0% used [0x000000071e500000,0x000000071e500000,0x000000071fa00000)
        ParOldGen        total 348160K, used 0K [0x00000005c2e00000, 0x00000005d8200000, 0x0000000716500000)
▪        object space 348160K, 0% used [0x00000005c2e00000,0x00000005c2e00000,0x00000005d8200000)
        Metaspace        used 3313K, capacity 4496K, committed 4864K, reserved 1056768K
          class space    used 361K, capacity 388K, committed 512K, reserved 1048576K
```

图 15-1　没有手动调用 System.gc() 方法运行结果

```
Run:       TestSystem ×
    ▶    ▶▪    D:\ProgramFiles\Java\jdk1.8.0_333\bin\java.exe ...
    ▪    ↑     [GC (System.gc()) [PSYoungGen: 15482K->872K(152576K)] 15482K->880K(500736K), 0.0012873 secs] [Times: user
    ▫    ↓     [Full GC (System.gc()) [PSYoungGen: 872K->0K(152576K)] [ParOldGen: 8K->611K(348160K)] 880K->611K(500736K)]
    ↗    ⇥     Heap
    ▦    ↧      PSYoungGen      total 152576K, used 6554K [0x0000000716500000, 0x0000000720f00000, 0x00000007c0000000)
    ▣    🖶       eden space 131072K, 5% used [0x0000000716500000,0x0000000716b66808,0x000000071e500000)
    📌   🗑       from space 21504K, 0% used [0x000000071e500000,0x000000071e500000,0x000000071fa00000)
                 to   space 21504K, 0% used [0x000000071fa00000,0x000000071fa00000,0x0000000720f00000)
              ParOldGen       total 348160K, used 611K [0x00000005c2e00000, 0x00000005d8200000, 0x0000000716500000)
                object space 348160K, 0% used [0x00000005c2e00000,0x00000005c2e98e00,0x00000005d8200000)
              Metaspace       used 3296K, capacity 4496K, committed 4864K, reserved 1056768K
                class space   used 359K, capacity 388K, committed 512K, reserved 1048576K
```

图 15-2　手动调用 System.gc() 方法运行结果

15.2　内存溢出与内存泄漏

15.2.1　内存溢出

内存溢出（Out Of Memory，OOM）是引发程序崩溃的罪魁祸首之一。由于垃圾收集技术一直在发展，一般情况下，除非应用程序占用的内存增长速度非常快，造成垃圾收集已经跟不上内存消耗的速度，否则不太容易出现内存溢出的情况。

大多数情况下，GC 会进行各个内存区域的垃圾收集，实在不行了就放大招，来一次独占式的 Full GC 操作，这时候会回收大量的内存，供应用程序继续使用。

Java 中对内存溢出的解释是，没有空闲内存，并且垃圾收集器也无法回收更多内存。如果出现没有空闲内存的情况，说明 JVM 的堆内存不够，此时会报"java.lang.OutOfMemoryError"的错误。发生堆内存溢出错误的原因可能有以下几方面。

（1）JVM 的堆内存设置不够。

也很有可能就是堆的大小不合理，比如要处理比较大的数据量，但是没有显式指定 JVM 堆大小或者指定数值偏小，可以通过参数"-Xms""-Xmx"来调整。如果堆内存设置不够，将会报"java.lang.OutOfMemoryError：Java heap space"的错误。

（2）代码中创建了大量的大对象，并且长时间不能被垃圾收集器收集，因为这些对象仍然被引用。

（3）对于老版本的 Oracle JDK，因为永久代的大小是有限的，并且 JVM 对永久代垃圾收集（例如常量池回收、卸载不再需要的类型）非常不积极，所以当不断添加新类型、字符串常量对象时占用太多空间，都会导致内存溢出问题。永久代内存溢出的错误信息为"java.lang.OutOfMemoryError：PermGen space"。随着字符串常量池从方法区中移出，以及元空间的引入，方法区内存已经不再那么窘迫，所以相应的内存溢出现象也会有所改观。当在元空间出现内存溢出时，异常信息则变成了"java.lang.OutOfMemoryError：Metaspace"。

（4）可能存在内存泄漏问题，关于内存泄漏的讲解请看 15.2.2 节。

在抛出内存溢出异常之前，通常垃圾收集器会被触发，尽其所能去清理内存空间。当然，也不是在任何情况下垃圾收集器都会被触发。比如，当需要分配一个超大对象（该对象大小超过堆空间），JVM 可以判断出垃圾收集并不能回收足够的内存空间，所以直接抛出内存溢出异常。

15.2.2　内存泄漏

内存泄漏（Memory Leak）也称作"存储渗漏"。严格来说，只有对象不会再被程序用到了，但是 GC 又不能回收它们的情况，才叫内存泄漏。比如，内存一共有 1024MB，分配了 512MB 的内存一直不回收，那么可以用的内存只有 512MB 了，仿佛泄漏掉了一部分。如图 15-3 所示，从 GC Roots 出发，可以找到当前被引用的所有对象，当对象不再被 GC Roots 可达时，就变成了垃圾对象；图 15-3 中的右侧有部分对象（Forgotten Reference）在程序中已经不可用，但是还可以被 GC Roots 引用到，这时就是内存泄漏。

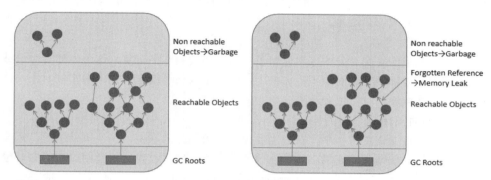

图 15-3　内存泄漏图示

实际上，很多时候一些不太好的实践（或疏忽）会导致对象的生命周期变得很长甚至导致内存溢出，也可以叫作宽泛意义上的内存泄漏。

尽管内存泄漏并不会立刻引起程序崩溃，但是一旦发生内存泄漏，程序中的可用内存就会被逐步蚕食，直至耗尽所有内存，最终出现内存溢出异常，导致程序崩溃。

注意，这里的存储空间并不是指物理内存，而是指虚拟内存，这个虚拟内存的大小取决于磁盘交换区设定的大小。

下面举两个内存泄漏的例子。

（1）单例模式。

单例的生命周期和应用程序是一样长的，所以单例程序中，如果持有对外部对象的引用，那么这个外部对象是不能被回收的，则会导致内存泄漏的产生。

（2）未手动关闭资源。

如数据库连接、网络连接、IO 连接等资源，除非用户显示调用其 close() 方法，否则这些资源不会自动被垃圾收集器回收。

Java 中把内存泄漏容易发生的场景归类为 8 种情况，如下所示。

1. 静态集合类内存泄漏

静态集合类有 HashMap、LinkedList 等。如果这些容器为静态的，那么它们的生命周期与 JVM 程序一致，则容器中的对象在程序结束之前将不能被释放，从而造成内存泄漏。简单而言，长生命周期的对象持有短生命周期对象的引用，尽管短生命周期的对象不再使用，但是因为长生命周期对象持有它的引用而导致不能被回收。如代码清单 15-2 所示，每次调用 oomTests() 方法的时候都会往 list 中存放对象，调用次数多了就会占用很大的内存空间。

代码清单15-2　静态集合类内存泄漏案例

```java
public class MemoryLeak {
    static List list = new ArrayList();
```

```
    public void oomTests() {
        Object obj = new Object();// 局部变量
        list.add(obj);
    }
}
```

2. 单例模式

单例模式和静态集合导致内存泄漏的原因类似，因为单例的静态特性，它的生命周期和JVM 的生命周期一样长，所以如果单例对象持有外部对象的引用，那么这个外部对象也不会被回收，那么就会造成内存泄漏。

3. 内部类持有外部类

如果一个外部类的实例对象的方法返回了一个内部类的实例对象，这个内部类对象被长期引用了，即使那个外部类实例对象不再被使用，但由于内部类持有外部类的实例对象，这个外部类对象将不会被垃圾回收，也会造成内存泄漏。

4. 连接未及时关闭

在对数据库进行操作的过程中，首先需要建立与数据库的连接，当不再使用时，需要调用close() 方法来释放与数据库的连接。只有连接被关闭后，垃圾收集器才会回收对应的对象。否则，如果在访问数据库的过程中，对 Connection、Statement 或 ResultSet 不显性地关闭，将会造成大量的对象无法被回收，从而引起内存泄漏，类似的还有网络连接和 IO 连接等。如代码清单 15-3 所示，使用 jdbc 的时候没有及时关闭连接，如果频繁地连接数据库，就会造成对象的堆积。

代码清单15-3　连接未及时关闭

```
public static void main(String[] args) {
    try {
        Connection conn = null;
        Class.forName("com.mysql.jdbc.Driver");
        conn = DriverManager.getConnection("url", "", "");
        Statement stmt = conn.createStatement();
        ResultSet rs = stmt.executeQuery("...");
    } catch (Exception e) { // 异常日志

    } finally {
        // 1.关闭结果集 Statement
        // 2.关闭声明的对象 ResultSet
        // 3.关闭连接 Connection
    }
}
```

5. 变量不合理的作用域

一般而言，一个变量定义的作用范围大于其使用范围，很有可能会造成内存泄漏。另一方面，如果没有及时地把对象设置为 null，很有可能导致内存泄漏的发生。如代码清单 15-4 所示，通过 readFromNet() 方法把接收的消息保存在变量 msg 中，然后调用 saveDB() 方法把 msg 的内容保存到数据库中，此时 msg 已经没用了，由于 msg 的生命周期与对象的生命周期相同，此时 msg 还不能回收，因此造成了内存泄漏。

实际上，这个 msg 变量可以放在 receiveMsg() 方法内部，当方法使用完，那么 msg 的生命周期也就结束了，此时就可以回收了。还有一种方法，在使用完 msg 后，把 msg 设置为 null，这样垃圾收集器也会回收 msg 的内存空间。

代码清单15-4　变量不合理的作用域

```java
public class UsingRandom {
    private String msg;
    public void receiveMsg(){
        //private String msg;
        readFromNet();// 从网络中接收数据保存到msg中
        saveDB();// 把msg保存到数据库中
        //msg = null;
    }
}
```

6. 改变哈希值

当一个对象被存储进 HashSet 集合中以后，就不能修改这个对象中的那些参与计算哈希值的字段了。否则，对象修改后的哈希值与最初存储进 HashSet 集合中的哈希值就不同了，在这种情况下，即使在 contains() 方法中使用该对象的引用地址作为参数去检索 HashSet 集合中的对象，也将返回该对象不存在的结果，就会导致无法从 HashSet 集合中单独删除该对象，造成内存泄漏。这也是为什么 String 被设置成了 final 类型，可以放心地把 String 存入 HashSet，或者把 String 当作 HashMap 的 key 值。当我们想把自己定义的类保存到 Hash 表的时候，需要保证对象的 hashCode 不可变。代码清单 15-5 演示了修改对象的 hashCode 之后对象无法被删除的场景。

代码清单15-5　更改对象的hashCode之后对象无法被删除

```java
public class ChangeHashCode1 {
    public static void main(String[] args) {
        HashSet<Point> hs = new HashSet<Point>();
        Point cc = new Point();
        cc.setX(10);//hashCode = 41
        hs.add(cc);
        cc.setX(20);//hashCode = 51
        System.out.println("hs.remove = " + hs.remove(cc));//false
        hs.add(cc);
        System.out.println("hs.size = " + hs.size());//size = 2
    }
}

class Point {
    int x;
    public int getX() {
        return x;
    }
    public void setX(int x) {
        this.x = x;
    }
}
```

```
    @Override
    public int hashCode() {
        final int prime = 31;
        int result = 1;
        result = prime * result + x;
        return result;
    }

    @Override
    public boolean equals(Object obj) {
        if (this == obj) return true;
        if (obj == null) return false;
        if (getClass() != obj.getClass()) return false;
        Point other = (Point) obj;
        if (x != other.x) return false;
        return true;
    }
}
```

执行结果如下所示。

```
hs.remove = false
hs.size = 2
[Point{x=20}, Point{x=20}]
```

可以看到 HashSet 中的对象改变了 hash 值以后，无法移除元素导致元素滞留内存当中，还可以继续新增元素，导致内存泄漏。

7. 缓存泄漏

内存泄漏的另一个常见来源是缓存，一旦把对象引用放入缓存中，就很容易遗忘，如果程序长时间运行下去，就会让内存中的对象越来越多，导致程序溢出。

对于这个问题，可以使用 WeakHashMap 代表缓存，此类 Map 的特点是，当除了自身有对key 的引用外，此 key 没有其他对象引用，那么此 Map 会自动丢弃此值，WeakHashMap 的原理就是弱引用（见 15.5.3 节）。代码清单 15-6 演示了 HashMap 和 WeakHashMap 之间的区别。

代码清单15-6　缓存泄漏

```
public class MapTest {
    static Map wMap = new WeakHashMap();
    static Map map = new HashMap();

    public static void main(String[] args) {
        init();
        testWeakHashMap();
        testHashMap();
    }

    public static void init() {
        String ref1 = new String("obejct1");
        String ref2 = new String("obejct2");
```

```
        String ref3 = new String("obejct3");
        String ref4 = new String("obejct4");
        wMap.put(ref1, "cacheObject1");
        wMap.put(ref2, "cacheObject2");
        map.put(ref3, "cacheObject3");
        map.put(ref4, "cacheObject4");
        System.out.println("String 引用 ref1, ref2, ref3, ref4 消失 ");
    }

    public static void testWeakHashMap() {

        System.out.println("WeakHashMap GC 之前 ");
        for (Object o : wMap.entrySet()) {
            System.out.println(o);
        }
        try {
            System.gc();
            TimeUnit.SECONDS.sleep(5);
        } catch (InterruptedException e) {
            e.printStackTrace();
        }
        System.out.println("WeakHashMap GC 之后 ");
        for (Object o : wMap.entrySet()) {
            System.out.println(o);
        }
    }

    public static void testHashMap() {
        System.out.println("HashMap GC 之前 ");
        for (Object o : map.entrySet()) {
            System.out.println(o);
        }
        try {
            System.gc();
            TimeUnit.SECONDS.sleep(5);
        } catch (InterruptedException e) {
            e.printStackTrace();
        }
        System.out.println("HashMap GC 之后 ");
        for (Object o : map.entrySet()) {
            System.out.println(o);
        }
    }

}
```

运行结果如下。

```
WeakHashMap GC 之前
obejct2=cacheObject2
obejct1=cacheObject1
WeakHashMap GC 之后
HashMap GC 之前
obejct4=cacheObject4
obejct3=cacheObject3
HashMap GC 之后
obejct4=cacheObject4
obejct3=cacheObject3
```

上面代码演示了 WeakHashMap 如何自动释放缓存对象，当 init 函数执行完成后，局部变量字符串引用 ref1、ref2、ref3 和 ref4 都会消失，此时只有静态 Map 中保存对字符串对象的引用，可以看到，调用 gc 之后，HashMap 没有被回收，而 WeakHashMap 里面的缓存被回收了。

8. 监听器和回调

内存泄漏另一个常见来源是监听器和其他回调，如果客户端在实现的 API 中注册回调，却没有显示取消，那么就会积聚。需要确保回调立即被当作垃圾回收的最佳方法是只保存它的弱引用，例如将它们保存为 WeakHashMap 中的键。

15.3　Stop-The-World

在垃圾回收过程中，整个应用程序都会暂停，没有任何响应，所以被形象地称为"Stop-The-World"，简称 STW。

可达性分析算法中枚举根节点（GC Roots）造成 STW，原因是如果出现分析过程中对象引用关系还在不断变化，则分析结果的准确性无法保证。所以分析工作必须在一个能确保一致性的快照中进行。

被 STW 中断的应用程序线程会在完成 GC 之后恢复，频繁中断会让用户感觉像是网速不给力造成电影卡顿一样，体验非常不好，所以我们需要减少 STW 的发生。

STW 的发生与所使用的垃圾收集器是什么无关，每一种垃圾收集器都会发生 STW，即使 G1 回收器也不能完全避免。随着垃圾收集器的发展演变，回收效率越来越高，STW 的时间也在进一步缩短。

STW 是 JVM 在后台自动发起和自动完成的。在用户不可见的情况下，把用户正常的工作线程全部停掉。下面我们编写一段代码，通过调用 System.gc() 方法来感受 STW 的发生，如代码清单 15-7 所示，注意在实际开发中一般不会手动调用 System.gc() 方法。

代码清单15-7　感受STW

```
package com.atguigu.chapter15;

import java.text.SimpleDateFormat;
import java.util.ArrayList;
import java.util.Date;
import java.util.List;

public class StopTheWorldDemo {
```

```java
public static class WorkThread extends Thread {
    List<byte[]> list = new ArrayList<byte[]>();

    public void run() {
        try {
            while (true) {
                for (int i = 0; i < 1000; i++) {
                    byte[] buffer = new byte[1024 * 256];
                    list.add(buffer);
                }
                if (list.size() > 10000) {
                    list.clear();
                    System.gc();// 会触发 full gc，进而会出现 STW 事件
                }
            }
        } catch (Exception ex) {
            ex.printStackTrace();
        }
    }
}

public static class PrintThread extends Thread {
    SimpleDateFormat s = new SimpleDateFormat("yyyy 年 " +
            "MM 月 dd 日 HH:mm:ss");

    public void run() {
        try {
            while (true) {
                // 每秒打印时间信息
                String str = s.format(new Date());
                System.out.println(str);
                Thread.sleep(1000);
            }
        } catch (Exception ex) {
            ex.printStackTrace();
        }
    }
}

public static void main(String[] args) {
    //WorkThread w = new WorkThread();
    PrintThread p = new PrintThread();
    //w.start();
    p.start();
}
}
```

代码中 PrintThread 线程是每隔一秒钟打印一次时间，在 WorkThread 线程被注释掉的情况下，代码输出的情况是每隔一秒打印一次时间，如图 15-4 所示。

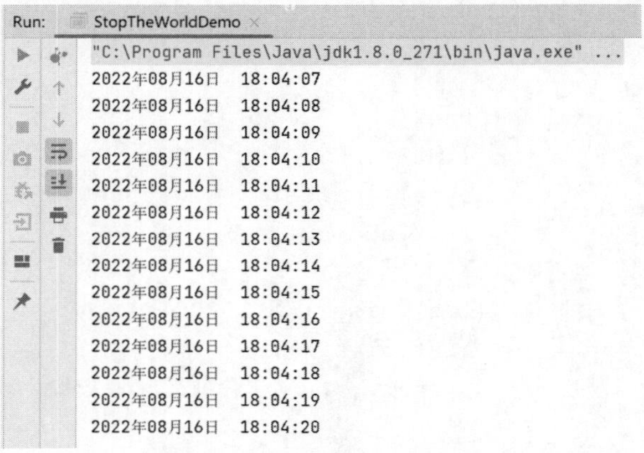

图 15-4　PrintThread 线程结果示意图

代码中 WorkThread 线程负责把 byte 数组放到 list 集合中，如果 list 集合的长度大于10000，清除 list 集合的数据并进行 Full GC，进而触发 STW，就会使 PrintThread 线程出现卡顿的情况，从而使之前每隔一秒打印的时间变长。打开 WorkThread 线程注释，运行结果如图 15-5 所示，可以看到图中画框的部分间隔时间为 2 秒，表明 PrintThread 线程被暂停了 1 秒。

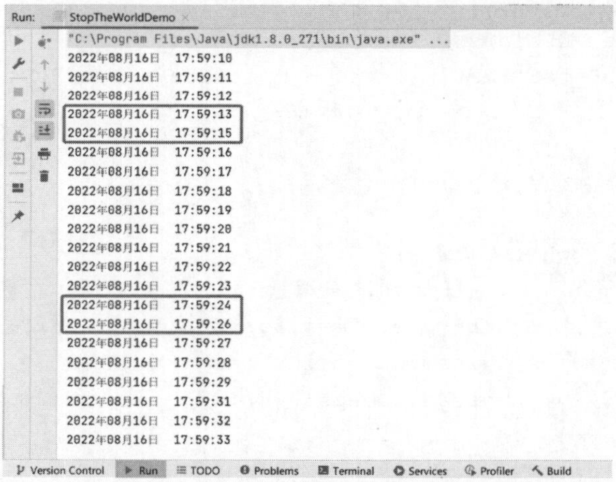

图 15-5　StopTheWorld 代码的运行结果示意图

15.4　安全点与安全区域

15.4.1　安全点

在第 15.3 节讲到，在垃圾回收过程中，应用程序会产生停顿，发生 STW 现象。但是应用程序在执行过程中，并不是在任意位置都适合停顿下来进行 GC 的，只有在特定的位置才能停顿下来进行 GC 操作，这些特定的位置被称为安全点（Safe Point）。

安全点的选择至关重要，如果安全点太少可能导致 GC 等待的时间太长，如果安全点太密可能导致运行时的性能问题。那么，哪些位置作为安全点合适呢？通常选择一些运行时间较长的指令位置，例如方法调用、循环跳转等。

当 GC 发生时，如何保证应用程序的线程是在安全点呢？

抢先式中断：GC 抢先中断所有线程。如果发现某个线程不在安全点，就重新恢复该线程，让线程跑到安全点。这种方式是由 GC 线程占主导位置的，违背了应用程序才是主角的定位，所以目前几乎所有虚拟机都不选择这种方式。

主动式中断：GC 线程给自己设置一个中断标志，各个应用线程运行到安全点的时候主动轮询这个标志，如果此时 GC 线程的中断标志为真，则将自己中断挂起。这种方式的好处是由应用程序在安全点主动发起中断，而不会出现被迫在非安全点的位置先中断的情况。

15.4.2　安全区域

安全点机制保证了程序执行时，在不太长的时间内就会遇到可进入 GC 的安全点。但是，应用程序的线程 "不执行" 怎么办呢？例如线程处于阻塞（Blocked）状态，这时候应用线程无法响应 JVM 的中断请求，"走" 到安全点去中断挂起，JVM 也不太可能等待应用线程被唤醒之后再进行 GC。对于这种情况，就需要安全区域（Safe Region）机制来解决。

安全区域是指在一段代码片段中，对象的引用关系不会发生变化，在这个区域中的任何位置开始 GC 都是安全的。我们也可以把安全区域看作是被 "放大" 了的安全点。

在程序实际运行过程中，线程对于安全区域的处理方式如下。

（1）当线程运行安全区域的代码时，首先标识已经进入了安全区域，如果这段时间内发生 GC，JVM 会忽略标识为安全区域状态的线程。

（2）当线程即将离开安全区域时，会检查 JVM 是否已经完成 GC，如果完成了，则继续运行，否则线程必须等待直到收到可以安全离开安全区域的信号为止。

15.5　四种引用

所谓的引用就是记录一个对象的地址，然后通过这个地址值找到这个对象并使用这个对象。最初 Java 只有强引用，例如 "User user=new User（" 尚硅谷 ", "666"）"，user 变量记录了一个 User 对象的地址，之后程序便可以通过 user 这个变量访问对象的属性值 " 尚硅谷 " 和 "666"，或者通过 user 这个变量调用对象的方法。Java 中 8 种基本数据类型以外的变量都称为引用数据类型的变量，上面的 user 就是对象的引用，也称为对象名。

在 JDK 1.2 版之后，Java 对引用的概念进行了细分，将引用分为强引用、软引用、弱引用和虚引用，这四种引用强度依次递减。

除强引用外，其他三种引用均需要创建特殊的引用类对象来 "构建" 引用关系。这些特殊的引用类在 java.lang.ref 包中，如图 15-6 所示，它们分别是 SoftReference（软引用）、PhantomReference（虚引用）、WeakReference（弱引用），开发人员可以在应用程序中直接使用它们。

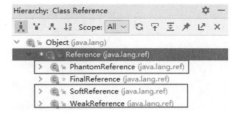

图 15-6　软引用、弱引用、虚引用对应的类

针对不同引用类型的对象，GC 的态度也是完全不同的。

（1）强引用（StrongReference）：是最传统的引用关系，比如前面提到的 "User user=new User（" 尚硅谷 ", "666"）" 这种引用关系。只要强引用关系还存在，无论任何情况垃圾收集器都永远不会回收掉被引用的对象。

（2）软引用（SoftReference）：在系统将要发生内存溢出之前，垃圾收集器收集完垃圾对象的内存之后，内存仍然吃紧，此时垃圾收集器会把软引用的对象列入回收范围之中进行第二次回收，如果这次回收后还没有足够的内存，才会抛出内存溢出异常。

（3）弱引用（WeakReference）：被弱引用关联的对象只能生存到下一次垃圾收集之前。当垃圾收集器工作时，无论内存空间是否足够，都会回收掉被弱引用关联的对象。

（4）虚引用（PhantomReference）：一个对象是否有虚引用的存在，完全不会对其生存时间构成影响，也无法通过虚引用来获得一个对象的实例。为一个对象设置虚引用关联的唯一目的就是能在这个对象被收集器回收时收到一个系统通知。

15.5.1　强引用——不回收

在 Java 程序中，最常见的引用类型是强引用（普通系统 99% 以上都是强引用），也就是我们最常见的普通对象引用，也是默认的引用类型。

当在 Java 语言中使用 new 关键字创建一个新的对象，并将其赋值给一个变量的时候，这个变量就成为指向该对象的一个强引用。

如果一个对象被某个变量强引用了，只有引用它的变量超过了作用域或者显式地被赋值为 null 值，并且此时没有其他变量引用这个对象，那么这个对象才成了不可达的垃圾对象，可以被回收了，当然具体回收时机还是要看垃圾收集策略。换句话说，只要一个对象，被某个变量强引用了，这个变量还在作用域范围内，就表示这个对象是可达的、可触及的，垃圾收集器永远不会回收被强引用的对象。所以，强引用是造成 Java 内存泄漏的主要原因之一。

相对的，软引用、弱引用和虚引用的对象是软可触及、弱可触及和虚可触及的，在一定条件下，都是可以被回收的。

下面通过代码演示强引用关系的对象可达时不会被 GC 回收，不可达时才会被 GC 回收，如代码清单 15-8 所示。

代码清单15-8　强引用测试

```java
package com.atguigu.section05;
/**
 *  强引用的测试
 *  @author atguigu
 */
public class StrongReferenceTest {
    public static void main(String[] args) {
        StrongDemo s1 = new StrongDemo();
        StrongDemo s2 = s1;

        s1 = null;
        System.gc();

        try {//3 秒的延迟保证 GC 有时间工作
            Thread.sleep(3000);
        } catch (InterruptedException e) {
            e.printStackTrace();
        }

        System.out.println("s1=" + s1);
        System.out.println("s2=" + s2);
```

```
            s2 = null;
            System.gc();

            try {//3 秒的延迟保证 GC 有时间工作
                Thread.sleep(3000);
            } catch (InterruptedException e) {
                e.printStackTrace();
            }

            System.out.println("s1=" + s1);
            System.out.println("s2=" + s2);
        }
    }
```

创建 StrongDemo 类如下所示，重写 finalize() 方法，如果该方法被执行，表明该类型对象被回收。

```
public class StrongDemo {
    @Override
    protected void finalize() throws Throwable {
        System.out.println(" 我被回收了 ");
    }

    @Override
    public String toString() {
        return "StrongDemo 对象 ";
    }
}
```

上面代码的运行结果如下。

```
s1=null
s2=StrongDemo 对象
我被回收了
s1=null
s2=null
```

执行完"StrongDemo s1 = new StrongDemo();"语句时，对应内存结构如图 15-7 所示。

图 15-7　强引用 StrongDemo 对象内存结构图

执行完"StrongDemo s2 = s1;"语句时，对应内存结构如图 15-8 所示。

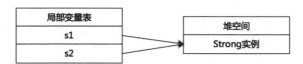

图 15-8　强引用 StrongDemo 赋值语句内存结构图

在第一次 GC 工作时，虽然通过"s1 = null"解除了 s1 变量和 StrongDemo 对象的强引用关系，但是因为 s2 仍然指向该 StrongDemo 对象，所以 GC 不会回收 StrongDemo 对象。此时通过 s1 无法再找到 StrongDemo 对象，而通过 s2 还可以找到 StrongDemo 对象。

在第二次 GC 工作时，因为"s2 = null"语句也解除了 s2 变量和 StrongDemo 对象的强引用关系，此时没有其他变量引用 StrongDemo 对象了，所以 GC 会回收 StrongDemo 对象。此时通过 s1 和 s2 都无法找到 StrongDemo 对象了。

本例中的两个变量和 StrongDemo 对象，都是强引用关系，强引用关系具备以下特点。

（1）可以通过变量名直接访问目标对象。

（2）强引用所指向的对象在任何时候都不会被系统回收，虚拟机宁愿抛出内存溢出异常，也不会回收强引用所指向对象。

（3）强引用可能导致内存泄漏。

15.5.2　软引用——内存不足立即回收

软引用是用来描述一些还有用，但非必需的对象。如果内存空间足够，垃圾收集器就不会回收它，如果内存空间不足，就会回收这些对象的内存。只要垃圾收集器没有回收它，该对象就可以被程序使用。

当内存空间不是很充足的时候，用户可以通过软引用机制实现缓存，其工作原理是：当内存还富裕时，就暂时保留缓存对象；当内存开始吃紧时，就可以清理掉缓存对象。这样就保证了在将对象进行缓存时不会耗光内存。软引用实现的缓存既提高了程序性能，又节省了内存空间。

垃圾收集器在某个时刻决定回收软可达的对象的时候，JVM 会尽量让软引用的存活时间长一些，迫不得已才清理。一般而言，在 JVM 内存非常紧张临近溢出之前，垃圾收集器会收集这部分对象。

在 JDK 1.2 版之后提供了 java.lang.ref.SoftReference 类来实现软引用，使用方法如下所示。

```
SoftReference<Object> sf = new SoftReference<Object>(对象);
```

也可以在建立软引用关系时，指定一个引用队列（Reference Queue），之后可以通过这个引用队列跟踪这些软引用对象。

```
SoftReference<Object> sf = new SoftReference<Object>(对象, 引用队列);
```

下面我们使用代码演示软引用对象被回收的现象，如代码清单 15-9 所示，在执行程序之前需要配置 JVM 参数，JVM 参数配置在代码上面的注释中。

代码清单15-9　软引用测试

```
/**
 * 软引用的测试：内存不足即回收
 * -Xms10m -Xmx10m -XX:+PrintGCDetails
 *
 * @author atguigu
 */
public class SoftReferenceTest {
    public static class User {
        private int id;
```

```
            private String name;
            private byte[] data = new byte[1024*1024];

            public User(int id, String name) {
                this.id = id;
                this.name = name;
            }

            @Override
            public String toString() {
                return "[id=" + id + ", name=" + name + "] ";
            }
        }

        public static void main(String[] args) {
            // 创建对象，建立软引用
             SoftReference<User> userSoftRef = new SoftReference<User>(new
User(1, "atguigu"));
            // 从软引用中获取引用对象
            System.out.println(userSoftRef.get());

            System.gc();
            System.out.println("After GC:");
             // 垃圾收集之后获得软引用中的对象，由于堆空间内存足够，所有不会回收软引用的
可达对象
            System.out.println(userSoftRef.get());
            try {
                // 让内存资源紧张、不够
                byte[] b = new byte[1024 * 1024 * 6];
            } catch (Throwable e) {
                e.printStackTrace();
            } finally {
                // 再次从软引用中获取数据
                System.out.println(userSoftRef.get());
                // 在报内存溢出之前，垃圾收集器会回收软引用的可达对象
            }
        }
    }
```

上面代码运行到第一次 GC 时，内存充足，软引用的可达对象没有被回收，所以"After GC："之后仍然可以从软引用中获取到引用对象。当代码继续运行，创建了一个 byte 数组，因为这个 byte 数组的长度为"1024 * 1024 * 6"，此时 JVM 的堆内存变得很紧张，软引用的可达对象被回收了，之后再从软引用中获取对象得到的是 null 值，运行结果如图 15-9所示。

```
"C:\Program Files\Java\jdk1.8.0_271\bin\java.exe" ...
[id=1, name=atguigu]
[GC (System.gc()) [PSYoungGen: 1671K->488K(2560K)] 2695K->1680K(9728K), 0.0045281 secs] [Times: user=0.00 sys=0.00, real=0.01 secs]
[Full GC (System.gc()) [PSYoungGen: 488K->0K(2560K)] [ParOldGen: 1192K->1627K(7168K)] 1680K->1627K(9728K), [Metaspace: 3204K->3204K(1056768K)], 0.0121950
 secs] [Times: user=0.06 sys=0.00, real=0.01 secs]
After GC:
[id=1, name=atguigu]
[GC (Allocation Failure) [PSYoungGen: 64K->96K(2560K)] 1691K->1723K(9728K), 0.0009521 secs] [Times: user=0.00 sys=0.00, real=0.00 secs]
[GC (Allocation Failure) [PSYoungGen: 96K->96K(2560K)] 1723K->1723K(9728K), 0.0005459 secs] [Times: user=0.00 sys=0.00, real=0.00 secs]
[Full GC (Allocation Failure) [PSYoungGen: 96K->0K(2560K)] [ParOldGen: 1627K->1623K(7168K)] 1723K->1623K(9728K), [Metaspace: 3208K->3208K(1056768K)],
 0.0120560 secs] [Times: user=0.06 sys=0.02, real=0.01 secs]
[GC (Allocation Failure) [PSYoungGen: 0K->0K(2560K)] 1623K->1623K(9728K), 0.0008898 secs] [Times: user=0.00 sys=0.00, real=0.00 secs]
[Full GC (Allocation Failure) [PSYoungGen: 0K->0K(2560K)] [ParOldGen: 1623K->582K(7168K)] 1623K->582K(9728K), [Metaspace: 3208K->3208K(1056768K)], 0.0116188
 secs] [Times: user=0.01 sys=0.02, real=0.01 secs]
null
Heap
 PSYoungGen      total 2560K, used 174K [0x00000000ffd00000, 0x0000000100000000, 0x0000000100000000)
  eden space 2048K, 8% used [0x00000000ffd00000,0x00000000ffd2bb88,0x00000000fff00000)
  from space 512K, 0% used [0x00000000fff80000,0x00000000fff80000,0x0000000100000000)
  to   space 512K, 0% used [0x00000000fff00000,0x00000000fff00000,0x00000000fff80000)
 ParOldGen       total 7168K, used 6726K [0x00000000ff600000, 0x00000000ffd00000, 0x00000000ffd00000)
  object space 7168K, 93% used [0x00000000ff600000,0x00000000ffc919b8,0x00000000ffd00000)
 Metaspace       used 3260K, capacity 4500K, committed 4864K, reserved 1056768K
  class space    used 354K, capacity 388K, committed 512K, reserved 1048576K

Process finished with exit code 0
```

图 15-9　内存不足未报内存溢出时回收软引用

如果修改代码中字节数组的大小为“1024 * 1024 * 7”，或者更大，此时会发生 OOM 异常，如图 15-10 所示，那么软引用对象一定是会被 GC 清理掉的。

```
"C:\Program Files\Java\jdk1.8.0_271\bin\java.exe" ...
[id=1, name=atguigu]
[GC (System.gc()) [PSYoungGen: 1671K->488K(2560K)] 2695K->1672K(9728K), 0.0022949 secs] [Times: user=0.00 sys=0.00, real=0.00 secs]
[Full GC (System.gc()) [PSYoungGen: 488K->0K(2560K)] [ParOldGen: 1184K->1628K(7168K)] 1672K->1628K(9728K), [Metaspace: 3210K->3210K(1056768K)], 0.0125056
 secs] [Times: user=0.02 sys=0.00, real=0.01 secs]
After GC:
[id=1, name=atguigu]
[GC (Allocation Failure) [PSYoungGen: 105K->128K(2560K)] 1733K->1756K(9728K), 0.0008475 secs] [Times: user=0.00 sys=0.00, real=0.00 secs]
[GC (Allocation Failure) [PSYoungGen: 128K->32K(2560K)] 1756K->1660K(9728K), 0.0011457 secs] [Times: user=0.00 sys=0.00, real=0.00 secs]
[Full GC (Allocation Failure) [PSYoungGen: 32K->0K(2560K)] [ParOldGen: 1628K->1632K(7168K)] 1660K->1632K(9728K), [Metaspace: 3211K->3211K(1056768K)],
 0.0127186 secs] [Times: user=0.02 sys=0.00, real=0.01 secs]
[GC (Allocation Failure) [PSYoungGen: 0K->0K(2560K)] 1632K->1632K(9728K), 0.0007391 secs] [Times: user=0.00 sys=0.00, real=0.00 secs]
[Full GC (Allocation Failure) [PSYoungGen: 0K->0K(2560K)] [ParOldGen: 1632K->591K(7168K)] 1632K->591K(9728K), [Metaspace: 3211K->3211K(1056768K)], 0.0111608
 secs] [Times: user=0.02 sys=0.00, real=0.01 secs]
null
Heap
 PSYoungGen      total 2560K, used 125K [0x00000000ffd00000, 0x0000000100000000, 0x0000000100000000)
  eden space 2048K, 6% used [0x00000000ffd00000,0x00000000ffd1f770,0x00000000fff00000)
  from space 512K, 0% used [0x00000000fff80000,0x00000000fff80000,0x0000000100000000)
  to   space 512K, 0% used [0x00000000fff00000,0x00000000fff00000,0x00000000fff80000)
 ParOldGen       total 7168K, used 591K [0x00000000ff600000, 0x00000000ffd00000, 0x00000000ffd00000)
  object space 7168K, 8% used [0x00000000ff600000,0x00000000ff693d38,0x00000000ffd00000)
 Metaspace       used 3246K, capacity 4500K, committed 4864K, reserved 1056768K
  class space    used 356K, capacity 388K, committed 512K, reserved 1048576K
java.lang.OutOfMemoryError Create breakpoint : Java heap space
	at com.atguigu.section15.SoftReferenceTest.main(SoftReferenceTest.java:37)
```

图 15-10　内存不足时回收软引用

15.5.3　弱引用——发现即回收

弱引用是用来描述那些非必需对象，只被弱引用关联的对象只能生存到下一次垃圾收集发生时。在垃圾收集器准备清理垃圾对象时，只要发现弱引用，不管系统堆空间是否充足，就会回收只被弱引用关联的对象。

但是，由于垃圾收集器的线程通常优先级很低，因此，并不一定能迅速地清理完所有弱引用的对象。在这种情况下，弱引用对象可以存在较长的时间。

在 JDK 1.2 版之后提供了 java.lang.ref.WeakReference 类来实现弱引用，使用方法如下面代码所示。弱引用和软引用一样，在构造弱引用时，也可以指定一个引用队列，当弱引用对象被回收时，就会加入指定的引用队列，之后这个队列可以跟踪对象的回收情况。软引用、弱引用都非常适合来保存那些可有可无的缓存数据。

```
WeakReference<Object> wr = new WeakReference<Object>(对象);
```

弱引用对象与软引用对象的最大不同就在于，当垃圾收集器在进行回收时，需要通过算法检查是否回收软引用对象，而对于弱引用对象，垃圾收集器直接进行回收。弱引用对象更容易、更快被垃圾收集器回收。

下面我们使用代码演示弱引用对象被回收的现象，如代码清单15-10所示。

代码清单15-10 弱引用测试

```java
package com.atguigu.chapter15;

import java.lang.ref.WeakReference;
/**
 * 弱引用的测试
 *
 * @author atguigu
 */
public class WeakReferenceTest {
    public static class User {
        private int id;
        private String name;
        public User(int id, String name) {
            this.id = id;
            this.name = name;
        }
        @Override
        public String toString() {
            return "[id=" + id + ", name=" + name + "] ";
        }
    }
    public static void main(String[] args) {
        // 构造了弱引用
        WeakReference<User> userWeakRef = new WeakReference<User>
                (new User(1, "atguigu"));
        // 从弱引用中重新获取对象
        System.out.println(userWeakRef.get());
        System.gc();
        // 不管当前内存空间足够与否，都会回收它的内存
        System.out.println("After GC:");
        // 重新尝试从弱引用中获取对象
        System.out.println(userWeakRef.get());
    }
}
```

上面代码的运行结果如图15-11所示，可以看到弱引用对象在GC行为发生时就被直接回收了。

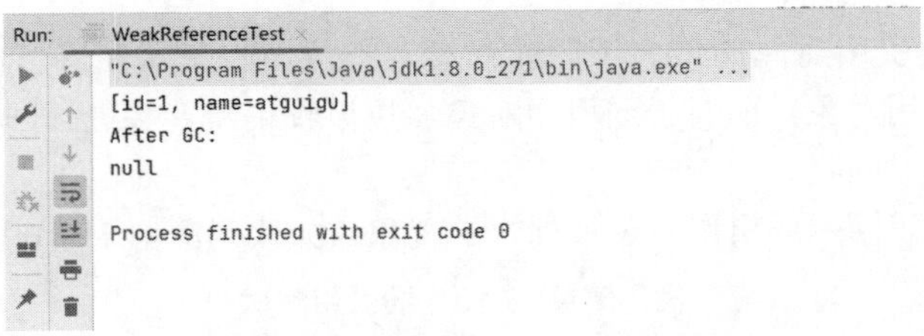

图 15-11　弱引用对象被 GC 回收

15.5.4　虚引用——对象回收跟踪

虚引用也称为"幽灵引用"或者"幻影引用"，是所有引用类型中最弱的一个。

一个对象是否有虚引用存在，完全不会决定对象的生命周期。如果一个对象仅持有虚引用，那么它和没有引用几乎是一样的，随时都可能被垃圾收集器回收。

它不能单独使用，也无法通过虚引用来获取被引用的对象。当试图通过虚引用的 get() 方法取得对象时，总是 null。

为一个对象设置虚引用的唯一目的在于跟踪垃圾收集过程。比如在这个对象被收集器回收时收到一个系统通知。

虚引用必须和引用队列一起使用。虚引用在创建时必须提供一个引用队列作为参数。当垃圾收集器准备回收一个对象时，如果发现它还有虚引用，就会在回收对象后，将这个虚引用加入引用队列，以通知应用程序对象的回收情况。由于虚引用可以跟踪对象的回收时间，因此，也可以将一些资源释放操作放置在虚引用中执行和记录。

在 JDK 1.2 版之后提供了 PhantomReference 类来实现虚引用，使用方法如下面代码所示。

```
ReferenceQueue phantomQueue = new ReferenceQueue();
PhantomReference<Object> pf = new PhantomReference<Object>(对　象,
phantomQueue);
```

我们使用代码演示虚引用，如代码清单 15-11 所示。

代码清单15-11　虚引用测试

```
package com.atguigu.chapter15;

import java.lang.ref.PhantomReference;
import java.lang.ref.ReferenceQueue;
/**
 * 虚引用的测试
 *
 * @author atguigu
 */
public class PhantomReferenceTest {
    // 当前类对象的声明
    private static PhantomReferenceTest obj;
    // 引用队列
    private static ReferenceQueue<PhantomReferenceTest>
            phantomQueue = null;
    public static class CheckRefQueue extends Thread {
        @Override
```

```java
        public void run() {
            while (true) {
                if (phantomQueue != null) {
                    PhantomReference<PhantomReferenceTest> obj = null;
                    try {
                        obj = (PhantomReference) phantomQueue.remove();
                    } catch (InterruptedException e) {
                        e.printStackTrace();
                    }
                    if (obj != null) {
                        System.out.println(" 追踪垃圾收集过程：" +
                                "PhantomReferenceTest 实例被 GC 了 ");
                    }
                }
            }
        }
    }
    //finalize() 方法只能被调用一次！
    @Override
    protected void finalize() throws Throwable {
        super.finalize();
        System.out.println(" 调用当前类的 finalize() 方法 ");
        obj = this;// 使当前对象复活
    }
    public static void main(String[] args) {
        Thread t = new CheckRefQueue();
        // 设置为守护线程：当程序中没有非守护线程时
        t.setDaemon(true);
        // 守护线程也就执行结束
        t.start();
        phantomQueue = new ReferenceQueue<>();
        obj = new PhantomReferenceTest();
        // 构造了 PhantomReferenceTest 对象的虚引用，并指定了引用队列
        PhantomReference<PhantomReferenceTest> phantomRef =
                new PhantomReference<>(obj, phantomQueue);
        try {
            // 不可获取虚引用中的对象
            System.out.println(phantomRef.get());
            // 将强引用去除
            obj = null;
            // 第一次进行 GC，由于对象可复活，GC 无法回收该对象
            System.gc();
            Thread.sleep(1000);
            if (obj == null) {
                System.out.println("obj 是 null");
            } else {
                System.out.println("obj 可用 ");
```

```
        }
        System.out.println(" 第 2 次 gc");
        obj = null;
        // 一旦将 obj 对象回收，就会将此虚引用存放到引用队列中
        System.gc();
        Thread.sleep(1000);
        if (obj == null) {
            System.out.println("obj 是 null");
        } else {
            System.out.println("obj 可用 ");
        }
    } catch (InterruptedException e) {
        e.printStackTrace();
    }
}
}
```

虚引用不同于软引用和弱引用，试图用 get() 方法去获取对象是徒劳的，得到的永远是 null 值。

上面代码中 CheckRefQueue 线程用来操作引用队列，第二次 GC 时在队列中就能取到 obj 对象，代码就会输出"追踪垃圾收集过程：PhantomReferenceTest 实例被 GC 了"，如图 15-12 所示。

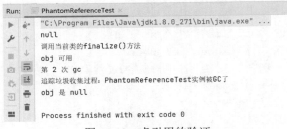

图 15-12　虚引用的验证

15.6　本章小结

本章详细讲解了垃圾收集的相关概念，像 System.gc() 的调用是 JVM 用来决定是否触发 GC 行为的方法。本章还简单介绍了内存溢出和内存泄漏的相关概念，当内存不足时就会进行 GC，在 GC 的过程中就有可能触发 Stop-the-World，让所有用户线程都停止再进行垃圾收集。进行垃圾收集的时候有可能并行进行也有可能并发进行。程序执行时并非在所有地方都能停顿下来开始 GC，只有在安全点才能停顿下来开始 GC。此外，本章还介绍了强引用、软引用、弱引用、虚引用四种引用类型的垃圾收集情况。

第16章　垃圾收集器

前面讲了垃圾收集算法有复制算法、标记–清除算法和标记–压缩算法。此时相当于对垃圾收集的理解还处于一种理论状态，相当于只定义了接口，还没有完成实现细节。本章要讲的垃圾收集器就是针对垃圾收集算法的具体实现。接下来我们会从垃圾收集器的发展史开始，详细讲解各种类型的垃圾收集器和其适用的应用场景。

16.1　垃圾收集器的发展和分类

内存处理是编程人员容易出现问题的地方，忘记或者错误的内存回收会导致程序或系统的不稳定甚至崩溃。JVM 有一套内存的自动管理机制，Java 程序员可以把绝大部分精力放在业务逻辑的实现上，不用过多地关心对象的内存申请、分配、回收等问题。自动内存管理机制是 Java 的招牌能力，极大地提高了开发效率，也大大降低了内存溢出或内存泄漏的风险。

自动内存管理的内存回收是靠垃圾收集器来实现的，垃圾收集器，英文全称为 Garbage Collector，简称 GC。在 JVM 规范中，没有对垃圾收集器做过多的规定。不同厂商、不同版本的 JVM 对垃圾收集器的实现也各有不同，随着 JDK 版本的高速迭代，衍生了很多类型的垃圾收集器。

16.1.1　评估垃圾收集器的性能指标

没有一款垃圾收集器能够适用所有场合，不同的用户需求、不同的程序运行环境和平台对垃圾收集器的要求也各不相同，所以目前 HotSpot 虚拟机中是多种垃圾收集器并存的。另外，衡量一款垃圾收集器的优劣也有多个指标，而且多个指标之间甚至互相矛盾、互相牵制，很难两全其美。

- 吞吐量：运行用户代码的时间占总运行时间的比例。总运行时间 = 程序的运行时间 + 内存回收的时间。
- 垃圾收集开销：吞吐量的补数，内存回收所用时间与总运行时间的比例。
- 停顿时间：执行垃圾收集时，程序的工作线程被暂停的时间。
- 收集频率：垃圾收集操作发生的频率。
- 内存占用：Java 堆区大小设置。

其中吞吐量、停顿时间、内存占用这三者共同构成一个"不可能三角"，即不可能同时都满足，一款优秀的收集器通常最多同时满足其中的两项。下面就吞吐量和停顿时间做个对比。

1. 吞吐量

吞吐量就是 CPU 用于运行用户代码的时间与 CPU 总消耗时间的比值，即吞吐量 = 运行用户代码时间 /（运行用户代码时间 + 垃圾收集时间）。比如虚拟机总共运行了 100 分钟，其中垃圾收集花掉 1 分钟，那吞吐量就是 99%。

高吞吐量的应用程序往往有更长的时间基准，快速响应是不必考虑的，这种情况下，应用程序能容忍较高的单次停顿时间。如图 16-1 所示，图中的垃圾回收时间是 200 + 200 = 400ms，CPU 消耗总时间是 6000ms，那么吞吐量为（6000–400）/6000 = 93.33%，注意这里要和图 16-2 对比来看。

图 16-1　注重吞吐量

2. 停顿时间

停顿时间是指一个时间段内应用程序线程暂停，让垃圾收集线程执行的状态。例如，GC期间 100ms 的停顿时间意味着在这 100ms 期间内没有应用程序线程是活动的。

停顿时间优先，意味着尽可能让单次程序停顿的时间最短。如图 16-2 所示，总的停顿时间是 100 + 100 + 100 + 100 + 100 = 500ms。虽然总的停顿时间变长了，但是每次停顿的时间都很短，这样应用程序看起来延迟是比较低的，此时程序的吞吐量为（6000-500）/6000 = 91.67%，明显吞吐量会有所降低，但是单次停顿的时间变短了。

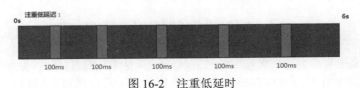

图 16-2　注重低延时

3. 吞吐量和停顿时间的比较

高吞吐量会让应用程序的用户感觉只有应用程序线程在做"生产性"工作。直觉上，吞吐量越高程序运行越快。

停顿时间较高会让用户感觉延迟严重，不管是垃圾收集还是其他原因导致一个应用被挂起始终是不好的。不同类型的应用程序对停顿时间的要求有很大差异，有时候甚至短暂的 200ms 暂停都可能打断终端用户体验。因此，对于一个交互式应用程序，具有低停顿时间是非常重要的。

不幸的是，应用程序无法同时满足高吞吐量和低停顿时间。如果选择以吞吐量优先，那么必然需要降低内存回收的执行频率，这样会导致垃圾收集需要更长的停顿时间来执行内存回收。相反的，如果选择以低延迟优先为原则，为了降低每次执行内存回收时的停顿时间，也只能频繁地执行内存回收，但这又引起了新生代内存的缩减和程序吞吐量的下降。

在垃圾收集器的发展过程中，不同的垃圾收集器也是在不断地挑战性能指标的极限，或者在尽量兼顾多个性能指标。

16.1.2　垃圾收集器的发展史

1998 年 12 月 8 日，第二代 Java 平台的企业版 J2EE 正式对外发布。为了配合企业级应用落地，1999 年 4 月 27 日，Java 程序的舞台——Java HotSpot Virtual Machine（以下简称 HotSpot）正式对外发布，并从这之后发布的 JDK1.3 版本开始，HotSpot 成为 Sun JDK 的默认虚拟机。

1999 年随 JDK1.3.1 一起发布的是串行方式的 Serial GC，它是第一款 GC，并且这只是起点。Serial 收集器是最基本、历史最悠久的垃圾收集器，它是一个单线程收集器。而之后的 ParNew 垃圾收集器是 Serial 收集器的多线程升级版本，除了 Serial 收集器外，也只有它能与 CMS 收集器配合工作。

2002 年 2 月 26 日，J2SE1.4 发布。Parallel GC 和 Concurrent Mark Sweep（CMS）GC 跟随 JDK1.4.2 一起发布，并且 Parallel GC 在 JDK6 之后成为 HotSpot 默认 GC。Parallel GC 收集器看似与 ParNew 收集器在功能上类似，但是它们的侧重点不同，Parallel Scavenge 收集器关注点是吞吐量（高效率地利用 CPU），CMS 等垃圾收集器的关注点更多的是用户线程的停顿时间（提高用户体验）。但是在 2020 年 3 月发布的 JDK14 中，CMS 垃圾收集器被彻底删除了。

2012 年，在 JDK1.7u4 版本中，又有一种优秀的垃圾收集器被正式投入使用，它就是 Garbage First（G1）。随着 G1 GC 的出现，GC 从传统的连续堆内存布局设计，逐渐走向不连续内存块，这是通过引入 Region 概念实现，也就是说，由一堆不连续的 Region 组成了堆内存。其实也不能说是不连续的，只是它从传统的物理连续逐渐改变为逻辑上的连续，这是通过 Region 的动态分配方式实现的，我们可以把一个 Region 分配给 Eden、Survivor、老年代、大对象区间、空闲区间等的任意一个，而不是固定它的作用，因为越是固定，越是呆板。到 2017 年 JDK9 中，G1 变成了默认的垃圾收集器，替代了 CMS。2018 年 3 月发布的 JDK10 中，G1 垃圾收集器已经可以并行完整垃圾回收了，G1 实现并行性来改善最坏情况下的延迟。之后在 JDK12，继续增强 G1，自动返回未用堆内存给操作系统。

2018 年 9 月，JDK11 发布，在该版本中提到了两个垃圾收集器，一个是 Epsilon 垃圾收集器，又被称为"No-Op（无操作）"收集器。另一个是 ZGC（The Z Garbage Collector），这是一款可伸缩的低延迟垃圾收集器，此时还是实验性的。ZGC 在 2019 年 9 月发布的 JDK13 中继续得到增强，实现自动返回未用堆内存给操作系统。在 2020 年 3 月发布的 JDK14 中 ZGC 扩展了在 macOS 和 Windows 平台上的应用。经过了几个版本的迭代，ZGC 在 JDK15 中成为正式特性，并且进行了进一步改进，将线程栈的处理从安全点移到了并发阶段，这样 ZGC 在扫描根时就不用 Stop-The-World 了。

2019 年 3 月，JDK12 发布，另一种实验性 GC 被引入，它就是 Shenandoah GC，也是一种低停顿时间的 GC。

16.1.3　垃圾收集器的分类

首先，在本书 7.3 节提到 Java 堆分为新生代和老年代，生命周期较短的对象一般放在新生代，生命周期较长的对象会进入老年代。不同区域的对象，采取不同的收集方式，以便提高回收效率。因此根据垃圾收集器工作的内存区间不同，可分为新生代垃圾收集器、老年代垃圾收集器和整堆垃圾收集器，如图 16-3 所示。

- 新生代收集器：Serial、ParNew、Parallel Scavenge。
- 老年代收集器：Serial Old、Parallel Old、CMS。
- 整堆收集器：G1。

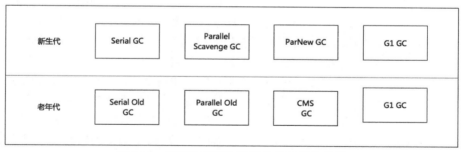

图 16-3　垃圾收集器与垃圾分代之间的关系

其次，新生代在每次垃圾收集发生时，大部分对象会被回收，存活对象数量较少，因此每次回收进行碎片整理是非常高效的。而老年代的每次回收，存活对象数量较多，复制算法明显变得不合适，一般选用标记 – 清除算法，或者标记 – 清除算法与标记 – 压缩算法混合实现。因此垃圾收集器可分为压缩式垃圾收集器和非压缩式垃圾收集器。压缩式垃圾收集器会在回收完成后，对存活对象进行压缩整理，消除回收后的碎片，如果再次分配对象空间，使用指针碰撞技术实现，比如 Serial Old 就是压缩式垃圾收集器。非压缩式垃圾收集器不进行这步操作，如果再分配对象空间，只能使用空闲列表技术实现，比如 CMS 就是非压缩式垃圾收集器。

最后，垃圾收集器还可以分为串行垃圾收集器、并行垃圾收集器、并发式垃圾收集器等。这又是怎么回事呢？要弄清楚这些，我们需要先来看一下在操作系统中串行（Serial）、并行（Parallel）和并发（Concurrent）的概念。

　　在操作系统中串行是指单个线程处理多任务时，多个任务需要按顺序执行，即完成一个任务之后再去完成另外一个任务，多个任务之间的时间没有重叠。

　　在操作系统中并发是指同一个时间段中有多个任务都处于已启动运行到运行完毕之间，且这几个任务都是在同一个 CPU 上运行。并发不是真正意义上的"同时"执行，只是 CPU 把一个时间段划分成几个小的时间片段，然后多个任务分别被安排在不同的时间片段内执行，即 CPU 在这几个任务之间来回切换，由于 CPU 处理的速度非常快，只要时间间隔处理得当，即可让用户感觉是多个任务同时在进行。如图 16-4 所示，有三个应用程序 A、B、C，当前只有一个处理器，在当前时间节点上，只能有一个应用被处理器执行，另外两个应用暂停，这种情景就是并发。即并发从微观角度看，多个任务不是同时进行的，多个任务之间是互相抢占 CPU 资源的，但是从宏观角度看，多个任务是"同时"进行的，它们的时间互相重叠，一个任务还未结束，另一个任务已经开始了。

　　在操作系统中并行是指如果操作系统有一个以上 CPU 可用时，当一个 CPU 执行一个任务的代码时，另一个 CPU 可以执行另一个任务的代码，两个任务互不抢占 CPU 资源，可以同时进行。如图 16-5 所示，A、B、C 三个应用在当前时间节点可以同时被不同的处理器执行。因此要实现并行的效果的关键是需要有多个 CPU 可用，或者一个 CPU 存在多核也可以。

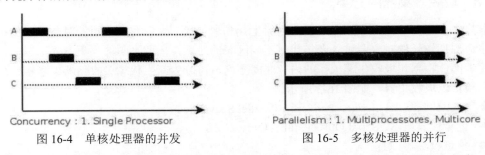

图 16-4　单核处理器的并发　　　　　　　　图 16-5　多核处理器的并行

　　总结来看，串行指的是多个任务在不同时间段按顺序执行。并发指的是多个任务，在同一时间段内"同时"发生了。并行指的是多个任务，在同一时间点上同时发生了。串行的多个任务是不会抢同一个 CPU 资源的，因为它们是顺序执行。并发的多个任务之间是会互相抢占 CPU 资源的。并行的多个任务之间是不互相抢占 CPU 资源的。而且只有在多 CPU 或者一个 CPU 多核的情况中，才会发生并行，否则，看似同时发生的事情，其实都是并发执行的。

　　那么，串行垃圾收集器、并行垃圾收集器、并发垃圾收集器又是怎么回事呢？

- 串行垃圾收集器是指使用单线程收集垃圾，即使存在多个 CPU 可用，也只能用一个 CPU 执行垃圾回收，所以应用程序一定会发生 STW。使用串行方式的垃圾收集器有 Serial 等。
- 并行垃圾收集器指使用多个垃圾收集线程并行工作，当多个 CPU 可用时，并行垃圾收集器会使用多个 CPU 同时进行垃圾回收，因此提升了应用的吞吐量，但此时用户线程仍会处于等待状态，即 STW 现象仍然会发生。使用并行方式的垃圾收集器有 ParNew、Parallel Scavenge、Parallel Old 等。
- 并发垃圾收集器是指用户线程与垃圾收集线程"同时"，但此时用户线程和垃圾收集线程不一定是并行的，可能会交替执行。如果此时存在多个 CPU 或者一个 CPU 存在多核的情况，垃圾收集线程在执行时不会"停顿"用户程序的运行，即垃圾收集线程不会独占 CPU 资源，用户程序再继续运行，而垃圾收集程序线程运行于另一个 CPU 上。使用并发方式的垃圾收集器有 CMS 和 G1 等。

　　因此，根据进行垃圾收集的工作线程数不同，垃圾收集器可以分为串行垃圾收集器和并行垃圾收集器。根据垃圾收集器的工作模式不同，即垃圾收集器工作时是否独占 CPU 资源，可以把垃圾收集器分为并发式垃圾收集器和独占式垃圾收集器。

- 独占式垃圾收集器一旦运行，就停止应用程序中的其他所有线程，直到垃圾收集过程完全结束。
- 并发式垃圾收集器与应用程序线程交替工作，以尽可能减少应用程序的停顿时间。

我们把上面提到的垃圾收集器分类如下。

- 串行收集器：Serial、Serial Old。
- 并行收集器：ParNew、Parallel Scavenge、Parallel Old。
- 并发收集器：CMS、G1。

三种类型的垃圾收集器的工作流程如图 16-6 所示，图中实线表示应用线程（Application threads），虚线表示垃圾回收线程（GC threads）。串行垃圾收集器是指使用单线程进行垃圾回收，垃圾回收时，只有一个线程在工作，并且 Java 应用中的所有线程都要暂停，等待垃圾回收的完成。并行垃圾收集器在串行垃圾收集器的基础之上做了改进，将单线程改为多线程进行垃圾回收，这样可以缩短垃圾回收的时间。并发垃圾收集器是指垃圾收集线程和用户线程同时运行。

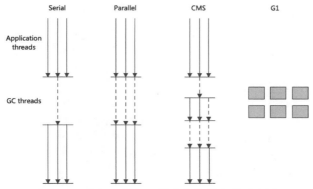

图 16-6　串行、并行、并发收集器流程示意图

其中经典的 7 个垃圾收集器之间的组合关系如图 16-7 所示。

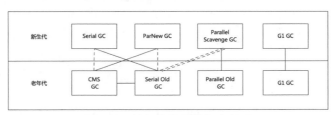

图 16-7　垃圾收集器的组合关系

两个收集器之间由实线连线，表明它们可以搭配使用，常见的组合有：Serial/Serial Old、Serial/CMS、ParNew/Serial Old、ParNew/CMS、Parallel Scavenge/Serial Old、Parallel Scavenge/Parallel Old、G1，其中 Serial Old 作为 CMS 出现"Concurrent Mode Failure"失败的后备预案。

两个收集器之间由单虚线连接，表示由于维护和兼容性测试的成本，在 JDK 8 时将 Serial/CMS 和 ParNew/Serial Old 这两个组合声明为废弃，并在 JDK 9 中完全移除了这些组合。

两个收集器之间由双虚线连接，表示 JDK 14 中，弃用 Parallel Scavenge 和 Serial Old GC 组合。需要注意的是 JDK 14 中已经彻底删除了 CMS 垃圾收集器。

为什么要有很多收集器，因为 Java 的使用场景很多，如移动端、服务器等。所以需要针对不同的场景，提供不同的垃圾收集器，提高垃圾收集的性能。

虽然我们会对各个收集器进行比较，但并非为了挑选一个最好的收集器出来。没有一种可以在任何场景下都适用的万能垃圾收集器。所以我们选择的只是对具体应用最合适的收集器。

16.1.4　查看默认的垃圾收集器

查看默认的垃圾收集器可以参考下面的方式：

（1）-XX:+PrintCommandLineFlags：查看命令行相关参数（包含使用的垃圾收集器）。

（2）使用命令行指令："jinfo -flag 相关垃圾收集器参数 进程 ID"。

下面我们用一段代码让程序处于执行状态，使用上面的方式查看虚拟机默认的垃圾收集器，JDK 版本为 JDK8，如代码清单 16-1 所示。

代码清单16-1　查看默认的垃圾收集器

```
package com.atguigu.chapter16;

import java.util.ArrayList;

/**
 * -XX:+PrintCommandLineFlags
 *
 * @author atguigu
 */
public class GCUseTest {
    public static void main(String[] args) {
        ArrayList<byte[]> list = new ArrayList<>();
        while (true) {
            byte[] arr = new byte[100];
            list.add(arr);
            try {
                Thread.sleep(10);
            } catch (InterruptedException e) {
                e.printStackTrace();
            }
        }
    }
}
```

设置 VM options 的参数为 "-XX:+PrintCommandLineFlags"，即可查看当前 JDK 使用的是哪种垃圾收集器。例如，以下是基于 JDK8 的运行结果，其中 "-XX:+UseParallelGC" 表示使用了 ParallelGC。

```
-XX:InitialHeapSize=268435456 -XX:MaxHeapSize=4294967296
-XX:+PrintCommandLineFlags -XX:+UseCompressedClassPointers
-XX:+UseCompressedOops -XX:+UseParallelGC
```

也可以使用命令行 "jinfo –flag 相关垃圾收集器参数 进程 ID" 进行查看。图 16-8 展示了在 JDK8 中是使用 ParallelGC。

图 16-9 展示了在 JDK9 中默认使用的是 G1 垃圾收集器。

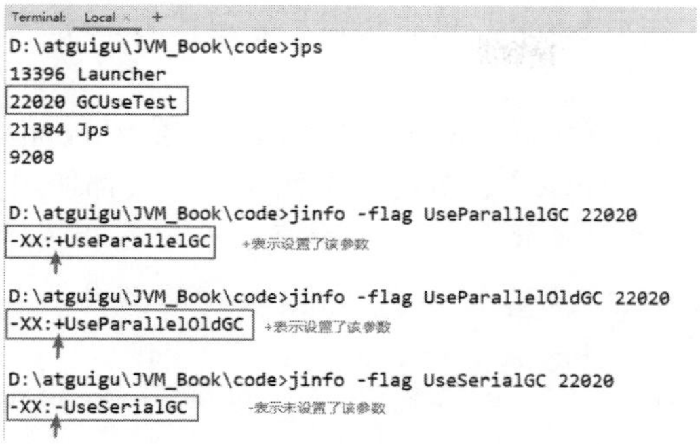

图 16-8 基于 JDK8 运行程序后在命令行查看
使用的垃圾收集器

图 16-9 基于 JDK9 运行程序后在命令行查看
使用的垃圾收集器

16.2 Serial 收集器：串行回收

Serial 收集器是最基本、历史最悠久的垃圾收集器了，是 JDK1.3 之前回收新生代唯一的选择。Serial 收集器作为 HotSpot 中 Client 模式下的默认新生代垃圾收集器，采用的是复制算法、串行回收和 STW 机制的方式执行内存回收。

除了新生代，Serial 收集器还提供了用于执行老年代垃圾收集的 Serial Old 收集器。Serial Old 收集器同样采用了串行回收和 STW 机制，只不过内存回收算法使用的是标记—压缩算法。

Serial Old 是运行在 Client 模式下默认的老年代的垃圾收集器。Serial Old 在 Server 模式下主要有两个用途。

（1）与新生代的 Parallel Scavenge 垃圾收集器搭配。

（2）作为老年代 CMS 收集器的后备方案。

Serial/Serial Old 收集器是单线程的收集器，它的"单线程"的意义不仅仅意味着它只会使用一条垃圾收集线程去完成垃圾收集工作，更重要的是它在进行垃圾收集工作的时候必须暂停其他所有的工作线程——"Stop The World"，直到它收集结束。这就意味着每次垃圾收集时都会给用户带来一定的卡顿现象，造成不良的用户体验，如图 16-10 所示。

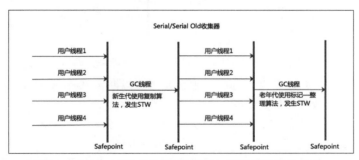

图 16-10 Serial/Serial Old 收集器与各线程的运作关系

Serial 垃圾收集器相比于其他收集器也有一定的优点：简单而高效。Serial 收集器由于没有线程交互的开销，只需要专心做垃圾收集，自然可以获得很高的单线程收集效率。虚拟机的 Client 模式下使用 Serial 垃圾收集器是个不错的选择。比如在用户的桌面应用场景中，可用内存一般不大（几十 M 至一两百 M），可以在较短时间内完成垃圾收集（几十 ms 至一百多 ms），只要不频繁发生，使用 Serial 收集器是一个不错的选择。

在 HotSpot 虚拟机中，可以通过设置"-XX:+UseSerialGC"参数明确指定新生代和老年代都使用串行收集器。配置完该参数以后表示新生代用 Serial 垃圾收集器，老年代用 Serial Old 垃圾收集器。

依然使用代码清单 16-1 演示，在 JDK8 中手动设置使用 Serial 垃圾收集器。设置 VM options 的参数为"-XX:+PrintCommandLineFlags-XX:+UseSerialGC"，指定新生代和老年代都使用串行收集器。运行结果如下，其中"-XX:+ UseSerialGC"表示使用了 SerialGC。

```
-XX:InitialHeapSize=268435456 -XX:MaxHeapSize=4294967296
-XX:+PrintCommandLineFlags -XX:+UseCompressedClassPointers
-XX:+UseCompressedOops -XX:+UseSerialGC
```

这种垃圾收集器大家了解就可以，现在已经几乎不用该类型的垃圾收集器了，通常在单核 CPU 场景下才用。

16.3　ParNew 收集器：并行回收

如果说 Serial GC 是新生代中的单线程垃圾收集器，那么 ParNew 收集器则是 Serial 收集器的多线程版本。Par 是 Parallel 的缩写，New 指的是该收集器只能处理新生代。

ParNew 收集器除了采用并行回收的方式执行内存回收外，和 Serial 垃圾收集器之间几乎没有任何区别。ParNew 收集器在新生代中同样也是采用复制算法和 STW 机制。ParNew 是很多 JVM 运行在 Server 模式下新生代的默认垃圾收集器。

对于新生代，回收次数频繁，使用并行方式高效。对于老年代，回收次数少，使用串行方式更加节省 CPU 资源。ParNew 收集器与各线程的运作关系如图 16-11 所示。

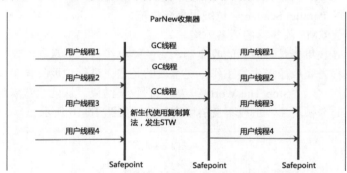

图 16-11　ParNew 收集器与各线程的运作关系

由于 ParNew 收集器是基于并行回收，那么是否可以断定 ParNew 收集器的回收效率在任何场景下都会比 Serial 收集器更高效呢？

ParNew 收集器运行在多 CPU 的环境下，由于可以充分利用多 CPU、多核心等物理硬件资源优势，可以更快速地完成垃圾收集，提升程序的吞吐量。

但是在单个 CPU 的环境下，ParNew 收集器不比 Serial 收集器更高效。虽然 Serial 收集器是基于串行回收，但是由于 CPU 不需要频繁地做任务切换，因此可以有效避免多线程交互过程中产生的一些额外开销。

除 Serial 外，目前只有 ParNew 垃圾收集器能与 CMS 收集器配合工作。在程序中，开发人员可以通过选项"-XX:+UseParNewGC"手动指定使用 ParNew 收集器执行内存回收任务。它表示新生代使用并行收集器，不影响老年代。

依然通过代码清单 16-1 演示使用 ParNew 垃圾收集器。设置 VM options 的参数为"-XX:+PrintCommandLineFlags-XX:+UseParNewGC"，指定新生代使用 ParNew 垃圾收集器。

运行结果如下，其中"-XX:+UseParNewGC"表示使用了 ParNew 垃圾收集器。

```
-XX:InitialHeapSize=268435456 -XX:MaxHeapSize=4294967296
-XX:+PrintCommandLineFlags -XX:+UseCompressedClassPointers
-XX:+UseCompressedOops -XX:+UseParNewGC
```

16.4 Parallel Scaveng 收集器：吞吐量优先

HotSpot 的新生代中除了拥有 ParNew 收集器是基于并行回收的以外，Parallel Scavenge 收集器同样也采用了复制算法、并行回收和 STW 机制。那么 Parallel Scavenge 收集器的出现是否多余？ Parallel Scavenge 收集器的目标是达到一个可控制的吞吐量，它也被称为吞吐量优先的垃圾收集器。自适应调节策略也是 Parallel Scavenge 与 ParNew 一个重要区别，Parallel Scavenge 获取应用程序的运行情况收集系统的性能监控信息，动态调整参数以提供最合适的停顿时间或最大的吞吐量，这种调节方式称为垃圾收集的自适应调节策略。

高吞吐量可以高效率地利用 CPU 时间，尽快完成程序的运算任务，主要适合在后台运算而不需要太多交互的任务，例如，那些执行批量处理、订单处理、工资支付、科学计算的应用程序。

Parallel Scavenge 收集器在 JDK1.6 时提供了用于执行老年代垃圾收集的 Parallel Old 收集器，用来代替老年代的 Serial Old 收集器。Parallel Old 收集器采用了标记—压缩算法，但同样也是基于并行回收和 STW 机制。

在程序吞吐量优先的应用场景中，Parallel Scavenge 收集器和 Parallel Old 收集器的组合，在 Server 模式下的内存回收性能很不错。Parallel Scavenge/Parallel Old 收集器中 GC 线程和用户线程之间的运作关系如图 16-12 所示。在 JDK8 中，默认使用此垃圾收集器。

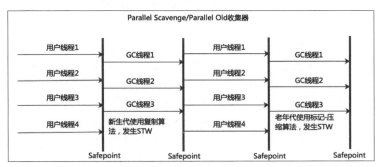

图 16-12　Parallel Scavenge/Parallel Old 收集器与各线程的运作关系

Parallel 垃圾收集器常用参数配置如下。

（1）-XX:+UseParallelGC：指定新生代使用 Parallel 并行收集器执行内存回收任务；-XX:+UseParallelOldGC：指定老年代都是使用并行回收收集器，JDK8 默认开启。默认情况下，开启其中一个参数，另一个也会被开启（互相激活）。

（2）-XX:ParallelGCThreads：设置新生代并行收集器的线程数。一般最好与 CPU 核心数量相等，以避免过多的线程数影响垃圾收集性能。

在默认情况下，当 CPU 核心数量小于 8 个，ParallelGCThreads 的值等于 CPU 核心数量。当 CPU 核心数量大于 8 个，ParallelGCThreads 的值等于 3+[5*CPU_Count]/8。

（3）-XX:MaxGCPauseMillis：设置垃圾收集器最大停顿时间（即 STW 的时间）。单位是毫秒。为了尽可能地把停顿时间控制在 MaxGCPauseMills 以内，收集器在工作时会调整 Java 堆大小或者其他一些参数。

对于用户来讲，停顿时间越短体验越好，但是在服务器端，我们更加注重高并发和应用程序的吞吐量，所以 Parallel 垃圾收集器更适合服务器端。

（4）-XX:GCTimeRatio：设置垃圾收集时间占总时间的比例（1 /（$N+1$））。用于衡量吞吐量的大小。该参数取值范围是（0,100），默认值是 99，表示垃圾收集时间不超过 1%。

该参数与前一个 -XX:MaxGCPauseMillis 参数有一定矛盾性。停顿时间越长，GCTimeRatio 参数就越容易超过设定的比例。

（5）-XX:+UseAdaptiveSizePolicy：开启自适应调节策略。在这种模式下，新生代的大小、Eden 区和 Survivor 区的比例、晋升老年代的对象年龄等参数会被自动调整，以达到在堆大小、吞吐量和停顿时间之间的平衡点。

在手动调优比较困难的场合，可以直接使用这种自适应的方式，仅指定虚拟机的最大堆、目标的吞吐量（GCTimeRatio）和停顿时间（MaxGCPauseMills），让虚拟机自己完成调优工作。

依然使用代码清单 16-1 演示使用 Parallel 垃圾收集器。设置 VM options 的参数为"-XX:+PrintCommandLineFlags-XX:+UseParallelGC"，指定新生代和老年代使用 Parallel 垃圾收集器。运行结果如下，其中"-XX:+UseParallelGC"表示使用了 Parallel 垃圾收集器。

```
-XX:InitialHeapSize=268435456
-XX:MaxHeapSize=4294967296
-XX:+PrintCommandLineFlags
-XX:+UseCompressedClassPointers
-XX:+UseCompressedOops
-XX:+UseParNewGC
```

16.5　CMS 收集器：低延迟

16.5.1　CMS收集器介绍

CMS（Concurrent Low Pause Collector）是 JDK1.4.2 开始引入的新 GC 算法，在 JDK5 和 JDK6 中得到了进一步改进，它的主要适合场景是对响应时间的需求大于对吞吐量的要求。CMS 垃圾收集器在强交互应用中几乎可认为有划时代意义。它是 HotSpot 虚拟机中第一款真正意义上的并发收集器，第一次实现了让垃圾收集线程与用户线程同时工作。

CMS 收集器的关注点是尽可能缩短垃圾收集时用户线程的停顿时间。停顿时间越短，延迟就越低，就越适合与用户强交互的程序，因为良好的响应速度能更好地提升用户体验。

目前很大一部分的 Java 应用集中在互联网站或者 B/S 系统的服务端上，这类应用尤其重视服务的响应速度，希望减少系统停顿时间，以给用户带来较好的使用体验。CMS 收集器就非常符合这类应用的需求。

CMS 的垃圾收集算法采用标记–清除算法，并且也会 STW。不幸的是，CMS 作为老年代的收集器，却无法与新生代收集器 Parallel Scavenge 配合工作，所以在 JDK 1.5 中使用 CMS 来收集老年代的时候，新生代只能选择 ParNew 或者 Serial 收集器中的一个。

16.5.2　CMS的工作原理

CMS 整个过程比之前的收集器要复杂，整个过程分为 4 个主要阶段，即初始标记阶段、并发标记阶段、重新标记阶段和并发清除阶段，如图 16-13 所示。

（1）初始标记（Initial-Mark）阶段：在这个阶段中，程序中所有的工作线程都将会因为 STW 机制而出现短暂的暂停，这个阶段的主要任务仅仅只是标记出 GC Roots 能直接关联到的对象。一旦标记完成之后就会恢复之前被暂停的所有应用线程。由于直接关联对象比较小，所以这里的速度非常快。

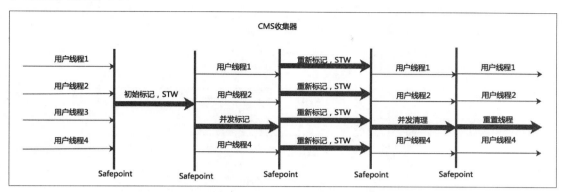

图 16-13　Concurrent Mark Sweep 收集器与各线程的运作关系

（2）并发标记（Concurrent-Mark）阶段：从 GC Roots 的直接关联对象开始遍历整个对象图的过程，这个过程耗时较长但是不需要停顿用户线程，可以与垃圾收集线程一起并发运行。

（3）重新标记（Remark）阶段：由于在并发标记阶段中，程序的工作线程会和垃圾收集线程同时运行或者交叉运行，为了修正在并发标记期间因用户程序继续运作而导致标记产生变动的那一部分对象的标记记录，需要一次重新标记操作，通常这个阶段的停顿时间会比初始标记阶段稍长一些，但也远比并发标记阶段的时间短。

（4）并发清除（Concurrent-Sweep）阶段：此阶段清理已经被标记为死亡的对象，释放内存空间。由于不需要移动存活对象，所以这个阶段也是可以与用户线程同时并发的。

尽管 CMS 收集器采用的是并发回收，但是在其初始化标记和再次标记这两个阶段中仍然需要执行 STW 机制暂停程序中的工作线程，不过停顿时间并不会太长，因此可以说明目前所有的垃圾收集器都做不到完全不需要 STW，只是尽可能地缩短停顿时间。

由于最耗费时间的并发标记与并发清除阶段都不需要暂停工作，所以整体的回收是低停顿的。

另外，由于在垃圾收集阶段用户线程没有中断，所以在 CMS 回收过程中，还应该确保应用程序用户线程有足够的内存可用。因此 CMS 收集器不能像其他收集器那样等到老年代几乎完全被填满了再进行收集，而是当堆内存使用率达到某一阈值时，便开始进行回收，以确保应用程序在 CMS 工作过程中依然有足够的空间支持应用程序运行。要是 CMS 运行期间预留的内存无法满足程序需要，就会出现一次"Concurrent Mode Failure"失败，这时虚拟机将启动后备预案：临时启用 Serial Old 收集器来重新进行老年代的垃圾收集，这样停顿时间就很长了。

CMS 收集器的垃圾收集算法采用的是标记–清除算法，这意味着每次执行完内存回收后，由于被执行内存回收的无用对象所占用的内存空间极有可能是不连续的一些内存块，不可避免地将会产生一些内存碎片，如图 16-14 所示，图中清理完内存之后零碎的小内存区域就是所谓的内存碎片。那么 CMS 在为新对象分配内存空间时，将无法使用指针碰撞（Bump the Pointer）技术，而只能够选择空闲列表（Free List）执行内存分配。

有人会觉得既然标记–清除会造成内存碎片，那么为什么不把算法换成标记–压缩呢？

答案其实很简单，要保证用户线程能继续执行，前提是它运行的资源（比如内存占用）不受影响。当 CMS 并发清除的时候，原来的用户线程依然在使用内存，所以也就无法整理内存。标记—压缩算法更适合在 STW 这种场景下使用。

CMS 的优点是并发收集和低延迟。CMS 的弊端也很明显。

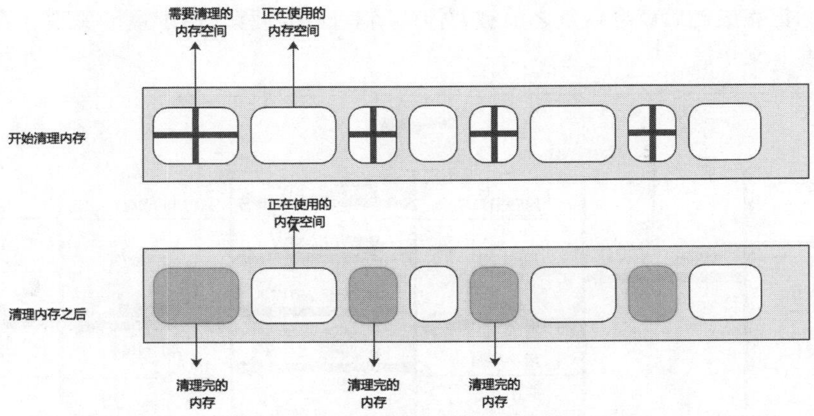

图 16-14　标记—清除算法产生的碎片

（1）会产生内存碎片，导致并发清除后，用户线程可用的空间不足。在无法分配大对象的情况下，不得不提前触发 Full GC。

（2）对 CPU 资源非常敏感。在并发阶段，它虽然不会导致用户停顿，但是会因为占用了一部分线程而导致应用程序变慢，总吞吐量会降低。

（3）由于在垃圾收集阶段用户线程没有中断，要是 CMS 运行期间预留的内存无法满足程序需要，就会出现一次"Concurrent Mode Failure"失败而导致另一次 Full GC 的产生。

（4）无法处理浮动垃圾。在并发清除阶段由于程序的工作线程和垃圾收集线程是同时运行或者交叉运行的，那么在并发清除阶段如果产生新的垃圾对象，CMS 将无法对这些垃圾对象进行标记，最终会导致这些新产生的垃圾对象没有被及时回收，从而只能在下一次执行 GC 时释放这些之前未被回收的内存空间。

16.5.3　CMS收集器的参数设置

CMS 收集器可以设置的参数如下。

（1）-XX:+UseConcMarkSweepGC：指定使用 CMS 收集器执行内存回收任务。开启该参数后会自动将 -XX:+UseParNewGC 打开。即垃圾收集器组合为 ParNew（Young 区用）、CMS（Old 区用）和 Serial Old（CMS 的备用方案）。

（2）-XX:CMSlnitiatingOccupanyFraction：设置堆内存使用率的阈值，一旦达到该阈值，便开始进行回收。JDK5 及以前版本的默认值为 68，即当老年代的空间使用率达到 68% 时，会执行一次 CMS 回收。JDK6 及以上版本默认值为 92% 。如果内存增长缓慢，则可以设置一个稍大的值，大的阈值可以有效降低 CMS 的触发频率，减少老年代回收的次数，可以较为明显地改善应用程序性能。反之，如果应用程序内存使用率增长很快，则应该降低这个阈值，以避免频繁触发老年代串行收集器。

（3）-XX:+UseCMSCompactAtFullCollection：用于指定在执行完 Full GC 后对内存空间进行压缩整理，以此避免内存碎片的产生。不过由于内存压缩整理过程无法并发执行，所带来的问题就是停顿时间变得更长了。

（4）-XX:CMSFullGCsBeforeCompaction：设置在执行多少次 Full GC 后对内存空间进行压缩整理。

（5）-XX:ParallelCMSThreads：设置 CMS 的线程数量。CMS 默认启动的线程数是(ParallelGCThreads+3)/4，ParallelGCThreads 是新生代并行收集器的线程数。当 CPU 资源比较紧张时，受到 CMS 收集器线程的影响，应用程序的性能在垃圾回收阶段可能会非常糟糕。

依然使用代码清单 16-1 演示使用 CMS 垃圾收集器。设置 VM options 的参数为"-XX:+Print
CommandLineFlags-XX:+UseConcMarkSweepGC",指定老年代使用 CMS 垃圾收集器,同时,新
生代会触发对 ParNew 的使用。运行结果如下,其中"-XX:+UseConcMarkSweepGC"表示老年
代使用了 CMS 垃圾收集器,"-XX:+UseParNewGC"表示新生代使用了 ParNew 垃圾收集器。

```
-XX:InitialHeapSize=268435456 -XX:MaxHeapSize=4294967296
-XX:MaxNewSize=697933824 -XX:MaxTenuringThreshold=6
-XX:OldPLABSize=16 -XX:+PrintCommandLineFlags
-XX:+UseCompressedClassPointers -XX:+UseCompressedOops
-XX:+UseConcMarkSweepGC -XX:+UseParNewGC
```

到目前为止,已经介绍了 3 种非常经典的垃圾收集器:Serial 垃圾收集器、Parallel 垃圾收
集器和 Concurrent Mark Sweep 垃圾收集器。那么这三个垃圾收集器该如何进行选择呢?如果
想要最小化地使用内存和并行开销,请选 Serial 垃圾收集器;如果想要最大化应用程序的吞吐
量,请选 Parallel 垃圾收集器;如果想要最小化垃圾收集的停顿时间,请选 CMS 垃圾收集器。

16.5.4 JDK后续版本中CMS的变化

2017 年 JDK9 中,G1 变成了默认的垃圾收集器,替代了 CMS。JDK9 中 CMS 被标记为
Deprecate,如果对 JDK 9 及以上版本的 HotSpot 虚拟机使用参数"-XX:+UseConcMarkSweepGC"
来开启 CMS 收集器的话,用户会收到一个警告信息,提示 CMS 未来将会被废弃。

2020 年 3 月,JDK14 发布,该版本彻底删除了 CMS 垃圾收集器。如果在 JDK14 中使用
"-XX:+UseConcMarkSweepGC"的话,JVM 不会报错,只是给出一个 warning 信息,不会退出
JVM。JVM 会自动回退以默认 GC 方式启动 JVM。

16.6 G1 收集器:区域化分代式

16.6.1 G1收集器

G1(Garbage-First)垃圾收集器是在 Java7 update 4 之后引入的一个新的垃圾收集器,是
当今收集器技术发展的最前沿成果之一。

既然我们已经有了前面几个强大的垃圾收集器,为什么还要发布 G1 垃圾收集器呢?原因
就在于应用程序所应对的业务越来越庞大、复杂,用户越来越多,没有垃圾收集器不能保证应
用程序正常进行,而经常造成 STW 的垃圾收集器又跟不上实际的需求,所以才会不断地尝试
对垃圾收集器进行优化。为了实现在应用程序运行环境内存不断扩大,处理器数量不断增加的
情况下,进一步降低停顿时间,同时还能兼顾良好的吞吐量的目标,G1 垃圾收集器应运而生。

官方给 G1 设定的目标是在延迟可控的情况下获得尽可能高的吞吐量,担负着"全功能的
垃圾收集器"的重任和期望。G1 是一款基于并行和并发的收集器,它把堆内存分割为很多区
域(Region),它们虽然物理上不连续,但是逻辑上是连续的。然后使用不同的 Region 来表示
Eden 区、Survivor 0 区、Survivor 1 区、老年代等。

G1 有计划地避免在整个 Java 堆中进行全区域的垃圾收集。G1 跟踪各个 Region 里面的垃
圾堆积的价值大小(回收所获得的空间大小以及回收所需时间的经验值),在后台维护一个优
先列表,每次根据允许的收集时间,优先回收价值最大的 Region。

由于这种方式的侧重点在于回收垃圾最大量的区间(Region),所以我们给 G1 取一个名
字就是垃圾优先(Garbage First)。

G1 在 JDK1.7 版本正式启用,移除了 Experimental(实验性)的标识,是 JDK 9 以后的默

认垃圾收集器，取代了 CMS 收集器以及 Parallel/ Parallel Old 组合。在 JDK8 中还不是默认的垃圾收集器，需要使用"-XX:+UseG1GC"来启用。

16.6.2　G1收集器的特点和使用场景

G1 是一款面向服务端应用的垃圾收集器，主要针对配备多核 CPU 及大容量内存的机器，极大可能降低垃圾回收停顿时间的同时，还兼具高吞吐量的性能特征。与其他垃圾收集器相比，G1 使用了全新的分区算法，其特点如下。

1. 并行与并发

（1）并行性是指 G1 在回收期间，可以有多个垃圾收集线程同时工作，有效利用多核计算能力。此时用户线程 STW。

（2）并发性是指 G1 拥有与应用程序交替执行的能力，部分工作可以和应用程序同时执行，因此，一般来说，不会在整个回收阶段发生完全阻塞应用程序的情况。

2. 分代收集

（1）从分代上看，G1 依然属于分代型垃圾收集器，它会区分新生代和老年代，新生代依然有 Eden 区和 Survivor 区。但从堆的结构上看，它不要求整个 Eden 区、新生代或者老年代都是连续的，也不再坚持固定大小和固定数量。详细分区请看 16.6.3 节。

（2）和之前的各类收集器不同，G1 可以工作在新生代和老年代。其他收集器要么工作在新生代，要么工作在老年代。

3. 空间整合

（1）CMS 采用了标记 – 清除算法，会存在内存碎片，会在若干次 GC 后进行一次碎片整理。

（2）G1 将内存划分为一个个的 Region。内存的回收是以 Region 作为基本单位的。Region 之间是复制算法，但整体上实际可看作是标记 – 压缩算法，两种算法都可以避免内存碎片。这种特性有利于程序长时间运行，分配大对象时不会因为无法找到连续内存空间而提前触发下一次 GC。尤其是当 Java 堆非常大的时候，G1 的优势更加明显。

4. 可预测的停顿时间模型

这是 G1 相对于 CMS 的另一大优势，G1 除了追求低停顿外，还能建立可预测的停顿时间模型，能让使用者明确指定在一个长度为 M ms 的时间片段内，消耗在垃圾收集上的时间不得超过 N ms。由于分区的原因，G1 可以只选取部分区域进行内存回收，这样缩小了回收的范围，因此 STW 的情况也可以得到较好的控制。G1 跟踪各个 Region 里面的垃圾堆积的价值大小（回收所获得的空间大小以及回收所需时间的经验值），在后台维护一个优先列表，每次根据允许的收集时间，优先回收价值最大的 Region。保证了 G1 收集器在有限的时间内可以获取尽可能高的收集效率。相比于 CMS GC，G1 未必能做到 CMS 在最好情况下的延时停顿，但是比最差情况要好很多。

G1 垃圾收集器相较于 CMS，还不具备全方位、压倒性优势。比如在用户程序运行过程中，G1 无论是为了垃圾收集产生的内存占用（Footprint）还是程序运行时的额外执行负载（Overload）都要比 CMS 要高。从经验上来说，在小内存应用上 CMS 的表现大概率会优于 G1，而 G1 在大内存应用上则发挥其优势，平衡点在 6 ～ 8G。

G1 收集器主要面向服务端应用，针对具有大内存、多处理器的机器，在普通大小的堆里表现并不惊喜。如果应用需要较低停顿时间，并且需要比较大的堆内存提供支持时，那么 G1 收集器无疑是比较合适的垃圾收集器，例如在堆大小约 6GB 或更大时，可预测的停顿时间可以低于 0.5 秒。

一般我们认为在下面的几种情况中，使用 G1 可能比 CMS 更好。

（1）超过 50% 的 Java 堆被活动数据占用。

（2）对象分配频率或年代提升频率变化很大。

（3）GC 停顿时间过长（长于 0.5 ～ 1s）。

HotSpot 垃圾收集器里，除了 G1 以外，其他的垃圾收集器使用内置的 JVM 线程执行垃圾收集的多线程操作，而 G1 可以采用应用线程承担后台运行的垃圾收集工作，即当 JVM 的垃圾收集线程处理速度慢时，系统会调用应用程序线程帮助加速垃圾回收过程。

16.6.3　分区Region：化整为零

使用 G1 收集器时，它将整个 Java 堆划分成约 2048 个大小相同的独立 Region 块，每个 Region 块大小根据堆空间的实际大小而定，整体被控制在 1MB 到 32MB，且为 2 的 N 次幂，即 1MB、2MB、4MB、8MB、16MB、32MB。Region 块大小可以通过"-XX:G1HeapRegionSize"设定。所有的 Region 大小相同，且在 JVM 生命周期内不会被改变。

虽然还保留有新生代和老年代的概念，但新生代和老年代不再是物理隔离的了，它们都是一部分 Region（不需要连续）的集合。通过 Region 的动态分配方式实现逻辑上的连续，如图 16-15 所示。

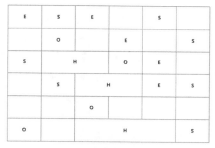

图 16-15　Region 分区

一个 Region 有可能属于 Eden、Survivor 或者 Old/Tenured 内存区域。注意一个 Region 只可能属于一个角色。图 16-15 中的 E 表示该 Region 属于 Eden 内存区域，S 表示属于 Survivor 内存区域，O 表示属于 Old 内存区域。图 16-15 中空白区域表示未使用的内存空间。

G1 垃圾收集器还增加了一种新的内存区域，叫作 Humongous 内存区域，如图 16-15 中的 H 块，主要用于存储大对象，如果超过 1.5 个 Region，就放到 H。设置 H 的原因是对于堆中的大对象，默认直接会被分配到老年代，但是如果它是一个短期存在的大对象，就会对垃圾收集器造成负面影响。为了解决这个问题，G1 划分了一个 Humongous 区，它用来专门存放大对象。如果一个 H 区装不下一个大对象，那么 G1 会寻找连续的 H 区来存储。为了能找到连续的 H 区，有时候不得不启动 Full GC。G1 的大多数行为都把 H 区作为老年代的一部分来看待。

正常的 Region 的内存大小为 4MB 左右。Region 区域使用指针碰撞算法来为对象分配内存，每一个分配的 Region 被分成两部分，已分配（allocated）和未分配（unallocate）的，它们之间的界限称为 top 指针。将变量或对象实体存放到当前的 allocated 区域，未使用的 unallocate 区域。当再分配新的对象的时候指针（top）右移将新对象存放到 allocated 区域，如图 16-16 所示。当然在多线程情况下，会有并发的问题，G1 收集器采用的是 TLAB（Thread Local Allocation Buffer）和 CAS（Compare and Swap）来解决并发的安全问题，关于 TLAB 和 CAS 的介绍本书第 9 章已经讲过，此处不再赘述。

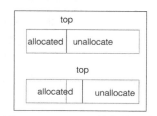

图 16-16　Region 的指针碰撞

16.6.4　G1收集器垃圾回收过程

G1 可以作用于整个新生代和老年代，G1 的垃圾回收过程主要包括如下三个环节。

● 新生代 GC（Young GC）。

● 老年代并发标记（Concurrent Marking）。

● 混合回收（Mixed GC）。

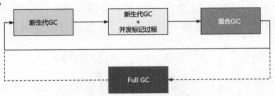

作为 JVM 的兜底逻辑，如果应用程序垃圾收集时内存不足，G1 会像其他收集器一样执行 Full GC，即强力回收内存。

垃圾回收的流程如图 16-17 所示，按图中顺时针走向，以新时代 GC →新时代 GC+

图 16-17　G1 垃圾收集器回收过程

并发标记过程→混合 GC 顺序进行垃圾回收。首先执行新时代 GC，之后执行并发标记过程，该过程会伴随着 Young GC 的发生，最后执行混合 GC。

应用程序分配内存，当新生代的 Eden 区用尽时开始新生代回收过程。G1 的新生代收集阶段是一个并行的独占式收集器。在新生代回收期，G1 暂停所有应用程序线程，启动多线程执行新生代回收。然后从新生代区移动存活对象到 Survivor 区或者老年代区，也有可能是两个区都会涉及。

当堆内存使用达到一定值（默认 45%）时，开始老年代并发标记过程。标记完成马上开始混合回收过程。对于一个混合回收期，G1 从老年代区移动存活对象到空闲区，这些空闲区也就成为老年代的一部分。G1 收集器在老年代的处理方式和其他垃圾收集器不同，G1 不需要回收整个老年代，一次只需要扫描 / 回收一小部分老年代的 Region 就可以了。同时，这个老年代 Region 是和新生代一起被回收的。

G1 收集器在回收的过程会有很多问题，比如一个对象被不同区域引用的问题，一个 Region 不可能是孤立的，一个 Region 中的对象可能被其他任意 Region 中对象引用，判断对象存活时，是否需要扫描整个 Java 堆才能保证准确。在其他的分代收集器，也存在这样的问题（而 G1 更突出）。回收新生代也不得不同时扫描老年代，因为判断对象可达，需要通过 GC Roots 来判断对象是否可达，那么寻找 GC Roots 的过程可能会放大范围，查找到老年代的对象，这样会降低 Young GC 的效率。

针对上述问题，JVM 给出的解决方法如下。

● 无论 G1 还是其他分代收集器，JVM 都是使用记忆集（Remembered Set，Rset）来避免全局扫描。

● 每个 Region 都有一个对应的 Remembered Set。

● 每次 Reference 类型数据写操作时，都会产生一个写屏障（Write Barrier）暂时中断操作。

● 然后检查将要写入的引用指向的对象是否和该引用类型数据在不同的 Region（其他收集器：检查老年代对象是否引用了新生代对象）。

● 如果不同，通过 CardTable 把相关引用信息记录到引用指向对象的所在 Region 对应的 Remembered Set 中。

● 当进行垃圾收集时，在 GC 根节点的枚举范围加入 Remembered Set；就可以保证不进行全局扫描，也不会有遗漏。

如图 16-18 所示，存在 3 个 Region，每个 Region 包含一个 Rset，当产生一个新对象放在 Region2 中时，此时判断指向该对象的引用是否都在 Region2 中；可以发现该对象存在两个引用对象，分别在 Region1 和 Region3 中，所以需要通过 CardTable 把引用信息记录到 Region2 中的 Rset 中。

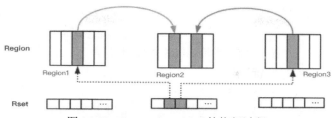

图 16-18 Remembered Set 的执行过程

1. G1回收过程一：新生代GC

JVM 启动时，G1 先准备好 Eden 区，程序在运行过程中不断创建对象到 Eden 区，当 Eden 空间耗尽时，G1 会启动一次新生代垃圾回收过程。新生代垃圾回收只会回收 Eden 区和 Survivor 区。

新时代 GC 时，首先 G1 停止应用程序的执行（Stop-The-World），G1 创建回收集（Collection Set），回收集是指需要被回收的内存分段的集合，新生代回收过程的回收集包含新生代 Eden 区和 Survivor 区所有的内存分段。如图 16-19、图 16-20 所示，可以看到内存回收之后部分 Eden 区和 Survivor 区直接清空变为新的 Survivor 区，也有 Survivor 区的直接晋升为 Old 区。

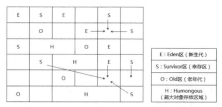

图 16-19 回收前内存分段图

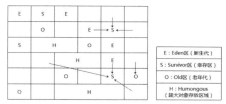

图 16-20 回收后内存分段图

然后开始如下回收过程。

第一阶段，扫描根。

根是指 static 变量指向的对象，正在执行的方法调用链条上的局部变量等。根引用连同 RSet 记录的外部引用作为扫描存活对象的入口。

第二阶段，更新 RSet。

对于应用程序的引用赋值语句"object.field=object"，JVM 会在之前和之后执行特殊的操作，在 dirty card queue 中入队一个保存了对象引用信息的 card。

处理 dirty card queue 中的 card，更新 RSet。此阶段完成后，RSet 可以准确地反映老年代对所在的内存分段中对象的引用。

那为什么不在引用赋值语句处直接更新 RSet 呢？这是为了性能的需要，RSet 的处理需要线程同步，开销会很大，使用队列性能会好很多。

第三阶段，处理 RSet。

识别被老年代对象指向的 Eden 中的对象，这些被指向的 Eden 中的对象被认为是存活的对象。

第四阶段，复制对象。

此阶段，对象树被遍历，Eden 区内存段中存活的对象会被复制到 Survivor 区中空的内存分段，Survivor 区内存段中存活的对象如果年龄未达阈值，年龄会加 1，达到阈值会被复制到 Old 区中空的内存分段。如果 Survivor 空间不够，Eden 空间的部分数据会直接晋升到老年代空间。

第五阶段，处理引用。

处理 Soft、Weak、Phantom、Final、JNI Weak 等引用。最终 Eden 空间的数据为空，GC

停止工作，而目标内存中的对象都是连续存储的，没有碎片，所以复制过程可以达到内存整理的效果，减少碎片。

新生代 GC 完成以后，接下来就是老年代并发标记过程了。

2. G1回收过程二：并发标记过程

并发标记过程主要包含 5 个步骤，如下所示。

初始标记阶段：标记从根节点直接可达的对象。这个阶段是 STW 的，并且会触发一次新生代 GC。

根区域扫描（Root Region Scanning）：G1GC 扫描 Survivor 区直接可达的老年代区域对象，并标记被引用的对象。这一过程必须在新生代 GC 之前完成。

并发标记（Concurrent Marking）：在整个堆中进行并发标记（和应用程序并发执行），此过程可能被新生代 GC 中断。在并发标记阶段，若发现区域对象中的所有对象都是垃圾，那这个区域会被立即回收。同时，并发标记过程中，会计算每个区域的对象活性（区域中存活对象的比例）。

再次标记（Remark）：由于应用程序持续进行，需要修正上一次的标记结果，是 STW 的。G1 中采用了比 CMS 更快的初始快照算法 snapshot-at-the-beginning（SATB）。

独占清理（Cleanup）：计算各个区域的存活对象和 GC 回收比例，并进行排序，识别可以混合回收的区域。为下阶段做铺垫，这个过程是 STW 的。这个阶段并不会实际上去做垃圾的收集。

并发清理阶段：识别并清理完全空闲的区域。

3. G1回收过程三：混合回收（Mixed GC）

如图 16-21 所示，当越来越多的对象晋升到老年代区时，为了避免堆内存被耗尽，虚拟机会触发一个混合的垃圾收集器，即 Mixed GC，该算法并不是一个 Old GC，除了回收整个新生代区，还会回收一部分的老年代区。这里需要注意的是回收一部分老年代，而不是全部老年代。可以选择哪些老年代区进行收集，从而可以对垃圾回收的所耗时间进行控制。也要注意的是 Mixed GC 并不是 Full GC。

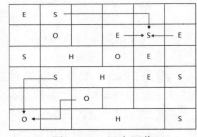

图 16-21　混合回收

并发标记结束以后，老年代中百分百为垃圾的内存分段被回收了，部分为垃圾的内存分段被计算了出来。G1 的混合回收阶段是可以分多次进行的，但每次都会进入 STW 状态，次数默认是 8 次（可以通过"-XX:G1MixedGCCountTarget"设置）被回收。运行逻辑是先 STW，执行一次混合回收回收一些 Region，接着恢复系统运行，然后再 STW，再执行混合回收。

每次混合回收的回收集（Collection Set）包括需要回收的老年代区的八分之一、Eden 区以及 Survivor 区。混合回收的算法和新生代回收的算法完全一样，只是回收集多了老年代的内存 Region。具体过程请参考上面的新生代回收过程。

由于老年代中的内存分段默认分 8 次回收，G1 会优先回收垃圾多的 Region。垃圾占 Region 比例越高，越会被先回收。并且有一个阈值会决定 Region 是否被回收，"-XX:G1Mixe dGCLiveThresholdPercent"默认为 65%，意思是垃圾占内存分段比例要达到 65% 才会被回收。如果垃圾占比太低，意味着存活的对象占比高，在复制的时候会花费更多的时间。

混合回收并不一定要进行 8 次，事实上，混合回收阶段具体执行几次回收，看的是空闲的 Region 数量何时达到堆内存的 10%，如果执行 3 次回收就达到了 10%，就不会再继续执行回收了。这个 10% 可以使用参数"-XX:G1HeapWastePercent"来控制。该参数默认值为 10%，意思是允许整个堆内存中有 10% 的空间被浪费，意味着如果发现可以回收的垃圾占堆内存的比例低于 10%，则不再进行混合回收。因为 GC 会花费很多的时间但是回收到的内存却很少。

4. G1回收可选的过程四：Full GC

G1 的初衷就是要避免 Full GC 的出现。但是如果上述方式不能正常工作，G1 会停止应用程序的执行（Stop-The-World），使用单线程的内存回收算法进行垃圾回收，性能会非常差，应用程序停顿时间会很长。

要避免 Full GC 的发生，一旦发生需要进行调整。什么时候会发生 Full GC 呢？比如堆内存太小，当 G1 在复制存活对象的时候没有空的内存分段可用，则会回退到 Full GC，这种情况可以通过增大内存解决。

导致 G1 Full GC 的原因可能有两个：

（1）Evacuation 的时候没有足够的 to-space 来存放晋升的对象；

（2）并发处理过程完成之前空间耗尽。

5. G1回收过程：补充

从 Oracle 官方透露出来的信息可获知，回收阶段（Evacuation）其实本也有想过设计成与用户程序一起并发执行，但这件事情做起来比较复杂，考虑到 G1 只回收一部分 Region，停顿时间是用户可控制的，所以并不迫切去实现，而选择把这个特性放到了 G1 之后出现的低延迟垃圾收集器（即 ZGC）中。另外，还考虑到 G1 不是仅仅面向低延迟，停顿用户线程能够最大幅度提高垃圾收集效率，为了保证吞吐量所以才选择了完全暂停用户线程的实现方案。

6. G1收集器优化建议

针对 G1 收集器优化，我们给出以下建议，大家在学习过程中可以参考。

（1）新生代大小不要固定。避免使用"-Xmn"或"-XX:NewRatio"等相关选项显式设置新生代大小，固定新生代的大小会覆盖停顿时间目标。

（2）停顿时间目标不要太过严苛。G1 的吞吐量目标是 90% 的应用程序时间和 10% 的垃圾回收时间。评估 G1 的吞吐量时，停顿时间目标不要太严苛。目标太过严苛表示你愿意承受更多的垃圾回收开销，而这些会直接影响到吞吐量。

16.6.5 G1收集器的参数设置

G1 收集器的相关参数说明如下。

- -XX:+UseG1GC：指定使用 G1 收集器执行内存回收任务，JDK 9 之后 G1 是默认垃圾收集器。
- -XX:G1HeapRegionSize：设置每个 Region 的大小，值是 2 的幂次方，范围是 1MB 到 32MB，目标是根据最小的 Java 堆大小划分出约 2048 个区域。默认值是堆内存的 1/2000。
- -XX:MaxGCPauseMillis：设置期望达到的最大 GC 停顿时间指标（JVM 会尽力实现，但不保证达到）。默认值是 200ms。
- -XX:ParallelGCThread：设置 STW 时并行的 GC 线程数量值。最多可以设置为 8。
- -XX:ConcGCThreads：设置并发标记的线程数。通常设置为并行垃圾回收线程数（ParallelGCThreads）的 1/4 左右。
- -XX:InitiatingHeapOccupancyPercent：设置触发并发 GC 周期的 Java 堆占用率阈值，超过此值，就触发 GC。默认值是 45。

G1 的设计原则就是简化 JVM 性能调优，开发人员只需要简单地配置即可完成调优。首先开启 G1 垃圾收集器，然后设置堆的最大内存，最后设置最大停顿时间即可。

G1 中提供了三种垃圾回收模式，它们分别是 Young GC、Mixed GC 和 Full GC，在不同的条件下被触发。

16.7 垃圾收集器的新发展

垃圾收集器仍然处于飞速发展之中，目前的默认收集器 G1 仍在不断地改进，例如串行的 Full GC 在 JDK 10 以后，已经改成了并行运行。

即使是 Serial GC，虽然比较古老，但是简单的设计和实现未必就是过时的，它本身的开销，不管是 GC 相关数据结构的开销，还是线程的开销，都是非常小的。随着云计算的兴起，在 Serverless 等新的应用场景下，Serial GC 也有了新的舞台。

比较不幸的是 CMS GC，因为其算法的理论缺陷等原因，虽然现在还有非常大的用户群体，但在 JDK 9 中已经被标记为废弃，并在 JDK 14 版本中移除。

在 JDK 11 中出现了两个新的垃圾收集器：Epsilon 和 ZGC。

在 JDK 12 中引入了 Shenandoah GC。

16.7.1 Epsilon和ZGC

在 JDK 11 中出现了两个新的垃圾收集器：Epsilon 和 ZGC。Epsilon 垃圾收集器是一个无操作的收集器（A No-Op Garbage Collector）。Epsilon 垃圾收集器是为不需要或禁止 GC 的场景提供的最小实现，它仅实现了"分配"部分，我们可以在它上面来实现回收功能。

ZGC 垃圾收集器是一个可伸缩的低延迟垃圾收集器，处于实验性阶段 [A Scalable Low-Latency Garbage Collector（Experimental）]。

ZGC 与 Shenandoah（请看 16.7.2 节）目标高度相似，在尽可能减小对吞吐量影响的前提下，实现在任意堆内存大小下把垃圾回收的停顿时间限制在 10ms 以内的超低延迟。《深入理解 Java 虚拟机》一书中这样定义 ZGC："ZGC 收集器是一款基于 Region 内存布局的，（暂时）不设分代的，使用了读屏障、染色指针和内存多重映射等技术来实现可并发的标记 – 整理算法的，以低延迟为首要目标的一款垃圾收集器。"

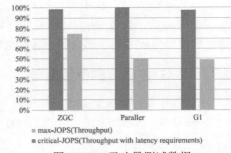

ZGC 的工作过程可以分为 4 个阶段：并发标记→并发预备重分配→并发重分配→并发重映射。

ZGC 几乎在所有地方都是并发执行的，除了初始标记的是 STW。所以停顿时间几乎就耗费在初始标记上，这部分的实际时间是非常少的。吞吐量的测试数据如图 16-22 所示。

图 16-22　吞吐量测试数据

低延迟性的测试数据如图 16-23 所示。

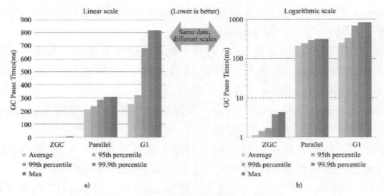

图 16-23　低延迟性量测试数据

在 ZGC 的强项停顿时间测试上，它毫不留情地将 Parallel、G1 拉开了两个数量级的差距。无论平均停顿、95% 停顿、99% 停顿、99.9% 停顿，还是最大停顿时间，ZGC 都能毫不费劲地控制在 10ms 以内。

虽然 ZGC 还在试验状态，没有完成所有特性，但此时性能已经相当亮眼，用"令人震惊、革命性"来形容，不为过。未来将在服务端、大内存、低延迟应用的首选垃圾收集器。JDK14 之前，ZGC 仅 Linux 才支持，尽管许多使用 ZGC 的用户都使用类 Linux 的环境，但在 Windows 和 macOS 上，人们也需要 ZGC 进行开发部署和测试，在 JDK14 中 ZGC 扩展了在 macOS 和 Windows 平台上的应用。许多桌面应用也可以从 ZGC 中受益。想要使用 ZGC，可以通过如下参数实现。

```
-XX:+UnlockExperimentalVMOptions -XX:+UseZGC
```

16.7.2　Shenandoah GC

2019 年 3 月，JDK12 发布，另一种实验性 GC 被引入，它就是 Shenandoah GC，也是一种低停顿时间的 GC。

但是 Shenandoah 无疑是众多 GC 中最孤独的一个。因为它是第一款不由 Oracle 公司团队领导开发的 HotSpot 垃圾收集器，不可避免地受到官方的排挤。Shenandoah 垃圾收集器最初由 RedHat 进行的一项垃圾收集器研究项目 Pauseless GC 实现，旨在针对 JVM 上的内存回收实现低停顿的需求，在 2014 年贡献给 OpenJDK，但是 OracleJDK 目前还未正式接纳 Shenandoah GC。

Shenandoah GC 和 ZGC 一样都是强调低停顿时间的 GC。Shenandoah 研发团队对外宣称，Shenandoah 垃圾收集器的停顿时间与堆大小无关，这意味着无论将堆设置为 200 MB 还是 200GB，99.9% 的目标都可以把垃圾收集的停顿时间限制在 10ms 以内。不过实际使用性能将取决于实际工作堆的大小和工作负载。RedHat 在 2016 年使用 Elastic Search 对 200GB 的维基百科数据进行索引，如表 16-1 所示是论文中展示的测试数据。

表16-1　不同垃圾收集器性能测试

垃圾收集器	运 行 时 间	总停顿时间	最大停顿时间	平均停顿时间
Shenandoah	387.602s	320ms	89.79ms	53.01ms
G1	312.052s	11.7s	1.24s	450.12ms
CMS	285.264s	12.78s	4.39s	852.26ms
Parallel Scavenge	260.092s	6.59s	3.04s	823.75ms

从结果可以发现：

（1）Shenandoah 停顿时间比其他几款收集器确实有了质的飞跃，但也未实现最大停顿时间控制在 10ms 以内的目标。

（2）Shenandoah 吞吐量方面出现了明显的下降，总运行时间是所有测试收集器里最长的。

Shenandoah 的弱项是高运行负担下的吞吐量下降。Shenandoah 的强项是低延迟时间。Shenandoah 的工作过程大致分为九个阶段，这里就不再过多介绍了，有兴趣的读者可以查看尚硅谷官网公开视频。

16.8　垃圾收集器总结

每一款不同的垃圾收集器都有不同的特点，在具体使用的时候，需要根据具体的情况选用不同的垃圾收集器，目前主流垃圾收集器的特点对比如表 16-2 所示。

表16-2　垃圾收集器特点

垃圾收集器	分　　类	作 用 位 置	使 用 算 法	目　　标	适 用 场 景
Serial	串行运行	作用于新生代	复制算法	响应速度优先	适用于单 CPU 环境下的 Client 模式
ParNew	并行运行	作用于新生代	复制算法	响应速度优先	适用于多 CPU 环境下的 Server 模式，一般与 CMS 配合使用
Parallel	并行运行	作用于新生代	复制算法	吞吐量优先	适用于后台运算、没有太多交互的场景
Serial Old	串行运行	作用于老年代	标记 - 压缩算法	响应速度优先	适用于单 CPU 环境下的 Client 模式
Parallel Old	并行运行	作用于老年代	标记 - 压缩算法	吞吐量优先	适用于后台运算、没有太多交互的场景
CMS	并发运行	作用于老年代	标记 - 清除算法	响应速度优先	适用于互联网或 B/S 业务
G1	并发、并行运行	作用于新生代、老年代	标记 - 压缩算法、复制算法	响应速度优先	适用于服务端应用
ZGC	并发运行	没有分代	标记 - 复制算法	降低停顿时间	服务端、大内存、低延迟应用

垃圾收集器从 Serial 发展到 ZGC，经历了很多不同的版本，Serial → Parallel（并行）→ CMS（并发）→ G1 → ZGC。不同厂商、不同版本的虚拟机实现差别很大。HotSpot 虚拟机在 JDK7/8 后所有收集器及组合（连线）在第 16.1.3 节图 16-7 给大家做了展示。

Java 垃圾收集器的配置对于 JVM 优化来说是很重要的，选择合适的垃圾收集器可以让 JVM 的性能有一个很大的提升。怎么选择垃圾收集器呢？我们可以参考下面的选择标准。

- 优先让 JVM 自适应调整堆的大小。
- 如果内存小于 100M，使用串行收集器。
- 如果是单核、单机程序，并且没有停顿时间的要求，串行收集器。
- 如果是多 CPU、需要高吞吐量、允许停顿时间超过 1s，选择并行或者 JVM 自己选择。
- 如果是多 CPU、追求低停顿时间，需快速响应（比如延迟不能超过 1s，如互联网应用），使用并发收集器。

最后需要明确一个观点，没有最好的收集器，更没有万能的收集器。调优永远是针对特定场景、特定需求，不存在一劳永逸的收集器。

16.9　本章小结

本章详细讲解了垃圾收集器的发展历程，Java 的应用场景很多，所以就需要针对不同的需求，提供不同的垃圾收集器。每一种垃圾收集器在追求自己关注的性能目标方面，做到优化再优化。

虽然每一个版本的 JDK 都会有自己默认的垃圾收集器，绝大部分场景程序员无须操作内存管理的事情，但是，没有一种垃圾收集器是万能的，所以了解不同垃圾收集器的特点、原理，可以让我们在具体的场景中选择更好的垃圾收集器，或者在参数设置方面尽量保证让垃圾收集器发挥最优状态。这个时候，你就像是一名领导，只有对手下的每一个部门、员工有深入的了解，才能整合好资源，让团队发挥最大的战斗力。

第3篇　字节码与类的加载篇

第 17 章　class 文件结构

一段 Java 程序编写完成后，会被存储到以 .java 为后缀的源文件中，源文件会被编译器编译为以 .class 为后缀的二进制文件，之后以 .class 为后缀的二进制文件会经由类加载器加载至内存中。本章我们要讲的重点就是以 .class 为后缀的二进制文件，也简称为 class 文件或者字节码文件。接下来将会介绍 class 文件的详细结构，以及如何解析 class 文件。

17.1　概述

17.1.1　class文件的跨平台性

Java 是一门跨平台的语言，也就是我们常说的"Write once，run anywhere"，意思是当 Java 代码被编译成字节码后，就可以在不同的平台上运行，而无须再次编译。但是现在这个优势不再那么吸引人了，Python、PHP、Perl、Ruby、Lisp 等语言同样有强大的解释器。跨平台几乎成为一门开发语言必备的特性。

虽然很多语言都有跨平台性，但是 JVM 却是一个跨语言的平台。JVM 不和包括 Java 在内的任何语言绑定，它只与 class 文件这种特定的二进制文件格式关联。无论使用何种语言开发软件，只要能将源文件编译为正确的 class 文件，那么这种语言就可以在 JVM 上执行，如图 17-1 所示，比如 Groovy 语言、Scala 语言等。可以说规范的 class 文件结构，就是 JVM 的基石、桥梁。

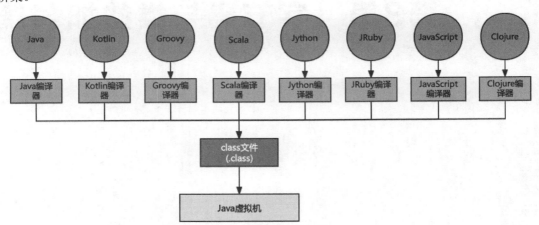

图 17-1　跨语言的 JVM

JVM 有很多不同的实现，但是所有的 JVM 全部遵守 Java 虚拟机规范，也就是说所有的 JVM 环境都是一样的，只有这样 class 文件才可以在各种 JVM 上运行。在 Java 发展之初，设计者就曾经考虑并实现了让其他语言运行在 Java 虚拟机之上的可能性，他们在发布规范文档的时候，也刻意把 Java 的规范拆分成了 Java 语言规范及 Java 虚拟机规范。官方虚拟机规范如图 17-2 所示。

想要让一个 Java 程序正确地运行在 JVM

Java SE 17

Released September 2021 as JSR 392

 The Java Language Specification, Java SE 17 Edition
　　● HTML | PDF
　　● Preview feature: Pattern Matching for switch

 The Java Virtual Machine Specification, Java SE 17 Edition
　　● HTML | PDF

图 17-2　虚拟机规范

中，Java 源文件就必须要被编译为符合 JVM 规范的字节码。前端编译器就是负责将符合 Java 语法规范的 Java 代码转换为符合 JVM 规范的 class 文件。常用的 javac 就是一种能够将 Java 源文件编译为字节码的前端编译器。javac 编译器在将 Java 源文件编译为一个有效的 class 文件过程中经历了 4 个步骤，分别是词法解析、语法解析、语义解析以及生成字节码。

　　Oracle 的 JDK 软件中除了包含将 Java 源文件编译成 class 文件外，还包含 JVM 的运行时环境。如图 17-3 所示，Java 源文件（Java Source）经过编译器编译为 class 文件，之后 class 文件经过 ClassLoader 加载到虚拟机的运行时环境。需要注意的是 ClassLoader 只负责 class 文件的加载，至于 class 文件是否可以运行，则由执行引擎决定。

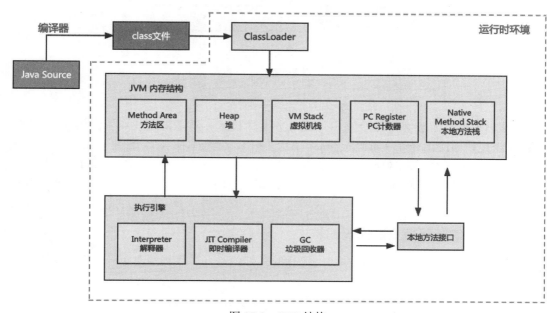

图 17-3　JDK 结构

17.1.2　编译器分类

　　Java 源文件的编译结果是字节码，那么肯定需要有一种编译器将 Java 源文件编译为 class 文件，承担这个重要责任的就是配置在 path 环境变量中的 javac 编译器。javac 是一种能够将 Java 源文件编译为字节码的前端编译器。

　　HotSpot VM 并没有强制要求前端编译器只能使用 javac 来编译字节码，其实只要编译结果符合 JVM 规范都可以被 JVM 所识别。

　　在 Java 的前端编译器领域，除了 javac，还有一种经常用到的前端编译器，那就是内置在 Eclipse 中的 ECJ（Eclipse Compiler for Java）编译器。和 javac 的全量式编译不同，ECJ 是一种增量式编译器。

　　在 Eclipse 中，当开发人员编写完代码，使用 Ctrl+S 快捷键保存代码时，ECJ 编译器会把未编译部分的源码逐行进行编译，而不是每次都全量编译。因此 ECJ 的编译效率更高。

　　ECJ 不仅是 Eclipse 的默认内置前端编译器，在 Tomcat 中同样也是使用 ECJ 编译器来编译 jsp 文件。由于 ECJ 编译器是采用 GPLv2 的开源协议进行开源的，所以大家可以在 Eclipse 官网下载 ECJ 编译器的源码进行二次开发。另外，IntelliJ IDEA 默认使用 javac 编译器。

　　我们把不同的编程语言类比为不同国家的语言，它们经过前端编译器处理之后，都变成同一种 class 文件。如图 17-4 所示，前端编译器把各个国家的"你好"编译为一样的"乌拉库哈吗哟"，这个"乌拉库哈吗哟"就好比 class 文件中的内容。class 文件对于执行引擎是可以识别的，所以 JVM 是跨语言的平台，其中起关键作用的就是前端编译器。

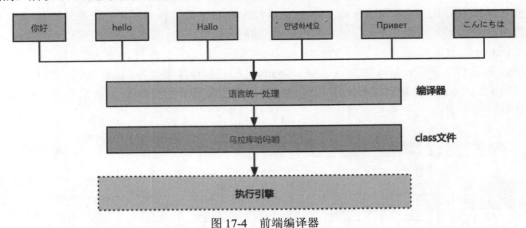

图 17-4　前端编译器

前端编译器并不会直接涉及编译优化等方面的技术，而是将这些具体优化细节移交给 HotSpot 内置的即时编译器（Just In Time，JIT）负责，比如前面第 11 章讲过 JIT 编译器可以对程序做栈上分配、同步省略等优化。为了区别前面讲的 javac，把 JIT 称为后端编译器。

除了上面提到的前端编译器和后端编译器，还有我们在 11 章提到的 AOT 编译器和 Graal 编译器。

17.1.3　透过字节码指令看代码细节

通过学习 class 文件，可以查看代码运行的详细信息。如代码清单 17-1 所示，测试不同 Integer 变量是否相等。

代码清单17-1　测试不同Integer值是否相等

```
/**
* 测试不同 Integer 值是否相等
*/
public class  IntegerTest {
public static void  main(String[] args) {
   Integer i1 =  10;
       Integer i2 =  10;
       System.out.println(i1 == i2);
       Integer i3 =  128;
       Integer i4 =  128;
       System.out.println(i3 == i4);
   }
}
```

运行结果如下。

```
true
false
```

显而易见，两次运行结果并不相同。定义的变量是 Integer 类型，采用的是直接赋值的形式，并没有通过某一个方法进行赋值，所以无法看到代码底层的执行逻辑是怎样的，那么只能通过查看 class 文件来分析问题原因。通过 IDEA 中的插件 jclasslib 查看 class 文件，如图 17-5
所示。

图 17-5　IntegerTest 字节码文件

class 文件中包含很多字节码指令，分别表示程序代码执行期间用到了哪些指令，具体指
令会在后面的章节中详细讲解。这里仅说一下 Integer i1 = 10 语句执行的是 <java/lang/Integer.
valueOf> 方法，也就是 Integer 类中的 valueOf
方法，我们查看源代码如图 17-6 所示。

```
public static Integer valueOf(int i) {
    if (i >= IntegerCache.low && i <= IntegerCache.high)
        return IntegerCache.cache[i + (-IntegerCache.low)];
    return new Integer(i);
}
```

可以发现对 Integer 赋值的时候，通过
i 和 IntegerCache 类高位值和低位值的比较，
判断 i 是否直接从 IntegerCache 内 cache 数组
获取数据。IntegerCache 类的低位值为 −128，高位值为 127。如果赋值在低位值和高位值范围
内，则返回 IntegerCache 内 cache 数组中的同一个值；否则，重新创建 Integer 对象。这也是为
什么当 Integer 变量赋值为 10 的时候输出为 true，Integer 变量赋值为 128 的时候输出为 false。

图 17-6　java.lang.Integer#valueOf 源代码

17.2　虚拟机的基石：class 文件

源代码经过编译器编译之后生成 class 文件，字节码是一种二进制的文件，它的内容是
JVM 的指令，其不像 C、C++ 经由编译器直接生成机器码。

17.2.1　字节码指令

JVM 的指令由一个字节长度的、代表着某种特定操
作含义的操作码（opcode）以及跟随其后的零至多个代表
此操作所需参数的操作数（operand）所构成。虚拟机中许
多指令并不包含操作数，只有一个操作码。如图 17-7 所
示，其中 aload_0 是操作码，没有操作数。bipush 30 中的
bipush 是操作码，30 是操作数。

```
 1   0 aload_0
 2   1 invokespecial #1 <com/atguigu/java/Father.<init>>
 3   4 aload_0
 4   5 bipush 30
 5   7 putfield #2 <com/atguigu/java/Son.x>
 6  10 aload_0
 7  11 invokevirtual #3 <com/atguigu/java/Son.print>
 8  14 aload_0
 9  15 bipush 40
10  17 putfield #2 <com/atguigu/java/Son.x>
11  20 return
```

图 17-7　字节码指令

17.2.2 解读字节码方式

由于 class 文件是二进制形式的，所以没办法直接打开查看，需要使用一些工具将 class 文件解析成我们可以直接阅读的形式。解析方式主要有以下三种。

1. 使用第三方文本编辑工具

我们常用的第三方文本编辑工具有 Notepad++ 和 Binary Viewer。以 NotePad++ 为例，需要在插件中安装 "HEX-Editor" 插件。安装完插件之后，打开一个 class 文件，如图 17-8 所示，展示结果为乱码。如果想要以十六进制视图展示，单击 "插件" → "HEX-Editor" → "View in HEX" 即可，如图 17-9 所示。在 17.3 节中，我们将会详细讲解不同数字所代表的含义。

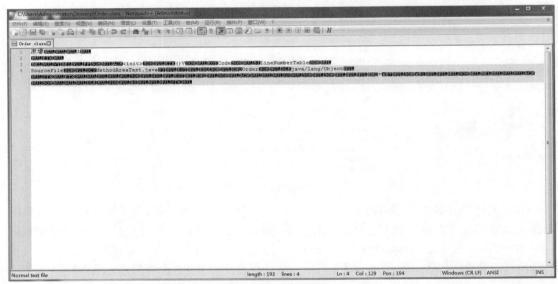

图 17-8　Notepad++ 打开 class 文件

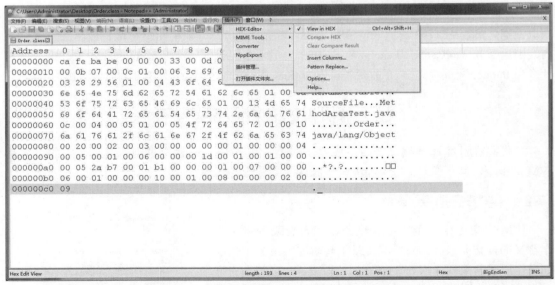

图 17-9　Notepad++ 查看十六进制形式的 class 文件

2. 使用javap指令

JDK 自带的解析工具，前面的篇章经常使用到，详细介绍见第 17.4 节。

3. jclasslib工具

jclasslib 工具在解析 class 文件时，已经进行了二进制数据的"翻译"工作，可以更直观地反映 class 文件中的数据。各位读者可以下载安装 jclasslib Bytecode viewer 客户端工具或者在 IDEA 的插件市场安装 jclasslib 插件，如图 17-10 所示。

图 17-10　jclasslib 插件解析字节码

17.3　class 文件结构

任何一个 class 文件都对应着唯一一个类或接口的定义信息，但是并不是所有的类或接口都必须定义在文件中，它们也可以通过类加载器直接生成。也就是说 class 文件实际上并不一定以磁盘文件的形式存在。class 文件是一组以 8 位字节为基础单位的二进制流，它的结构不像 XML 等描述语言，由于它没有任何分隔符号，所以在其中的数据项，无论是字节顺序还是数量，都是被严格限定的，哪个字节代表什么含义，长度是多少，先后顺序如何，都不允许改变，就好像一篇没有标点符号的文章。这使得整个 class 文件中存储的内容几乎全部是程序运行的必要数据，没有空隙存在。class 文件格式采用一种类似于 C 语言结构体的伪结构来存储数据，这种伪结构只有无符号数和表两种数据类型。

无符号数属于基本的数据类型，以 u1、u2、u4、u8 来分别代表 1 个字节、2 个字节、4 个字节和 8 个字节的无符号数，无符号数可以用来描述数字、索引引用、数量值或者按照 UTF-8 编码构成字符串值。对于字符串，则使用 u1 数组进行表示。

表是由多个无符号数或者其他表作为数据项构成的复合数据类型，所有表都习惯性地以 "_info" 结尾。表用于描述有层次关系的复合结构的数据，整个 class 文件本质上就是一张表。由于表没有固定长度，所以通常会在其前面加上长度说明。在学习过程中，只要充分理解了每一个 class 文件的细节，甚至可以自己反编译出 Java 源文件。

class 文件的结构并不是一成不变的，随着 JVM 的不断发展，总是不可避免地会对 class 文件结构做出一些调整，但是其基本结构和框架是非常稳定的。class 文件的整体结构如表 17-1 所示。

表17-1　class文件总体结构

魔数	版本	常量池	访问标识	类索引，父类索引，接口索引集合	字段表集合	方法表集合	属性表集合

官方对 class 文件结构的详细描述如图 17-11 所示。

A class file consists of a single ClassFile structure:

```
ClassFile {
    u4              magic;
    u2              minor_version;
    u2              major_version;
    u2              constant_pool_count;
    cp_info         constant_pool[constant_pool_count-1];
    u2              access_flags;
    u2              this_class;
    u2              super_class;
    u2              interfaces_count;
    u2              interfaces[interfaces_count];
    u2              fields_count;
    field_info      fields[fields_count];
    u2              methods_count;
    method_info     methods[methods_count];
    u2              attributes_count;
    attribute_info  attributes[attributes_count];
}
```

图 17-11　class 文件结构图

上面 class 文件的结构解读如表 17-2 所示。

表17-2　class文件结构解读

类　型	名　称	说　明	长　度	数　量
u4	magic	魔数，识别 class 文件格式	4 个字节	1
u2	minor_version	副版本号（小版本）	2 个字节	1
u2	major_version	主版本号（大版本）	2 个字节	1
u2	constant_pool_count	常量池计数器	2 个字节	1
cp_info	constant_pool	常量池表	n 个字节	constant_pool_count-1
u2	access_flags	访问标识	2 个字节	1
u2	this_class	类索引	2 个字节	1
u2	super_class	父类索引	2 个字节	1
u2	interfaces_count	接口计数器	2 个字节	1
u2	interfaces	接口索引集合	2 个字节	interfaces_count
u2	fields_count	字段计数器	2 个字节	1
field_info	fields	字段表	n 个字节	fields_count
u2	methods_count	方法计数器	2 个字节	1
method_info	methods	方法表	n 个字节	methods_count
u2	attributes_count	属性计数器	2 个字节	1
attribute_info	attributes	属性表	n 个字节	attributes_count

下面我们按照上面的顺序逐一解读 class 文件结构。首先编写一段简单的代码，对照上面的结构表来分析 class 文件，如代码清单 17-2 所示。

代码清单17-2　class文件结构测试用例

```
packagecom.atguigu
public class ClassFileDemo {
    private Integer num;
    public void fun(){
        num = num * 2;
    }
}
```

这段代码很简单，只有一个成员变量 num 和一个方法 fun()。将源文件编译为 class 文件，我们使用命令 javac 编译，如下所示。

```
javac ClassFileDemo.java
```

上面命令的执行结果是生成一个 ClassFileDemo.class 文件。使用安装好 HEX-Editor 插件的 Notepad++ 打开 ClassFileDemo.class 文件，结果如图 17-12 所示，篇幅原因展示部分截图，可以看到每个字节都是十六进制数字，通过分析每个字节来解析 class 文件。

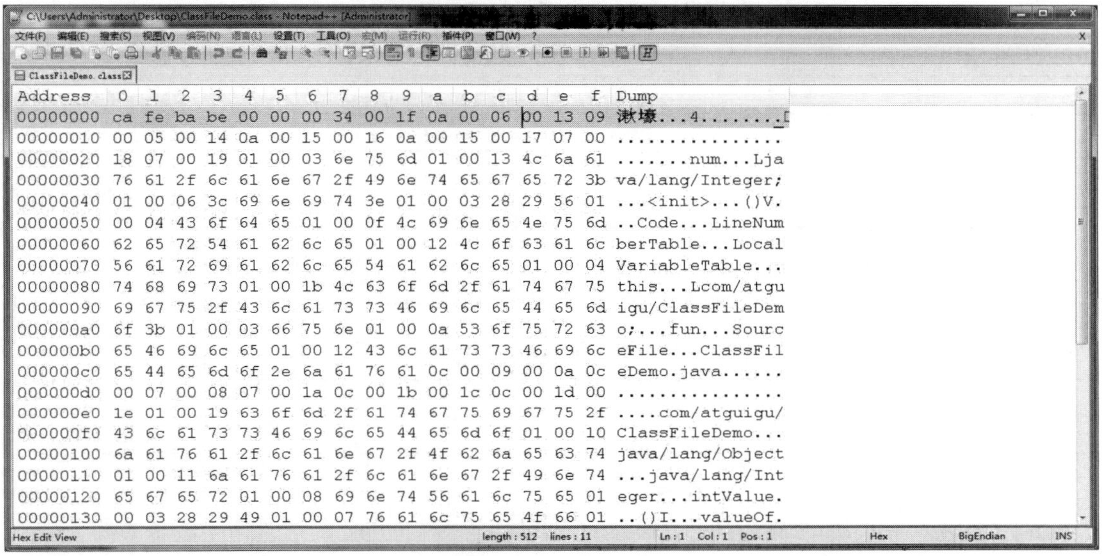

图 17-12 class 文件

17.3.1 魔数：class文件的标识

每个 class 文件开头的 4 个字节的无符号整数称为魔数（Magic Number）。魔数的唯一作用是确定 class 文件是否有效合法，也就是说魔数是 class 文件的标识符。魔数值固定为 0xCAFEBABE，如图 17-13 框中所示。之所以使用 CAFEBABE，可以从 Java 的图标（一杯咖啡）窥得一二。

图 17-13 魔数

如果一个 class 文件不以 0xCAFEBABE 开头，JVM 在文件校验的时候就会直接抛出以下错误的错误。

```
    Error: A JNI error has occurred, please check your installation and try
again
    Exception in thread "main" java.lang.ClassFormatError: Incompatible
magic value 1885430635 in class file StringTest
```

比如将 ClassFileDemo.java 文件后缀改成 ClassFileDemo.class，然后使用命令行解释运行，就报出上面的魔数不对的错误。

使用魔数而不是扩展名识别 class 文件，主要是基于安全方面的考虑，因为文件扩展名可以随意改动。除了 Java 的 class 文件以外，其他常见的文件格式内部也会有类似的设计手法，比如图片格式 gif 或者 jpeg 等在头文件中都有魔数。

17.3.2　class文件版本号

紧接着魔数存储的是 class 文件的版本号，同样也是 4 个字节。第 5 个和第 6 个字节所代表的含义是 class 文件的副版本号 minor_version，第 7 个和第 8 个字节是 class 文件的主版本号 major_version。它们共同构成了 class 文件的版本号，例如某个 class 文件的主版本号为 M，副版本号为 m，那么这个 class 文件的版本号就确定为 M.m。版本号和 Java 编译器版本的对应关系如表 17-3 所示。

表17-3　Java编译器与版本号对应关系

主版本（十进制）	副版本（十进制）	编译器版本
45	3	1.1
46	0	1.2
47	0	1.3
48	0	1.4
49	0	1.5
50	0	1.6
51	0	1.7
52	0	1.8
53	0	1.9
54	0	1.10
55	0	1.11

Java 的版本号是从 45 开始的，JDK 1.1 之后每发布一个 JDK 大版本，主版本号向上加 1。当虚拟机 JDK 版本为 1.k（k ≥ 2）时，对应的 class 文件版本号的范围为 45.0 到 44+k.0 之间（含两端）。字节码指令集多年不变，但是版本号每次发布都会变化。

不同版本的 Java 编译器编译的 class 文件对应的版本是不一样的。目前，高版本的 JVM 可以执行由低版本编译器生成的 class 文件，可以理解为向下兼容。但是低版本的 JVM 不能执行由高版本编译器生成的 class 文件。一旦执行，JVM 会抛出 java.lang.UnsupportedClass VersionError 异常。在实际应用中，由于开发环境和生产环境的不同，可能会导致该问题的发生。因此，需要我们在开发时，特别注意开发环境的 JDK 版本和生产环境中的 JDK 版本是否一致。

上面的 ClassFileDemo.class 文件使用 JDK8 版本编译而成，第 5 个字节到第 8 个字节如图 17-14 所示，其中第 5 个字节和第 6 个字节都是 00，第 7 个字节和第 8 个字节为十六进制的 34，换算为十进制为 52，对应表 17-3 可知使用的版本为 1.8，即 JDK8。

图 17-14　字节码版本号

17.3.3　常量池：存放所有常量

紧跟在版本号之后的是常量池中常量的数量（constant_pool_count）以及若干个常量池表项（constant_pool []）。常量池是 class 文件中内容最为丰富的区域之一。常量池表项用于存放编译时期生成的各种字面量（Literal）和符号引用（Symbolic References），这部分内容在经过类加载器加载后存放在方法区的运行时常量池中存放。常量池对于 class 文件中的字段和方法解析起着至关重要的作用。随着 JVM 的不断发展，常量池的内容也日渐丰富。可以说，常量池是整个 class 文件的基石。

1. constant_pool_count（常量池计数器）

由于常量池的数量不固定，时长时短，所以需要放置两个字节（u2 类型）来表示常量池容量计数值。常量池容量计数器从 1 开始计数，constant_pool_count=1 表示常量池中有 0 个常量项。通常我们写代码时都是从 0 开始的，但是这里的常量池计数器却是从 1 开始，因为它把第 0 项常量空出来了，这是为了满足某些指向常量池的索引值的数据在特定情况下需要表达"不引用任何一个常量池项目"的含义，这种情况可用索引值 0 来表示。如图 17-15 所示，第 9 个字节和第 10 个字节表示常量池计数器，其值为 0x001f，换算为十进制为 31，需要注意的是，实际上只有 30 项常量，索引范围是 1 ～ 30。

我们也可以通过 jclasslib 插件来查看常量池数量，如图 17-16 所示，可以看到一共有 30 个常量。

```
ClassFileDemo.class
Address   0  1  2  3  4  5  6  7  8  9  a  b  c  d  e  f
00000000  ca fe ba be 00 00 00 34 00 1f 0a 00 06 00 13 09
```

图 17-15　字节码常量池计数器　　　图 17-16　jclasslib 查看字节码常量池计数器

2. constant_pool []（常量池）

常量池是一种表结构，从 1 到 constant_pool_count–1 为索引。常量池主要存放字面量和符号引用两大类常量。常量池包含了 class 文件结构及其子结构中引用的所有字符串常量、类或接口名、字段名和其他常量。常量池中的每一项常量的结构都具备相同的特征，那就是每一项常量入口都是一个 u1 类型的标识，该标识用于确定该项的类型，这个字节称为 tag byte（标识字节），如图 17-17 所示。

4.4. The Constant Pool

Java Virtual Machine instructions do not rely on the run-time layout of classes, interfaces, class instances, or arrays. Instead, instructions refer to symbolic information in the `constant_pool` table.

All `constant_pool` table entries have the following general format:

```
cp_info {
    u1 tag;
    u1 info[];
}
```

图 17-17　常量池中每一项结构

一旦 JVM 获取并解析这个标识，JVM 就会知道在标识后的常量类型是什么。常量池中的每一项都是一个表，其项目类型共有 14 种，表 17-4 列出了所有常量项的类型和对应标识的值，比如当标识值为 1 时，表示该常量的类型为 CONSTANT_utf8_info。

表17-4　常量项类型和对应标识的值

类　　型	标　　识	描　　述
CONSTANT_utf8_info	1	UTF-8 编码的字符串
CONSTANT_Integer_info	3	整型字面量
CONSTANT_Float_info	4	浮点型字面量
CONSTANT_Long_info	5	长整型字面量
CONSTANT_Double_info	6	双精度浮点型字面量
CONSTANT_Class_info	7	类或接口的符号引用
CONSTANT_String_info	8	字符串类型字面量
CONSTANT_Fieldref_info	9	字段的符号引用
CONSTANT_Methodref_info	10	类中方法的符号引用
CONSTANT_InterfaceMethodref_info	11	接口中方法的符号引用
CONSTANT_NameAndType_info	12	字段或方法的符号引用
CONSTANT_MethodHandle_info	15	表示方法句柄
CONSTANT_MethodType_info	17	标识方法类型
CONSTANT_InvokeDynamic_info	18	表示一个动态方法调用点

这 14 种类型的结构各不相同，各个类型的结构如表 17-5 所示，比如 CONSTANT_utf8_info 由 tag、length 和 bytes 组成。

表17-5　常量类型及其结构

标　　识	常　　量	描　　述	结　　构	长　　度	结构描述
1	CONSTANT_utf8_info	UTF-8 编码的字符串	tag	u1	标识值为 1
			length	u2	UTF-8 编码的字符串占用的字符数
			bytes	u1	长度为 length 的 UTF-8 编码的字符串
3	CONSTANT_Integer_info	整型字面量	tag	u1	标识值为 3
			bytes	u4	按照高位在前存储的 int 值
4	CONSTANT_Float_info	浮点型字面量	tag	u1	标识值为 4
			bytes	u4	按照高位在前存储的 float 值
5	CONSTANT_Long_info	长整型字面量	tag	u1	标识值为 5
			bytes	u8	按照高位在前存储的 long 值
6	CONSTANT_Double_info	双精度浮点型字面量	tag	u1	标识值为 6
			bytes	u8	按照高位在前存储的 double 值
7	CONSTANT_Class_info	类或接口的符号引用	tag	u1	标识值为 7
			index	u2	指向全限定名常量项的索引项
8	CONSTANT_String_info	字符串类型字面量	tag	u1	标识值为 8
			index	u2	指向字符串字面量的索引项

标　识	常　量	描　述	结　构	长　度	结构描述
9	CONSTANT_Fieldref_info	字段的符号引用	tag	u1	标识值为 9
			index	u2	指向声明字段的类或接口描述符 CONSTANT_Class_Info 的索引项
			index	u2	指向字段描述符 CONSTANT_NameAndType_Info 的索引项
10	CONSTANT_Methodref_info	类中方法的符号引用	tag	u1	标识值为 10
			index	u2	指向声明方法的类描述符 CONSTANT_Class_Info 的索引项
			index	u2	指向名称及类型描述符 CONSTANT_NameAndType_Info 的索引项
11	CONSTANT_InterfaceMethodref_info	接口中方法的符号引用	tag	u1	标识值为 11
			index	u2	指向声明方法的接口描述符 CONSTANT_Class_Info 的索引项
			index	u2	指向名称及类型描述符 CONSTANT_NameAndType_Info 的索引项
12	CONSTANT_NameAndType_info	字段或方法的符号引用	tag	u1	标识值为 12
			index	u2	指向该字段或方法名称常量项的索引
			index	u2	指向该字段或方法描述符常量项的索引
13	CONSTANT_MethodHandle_info	方法句柄	tag	u1	标识值为 15
			reference_kind	u1	值必须是 1～9，它决定了方法句柄的类型和方法句柄类型的值，表示方法句柄的字节码行为
			reference_index	u2	值必须是对常量池的有效索引
14	CONSTANT_MethodType_info	方法类型	tag	u1	标识值为 16
			descriptor_index	u2	值必须是对常量池的有效索引，常量池在该索引处的项必须是 CONSTANT_uft8_info 结构，表示方法的描述符
15	CONSTANT_InvokeDynamic_info	动态方法调用点	tag	u1	标识值为 18
			bootstrap_method_attr	u2	值必须是对当前 Class 文件中引导方法表的 bootstrap_methods[] 数组的有效索引
			name_and_type_index	u2	值必须是对当前常量池的有效索引，常量池在该索引处的项必须是 CONSTANT_NameAndType_Info 结构，表示方法名和方法描述符

根据表 17-5 中对每个类型的描述，我们可以知道每个类型是用来描述常量池中的字面量、符号引用，比如 CONSTANT_Integer_info 是用来描述常量池中字面量信息，而且只是整型字面量信息。标识值为 15、16、18 的常量项类型是用来支持动态语言调用的，它们在 JDK7 时加入。下面按照标识的大小顺序分别进行介绍。

（1）CONSTANT_Utf8_info 用于表示字符常量的值。

（2）CONSTANT_Integer_info 和 CONSTANT_Float_info 表示 4 字节（int 和 float）的数值常量。

（3）CONSTANT_Long_info 和 CONSTANT_Double_info 表示 8 字节（long 和 double）的数值常量；在 class 文件的常量池表中，所有的 8 字节常量均占两个表项的空间。如果一个 CONSTANT_Long_info 或 CONSTANT_Double_info 的项在常量池表中的索引位 *n*，则常量池表中下一个可用项的索引为 *n*+2，此时常量池表中索引为 *n*+1 的项仍然有效但必须视为不可用的。

（4）CONSTANT_Class_info 用于表示类或接口。

（5）CONSTANT_String_info 用于表示 String 类型的常量对象。

（6）CONSTANT_Fieldref_info、CONSTANT_Methodref_info 表示字段、方法。

（7）CONSTANT_InterfaceMethodref_info 表示接口方法。

（8）CONSTANT_NameAndType_info 用于表示字段或方法，但是和之前的 3 个结构不同，CONSTANT_NameAndType_info 没有指明该字段或方法所属的类或接口。

（9）CONSTANT_MethodHandle_info 用于表示方法句柄。

（10）CONSTANT_MethodType_info 表示方法类型。

（11）CONSTANT_InvokeDynamic_info 用于表示 invokedynamic 指令所用到的引导方法（Bootstrap Method）、引导方法所用到的动态调用名称（Dynamic Invocation name）、参数和返回类型，并可以给引导方法传入一系列称为静态参数（Static Argument）的常量。

这 14 种表（或者常量项结构）的共同点是表开始的第一位是一个 u1 类型的标识位（tag），代表当前这个常量项使用的是哪种表结构，即哪种常量类型。在常量池列表中，CONSTANT_Utf8_info 常量项是一种使用改进过的 UTF-8 编码格式来存储诸如文字字符串、类或者接口的全限定名、字段或者方法的简单名称以及描述符等常量字符串信息。这 14 种常量项结构还有一个特点是，其中 13 个常量项占用的字节固定，只有 CONSTANT_Utf8_info 占用字节不固定，其大小由 length 决定。因为从常量池存放的内容可知，其存放的是字面量和符号引用，最终这些内容都会是一个字符串，这些字符串的大小是在编写程序时才确定，比如定义一个类，类名可以取长取短，所以在代码源文件没编译前，大小不固定；代码源文件编译后，可以通过 utf-8 编码知道其长度。

常量池可以理解为 class 文件之中的资源仓库，它是 class 文件结构中与其他项目关联最多的数据类型（后面讲解的很多数据结构都会指向此处），也是占用 class 文件空间最大的数据项目之一。

Java 代码在进行 javac 编译的时候，并不像 C 和 C++ 那样有"连接"这一步骤，而是在虚拟机加载 class 文件的时候进行动态链接。也就是说，在 class 文件中不会保存各个方法、字段的最终内存布局信息，因此这些字段、方法的符号引用不经过运行期转换的话无法得到真正的内存入口地址，也就无法直接被虚拟机使用。当虚拟机运行时，需要从常量池获得对应的符号引用，再在类创建时或运行时解析、翻译到具体的内存地址之中。本章先弄清楚 class 文件中常量池中的字面量符号引用。关于类加载和动态链接的内容，在第 18 章类的加载过程会进行详细讲解。

（1）字面量和符号引用。

常量池主要存放两大类常量字面量和符号引用。字面量和符号引用的具体定义如表 17-6 所示。

表17-6 字面量和符号引用定义

常 量	具体的常量
字面量	文本字符串
	声明为 final 的常量值
符号引用	类和接口的全限定名
	简单名称
	描述符

字面量很容易理解，例如定义 String str = "atguigu" 和 final int NUM = 10，其中 atguigu 和 10 都是字面量，它们都放在常量池中，注意没有存放在内存中。符号引用包含类和接口的全限定名、简单名称、描述符三种常量类型。

①类和接口的全限定名。

com/atguigu/ClassFileDemo 就是类的全限定名，仅仅是把包名的 "." 替换成 "/"，为了使连续的多个全限定名之间不产生混淆，在使用时最后一般会加入一个 ";" 表示全限定名结束。

②简单名称。

简单名称是指没有类型和参数修饰的方法或者字段名称，代码清单 17-2 中 fun() 方法和 num 字段的简单名称分别是 fun 和 num。

③描述符。

描述符的作用是用来描述字段的数据类型、方法的参数列表（包括数量、类型以及顺序）和返回值。关于描述符规则，详见 17.3.6 节和 17.3.7 节。

（2）常量解读。

针对图 17-12 的 class 文件，我们解读其中的常量池中存储的信息。首先是第一个常量，其标识位如图 17-18 所示。

图 17-18 首个常量标识位

其值为 0x0a，即 10，查找表 17-4 可知，其对应的项目类型为 CONSTANT_Methodref_info，即类中方法的符号引用，其结构如图 17-19 所示。

10	CONSTANT_Methodref_info	类中方法的符号引用	tag	u1	标识值为 10
			index	u2	指向声明方法的类描述符 CONSTANT_Class_Info 的索引项
			index	u2	指向名称及类型描述符 CONSTANT_NameAndType_Info 的索引项

图 17-19 首个常量结构

可以看到标识后面还有 4 个字节的内容，分别为两个索引项，如图 17-20 所示。

图 17-20 首个常量项标识位后面的内容

其中前两位的值为 0x0006，即 6，指向常量池第 6 项的索引；后两位的值为 0x0013，即 19，指向常量池第 19 项的索引。至此，常量池中第一个常量项解析完毕。再来看下第二个常量，其标识位如图 17-21 所示。

```
ClassFileDemo.class
Address   0  1  2  3  4  5  6  7  8  9  a  b  c  d  e  f
00000000  ca fe ba be 00 00 00 34 00 1f 0a 00 06 00 13 09
00000010  00 05 00 14 0a 00 15 00 16 0a 00 15 00 17 07 00
```

图 17-21　第二个常量项标识位

标识值为 0x09，即 9，查找表 17-3 可知，其对应的项目类型为 CONSTANT_Fieldref_info，即字段的符号引用，其结构如图 17-22 所示。

9	CONSTANT_Fieldref_info	字段的符号引用	tag	u1	标识值为 9
			index	u2	指向声明字段的类或接口描述符 CONSTANT_Class_Info 的索引项
			index	u2	指向字段描述符 CONSTANT_NameAndType_Info 的索引项

图 17-22　第二个常量项结构

同样后面也有 4 字节的内容，分别为两个索引项，如图 17-23 所示。

```
ClassFileDemo.class
Address   0  1  2  3  4  5  6  7  8  9  a  b  c  d  e  f
00000000  ca fe ba be 00 00 00 34 00 1f 0a 00 06 00 13 09
00000010  00 05 00 14 0a 00 15 00 16 0a 00 15 00 17 07 00
```

图 17-23　第二个常量项标识位后面的内容

同样也是 4 字节，前后都是两个索引。分别指向第 5 项的索引和第 20 项的索引。后面常量项就不一一去解读了，这样的 class 文件解读起来既费力又费神，还很有可能解析错误。我们可以使用“javap -verbose ClassFileDemo.class”命令去查看 class 文件，如图 17-24 所示。

```
Constant pool:
   #1 = Methodref          #6.#19         // java/lang/Object."<init>":()V
   #2 = Fieldref           #5.#20         // com/atguigu/ClassFileDemo.num:Ljava/lang/Integer;
   #3 = Methodref          #21.#22        // java/lang/Integer.intValue:()I
   #4 = Methodref          #21.#23        // java/lang/Integer.valueOf:(I)Ljava/lang/Integer;
   #5 = Class              #24            // com/atguigu/ClassFileDemo
   #6 = Class              #25            // java/lang/Object
   #7 = Utf8               num
   #8 = Utf8               Ljava/lang/Integer;
   #9 = Utf8               <init>
  #10 = Utf8               ()V
  #11 = Utf8               Code
  #12 = Utf8               LineNumberTable
  #13 = Utf8               LocalVariableTable
  #14 = Utf8               this
  #15 = Utf8               Lcom/atguigu/ClassFileDemo;
  #16 = Utf8               fun
  #17 = Utf8               SourceFile
  #18 = Utf8               ClassFileDemo.java
  #19 = NameAndType        #9:#10         // "<init>":()V
  #20 = NameAndType        #7:#8          // num:Ljava/lang/Integer;
  #21 = Class              #26            // java/lang/Integer
  #22 = NameAndType        #27:#28        // intValue:()I
  #23 = NameAndType        #29:#30        // valueOf:(I)Ljava/lang/Integer;
  #24 = Utf8               com/atguigu/ClassFileDemo
  #25 = Utf8               java/lang/Object
  #26 = Utf8               java/lang/Integer
  #27 = Utf8               intValue
  #28 = Utf8               ()I
  #29 = Utf8               valueOf
  #30 = Utf8               (I)Ljava/lang/Integer;
```

图 17-24　第二个常量项标识位后面的内容

可以看到，常量池中总共有 30 个常量项，第一个常量项指向常量池第 6 项的索引以及指向常量池第 19 项的索引，第二个常量项指向常量池第 5 项的索引和指向常量池第 20 项的索引。和我们上面按照字节码原文件解析结果一样。虽然使用 javap 命令很方便，但是通过手动分析才知道这个结果是怎么出来的，做到知其然也知其所以然。

17.3.4　访问标识

常量池后紧跟着访问标识。访问标识（access_flag）描述的是当前类（或者接口）的访问修饰符，如 public、private 等标识使用两个字节表示，用于识别一些类或者接口层次的访问信息，识别当前 Java 源文件属性是类还是接口；是否定义为 public 类型；是否定义为 abstract 类型；如果是类的话，是否被声明为 final 等。访问标识的类型如表 17-7 所示，比如当标识值为 0x0001 的时候，访问标识的类型是 public。

表17-7 访问标识对照表

标 识 名 称	标 识 值	含 义
ACC_PUBLIC	0x0001	标识为 public 类型
ACC_FINAL	0x0010	标识被声明为 final，只有类可以设置
ACC_SUPER	0x0020	标识允许使用 invokespecial 字节码指令的新语义，JDK1.0.2 之后编译出来的类的这个标识默认为真（使用增强的方法调用父类方法）
ACC_INTERFACE	0x0200	标识这是一个接口
ACC_ABSTRACT	0x0400	是否为 abstract 类型，对于接口或者抽象类来说，次标识为真，其他类型为假
ACC_SYNTHETIC	0x1000	标识此类并非由用户代码产生（即：由编译器产生的类，没有源码对应）
ACC_ANNOTATION	0x2000	标识这是一个注解
ACC_ENUM	0x4000	标识这是一个枚举

从表 17-7 中可以看到类的访问权限通常是以 ACC_ 开头的常量。一个 public final 类型的类，该类标识为 ACC_PUBLIC|ACC_FINAL。带有 ACC_INTERFACE 标识的 class 文件表示的是接口而不是类，其他标识则表示的是类而不是接口。下面介绍访问标识的设置规则。

（1）如果一个 class 文件被设置了 ACC_INTERFACE 标识，那么同时也得设置 ACC_ABSTRACT 标识。它不能再设置 ACC_FINAL、ACC_SUPER 或 ACC_ENUM 标识。

（2）如果没有设置 ACC_INTERFACE 标识，那么这个 class 文件可以具有表 17-7 中除 ACC_ANNOTATION 外的其他所有标识。当然，ACC_FINAL 和 ACC_ABSTRACT 这类互斥的标识除外，这两个标识不得同时设置。

（3）ACC_SUPER 标识用于确定类或接口里面的 invokespecial 指令使用的是哪一种执行语义。针对 JVM 指令集的编译器都应当设置这个标识。使用 ACC_SUPER 可以让类更准确地定位到父类的方法 super.method()。ACC_SUPER 标识是为了向后兼容由旧 Java 编译器所编译的代码而设计的。对于 JavaSE 8 及后续版本来说，无论 class 文件中这个标识的实际值是什么，也不管 class 文件的版本号是多少，JVM 都认为每个 class 文件均设置了 ACC_SUPER 标识。也就是说 JavaSE 8 及后续版本不再支持没有设置 ACC_SUPER 标识的 class 文件了。ACC_SUPER 这个标识位在 JDK 1.0.2 之前的版本中没有任何含义，即使设置了标志，Oracle 的 JVM 实现也会忽略该标志。

（4）ACC_SYNTHETIC 标识意味着该类或接口的 class 文件是由编译器生成的，而不是由源代码生成的。

（5）注解类型必须设置 ACC_ANNOTATION 标识。而且，如果设置了 ACC_ANNOTATION 标识，那么也必须设置 ACC_INTERFACE 标识。

（6）ACC_ENUM 标识表明该类或其父类为枚举类型。

访问标识占用 2 字节，表示其有 16 位可以使用，目前只定义了 8 种类型，表中没有使用的标识是为未来扩充而预留的，这些预留的标识在编译器中设置为 0。

我们把 ClassFileDemo.class 文件中的内容全部放到表格中展示，访问标识的值如图 17-25 所示。

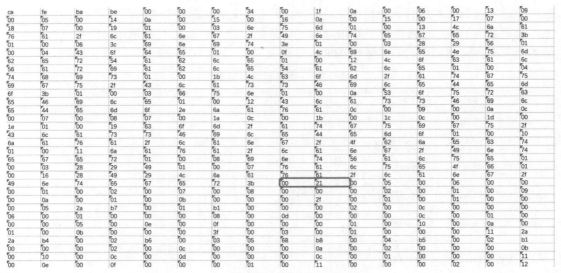

图 17-25　访问标识

　　其值为 0x0021，我们上面的表格里没有 0x0021，那么 0x0021 只能是组合后的数值，0x0021 只能是 0x0020 和 0x0001 的并集，即这是一个 public 的类，再回头看看我们的源码，该类是由 public 修饰的。

17.3.5　类索引、父类索引、接口索引集合

　　在访问标识后，会指定该类的类别、父类类别以及实现的接口，这三项数据来确定这个类的继承关系，格式如表 17-8 所示。

表17-8　类别格式

长　　度	含　　义
u2	this_class
u2	super_class
u2	interfaces_count
u2	interfaces[interfaces_count]

　　类索引用于确定这个类的全限定名，父类索引用于确定这个类的父类的全限定名。由于 Java 语言不允许多重继承，所以父类索引只有一个，注意 java.lang.Object 类除外。一个类如果没有继承其他类，默认继承 java.lang.Object 类。

　　接口索引集合用来描述这个类实现了哪些接口，这些被实现的接口将按 implements 语句后面接口的顺序从左到右排列在接口索引集合中。如果这个类本身是接口类型，则应当是按 extends 语句后面接口的顺序从左到右排列在接口索引集合中。

1. this_class（类索引）

　　类索引占用 2 字节，指向常量池的索引，它提供了类的全限定名，如 ClassFileDemo 文件的全限定名为 com/atguigu/ClassFileDemo。类索引的值必须是对常量池表中某项的一个有效索引值。常量池在这个索引处的成员必须为 CONSTANT_Class_info 类型结构体，该结构体表示这个 class 文件所定义的类或接口。我们直接来看下 ClassFileDemo 字节码中的值，如图 17-26 所示。

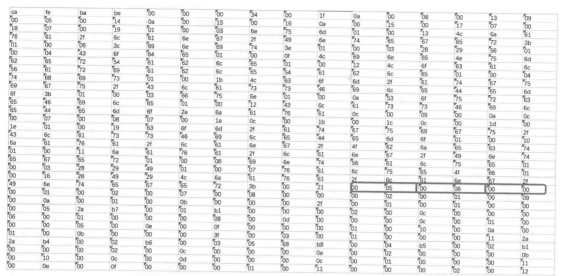

图 17-26　类索引，父类索引、接口索引集合

　　类索引的值为 0x0005，即为指向常量池中第五项的索引。这里就用到了常量池中的值。接下来查看常量池中第五项的值，如下所示。

```
#5 = Class              #24          // com/atguigu/ClassFileDemo
```

通过类索引我们可以确定到类的全限定名。

2. super_class（父类索引）

　　父类索引占用 2 字节，指向常量池的索引。它提供了当前类的父类的全限定名。如果我们没有继承任何类，其默认继承的是 java/lang/Object 类。同时，由于 Java 不支持多继承，所以其父类只有一个。super_class 指向的父类不能是 final。

　　从图 17-26 可以看出，父类索引的值为 0x0006，即常量池中的第六项，接下来查看常量池中第六项的值，如下所示。

```
#6 = Class              #25          // java/lang/Object
```

　　这样我们就可以确定到父类的全限定名。可以看到，如果我们没有继承任何类，其默认继承的是 java/lang/Object 类。同时，由于 Java 不支持多继承，所以其父类只有一个。对于类来说，super_class 的值要么是 0，要么是对常量池表中某项的一个有效索引值。如果它的值不为 0，那么常量池在这个索引处的成员必须为 CONSTANT_Class_info 类型常量，它表示这个class 文件所定义的类的直接超类。在当前类的直接超类，以及它所有间接超类的 ClassFile 结构体中，访问标识里面均不能有 ACC_FINAL 标志。

　　如果 class 文件的 super_class 的值为 0，那这个 class 文件只可能用来表示 Object 类，因为它是唯一没有父类的类。

3. interfaces

　　指向常量池索引集合，它提供了一个符号引用到所有已实现的接口。由于一个类可以实现多个接口，因此需要以数组形式保存多个接口的索引，表示接口的每个索引也是一个指向常量池的 CONSTANT_Class（当然这里就必须是接口，而不是类）。和常量池计数器以及常量池的设计一样，interfaces 同样设计了接口计数器和接口索引集合。

1）interfaces_count（接口计数器）

interfaces_count 项的值表示当前类或接口的直接超接口数量。从图 17-26 可以看出，接口索引个数的值为 0x0000，即没有任何接口索引，ClassFileDemo 的源码也确实没有去实现任何接口。

2）interfaces []（接口索引集合）

interfaces [] 中每个成员的值必须是对常量池表中某项的有效索引值，它的长度为 interfaces_count。每个成员 interfaces[i] 必须为 CONSTANT_Class_info 结构，其中 $0 \leqslant i <$ interfaces_count。在 interfaces[] 中，各成员所表示的接口顺序和对应的源代码中给定的接口顺序（从左至右）一样，即 interfaces[0] 对应的是源代码中最左边的接口。

由于 ClassFileDemo 的源码没有去实现任何接口，所以接口索引集合就为空了，不占空间。可以看到，由于 Java 支持多接口，因此这里设计成了接口计数器和接口索引集合来实现。

17.3.6 字段表集合

接口计数器或接口索引集合后面就是字段表了，用于描述接口或类中声明的变量。字段包括类级变量以及实例级变量，但是不包括方法内部、代码块内部声明的局部变量。

字段叫什么名字、字段被定义为什么数据类型，这些都是无法固定的，只能引用常量池中的常量来描述。它指向常量池索引集合，它描述了每个字段的完整信息，比如字段的标识符、访问修饰符（public、private 或 protected）、是类变量（static 修饰符）还是实例变量、是否为常量（final 修饰符）等。

需要注意的是字段表集合中不会列出从父类或者实现的接口中继承而来的字段，但有可能列出原本 Java 代码之中不存在的字段，例如在内部类中为了保持对外部类的访问性，会自动添加指向外部类实例的字段。

在 Java 语言中字段是无法重载的，两个字段的数据类型、修饰符不管是否相同，都必须使用不一样的名称，但是对于字节码来讲，如果两个字段的描述符不一致，那字段重名就是合法的。由于存储在字段表项中的字段信息并不包括声明在方法内部或者代码块内的局部变量，因此多个字段之间的作用域就都是一样的，那么 Java 语法规范必然不允许在一个类或者接口中声明多个具有相同标识符名称的字段。

和常量池计数器以及常量池的设计一样，字段表同样设计了字段计数器和字段表，在接口计数器或接口索引集合后面就是字段计数器，占用 2 个字节，后面便是字段表了。

1. fields_count （字段计数器）

fields_count 的值表示当前 class 文件 fields 表的成员个数，使用两个字节表示。fields 表中每个成员都是一个 field_info 结构，用于表示该类或接口所声明的所有类字段或者实例字段，不包括方法内部声明的变量，也不包括从父类或父接口继承的那些字段。查看 ClassFileDemo 字节码中的值，如图 17-27 所示。

其值为 0x0001，表示只有一个字段。

2. fields []（字段表）

fields 表中的每个成员都必须是一个 fields_info 结构的数据项，用于表示当前类或接口中某个字段的完整描述。

一个字段的信息包括如下这些：作用域（public、private、protected 修饰符）；是实例变量还是类变量（static 修饰符）；可变性（final）；并发可见性（volatile 修饰符，是否强制从主内存读写）；可否序列化（transient 修饰符）；字段数据类型（基本数据类型、对象、数组）；字段名称。

ca	fe	ba	be	00	00	34	00	1f	0a	00	06	00	13	09
00	05	00	14	0a	00	15	00	16	0a	00	15	00	17	07
18	07	00	19	01	00	03	6e	75	6d	01	00	13	4c	6a	61
76	61	2f	6c	61	6e	67	2f	49	6e	74	65	67	65	72	3b
01	00	06	3c	69	6e	69	74	3e	01	00	03	28	29	56	01
00	04	43	6f	64	65	01	00	0f	4c	69	6e	65	4e	75	6d
62	65	72	54	61	62	6c	65	01	00	12	4c	6f	63	61	6c
56	61	72	69	61	62	6c	65	54	61	62	6c	65	01	00	04
74	68	69	73	01	00	1b	4c	63	6f	6d	2f	61	74	67	75
69	67	75	2f	43	6c	61	73	73	46	69	6c	65	01	00	04
6f	3b	01	00	03	66	6f	6f	01	00	0a	53	6f	75	72	6d
65	44	69	6c	65	6f	2e	6a	61	76	61	0c	00	09	00	0c
00	07	00	08	07	00	1a	0c	00	1b	00	1c	0c	00	1d	2f
1e	01	00	19	63	6f	6d	2f	61	74	67	75	69	67	75	2f
43	6c	61	73	73	46	69	6c	65	44	65	6d	6f	01	00	10
6a	61	76	61	2f	6c	61	6e	67	2f	4f	62	6a	65	63	74
01	00	11	6a	61	76	61	2f	6c	6e	6e	67	2f	49	6e	74
65	67	03	28	29	49	01	00	07	76	61	6c	75	65	01	01
00	16	28	49	29	4c	6a	61	76	61	21	00	05	00	06	2f
49	6e	00	01	00	02	00	07	00	08	00	00	00	01	00	09
00	01	00	0a	00	01	00	0b	00	00	2f	00	01	00	01	00
00	05	2a	b7	00	01	b1	00	00	00	02	00	0c	00	01	09
06	00	01	00	00	0f	00	0d	00	00	0c	00	01	00	00
01	00	0b	00	00	3f	00	03	00	01	00	00	0a	00	11	2a
2a	b4	00	02	b6	00	03	68	b8	00	04	b5	00	02	b1
00	10	00	0c	00	0f	00	00	0c	00	00	01	00	11
00	0e	00	0f	00						00	02	00	12

图 17-27 字段计数器

字段表作为一个表，同样有它自己的结构，如表 17-9 所示。

表17-9 字段表结构

类 型	名 称	含 义	数 量
u2	access_flags	访问标识	1
u2	name_index	字段名索引	1
u2	descriptor_index	描述符索引	1
u2	attributes_count	属性计数器	1
attribute_info	attributes	属性集合	attributes_count

下面分别介绍每个结构所代表的含义。

1）字段表访问标识

我们知道，一个字段可以被各种关键字去修饰，比如作用域修饰符（public、private、protected）、static 修饰符、final 修饰符、volatile 修饰符等。因此，和类的访问标识类似，使用一些标识来标识字段。字段的访问标识分类如表 17-10 所示。

表17-10 字段访问标识

标 识 名 称	标 识 值	含 义
ACC_PUBLIC	0x0001	字段是否为 public
ACC_PRIVATE	0x0002	字段是否为 private
ACC_PROTECTED	0x0004	字段是否为 protected
ACC_STATIC	0x0008	字段是否为 static
ACC_FINAL	0x0010	字段是否为 final
ACC_VOLATILE	0x0040	字段是否为 volatile
ACC_TRANSTENT	0x0080	字段是否为 transient
ACC_SYNCHETIC	0x1000	字段是否由编译器自动产生
ACC_ENUM	0x4000	字段是否为 enum

2）字段名索引

根据字段名索引的值，查询常量池中的指定索引项即可。

3）描述符索引

字段描述符的作用是用来描述字段的数据类型。我们知道数据类型分为基本数据类型和引用数据类型。基本数据类型（byte、short、int、long、float、double、boolean、char）都用一个大写字符来表示。引用数据类型中的对象类型用字符 L 加对象的全限定名来表示。对于数组类型，每一维度将使用一个前置的"["字符来描述，如表 17-11 所示。例如 int 实例变量的描述符是 I。Object 类型的实例，描述符是 Ljava/lang/Object;。三维数组 double d[][][] 的描述符是 [[[D。

表17-11　描述符索引

字　　符	类　　型	含　　义
B	byte	有符号字节型型数
C	char	Unicode 字符，UTF-16 编码
D	double	双精度浮点数
F	float	单精度浮点数
I	int	整型数
J	long	长整数
S	short	有符号短整数
Z	boolean	布尔值 true/false
L Classname;	reference	一个名为 Classname 的实例
[	reference	一个一维数组

4）属性表集合

一个字段还可能拥有一些属性，用于存储更多的额外信息。比如字段的初始化值、一些注释信息等。属性个数存放在 attribute_count 中，属性具体内容存放在 attributes 数组中，以常量属性为例，结构如下。

```
ConstantValue_attribute{
    u2 attribute_name_index;
    u4 attribute_length;
    u2 constantvalue_index;
}
```

注意，对于常量属性而言，attribute_length 值恒为 2。

3. 解析字段表

我们在 ClassFileDemo 中定义的字段为 num，如下所示。

```
private Integer num;
```

查看 ClassFileDemo 字节码中的值，如图 17-28 所示。

访问标识的值为 0x0002，查询上面字段访问标识的表格，可得字段为 private。

字段名索引的值为 0x0007，查询常量池中的第 7 项，如下所示，可以得到字段名为 num。

```
#7 = Utf8                    num
```

描述符索引的值为 0x0008，查询常量池中的第 8 项，如下所示，可以得到其为 Integer 类型的实例。如果定义数据类型的时候写为 int 类型，就会显示为 I。

```
#8 = Utf8                Ljava/lang/Integer;
```

属性计数器的值为 0x0000，表示没有任何其他属性。

ca	fe	ba	be	00	00	00	34	00	1f	0a	00	06	00	13	09
00	05	00	14	0a	00	15	00	16	0a	00	15	00	17	07	00
18	07	00	19	01	00	03	6e	75	6d	01	00	13	4c	6a	61
76	61	2f	6c	61	6e	67	2f	49	6e	74	65	67	65	72	3b
01	00	06	3c	69	6e	69	74	3e	01	00	03	28	29	56	01
00	04	43	6f	64	65	01	00	0f	4c	69	6e	65	4e	75	6d
62	65	72	54	61	62	6c	65	01	00	12	4c	6f	63	61	6c
56	61	72	69	61	62	6c	65	54	61	62	6c	65	01	00	04
74	68	69	73	01	00	1b	4c	63	6f	6d	2f	61	74	67	75
69	67	75	2f	43	6c	61	73	73	46	69	6c	65	44	65	6d
6f	3b	01	00	03	66	75	6e	01	00	0a	53	6f	75	72	63
65	46	69	6c	65	01	00	12	43	6c	61	73	73	46	69	6c
65	44	65	6d	6f	2e	6a	61	76	61	0c	00	09	00	0a	0c
00	07	00	08	07	00	1a	0c	00	1b	00	1c	0c	00	1d	00
1e	01	00	19	63	6f	6d	2f	61	74	67	75	69	67	75	2f
43	6c	61	73	73	46	69	6c	65	44	65	6d	6f	01	00	10
6a	61	76	61	2f	6c	61	6e	67	2f	4f	62	6a	65	63	74
01	00	11	6a	61	76	61	2f	6c	61	6e	67	2f	49	6e	74
65	67	65	72	01	00	08	69	6e	74	56	61	6c	75	65	01
00	03	28	29	49	01	00	07	76	61	6c	75	65	4f	66	01
00	16	28	49	29	4c	6a	61	76	61	2f	6c	61	6e	67	2f
49	6e	74	65	67	65	72	3b	00	21	00	05	00	06	00	00
00	01	00	02	00	07	00	08	00	00	00	02	00	01	00	09
00	0a	00	01	00	0b	00	00	00	2f	00	01	00	01	00	00
00	05	2a	b7	00	01	b1	00	00	00	02	00	0c	00	00	00
06	00	01	00	00	00	08	00	0d	00	00	00	0c	00	01	00
00	00	05	00	0e	00	0f	00	00	00	01	00	10	00	0a	00
01	00	0b	00	00	00	3f	00	03	00	01	00	00	00	11	2a
2a	b4	00	02	b6	00	03	05	68	b8	00	04	b5	00	02	b1
00	00	00	02	00	0c	00	00	00	0a	00	02	00	00	00	0b
00	10	00	0c	00	0d	00	00	00	0c	00	01	00	00	00	11
00	0e	00	0f	00	00	00	01	00	11	00	00	00	02	00	12

图 17-28　字段表

17.3.7　方法表集合

字段表之后就是方法表信息了，它指向常量池索引集合，它完整描述了每个方法的信息。在 class 文件中，一个方法表与类或者接口中方法一一对应。方法信息包含方法的访问修饰符（public、private 或 protected）、方法的返回值类型以及方法的参数信息等。如果这个方法不是抽象的或者不是 native 的，那么字节码中会体现出来。方法表只描述当前类或接口中声明的方法，不包括从父类或父接口继承的方法，除非当前类重写了父类方法。方法表有可能会出现由编译器自动添加的方法，最典型的便是编译器产生的方法信息，比如类或接口的初始化方法 <clinit>()，以及实例初始化方法 <init>()。

Java 语法规范中，要重载（Overload）一个方法，要求参数类型或者参数个数必须不同，方法返回值不会作为区分重载方法的标准。但是在 class 文件中，如果两个方法仅仅返回值不同，那么也是可以合法共存于同一个 class 文件中。方法表和常量池计数器以及常量池的设计一样，同样设计了方法计数器和方法表。

1. methods_count（方法计数器）

methods_count 的值表示当前 class 文件 methods 表的成员个数。使用两个字节来表示。methods 表中每个成员都是一个 method_info 结构。

2. methods []（方法表）

方法表中的每个成员都必须是一个 method_info 结构，用于表示当前类或接口中某个方法的完整描述。如果某个 method_info 结构的 access_flags 项既没有设置 ACC_NATIVE 标识也没有设置 ACC_ABSTRACT 标识，那么该结构中也应包含实现这个方法所用的 JVM 指令。

method_info 结构可以表示类和接口中定义的所有方法，包括实例方法、类方法、实例初始化方法和类或接口初始化方法。方法表的结构实际跟字段表是一样的，方法表结构如表 17-12 所示。

表17-12　方法表结构表

长　度	名　称	含　义	数　量
u2	access_flags	访问标识	1
u2	name_index	方法名索引	1
u2	descriptor_index	描述符索引	1
u2	attributes_count	属性计数器	1
attribute_info	attributes	属性集合	attributes_count

1）方法表访问标识

跟字段表一样，方法表也有访问标识，而且它们的标识有部分相同，部分则不同，方法表的具体访问标识如表 17-13 所示。

表17-13　方法表访问标识

标识名称	标识值	含　义
ACC_PUBLIC	0x0001	public，方法可以从包外访问
ACC_PRIVATE	0x0002	private，方法只能从本类访问
ACC_PROTECTED	0x0004	protected，方法在自身和子类可以访问
ACC_STATIC	0x0008	static，静态方法
ACC_FINAL	0x0010	final，方法不能被重写（覆盖）
ACC_SYNCHRONIZED	0x0020	synchronized，方法由管程同步
ACC_BRIGDE	0x0040	bridge，方法由编译器产生
ACC_VARARGS	0x0080	表示方法带有变长参数
ACC_NATIVE	0x0100	native，方法引用非 Java 语言的本地方法
ACC_ABSTRACT	0x0400	abstract，方法没有具体实现
ACC_STRICT	0x0800	strictfp，方法使用 FP-strict 浮点格式
ACC_SYNCHETIC	0x1000	方法在源文件中不出现，由编译器产生

2）方法名索引

根据方法名索引的值，查询常量池中的指定索引项即可。

3）描述符索引

根据描述符索引的值，查询常量池中的指定索引项即可。用描述符来描述方法时，按照参数列表、返回值的顺序描述，参数列表严格按照参数的顺序放在一组小括号 "()" 之内。如方法 java.lang.String toString() 的描述符为 ()LJava/lang/String;，方法 int abc(int[] x, int y) 的描述符为 ([II)I。

4）属性计数器

根据属性计数器的值，判断出方法中属性的个数。

5）属性表

属性计数器后面就是属性表。

3. 解析方法表

前面两个字节依然用来表示方法计数器，我们在 ClassFileDemo 中定义的方法如下。

```
public void fun(){
    num = num * 2;
}
```

查看 ClassFileDemo 字节码中的值，如图 17-29 所示。

ca	fe	ba	be	00	00	00	34	00	1f	0a	00	06	00	13	09
00	05	00	14	0a	00	15	00	16	0a	00	15	00	17	07	00
18	07	00	19	01	00	03	6e	75	6d	01	00	13	4c	6a	61
76	61	2f	6c	61	6e	67	2f	49	6e	74	65	67	65	72	3b
01	00	06	3c	69	6e	69	74	3e	01	00	03	28	29	56	01
00	04	43	6f	64	65	01	00	0f	4c	69	6e	65	4e	75	6d
62	65	72	54	61	62	6c	65	01	00	12	4c	6f	63	61	6c
56	61	72	69	61	62	6c	65	54	61	62	6c	65	01	00	04
74	68	69	73	01	00	1b	4c	63	6f	6d	2f	61	74	67	75
69	67	75	2f	43	6c	61	73	73	46	69	6c	65	44	65	6d
6f	3b	01	00	03	66	75	6e	01	00	0a	53	6f	75	72	63
65	46	69	6c	65	01	00	12	43	6c	61	73	73	46	69	6c
65	44	65	6d	6f	2e	6a	61	76	61	0c	00	09	00	0a	0c
00	07	00	08	07	00	1a	0c	00	1b	00	1c	0c	00	1d	00
1e	01	00	19	63	6f	6d	2f	61	74	67	75	69	67	75	2f
43	6c	61	73	73	46	69	6c	65	44	65	6d	6f	01	00	10
6a	61	76	61	2f	6c	61	6e	67	2f	4f	62	6a	65	63	74
01	00	11	6a	61	76	61	2f	6c	61	6e	67	2f	49	6e	74
65	67	65	72	01	00	08	69	6e	74	56	61	6c	75	65	01
00	03	28	29	49	01	00	07	76	61	6c	75	65	4f	66	01
00	16	28	49	29	4c	6a	61	76	61	2f	6c	61	6e	67	2f
49	6e	74	65	67	65	72	3b	00	21	00	05	00	06	00	00
00	01	00	02	00	07	00	08	00	00	00	02	00	01	00	09
00	0a	00	01	00	0b	00	00	00	2f	00	01	00	01	00	00
00	05	2a	b7	00	01	b1	00	00	00	02	00	0c	00	00	00
06	00	01	00	00	00	08	00	0d	00	00	00	0c	00	01	00
00	00	05	00	0e	00	0f	00	00	00	01	00	10	00	0a	00
01	00	0b	00	00	00	3f	00	03	00	01	00	00	00	11	2a
2a	b4	00	02	b6	00	03	05	68	b8	00	04	b5	00	02	b1
00	00	00	02	00	0c	00	00	00	0a	00	02	00	00	00	0b
00	10	00	0c	00	0d	00	00	00	0c	00	01	00	00	00	11
00	0e	00	0f	00	00	00	01	00	11	00	00	00	02	00	12

图 17-29 方法表

前面两个字节依然用来表示方法表的容量，值为 0x0002，表示有两个方法。ClassFileDemo 源码中只定义了一个方法，但是这里却显示两个方法，这是因为它包含了默认的构造方法。

继续分析字节码，在方法计数器之后是方法表，方法表中前两个字节表示访问标识，即 0x0001，对应访问标识表 17-13 可知访问标识为 public。

接下来 2 个字节是方法名索引的值为 0x0009，查询常量池中的第 9 项，这个名为 <init> 的方法实际上就是默认的构造方法了。

```
#9 = Utf8               <init>
```

描述符索引的值为 0x000a，查询常量池中的第 10 项，如下所示，可以得到该方法是一个返回值为空的方法。

```
#10 = Utf8              ()V
```

属性计数器的值为 0x0001，即这个方法表有一个属性。属性计数器后面就是属性表了，由于只有一个属性，所以这里也只有一个属性表。由于涉及属性表，这里简单讲一下，17.3.8 节会详细介绍。

属性表的前两个字节是属性名称索引，这里的值为 0x000b，查下常量池中的第 11 项，如下所示，表示这是一个 Code 属性，我们方法里面的代码就是存放在这个 Code 属性里面。相关细节暂且不表。

```
#11 = Utf8              Code
```

属性表的通用结构见第 17.3.8 节，这里我们需要跳过 47 个字节，再继续看第二个方法的字节码，如图 17-30 所示。

访问标识的值为 0x0001，查询上面字段访问标识的表格，可得字段为 public。

方法名索引的值为 0x0010，查询常量池中的第 16 项，可知方法名称为 fun。可以看到，第二个方法表就是我们自定义的 fun() 方法了。

```
#16 = Utf8              fun
```

ca	fe	ba	be	00	00	00	34	00	1f	0a	00	06	00	13	09
00	05	00	14	0a	00	15	00	16	0a	00	15	00	17	07	00
18	07	00	19	01	00	03	6e	75	6d	01	00	13	4c	6a	61
76	61	2f	6c	61	6e	67	2f	49	6e	74	65	67	65	72	3b
01	00	06	3c	69	6e	69	74	3e	01	00	03	28	29	56	01
00	04	43	6f	64	65	01	00	0f	4c	69	6e	65	4e	75	6d
62	65	72	54	61	62	6c	65	01	00	12	4c	6f	63	61	6c
56	61	72	69	61	62	6c	65	54	61	62	6c	65	01	00	04
74	68	69	73	01	00	1b	4c	63	6f	6d	2f	61	74	67	75
69	67	75	2f	43	6c	61	73	73	46	69	6c	65	44	65	6d
6f	3b	01	00	03	66	75	6e	01	00	0a	53	6f	75	72	63
65	46	69	6c	65	01	00	12	43	6c	61	73	73	46	69	6c
65	44	65	6d	6f	2e	6a	61	76	61	0c	00	09	00	0a	0c
00	07	00	08	07	00	1a	0c	00	1b	00	1c	0c	00	1d	00
1e	01	00	19	63	6f	6d	2f	61	74	67	75	69	67	75	2f
43	6c	61	73	73	46	69	6c	65	44	65	6d	6f	01	00	10
6a	61	76	61	2f	6c	61	6e	67	2f	4f	62	6a	65	63	74
01	00	11	6a	61	76	61	2f	6c	61	6e	67	2f	49	6e	74
65	67	65	72	01	00	08	69	6e	74	56	61	6c	75	65	01
00	03	28	29	49	01	00	07	76	61	6c	75	65	4f	66	01
00	16	28	49	29	4c	6a	61	76	61	2f	6c	61	6e	67	2f
49	6e	74	65	67	65	72	3b	00	21	00	05	00	06	00	00
00	01	00	02	00	07	00	08	00	00	00	02	00	01	00	09
00	0a	00	01	00	0b	00	00	00	2f	00	01	00	01	00	00
00	05	2a	b7	00	01	b1	00	00	00	02	00	0c	00	00	00
06	00	01	00	00	00	08	00	0d	00	00	00	0c	00	01	00
00	00	05	00	0e	00	0f	00	00	00	01	00	10	00	0a	00
01	00	0b	00	00	00	3f	00	03	00	01	00	00	00	11	2a
2a	b4	00	02	b6	00	03	05	68	b8	00	04	b5	00	02	b1
00	00	00	02	00	0c	00	00	00	0a	00	02	00	00	00	0b
00	10	00	0c	00	0d	00	00	00	0c	00	01	00	00	00	11
00	0e	00	0f	00	00	00	01	00	11	00	00	00	02	00	12

图 17-30　第二个方法解析

描述符索引的值为 0x000a，查询常量池中的第 10 项，可以得到该方法同样也是一个返回值为空的方法。对照源代码，结果一致。

```
#10 = Utf8                    ()V
```

属性计数器的值为 0x0001，即这个方法表有一个属性。属性名称索引的值同样也是 0x000b，即这也是一个 Code 属性。

17.3.8　属性表集合

方法表集合之后的属性表集合，指的是 class 文件所携带的辅助信息，比如该 class 文件的源文件的名称以及任何带有 RetentionPolicy.CLASS 或者 RetentionPolicy.RUNTIME 的注解。这类辅助信息通常被用于 JVM 的验证和运行，以及 Java 程序的调试，一般无须深入了解。此外，字段表、方法表都可以有自己的属性表。用于描述某些场景专有的信息。属性表集合的限制没有那么严格，不再要求各个属性表具有严格的顺序，并且只要不与已有的属性名重复，任何人实现的编译器都可以向属性表中写入自己定义的属性信息，但 JVM 运行时会忽略掉它不认识的属性。前面我们看到的属性表都是 Code 属性。Code 属性就是存放在方法体里面的代码，像接口或者抽象方法，它们没有具体的方法体，因此也就不会有 Code 属性了。和常量池计数器以及常量池的设计一样，属性表同样设计了属性计数器和属性表。

1. attributes_count（属性计数器）

attributes_count 的值表示当前 class 文件属性表的成员个数。

2. attributes []（属性表）

属性表的每个项的值必须是 attribute_info 结构。属性表的结构比较灵活，各种不同的属性只要满足以下结构即可。

1）属性的通用格式

属性表的通用格式如表 17-14 所示，只需说明属性的名称以及占用位数的长度即可，属性表具体的结构可以自定义。

2）属性类型

属性表实际上可以有很多类型，上面看到的 Code 属性只是其中一种，Java 虚拟机规范里面定义了 23 种属性。下面这些是虚拟机中预定义的属性，如表 17-15 所示，表格按照属性可能出现的位置排序。

表17-14 属性表通用格式

类　　型	名　　称	数　　量	含　　义
u2	attribute_name_index	1	属性名索引
u4	attribute_length	1	属性长度
u1	info	attribute_length	属性表

表17-15 属性类型

属性名称	使用位置	含　　义
SourceFile	class 文件	记录源文件名称
InnerClass	class 文件	内部类列表
EnclosingMethod	class 文件	仅当一个类为局部类或者匿名类时才需要这个属性，这个属性用于标识这个类所在的外围方法
SourceDebugExtension	class 文件	用于存储额外的调试信息
BootstrapMethods	class 文件	用于保存 invokeddynamic 指令引用的引导方式限定符
ConstantValue	字段表	final 关键字定义的常量池
code	方法表	Java 代码编译成的字节码指令
Exceptions	方法表	方法抛出的异常
RuntimeVisibleParameterAnnotation	方法表	作用与 RuntimeVisibleAnnotations 属性类似，只不过作用对象为方法参数
RuntimeInvisibleParameterAnnotation	方法表	作用与 RuntimeInvisibleAnnotations 属性类似，只不过作用对象为方法参数
AnnotationDefault	方法表	用于记录注解类元素的默认值
MethodParamters	方法表	用于记录与形式参数有关的信息，例如参数名称等
Synthetic	class 文件，方法表，字段表	标识方法或字段为编译器自动生成的
Deprecated	class 文件，方法表，字段表	被声明为 deprecated 的方法和字段
Signature	class 文件，方法表，字段表	用于支持泛型情况下的方法签名
RuntimeVisibleAnnotations	class 文件，方法表，字段表	为动态注解提供支持
RuntimeInvisibleAnnotations	class 文件，方法表，字段表	用于指明哪些注解是运动时不可见的
LineNumberTable	Code 属性	Java 源文件的行号与字节码指令的对应关系
LocalVariableTable	Code 属性	方法的局部变量描述
LocalVariableTypeTable	Code 属性	使用特征签名代替描述符，是为了引入泛型语法之后能描述泛型参数化类型而添加
StackMapTable	Code 属性	JDK1.6 中新增的属性，供新的类型检查检验器检查和处理目标方法的局部变量和操作数与所需要的类是否匹配

属 性 名 称	使 用 位 置	含 义
RuntimeVisible TypeAnnotations	class 文件，方法表，字段表，Code 属性	记录了标注在相应类、字段或方法的声明中，或在相应方法体中某个表达式中使用的类型上面的运行时可见注解
RuntimeInvisible TypeAnnotations	class 文件，方法表，字段表，Code 属性	记录了标注在相应类、字段或方法的声明中，或在相应方法体中某个表达式中使用的类型上面的运行时不可见注解

3. 部分属性详解

1）ConstantValue 属性

ConstantValue 属性表示一个常量字段的值。位于 field_info 结构的属性表中。它的结构如下所示。

```
ConstantValue_attribute {
    u2 attribute_name_index;
    u4 attribute_length;
// 字段值在常量池中的索引，常量池在该索引处的项给出该属性表示的常量值。（例如，值是
long 型的，在常量池中便是 CONSTANT_Long）
    u2 constantvalue_index;
}
```

2）Deprecated 属性

Deprecated 属性是在 JDK 1.1 为了支持注释中的关键词 @deprecated 而引入的。它的结构如下所示。

```
Deprecated_attribute {
    u2 attribute_name_index;
    u4 attribute_length;
}
```

3）Code 属性

Code 属性就是存放在方法体里面的代码。但是，并非所有方法表都有 Code 属性。像接口或者抽象方法，它们没有具体的方法体，因此也就不会有 Code 属性了。Code 属性表的结构如表 17-16 所示。

表17-16　Code属性表的结构

类 型	名 称	数 量	含 义
u2	attribute_name_index	1	属性名索引
u4	attribute_length	1	属性长度
u2	max_stack	1	操作数栈深度的最大值
u2	max_locals	1	局部变量表所需的存续空间
u4	code_length	1	字节码指令的长度
u1	code	code_length	存储字节码指令
u2	exception_table_length	1	异常表长度
exception_info	exception_table	exception_length	异常表
u2	attributes_count	1	属性集合计数器
attribute_info	attribute	attributes_count	属性集合

可以看到 Code 属性表的前两项跟属性表是一致的，即 Code 属性表遵循属性表的结构，后面那些则是它自定义的结构。

下面对 Code 属性进行字节码解析，紧跟在图 17-29 中属性计数器后面的字节就是 Code 属性结构，如图 17-31 所示。

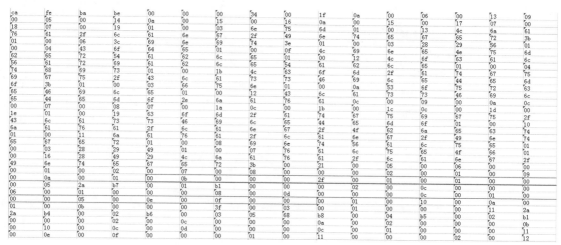

图 17-31　Code 属性结构

前面两个字节为属性名索引，其值为 0x000b，前面有讲过其对应常量池中的值为 Code，表明这是一个 Code 属性。属性长度的值为 0x0000002f，即长度为 47，注意，这里的长度是指后面自定义的属性长度，不包括属性名索引和属性长度这两个所占的长度，因为这两个类型所占的长度都是固定 6 个字节，所以往后 47 个字节都是 Code 属性的内容。这也是为什么在 17.3.7 节中分析第二个方法的时候，我们说需要跳过 47 个字节。

max_stack 的值为 0x0001，即操作数栈深度的最大值为 1。

max_locals 的值为 0x0001，即局部变量表所需的存储空间为 1，max_locals 的单位是 slot，slot 是虚拟机为局部变量分配内存所使用的最小单位。

code_length 的值为 0x00000005，即字节码指令的长度是 5。

code 总共有 5 个值，分别是 0x2a、0xb7、0x00、0x01、0xb1。这里的值就代表一系列的字节码指令。一个字节代表一个指令，一个指令可能有参数也可能没参数，如果有参数，则其后面字节码就是它的参数；如果没参数，后面的字节码就是下一条指令。可以通过 jclasslib 插件来查看这些字节分别代表哪些命令，如图 17-32 所示。

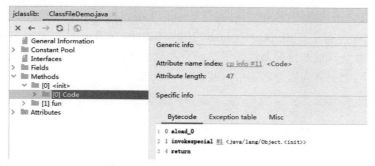

图 17-32　Code 属性结构之 code

从图 17-32 看到只有三个命令存在，单击 aload_0，会自动跳转到 JVM 官网，如图 17-33 所示，可以看到 aload_0 指令对应的字节码是 0x2a，对应 class 文件中 code 的第一个字节。

继续单击"invokespecial"命令，如图17-34
所示，可以看到 invokespecial 指令对应的字
节码是 0xb7，对应 class 文件中 code 的第二
个字节，大家可以看到这个指令需要两个参
数，每个参数占用一个字节，也就是说 0x00
和 0x01 分别是 invokespecial 的参数。

继续单击"return"命令，如图 17-35
所示，可以看到 return 指令对应的字节码是
0xb1，对应 class 文件中 code 的第五个字节。

也可以直接使用 javap 命令来解析，如
图 17-36 所示。

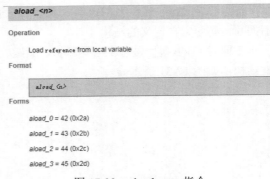

图 17-33　aload_<n> 指令

invokespecial

Operation

　　Invoke instance method; special handling for superclass, private, and instance initialization method invocations

Format

```
invokespecial
indexbyte1
indexbyte2
```

Forms

　　invokespecial = 183 (0xb7)

图 17-34　invokespecial 指令

return

Operation

　　Return void from method

Format

```
return
```

Forms

　　return = 177 (0xb1)

图 17-35　return 指令

```
public com.company.ClassFileDemo();
  descriptor: ()V
  flags: ACC_PUBLIC
  Code:
    stack=1, locals=1, args_size=1
       0: aload_0
       1: invokespecial #1           // Method java/lang/Object."<init>":()V
       4: return
```

图 17-36　javap 命令查看 code 属性

由图 17-36 可知，code 属性的操作数栈深度的最大值为 1，局部变量表所需的存储空间为
1，整个方法需要三个字节码指令。exception_table_length 的值为 0x0000，即异常表长度为 0，
所以其异常表也就没有了。attributes_count 的值为 0x0002，即 code 属性表里面还有 2 个其他
的属性表，后面就是其他属性的属性表了。所有的属性都遵循属性表的结构，同样，这里的结
构也不例外。前两个字节为属性名索引，其值为 0x000c，查看常量池中的第 12 项。

```
#12 = Utf8                LineNumberTable
```

这是一个 LineNumberTable 属性。LineNumberTable 属性先跳过。再来看下第二个方法表
中的 Code 属性，如图 17-37 所示。

属性名索引的值同样为 0x000b，所以这也是一个 Code 属性。属性长度的值为
0x0000003f，即长度为 70。max_stack 的值为 0x0003，即操作数栈深度的最大值为 3。max_
locals 的值为 0x0001，即局部变量表所需的存储空间为 1。code_length 的值为 0x00000011，即

字节码指令的长度为 17。code 的值为 0x2a，0x2a，0xb4，0x00，0x02，0xb6，0x00，0x03，0x05，0x68，0xb8，0x00,0x04，0xb5，0x00，0x02，0xb1 命令，对应的 fun() 方法的字节码指令如图 17-38 所示。

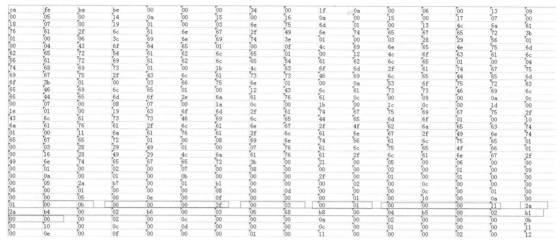

图 17-37　第二个方法 Code 属性结构

```
public void fun();
  descriptor: ()V
  flags: ACC_PUBLIC
  Code:
    stack=3, locals=1, args_size=1
       0: aload_0
       1: aload_0
       2: getfield       #2                  // Field num:Ljava/lang/Integer;
       5: invokevirtual #3                  // Method java/lang/Integer.intValue:()I
       8: iconst_2
       9: imul
      10: invokestatic  #4                  // Method java/lang/Integer.valueOf:(I)Ljava/lang/Integer;
      13: putfield      #2                  // Field num:Ljava/lang/Integer;
      16: return
```

图 17-38　javap 命令查看 code 属性

继续解析后面的字节码，exception_table_length 的值为 0x0000，表示异常表长度为 0，所以没有异常表。attributes_count 的值为 0x0002，表示 code 属性表里面还有一个其他的属性表。属性名索引值为 0x000c，这同样也是一个 LineNumberTable 属性，继续往下看。

4）LineNumberTable 属性

LineNumberTable 属性是可选变长属性，位于 Code 结构的属性表。用来描述 Java 源文件行号与字节码行号之间的对应关系。这个属性可以用来在调试的时候定位代码执行的行数。start_pc 表示字节码行号；line_number 表示 Java 源文件行号。在 Code 属性的属性表中，LineNumberTable 属性可以按照任意顺序出现，此外，多个 LineNumberTable 属性可以共同表示一个行号在源文件中表示的内容，即 LineNumberTable 属性不需要与源文件的行一一对应。LineNumberTable 属性表结构如下。

```
LineNumberTable_attribute {
    u2 attribute_name_index;
    u4 attribute_length;
    u2 line_number_table_length;
    {
        u2 start_pc;
```

```
        u2 line_number;
    }line_number_table[line_number_table_length];
}
```

前面出现了两个 LineNumberTable 属性，先看第一个，如图 17-39 所示。

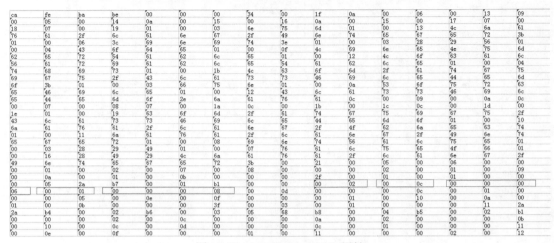

图 17-39　LineNumberTable 属性

attributes_count 的值为 0x0002，表明 code 属性表里面还有一个其他的属性表。属性名索引值为 0x000c，查看常量池中的第 12 项，如下所示，表明这是一个 LineNumberTable 属性。

```
#12 = Utf8                LineNumberTable
```

attribute_length 的值为 0x00000006，即其长度为 6，后面 6 个字节都是 LineNumberTable 属性的内容。line_number_table_length 的值为 0x0001，即其行号表长度为 1，表示有一个行号表。行号表值为 0x00 00 00 08，表示字节码第 0 行对应 Java 源文件第 8 行，同样，使用 javap 命令也能看到，如下所示。

```
LineNumberTable:
        line 8: 0
```

第二个 LineNumberTable 属性如图 17-40 所示。

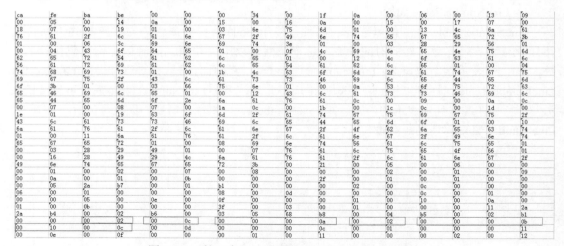

图 17-40　第二个 code 属性之 LineNumberTable 属性

attribute_length 的值为 0x0000000a，表示其长度为 10，后面 10 个字节都是 LineNumberTable 属性的内容。line_number_table_length 的值为 0x0002，表示其行号表长度为 2，即有一个行号表。行号表其值为 0x00 00 00 0b，表示字节码第 0 行对应 Java 源文件第 11 行。第二个行号表其值为 0x00 10 00 0c，即字节码第 16 行对应 Java 源文件第 12 行。同样，使用 javap 命令也能看到，如下所示。

```
LineNumberTable:
        line 11: 0
        line 12: 16
```

这些行号主要用于当程序抛出异常时，可以看到报错的行号，这利于我们排查问题。工作使用 debug 断点时，也是根据源码的行号来设置的。

5）LocalVariableTable 属性

LocalVariableTable 是可选变长属性，位于 Code 属性的属性表中。它被调试器用于确定方法在执行过程中局部变量的信息。在 Code 属性的属性表中，LocalVariableTable 属性可以按照任意顺序出现。Code 属性中的每个局部变量最多只能有一个 LocalVariableTable 属性。"start pc + length"表示这个变量在字节码中的生命周期起始和结束的偏移位置（this 生命周期从头 0 到结尾），index 就是这个变量在局部变量表中的槽位（槽位可复用），name 就是变量名称，Descriptor 表示局部变量类型描述。LocalVariableTable 属性表结构如下所示。

```
LocalVariableTable_attribute {
  u2 attribute_name_index;
  u4 attribute_length;
  u2 local_variable_table_length;
  {
    u2 start_pc;
    u2 length;
    u2 name_index;
    u2 descriptor_index;
    u2 index;
  } local_variable_table[local_variable_table_length];
}
```

大家还记得上面的 code 属性中存在 2 个其他属性，其中之一是 LineNumberTable 属性，在上一小节我们已经讲过，那么接下来分析另外一个属性。所有的属性都遵循属性表的结构，同样，这里的结构也不例外。前两个字节为属性名索引，其值为 0x000d，查看常量池中的第 13 项。

```
#13 = Utf8                LocalVariableTable
```

这是一个 LocalVariableTable 属性，如图 17-41 所示。

attribute_length 的值为 0x0000000c，表示其长度为 12，后面 12 个字节都是 LocalVariableTable 属性的内容。line_variable_table_length 的值为 0x0001，表示其行号表长度为 1，即有一个 local_variable_table 表。start_pc 的值为 0x0000，length 的值为 0x0011，其十进制值为 17，从字节码偏移量 start_pc 到 start_pc+length 就是当前局部变量的作用域范围。name_index 的值为 0x000e，转为十进制为 14，查看常量池中的第 14 项，可知，当前局部变量为 this。

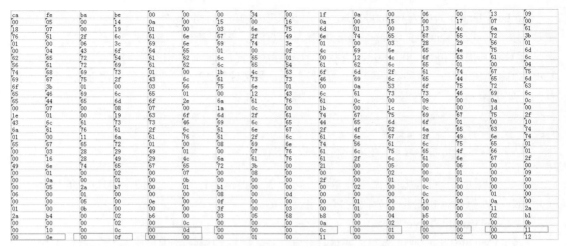

图 17-41　code 属性之 LocalVariableTable 属性

```
#14 = Utf8                          this
```

descriptor_index 的值为 0x000f，转为十进制为 15，查看常量池中的第 15 项。

```
#15 = Utf8                          Lcom/atguigu/ClassFileDemo;
```

该变量的描述符为引用数据类型 com/atguigu/ClassFileDemo。index 的值为 0x0000，转为十进制为 0，当前局部变量在栈帧中局部变量表中的位置是 0。

同样，使用 javap 命令也能看到，如下所示。

```
LocalVariableTable:
      Start  Length  Slot  Name   Signature
          0      17     0  this   Lcom/atguigu/ClassFileDemo;
```

对于 Java 类中的每一个实例方法（非 static 方法），其实在编译后所生成的字节码当中，方法参数的数量总是会比源代码中方法参数的数量多一个，多的参数是 this，它位于方法的第一个参数位置处，就可以在 Java 的实例方法中使用 this 去访问当前对象的属性以及其他方法。

这个操作是在编译期间完成的，即由 javac 编译器在编译的时候将对 this 的访问转化为对一个普通实例方法参数的访问，接下来在运行期间，由 JVM 在调用实例方法时，自动向实例方法传入该 this 参数，所以，在实例方法的局部变量表中，至少会有一个指向当前对象的局部变量。

6）InnerClasses 属性

假设一个类或接口的 class 文件为 C。如果 C 的常量池中包含某个 CONSTANT_Class_info 成员，且这个成员所表示的类或接口不属于任何一个包，那么 C 的属性表中就必须含有对应的 InnerClasses 属性。InnerClasses 属性是在 JDK 1.1 中为了支持内部类和内部接口而引入的，位于 class 文件中的属性表。

7）Signature 属性

Signature 属性是可选的定长属性，位于 ClassFile、field_info 或 method_info 结构的属性表中。在 Java 语言中，任何类、接口、初始化方法或成员的泛型签名如果包含了类型变量或参数化类型，则 Signature 属性会为它记录泛型签名信息。

8）SourceFile 属性

SourceFile 属性结构如表 17-17 所示，其长度是固定的 8 个字节。

表17-17 SourceFile属性表结构

类 型	名 称	数 量	含 义
u2	attribute_name_index	1	属性名索引
u4	attribute_length	1	属性长度
u2	sourcefile_index	1	源码文件索引

9）其他属性

最后还有几个字节没有解析，如图17-42所示。

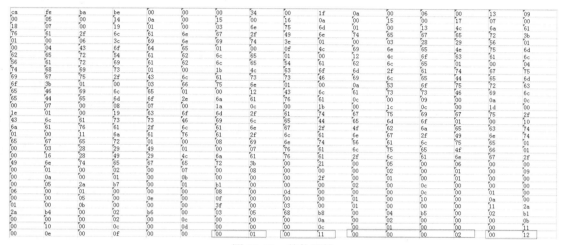

图17-42 其他属性

我们前面带大家解析的是方法表中的一些属性信息，包括code属性以及code属性中的LineNumberTable属性和LocalVariableTable属性，最后的就是我们本节所说的属性表集合。前面2个字节表示属性表计数器，其值为0x0001，即还有一个附加属性，属性名索引的值为0x0011，即常量池中的第17项，如下所示，这一个属性是SourceFile属性，即源码文件属性。

```
#17 = Utf8                    SourceFile
```

属性长度的值为0x00000002，即长度为2。源码文件索引的值为0x0012，即常量池中的第18项，如下所示。所以，我们能够从这里知道，这个class文件的源码文件名称为ClassFileDemo.java。同样，当抛出异常时，可以通过这个属性定位到报错的文件。至此，字节码完全解读完毕。

```
#18 = Utf8                    ClassFileDemo.java
```

JVM中预定义的属性有20多个，这里就不一一介绍了，通过上面几个属性的介绍，只要领会其精髓，其他属性的解读也是易如反掌。

通过手动去解读class文件，终于大概了解到其构成和原理了。实际上，可以使用各种工具来帮我们去解读class文件，而不用直接去看这些十六进制的数据。下面介绍javap指令解析class文件。

17.4 使用javap指令解析class文件

前面小节中通过解析反编译生成的class文件，可以帮助我们深入地了解Java代码的工作机制。但是，手动解析class文件结构太麻烦，除了使用第三方的jclasslib工具之外，Oracle官方也提供了 javap 命令工具。

javap 是 JDK 自带的反编译工具。它的作用就是根据 class 文件，反编译出当前类对应的字节码指令、局部变量表、异常表和代码行偏移量映射表、常量池等信息。例如通过局部变量表，我们可以查看局部变量的作用域范围、所在槽位等信息，甚至可以看到槽位复用等信息。

解析 class 文件得到的信息中，有些信息（如局部变量表、指令和代码行偏移量映射表、常量池中方法的参数名称等）需要在使用 javac 编译成 class 文件时，指定参数才能输出。比如直接执行 javac xx.java，就不会在生成对应的局部变量表等信息，如果使用 javac -g xx.java 就可以生成所有相关信息了。如果使用 Eclipse 或 IDEA，则默认情况下 Eclipse、IDEA 在编译时会帮助生成局部变量表、指令和代码行偏移量映射表等信息。

javap 的用法格式如下。

```
javap <options><classes>
```

其中，classes 就是要反编译的 class 文件。在命令行中直接输入 javap 或 javap -help 可以看到 javap 命令有如下选项，如表 17-18 所示。

表17-18　javap参数解析

参　　数	作　　用
-help --help -?	输出此用法消息
-version	版本信息，其实是当前 javap 所在 JDK 的版本信息，不是 class 在哪个 JDK 下生成的
-public	仅显示公共类和成员
-protected	显示受保护的 / 公共类和成员
-p -private	显示所有类和成员
-package	显示程序包 / 受保护的 / 公共类和成员（默认）
-sysinfo	显示正在处理的类的系统信息（路径、大小、日期、MD5 散列、源文件名）
-constants	显示静态最终常量
-s	输出内部类型签名
-l	输出行号和本地变量表
-c	对代码进行反汇编
-v -verbose	输出附加信息（包括行号、本地变量表、反汇编等详细信息）
-classpath <path>	指定查找用户类文件的位置
-cp <path>	指定查找用户类文件的位置
-bootclasspath <path>	覆盖引导类文件的位置

一般常用的是 -l、-c、-v 三个选项。

```
javap -l 会输出行号和本地变量表信息。
javap -c 会对当前 class 字节码进行反编译生成汇编代码。
javap -v 除了包含 -c 内容外，还会输出行号、局部变量表信息、常量池等信息。
```

1. 使用举例

通过一段代码来查看使用 javap 命令的效果，Java 源文件如代码清单 17-3 所示。

代码清单17-3　测试javap命令的效果

```
package com.atguigu;
public class JavapTest {
```

```
        private int num;
        boolean flag;
        protected char gender;
        public String info;

        public static final int COUNTS = 1;
        static{
            String url = "www.atguigu.com";
        }
        {
            info = "java";
        }
        public JavapTest(){

        }
        private JavapTest(boolean flag){
            this.flag = flag;
        }
        private void methodPrivate(){

        }
        int getNum(int i){
            return num + i;
        }
        protected char showGender(){
            return gender;
        }
        public void showInfo(){
            int i = 10;
            System.out.println(info + i);
        }
}
```

输入如下命令可以看到比较完整的字节码信息。

```
javap -v -p JavapTest.class
```

结果如下，相关的信息在字节码中有注释。

```
public class com.atguigu.JavapTest
  minor version: 0        // 副版本
  major version: 52          // 主版本
  flags: ACC_PUBLIC, ACC_SUPER  // 访问标识
Constant pool:  // 常量池
    #1 = Methodref          #16.#46
    #2 = String             #47
    #3 = Fieldref           #15.#48
    #4 = Fieldref           #15.#49
```

```
 #5 = Fieldref              #15.#50
 #6 = Fieldref              #15.#51
 #7 = Fieldref              #52.#53
 #8 = Class                 #54
 #9 = Methodref             #8.#46
#10 = Methodref             #8.#55
#11 = Methodref             #8.#56
#12 = Methodref             #8.#57
#13 = Methodref             #58.#59
#14 = String                #60
#15 = Class                 #61
#16 = Class                 #62
#17 = Utf8                  num
#18 = Utf8                  I
#19 = Utf8                  flag
#20 = Utf8                  Z
#21 = Utf8                  gender
#22 = Utf8                  C
#23 = Utf8                  info
#24 = Utf8                  Ljava/lang/String;
#25 = Utf8                  COUNTS
#26 = Utf8                  ConstantValue
#27 = Integer               1
#28 = Utf8                  <init>
#29 = Utf8                  ()V
#30 = Utf8                  Code
#31 = Utf8                  LineNumberTable
#32 = Utf8                  LocalVariableTable
#33 = Utf8                  this
#34 = Utf8                  Lcom/atguigu/JavapTest;
#35 = Utf8                  (Z)V
#36 = Utf8                  methodPrivate
#37 = Utf8                  getNum
#38 = Utf8                  (I)I
#39 = Utf8                  i
#40 = Utf8                  showGender
#41 = Utf8                  ()C
#42 = Utf8                  showInfo
#43 = Utf8                  <clinit>
#44 = Utf8                  SourceFile
#45 = Utf8                  JavapTest.java
#46 = NameAndType          #28:#29
#47 = Utf8                  java
#48 = NameAndType          #23:#24
#49 = NameAndType          #19:#20
#50 = NameAndType          #17:#18
#51 = NameAndType          #21:#22
```

```
#52 = Class              #63
#53 = NameAndType        #64:#65
#54 = Utf8               java/lang/StringBuilder
#55 = NameAndType        #66:#67
#56 = NameAndType        #66:#68
#57 = NameAndType        #69:#70
#58 = Class              #71
#59 = NameAndType        #72:#73
#60 = Utf8               www.atguigu.com
#61 = Utf8               com/atguigu/JavapTest
#62 = Utf8               java/lang/Object
#63 = Utf8               java/lang/System
#64 = Utf8               out
#65 = Utf8               Ljava/io/PrintStream;
#66 = Utf8               append
#67 = Utf8               (Ljava/lang/String;)Ljava/lang/StringBuilder;
#68 = Utf8               (I)Ljava/lang/StringBuilder;
#69 = Utf8               toString
#70 = Utf8               ()Ljava/lang/String;
#71 = Utf8               java/io/PrintStream
#72 = Utf8               println
#73 = Utf8               (Ljava/lang/String;)V
```

下面的内容用来描述字段表集合信息，包括字段名称（例如 private int num 表示字段名称为 num），字段描述符（例如 descriptor: I 表示字段类型为 int）和字段的访问权限（例如 flags: ACC_PRIVATE 表示字段访问权限为 private）。如果包含常量则用 ConstantValue 来表示。

```
{
  private int num;
    descriptor: I
    flags: ACC_PRIVATE

  boolean flag;
    descriptor: Z
    flags:

  protected char gender;
    descriptor: C
    flags: ACC_PROTECTED

  public java.lang.String info;
    descriptor: Ljava/lang/String;
    flags: ACC_PUBLIC

  public static final int COUNTS;
    descriptor: I
    flags: ACC_PUBLIC, ACC_STATIC, ACC_FINAL
    ConstantValue: int 1
```

　　接着就是方法表集合的信息，包含了类中方法信息，关于详细解释请查看下面内容中的注释，以 showinfo() 方法为例注释。

```
public com.atguigu.JavapTest();    // 无参构造器的信息
  descriptor: ()V
  flags: ACC_PUBLIC
  Code:
    stack=2, locals=1, args_size=1
      0: aload_0
      1: invokespecial #1 //Method java/lang/Object."<init>":()V
      4: aload_0
      5: ldc            #2 // String java
      7: putfield       #3 // Field info:Ljava/lang/String;
     10: return
    LineNumberTable:
      line 17: 0
      line 15: 4
      line 19: 10
    LocalVariableTable:
      Start  Length  Slot  Name   Signature
          0      11     0  this   Lcom/atguigu/JavapTest;

private com.atguigu.JavapTest(boolean);    // 含参构造器的信息
  descriptor: (Z)V
  flags: ACC_PRIVATE
  Code:
    stack=2, locals=2, args_size=2
      0: aload_0
      1: invokespecial #1 // Method java/lang/Object."<init>":()V
      4: aload_0
      5: ldc            #2      // String java
      7: putfield       #3      // Field info:Ljava/lang/String;
     10: aload_0
     11: iload_1
     12: putfield       #4      // Field flag:Z
     15: return
    LineNumberTable:
      line 20: 0
      line 15: 4
      line 21: 10
      line 22: 15
    LocalVariableTable:
      Start  Length  Slot  Name   Signature
          0      16     0  this   Lcom/atguigu/JavapTest;
          0      16     1  flag   Z

private void methodPrivate();
```

```
      descriptor: ()V
      flags: ACC_PRIVATE
      Code:
        stack=0, locals=1, args_size=1
          0: return
        LineNumberTable:
          line 25: 0
        LocalVariableTable:
          Start  Length  Slot  Name  Signature
              0       1     0  this  Lcom/atguigu/JavapTest;

  int getNum(int);
    descriptor: (I)I
    flags:
    Code:
      stack=2, locals=2, args_size=2
          0: aload_0
          1: getfield      #5                      // Field num:I
          4: iload_1
          5: iadd
          6: ireturn
        LineNumberTable:
          line 27: 0
        LocalVariableTable:
          Start  Length  Slot  Name  Signature
              0       7     0  this  Lcom/atguigu/JavapTest;
              0       7     1     i  I

  protected char showGender();
    descriptor: ()C
    flags: ACC_PROTECTED
    Code:
      stack=1, locals=1, args_size=1
          0: aload_0
          1: getfield      #6                      // Field gender:C
          4: ireturn
        LineNumberTable:
          line 30: 0
        LocalVariableTable:
          Start  Length  Slot  Name  Signature
              0       5     0  this  Lcom/atguigu/JavapTest;

public void showInfo();
    // 方法描述符主要包含方法的形参列表和返回值类型
    descriptor: ()V
    // 方法的访问标识
    flags: ACC_PUBLIC
```

```
    // 方法的 Code 属性
    Code:
        //stack：操作数栈的最大深度
        //locals：局部变量表的长度，注意包含 this
        //args_size：方法接收参数的个数，static 代码块值为 0，无参值为 1，有一个参数
值为 2，以此类推
        stack=3, locals=2, args_size=1
        // 下面是字节码指令，前面的序号叫做字节码指令的偏移量  冒号后面的是字节码指令
        // 第一行的 10 表示操作数，前面加 # 表示指向常量池中的索引地址
            0: bipush          10
            2: istore_1
            3: getstatic       #7
            6: new             #8
            9: dup
           10: invokespecial   #9
           13: aload_0
           14: getfield        #3
           17: invokevirtual   #10
           20: iload_1
           21: invokevirtual   #11
           24: invokevirtual   #12
           27: invokevirtual   #13
           30: return
        // 行号表：指明字节码指令的偏移量与 java 源程序中代码的行号的一一对应关系
        //0：表示上面字节码指令前面的 0；33 表示 java 代码中的行号
        LineNumberTable:
            line 33: 0
            line 34: 3
            line 35: 30
        // 局部变量表：描述方法内部局部变量的相关信息
        LocalVariableTable:
            Start  Length  Slot  Name  Signature
                0      31     0   this  Lcom/atguigu/JavapTest;
                3      28     1   i     I

  static {};
    descriptor: ()V
    flags: ACC_STATIC
    Code:
        stack=1, locals=1, args_size=0
            0: ldc             #14  // String www.atguigu.com
            2: astore_0
            3: return
        LineNumberTable:
            line 12: 0
            line 13: 3
        LocalVariableTable:
```

```
      Start   Length  Slot  Name     Signature

}
// 附加属性：指明当前 class 文件对应的源程序文件名
SourceFile: "JavapTest.java"
```

2. 总结

通过 javap 命令可以查看 class 文件版本号、常量池、访问标识、局部变量表、指令代码行号表等信息。无法看到类索引、父类索引、接口索引集合，但是可以看到本类的全限定名，父类的全限定名，以及接口的全限定名。另外我们还无法看到 <clinit>() 和 <init>() 字样，但是可以看到 <clinit>() 对应源程序的静态代码块（比如 JavapTest 中的 static{} 就可以被展示出来），也可以看到 <init>() 对应的 JavapTest 中的构造方法信息。

一个方法的执行由很多字节码指令构成，会涉及虚拟机栈、堆、常量池，以及其他内存（比如方法区）等多区域的协同合作。比如"getstatic   #7"表示从常量池中获取索引地址为"#7"的数据放入操作数栈中，"istore_1"指令表示将操作数栈中的数据放入到局部变量表中索引为 1 的位置。

平常，我们比较关注的是 Java 类中每个方法的反汇编中的指令操作过程，这些指令都是顺序执行的。第 18 章我们将详细介绍字节码指令。

17.5 本章小结

本章主要介绍了 class 文件的基本格式，从 class 文件一步一步解析其中包含的内容以及最后使用 javap 指令解析 class 文件。随着 Java 平台的不断发展，在将来，class 文件的内容也一定会做进一步的扩充，但是其基本的格式和结构不会做重大调整。从 JVM 的角度看，通过 class 文件可以让 JVM 平台支持更多的计算机语言。因此，class 文件结构不仅是 JVM 的执行入口，更是 Java 生态圈的基础和核心。

如果大家还有印象的话，前面的章节也有使用到字节码指令，比如第 4 章讲解操作数栈的时候就使用到 iconst 和 istore 指令。字节码指令就是 JVM 层面对于 Java 语法逻辑的底层实现，比如在程序中使用的"if else"语句，对应 JVM 中的指令就是控制转移指令。JVM 中还有很多其他类型的字节码指令，比如控制转移指令、异常处理指令等。本章将详细介绍 JVM 的不同用途的字节码指令，可以更好地帮助理解 Java 中的语法逻辑在 JVM 中是如何实现的。

18.1　概述

Java 字节码对于虚拟机，就好像汇编语言对于计算机，属于基本执行指令。JVM 字节码指令由一个字节长度的、代表着某种特定操作含义的数字（称为操作码，Opcode）以及跟随其后的零至多个代表此操作所需参数（称为操作数，Operands）而构成。由于 JVM 是基于栈结构而不是寄存器的结构，所以大多数的指令都不包含操作数，只有一个操作码。JVM 操作码的长度为一个字节（即 0 ~ 255），这意味着指令集的操作码总数不可能超过 256 条。

不考虑异常处理的情况下，JVM 解释器的执行模型可以使用下面的伪代码表示。

```
do{
    自动计算 PC 寄存器的值加 1；
    根据 PC 寄存器的指示位置，从字节码流中取出操作码；
    if(字节码存在操作数) 从字节码流中取出操作数；
    执行操作码所定义的操作；
}while(字节码长度 >0);
```

掌握常见的字节码指令可以帮助更方便地阅读 class 文件。

18.1.1　字节码与数据类型

在 JVM 的指令集中，大多数的指令都包含了其操作所对应的数据类型信息，例如 iload 指令用于从局部变量表中加载 int 型的数据到操作数栈中，fload 指令中的 f 表示加载 float 类型的数据。对于大部分与数据类型相关的字节码指令，它们的操作码助记符中都有特殊的字符来表明专门为哪种数据类型服务，如表 18-1 所示。

表18-1　特殊字符对应数据类型

字　　符	类　　型
i	表示对 int 类型的数据操作
l	表示对 long 类型的数据操作
s	表示对 short 类型的数据操作
b	表示对 byte 类型的数据操作
c	表示对 char 类型的数据操作
f	表示对 float 类型的数据操作
d	表示对 double 类型的数据操作

也有一些指令的助记符中没有明确地指明操作类型的字母，如 arraylength 指令，它没有代表数据类型的特殊字符，但操作数永远只能是一个数组类型的对象。还有另外一些指令，如无

条件跳转指令 goto 则是与数据类型无关的。

由于 JVM 的操作码长度只有一个字节，所以包含了数据类型的操作码就为指令集的设计带来了很大的压力。如果每一种与数据类型相关的指令都支持 JVM 所有运行时数据类型的话，那指令的数量就会超出一个字节所能表示的数量范围了。

字节码指令集中大部分的指令都不支持 byte、char 和 short，甚至没有任何指令支持 boolean 类型，例如，load 指令有操作 int 类型的 iload，但是没有操作 byte 类型的同类指令。编译器会在编译期或运行期将 byte 和 short 类型的数据带符号扩展（Sign-Extend）为相应的 int 类型数据，将 boolean 和 char 类型数据零位扩展（Zero-Extend）为相应的 int 类型数据。与之类似，在处理 boolean、byte、short 和 char 类型的数组时，也会转换为使用对应的 int 类型的字节码指令来处理。因此，大多数对于 boolean、byte、short 和 char 类型数据的操作，实际上都是使用相应的 int 类型作为运算类型。在编写 Java 代码时也有所体现，比如 Java 允许 byte b1 = 12，short s1 = 10，而 b1 + s1 的结果至少要使用 int 类型来接收等语法。

18.1.2 指令分类

由于完全介绍和学习这些指令需要花费大量时间。为了让大家能够更快地熟悉和了解这些基本指令，这里将 JVM 中的字节码指令集按用途大致分成 9 类，如表 18-2 所示。

表18-2 指令分类

指令名称
加载与存储指令
算术指令
类型转换指令
对象、数组的创建与访问指令
方法调用与返回指令
操作数栈管理指令
控制转移指令
异常处理指令
同步控制指令

在做值相关操作时，指令可以从局部变量表、常量池、堆中对象、方法调用、系统调用等区域取得数据，这些数据（可能是值，可能是对象的引用）被压入操作数栈。也可以从操作数栈中取出一个到多个值（pop 多次），完成赋值、加减乘除、方法传参、系统调用等操作。下面分别讲解各种指令的详细含义。

18.2 加载与存储指令

加载和存储指令用于将数据在栈帧中的局部变量表和操作数栈之间来回传输，这类指令包括如下内容。

（1）局部变量入栈指令表示将一个局部变量加载到操作数栈，指令如下。

```
xload、xload_<n>（其中 x 为 i、l、f、d、a，分别表示 int 类型，long 类型，float 类型，
double 类型，引用类型；n 为数值 0 到 3）
```

（2）常量入栈指令表示将一个常量加载到操作数栈，指令如下。

```
bipush
sipush
ldc
ldc_w
ldc2_w
aconst_null
iconst_m1
iconst_<i>
lconst_<l>
fconst_<f>
dconst_<d>
```

（3）出栈装入局部变量表指令表示将一个数值从操作数栈存储到局部变量表，指令如下。

xstore、xstore_<n>（其中 x 为 i、l、f、d、a，分别表示 int 类型，long 类型，float 类型，double 类型，引用类型；n 为 0 到 3）

（4）扩充局部变量表的访问索引的指令如下。

wide

上面所列举的指令助记符中，有一部分是以尖括号结尾的（例如 iload_<n>），这些指令助记符实际上代表了一组指令（例如 iload_<n> 代表了 iload_0、iload_1、iload_2 和 iload_3 这几个指令）。这几组指令都是某个带有一个操作数的通用指令（例如 iload）的特殊形式，对于这若干组特殊指令来说，它们表面上没有操作数，不需要进行取操作数的动作，但操作数都隐含在指令中。具体含义如表 18-3 所示。

表18-3 指令含义

指　　令	含　　义
iload_0	将局部变量表中索引为 0 位置上的数据压入操作数栈中
iload_1	将局部变量表中索引为 1 位置上的数据压入操作数栈中
iload_2	将局部变量表中索引为 2 位置上的数据压入操作数栈中

除此之外，它们的语义与原生的通用指令完全一致（例如 iload_0 的语义与操作数为 0 时的 iload 指令语义完全一致）。在尖括号之间的字母指定了指令隐含操作数的数据类型，<n> 代表非负的整数，<i> 代表 int 类型数据，<l> 代表 long 类型，<f> 代表 float 类型，<d> 代表 double 类型。

18.2.1　局部变量入栈指令

局部变量入栈指令将给定的局部变量表中的数据压入操作数栈。这类指令大体可以分为以下两种类型。

```
xload_<n> (x 为 i、l、f、d、a，n 为 0 到 3)
xload (x 为 i、l、f、d、a)
```

在这里，x 的取值表示数据类型。指令 xload_n 表示将局部变量表中索引为 n 的位置中的数据压入操作数栈，比如 iload_0、fload_0、aload_0 等指令。其中 aload_n 表示将一个对象引用入栈。

指令 xload 通过指定参数的形式，把局部变量压入操作数栈，当使用这个命令时，表示局部变量的数量可能超过了 4 个，比如指令 iload、fload 等。

我们使用代码来演示局部变量入栈指令，如代码清单 18-1 所示。

代码清单18-1 局部变量入栈指令示例

```
package com.atguigu;

public class LoadAndStoreTest {
    /**
     * 局部变量入栈指令
     * @param num
     * @param obj
     * @param count
     * @param flag
     * @param arr
     */
    public void load(int num,Object obj,long count,boolean flag,short[]
arr){
        System.out.println(num);
        System.out.println(obj);
        System.out.println(count);
        System.out.println(flag);
        System.out.println(arr);
    }
}
```

其对应的字节码指令如下。

```
 0 getstatic #2 <java/lang/System.out>
 3 iload_1
 4 invokevirtual #3 <java/io/PrintStream.println>
 7 getstatic #2 <java/lang/System.out>
10 aload_2
11 invokevirtual #4 <java/io/PrintStream.println>
14 getstatic #2 <java/lang/System.out>
17 lload_3
18 invokevirtual #5 <java/io/PrintStream.println>
21 getstatic #2 <java/lang/System.out>
24 iload 5
26 invokevirtual #6 <java/io/PrintStream.println>
29 getstatic #2 <java/lang/System.out>
32 aload 6
34 invokevirtual #4 <java/io/PrintStream.println>
37 return
```

这段指令只需要看 load 相关指令即可，其他指令暂且不表。load 指令作用是将局部变量表中的数据压入操作数栈，局部变量表的数据如图 18-1 所示。

由图 18-1 可知在 0 的位置存储的是 this，1 的位置存储 num 代表的值，2 的位置存储 obj，由于 long 类型占用两个槽位，所以 3 和 4 的位置存储 count 代表的值，5 的位置存储 flag 表示的值，6 的位置存储 arr。对应的指令 iload_1 将 1 号槽位的 int 类型的 num 压入操作数栈；指令 aload_2 将 2 号槽位的引用类型的 obj 压入操作数栈；指令 lload_3 将 3 号和 4 号槽位（合为 3 号槽位）的 long 类型的 count 压入操作数栈；指令 iload 5 将 5 号槽位的 int 类型的 flag 压入操作数栈（前面讲过操作 byte、char、short 和 boolean 类型数据时，用 int 类型的指令来表示），当槽位超过 3 之后，需要加上操作数；指令 aload 6 将 6 号槽位的引用类型的 num 压入操作数栈。

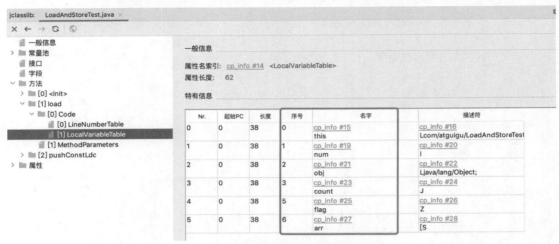

图 18-1　局部变量表数据

18.2.2　常量入栈指令

常量入栈指令主要负责将常量加载到操作数栈，根据常量的数据类型和入栈内容的不同，又可以分为 const 系列、push 系列和 ldc 系列指令。

1. 指令const系列

用于对特定的常量入栈，入栈的常量隐含在指令本身里并使用下画线连接，如表 18-4 所示，比如指令 iconst_<i>，<i> 的取值是从 0 到 5，表示的含义是将 i 加载到操作数栈。

表18-4　常量入栈指令

指　　令	含　　义
iconst_m1	将 −1 压入操作数栈
iconst_<i>（i 为 0 到 5）	将 i 压入栈
lconst_0、lconst_1	将长整数 0 和 1 压入栈
fconst_0、fconst_1、fconst_2	分别将浮点数 0、1、2 压入栈
dconst_0 和 dconst_1	分别将 double 型 0 和 1 压入栈
aconst_null	将 null 压入操作数栈

指令的第一个字符表示数据类型，i 表示 int 类型，l 表示 long 类型，f 表示 float 类型，d 表示 double 类型，a 表示对象引用。

对于非特定的常量入栈，比如需要将 int 类型的常量 128 压入到操作数栈，就需要用到 push 指令，或者常量数值更大的话就需要用到 ldc 指令了。

2. 指令push系列

push 系列主要包括 bipush 和 sipush。它们的区别在于接收数据类型的范围不同，bipush 接收一个字节（8 个比特位，即 −128 ～ 127）整数作为参数，sipush 接收两个字节（16 个比特位，即 −32768 ～ 32767）整数，它们都将参数压入栈。

3. 指令ldc系列

如果常量超出上面指令的范围，可以使用万能的 ldc 系列指令，ldc 系列指令包含 ldc、ldc_w

和 ldc2_w。ldc 接收一个字节的无符号参数，该参数指向常量池中的 int、float 或者 String 的索引，将指定的内容压入操作数栈。ldc_w 指令接收两个字节的无符号参数，能支持的索引范围大于 ldc。如果要入栈的元素是 long 或者 double 类型，则使用 ldc2_w 指令，使用方式都是类似的。

4. 常量入栈指令使用范围

const、push 和 ldc 指令的区别在于常量的使用范围不同，常量入栈指令的使用范围汇总如表 18-5 所示。

表18-5 常量入栈指令使用范围

类　　型	常量指令	范　　围
int(boolean,byte,char,short)	iconst	[−1,5]
	bipush	[−128,127]
	sipush	[−32768,32767]
	ldc	int 类型的任意值
long	lconst	0,1
	ldc	long 类型的任意值
float	fconst	0,1,2
	ldc	float 类型的任意值
double	dconst	0,1
	ldc	double 类型的任意值
reference	aconst	null
	ldc	String literal,Class literal

5. 案例

我们使用代码来演示常量入栈指令的使用范围，如代码清单 18-2 所示。

代码清单18-2 常量入栈指令示例

```
package com.atguigu;

public class LoadAndStoreTest {
    public void pushConstLdc(){
        int a = 5;
        int b = 6;
        int c = 127;
        int d = 128;
        int e = 32767;
        int f = 32768;
    }
}
```

其对应的字节码指令如下。

```
0 iconst_5
 1 istore_1
 2 bipush 6
 4 istore_2
 5 bipush 127
```

```
 7 istore_3
 8 sipush 128
11 istore 4
13 sipush 32767
16 istore 5
18 ldc #7 <32768>
20 istore 6
22 return
```

从字节码指令中可以看到，上面讲到的三种命令都有使用到，由于代码中定义的都是 int 类型，所以使用的是 iconst、bipush、sipush 和 ldc。大家可以看到当数值小于 5 时，使用的是 iconst 命令；当大于 5 小于 128 时，使用的是 bipush 命令；当大于 127 小于 32768 时，使用的是 sipush 命令；当大于 32767 时，使用的是 ldc 命令，"#7"表示常量池中索引为 7。

18.2.3 出栈装入局部变量表指令

出栈装入局部变量表指令用于将一个数值从操作数栈存储到局部变量表的指定位置。这类指令主要以 store 的形式存在，整体可以分为三类，分别是 xstore（x 为 i、l、f、d、a）、xstore_n（x 为 i、l、f、d、a，n 为 0 至 3）和 xastore（其中 x 为 i、l、f、d、a、b、c、s）。xstore 和 xstore_n 类型的指令负责对基本数据类型和引用数据类型的操作，xastore 类型的指令主要负责数组的操作。

一般说来，出栈装入局部变量表指令需要接收一个参数，用来指明将弹出的元素放在局部变量表的第几个位置。但是，由于局部变量表前几个位置使用非常频繁，为了尽可能压缩指令大小，使用专门的 istore_1 指令表示将弹出的元素放置在局部变量表索引为 1 的位置。类似的还有 istore_0、istore_2、istore_3，它们分别表示从操作数栈顶弹出一个元素，存放在局部变量表索引为 0、2、3 的位置。这种做法虽然增加了指令数量，但是可以大大压缩生成的字节码的体积。如果局部变量表很大，需要存储的槽位大于 3，那么可以使用 xstore 指令，外加一个参数，用来表示需要存放的槽位位置。

我们使用代码来演示常量出栈指令，如代码清单 18-3 所示。

代码清单18-3　常量出栈指令示例

```
package com.atguigu.chapter18;

public class LoadAndStoreTest {
    public void store(int k,double d){
        int m = k+2;
        long l = 12;
        String str = "atguigu";
        float f = 10.0F;
        d = 10;
    }
}
```

其对应的字节码指令如下。

```
0 iload_1
 1 iconst_2
```

```
 2 iadd
 3 istore 4
 5 ldc2_w #8 <12>
 8 lstore 5
10 ldc #10 <atguigu>
12 astore 7
14 ldc #11 <10.0>
16 fstore 8
18 ldc2_w #12 <10.0>
21 dstore_2
22 return
```

非静态方法定义完以后，局部变量表中已经存储了参数的值，本案例存储的是 k 和 d 的值（在方法调用过程中会有值存在），字节码执行步骤追踪如下所示。

（1）iload_1 把局部变量表索引为 1 位置的数据放入操作数栈，也就是把 k 的值放入操作数栈。

（2）iconst_2 表示把常量 2 放入操作数栈。

（3）iadd 表示把栈内的数据进行算数加的操作，此处不做详细介绍，参考 18.3 节。

（4）istore 4 表示把 iadd 指令的结果放入局部变量表中索引为 4 的位置。

（5）ldc2_w#8 <12> 表示把 12 放入操作数栈。

（6）lstore 5 表示把栈顶元素 12 放入局部变量表中索引为 5 的位置。

（7）ldc #10<atguigu> 把字符串"atguigu"放入操作数栈。

（8）astore 7 表示把栈顶元素字符串"atguigu"放入局部变量表中索引为 7 的位置。

（9）ldc #11 <10.0> 表示把 10.0（此处的类型是 float）放入操作数栈。

（10）fstore 8 表示把栈顶元素（10.0，此处的类型是 float）放入局部变量表中索引为 8 的位置。

（11）ldc2_w #12 <10.0> 表示把 10.0（此处的类型为 double）放入操作数栈。

（12）dstore_2 表示把栈顶元素（double 类型的 10.0）放入局部变量表索引为 2 的位置。

最终局部变量表如图 18-2 所示。

图 18-2 局部变量表数据

18.3 算术指令

算术指令用于对两个操作数栈上的值进行某种特定运算，并把结果重新压入操作数栈。基本运算包括加法、减法、乘法、除法、取余、取反、自增等。算术指令如表 18-6 所示，每一类指令也支持多种数据类型，例如 add 指令就包括 iadd、ladd、fadd 和 dadd 四种，分别支持 int 类型、long 类型、float 类型和 double 类型。本书第 4 章讲解操作数栈（见 4.4 节）的时候就用到了 iadd 指令，不再赘述。

表18-6　算数指令汇总

指 令 名 称	含 义
iadd、ladd、fadd、dadd	加法指令
isub、lsub、fsub、dsub	减法指令
imul、lmul、fmul、dmul	乘法指令
idiv、ldiv、fdiv、ddiv	除法指令
irem、lrem、frem、drem	求余指令
ineg、lneg、fneg、dneg	取反指令
iinc	自增指令
ishl、ishr、iushr、lshl、lshr、lushr	位移指令
ior、lor	按位或指令
iand、land	按位与指令
ixor、lxor	按位异或指令
dcmpg、dcmpl、fcmpg、fcmpl、lcmp	比较指令

所有运算指令中，都没有直接支持 byte、short、char 和 boolean 类型的指令，对于这些数据的运算，都使用 int 类型的指令来处理。此外，在处理 boolean、byte、short 和 char 类型的数组时，也会转换为对应的 int 类型的字节码指令来处理。JVM 中的实际数据类型与运算类型的对应关系如表 18-7 所示。

表18-7　JVM中的实际类型与运算类型

实 际 类 型	运 算 类 型
boolean	int
byte	int
char	int
short	int
int	int
float	float
reference	reference
returnAddress	returnAddress
long	long
double	double

数据运算可能会导致溢出，例如两个很大的正整数相加，结果可能是一个负数。其实 JVM 规范并无明确规定过整型数据溢出的具体结果，仅规定了在处理整型数据时，只有除法指令以及求余指令中当出现除数为 0 时会导致虚拟机抛出异常 "ArithmeticException"。当一

个操作产生溢出时，将会使用有符号的无穷大表示，如果某个操作结果没有明确的数学定义的话，将会使用 NaN 值来表示。所有使用 NaN 值作为操作数的算术操作，结果都会返回 NaN。在数据运算过程中，所有的运算结果都必须舍入到适当的精度，比如要求保留 3 位小数，那么就需要丢弃多余的数位，常见的运算模式包括向最接近数舍入模式和向零舍入模式。

1）向最接近数舍入模式

JVM 要求在进行浮点数计算时，所有的运算结果都必须舍入到适当的精度，非精确结果必须舍入为可被表示的最接近的精确值，如果有两种可表示的形式与该值一样接近，将优先选择最低有效位为零的那种。

2）向零舍入模式

将浮点数转换为整数时，采用向零舍入模式，该模式将在目标数值类型中选择一个最接近但是不大于原值的数字作为最精确的舍入结果，这种模式会使小数部分被丢弃。

18.3.1 彻底理解i++与++i

大家都知道 i++ 与 ++i 都是对自身进行加 1 操作，但是它们之间的区别到底是什么呢？我们今天从字节码指令的角度来理解 i++ 和 ++i，具体代码如代码清单 18-4 所示。

代码清单18-4 i++与++i示例

```
/**
 * 区分 i++ 与 ++i
 */
public class ArithmeticTest {
    public void method1(){
        int i = 10;
        i++;
    }
    public void method2(){
        int i = 10;
        ++i;
    }
}
```

方法 method1( ) 对应的字节码指令如下。

```
0 bipush 10
2 istore_1
3 iinc 1 by 1
6 return
```

方法 method2( ) 对应的字节码指令如下。

```
0 bipush 10
2 istore_1
3 iinc 1 by 1
6 return
```

如果只对变量进行 ++i 或者 i++ 操作，可以看到字节码指令是完全一样的，所以在性能上并没有什么不同，两者完全可以替换使用。两段代码的字节码指令的含义如下。

（1）bipush 10 表示把常量 10 放入操作数栈。

（2）istore_1 表示从操作数栈弹出 10 放入局部变量表，此时操作数栈为空，局部变量表索引为 1 的槽位存储 10（描述符索引为 i）。

（3）iinc 1 by 1 表示对局部变量表中索引为 1 的槽位中的数值进行加 1 操作，即更改为 11，这便是上面代码的所有流程。

再看另外一段代码，当自增运算符和其他运算符混合运算时，如代码清单 18-5 所示。

代码清单18-5　i++与++i示例

```
/**
 * 区分 i++ 与 ++i
 */
public class ArithmeticTest {
  public void method3(){
    int i = 10;
    int a= i++;
    int j = 20;
    int b= ++j;
  }
}
```

方法 method3( ) 对应的字节码指令如下。

```
 0 bipush 10
 2 istore_1
 3 iload_1
 4 iinc 1 by 1
 7 istore_2
 8 bipush 20
10 istore_3
11 iinc 3 by 1
14 iload_3
15 istore 4
18 return
```

对代码的解析如下。

（1）执行 bipush 10 指令，此时操作数栈存放数据 10。

（2）执行 istore_1 指令，此时把数据 10 放入局部变量表 1 的位置，同时把栈中数据弹出，栈为空。

（3）执行 iload_1 指令，此时把局部变量表中 1 号位置中的数据 10 放入操作数栈。

（4）执行 iinc 1 by 1 指令，局部变量表中 1 号位置的数据加 1，1 号位置的数据变为 11。

（5）执行 istore_2 指令，此时把操作数栈中的 10 放入局部变量表 2 的位置，同时把栈中数据弹出，栈为空，此时局部变量表中 1 号位置存放的数据为 11，2 号位置存放的数据是 10，也就是我们常说的先赋值再进行自增操作，所以此时 a 的值为 10，i 的值为 11。

（6）执行 bipush 20 指令，此时操作数栈存放数据 20。

（7）执行 istore_3 指令，此时把数据 20 放入局部变量表 3 的位置，同时把栈中数据弹出，栈为空。

（8）执行 iinc 3 by 1 指令，局部变量表中 3 号位置的数据加 1，3 号位置的数据变为 21。

（9）执行 iload_3 指令，此时把局部变量表中 3 号位置中的数据 21 放入操作数栈。

（10）执行 istore_4 指令，此时把操作数栈中的 21 放入局部变量表 4 的位置，同时把栈中数据弹出，栈为空，此时局部变量表中 3 号位置存放的数据为 21，4 号位置存放的数据是 21，也就是我们常说的先自增再进行赋值操作，所以此时 j 的值为 21，b 的值为 21。

18.3.2 比较指令

比较指令的作用是比较栈顶两个元素的大小，并将比较结果入栈。比较指令有 dcmpg、dcmpl、fcmpg、fcmpl、lcmp。与前面讲解的指令类似，首字符 d 表示 double 类型，f 表示 float，l 表示 long。

可以发现，对于 double 和 float 类型的数字，分别有两套指令，即 xcmpg 和 xcmpl（x 取值 d 或 f），以 float 为例，有 fcmpg 和 fcmpl 两个指令，它们的区别在于在数字比较时，若遇到 NaN 值，处理结果不同，指令 dcmpl 和 dcmpg 也是类似。指令 lcmp 针对 long 型整数，由于 long 型整数没有 NaN 值，故无须准备两套指令。

比如指令 fcmpg 和 fcmpl 都从栈中弹出两个操作数，并将它们做比较，设栈顶的元素为 v2，栈顶顺位第 2 位的元素为 v1，比较结果如下。

（1）若 v1 等于 v2，则压入 0。

（2）若 v1 大于 v2，则压入 1。

（3）若 v1 小于 v2，则压入 -1。

两个指令的不同之处在于，如果遇到 NaN 值，fcmpg 会压入 1，而 fcmpl 会压入 -1。dcmpg 和 dcmpl 指令同理。

数值类型的数据才可以比较大小，例如 byte、short、char、int、long、float、double 类型的数据可以比较大小，但是 boolean 和引用数据类型的数据不能比较大小。

18.4 类型转换指令

类型转换指令可以将两种不同的数值类型进行相互转换。这些转换操作一般用于实现用户代码中的显式类型转换操作，或者用来处理数据类型相关指令与数据类型无法一一对应的问题。类型转换指令又分为宽化类型转换和窄化类型转换。

18.4.1 宽化类型转换

宽化类型转换简单来说就是把小范围类型向大范围类型转换，它是隐式转换，也可以理解为自动类型转换，不需要强制类型转换。

1. 转换规则

JVM 直接支持以下数值的宽化类型转换（Widening Numeric Conversion，小范围类型向大范围类型的安全转换）。虽然在代码中不需要强制转换，但是在 class 文件中依然存在转换指令，宽化转换指令包含以下指令。

● 从 int 类型到 long、float 或者 double 类型。对应的指令为 i2l、i2f、i2d。

● 从 long 类型到 float、double 类型。对应的指令为 l2f、l2d。

● 从 float 类型到 double 类型。对应的指令为 f2d。

简化可以理解为 int → long → float → double。代码清单 18-6 展示了宽化类型转换。

代码清单18-6　宽化类型转换

```
/**
 * 宽化类型转换
 */
package com.atguigu;

public class ClassCastTest {
    public void upCast1(){
        int i = 10;
        long l = i;
        float f = i;
        double d = i;
        float f1 = l;
        double d1 = l;
        double d2 = f1;
    }
}
```

方法 upCast1 ( ) 对应的字节码指令如下。

```
 0 bipush 10
 2 istore_1
 3 iload_1
 4 i2l
 5 lstore_2
 6 iload_1
 7 i2f
 8 fstore 4
10 iload_1
11 i2d
12 dstore 5
14 lload_2
15 l2f
16 fstore 7
18 lload_2
19 l2d
20 dstore 8
22 fload 7
24 f2d
25 dstore 10
27 return
```

可以看到字节码指令中包含宽化类型转换指令 i2l、i2f、i2d、l2f、l2d 和 f2d，而且不需要在代码中进行强制类型转换。

除了上面讲演示的类型转换，还会经常遇到 byte 类型转 int 类型的情况。大家请注意，从 byte、char 和 short 类型到 int 类型，宽化类型转换实际上是没有指令存在的，代码清单 18-7 演示了 byte 类型转换为 int 和 long 类型的情况。

代码清单18-7 byte类型转换为int和long类型

```
public void upCast2(){
    byte b = 10;
    int i = b;
    long l = b;
}
```

字节码指令如下。

```
0 bipush 10
2 istore_1
3 iload_1
4 istore_2
5 iload_1
6 i2l
7 lstore_3
8 return
```

从字节码指令可以看到，对于 byte 类型转为 int，虚拟机并没有做实质性的转化处理，也就是说没有使用类型转换指令，因为 JVM 内部会使用 int 来表示 byte 类型数据。而将 byte 转为 long 时，使用的是 i2l 指令，也说明了使用 int 类型代替 byte 类型。这种处理方式有两个特点，一方面可以减少实际的数据类型，如果为 short 和 byte 都准备一套指令，那么指令的数量就会大增，而虚拟机目前的指令总数不超过 256 个，为了节省指令资源，将 short 和 byte 当作 int 处理也在情理之中；另一方面，由于局部变量表中的 slot 固定为 32 位，每个 int、float、reference 占用 1 个 slot，而比 int 类型窄的 byte 或者 short 存入局部变量表也要占用 1 个 slot，那么还不如直接提升为 int 类型，这样还能减少 JVM 对类型支持的数量。

2. 精度损失

宽化类型转换是不会因为超过目标类型最大值而丢失信息的，例如，从 int 转换到 long，或者从 int 转换到 double，都不会丢失任何信息，转换前后的值是精确相等的。

但是从 int、long 类型数值转换到 float，或者 long 类型数值转换到 double 时，将可能发生精度损失，可能丢失掉几个最低有效位上的值，转换后的浮点数值是根据 IEEE 754 最接近舍入模式所得到的正确整数值。尽管宽化类型转换实际上是可能发生精度损失的，但是这种转换永远不会导致 JVM 抛出运行时异常。代码清单 18-8 展示了宽化类型转换精度损失的情况。

代码清单18-8 宽化类型转换精度损失

```
package com.atguigu.chapter18;

public class ClassCastTest {
    public void upCast1(){
        int i = 123123123;
        float f = i;
        System.out.println(f);
    }
}
```

运行结果如下。

```
1.2312312E8
```

由结果可知，虽然程序运行期间没有报异常，但是最后的结果却是 1.2312312E8，也就是 1.23123120 乘以 10 的 8 次方，最后损失了一位精度。

18.4.2 窄化类型转换

对应宽化类型转换的隐式转换，窄化类型转换就是显示类型转换或者强制类型转换。

1. 转换规则

JVM 直接支持以下窄化类型转换。

- 从 int 类型到 byte、short 或者 char 类型。对应的指令有 i2b、i2s、i2c。
- 从 long 类型到 int 类型。对应的指令有 l2i。
- 从 float 类型到 int 或者 long 类型。对应的指令有 f2i、f2l。
- 从 double 类型到 int、long 或者 float 类型。对应的指令有 d2i、d2l、d2f。

简化可以理解为 double → float → long → int。代码清单 18-9 展示了窄化类型转换。

代码清单18-9　窄化类型转换

```
package com.atguigu;

public class ClassCastTest {
    public void downCast1(){
        int i = 10;
        byte b = (byte)i;
        short s = (short)i;
        char c = (char) i;
        long l = 10L;
        int i1 = (int)l;
        byte b1 = (byte)l;
    }
}
```

downCast1() 方法对应的字节码指令如下。

```
 0 bipush 10
 2 istore_1
 3 iload_1
 4 i2b
 5 istore_2
 6 iload_1
 7 i2s
 8 istore_3
 9 iload_1
10 i2c
11 istore 4
13 ldc2_w #2 <10>
16 lstore 5
18 lload 5
20 l2i
21 istore 7
23 lload 5
```

```
25 l2i
26 i2b
27 istore 8
29 return
```

从方法中可以看出，窄化类型转换需要强制类型转换。在 class 文件中使用到了前面讲到的 i2b（int 类型到 byte 类型）、i2s（int 类型到 short 类型）、i2c（int 类型到 char 类型）等指令。需要注意的是当从 long 类型转换到 byte 类型时，字节码指令中使用了两个指令（25 行和 26 行），分别是 l2i 和 i2b，这里先将 long 类型转换至 int 类型，再从 int 类型转换至 byte 类型。

2. 精度损失

窄化类型转换可能会导致转换结果具备不同的正负号、不同的数量级，因此，转换过程很可能会导致数值丢失精度。尽管数据类型窄化转换可能会发生上限溢出、下限溢出和精度损失等情况，但是 JVM 规范中明确规定数值类型的窄化转换指令永远不可能导致虚拟机抛出运行时异常。代码清单 18-10 展示了窄化类型转换精度损失的情况。

代码清单18-10　窄化类型转换精度损失

```
package com.atguigu;

public class ClassCastTest {
    public static void main(String[] args) {
        int i = 128;
        byte b = (byte)i;
        System.out.println(b);
    }
}
```

上面代码的运行结果如下。

```
-128
```

原因是 int 类型的 128 的二进制数如下。

```
0000 0000 0000 0000 0000 0000 1000 0000
```

当转化为 byte 类型时，把高位去掉，剩下的二进制数如下。

```
1000 0000
```

最高位是 1，表明该数为负数，即 -128。可知窄化转换类型会造成精度损失。

当将一个浮点值窄化转换为整数类型 T（T 限于 int 或 long 类型之一）的时候，将遵循以下转换规则。

（1）如果浮点值是 NaN，那转换结果就是 int 或 long 类型的 0。

（2）如果浮点值不是无穷大的话，浮点值使用 IEEE 754 的标准向零舍入模式取整，获得整数值 v，如果 v 在目标类型 T（int 或 long）的表示范围之内，那转换结果就是 v。否则，将根据 v 的符号，转换为 T 所能表示的最大或者最小正数。

当将一个 double 类型窄化转换为 float 类型时，通过向最接近数舍入模式舍入一个可以使用 float 类型表示的数字。最后结果根据下面这 3 条规则判断。

（1）如果转换结果的绝对值太小而无法使用 float 来表示，将返回 float 类型的正负零。

（2）如果转换结果的绝对值太大而无法使用 float 来表示，将返回 float 类型的正负无穷大。

（3）对于 double 类型的 NaN 值将按规定转换为 float 类型的 NaN 值。

窄化类型转换示例如代码清单 18-11 所示。

代码清单18-11　窄化类型转换示例

```
package com.atguigu;

public class ClassCastTest {
    public static void main(String[] args) {
        // 定义 NaN 值，查看转换为低精度整数类型结果
        double d1 = Double.NaN;
        int i = (int)d1;
        System.out.println(i);
        // 定义 double 类型正向无穷大，查看转换为低精度整数类型结果
        double d2 = Double.POSITIVE_INFINITY;
        long l = (long)d2;
        System.out.println(l);
        System.out.println(Long.MAX_VALUE);
        int j = (int)d2;
        System.out.println(j);
        System.out.println(Integer.MAX_VALUE);
        // 查看转换为低精度浮点类型结果
        float f = (float)d1;
        float f1 = (float)d2;
        System.out.println(f);
        System.out.println(f1);
    }
}
```

代码运行结果如下。

```
0
9223372036854775807
9223372036854775807
2147483647
2147483647
NaN
Infinity
```

从结果可知，当 double 为 NaN 值时，整数类型转换结果为 0；但是转换为 float 类型时结果依然为 NaN。

当 double 为正向无穷大时，整数类型转换结果为整数类型的正向最大值；但是转换为 float 类型时结果依然是 Infinity（无穷大）。

18.5　对象、数组的创建与访问指令

Java 作为一门面向对象语言，创建和访问对象是其一大特点，JVM 也在字节码层面为其提供了一些指令专门用于操作类的对象。这类指令细分为创建指令、字段访问指令、数组操作指令和类型检查指令。

18.5.1　创建指令

虽然类实例和数组都是对象，但 JVM 对类实例和数组的创建与操作使用了不同的字节码指令。

1. 创建类实例的指令

创建类实例的指令是 new，它接收一个操作数，操作数为指向常量池的索引，表示要创建的类型，执行完成后，将对象的引用压入操作数栈。代码清单 18-12 演示了创建类实例指令的使用。

代码清单18-12　创建类实例的指令

```
package com.atguigu;

public class NewTest {
    public void newInstance(){
        Object obj = new Object();
    }
}
```

方法 newInstance() 对应的字节码指令如下。

```
0 new #2 <java/lang/Object>
3 dup
4 invokespecial #1 <java/lang/Object.<init>>
7 astore_1
8 return
```

字节码指令含义如下。

（1）new #2 <java/lang/Object> 指令：创建一个对象并且将对象地址（比如为 0x1234）放入操作数栈。

（2）dup 指令：复制一份栈顶的数据（此时为 0x1234）继续放入操作数栈，此时操作数栈中有两条一样的地址。

（3）invokespecial #1 <java/lang/Object.<init>> 指令：调用 Object 的构造方法，并且弹出栈顶元素，此时操作数栈中还有一份 0x1234 数据。

（4）astore_1 指令：把操作数栈中的数据放入局部变量表中索引为 1 的位置。

new 语句的三个作用分别是在内存中开辟内存空间，创建对象和将对象赋给一个局部变量。

2. 创建数组的指令

创建数组的指令包含 newarray、anewarray 和 multianewarray。newarray 负责创建基本类型数组，anewarray 负责创建引用类型数组，multianewarray 负责创建多维数组。

上述创建指令可以用于创建数组，由于数组在 Java 中广泛使用，这些指令的使用频率也非常高。代码清单 18-13 演示了创建数组使用到的字节码指令。

代码清单18-13　创建数组指令

```
package com.atguigu.chapter18;
public class NewTest {
    public void newArray(){
        // 创建 int 数组
```

```
        int[] intArray = new int[10];
        // 创建引用类型数组
        Object[] objArray = new Object[10];
        // 创建二维数组
        int[][] intmutiArray = new int[10][10];
        // 创建没有初始化的二维数组
        int[][] intArray1 = new int[10][];
    }
}
```

newArray ( ) 方法对应的字节码指令如下。

```
 0 bipush 10
 2 newarray 10 (int)
 4 astore_1
 5 bipush 10
 7 anewarray #2 <java/lang/Object>
10 astore_2
11 bipush 10
13 bipush 10
15 multianewarray #3 <[[I> dim 2
19 astore_3
20 bipush 10
22 anewarray #4 <[I>
25 astore 4
27 return
```

从字节码指令中可以看到创建基本类型数组 intArray 使用的指令是 newarray；创建引用类型数组 objArray 使用的指令是 anewarray；创建多维数组 intmutiArray 使用的指令是 multianewarray，但是当多维数组 intArray1 只有一个数组有长度时，使用的指令是 anewarray，把其作为引用类型数组创建。

18.5.2 字段访问指令

对象创建后，就可以通过对象访问指令获取对象实例或数组实例中的字段或者数组元素。访问类字段（static 字段，或者称为类变量）的指令包括 getstatic 和 putstatic。访问类实例字段（非 static 字段，或者称为实例变量）的指令包括 getfield 和 putfield。

以 getstatic 指令为例，它含有一个操作数，操作数指明了一个常量池中的索引值，该索引处的值为常量池的字段符号引用。getstatic 指令的作用就是获取字段符号引用指定的对象或者值，并将其压入操作数栈，如代码清单 18-14 所示。

代码清单18-14   getstatic指令示例

```
public void sayHello() {
    System.out.println("hello");
}
```

这是一段很简单的代码，在 sayHello( ) 方法中输出 "hello" 字符串。对应的字节码指令如下。

```
 0: getstatic      #2 //Field java/lang/System.out:Ljava/io/PrintStream;
```

```
 3: ldc            #3   //String hello
 5: invokevirtual  #4   //Method java/io/PrintStream.println:(Ljava/lang/
String;)V
 8: return
```

字节码常量池中的内容如下所示。

```
#1  = Methodref      #6.#17    // java/lang/Object."<init>":()V
#2  = Fieldref       #18.#19     // java/lang/System.out:Ljava/io/
PrintStream;
#3  = String         #20        // hello
#4  = Methodref #21.#22 // java/io/PrintStream.println:(Ljava/lang/
String;)V
#5  = Class          #23        // com/atguigu/GetStaticTest
#6  = Class          #24        // java/lang/Object
#7  = Utf8           <init>
#8  = Utf8           ()V
#9  = Utf8           Code
#10 = Utf8           LineNumberTable
#11 = Utf8           LocalVariableTable
#12 = Utf8           this
#13 = Utf8           Lcom/atguigu/GetStaticTest;
#14 = Utf8           sayHello
#15 = Utf8           SourceFile
#16 = Utf8           GetStaticTest.java
#17 = NameAndType    #7:#8        // "<init>":()V
#18 = Class          #25         // java/lang/System
#19 = NameAndType    #26:#27      // out:Ljava/io/PrintStream;
#20 = Utf8           hello
#21 = Class          #28         // java/io/PrintStream
#22 = NameAndType    #29:#30      // println:(Ljava/lang/String;)V
#23 = Utf8           com/atguigu/GetStaticTest
#24 = Utf8           java/lang/Object
#25 = Utf8           java/lang/System
#26 = Utf8           out
#27 = Utf8           Ljava/io/PrintStream;
#28 = Utf8           java/io/PrintStream
#29 = Utf8           println
#30 = Utf8           (Ljava/lang/String;)V
```

字节码执行步骤追踪。

第一步：首先会由"getstatic"指令将常量池中第 2 号常量放入操作数栈，我们追踪第 2 号常量指向的位置，从常量池结构中可以看到，2 指向 18 和 19，18 指向 25，19 指向 26 和 27。通过 2 指向 18，18 指向 25 可以确定该常量在 System 类中使用，通过 2 指向 19，19 指向 26 和 27 确定其类型是 PrintStream 类型，常量值为"out"，最终将静态常量"out"压入操作数栈的栈顶，如图 18-3 所示。

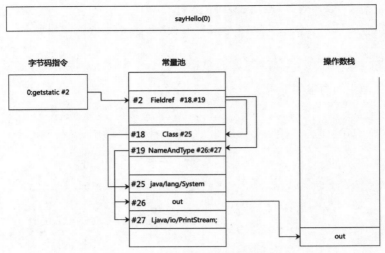

图 18-3 getstatic 字节码指令操作

第二步："ldc"指令将常量中第 3 号常量入栈，第 3 号常量指向 20 号的"Hello"字符串，所以将"Hello"压入操作数栈的栈顶，如图 18-4 所示。

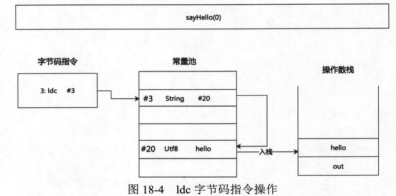

图 18-4 ldc 字节码指令操作

第三步："invokevirtual"指令将操作数栈中的数据弹出，执行 println() 方法，如图 18-5 所示，这个指令将在 18.6 节详细讲解。

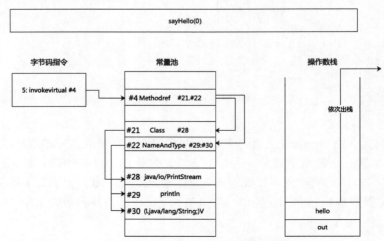

图 18-5 invokevirtual 字节码指令操作

18.5.3 数组操作指令

数组操作指令主要包含 xaload 和 xastore 指令。xaload 指令表示把一个数组元素加载到操作数栈的指令。根据不同的类型数组操作指令又分为 baload、caload、saload、iaload、laload、faload、daload 和 aaload。指令前面第一个字符表示指令对应的数据类型，比如 saload 和 caload 分别表示操作 short 类型数组和 char 类型数组。指令 xaload 在执行时，要求操作数中栈顶元素为数组索引 i，栈顶顺位第 2 个元素为数组引用 a，该指令会弹出栈顶这两个元素，并将 a[i] 重新压入栈。

xastore 指令表示将一个操作数栈的值存储到数组元素中。根据不同类型数组操作指令又分为 bastore、castore、sastore、iastore、lastore、fastore、dastore 和 aastore。指令前面第一个字符表示指令对应的数据类型，比如 iastore 指令表示给一个 int 数组的给定索引赋值。在 iastore 执行前，操作数栈顶需要准备 3 个元素，分别是赋值给数组的值、索引（数组角标）、数组引用，iastore 会弹出这 3 个值，并将值赋给数组中指定索引的位置。

不同类型数组和数组操作指令的对应关系如表 18-8 所示。

表18-8 数组操作指令

数 组 类 型	加 载 类 型	存 储 指 令
byte(boolean)	baload	bastore
char	caload	castore
short	saload	sastore
int	iaload	iastore
long	laload	lastore
float	faload	fastore
double	daload	dastore
reference	aaload	aastore

此外，获取数组长度的指令为 arraylength，该指令会弹出栈顶的数组元素，获取数组的长度，将长度压入栈。代码清单 18-15 展示了数组操作指令。

代码清单18-15 数组操作指令

```
package com.atguigu;

public class NewTest {
    public void setArray(){
        int[] intArray = new int[10];
        intArray[3] = 10;
        System.out.println(intArray[3]);
    }
}
```

setArray（）方法对应的字节码指令如下。

```
 0 bipush 10
 2 newarray 10 (int)
 4 astore_1
 5 aload_1
 6 iconst_3
```

```
 7 bipush 10
 9 iastore
10 getstatic #2 <java/lang/System.out>
13 aload_1
14 iconst_3
15 iaload
16 invokevirtual #3 <java/io/PrintStream.println>
19 return
```

bipush 10 指令把常量 10 放入操作数栈。newarray 10 (int) 指令负责在堆中生成一个数组对象并且把数组地址（假如此时数组地址为 0x2233）放入操作数栈，指令后面紧跟的 10 表示数组中元素的类型为 int，注意区分 bipush 10，这个 10 表示数组的长度，此时需要把数组的长度出栈，如图 18-6 所示，图中没有展示常量 10。

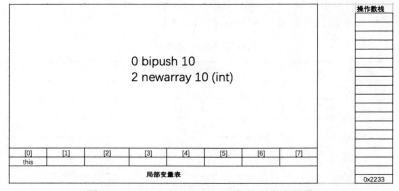

图 18-6　bipush 和 newarray 字节码指令操作

astore_1 指令把栈顶数据弹出并且放入到局部变量表中索引为 1 的槽位；aload_1 指令把局部变量表中索引为 1 的槽位中的数据放入操作数栈；iconst_3 指令把常量 3 放入操作数栈；bipush 10 指令把常量 10 放入操作数栈，如图 18-7 所示。

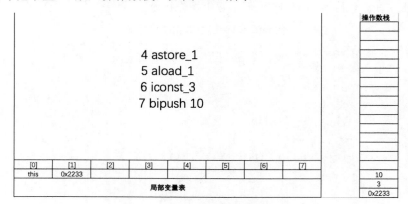

图 18-7　前 6 条字节码指令操作

iastore 指令把常量 10（赋值元素）、常量 3（数组角标）以及数组地址（0x2233）弹出，给数组元素赋值，如图 18-8 所示。

getstatic #2 <java/lang/System.out> 指令把常量"out"放入操作数栈；aload_1 把局部变量表中 1 号槽位的值放入操作数栈；iconst_3 把常量 3 放入操作数栈，如图 18-9 所示。

iaload 指令把栈顶元素为数组的索引 3 弹出，继续弹出数组引用（0x2233），继而找到数组角标为 3 的元素，即 10，重新把常量 10 压入栈，如图 18-10 所示。

至此就完成了数组的赋值和取值操作，最后输出结果即可。

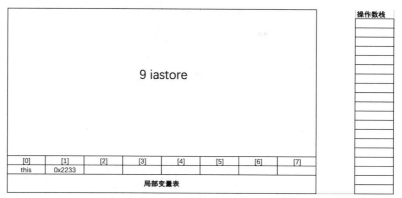

图 18-8   iastore 字节码指令操作

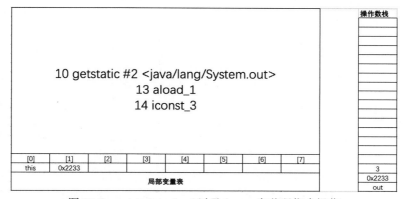

图 18-9   getstatic，aload 以及 iconst 字节码指令操作

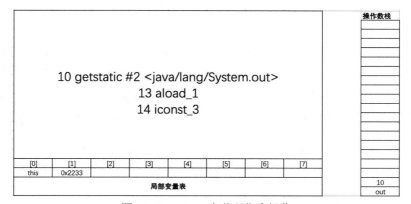

图 18-10   iaload 字节码指令操作

18.5.4 类型检查指令

检查类实例或数组类型的指令主要包括 instanceof 和 checkcast。指令 instanceof 用来判断给定对象是否为某一个类的实例，它会将判断结果压入操作数栈。指令 checkcast 用于检查类型强制转换是否可以进行。这两个指令很相似，区别在于 checkcast 指令如果可以强制类型转换，那么 checkcast 指令不会改变操作数栈，否则它会抛出"ClassCastException"异常，

instanceof 指令会将判断结果压入操作数栈，如果某对象属于某一个类的实例，将 1 压入操作数栈，否则将 0 压入操作数栈。代码清单 18-16 演示了类型检查指令的使用。

代码清单18-16　类型检查指令

```
public String checkCast(Object obj) {
    if (obj instanceof String) {
        return (String) obj;
    } else {
        return null;
    }
}
```

字节码指令如下所示。

```
 0 aload_1
 1 instanceof #10 <java/lang/String>
 4 ifeq 12 (+8)
 7 aload_1
 8 checkcast #10 <java/lang/String>
11 areturn
12 aconst_null
13 areturn
```

对代码的解析如下。

（1）aload_1 表示把局部变量表中索引为 1 的位置中的数据压入操作数栈，即将 obj 压入操作数栈。

（2）instanceof #10 <java/lang/String> 表示将操作数栈中栈顶元素 obj 弹出，判断 obj 类型是否为 java.lang.String，如果是，将 1 压入操作数栈；否则将 0 压入操作数栈。

（3）ifeq 12 (+8) 比较栈顶元素是否等于 0，如果不等于 0，进行下一步，否则跳转到指令行号为 12 的指令。括号中的 +8 表示当前指令的行号加 9 之后正好为跳转的指令行号，此时会有出栈的操作。

（4）aload_1 表示把局部变量表中索引为 1 的位置中的数据压入操作数栈，即将 obj 压入操作数栈。

（5）checkcast #10 <java/lang/String> 指令判断 obj 是否可以转换为 java.lang.String，如果不可以转换，抛出 "ClassCastException" 异常；如果可以转换，该指令也不会影响操作数栈。

18.6　方法调用与返回指令

18.6.1　方法调用指令

方法调用指令包括 invokevirtual、invokeinterface、invokespecial、invokestatic 和 invokedynamic，上述 5 条指令含义如表 18-9 所示。

表18-9　方法调用指令集

指 令 名 称	作　　用
invokevirtual	指令用于调用对象的实例方法，根据对象的实际类型进行分派（虚方法分派），支持多态。这也是 Java 语言中最常见的方法分派方式

续表

指 令 名 称	作　　用
invokeinterface	指令用于调用接口方法，它会在运行时搜索由特定对象所实现的这个接口方法，并找出适合的方法进行调用
invokespecial	指令用于调用一些需要特殊处理的实例方法，包括实例初始化方法（构造器）、私有方法和父类方法。这些方法都是静态类型绑定的，不会在调用时进行动态派发
invokestatic	指令用于调用命名类中的类方法（static 方法）。这是静态绑定的
invokedynamic	指令用于调用动态绑定的方法，这个是 JDK 1.7 后新加入的指令。用于在运行时动态解析出调用点限定符所引用的方法，并执行该方法。前面 4 条调用指令的分派逻辑都固化在 JVM 内部，而 invokedynamic 指令的分派逻辑是由用户所设定的引导方法决定的

代码清单 18-17 展示了方法调用指令的使用。

代码清单18-17　方法调用指令

```
public void invoke1(){
    // 情况 1：类实例构造器方法：<init>()
    Date date = new Date();
    Thread t1 = new Thread();
    // 情况 2：父类的方法
    super.toString();
    // 情况 3：私有方法
    methodPrivate();
}
// 私有方法
private void methodPrivate(){
}
```

对应的字节码指令如下。

```
0 new #2 <java/util/Date>
3 dup
4 invokespecial #3 <java/util/Date.<init>>
7 astore_1
8 new #4 <java/lang/Thread>
11 dup
12 invokespecial #5 <java/lang/Thread.<init>>
15 astore_2
16 aload_0
17 invokespecial #6 <java/lang/Object.toString>
20 pop
21 aload_0
22 invokespecial #7 <com/atguigu/java/MethodInvokeReturnTest.methodPrivate>
25 return
```

可以看到 invokespecial 指令调用了 Date 的构造方法、Thread 对象的构造方法，以及该类的父类方法以及私有方法。其他的指令就不再举例说明了，知道其含义即可。关于方法调用指令在本书 4.7.2 节已经介绍过了，此处不再赘述。

18.6.2 方法返回指令

方法调用结束前，需要返回方法调用结果。方法返回指令是根据返回值的类型区分的，包括 ireturn（当返回值是 boolean、byte、char、short 和 int 类型时使用）、lreturn、freturn、dreturn 和 areturn，另外还有一条 return 指令供声明返回值为 void 的方法、实例初始化方法以及类和接口的类初始化方法使用。方法返回指令如表 18-10 所示。

表18-10 方法返回指令

返 回 类 型	返 回 指 令
void	return
int(boolean,byte,char,short)	ireturn
long	lreturn
float	freturn
double	dreturn
reference	areturn

例如，ireturn 指令表示将当前方法操作数栈中的栈顶元素弹出，并将这个元素压入调用者方法的操作数栈中，因为调用者非常关心方法的返回值，所有在当前方法操作数栈中的其他元素都会被丢弃。如果当前返回的是 synchronized() 方法，那么还会执行一个隐含的 monitorexit 指令，退出临界区，在 18.10 节我们会介绍同步控制指令。最后，会丢弃当前方法的整个栈帧，恢复调用者的栈帧，并将控制权转交给调用者。代码清单 18-18 演示了方法返回指令的使用。

代码清单18-18 方法返回指令

```
package com.atguigu;

public class MethodInvokeReturnTest {
    public int returnInt(){
        int i = 500;
        return i;
    }
}
```

对应的字节码指令如下。

```
0 sipush 500
3 istore_1
4 iload_1
5 ireturn
```

第一步通过 sipush 500 指令将常量 500 放入操作数栈；第二步通过 istore 指令把栈顶元素弹出，放入局部变量表中槽位为 1 的位置；第三步通过 iload_1 指令把局部变量 1 号槽位的元素放入操作数栈；最后通过 ireturn 指令弹出栈顶元素给到调用者方法的操作数栈。其他指令同理，不再举例。

18.7 操作数栈管理指令

JVM 提供的操作数栈管理指令，可以直接作用于操作数栈，和数据结构中的栈操作类似，都会有入栈和出栈的操作，这类指令如表 18-11 所示。

表18-11 操作数栈指令集

指 令 名 称	作　　用
pop，pop2	将一个或两个元素从栈顶弹出，并且直接废弃
dup, dup2, dup_x1, dup2_x1, dup_x2, dup2_x2	复制栈顶一个或两个数值并将复制值或双份的复制值重新压入栈顶
swap	复制栈顶一个或两个数值并将复制值或双份的复制值重新压入栈顶，JVM 没有提供交换两个 64 位数据类型（long、double）数值的指令
nop	nop 是一个非常特殊的指令，它的字节码为 0x00。和汇编语言中的 nop 一样，它表示什么都不做。这条指令一般可用于调试、占位等。这些指令属于通用型，对栈的压入或者弹出无须指明数据类型

pop 指令表示将栈顶的 1 个 32 位的元素（比如 int 类型）出栈，即该元素占用一个 slot 即可。pop2 指令表示将栈顶的 1 个 64 位的元素（比如 long、double 类型）或 2 个 32 位的元素出栈，即弹出操作数栈栈顶的 2 个 slot。

dup 和 dup2 表示复制栈顶数据并压入栈顶，dup 后面的数字表示要复制的 slot 个数。dup 开头的指令用于复制 1 个 32 位元素数据，即复制 1 个 slot 中的元素。dup2 开头的指令用于复制 1 个 64 位或 2 个 32 位元素数据，即复制 2 个 slot 中的元素。

带 _x 的指令是复制栈顶数据并插入栈顶以下的某个位置。4 个指令分别是 dup_x1、dup_x2、dup2_x1、dup2_x2。

（1）dup_x1 表示复制 1 个栈顶元素，然后将复制的值插入原来栈顶第 2 个 slot 下面。假设原来操作数栈中的元素从栈顶向下顺序是 v1，v2，…；执行 dup_x1 指令之后的元素从栈顶向下顺序为 v1，v2，v1（复制值），…，如图 18-11 所示。

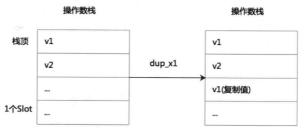

图 18-11　iaload 字节码指令操作

（2）dup_x2 表示复制 1 个栈顶 32 位元素数据，然后将复制的值插入原来栈顶第 3 个 slot 下面。

①假设原来操作数栈中的元素从栈顶向下顺序是 v1，v2，v3，…，且所有元素都是 32 位；执行 dup_x2 指令之后的元素从栈顶向下顺序为 v1，v2，v3，v1（复制值），…，如图 18-12 所示。

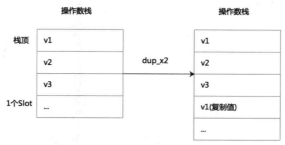

图 18-12　iaload 字节码指令操作

②假设原来操作数栈中的元素顺序是 v1，v2，…，其中 v1 占用 1 个 slot，v2 占用 2 个 slot；那么执行 dup_x2 指令之后的元素从栈顶向下顺序为 v1，v2，v1（复制值），…，也就是复制到第 3 个 slot 下面，如图 18-13 所示。

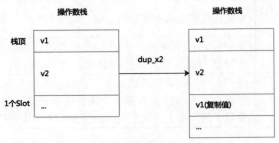

图 18-13　iaload 字节码指令操作

（3）dup2_x1 表示复制 1 个 64 位数据或 2 个 32 位数据的元素（从栈顶开始计数），然后将复制的值插入原来栈顶第 3 个 slot 下面。

①假设原来操作数栈中的元素顺序是 v1，v2，v3，…，且所有元素都是 32 位；执行 dup2_x1 指令之后的元素顺序可能为 v1，v2，v3，v1（复制值），v2（复制值），…，如图 18-14 所示。

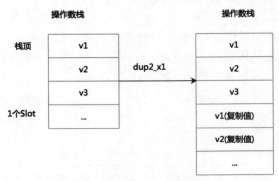

图 18-14　iaload 字节码指令操作

②假设原来操作数栈中的元素顺序是 v1，v2，…，其中 v1 占用 2 个 slot，v2 占用 1 个 slot；那么执行 dup2_x1 指令之后的元素从栈顶向下顺序为 v1，v2，v1（复制值），…，即复制到第 3 个 slot 下面，如图 18-15 所示。

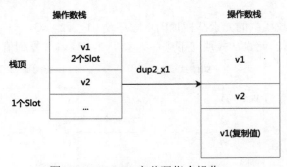

图 18-15　iaload 字节码指令操作

（4）dup2_x2 表示复制复制 1 个 64 位数据或 2 个 32 位数据的元素（从栈顶开始计数），然后将复制的值插入原来栈顶第 4 个 slot 下面，该类型包含的情况较多，分类如下。

①假设原来操作数栈中的元素从栈顶向下顺序是 v1，v2，v3，v4，…，且所有元素都是 32 位；执行 dup2_x2 指令之后的元素从栈顶向下顺序为 v1，v2，v3，v4，v1（复制值），v2（复制值），…，如图 18-16 所示。

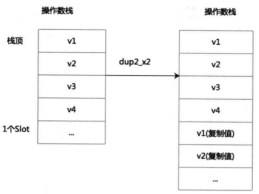

图 18-16　iaload 字节码指令操作

②假设原来操作数栈中的元素从栈顶向下顺序是 v1，v2，v3，…，其中 v1 占用 2 个 slot，其它元素占用 1 个 slot；执行 dup2_x2 指令之后的元素从栈顶向下顺序为 v1，v2，v3，v1（复制值），…，如图 18-17 所示。

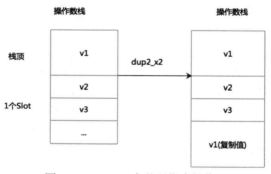

图 18-17　iaload 字节码指令操作

③假设原来操作数栈中的元素从栈顶向下顺序是 v1，v2，v3，…，其中 v1 和 v2 占用 1 个 slot，v3 元素占用 2 个 slot；执行 dup2_x2 指令之后的元素从栈顶向下顺序为 v1，v2，v3，v1（复制值），v2（复制值），…，如图 18-18 所示。

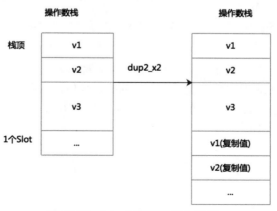

图 18-18　iaload 字节码指令操作

④假设原来操作数栈中的从栈顶向下元素顺序是 v1，v2，…，其中 v1 和 v2 占用 2 个 slot；执行 dup2_x2 指令之后的从栈顶向下元素顺序为 v1，v2，v1（复制值），…，如图 18-19 所示。

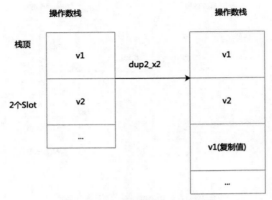

图 18-19　iaload 字节码指令操作

代码清单 18-19 展示了操作数栈管理指令。

代码清单18-19　操作数栈管理指令

```
package com.atguigu;

public class StackOperateTest {
    private long index = 0;
    public long nextIndex(){
        return index++;
    }
}
```

对应的字节码指令如下。

```
 0 aload_0
 1 dup
 2 getfield #2 <com/atguigu/StackOperateTest.index>
 5 dup2_x1
 6 lconst_1
 7 ladd
 8 putfield #2 <com/atguigu/StackOperateTest.index>
11 lreturn5
```

aload_0 指令把局部变量表 0 号位置的 this（当前对象）地址（比如地址为 0x1212）放入操作数栈。dup 指令把 this 对象地址复制一份放入操作数栈，如图 18-20 所示。

getfield #2 指令弹出 this 对象，并且把变量 index 的值 0 放入操作数栈，该值是 long 类型，占用两个 slot，如图 18-21 所示。

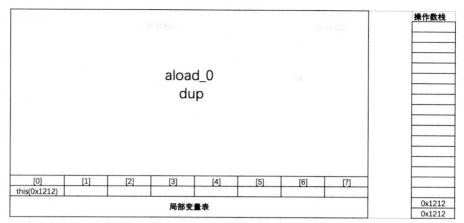

图 18-20 aload_0 和 dup 字节码指令操作

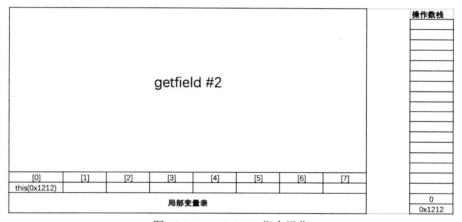

图 18-21 getfield #2 指令操作

dup2_x1 复制栈顶元素放入第 3 个 slot 下面，如图 18-22 所示。

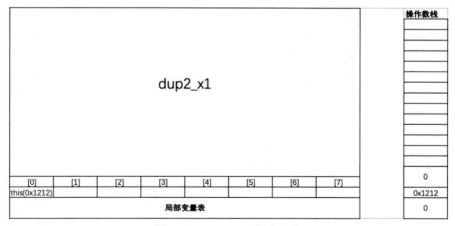

图 18-22 dup2_x1 指令操作

lconst_1 指令把常量 1 放入操作数栈，如图 18-23 所示。

操作数栈
lconst_1
1
0
0x1212
0
[0]
[1]
[2]
[3]
[4]
[5]
[6]
[7]
this(0x1212)
局部变量表

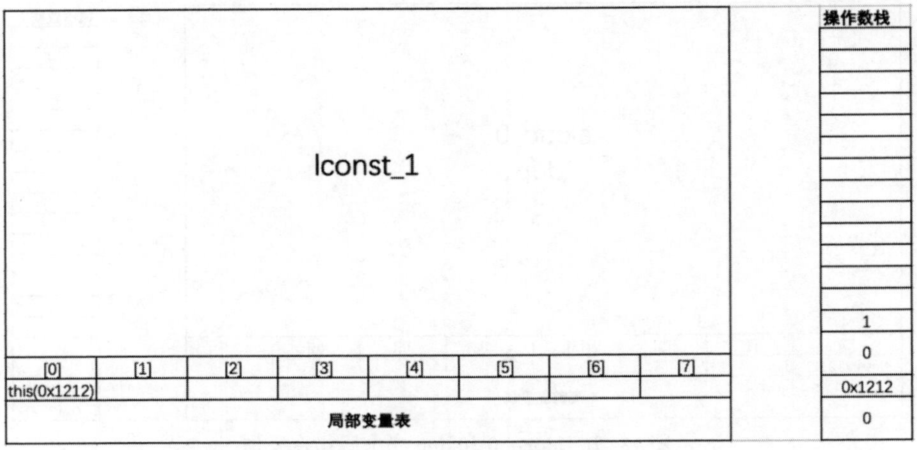

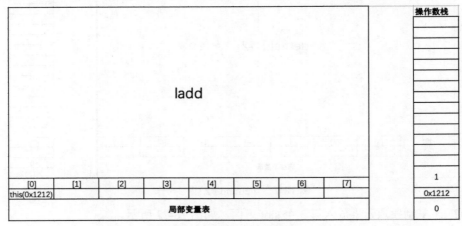

图 18-23　lconst_1 字节码指令操作

ladd 指令把栈顶两个弹出操作数栈，并且相加之后再放入操作数栈，如图 18-24 所示。

操作数栈
ladd
1
0x1212
0
[0]
[1]
[2]
[3]
[4]
[5]
[6]
[7]
this(0x1212)
局部变量表

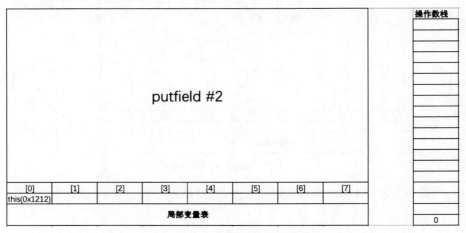

图 18-24　ladd 指令操作

putfield #2 指令，给当前对象的字段赋值，即将栈顶元素 1 赋值给当前对象中的 index 字段。此时当前对象地址和元素 1 弹出操作数栈，如图 18-25 所示。

操作数栈
putfield #2
0
[0]
[1]
[2]
[3]
[4]
[5]
[6]
[7]
this(0x1212)
局部变量表

图 18-25　putfield #2 指令操作

lreturn5 指令弹出操作数栈顶元素 0 和 this 对象，压入调用方法的操作数栈，也就是说当前方法的执行结果为 0。

18.8 控制转移指令

程序的执行流程一般都会包含条件跳转语句，相应的 JVM 提供了大量字节码指令用于实现程序的条件跳转，这些字节码指令我们称为控制转移指令，用于让程序有条件或者无条件地跳转到指定指令处。这些指令大体上可以分为比较指令、条件跳转指令、比较条件跳转指令、多条件分支跳转指令和无条件跳转指令等。比较指令已经在 18.3 节中详细介绍过了，此处不再赘述，下面讲述其他控制转移指令。

18.8.1 条件跳转指令

条件跳转指令通常和比较指令结合使用。在条件跳转指令执行前，一般可以先用比较指令进行栈顶元素的准备，然后进行条件跳转。条件跳转指令的格式为 if_ <condition>，以 "if_" 开头，<condition> 的值包括 eq（等于）、ne（不等于）、lt（小于）、le（小于或等于）、gt（大于）和 ge（大于或等于），这些指令的意思都是弹出栈顶元素，然后和 0 比较，当满足给定的条件时则跳转到给定位置。此外还有两条指令用于判断是否为空，分别是 ifnull 和 ifnonnull，条件跳转指令详细说明如表 18-12 所示。

表18-12 条件跳转指令集

指 令 名 称	作 用
ifeq	当栈顶 int 类型数值等于 0 时跳转
ifne	当栈顶 int 类型数值不等于 0 时跳转
iflt	当栈顶 int 类型数值小于 0 时跳转
ifle	当栈顶 int 类型数值小于或等于 0 时跳转
ifgt	当栈顶 int 类型数值大于 0 时跳转
ifge	当栈顶 int 类型数值大于或等于 0 时跳转
ifnull	为 null 时跳转
ifnonnull	不为 null 时跳转

与前面运算规则一致，对于 boolean、byte、char、short 类型的条件分支比较操作，都是使用 int 类型的比较指令完成。对于 long、float、double 类型的条件分支比较操作，则会先执行相应类型的比较运算指令，运算指令会返回一个整型值到操作数栈中，随后再执行 int 类型的条件分支比较操作来完成整个分支跳转。由于各类型的比较最终都会转为 int 类型的比较操作，所以 JVM 提供的 int 类型的条件分支指令是最为丰富和强大的。代码清单 18-20 演示了条件跳转指令的使用。

代码清单18-20 条件跳转指令

```
public void compare1(){
    int a=0;
    if(a!=0){
        a=10;
    }else{
        a=20;
```

```
        }
    }
```

对应的字节码指令如下。

```
 0 iconst_0
 1 istore_1
 2 iload_1
 3 ifeq 12 (+9)
 6 bipush 10
 8 istore_1
 9 goto 15 (+6)
12 bipush 20
14 istore_1
15 return
```

字节码指令的执行流程如下。

（1）iconst 表示把常量 0 放入操作数栈；istore 出栈压入局部变量表中索引为 1 的位置，这两条指令相当于代码 int a = 0; 的含义。

（2）iload 把局部变量表索引为 1 的数据压到操作数栈中，此时操作数栈栈顶的元素是 0。

（3）ifeq 12 (+9) 比较栈顶元素是否等于 0，如果不等于 0，则进行下一步。否则跳转到指令行号为 12 的指令。括号中的 +9 表示当前指令的行号加 9 之后正好为跳转的指令行号，此时会有出栈的操作。

（4）bipush 指令将 10 压入操作数栈，此时操作数栈中的元素为 10。

（5）istore_1 出栈压入局部变量表中为 1 的位置，此时局部变量表中有 2 个元素，索引为 0 的位置存放 this，索引为 1 的位置存放 10。

（6）goto 15 (+6) 跳转到指令行号为 15 的指令直接返回。

后面的操作是当第 3 步判断等于 0 时执行的，bipush 20，将 20 压入操作数栈，此时操作数栈中的元素为 20；istore_1 表示出栈压入局部变量表中为 1 的位置，此时局部变量表中有 2 个元素，索引为 0 的位置存放 this，索引为 1 的位置存放 20。

其他的指令就不再举例说明了，知道其含义即可。

18.8.2　比较条件跳转指令

比较条件跳转指令类似于比较指令和条件跳转指令的结合体，它将比较和跳转两个步骤合二为一。这类指令的格式可分为 if_icmp<condition> 和 if_acmp<condition>，以 "if_" 开头，紧跟着第一个字母表示对应的数据类型，比如字符 "i" 开头的指令针对 int 型整数操作（也包括 short 和 byte 类型），以字符 "a" 开头的指令表示对象引用的比较。<condition> 的值包括 eq（等于）、ne（不等于），lt（小于）、le（小于或等于）、gt（大于）和 ge（大于或等于）。

if_icmp<condition> 类型的指令细化为具体指令包括 if_icmpeq、if_icmpne、if_icmplt、if_icmple、if_icmpgt 和 if_icmpge。if_acmp<condition> 类型的指令细化为具体指令包括 if_acmpeq 和 if_acmpne。

这些指令都接收两个字节的操作数作为参数，用于计算跳转到新的指令地址执行。指令执行时，弹出栈顶两个元素进行比较，如果比较结果成立，则跳转到新的指令地址处继续执行；否则在该指令之后的指令地址处继续执行，注意比较结果没有任何数据入栈。关于各个指令的详细说明如表 18-13 所示。

表18-13　比较条件跳转指令集

指 令 名 称	作　　用
if_icmpeq	比较栈顶两 int 类型数值 value1 和 value2 的大小，当 value1 等于 value2 时跳转
if_icmpne	比较栈顶两 int 类型数值 value1 和 value2 的大小，当 value1 不等于 value2 时跳转
if_icmplt	比较栈顶两 int 类型数值 value1 和 value2 的大小，当 value1 小于 value2 时跳转
if_icmple	比较栈顶两 int 类型数值 value1 和 value2 的大小，当 value1 小于或等于 value2 时跳转
if_icmpgt	比较栈顶两 int 类型数值 value1 和 value2 的大小，当 value1 大于 value2 时跳转
if_icmpge	比较栈顶两 int 类型数值 value1 和 value2 的大小，当 value1 大于或等于 value2 时跳转
if_acmpeq	比较栈顶两引用类型数值 value1 和 value2 的大小，当 value1 等于 value2 时跳转
if_acmpne	比较栈顶两引用类型数值 value1 和 value2 的大小，当 value1 不等于 value2 时跳转

代码清单 18-21 展示了比较条件跳转指令的作用。

代码清单18-21　比较条件跳转指令

```
public void ifCompare1(){
    int i = 10;
    int j = 20;
    System.out.println(i > j);
}
```

对应的字节码指令如下。

```
0 bipush 10
2 istore_1
3 bipush 20
5 istore_2
6 getstatic #4 <java/lang/System.out>
9 iload_1
10 iload_2
11 if_icmple 18 (+7)
14 iconst_1
15 goto 19 (+4)
18 iconst_0
19 invokevirtual #5 <java/io/PrintStream.println>
22 return
```

字节码整个流程如下。

（1）bipush 10 将 10 压入操作数栈，此时操作数栈中的元素为 10。istore_1 将操作数栈中栈顶元素弹出并将数据放入局部变量表中索引为 1 的位置，此时局部变量表中有 2 个元素，索引为 0 的位置存放 this，索引为 1 的位置存放 10。

（2）bipush 20 将 20 压入操作数栈，此时操作数栈中的元素为 20。istore_2 将操作数栈中栈顶元素弹出并将数据放入局部变量表中为 2 的位置，此时局部变量表中有 3 个元素，索引为 0 的位置存放 this，索引为 1 的位置存放 10，索引为 2 的位置存放 20。

（3）getstatic #4 <java/lang/System.out> 把"out"压入操作数栈。

（4）iload1 把局部变量表索引为 1 的数据压入到操作数栈中，此时操作数栈栈顶的元素是 10。

（5）iload2 把局部变量表索引为 2 的数据压入到操作数栈中，此时操作数栈栈顶的元素是 20。

（6）if_icmple 18 (+7) 比较栈顶两个 int 类型数值大小，当前者小于或等于后者时跳转，此时比较的是 10<20，条件成立，跳转到指令行号为 18 的指令，也就是执行 iconst_0，把常量 0 放入操作数栈；字节码指令中是不支持 boolean 的，0 对应的是 false，1 对应的是 true，这里返回的是 0，所以结果为 false。

18.8.3　多条件分支跳转

多条件分支跳转指令是专为 Java 语法中 switch-case 语句设计的，包含 tableswitch 和 lookupswitch，如表 18-14 所示。

表18-14　多条件分支跳转指令集

指令名称	描述
tableswitch	用于 switch 条件跳转，case 值跨度较小
lookupswitch	用于 switch 条件跳转，case 值不连续

两条指令都是 JVM 对 switch 语句的底层实现，它们的区别如下。

（1）tableswitch，指令主要作用于多个条件分支 case 跨度较小的数值，比如 case 的值是（1，2，3，4，5，default）。在 tableswitch 的操作码 index 后面存放了 default 选项、case 值的最小值 low、case 值的最大值 high，以及 high-low+1 个地址偏移量（offset）。当执行到 tableswitch 指令时，检测操作数 index 值是否在 low ～ high，如果不在，执行 default 分支；如果在范围之内，通过 index-low 进行简单的计算即可定位指定的目标地址，查找效率较高。指令 tableswitch 的示意图如图 18-26 所示。

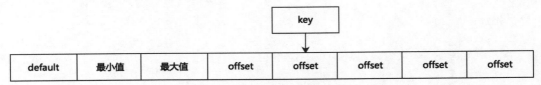

图 18-26　指令 tableswitch 示意图

（2）指令 lookupswitch 指令主要作用于多个条件分支 case 跨度较大，数值不连续的情况，比如 case 的值是（1，10，100，1000，10000，default），lookupswitch 指令内部存放各个离散的 case 值，因为是离散的，如果像 switchtable 那样，存储 high-low+1 个地址偏移量（offset），就会造成空间的浪费。在 lookupswitch 的操作码 index 后面存放了 default 选项和若干个 <key,offset> 的形式存储的匹配对，这些匹配对按 key 递增排序，以便实现可以使用比线性扫描更有效的搜索。每次调用 lookupswitch 指令的时候通过操作码 index 去匹配 key，如果匹配成功，则通过地址偏移量计算目标地址，如果不匹配，则跳转到 default 选项。指令 lookupswitch 如图 18-27 所示。

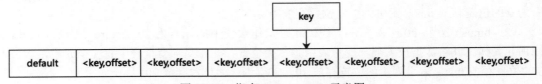

图 18-27　指令 lookupswitch 示意图

代码清单 18-22 展示了多条件跳转指令的作用。

代码清单18-22 多条件跳转指令

```java
public void swtich1(int select){
    int num;
    switch(select){
        case 1:
            num = 10;
            break;
        case 2:
            num = 20;
            //break;
        case 3:
            num = 30;
            break;
        default:
            num = 40;
    }
}
```

对应的字节码指令如下。

```
0 iload_1
1 tableswitch 1 to 3
    1:  28 (+27)
    2:  34 (+33)
    3:  37 (+36)
    default:  43 (+42)
28 bipush 10
30 istore_2
31 goto 46 (+15)
34 bipush 20
36 istore_2
37 bipush 30
39 istore_2
40 goto 46 (+6)
43 bipush 40
45 istore_2
46 return
```

字节码指令执行流程如下。

（1）iload1 把局部变量表索引为1的对象引用到操作数栈中，这里是方法的参数压入操作数栈。

（2）tableswitch 1 to 3

1: 28 (+27)

2: 34 (+33)

3: 37 (+36)

default: 43 (+42)

表示的意思是指令仅支持从1到3，当栈顶元素为1的时候跳转到指令行号为28的指令执行；当为2的时候跳转到指令行号为34的指令执行；当为3的时候跳转到指令行号为37的指令执行；否则跳转到指令行号为 43 的指令执行。符合 switch 语句的执行流程。

（3）后续执行对应的指令即可。

代码清单 18-23 展示了 case 跨度较大的多条件跳转指令的使用。

代码清单18-23　case跨度较大的多条件跳转指令

```
public void swtich2(int select){
    int num;
    switch(select){
        case 10:
            num = 10;
            break;
        case 20:
            num = 20;
            //break;
        case 30:
            num = 30;
            break;
        default:
            num = 40;
    }
}
```

对应的字节码指令如下。可以看到当 case 值跨度较大时，使用的是 lookupswitch 指令。

```
 0 iload_1
 1 lookupswitch 3
   10:   36 (+35)
   20:   42 (+41)
   30:   45 (+44)
   default:  51 (+50)
36 bipush 10
38 istore_2
39 goto 54 (+15)
42 bipush 20
44 istore_2
45 bipush 30
47 istore_2
48 goto 54 (+6)
51 bipush 40
53 istore_2
54 return
```

下面我们再看一段代码，case 值跨度设置较小时候的情况，如代码清单 18-24 所示。

代码清单18-24　case值跨度较小的多条件跳转指令

```
public void swtich3(int select){
    int num;
    switch(select){
        case 1:
```

```
            num = 10;
            break;
        case 2:
            num = 20;
            //break;
        case 4:
            num = 40;
            break;
        case 6:
            num = 60;
            break;
        case 7:
            num = 70;
            break;
        default:
            num = 40;
    }
}
```

对应的字节码指令如下，在源代码 swtich3(int select) 中可以看到，case 值为 1、2、4、6 和 7，并没有 3 和 5。但是 JVM 为了便于利用数组连续的特性，添加了 3 和 5，所以这也就解释了，当 case 中的值跨度较大时不宜使用 tableswitch 的原因，会导致空间浪费，比如方法 swtich2(int select) 中的 case 的值有 10、20 和 30，如果继续使用 tableswitch，就需要补充上 11 ～ 19 和 21 ～ 29 的值，而这些其实很多都是无效的值，会导致浪费很多空间。所以针对方法 swtich2(int select) 使用 lookupswitch。

```
 0 iload_1
 1 tableswitch 1 to 7
    1:   44 (+43)
    2:   50 (+49)
    3:   71 (+70)
    4:   53 (+52)
    5:   71 (+70)
    6:   59 (+58)
    7:   65 (+64)
    default:  71 (+70)
44 bipush 10
46 istore_2
47 goto 74 (+27)
50 bipush 20
52 istore_2
53 bipush 40
55 istore_2
56 goto 74 (+18)
59 bipush 60
61 istore_2
62 goto 74 (+12)
```

```
65 bipush 70
67 istore_2
68 goto 74 (+6)
71 bipush 40
73 istore_2
74 return
```

18.8.4　无条件跳转

　　JVM 目前主要使用的无条件跳转指令包括 goto 和 goto_w。指令 goto 接收两个字节的无符号操作数，共同构造一个带符号的整数，用于指定目标指令地址的偏移量。goto 指令的作用就是跳转到偏移量给定的位置处，目标指令地址必须和 go 指令在同一个方法中。goto_w 和 goto 作用相同，区别是 goto_w 接收 4 个字节的无符号操作数，可以构造范围更大的地址偏移量。指令 jsr、jsr_w、ret 虽然也是无条件跳转的，但主要用于 try-finally 语句，且已经被虚拟机逐渐废弃，本书不再过多赘述，无条件跳转指令如表 18-15 所示。

表18-15　无条件跳转指令集

指 令 名 称	作　　　　用
goto	无条件跳转
goto_w	无条件跳转（地址偏移量范围更大）
jsr	跳转至指定 16 位 offset 位置，并将 jsr 下一条指令地址压入栈顶
jsr_w	跳转至指定 32 位 offset 位置，并将 jsr_w 下一条指令地址压入栈顶
ret	返回至由指定的局部变量所给出的指令位置（一般与 jsr、jsr_w 联合使用）

如代码清单 18-25 所示。

代码清单18-25　无条件跳转指令

```java
public void whileInt() {
    int i = 0;
    while (i < 100) {
        String s = "atguigu.com";
        i++;
    }
}
```

对应的字节码指令如下。

```
0 iconst_0
1 istore_1
2 iload_1
3 bipush 100
5 if_icmpge 17 (+12)
8 ldc #17 <atguigu.com>
10 astore_2
11 iinc 1 by 1
14 goto 2 (-12)
17 return
```

字节码指令执行流程如下。

（1）iconst_0 指令表示把常量 0 放入操作数栈；istore_1 指令表示将操作数栈中栈顶元素弹出并放入局部变量表中为索引为 1 的位置，这两条指令相当于代码 int i = 0; 的含义。

（2）iload_1 指令表示把局部变量表索引为 1 的数据压入到操作数栈中，此时操作数栈栈顶的元素是 0；bipush 100 指令表示将数值 100 压入操作数栈，此时操作数栈有两个元素，栈顶是 100，栈底是 0。

（3）if_icmpge 17（+12）指令表示比较栈顶两 int 类型数值大小，判断 0 是否大于 100，如果大于则跳转到行号为 17 的指令，也就是直接 return；否则接着往下执行。括号中的 +12 表示当前指令的行号加 12 之后正好为跳转的指令行号。

（4）ldc #17 <atguigu.com> 指令表示把字符串"atguigu.com"地址压入操作数栈。

（5）astore_2 指令表示将操作数栈中栈顶元素弹出并将数据放入局部变量表中索引为 2 的位置，此时局部变量表中有 3 个元素，索引为 0 的位置存储 this，索引为 1 的位置存储 0，索引为 2 的位置存储字符串 s 的地址。

（6）iinc 1 by 1 指令表示对局部变量表中索引为 1 的位置中的数值进行加 1 操作，也就是 i++。

（7）goto 2 指令表示跳转到指令行号为 2 的指令，继续下一次循环。

第 2 步到第 7 步是 while 循环体在字节码指令中的实现。

18.9　异常处理指令

18.9.1　抛出异常指令

在 Java 程序中显示抛出异常的操作（throw 语句）都是由 athrow 指令来实现。除了使用 throw 语句显示抛出异常情况之外，JVM 规范还规定了许多运行时异常会在其他 JVM 指令检测到异常状况时自动抛出，例如之前介绍整数运算时，当除数为零时，虚拟机会在 idiv 或 ldiv 指令中抛出 ArithmeticException 异常。正常情况下，操作数栈的压入弹出都是一条条指令完成的。唯一的例外情况是在抛出异常时，JVM 会清除操作数栈上的所有内容，而后将异常实例压入调用者操作数栈上。通过下面的案例演示 JVM 中的抛出异常指令。

```
package com.atguigu;

public class ExceptionTest {
    public void throwZero(int i){
        if(i == 0){
            throw new RuntimeException(" 参数值为 0");
        }
    }
    public void throwOne(int i) throws RuntimeException,IOException{
        if(i == 1){
            throw new RuntimeException(" 参数值为 1");
        }
    }
    public void throwArithmetic() {
        int i = 10;
        int j = i / 0;
```

```
        System.out.println(j);
    }
}
```

throwZero() 方法对应的字节码指令如下，通过 athrow 指令抛出异常。

```
 0 iload_1
 1 ifne 14 (+13)
 4 new #2 <java/lang/RuntimeException>
 7 dup
 8 ldc #3 <参数值为0>
10 invokespecial #4 <java/lang/RuntimeException.<init>
13 athrow
14 return
```

throwOne() 方法对应的字节码指令如下，可以看到和 throwZero() 方法的字节码指令基本相同。通过 jclasslib 工具查看时，会发现多了一项"Exceptions"，该选项表示 throws 语句产生的异常信息，如图 18-28 所示，可以看到"Exceptions"选项中包括 RuntimeException 和 IOException 两个异常。

```
 0 iload_1
 1 iconst_1
 2 if_icmpne 15 (+13)
 5 new #2 <java/lang/RuntimeException>
 8 dup
 9 ldc #5 <参数值为1>
11 invokespecial #4 <java/lang/RuntimeException.<init>
14 athrow
15 return
```

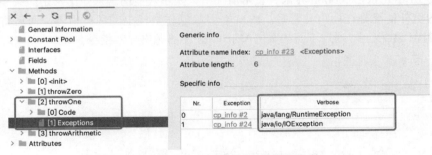

图 18-28　throws 语句产生的异常信息

throwArithmetic() 方法对应的字节码指令如下，JVM 没有通过 athrow 指令抛出异常。

```
 0 bipush 10
 2 istore_1
 3 iload_1
 4 iconst_0
 5 idiv
 6 istore_2
 7 getstatic #6 <java/lang/System.out : Ljava/io/PrintStream;>
10 iload_2
```

```
11 invokevirtual #7 <java/io/PrintStream.println : (I)V>
14 return
```

18.9.2 异常处理和异常表

在 JVM 中，处理异常（catch 语句）不是由字节码指令来实现的，而是采用异常表来完成的。

如果一个方法定义了一个 try-catch 或者 try-finally 的异常处理，就会创建一个异常表。它包含了每个异常处理或者 finally 块的信息。异常表保存了每个异常处理信息，比如异常的起始位置、结束位置、程序计数器记录的代码处理的偏移地址、被捕获的异常类在常量池中的索引等信息。当一个异常被抛出时，JVM 会在当前的方法里寻找一个匹配的处理，如果没有找到，这个方法会强制结束并弹出当前栈帧，并且异常会重新抛给上层调用的方法（在调用方法栈帧）。如果在所有栈帧弹出前仍然没有找到合适的异常处理，这个线程将终止。如果这个异常在最后一个非守护线程里抛出，将会导致 JVM 自己终止，比如这个线程是个 main 线程。不管什么时候抛出异常，如果异常处理最终匹配了所有异常类型，代码就会继续执行。如果方法结束后没有抛出异常，仍然执行 finally 块，在 return 前，它直接跳到 finally 块来完成目标。代码清单 18-26 展示了异常处理指令的作用。

代码清单18-26 异常处理指令

```java
package com.atguigu;

import java.io.File;
import java.io.FileInputStream;
import java.io.FileNotFoundException;

public class ExceptionTest {
    public void tryCatch(){
        try {
            File file = new File("d:/hello.txt");
            FileInputStream fis = new FileInputStream(file);
        }catch (FileNotFoundException e){
            e.printStackTrace();
        }catch (RuntimeException e){
            e.printStackTrace();
        }
    }
}
```

对应的字节码指令如下。

```
 0 new #2 <java/io/File>
 3 dup
 4 ldc #3 <d:/hello.txt>
 6 invokespecial #4 <java/io/File.<init>>
 9 astore_1
10 new #5 <java/io/FileInputStream>
13 dup
14 aload_1
```

```
15 invokespecial #6 <java/io/FileInputStream.<init>>
18 astore_2
19 goto 35 (+16)
22 astore_1
23 aload_1
24 invokevirtual #8 <java/io/FileNotFoundException.printStackTrace>
27 goto 35 (+8)
30 astore_1
31 aload_1
32 invokevirtual #10 <java/lang/RuntimeException.printStackTrace>
35 return
```

new #2 <java/io/File> 指令创建一个 File 对象，把对象地址压入操作数栈，假如地址为 0x1122，dup 指令把栈顶对象地址复制一份再放入操作数栈，如图 18-29 所示。

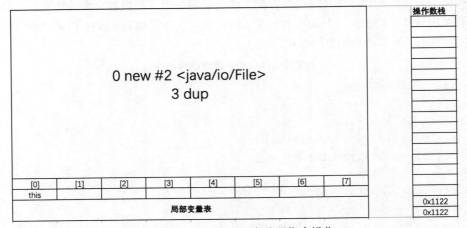

图 18-29　new 和 dup 字节码指令操作

ldc #3 <d:/hello.txt> 把字符串 "d:/hello.txt" 地址压入操作数栈，假如地址为 0x1111，如图 18-30 所示。

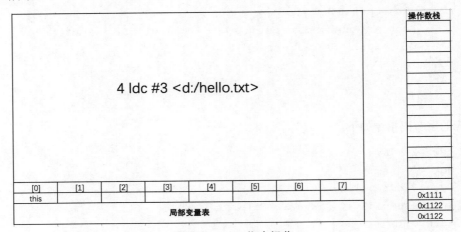

图 18-30　ldc 指令操作

invokespecial #4 <java/io/File.<init>> 指令调用 java/io/File 类的构造器方法，此时弹出栈顶 2 个元素，如图 18-31 所示。

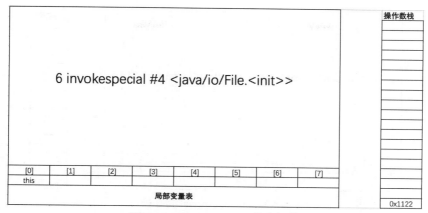

图 18-31　invokespecial 指令操作

　　astore_1 指令把操作数栈顶元素放入局部变量表中 1 号槽位并出栈；new #5 <java/io/FileInputStream> 指令创建 FileInputStream 类型的实例，并把地址放入操作数栈，假如地址为 0x2233；dup 指令把栈顶对象地址复制一份再放入操作数栈，如图 18-32 所示。

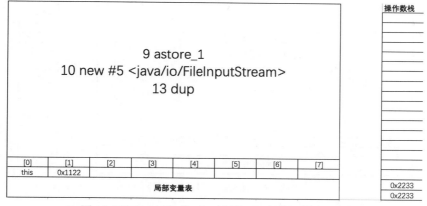

图 18-32　astore_1 和 new 以及 dup 字节码指令操作

　　aload_1 指令把局部变量表中 1 号槽位的数据放入操作数栈，如图 18-33 所示。

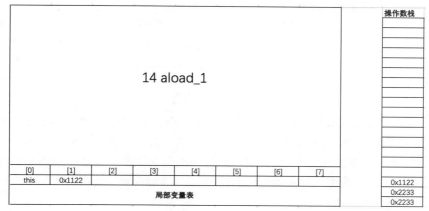

图 18-33　aload_1 指令操作

　　invokespecial #6 <java/io/FileInputStream.<init>> 指令调用 java/io/FileInputStream 类的构造器方法，此时弹出栈顶 2 个元素，如图 18-34 所示。

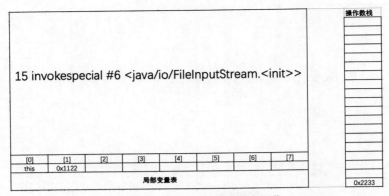

图 18-34   invokespecial 指令操作

astore_2 指令把操作数栈顶元素弹出并放入局部变量表中 2 号槽位；goto 35 (+16) 指令直接跳转到第 35 号指令位置，也就是执行 return 指令返回，括号中的 "+16" 表示当前指令号 "19+16" 就是跳转的指令位置，如图 18-35 所示。

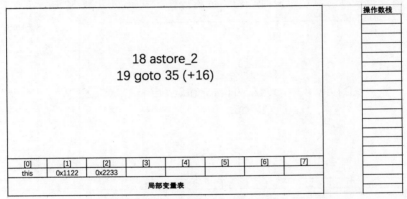

图 18-35   astore_2 和 goto 指令操作

以上流程是程序在正常执行过程，没有使用到捕获异常情况，当程序发生异常时，首先应该查看异常表，使用插件 jclasslib 可以查看异常表，如图 18-36 所示。

字节码	异常表	杂项		
Nr.	起始PC	结束PC	跳转PC	捕获类型
0	0	19	22	cp_info #7 java/io/FileNotFoundException
1	0	19	30	cp_info #9 java/lang/RuntimeException

图 18-36   异常表

起始 PC 和结束 PC 表示在字节码指令中指令前面的序号位置，这里表示的意思是程序只有在第 0 个指令（即 0 new #2 <java/io/File> 指令）和第 19 个指令（即 19 goto 35 (+16)）之间会发生异常。跳转 PC 表示当程序发生异常时，需要跳转到的指令位置，当发生 FileNotFoundException 异常时，跳转到第 22 号指令，即 astore_1 指令。当发生 RuntimeException 异常时，跳转到第 30 号指令，这里也是 astore_1 指令。

分析第一种情况，如果发生 FileNotFoundException 异常，会产生一个异常对象 e，假如对象 e 的地址为 0x7788，该地址存入操作数栈。之后跳转到第 22 号指令，执行 astore_1 指令，把操作数栈中的数据出栈并放入局部变量表，如图 18-37 所示。

图 18-37 FileNotFoundException 异常情况

执行 aload_1 指令，把局部变量表中槽位为 1 的数据放入操作数栈，如图 18-38 所示。

之后执行 invokevirtual #8 <java/io/FileNotFoundException.printStackTrace> 指令，弹出栈中元素。最后执行 goto 35 (+8) 指令跳转到 return 指令，程序结束。

分析第二种情况，如果发生 RuntimeException 异常，同样会产生一个异常对象 e，该地址存入操作数栈。之后跳转到第 30 号指令，流程和第一种情况一样，不再赘述。

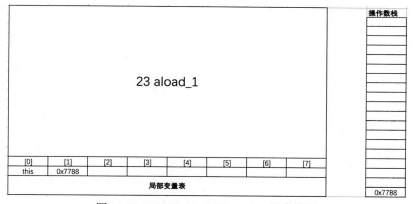

图 18-38 FileNotFoundException 异常情况

18.10 同步控制指令

JVM 支持两种同步结构，分别是方法内部一段指令序列的同步和方法级的同步，这两种同步都是使用 monitor 来支持的。

18.10.1 方法内指定指令序列的同步

Java 中通常是由 synchronized 语句代码块来表示同步。JVM 通过 monitorenter 和 monitorexit 两条指令支持 synchronized 关键字的语义。在 JVM 中，任何对象都有一个监视器与之相关联，用来判断对象是否被锁定，当监视器被持有后，对象处于锁定状态，指令 monitorenter 和 monitorexit 在执行时，都需要在操作数栈顶压入对象。monitorenter 和 monitorexit 的锁定和释放都是针对这个对象的监视器进行的。

如果一段代码块使用了 synchronized 关键字修饰，当一个线程进入同步代码块时，在字节码指令层面会使用 monitorenter 指令表示有线程请求进入，如果锁定的当前对象的监视器的计

数器为 0，则该线程会被准许进入；若为 1，则判断持有当前监视器的线程是否当前线程，如

果是，则允许该线程继续进入（重入锁），否则进行等待，直到对象的监视器计数器为 0，当前线程才会被允许进入同步块。当线程退出同步代码块时，需要使用 monitorexit 指令声明退出。图 18-39 展示了监视器如何保护临界区代码不同时被多个线程访问，只有当线程 4 离开临界区后，线程 1、2、3 才有可能进入。

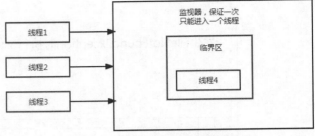

图 18-39　多个线程竞争临界区代码块

代码清单 18-27 演示了同步控制指令的使用。

代码清单18-27　同步控制指令示例

```
package com.atguigu;

public class SynchronizedTest {
    private int i = 0;
    private Object obj = new Object();
    public void subtract(){
        synchronized (obj){
            i --;
        }
    }
}
```

其对应的字节码指令如下。

```
 0 aload_0
 1 getfield #4 <com/atguigu/SynchronizedTest.obj>
 4 dup
 5 astore_1
 6 monitorenter
 7 aload_0
 8 dup
 9 getfield #2 <com/atguigu/SynchronizedTest.i>
12 iconst_1
13 isub
14 putfield #2 <com/atguigu/SynchronizedTest.i>
17 aload_1
18 monitorexit
19 goto 27 (+8)
22 astore_2
23 aload_1
24 monitorexit
25 aload_2
26 athrow
27 return
```

可以看到 monitorenter 指令和 monitorexit 指令都是为同步代码块服务的。需要注意的是编译器必须确保无论方法通过何种方式完成，方法中调用过的每条 monitorenter 指令都必须执行其对应的 monitorexit 指令，而无论这个方法是正常结束还是异常结束。为了保证在方法异常完成时 monitorenter 和 monitorexit 指令依然可以正确配对执行，编译器会自动产生一个异常处理器，这个异常处理器声明可处理所有的异常，它的目的就是用来执行 monitorexit 指令，所以会多出一个 monitorexit 指令。

18.10.2 方法级的同步

方法级的同步是隐式的，即无须通过字节码指令来控制，它实现在方法调用和返回操作之中。虚拟机可以从方法常量池的方法表结构中的 ACC_SYNCHRONIZED 访问标志得知一个方法是否声明为同步方法。当调用方法时，调用指令将会检查方法的 ACC_SYNCHRONIZED 访问标志是否设置。如果设置了，执行线程将先持有同步锁，然后执行方法，最后在方法完成（无论是正常完成还是非正常完成）时释放同步锁。在方法执行期间，执行线程持有了同步锁，其他任何线程都无法再获得同一个锁。如果一个同步方法执行期间抛出了异常，并且在方法内部无法处理此异常，那这个同步方法所持有的锁将在异常抛到同步方法之外时自动释放，如代码清单 18-28 所示。

代码清单18-28　方法级同步控制示例

```
private int i = 0;
public synchronized void add(){
    i++;
}
```

这是一段很简单的代码，在 add ( ) 方法上加 synchronized 关键字修饰，对应的字节码指令如下，可以看到字节码指令中并没有使用 monitorenter 和 monitorexit 进行同步控制，但是方法设置了 ACC_SYNCHRONIZED 访问标志。

```
public synchronized void add();
    descriptor: ()V
    flags: ACC_PUBLIC, ACC_SYNCHRONIZED
    Code:
      stack=3, locals=1, args_size=1
        0: aload_0
        1: dup
        2: getfield      #2 <com/atguigu/java1/SynchronizedTest.i>
        5: iconst_1
        6: iadd
        7: putfield      #2 <com/atguigu/java1/SynchronizedTest.i>
       10: return
```

18.11　本章小结

本章详细讲解了字节码指令按不同的作用可以分为不同的种类，主要包括加载与存储指令、算数指令、类型转换指令、对象的创建与访问指令、方法调用与返回指令、操作数栈管理指令、控制转移指令、异常处理指令和同步控制指令。通过学习这些字节码指令，可以更好地理解 Java 中各种语法背后的原理和 Java 语言特性。

我们知道 class 文件是存放在磁盘上的，如果想要在 JVM 中使用 class 文件，需要将其加载至内存当中。前面我们已经讲解了 class 文件的结构，本章将详细介绍 class 文件加载到内存中的过程。

19.1 概述

在 Java 中数据类型分为基本数据类型和引用数据类型。基本数据类型由 JVM 预先定义，可以直接被用户使用，引用数据类型则需要执行类的加载才可以被用户使用。Java 虚拟机规范中规定，class 文件加载到内存，再到类卸载出内存会经历 7 个阶段，分别是加载、验证、准备、解析、初始化、使用和卸载，其中，验证、准备和解析 3 个阶段统称为链接（Linking），整个过程称为类的生命周期，如图 19-1 所示。

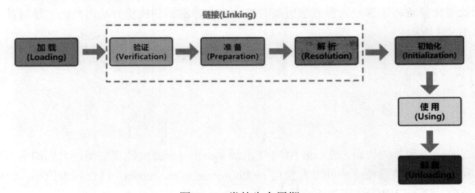

图 19-1　类的生命周期

19.2 加载（Loading）阶段

19.2.1 加载完成的操作

所谓加载，简而言之就是将 Java 类的 class 文件加载到机器内存中，并在内存中构建出 Java 类的原型，也就是类模板对象。所谓类模板对象，其实就是 Java 类在 JVM 内存中的一个快照，JVM 将从 class 文件中解析出的常量池、类字段、类方法等信息存储到类模板对象中。JVM 在运行期可以通过类模板对象获取 Java 类中的任意信息，能够访问 Java 类中的成员变量，也能调用 Java 方法，反射机制便是基于这一基础，如果 JVM 没有将 Java 类的声明信息存储起来，则 JVM 在运行期也无法使用反射。在加载类时，JVM 必须完成以下 3 件事情。

（1）通过类的全名，获取类的二进制数据流。

（2）解析类的二进制数据流为方法区内的数据结构（Java 类模型）。

（3）创建 java.lang.Class 类的实例，作为方法区中访问类数据的入口。

19.2.2 二进制流的获取方式

JVM 可以通过多种途径产生或获得类的二进制数据流，下面列举了常见的几种方式。

（1）通过文件系统读入一个后缀为 .class 的文件（最常见）。

（2）读入 jar、zip 等归档数据包，提取类文件。

（3）事先存放在数据库中的类的二进制数据。

（4）使用类似于 HTTP 之类的协议通过网络加载。

（5）在运行时生成一段 Class 的二进制信息。

在获取到类的二进制信息后，JVM 就会处理这些数据，并最终转为一个 java.lang.Class 的实例。如果输入数据不是 JVM 规范的 class 文件的结构，则会抛出"ClassFormatError"异常。

19.2.3 类模型与Class实例的位置

1. 类模型的位置

加载的类在 JVM 中创建相应的类结构，类结构会存储在方法区中。

2. Class实例的位置

类加载器将 class 文件加载至方法区后，会在堆中创建一个 Java.lang.Class 对象，用来封装类位于方法区内的数据结构，该 Class 对象是在加载类的过程中创建的，每个类都对应有一个 Class 类型的对象。类模型和 Class 实例的位置对应关系如图 19-2 所示。

外部可以通过访问代表 Order 类的 Class 对象来获取 Order 类的数据结构。java.lang.Class 类的构造方法是私有的，只有 JVM 能够创建。java.lang.Class 实例是访问类型元数据的入口，也是实现反射的关键数据。通过 Class 类提供的接口，

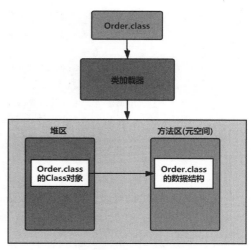

图 19-2　类模型和 Class 实例的位置

可以获得目标类所关联的 class 文件中具体的数据结构、方法、字段等信息。如代码清单 19-1 所示，展示了如何通过 java.lang.Class 类获取方法信息。

代码清单19-1　通过Class类获取方法信息

```
package com.atguigu;
import java.lang.reflect.Method;
import java.lang.reflect.Modifier;
/**
 * 通过 Class 类，获得 java.lang.String 类的所有方法信息，并打印方法访问标识符、描
述符
 */
public class LoadingTest {
    public static void main(String[] args) {
        try {
            Class clazz = Class.forName("java.lang.String");
            // 获取当前运行时类声明的所有方法
            Method[] ms = clazz.getDeclaredMethods();
            for (Method m : ms) {
                // 获取方法的修饰符
                String mod = Modifier.toString(m.getModifiers());
                System.out.print(mod + "");
```

```
                    // 获取方法的返回值类型
                    String returnType = m.getReturnType().getSimpleName();
                    System.out.print(returnType + "");
                    // 获取方法名
                    System.out.print(m.getName() + "(");
                    // 获取方法的参数列表
                    Class<?>[] ps = m.getParameterTypes();
                    if (ps.length == 0) System.out.print(')');
                    for (int i = 0; i < ps.length; i++) {
                        char end = (i == ps.length - 1) ? ')' : ',';
                        // 获取参数的类型
                        System.out.print(ps[i].getSimpleName() + end);
                    }
                    System.out.println();
                }
            } catch (ClassNotFoundException e) {
                e.printStackTrace();
            }
        }
    }
}
```

通过上面的代码可以直接获取到 String 类的方法信息，运行结果如下，由于 String 类方法太多，只展示部分方法。

```
public boolean equals(Object)
public String toString()
public int hashCode()
public int compareTo(String)
public volatile int compareTo(Object)
public int indexOf(String,int)
public int indexOf(String)
public int indexOf(int,int)
public int indexOf(int)
static int indexOf(char[],int,int,char[],int,int,int)
static int indexOf(char[],int,int,String,int)
public String toUpperCase()
public String toUpperCase(Locale)
public String trim()}
```

19.2.4　数组类的加载

创建数组类的情况稍微有些特殊，数组类由 JVM 在运行时根据需要直接创建，所以数组类没有对应的 class 文件，也就没有二进制形式，所以也就无法使用类加载器去创建数组类。但数组的元素类型仍然需要依靠类加载器去创建。创建数组类的过程如下。

（1）如果数组的元素类型是引用类型，那么就遵循定义的加载过程递归加载和创建数组的元素类型，JVM 使用指定的元素类型和数组维度来创建新的数组类。

（2）如果数组的元素是基本数据类型，比如 int 类型的数组，由于基本数据类型是由 JVM

预先定义的，所以也不需要类加载，只需要关注数组维度即可。

如果数组的元素类型是引用类型，数组类的可访问性就由元素类型的可访问性决定。否则数组类的可访问性将被缺省定义为 public。

19.3 链接（Linking）阶段

19.3.1 链接阶段之验证（Verification）

类加载到机器内存后，就开始链接操作，验证是链接操作的第一步。验证的目的是保证加载的字节码是合法、合理并符合规范的。验证的步骤比较复杂，实际要验证的项目也很繁多，如图 19-3 所示，验证的内容涵盖了类数据信息的格式检查、语义检查、字节码验证、符号引用验证，其中格式检查会和加载阶段一起执行。验证通过之后，类加载器才会成功将类的二进制数据信息加载到方法区中。格式检查之外的验证操作将会在方法区中进行。如果不在链接阶段进行验证，那么 class 文件运行时依旧需要进行各种检查，虽然链接阶段的验证拖慢了加载速度，但是却提高了程序执行的速度，正所谓"磨刀不误砍柴工"。

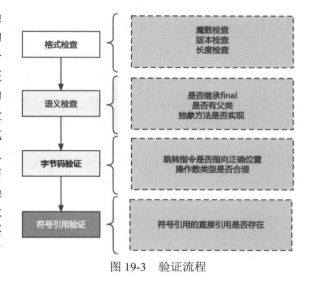

图 19-3 验证流程

1. 格式检查

主要检查是否以魔数 OxCAFEBABE 开头，主版本和副版本号是否在当前 JVM 的支持范围内，数据中每一个项是否都拥有正确的长度等。

2. 字节码的语义检查

JVM 会进行字节码的语义检查，但凡在语义上不符合规范的，JVM 也不会验证通过，比如 JVM 会检查下面 4 项语义是否符合规范。

（1）是否所有的类都有父类的存在（Object 除外）。

（2）是否一些被定义为 final 的方法或者类被重写或继承了。

（3）非抽象类是否实现了所有抽象方法或者接口方法。

（4）是否存在不兼容的方法，比如方法的签名除了返回值不同，其他都一样。

3. 字节码验证

JVM 还会进行字节码验证，字节码验证也是验证过程中最为复杂的一个过程。它试图通过对字节码流的分析，判断字节码是否可以被正确地执行，比如 JVM 会验证字节码中的以下内容。

（1）在字节码的执行过程中，是否会跳转到一条不存在的指令。

（2）函数的调用是否传递了正确类型的参数。

（3）变量的赋值是不是给了正确的数据类型等。

（4）检查栈映射帧的局部变量表和操作数栈是否有着正确的数据类型。

遗憾的是，百分之百准确地判断一段字节码是否可以被安全执行是无法实现的，因此，该过程只是尽可能地检查出可以预知的明显的问题。如果在这个阶段无法通过检查，JVM 也不会正确装载这个类。但是，如果通过了这个阶段的检查，也不能说明这个类是完全没有问题的。在前面 3 次检查中，已经排除了文件格式错误、语义错误以及字节码的不正确性。但是依然不能确保类是没有问题的。

4. 符号引用验证

class 文件中的常量池会通过字符串记录将要使用的其他类或者方法。因此，在验证阶段，JVM 就会检查这些类或者方法是否存在，检查当前类是否有权限访问这些数据，如果一个需要使用的类无法在系统中找到，则会抛出"NoClassDefFoundError"错误，如果一个方法无法被找到，则会抛出"NoSuchMethodError"错误。注意，这个过程发生在链接阶段的解析环节。

19.3.2　链接阶段之准备（Preparation）

当一个类验证通过时，JVM 就会进入准备阶段。准备阶段主要负责为类的静态变量分配内存，并将其初始化为默认值。JVM 为各类型变量默认的初始值如表 19-1 所示。

表19-1　静态变量默认初始值

类　　型	默认初始值
byte	(byte)0
short	(short)0
int	0
long	0L
float	0.0f
double	0.0
char	\u0000
boolean	false
reference	null

Java 并不直接支持 boolean 类型，对于 boolean 类型，内部实现是 int，int 的默认值是 0，对应的 boolean 类型的默认值是 false。

注意，这个阶段不会为使用 static final 修饰的基本数据类型初始化为 0，因为 final 在编译的时候就会分配了，准备阶段会显式赋值。也不会为实例变量分配初始化，因为实例变量会随着对象一起分配到 Java 堆中。这个阶段并不会像初始化阶段（见 19.4 节）那样会有初始化或者代码被执行。代码清单 19-2 展示了 static final 修饰的基本数据类型不会被初始化为 0。

代码清单19-2　准备阶段测试

```
package com.atguigu;
public class LinkingTest {
    // 定义静态变量 id
    private static long id;
    // 定义静态常量 num，并且赋值为 1
    private static final int num = 1;
}
```

查看该类的字节码字段属性，如图 19-4 所示。

如果类字段的字段属性表中存在 ConstantValue 属性，那么在准备阶段该类字段 value 就会

被显式赋值，也就是说在准备阶段，num 的值是 1，而不
是 0。仅被 static 修饰的类变量，在准备阶段初始化为默认
值，默认值见表 19-1。

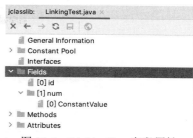

图 19-4　LinkingTest 字段属性

19.3.3　链接阶段之解析（Resolution）

在准备阶段完成后，类加载进入解析阶段。解析阶段主
要负责将类、接口、字段和方法的符号引用转为直接引用。

符号引用就是一些字面量的引用，和 JVM 的内部数据
结构及内存布局无关。比如 class 文件中，常量池存储了大量的符号引用。在程序实际运行时，
只有符号引用是不够的，比如当 println() 方法被调用时，系统需要明确知道该方法的位置。

以方法为例，JVM 为每个类都准备了一张方法表，将其所有的方法都列在表中，当需要
调用一个类的方法的时候，只要知道这个方法在方法表中的偏移量就可以直接调用该方法。通
过解析操作，符号引用就可以转变为目标方法在类中方法表中的位置，从而使得方法被成功调
用。代码清单 19-3 演示了方法在解析阶段的调用过程。

代码清单19-3　方法的解析阶段

```
package com.atguigu;
public class ResolutionTest {
    public void print(){
        System.out.println("atguigu");
    }
}
```

其对应的字节码如下。

```
0 getstatic #2 <java/lang/System.out>
3 ldc #3 <atguigu>
5 invokevirtual #4 <java/io/PrintStream.println>
8 return
```

invokevirtual #4 <java/io/PrintStream.println> 方法的符号引用指向常量池中第四个选项，如
图 19-5 所示。

图 19-5　常量池项

方法调用的常量是类中方法的符号引用，包含类名和方法以及方法参数，解析阶段就是获
取这些属性在内存中的地址，具体过程如图 19-6 所示，通过第 4 项常量找到第 21 项类名常量
和第 22 项方法的名称描述符即可。

不过 Java 虚拟机规范并没有明确要求解析阶段一定要按照顺序执行。在 HotSpot 虚拟机
中，加载、验证、准备和初始化会按照顺序有条不紊地执行，但解析操作往往会在 JVM 在执
行完初始化之后再执行。

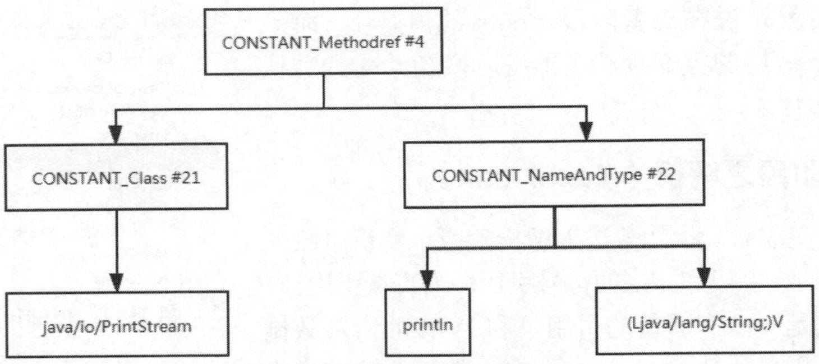

图 19-6　方法解析

19.4　初始化（Initialization）阶段

类的初始化是类装载的最后一个阶段。如果前面的步骤都没有问题，那么表示类可以顺利装载到系统中，然后 JVM 才会开始执行 Java 字节码，也就是说到了初始化阶段，JVM 才真正开始执行类中定义的 Java 程序代码。初始化阶段的重要工作是执行类的 <clinit>() 方法（即类初始化方法），该方法仅能由 Java 编译器生成并被 JVM 调用，程序开发者无法自定义一个同名的方法，也无法直接在 Java 程序中调用该方法。<clinit>() 方法是由类静态成员的赋值语句以及 static 语句块合并产生的。通常在加载一个类之前，JVM 总是会试图加载该类的父类，因此父类的 <clinit>() 方法总是在子类 <clinit>() 方法之前被调用，也就是说，父类的 static 语句块优先级高于子类，简要概括为由父及子，静态先行。

Java 编译器并不会为所有的类都产生 <clinit>() 方法。以下情况 class 文件中将不会包含 <clinit>() 方法。

（1）一个类中并没有声明任何的类变量，也没有静态代码块时。

（2）一个类中声明类变量，但是没有明确使用类变量的初始化语句以及静态代码块来执行初始化操作时。

（3）一个类中包含 static final 修饰的基本数据类型的字段，这些类字段初始化语句采用编译时常量表达式。

代码清单 19-4 展示了哪些情况不会产生 <clinit>() 方法。

代码清单19-4　没有<clinit>()方法

```
package com.atguigu;
public class InitializationTest {
    // 场景 1: 对应非静态的字段，不管是否进行了显式赋值，都不会生成 <clinit>() 方法
    public int num = 1;
    // 场景 2: 静态的字段，没有显式的赋值，不会生成 <clinit>() 方法
    public static int num1;
    // 场景 3: 比如对于声明为 static final 的基本数据类型的字段，不管是否进行了显式赋值，都不会生成 <clinit>() 方法
    public static final int num2 = 1;
}
```

查看该类对应的方法信息，如图 19-7 所示，可以看到不存在 <clinit>() 方法。

图 19-7　方法表

19.4.1　static与final搭配

在第 19.3.2 节中讲解了 static 与 final 定义的变量在准备阶段完成赋值，但是并不是所有的变量都在链接阶段的准备阶段完成赋值，下面通过代码案例说明不同情况下的不同阶段赋值，如代码清单 19-5 所示。

代码清单19-5　static与final搭配使用的不同阶段赋值

```
package com.atguigu.chapter19;

public class InitializationTest1 {
    public static int a = 1;
    public static final int INT_CONSTANT = 10;
    public static final Integer INTEGER_CONSTANT1 = Integer.valueOf(100);
    public static Integer INTEGER_CONSTANT2 = Integer.valueOf(1000);
    public static final String s0 = "helloworld0";
    public static final String s1 = new String("helloworld1");
}
```

对应字节码指令在 <clinit>() 方法中。

```
 0 iconst_1
 1 putstatic #2 <com/atguigu/InitializationTest1.a>
 4 bipush 100
 6 invokestatic #3 <java/lang/Integer.valueOf>
 9 putstatic #4 <com/atguigu/InitializationTest1.INTEGER_CONSTANT1>
12 sipush 1000
15 invokestatic #3 <java/lang/Integer.valueOf>
19 putstatic #5 <com/atguigu/InitializationTest1.INTEGER_CONSTANT2>
21 new #6 <java/lang/String>
24 dup
25 ldc #7 <helloworld1>
27 invokespecial #8 <java/lang/String.<init>>
30 putstatic #9 <com/atguigu/InitializationTest1.s1>
33 return
```

从字节码指令中看到只有定义类成员变量 a、INTEGER_CONSTANT1、INTEGER_CONSTANT2 和 s1 时是在初始化阶段的 <clinit>() 方法中完成。那么另外两个类变量是怎么赋值的呢？通过 jclasslib 查看字段属性表，如图 19-8 所示，可以看到只有 INT_CONSTANT 和 helloworld0 两个常量拥有 ConstantValue，说明 INT_CONSTANT = 10 和 String s0 ="helloworld0" 是在链接阶段的准备阶段完成的。

我们得出的结论就是，基本数据类型和 String 类型使用 static 和 final 修饰，并且显式赋值中不涉及方法或构造器调用，其初始化是在链接阶段的准备环节进行，其他情况都是在初始化阶段进行赋值。

图 19-8　字段属性表

19.4.2　<clinit>()方法的线程安全性

对于 <clinit>() 方法的调用，JVM 会在内部确保其多线程环境中的安全性。JVM 会保证一个类的 <clinit>() 方法在多线程环境中被正确地加锁、同步，如果多个线程同时去初始化一个类，那么只会有一个线程去执行这个类的 <clinit>() 方法，其他线程都需要阻塞等待，直到活动线程执行 <clinit>() 方法完毕。正是因为方法 <clinit>() 带锁线程安全的，如果在一个类的 <clinit>() 方法中有耗时很长的操作，就可能造成多个线程阻塞，导致死锁，这种死锁是很难发现的，因为并没有可用的锁信息。如果之前的线程成功加载了类，则等在队列中的线程就没有机会再执行 <clinit>() 方法了，当需要使用这个类时，JVM 会直接返回给它已经准备好的信息。

19.4.3　类的初始化时机：主动使用和被动使用

初始化阶段是执行类构造器 <clinit>() 方法的过程。虽然有些类已经存在 <clinit>() 方法，但是并不确定什么时候会触发执行，可以触发 <clinit>() 方法的情景称为主动使用，不能触发 <clinit>() 方法执行的情景称为被动使用。主动使用可以触发类的初始化，被动使用不能触发类的初始化。

1. 主动使用

JVM 不会无条件地装载 class 文件，class 文件只有在首次使用的时候才会被装载。JVM 规定，一个类或接口在初次使用前，必须要进行初始化。这里的"使用"是指主动使用，主动使用包含下列几种情况。

（1）创建一个类的实例时，比如使用 new 关键字、反射、克隆或反序列化等方式创建实例。首先创建 Order 类，Order 类中写了一段静态代码块，如代码清单 19-6 所示。

代码清单19-6　Order类

```
class Order implements Serializable{
    static {
        System.out.println("Order 类的初始化过程 ");
    }
}
```

一个类被初始化的标志就是执行 <clinit>() 方法，查看 Order 类的 <clinit>() 方法，如图 19-9 所示，说明只要执行了静态代码块就表示执行了 <clinit>() 方法，即 Order 类被初始化。

代码清单 19-7 演示了 new[test() 方法] 关键字创建实例、反序列化 [test2() 方法]，以及反射 [test3() 方法] 都会调用类的初始化，代码中如果输出了 Order 类中对应的输出语句即表示执行了类的初始化。注意，案例中序列化 [test1() 方法] 的作用仅仅是将对象序列化为 order.dat 文件，为反序列化 [test2() 方法] 做铺垫，虽然序列化 [test1() 方法] 也输出了 Order 类中的语句，这是因为 new 关键字调用了类的初始化，而不是序列化调用了类的初始化。

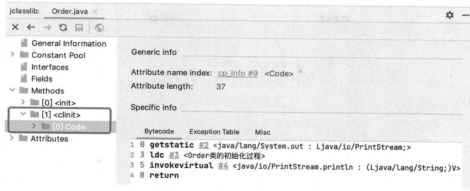

图 19-9 Order 类的 <clinit>()

代码清单19-7 ActiveUse1类

```java
public class ActiveUse1 {
    //new 创建实例
    @Test
    public void test(){
        Order order = new Order();
    }
    // 序列化
    @Test
    public void test1() {
        ObjectOutputStream oos = null;
        try {
            oos = new ObjectOutputStream(new FileOutputStream(
                    "order.dat"));
            oos.writeObject(new Order());
        } catch (IOException e) {
            e.printStackTrace();
        } finally {
            try {
                if (oos != null)
                    oos.close();
            } catch (IOException e) {
                e.printStackTrace();
            }
        }

    }
    // 反序列化
    @Test
    public void test2() {
        ObjectInputStream ois = null;
        try {
            ois = new ObjectInputStream(new FileInputStream(
                    "order.dat"));
```

```
                Order order = (Order) ois.readObject();
        } catch (IOException e) {
            e.printStackTrace();
        } catch (ClassNotFoundException e) {
            e.printStackTrace();
        } finally {
            try {
                if (ois != null)
                    ois.close();
            } catch (IOException e) {
                e.printStackTrace();
            }
        }
    }
    // 反射
    @Test
    public void test3() {
        try {
            // 会主动使用
            Class clazz = Class.forName("com.atguigu.Order");
        } catch (ClassNotFoundException e) {
            e.printStackTrace();
        }
    }
}
```

test()、test2()、test3() 方法的执行结果如下，表明使用 new 关键字、反序列化、反射等方式都会执行类的初始化。

```
Order 类的初始化过程
```

（2）调用类的静态方法时，即当使用了字节码 invokestatic 指令时。

Order 类中添加静态方法，如下所示。

```
public static void method(){
    System.out.println("Order method()....");
}
```

ActiveUse1 类中添加 test4() 方法用于调用类的静态方法，如下所示。

```
@Test
public void test4(){
    Order.method();
}
```

test4() 方法执行结果如下，可以发现调用类的静态方法的时候也执行了类的初始化。

```
Order 类的初始化过程
Order method()....
```

（3）使用类、接口的静态字段时（final 修饰特殊考虑），字节码指令中使用了 getstatic 或者 putstatic 指令。

在 Order 类中添加以下属性。

```
public static int num1 = 1;
public static final int num2 = 2;
public static final int num3 = new Random().nextInt(10);
```

创建 ActiveUse2 类用于测试使用类的静态字段是否会触发类的初始化，如代码清单 19-8 所示。

代码清单19-8　ActiveUse2类

```
public class ActiveUse2 {
    @Test
    public void test1(){
        // 会主动使用
        System.out.println("test1() 方法执行结果 :"+Order.num1);
    }
    @Test
    public void test2(){
        // 不会主动使用
        System.out.println("test2() 方法执行结果 :"+Order.num2);
    }
    @Test
    public void test3(){
        // 会主动使用
        System.out.println("test3() 方法执行结果 :"+Order.num3);
    }
}
```

test1() 方法的执行结果如下所示。

```
Order 类的初始化过程
test1() 方法执行结果 :1
```

test2() 方法的执行结果如下所示。

```
test2() 方法执行结果 :2
```

test3() 方法的执行结果如下所示。

```
Order 类的初始化过程
test3() 方法执行结果 :8
```

从结果来看，当字段使用 static 修饰且没有使用 final 字段修饰时，如果使用该字段会触发类的初始化；当 static 和 final 同时修饰字段时，且该字段是一个固定值则不会触发类的初始化，因为该类型的字段在链接过程的准备阶段就已经被初始化赋值了，不需要类初始化以后才能使用，所以不会执行类的初始化；num3 是因为在程序执行之前无法确定具体的数值，所以需要执行类的初始化以后才能继续执行。

上面讲述了类的静态字段是否触发类的初始化，接下来再测试接口的静态字段是否会触发接口的初始化，创建 CompareA 接口如代码清单 19-9 所示。

代码清单19-9　创建CompareA接口

```
interface CompareA{
    public static final Thread t = new Thread(){
        {
            System.out.println("CompareA 的初始化 ");
        }
    };
    public static final int NUM1 = 1;
    public static final int NUM2 = new Random().nextInt(10);
}
```

查看 CompareA 中 <clinit>() 方法，如图 19-10 所示，可以看到如果创建了线程对象 t 并且里面的代码块语句输出则表示执行了 <clinit>() 方法。

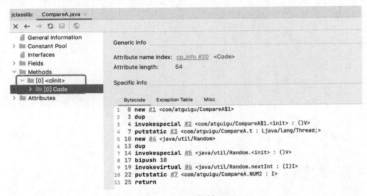

图 19-10　Order 类的 <clinit>()

在 ActiveUse2 类中添加 test4() 和 test5() 方法用于测试接口的静态属性是否会触发类的初始化。

```
@Test
public void test4(){
    System.out.println("test4() 方法执行结果 :"+CompareA.NUM1);// 不会主动使用
}
@Test
public void test5(){
    System.out.println("test5() 方法执行结果 :"+CompareA.NUM2);// 会主动使用
}
```

test4() 方法执行结果如下。

```
test4() 方法执行结果 :1
```

test5() 方法执行结果如下。

```
CompareA 的初始化
test5() 方法执行结果 :3
```

可以看到接口的静态字段和类的静态字段对类的初始化效果是一样的，需要注意的是接口的字段默认是由 static final 修饰的，接口中没有字段是被 static 单独修饰的。

（4）初始化子类时，如果发现其父类还没有进行过初始化，则需要先触发其父类的初始化。JVM 虚拟机初始化一个类时，要求它的所有父类都已经被初始化，但是这条规则并不适用于接口。在初始化一个类时，并不会先初始化它所实现的接口；在初始化一个接口时，并不会先初始化它的父接口。因此，一个父接口并不会因为它的子接口或者实现类的初始化而初始化。只有当程序首次使用特定接口的静态字段时，才会导致该接口的初始化，下面我们使用案例验证上述结论。

创建 Father 类，如代码清单 19-10 所示。

代码清单19-10　Father类

```
public class Father {
    static {
        System.out.println("Father 类的初始化过程 ");
    }
}
```

创建 Son 类，如代码清单 19-11 所示。

代码清单19-11　Son类

```
public class Son extends Father {
    static {
        System.out.println("Son 类的初始化过程 ");
    }
    public static int num = 1;
}
```

创建 ActiveUse3 类用于测试初始化子类时，先初始化父类。我们知道调用 Son 类中的静态字段 num 就会触发 Son 类的初始化，如代码清单 19-12 所示。

代码清单19-12　ActiveUse3类

```
public class ActiveUse3 {
    @Test
    public void test1() {
        System.out.println(Son.num);
    }
}
```

test1() 方法执行结果如下，可以看到在 Son 类初始化之前执行了 Father 类的静态代码块，表示初始化子类时，需要先触发其父类的初始化。

```
Father 类的初始化过程
Son 类的初始化过程
1
```

创建 CompareB 接口，如代码清单 19-13 所示。

代码清单19-13　CompareB接口

```
public interface CompareB {
    public static final Thread t = new Thread() {
        {
            System.out.println("CompareB 的初始化 ");
```

```
        }
    };
}
```

创建 CompareC 接口继承 CompareB，如代码清单 19-14 所示。

代码清单19-14　CompareC接口

```
public interface CompareC extends CompareB {
    public static final Thread t = new Thread() {
        {
            System.out.println("CompareC 的初始化 ");
        }
    };
    public static final int NUM1 = new Random().nextInt(10);
}
```

在 ActiveUse3 类中添加测试方法 test2()，如下所示。

```
@Test
public void test1() {
System.out.println(CompareC.NUM1);
}
```

可以看到只执行了 CompareC 接口的初始化，并没有初始化父接口。
修改 Son 类实现 CompareB 接口，如代码清单 19-15 所示。

代码清单19-15　修改Son类实现CompareB接口

```
public class Son extends Father implements CompareB{
    static {
        System.out.println("Son 类的初始化过程 ");
    }
    public static int num = 1;
}
```

再次执行 ActiveUse3 类中的 test1() 方法，执行结果如下，可以发现并没有执行父接口的
初始化方法。

```
Father 类的初始化过程
Son 类的初始化过程
1
```

（5）如果一个接口定义了 default 方法，那么直接实现或者间接实现该接口的类在初始化
之前需要实现接口的初始化。

我们在接口 CompareB 中添加 default 修饰的方法 method1()，如下所示。

```
public default void method1() {
    System.out.println(" 你好！ ");
}
```

再次执行 ActiveUse3 类中的 test1() 方法，执行结果如下，从结果可知接口 CompareB 也
执行了初始化。

```
Father 类的初始化过程
```

```
CompareB 的初始化
Son 类的初始化过程
1
```

（6）JVM 启动时，用户需要指定一个要执行的主类 [包含 main() 方法的那个类]，JVM 会先初始化这个主类。这个类在调用 main() 方法之前被链接和初始化，main() 方法的执行将依次加载，链接和初始化后面需要使用到的类。

创建 ActiveUse4 类，在该类中添加静态代码块和 main() 方法，如代码清单 19-16 所示。

代码清单19-16　ActiveUse4类

```java
public class ActiveUse4 {
    static{
        System.out.println("ActiveUse4 的初始化过程 ");
    }
    public static void main(String[] args) {
        System.out.println("main() 方法执行 ...");
    }
}
```

执行 main() 方法，结果如下，从结果可知，在 main() 方法执行之前，先执行了该类的初始化。

```
ActiveUse4 的初始化过程
main() 方法执行 ...
```

（7）初次创建 MethodHandle 实例时，初始化该 MethodHandle 实例时指向的方法所在的类，即涉及解析 REF_getStatic、REF_putStatic、REF_invokeStatic 方法句柄对应的类的初始化。

2. 被动使用

除了以上的情况属于主动使用，其他的情况均属于被动使用。被动使用不会引起类的初始化。也就是说并不是在代码中出现的类，就一定会被加载或者初始化。如果不符合主动使用的条件，类就不会初始化。被动使用包含如下几种情况。

（1）当访问一个静态字段时，只有真正声明这个字段的类才会被初始化。当通过子类引用父类的静态变量，不会导致子类初始化。

创建 Parent 类，如代码清单 19-17 所示。

代码清单19-17　Parent类

```java
public class Parent{
    static{
        System.out.println("Parent 的初始化过程 ");
    }
    public static int num = 1;
}
```

创建 Child 类继承 Parent 类，如代码清单 19-18 所示。

代码清单19-18　Child类

```java
public class Child extends Parent{
    static{
        System.out.println("Child 的初始化过程 ");
    }
}
```

创建测试类 PassiveUse1，test1() 方法输出子类继承父类的 num，如代码清单 19-19 所示。

代码清单19-19　PassiveUse1类

```java
public class PassiveUse1 {
  @Test
  public void test2(){
      Parent[] parents = new Parent[10];
      System.out.println(parents.getClass());
  }
}
```

test1() 方法执行结果如下，只执行了父类的初始化，没有执行子类的初始化。

```
Parent 的初始化过程
1
```

（2）通过数组定义类引用，不会触发此类的初始化。

在测试类 PassiveUse1 中添加 test2() 方法，创建数组 parents。

```java
@Test
public void test2(){
    Parent[] parents = new Parent[10];
    System.out.println(parents.getClass());
}
```

执行结果如下，可以看到并没有执行类的初始化。

```
class [Lcom.atguigu.Parent;
```

如果加入以下语句，则会执行类的初始化。

```java
parents[0] = new Parent();
```

执行结果如下，执行了 Parent 类的静态代码块，表示执行了类的初始化方法。

```
class [Lcom.atguigu.Parent;
Parent 的初始化过程
```

（3）引用常量不会触发此类或接口的初始化，因为常量在链接阶段已经被显式赋值，主动使用第 3 条规则我们已经讲过了，不再赘述。

（4）调用 ClassLoader 类的 loadClass() 方法加载一个类，并不是对类的主动使用，不会导致类的初始化。

在测试类 PassiveUse1 中添加 test3() 方法，如下所示，通过 ClassLoader 加载 Person 类，验证是否会执行类的初始化方法。

```java
@Test
public void test3(){
    try {
        Class clazz = ClassLoader.getSystemClassLoader()
                .loadClass("com.atguigu.Person");
    } catch (ClassNotFoundException e) {
        e.printStackTrace();
    }
```

```
    }
```

执行结果没有输出任何语句，表明没有执行类的初始化方法。

19.5　类的使用（Using）

任何一个类在使用之前都必须经历过完整的加载、链接和初始化3个步骤。一旦一个类成功经历这3个步骤之后，便"万事俱备，只欠东风"，就等着开发者使用了。开发人员可以在程序中访问和调用它的静态类成员信息（比如静态字段、静态方法等），或者使用 new 关键字创建对象实例。

19.6　类的卸载（Unloading）

和前面讲过对象的生命周期类似，对象在使用完以后会被垃圾收集器回收，那么对应的类在使用完成以后，也有可能被卸载掉。在了解类的卸载之前，需要先厘清类、类的加载器、类的 Class 对象和类的实例之间的引用关系。

1. 类、类的加载器、类的Class对象、类的实例之间的引用关系

（1）类加载器和类的 Class 对象之间的关系。

在类加载器的内部实现中，用一个 Java 集合来存放所加载类的引用。另外，一个 Class 对象总是会引用它的类加载器，调用 Class 对象的 getClassLoader() 方法，就能获得它的类加载器。由此可见，代表某个类的 Class 对象与该类的类加载器之间为双向关联关系。

（2）类、类的 Class 对象、类的实例对象之间的关系。

一个类的实例总是引用代表这个类的 Class 对象。Object 类中定义了 getClass() 方法，这个方法返回代表实例所属类的 Class 对象的引用。此外，所有的 Java 类都有一个静态属性 class，它引用代表这个类的 Class 对象。

2. 类的生命周期

当类被加载、链接和初始化后，它的生命周期就开始了。当代表类的 Class 对象不再被引用，即不可触及时，Class 对象就会结束生命周期，类在方法区内的数据也会被卸载，从而结束类的生命周期。一个类何时结束生命周期，取决于代表它的 Class 对象何时结束生命周期。

3. 案例

自定义一个类加载器 MyClassLoader 加载自定义类 Order，那么就可以通过 Order 的 Class 对象获取到对应的类加载器，再通过 Order 类的实例对象获取到类 Class 对象，如代码清单 19-20 所示。

代码清单19-20　类、类的加载器、类的Class对象、类的实例之间的引用关系

```
// 通过类加载器加载 Order 类 java.lang.Class 对象
MyClassLoader myLoader = new MyClassLoader("d:/");
Class clazz = myLoader.loadClass("Order");
// 获取 java.lang.Class 对象
Class<Order> orderClass = Order.class;
// 获取类加载器
ClassLoader classLoader = orderClass.getClassLoader();
// 通过实例对象获取 java.lang.Class 对象
```

```
Order order = new Order();
Class<? extends Order> aClass = order.getClass();
```

类、类的加载器、类的 Class 对象、类的实例之间的引用关系如图 19-11 所示。

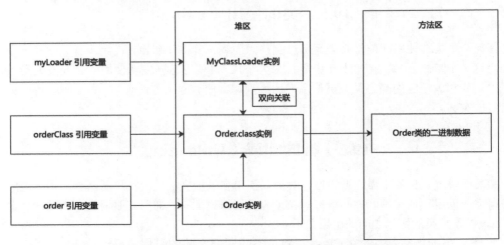

图 19-11　类、类的加载器、类的 Class 对象类的实例之间的引用关系

myLoader 变量和 order 变量间接引用代表 Order 类的 Class 对象，而 orderClass 变量则直接引用代表 Order 类的 Class 对象。如果程序运行过程中，将图 19-11 左侧三个引用变量都置为 null，此时 Order 对象结束生命周期，myLoader 对象结束生命周期，代表 Order 类的 Class 对象也结束生命周期，Order 类在方法区内的二进制数据被卸载。当再次有需要时，会检查 Order 类的 Class 对象是否存在，如果存在会直接使用，不再重新加载；如果不存在 Order 类会被重新加载，在 JVM 的堆区会生成一个新的代表 Order 类的 Class 实例。

4. 类的卸载

通过上面的案例可以知道当类对象没有引用时，可能会产生类的卸载，类的卸载需要满足如下三个条件。

（1）该类所有的实例已经被回收。

（2）加载该类的类加载器的实例已经被回收。

（3）该类对应的 Class 对象没有任何对方被引用。

但是需要注意，并不是所有类加载器下面的类都可以被卸载，Java 自带的三种类加载器的实例是不可以被卸载的，所以它们加载的类在整个运行期间是不可以被卸载的，只有被开发者自定义的类加载器实例加载的类才有可能被卸载。一个已经加载的类被卸载的概率很小，至少被卸载的时间是不确定的。开发者在开发代码的时候，不应该对虚拟机的类卸载做任何假设，在此前提下，再来实现系统中的特定功能。

5. 回顾：方法区的垃圾回收

方法区的垃圾收集主要回收两部分内容，分别是常量池中废弃的常量和不再使用的类。HotSpot 虚拟机对常量池的回收策略是很明确的，只要常量池中的常量没有被任何地方引用，就可以被回收。

JVM 判定一个常量是否"废弃"还相对简单，而要判定一个类是否属于"不再被使用的类"的条件就比较苛刻了，需要同时满足下面三个条件。

（1）该类所有的实例都已经被回收。也就是 Java 堆中不存在该类及其任何派生子类的实例。

（2）加载该类的类加载器已经被回收。这个条件除非是经过精心设计的可替换类加载器的场景，如 OSGi、JSP 的重加载等，否则通常是很难达成的。

（3）该类对应的 java.lang.Class 对象没有在任何地方被引用，无法在任何地方通过反射访问该类的方法。

上述三个条件并不是 JVM 卸载无用类的必要条件，JVM 可以卸载类也可以不卸载类，不会像对象那样没有引用就肯定回收。

19.7　本章小结

本章主要介绍了 JVM 将 class 文件加载到内存所经历的过程，这个过程可分为加载、链接和初始化三大步骤。加载阶段主要负责根据类的二进制数据创建类模板对象。链接阶段主要负责获取类或接口并将其组合到 JVM 的运行时状态，链接又分为验证、准备和解析三个阶段。初始化主要负责为静态字段赋值，以及执行 <clinit>() 方法，注意类的初始化仅会被执行一次。学习类的加载过程可以帮助我们更加透彻地理解 class 文件的执行过程。

第 20 章　类加载器

前面的章节讲解了类的装载过程，其中第一个阶段是加载环节。在 Java 语言中，实现该环节的工具就是类加载器（ClassLoader）。本章将详细介绍类加载器的相关知识。

20.1　概述

类加载器从文件系统或者网络中加载 class 文件到 JVM 内部，至于 class 文件是否可以运行，则由执行引擎决定，类加载器将加载的类信息存放到方法区。类加载器在整个装载阶段，只能影响到类的加载，而无法改变类的链接和初始化行为。它最早出现在 Java 1.0 版本中，当时主要为了满足 Java Applet 应用的需要，虽然目前 JavaApplet 应用极少，但类加载器并没有随之消失不见，相反类加载器在 OSGi、热部署等领域依然应用广泛。这主要是因为 JVM 没有将所有的类加载器绑定在 JVM 内部，这样做的好处就是能够更加灵活和动态地执行类加载操作。

20.1.1　类加载的分类

类的加载分为显式加载和隐式加载两种类型。显式加载指的是在代码中通过类加载器的方法加载 class 对象，如直接使用 Class.forName(name) 或 this.getClass().getClassLoader().loadClass() 加载 class 对象。隐式加载则是不直接在代码中调用类加载器的方法加载 class 文件，而是通过 JVM 自动加载到内存中，如在加载某个类的 class 文件时，该类的 class 文件中引用了另外一个类的对象，此时额外引用的类将通过 JVM 自动加载到内存中。在日常开发中以上两种方式一般会混合使用。

20.1.2　类加载器的必要性

一般情况下，Java 开发人员并不需要在程序中显式地使用类加载器，但是了解类加载器的加载机制却显得至关重要。主要原因有以下几个方面。

（1）避免在开发中遇到 java.lang.ClassNotFoundException 异常或 java.lang.NoClassDefFoundError 异常时手足无措。

（2）只有了解类加载器的加载机制，才能够在出现异常的时候快速地根据错误异常日志定位并解决问题。

（3）需要支持类的动态加载或需要对编译后的 class 文件进行加解密操作时，就需要与类加载器打交道。

（4）开发人员可以在程序中编写自定义类加载器来重新定义类的加载规则，以便实现一些自定义的处理逻辑。

20.1.3　命名空间

对于任意一个类，都需要由加载它的类加载器和这个类本身一同确认其在 JVM 中的唯一性。每个类加载器都有自己的命名空间，命名空间由该类加载器及所有的父类加载器组成，在同一命名空间中，不会出现类的完整名字（包括类的包名）相同的两个类；在不同的命名空间中，有可能会出现类的完整名字（包括类的包名）相同的两个类；在大型应用中，我们往往借助这一特性，来运行同一个类的不同版本。

20.1.4 类加载机制的基本特征

通常类加载机制有三个基本特征，分别是双亲委派模型、可见性和单一性。

1. 双亲委派模型

如果一个类加载器在接到加载类的请求时，它首先不会自己尝试去加载这个类，而是把这个请求任务委托给父类加载器去完成，依次递归，如果父类加载器可以完成类加载任务，就成功返回。只有父类加载器无法完成此加载任务时，才自己去加载。详细讲解见 20.6 节。

2. 可见性

子类加载器可以访问父类加载器加载的类型，但是反过来是不允许的。不然，因为缺少必要的隔离，就没有办法利用类加载器去实现容器的逻辑。

3. 单一性

由于父类加载器的类型对于子类加载器是可见的，所以父类加载器中加载过的类型，就不会在子加载器中重复加载。但是注意，同一个类仍然可以被同级别的类加载器加载多次，因为互相并不可见。

20.2　类加载器分类

JVM 支持两种类型的类加载器，分别为启动类加载器（Bootstrap ClassLoader）和自定义类加载器（User-Defined ClassLoader）。从概念上来讲，自定义类加载器一般指的是程序中由开发人员自定义的一类类加载器，但是 Java 虚拟机规范却没有这么定义，而是将所有派生于抽象类 ClassLoader 的类加载器都划分为自定义类加载器。无论类加载器的类型如何划分，在程序中我们最常见的类加载器结构如图 20-1 所示，其中扩展类加载器和应用程序类由抽象类 ClassLoader 派生而来。

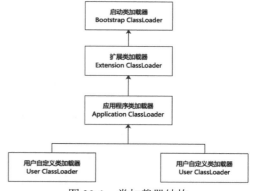

图 20-1　类加载器结构

除了顶层的启动类加载器，其余的类加载器都应当有自己的"父类"加载器。不同类加载器看似是继承关系，实际上是聚合关系。在下层加载器中，包含着上层加载器的引用，也就是说应用程序类加载器并不是扩展类加载器的子类。如代码清单 20-1 所示，展示了类加载器直接的包含关系，定义了 ParentClassLoader 和 ChildClassLoader 两个类继承抽象类 ClassLoader。习惯上把 ChildClassLoader 称为子类加载器，ParentClassLoader 称为父类加载器，但是它们之间并不是继承关系，而是在构造子类的时候以参数的形式传入 ParentClassLoader 而已，在实例化 ChildClassLoader 时，构造器形参使用 ParentClassLoader 实例进行赋值，给属性初始化。虽然说法上称为父类加载器，但是却不是继承关系，大家需要注意这一点。

代码清单20-1　类加载器的包含关系

```
/**
 * 类加载器的包含关系
 */
public abstract class ClassLoader {
    ClassLoader parent; // 父类加载器
```

```java
    public ClassLoader(ClassLoader parent) {
        this.parent = parent;
    }
}


class ParentClassLoader extends ClassLoader {
    public ParentClassLoader(ClassLoader parent) {
        super(parent);
    }
}


class ChildClassLoader extends ClassLoader {
    public ChildClassLoader(ClassLoader parent) {
        //parent = new ParentClassLoader();
        super(parent);
    }
}
```

20.2.1　引导类加载器

　　引导类加载器（BootstrapClassLoader，又称启动类加载器）使用 C/C++ 语言实现，嵌套在 JVM 内部。引导类加载器不继承 java.lang.ClassLoader，没有父类加载器。出于安全考虑，引导类加载器主要用来加载 Java 的核心库，也就是 "JAVA_HOME/jre/lib/rt.jar" 或 "sun.boot.class.path" 路径下的内容，指定为扩展类和应用程序类加载器的父类加载器。使用 -XX:+TraceClassLoading 参数可以得到类加载器加载了哪些类，注意该参数只能得到所有加载器加载的全部类文件，不能得到各个加载器加载了什么类。查看引导类加载器加载的类文件，如代码清单 20-2 所示。

代码清单20-2　引导类加载器加载范围

```java
/**
 * 查看引导类加载器加载范围
 */
public class ClassLoaderTest {
    public static void main(String[] args) {
        String pathBoot = System.getProperty("sun.boot.class.path");
        System.out.println("BootStrapClassLoader 加载范围 " +
                "开始 --------");
        System.out.println(pathBoot.replaceAll(";",
                System.lineSeparator()));
        System.out.println("BootStrapClassLoader 加载范围 " +
                "结束 --------");
    }
}
```

　　运行结果如下。

```
BootStrapClassLoader 加载范围开始 ------------
D:\Program Files\Java\jdk1.8.0_212\jre\lib\resources.jar
D:\Program Files\Java\jdk1.8.0_212\jre\lib\rt.jar
D:\Program Files\Java\jdk1.8.0_212\jre\lib\sunrsasign.jar
D:\Program Files\Java\jdk1.8.0_212\jre\lib\jsse.jar
D:\Program Files\Java\jdk1.8.0_212\jre\lib\jce.jar
D:\Program Files\Java\jdk1.8.0_212\jre\lib\charsets.jar
D:\Program Files\Java\jdk1.8.0_212\jre\lib\jfr.jar
D:\Program Files\Java\jdk1.8.0_212\jre\classes
BootStrapClassLoader 加载范围结束 ------------
```

引导类加载器加载了如上路径的类文件。

20.2.2　扩展类加载器

扩展类加载器（ExtensionClassLoader）由 Java 语言编写，该类的全路径名为 sun.misc.
Launcher$ExtClassLoader，ExtClassLoader 是 Launcher 类的内部类，间接继承于 ClassLoader 类，
父类加载器为启动类加载器，类的继承关系如图 20-2 所示。扩展类加载器主要负责从 java.ext.
dirs 系统属性所指定的目录或者 JDK 的安装目录的 jre/lib/ext 子目录下加载类库。如果用户创
建的类放在上述目录下，也会自动由扩展类加载器加载。简言之扩展类加载器主要负责加载
Java 的扩展库。

图 20-2　扩展类加载器继承关系

查看扩展加载器加载的类文件，如代码清单 20-3 所示。

代码清单20-3　扩展类加载器加载范围

```
/**
 * 扩展类加载器加载范围
 */
public class ClassLoaderTest {
    public static void main(String[] args) {
        System.out.println("ExtClassLoader 加载范围开始 ------");
        String pathExt = System.getProperty("java.ext.dirs");
        System.out.println(pathExt.replaceAll(";",
                System.lineSeparator()));
        System.out.println("ExtClassLoader 加载范围结束 ------");
    }
}
```

运行结果如下。

```
ExtClassLoader 加载范围开始 ------------
D:\Program Files\Java\jdk1.8.0_212\jre\lib\ext
C:\Windows\Sun\Java\lib\ext
ExtClassLoader 加载范围结束 ------------
```

扩展类加载器加载了如上路径的类文件，如下所示。

```
D:\Program Files\Java\jdk1.8.0_121\jre\lib\ext\access-bridge-64.jar
D:\Program Files\Java\jdk1.8.0_121\jre\lib\ext\cldrdata.jar
D:\Program Files\Java\jdk1.8.0_121\jre\lib\ext\dnsns.jar
D:\Program Files\Java\jdk1.8.0_121\jre\lib\ext\jaccess.jar
D:\Program Files\Java\jdk1.8.0_121\jre\lib\ext\jfxrt.jar
D:\Program Files\Java\jdk1.8.0_121\jre\lib\ext\localedata.jar
D:\Program Files\Java\jdk1.8.0_121\jre\lib\ext\nashorn.jar
D:\Program Files\Java\jdk1.8.0_121\jre\lib\ext\sunec.jar
D:\Program Files\Java\jdk1.8.0_121\jre\lib\ext\sunjce_provider.jar
D:\Program Files\Java\jdk1.8.0_121\jre\lib\ext\sunmscapi.jar
D:\Program Files\Java\jdk1.8.0_121\jre\lib\ext\sunpkcs11.jar
D:\Program Files\Java\jdk1.8.0_121\jre\lib\ext\zipfs.jar
```

20.2.3　应用程序类加载器

应用程序类加载器（AppClassLoader）和扩展类加载器一样也是由 Java 语言编写，该类的全路径名为 sun.misc.Launcher$AppClassLoader，间接继承于 ClassLoader 类，父类加载器为扩展类加载器，应用程序类加载器也称系统类加载器。它负责加载环境变量 classpath 或系统属性 java.class.path 指定路径下的类库，应用程序中的类加载器默认是应用程序类加载器。它是用户自定义类加载器的默认父类加载器，通过 ClassLoader 的 getSystemClassLoader() 方法可以获取到该类加载器。查看应用类加载器加载的类文件，如代码清单 20-4 所示。

代码清单20-4　应用类加载器加载范围

```java
/**
 * 应用类加载器加载范围
 */
public class ClassLoaderTest {
    public static void main(String[] args) {
        System.out.println("AppClassLoader 加载范围开始 ------------");
        String pathApp = System.getProperty("java.class.path");
        System.out.println(pathApp.replaceAll(";", System.lineSeparator()));
        System.out.println("AppClassLoader 加载范围结束 ------------");
    }
}
```

运行结果如下。

```
AppClassLoader 加载范围开始 ------------
D:\Program Files\Java\jdk1.8.0_212\jre\lib\charsets.jar
D:\Program Files\Java\jdk1.8.0_212\jre\lib\deploy.jar
D:\Program Files\Java\jdk1.8.0_212\jre\lib\ext\access-bridge-64.jar
D:\Program Files\Java\jdk1.8.0_212\jre\lib\ext\cldrdata.jar
D:\Program Files\Java\jdk1.8.0_212\jre\lib\ext\dnsns.jar
```

```
D:\Program Files\Java\jdk1.8.0_212\jre\lib\ext\jaccess.jar
D:\Program Files\Java\jdk1.8.0_212\jre\lib\ext\jfxrt.jar
D:\Program Files\Java\jdk1.8.0_212\jre\lib\ext\localedata.jar
D:\Program Files\Java\jdk1.8.0_212\jre\lib\ext\nashorn.jar
D:\Program Files\Java\jdk1.8.0_212\jre\lib\ext\sunec.jar
D:\Program Files\Java\jdk1.8.0_212\jre\lib\ext\sunjce_provider.jar
D:\Program Files\Java\jdk1.8.0_212\jre\lib\ext\sunmscapi.jar
D:\Program Files\Java\jdk1.8.0_212\jre\lib\ext\sunpkcs11.jar
D:\Program Files\Java\jdk1.8.0_212\jre\lib\ext\zipfs.jar
D:\Program Files\Java\jdk1.8.0_212\jre\lib\javaws.jar
D:\Program Files\Java\jdk1.8.0_212\jre\lib\jce.jar
D:\Program Files\Java\jdk1.8.0_212\jre\lib\jfr.jar
D:\Program Files\Java\jdk1.8.0_212\jre\lib\jfxswt.jar
D:\Program Files\Java\jdk1.8.0_212\jre\lib\jsse.jar
D:\Program Files\Java\jdk1.8.0_212\jre\lib\management-agent.jar
D:\Program Files\Java\jdk1.8.0_212\jre\lib\plugin.jar
D:\Program Files\Java\jdk1.8.0_212\jre\lib\resources.jar
D:\Program Files\Java\jdk1.8.0_212\jre\lib\rt.jar
E:\demo\out\production\demo
D:\Program Files\JetBrains\IntelliJ IDEA 2019.2.3\lib\idea_rt.jar
AppClassLoader 加载范围结束 ------------
```

从结果可以看出，一部分内容是由扩展类加载器加载的，这是因为 IntelliJ IDEA 工具中的 CLASSPATH 值如图 20-3 所示，所以应用程序类加载器的加载范围才会输出下面的结果。

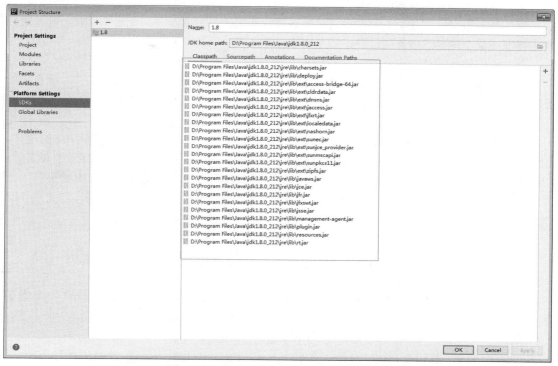

图 20-3　IntelliJ IDEA 工具的 CLASSPATH

而直接在命令行中编译执行时，应用程序类加载器的加载路径就是环境变量 CLASSPATH

的值，如图 20-3 所示，运行结果表示只加载当前路径下的类文件。

```
E:\demo\out\production\demo>java com.atguigu.ClassLoaderTest
AppClassLoader 加载范围开始 ------------
.
AppClassLoader 加载范围结束 ------------
```

20.2.4　自定义类加载器

在 Java 的日常应用程序开发中，类的加载几乎是由前面讲解的 3 种类加载器相互配合执行的。必要时，还可以自定义类加载器来定制类的加载方式。体现 Java 语言强大生命力和巨大魅力的关键因素之一便是 Java 开发者可以自定义加载器来实现类库的动态加载，加载源可以是本地的 JAR 包，也可以是网络上的远程资源。以下是自定义类加载器的好处。

（1）插件机制。

通过类加载器可以实现非常绝妙的插件机制，这方面的实际应用案例不胜枚举。例如，著名的 OSGi 组件框架，再如 Eclipse 的插件机制。类加载器为应用程序提供了一种动态增加新功能的机制，这种机制无须重新打包发布应用程序就能实现。

（2）隔离加载类。

在某些框架内进行中间件与应用的模块隔离，把类加载到不同的环境中。比如 Tomcat 这类 Web 应用服务器，内部自定义了好几种类加载器，用于隔离同一个 Web 应用服务器上的不同应用程序。再比如两个模块依赖某个类库的不同版本，如果分别被不同的类加载器加载，就可以互不干扰。

（3）修改类加载的方式。

类的加载模型并非强制，除引导类加载器外，其他的类加载器并非一定要引入，或者根据实际情况在某个时间点进行按需进行动态加载。

（4）扩展加载源。

应用需要从不同的数据源获取类定义信息，例如网络数据源，而不是本地文件系统。或者是需要自己操纵字节码，动态修改或者生成类型。

（5）提高程序安全性。

在一般情况下，使用不同的类加载器去加载不同的功能模块，会提高应用程序的安全性。但是，如果涉及 Java 类型转换，则加载器反而容易产生不美好的事情。在做 Java 类型转换时，只有两个类型都是由同一个加载器所加载，才能进行类型转换，否则转换时会发生异常。

用户通过定制自己的类加载器，可以重新定义类的加载规则，以便实现一些自定义的处理逻辑。

20.3　获取不同的类加载器

每个对象都会包含一个定义它的类加载器的一个引用。获取类加载器的途径方式如表 20-1 所示。

表20-1　多种获取类加载器方式

加载器类型	方　式
获得当前类的类加载器	clazz.getClassLoader()
获得当前线程上下文的类加载器	Thread.currentThread().getContextClassLoader()

续表

加载器类型	方　式
获得系统类加载器	ClassLoader.getSystemClassLoader()
获取加载器的父类加载器	java.lang.ClassLoader#getParent()

具体操作如代码清单 20-5 所示。

代码清单20-5　获取类加载器

```java
package com.atguigu.chapter20;
public class ClassLoaderTest {
    public static void main(String[] args) {
        // 获取当前类的类加载器
        ClassLoader classLoader =
                ClassLoaderTest.class.getClassLoader();
        System.out.println("获取当前类的类加载器 = " + classLoader);
        // 获取当前线程的上下文加载器
        ClassLoader contextClassLoader =
                Thread.currentThread().getContextClassLoader();
        System.out.println("获取当前线程的上下文加载器 = "
                + contextClassLoader);
        // 获取系统类加载器
        ClassLoader systemClassLoader = ClassLoader
                .getSystemClassLoader();
        System.out.println("获取系统类加载器 = " + systemClassLoader);
        // 获取扩展类加载器
        ClassLoader extClassLoader = systemClassLoader.getParent();
        System.out.println("获取扩展类加载器 = " + extClassLoader);
        // 获取引导类加载器
        ClassLoader bootstrapClassLoader = extClassLoader.getParent();
        System.out.println("获取引导类加载器 = " + bootstrapClassLoader);
    }
}
```

运行结果如下。

```
获取当前类的类加载器 = sun.misc.Launcher$AppClassLoader@18b4aac2
获取当前线程的上下文加载器 = sun.misc.Launcher$AppClassLoader@18b4aac2
获取系统类加载器 = sun.misc.Launcher$AppClassLoader@18b4aac2
获取扩展类加载器 = sun.misc.Launcher$ExtClassLoader@1b6d3586
获取引导类加载器 = null
```

需要注意的是，引导类加载器结果为 null，原因是引导类加载器是 C++ 语言编写，并不是一个 java 对象，所以这里用 null 展示。

数组类的 Class 对象，不是由类加载器创建的，而是在 Java 运行期 JVM 根据需要自动创建的。数组类的类加载器可以通过 Class.getClassLoader() 方法返回，如果数组元素是引用数据类型，类加载器与数组当中元素类型相同，如果数组元素类型是基本数据类型，数组类没有类加载器，如代码清单 20-6 所示。

代码清单20-6　获取数组类加载器

```java
package com.atguigu.chapter20;

/**
 * <pre>
 * desc : 获取数组类加载器
 * </pre>
 */
public class ClassLoaderTest {
    public static void main(String[] args) {
        String[] strArr = new String[6];
        System.out.println(strArr.getClass().getClassLoader());
        ClassLoaderTest[] classLoaderTests = new ClassLoaderTest[1];
        System.out.println(classLoaderTests.getClass()
                .getClassLoader());
        int[] intArr = new int[2];
        System.out.println(intArr.getClass().getClassLoader());
    }
}
```

运行结果如下。

```
null
sun.misc.Launcher$AppClassLoader@18b4aac2
null
```

大家要注意的是第一个 null 表示引导类加载器，第二个 null 表示当数组中元素为基本数据类型时，结果也为 null，但是第二个 null 表示的含义是没有类加载器，而不是引导类加载器。

20.4　类加载器源码解析

前面我们多次提到了抽象类 java.lang. ClassLoader，该类在类加载中起着至关重要的作用，除了引导类加载器之外，其他的类加载器都需要继承它，所以对该类的源码学习就显得尤为重要。ClassLoader 与 JVM 提供的类加载器关系如图 20-4 所示。

从图 20-4 中可以看到 ClassLoader 类位于所有类加载器的顶层，20.3 节讲述了通过 ClassLoader.getSystemClassLoader() 来获得系统类加载器，下面讲述其获取过程。

（1）通过 ClassLoader.getSystemClassLoader() 进入源码分析，如下所示。

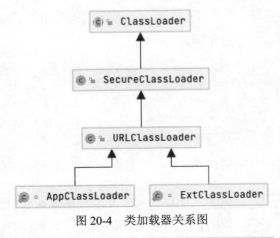

图 20-4　类加载器关系图

```java
public static void main(String[] args) {
    //1. 获取 classloader 的方法
    ClassLoader classLoader = ClassLoader.getSystemClassLoader();
```

```
    }
```

（2）进入 getSystemClassLoader() 方法，如下所示，其中需要重点关注 initSystemClassLoader() 方法。

```
public static ClassLoader getSystemClassLoader() {
    initSystemClassLoader();
    if (scl == null) {
        return null;
    }
    SecurityManager sm = System.getSecurityManager();
    if (sm != null) {
        checkClassLoaderPermission(scl, Reflection.getCallerClass());
    }
    return scl;
}
```

（3）initSystemClassLoader() 方法的作用是对应用程序类加载器进行初始化，代码如下。

```
// 初始化系统加载器，包括初始化父类加载器
private static synchronized void initSystemClassLoader() {
    //boolean 类型的静态变量，标记是否被初始化了，解决并发问题
    if (!sclSet) {
        if (scl != null)
            throw new IllegalStateException("recursive invocation");
        // 获取 Launcher 类实例，加载器都是它的内部类，直接去看 Launcher 源码
        sun.misc.Launcher l = sun.misc.Launcher.getLauncher();
        if (l != null) {
            Throwable oops = null;
            //scl 为 classloader 内部的缓存静态变量，存储系统类加载器
            scl = l.getClassLoader();
            try {
                    // 是否用户指定了默认的加载类
                scl = AccessController.doPrivileged(
                    new SystemClassLoaderAction(scl));
            } catch (PrivilegedActionException pae) {
                oops = pae.getCause();
                if (oops instanceof InvocationTargetException) {
                    oops = oops.getCause();
                }
            }
            if (oops != null) {
                if (oops instanceof Error) {
                    throw (Error) oops;
                } else {
                    // wrap the exception
                    throw new Error(oops);
                }
            }
        }
```

```
        }
        // 初始化完毕
        sclSet = true;
    }
}
```

通过获取 Launcher 类实例的代码直接跳转到 Launcher 类的源码，如下。

```
// 包含部分源代码
public class Launcher {
    private static URLStreamHandlerFactory factory = new Factory();
    private static Launcher launcher = new Launcher();
    public static Launcher getLauncher() {
        return launcher;
    }
    // 定义类加载器
    private ClassLoader loader;
    // 返回类加载器
    public ClassLoader getClassLoader() {
        return loader;
    }
    // 构造方法
    public Launcher() {
        // 1. 创建 ExtClassLoader
        ClassLoader extcl;
        try {
            extcl = ExtClassLoader.getExtClassLoader();
        } catch (IOException e) {
            throw new InternalError(
                "Could not create extension class loader");
        }

        // 2. 用 ExtClassLoader 作为 parent 去创建 AppClassLoader
        try {
            loader = AppClassLoader.getAppClassLoader(extcl);
        } catch (IOException e) {
            throw new InternalError(
                "Could not create application class loader");
        }

        // 3. 设置 AppClassLoader 为 ContextClassLoader
        Thread.currentThread().setContextClassLoader(loader);
        //...
    }
    // 定义内部类扩展类加载器 ExtClassLoader
    static class ExtClassLoader extends URLClassLoader {
        private File[] dirs;

        public static ExtClassLoader getExtClassLoader() throws IOException
```

```
        {
            final File[] dirs = getExtDirs();
            return new ExtClassLoader(dirs);
        }


    public ExtClassLoader(File[] dirs) throws IOException {
        super(getExtURLs(dirs), null, factory);
        this.dirs = dirs;
    }


    private static File[] getExtDirs() {
        String s = System.getProperty("java.ext.dirs");
        File[] dirs;
        //...
        return dirs;
    }
}
// 定义内部类系统类加载器 AppClassLoader
static class AppClassLoader extends URLClassLoader {

    public static ClassLoader getAppClassLoader(final ClassLoader extcl)
        throws IOException
    {
        final String s = System.getProperty("java.class.path");
        final File[] path = (s == null) ? new File[0] : getClassPath(s);

        URL[] urls = (s == null) ? new URL[0] : pathToURLs(path);
        return new AppClassLoader(urls, extcl);
    }


    AppClassLoader(URL[] urls, ClassLoader parent) {
        super(urls, parent, factory);
    }
    public synchronized Class loadClass(String name, boolean resolve)
        throws ClassNotFoundException
    {
        int i = name.lastIndexOf('.');
        if (i != -1) {
            SecurityManager sm = System.getSecurityManager();
            if (sm != null) {
                //
                sm.checkPackageAccess(name.substring(0, i));
            }
        }
        return (super.loadClass(name, resolve));
    }
}
```

Launcher 源码里定义了 static 类型的扩展类加载器 ExtClassLoader 和 static 类型的系统类加载器 AppClassLoader。

如下面代码所示，在 ExtClassLoader 构造器里，并没有指定 parent，或者说 ExtClassLoader 的 parent 为 null。因为 ExtClassLoader 的 parent 是 BootstrapLoader，而 BootstrapLoader 不存在于 Java API 里，只存在于 JVM 里，我们是看不到的，所以请正确理解 "ExtClassLoader 的 parent 为 null" 的含义。

```java
public ExtClassLoader(File[] dirs) throws IOException {
    super(getExtURLs(dirs), null, factory);
    this.dirs = dirs;
}
```

如下面代码所示，在 AppClassLoader 构造器里有了 parent。实例化 AppClassLoader 的时候，传入的 parent 就是一个 ExtClassLoader 实例。

```java
AppClassLoader(URL[] urls, ClassLoader parent) {
    super(urls, parent, factory);
}
```

Launcher 的构造方法如下。

```java
public Launcher() {
    // 1. 创建 ExtClassLoader
    ClassLoader extcl;
    try {
        extcl = ExtClassLoader.getExtClassLoader();
    } catch (IOException e) {
        throw new InternalError(
            "Could not create extension class loader");
    }

    // 2. 用 ExtClassLoader 作为 parent 去创建 AppClassLoader
    try {
        loader = AppClassLoader.getAppClassLoader(extcl);
    } catch (IOException e) {
        throw new InternalError(
            "Could not create application class loader");
    }

    // 3. 设置 AppClassLoader 为 ContextClassLoader
    Thread.currentThread().setContextClassLoader(loader);
    //...
}
```

首先，实例化 ExtClassLoader，从 java.ext.dirs 系统变量里类加载路径，也说明了为什么扩展类加载器加载的路径是 java.ext.dirs，如下。

```java
private static File[] getExtDirs() {
    // 这里说明了为什么扩展类加载器加载的路径是 "java.ext.dirs"
    String s = System.getProperty("java.ext.dirs");
```

```
        File[] dirs;
        if (s != null) {
            StringTokenizer st =
                    new StringTokenizer(s, File.pathSeparator);
            int count = st.countTokens();
            dirs = new File[count];
            for (int i = 0; i < count; i++) {
                dirs[i] = new File(st.nextToken());
            }
        } else {
            dirs = new File[0];
        }
        return dirs;
    }
```

通过 ExtClassLoader 作为 parent 去实例化 AppClassLoader，从 java.class.path 系统变量里获得类加载路径，如下所示。

```
public static ClassLoader getAppClassLoader(final ClassLoader extcl)
        throws IOException{
    // 应用类加载器获取加载目录
    final String s = System.getProperty("java.class.path");
    final File[] path = (s == null) ? new File[0] : getClassPath(s);
    return AccessController.doPrivileged(
            new PrivilegedAction<AppClassLoader>() {
                public AppClassLoader run() {
                    URL[] urls =
                            (s == null) ? new URL[0] : pathToURLs(path);
                    return new AppClassLoader(urls, extcl);
                }
            });
}
/*
 * Creates a new AppClassLoader
 */
AppClassLoader(URL[] urls, ClassLoader parent) {
    super(urls, parent, factory);
}
```

最终 Launcher getClassLoader() 返回的就是 AppClassLoader。以上便是获取类加载器源码的分析。

20.4.1 ClassLoader的主要方法

抽象类 ClassLoader 的主要方法（内部没有抽象方法）如下。

1）public final ClassLoader getParent()

该方法作用是返回该类加载器的父类加载器。

2）public Class<?> loadClass(String name) throws ClassNotFoundException

　　该方法作用是加载名称为 name 的类，返回结果为 java.lang.Class 类的实例。如果找不到类，则抛出"ClassNotFoundException"异常。该方法中的逻辑就是双亲委派模型（见 20.6 节）的实现，该方法详细解析如下。

```
//resolve:true- 加载 class 的同时进行解析操作。
protected Class<?> loadClass(String name, boolean resolve)
    throws ClassNotFoundException{
    // 同步操作，保证只能加载一次。
    synchronized (getClassLoadingLock(name)) {
        // 首先，在缓存中判断是否已经加载同名的类。
        Class<?> c = findLoadedClass(name);
        if (c == null) {
            long t0 = System.nanoTime();
            try {
                // 获取当前类加载器的父类加载器。
                if (parent != null) {
                    // 如果存在父类加载器，则调用父类加载器进行类的加载
                    c = parent.loadClass(name, false);
                } else { //parent 为 null: 父类加载器是引导类加载器
                    c = findBootstrapClassOrNull(name);
                }
            } catch (ClassNotFoundException e) {
                // ClassNotFoundException thrown if class not found
                // from the non-null parent class loader
            }
            // 当前类加载器的父类加载器未加载此类或者当前类加载器未加载此类
            if (c == null) {
                long t1 = System.nanoTime();
                // 调用当前 ClassLoader 的 findClass()
                c = findClass(name);
                // this is the defining class loader; record the stats
                    sun.misc.PerfCounter.getParentDelegationTime().
addTime(t1-t0);
                    sun.misc.PerfCounter.getFindClassTime().
addElapsedTimeFrom(t1);
                    sun.misc.PerfCounter.getFindClasses().increment();
            }
        }
        if (resolve) {// 是否进行解析操作
            resolveClass(c);
        }
        return c;
    }
}
```

　　可以发现调用类加载方法时，先从缓存中查找该类对象，如果存在直接返回；如果不存在则交给当前类加载器的父类加载器去加载，最终交给引导类加载器去加载该类。如果还没有找

到则调用 findClass() 方法，关于 findClass() 方法稍后介绍。

3）protected Class<?> findClass(String name) throws ClassNotFoundException

上面讲了 loadClass(String name, boolean resolve) 方法中会调用 findClass（name）方法作为兜底逻辑。该方法作用是查找二进制名称为 name 的类，返回结果为 java.lang.Class 类的实例。这是一个受保护的方法，JVM 建议自定义类加载器的时候重写此方法使得自定义加载器遵循双亲委托机制，该方法会在检查完父类加载器之后被 loadClass() 方法调用。

在 JDK1.2 之前，在自定义类加载时，总会去继承 ClassLoader 类并重写 loadClass() 方法，从而实现自定义的类加载类。但是在 JDK1.2 之后已不再建议用户去覆盖 loadClass() 方法，而是建议把自定义的类加载逻辑写在 findClass() 方法中。从前面的分析可知，findClass() 方法是在 loadClass() 方法中被调用的，当 loadClass() 方法中父类加载器加载失败后，则会调用自己的 findClass() 方法来完成类加载，这样就可以保证自定义的类加载器也符合双亲委托模型。

需要注意的是 ClassLoader 类中并没有实现 findClass() 方法的具体代码逻辑，取而代之的是抛出 ClassNotFoundException 异常，同时应该知道的是 findClass() 方法通常是和 defineClass() 方法一起使用的。

4）protectedfinal Class<?> defineClass(String name, byte [] b, int off, int len)

该方法作用是根据给定的字节数组 b 转换为 Class 的实例，off 和 len 参数表示实际 Class 信息在 byte 数组中的位置和长度，其中字节数组 b 是 ClassLoader 从外部获取的。这是受保护的方法，只有在自定义 ClassLoader 子类中可以使用。

defineClass() 方法是用来将字节流解析成 JVM 能够识别的 Class 对象（ClassLoader 中已实现该方法逻辑），通过这个方法不仅能够通过 class 文件实例化 Class 对象，也可以通过其他方式实例化 Class 对象，如通过网络接收一个类的字节码，然后转换为 byte 字节流创建对应的 Class 对象。

defineClass() 方法通常与 findClass() 方法一起使用，一般情况下，在自定义类加载器时，会直接覆盖 ClassLoader 的 findClass() 方法并编写加载规则，取得要加载类的字节码后转换成流，然后调用 defineClass() 方法生成类的 Class 对象，使用举例如下。

```
protected Class<?> findClass(String name)
            throws ClassNotFoundException {
    // 获取类的字节数组
    byte [] classData = getClassData(name);
    if (classData == null ) {
        throw new ClassNotFoundException();
    } else {
        // 使用 defineClass 生成 class 对象
        return defineClass(name, classData, 0,classData.length);
    }
}
```

5）protected final void resolveClass(Class<?> c)

该方法作用是链接指定的一个 Java 类。使用该方法可以使用类的 Class 对象创建完成的同时也被解析。前面我们说链接阶段主要是对字节码进行验证，为类变量分配内存并设置初始值同时将 class 文件中的符号引用转换为直接引用。

6）protected final Class<?> findLoadedClass(String name)

该方法作用是查找名称为 name 的已经被加载过的类，返回结果为 java.lang.Class 类的实例。这个方法是 final() 方法，无法被修改。

此外，ClassLoader 中还声明有一个重要的成员变量，该变量表示一个 ClassLoader 的实例，这个字段所表示的 ClassLoader 也称为这个 ClassLoader 的双亲。在类加载的过程中，ClassLoader 可能会将某些请求交予自己的双亲处理。

20.4.2 SecureClassLoader 与 URLClassLoader

从加载器关系图 20-4 中可以看出，类 SecureClassLoader 扩展了 ClassLoader，该类中新增了几个与使用相关的代码源（对代码源的位置及其证书的验证）和权限定义类验证（主要指对 class 源码的访问权限）的方法，一般我们不会直接跟这个类打交道，更多是与它的子类 URLClassLoader 有所关联。

前面说过，ClassLoader 是一个抽象类，很多方法是空的没有实现，比如 findClass()、findResource() 等。而 URLClassLoader 这个实现类为这些方法提供了具体的实现，并新增了 URLClassPath 类协助取得 Class 字节码流等功能。在编写自定义类加载器时，如果没有太过于复杂的需求，可以直接继承 URLClassLoader 类，这样就可以避免自己去编写 findClass() 方法及其获取字节码流的方式，使自定义类加载器编写更加简洁，图 20-5 展示了 URLClassLoader 类的类图关系。

20.4.3 ExtClassLoader 与 AppClassLoader

了解完 URLClassLoader 后接着看剩余的两个类加载器，即拓展类加载器 ExtClassLoader 和应用程序类加载器 AppClassLoader，这两个类都继承自 URLClassLoader，是 sun.misc. Launcher 的静态内部类。sun.misc.Launcher 主要被系统用于启动主应用程序，ExtClassLoader 和 AppClassLoader 都是由 sun.misc.Launcher 创建的，其主要类结构如图 20-6 所示。

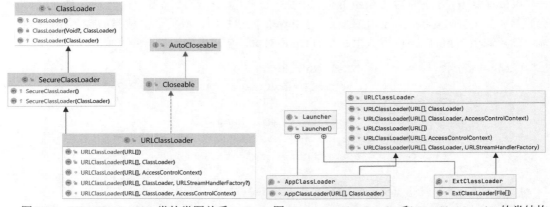

图 20-5　URLClassLoader 类的类图关系　　图 20-6　ExtClassLoader 和 AppClassLoader 的类结构

可以发现 ExtClassLoader 并没有重写 loadClass() 方法，这足以说明其遵循双亲委派模式，而 AppClassLoader 重载了 loadClass() 方法，但最终调用的还是父类 loadClass() 方法，因此依然遵守双亲委派模式。本小节没有对这些类的源码进行详细的解析，重点是弄清楚类与类间的关系和常用的方法，同时搞清楚双亲委派模式的实现过程，为编写自定义类加载器做铺垫。

20.4.4 Class.forName()与ClassLoader.loadClass()

Class.forName() 是一个静态方法，最常用的是 Class.forName(String className); 根据传入的类的全限定名返回一个 Class 对象。该方法在将 class 文件加载到内存的同时会执行类的初始化 [即调用〈clinit〉() 方法]，如 Class.forName("com.atguigu.java.HelloWorld")。

ClassLoader.loadClass() 是一个实例方法，需要一个 ClassLoader 对象来调用该方法。该方法将 class 文件加载到内存时不会执行类的初始化，直到这个类第一次使用时才进行初始化。该方法因为需要得到一个 ClassLoader 对象，所以可以根据需要指定使用哪个类加载器，使用格式为 "ClassLoader cl=.......; cl.loadClass（"com.atguigu.java.HelloWorld"）;"。

20.5　如何自定义类加载器

Java 提供了抽象类 java.lang.ClassLoader，所有用户自定义的类加载器都应该继承 ClassLoader 类。前面讲了在自定义 ClassLoader 子类的时候，常见的有两种做法，即重写 loadClass() 方法或者重写 findClass() 方法，重写 findClass() 方法是比较推荐的方式。

这两种方法本质上差不多，毕竟 loadClass() 也会调用 findClass()，但是从逻辑上讲最好不要直接修改 loadClass() 的内部逻辑，建议的做法是只在 findClass() 里重写自定义类的加载方法，根据参数指定类的名字，返回对应的 Class 对象的引用。loadClass() 这个方法是实现双亲委派模型逻辑的地方，擅自修改这个方法会导致模型被破坏，容易造成问题。因此最好是在双亲委派模型框架内进行小范围的改动，不破坏原有的稳定结构。同时，也避免了自己重写 loadClass() 方法的过程中必须写双亲委托的重复代码，从代码的复用性来看，不直接修改这个方法始终是比较好的选择。当编写好自定义类加载器后，便可以在程序中调用 loadClass() 方法来实现类加载操作。需要注意的是自定义类加载器的父类加载器是应用程序类加载器。

（1）创建自定义类加载器 MyClassLoader，如代码清单 20-7 所示，重写 findClass() 方法即可。

代码清单20-7　自定义类加载器

```
public class MyClassLoader extends ClassLoader {
    private String rootDir;

    public MyClassLoader(String rootDir) {
        this.rootDir = rootDir;
    }
    protected Class<?> findClass(String className) {
        Class clazz = this.findLoadedClass(className);
        FileChannel fileChannel = null;
        WritableByteChannel outChannel = null;
        if (null == clazz) {
            try {
                String classFile = getClassFile(className);
                FileInputStream fis = new FileInputStream(classFile);
                fileChannel = fis.getChannel();
                ByteArrayOutputStream baos = new ByteArrayOutputStream();
                outChannel = Channels.newChannel(baos);
                ByteBuffer buffer = ByteBuffer.allocateDirect(1024);
                while (true) {
                    int i = fileChannel.read(buffer);
                    if (i == 0 || i == -1) {
                        break;
                    }
```

```
                buffer.flip();
                outChannel.write(buffer);
                buffer.clear();
            }

            byte[] bytes = baos.toByteArray();
            clazz = defineClass(className, bytes, 0, bytes.length);
        } catch (FileNotFoundException e) {
            e.printStackTrace();
        } catch (IOException e) {
            e.printStackTrace();
        } finally {
            try {
                if (fileChannel != null)
                    fileChannel.close();
            } catch (IOException e) {
                e.printStackTrace();
            }
            try {
                if (outChannel != null)
                    outChannel.close();
            } catch (IOException e) {
                e.printStackTrace();
            }
        }
    }
    return clazz;
}
/**
 * 类文件的完全路径
 */
private String getClassFile(String className) {
    return rootDir + "\\" + className.replace('.', '\\') + ".class";
}
}
```

需要注意的是，自定义类加载器在调用 clazz = defineClass(className, bytes, 0, bytes.length) 方法的过程中，如果传入 className 类的全路径名称，比如 Demo1 的全路径名称为 com.atguigu.java1.Demo1，根据双亲委派模型可知，该类会通过 sun.misc.Launcher$AppClassLoader 类加载器加载。如果想让自定义类加载器加载类 Demo1，需要在 defineClass(className, bytes, 0, bytes.length) 方法中的 className 传入 null 并且调用方法的时候传入类名，不需要传入全路径名称，即传入 Demo1 即可。

使用自定义类加载器加载 Demo1 类，如代码清单 20-8 所示。

代码清单20-8　自定义类加载器测试代码

```
public class MyClassLoaderTest {
```

```
public static void main(String[] args) {
    MyClassLoader loader = new MyClassLoader("d:/");
    try {
        Class clazz = loader.loadClass("Demo1");
        System.out.println(" 加载此类的类的加载器为："
                + clazz.getClassLoader().getClass().getName());

        System.out.println(" 加载当前 Demo1 类的类的加载器的父类加载器为："
                + clazz.getClassLoader().getParent().getClass().getName());
    } catch (ClassNotFoundException e) {
        e.printStackTrace();
    }
}
}
```

输出结果如下。

```
加载此类的类的加载器为：com.atguigu.MyClassLoader
加载当前 Demo1 类的类的加载器的父类加载器为：sun.misc.Launcher$AppClassLoader
```

20.6　双亲委派模型

20.6.1　定义与本质

类加载器用来把类文件加载到 JVM 内存中。从 JDK1.2 版本开始，类的加载过程采用双亲委派模型，这种机制能更好地保证 Java 平台的安全。

1. 双亲委派定义

如果一个类加载器在接到加载类的请求时，它首先不会自己尝试去加载这个类，而是把这个请求任务委托给父类加载器去完成，依次递归，如果父类加载器可以完成类加载任务，就成功返回。只有父类加载器无法完成此加载任务时，才自己去加载，如图 20-7 所示。

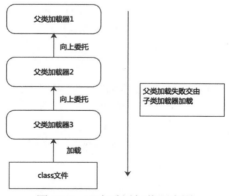

图 20-7　双亲委派加载顺序图

2. 双亲委派本质

规定了类加载的顺序。首先是引导类加载器先加载，若加载不到，由扩展类加载器加载，若还加载不到，才会由应用程序类加载器或自定义的类加载器进行加载，如图 20-8 所示。

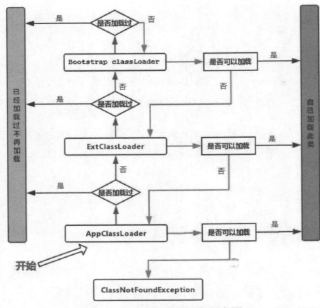

图 20-8　双亲委派加载顺序图

20.6.2　双亲委派模型的优势与劣势

下面我们谈谈双亲委派模型的优势与劣势。

1. 双亲委派模型优势

避免类的重复加载，确保一个类的全局唯一性，Java 类随着它的类加载器一起具备了一种带有优先级的层次关系，通过这种层级关系可以避免类的重复加载，当父类加载器已经加载了该类时，子类加载器就没有必要再加载一次。这样做可以保护程序安全，防止核心 API 被随意篡改，比如 JVM 不允许定义一个 java.lang.String 的类，会出现 java.lang.SecurityException，类加载器会做安全检查。

2. 代码支持

双亲委派模型在 java.lang.ClassLoader.loadClass(String,boolean) 接口中体现。20.4.1 节已经详细讲过了，这里再整理一下具体流程。该接口的逻辑如下。

（1）在当前加载器的缓存中查找有无目标类，如果有，直接返回。

（2）判断当前加载器的父类加载器是否为空，如果不为空，则调用 parent.loadClass(name, false) 接口进行加载。

（3）反之，如果当前加载器的父类加载器为空，则调用 findBootstrapClassOrNull(name) 接口，让引导类加载器进行加载。

（4）如果通过以上 3 条路径都没能成功加载，则调用 findClass(name) 接口进行加载。该接口最终会调用 java.lang.ClassLoader 接口的 defineClass 系列的 native 接口加载目标 Java 类。

假设当前加载的是 java.lang.Object 这个类，很显然，该类属于 JDK 中核心得不能再核心的一个类，因此一定只能由引导类加载器进行加载。当 JVM 准备加载 java.lang.Object 时，JVM 默认会使用应用程序类加载器去加载，按照上面 4 步加载的逻辑，在第 1 步从系统类的缓存中肯定查找不到该类，于是进入第 2 步。由于从应用程序类加载器的父类加载器是扩展类加载器，于是扩展类加载器继续从第 1 步开始重复。由于扩展类加载器的缓存中也一定查找不到该类，因此进入第 2 步，最终通过引导类加载器进行加载。

需要注意的是如果在自定义的类加载器中重写 java.lang.ClassLoader#loadClass(String) 或 java.lang.ClassLoader#loadClass(String, boolean) 方法，抹去其中的双亲委派机制，仅保留上面这 4 步中的第 1 步与第 4 步。虽然可以这样操作，但是这样却不能加载核心类库，因为 JDK 还为核心类库提供了一层保护机制，不管是自定义的类加载器，还是应用程序类加载器抑或扩展类加载器，最终都必须调用 java.lang.ClassLoader#defineClass(String, byte[], int, int, ProtectionDomain) 方法，该方法会执行 java.lang.ClassLoader#preDefineClass() 方法，该方法中提供了对 JDK 核心类库的保护。

3. 双亲委派模型劣势

检查类加载的委派过程是否为单向的，这个方式虽然从结构上说比较清晰，使各个类加载器的职责非常明确，但同时会带来一个问题，即顶层的类加载器无法访问底层的类加载器所加载的类。

通常情况下，启动类加载器中的类为系统核心类，包括一些重要的系统接口，而在应用类加载器加载的类为应用类。按照这种模式，应用类访问系统类自然是没有问题，但是系统类访问应用类就会出现问题。比如在系统类中提供了一个接口，该接口需要在应用类中实现，该接口还绑定一个工厂方法，用于创建该接口的实例，而接口和工厂方法都在启动类加载器中。这时，就会出现该工厂方法无法创建由应用类加载器加载的应用实例的问题。所以 Java 虚拟机规范并没有明确要求类加载器的加载机制一定要使用双亲委派模型，只是建议采用这种方式而已，比如在 Tomcat 中，类加载器所采用的加载机制就和传统的双亲委派模型有一定区别，当缺省的类加载器接收到一个类的加载任务时，首先会由它自行加载，当它加载失败时，才会将类的加载任务委派给它的超类加载器去执行，这同时也是 Servlet 规范推荐的一种做法。

20.6.3　破坏双亲委派模型

双亲委派模型并不是一个具有强制性约束的模型，而是 Java 设计者推荐给开发者的类加载器实现方式。在 Java 的世界中大部分的类加载器都遵循这个模型，但也有例外的情况，如下所示，注意破坏双亲委派模型并不一定就是一件坏事，如果有特殊需求，完全可以主动破坏双亲委派模型。

1. 破坏双亲委派机制一

重写 loadClass() 方法破坏双亲委派模型，我们前面讲过双亲委派模型就是通过这个方法实现的，这个方法可以指定类通过什么加载器来加载，所以如果我们改写它的规则，就相当于打破了双亲委派模型。重写这个方法以后就能自己定义使用什么加载器了，也可以自定义加载委派机制。其实 JDK 在早期版本中已经发生过一次破坏了，双亲委派模型是在 JDK 1.2 之后引入的，但是类加载器的概念和抽象类 java.lang.ClassLoader 在 Java 的第一个版本中就已经存在，面对已经存在的用户自定义类加载器的代码，Java 设计者们引入双亲委派模型时不得不做出一些妥协，为了兼容这些已有代码，无法再以技术手段避免 loadClass() 被子类覆盖的可能性，只能在 JDK1.2 之后的 java.lang.ClassLoader 中添加一个新的 protected 方法 findClass()，findClass() 方法就是为了让开发人员在自定义类加载器的时候不要重写 loadclass() 方法以免破坏双亲委派模型，但是 loadClass() 方法比双亲委派模型出现得早，有很多程序已经重写了 loadClass() 方法，这已经是没有办法避免的事情了。

2. 破坏双亲委派机制二

双亲委派模型有一定的局限性，父类加载器无法访问子类加载器路径中的类。双亲委派模型最典型的不适用场景就是 SPI 的使用，Java 中所有涉及 SPI 的加载动作基本都采用这种方式，例如 JNDI、JDBC 等。所以提供了一种线程上下文类加载器，能够使父类加载器调用子类加载器进行加载。

简单来说就是接口定义在了启动类加载器中，而实现类定义在了其他类加载器中，当启动类加载器需要加载其他子类加载器路径中的类时，需要使用线程上下文类加载器（默认是应用程序类加载器），这样以上下文加载器为中介，使得启动类加载器中的代码也可以访问应用类加载器中的类。比如 Java 中的核心 jar 包 rt.jar，该包下面的类是由引导类加载器加载的，但是如果 rt.jar 包想要访问 jdbc.jar 中的类该怎么办呢？我们知道 jdbc.jar 是由应用程序类加载器加载的，此时引导类加载器就会委托线程上下文类加载器去加载 jdbc.jar，间接访问子类加载器中的类了，如图 20-9 所示。

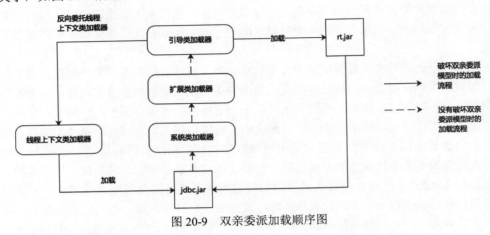

图 20-9 双亲委派加载顺序图

3. 破坏双亲委派机制三

双亲委派模型的第三次"被破坏"是由于用户对程序动态性的追求而导致的，如代码热替换（Hot Swap）、模块热部署（Hot Deployment）等。

IBM 公司实现模块化热部署的关键是它自定义的类加载器机制的实现，每一个程序模块（OSGi 中称为 Bundle）都有一个自己的类加载器，当需要更换一个 Bundle 时，就把 Bundle 连同类加载器一起换掉以实现代码的热替换。在 OSGi 环境下，类加载器不再是双亲委派模型推荐的树状结构，而是进一步发展为更加复杂的网状结构。

20.6.4 热替换的实现

热替换是指在程序的运行过程中，不停止服务，只通过替换程序文件来修改程序的行为。热替换的关键需求在于服务不能中断，修改必须立即表现正在运行的系统之中。基本上大部分脚本语言都是天生支持热替换的，比如 PHP，只要替换了 PHP 源文件，这种改动就会立即生效，而无须重启 Web 服务器。

但对 Java 来说，热替换并非天生就支持，如果一个类已经加载到系统中，通过修改类文件，并无法让系统再来加载并重定义这个类。因此，在 Java 中实现这一功能的一个可行的方法就是灵活运用类加载器。

由不同类加载器加载的同名类属于不同的类型，不能相互转换和兼容。即两个不同的类加载器加载同一个类，在虚拟机内部，会认为这两个类是完全不同的。

根据这个特点，可以用来模拟热替换的实现，基本思路如图 20-10 所示，首先创建自定义的类加载器，在服务不重启的条件下动态替换类文件，这样就可以直接执行新的类文件了。

根据上面的流程来模拟热替换，代码如下所示。要想实现同一个类的不同版本的共存，那么这些不同版本必须由不同的类加载器进行加载，因此就不能把这些类的加载工作委托给系统类加载器来完成，因为它们只有一份。为了做到这一点，就不能采用系统默认的类加载器委托规则，也就是说定制的类加载器的父类加载器必须设置为 null 或者重写 findClass() 方法，加载类的时候调用 findClass() 方法即可，不去调用 loadClass() 方法，当通过 loadClass() 方法进行类的加载时，如果该类没有加载过，会委托给应用程序类加载器进行加载，这样就不会实现热部署了。

（1）创建自定义类加载器，如代码清单 20-7 所示。

（2）创建需要热替换的类 Demo1，实现很简单，仅包含一个方法 hot()，如代码清单 20-9 所示。

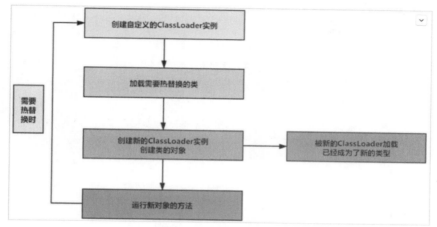

图 20-10　热替换流程图

代码清单20-9　Demo1类

```
public class Demo1 {
    public void hot() {
        System.out.println("OldDemo1");
    }
}
```

（3）创建测试类 LoopRun，把编译好的 Demo1.class 文件放在当前目录中。接下来要使用我们前面编写的 MyClassLoader 来实现该类的热替换。具体的做法为写一个死循环，每隔 5 秒钟执行一次。循环体中会创建新的类加载器实例加载 Demo1 类，生成实例，并调用 hot() 方法。接下来修改 Demo1 类中 hot() 方法的打印内容，重新编译，并在系统运行的情况下替换掉原来的 Demo1.class，会看到系统会打印出更改后的内容，如代码清单 20-10 所示。

代码清单20-10　测试类LoopRun

```
public class LoopRun {
    public static void main(String args[]) {
        while (true) {
            try {
                //1. 创建自定义类加载器的实例
                MyClassLoader loader = new MyClassLoader(
                        "D:\\JVMDemo1\\src\\");
                //2. 加载指定的类
                Class clazz = loader.findClass("com.atguigu.Demo1");
```

```
        //3. 创建运行时类的实例
        Object demo = clazz.newInstance();
        //4. 获取运行时类中指定的方法
        Method m = clazz.getMethod("hot");
        //5. 调用指定的方法
        m.invoke(demo);
        Thread.sleep(5000);
    } catch (Exception e) {
        System.out.println("not find");

        try {
            Thread.sleep(5000);
        } catch (InterruptedException ex) {
            ex.printStackTrace();
        }

    }
    }
    }
}
```

没有替换之前输出结果如下。

```
OldDemo1
OldDemo1
```

修改 Demo1 类中 hot() 方法输出内容为 OldDemo1 → NewDemo1 之后，重新编译，程序不重启的情况下，输出结果如下。

```
OldDemo1
OldDemo1
OldDemo1
OldDemo1---> NewDemo1
OldDemo1---> NewDemo1
```

20.7　沙箱安全机制

Java 中沙箱安全机制主要是保证程序安全和保护 Java 原生的 JDK 代码。Java 安全模型的核心就是 Java 沙箱（Sandbox）。沙箱是一个限制程序运行的环境，沙箱机制就是将 Java 代码限定在 JVM 特定的运行范围中，并且严格限制代码对本地系统资源访问。通过这样的措施来保证对代码的有限隔离，防止对本地系统造成破坏。沙箱主要限制系统资源访问，系统资源包括 CPU、内存、文件系统、网络。不同级别的沙箱对这些资源访问的限制也可以不一样。所有的 Java 程序运行都可以指定沙箱，可以定制安全策略。下面我们看看不同的 JDK 版本中的沙箱机制是什么样的。

20.7.1　JDK 1.0时期

JDK 1.0 安全模型如图 20-11 所示。在 Java 中将执行程序分成本地代码和远程代码两种，本地代码默认视为可信任的，而远程代码则被看作是不被信任的。对于本地代码，可以访问一切本地资源。而远程代码在早期的 JDK 中实现，程序安全依赖沙箱机制。

20.7.2　JDK 1.1时期

JDK 1.0 中如此严格的安全机制也给程序的功能扩展带来障碍，比如当用户希望远程代码访问本地系统文件的时候，就无法实现。因此在后续的 JDK 1.1 版本中，针对安全机制做了改进，增加了安全策略，允许用户指定代码对本地资源的访问权限。JDK 1.1 安全模型如图 20-12 所示。

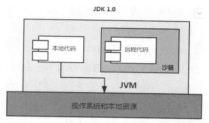

图 20-11　JDK1.0 安全模型

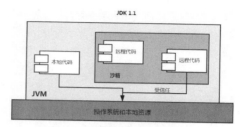

图 20-12　JDK1.1 安全模型

20.7.3　JDK 1.2时期

在 JDK 1.2 版本中，再次改进了安全机制，增加了代码签名。不论本地代码或是远程代码，都会按照用户的安全策略设定，由类加载器加载到虚拟机中权限不同的运行空间，来实现差异化的代码执行权限控制。JDK 1.2 安全模型如图 20-13 所示。

20.7.4　JDK 1.6时期

当前最新的安全机制实现则引入了域（Domain）的概念。虚拟机会把所有代码加载到不同的系统域和应用域。系统域专门负责与关键资源进行交互，而各个应用域则通过系统域的部分代理来对各种需要的资源进行访问。虚拟机中不同的受保护域（Protected Domain），对应不一样的权限（Permission）。存在于不同域中的类文件就具有了当前域的全部权限，最新的安全模型（JDK 1.6）如图 20-14 所示。

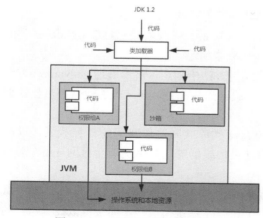

图 20-13　JDK 1.2 安全模型

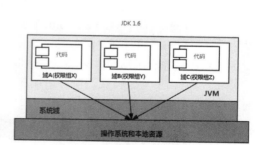

图 20-14　JDK 1.6 安全模型

20.8 JDK 9 新特性

为了保证兼容性，JDK 9 没有从根本上改变三层类加载器架构和双亲委派模型，但为了模块化系统的顺利运行，仍然发生了一些值得被注意的变动。

扩展机制被移除，扩展类加载器由于向后兼容性的原因被保留，不过被重命名为平台类加载器（Platform Class Loader）。可以通过 ClassLoader 的新方法 getPlatformClassLoader() 来获取。JDK 9 时基于模块化进行构建（原来的 rt.jar 和 tools.jar 被拆分成数十个 JMOD 文件），其中的 Java 类库就已天然地满足了可扩展的需求，那自然无须再保留 <JAVA_HOME>\lib\ext 目录，此前使用这个目录或者 java.ext.dirs 系统变量来扩展 JDK 功能的机制已经没有继续存在的价值了。

平台类加载器和应用程序类加载器都不再继承于 java.net.URLClassLoader。启动类加载器、平台类加载器、应用程序类加载器全都继承于 jdk.internal.loader.BuiltinClassLoader。如图 20-15 所示。

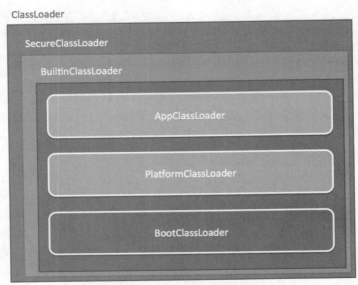

图 20-15 JDK 9 类加载器关系图

如果有程序直接依赖 JDK 8 之前类加载器的包含关系，或者依赖 URLClassLoader 类的特定方法，那代码很可能会在 JDK 9 及更高版本的 JDK 中崩溃。

在 JDK 9 中，类加载器有了名称。该名称在构造方法中指定，可以通过 getName() 方法来获取。平台类加载器的名称是 Platform，应用类加载器的名称是 App。类加载器的名称在调试与类加载器相关的问题时会非常有用。

启动类加载器在 JDK 9 中是由 JVM 内部和 Java 类库共同协作实现的类加载器（以前是 C++ 实现），但为了与之前代码兼容，在获取启动类加载器的场景中仍然会返回 null，而不会得到 BootClassLoader 实例。

类加载的委派关系也发生了变动。当平台及应用程序类加载器收到类加载请求，在委派给父类加载器加载前，要先判断该类是否能够归属到某一个系统模块中，如果可以找到这样的归属关系，就要优先委派给负责那个模块的加载器完成加载。

JDK 9 前及 JDK 9 的双亲委派模式如图 20-16 所示。

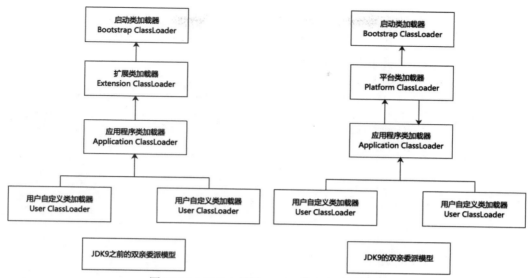

图 20-16　JDK 9 前及 JDK 9 的双亲委派模式

　　在 Java 模块化系统明确规定了三个类加载器负责各自加载的模块。启动类加载器负责加载的模块如下。

```
java.base
java.security.sasl java.datatransfer
java.xml java.desktop
jdk.httpserver java.instrument
jdk.internal.vm.ci java.logging
jdk.management java.management
jdk.management.agent java.management.rmi
jdk.naming.rmi java.naming
jdk.net java.prefs
jdk.sctp java.rmi
jdk.unsupported
```

平台类加载器负责加载的模块如下。

```
java.activation*
jdk.accessibility java.compiler*
jdk.charsets java.corba*
jdk.crypto.cryptoki java.scripting
jdk.crypto.ec java.se
jdk.dynalink java.se.ee
jdk.incubator.httpclient java.security.jgss
jdk.internal.vm.compiler* java.smartcardio
jdk.jsobject java.sql
jdk.localedata java.sql.rowset
jdk.naming.dns java.transaction*
jdk.scripting.nashorn java.xml.bind*
jdk.security.auth java.xml.crypto
jdk.security.jgss java.xml.ws*
```

```
jdk.xml.dom java.xml.ws.annotation*
jdk.zipfs
```

应用程序类加载器负责加载的模块如下。

```
jdk.aot
jdk.jdeps
jdk.attach
jdk.jdi
jdk.compiler
jdk.jdwp.agent
jdk.editpad
jdk.jlink
jdk.hotspot.agent
jdk.jshell
jdk.internal.ed
jdk.jstatd
jdk.internal.jvmstat
jdk.pack
jdk.internal.le
jdk.policytool
jdk.internal.opt
jdk.rmic
jdk.jartool
jdk.scripting.nashorn.shell
jdk.javadoc
jdk.xml.bind*
jdk.jcmd
jdk.xml.ws*
jdk.jconsole
```

20.9 本章小结

本章讲解了 JVM 三种类加载器，即启动类加载器、扩展类加载器和应用程序类加载器，同时讲解了类加载器的源码，以及用户根据自己需求自定义类加载器，此外还介绍了它们之间的包含关系以及类加载器所采用的双亲委派机制。

第4篇　性能监控与调优篇

第 21 章　命令行工具

性能问题是软件工程师在日常工作中需要经常面对和解决的问题，在用户体验至上的今天，解决好应用的性能问题能带来非常大的收益。工欲善其事，必先利其器，想要解决性能相关问题，必须要有比较好的性能诊断工具。Java 作为最流行的编程语言之一，应用的性能诊断一直受到业界广泛关注。造成 Java 应用出现性能问题的因素非常多，例如线程控制、磁盘读写、数据库访问、网络 I/O、垃圾收集等。想要定位这些问题，一款优秀的性能诊断工具必不可少，就好比中医、西医看病，中医讲究的是望、闻、问、切，西医则是借助各种检查仪器。

21.1　概述

JDK 本身已经集成了很多诊断工具。在大家刚接触 Java 学习的时候，最先了解的两个命令就是 javac 和 java，但是除此之外，还有一些其他工具可以使用，可是并非所有的程序员都了解其他命令行程序的作用，接下来我们一起看看其他命令行程序的作用。进入到安装 JDK 的 bin 目录，会发现还有一系列辅助工具。这些辅助工具用来获取目标 JVM 不同方面、不同层次的信息，帮助开发人员很好地解决 Java 应用程序的一些疑难杂症。Mac 系统 bin 目录的内容如图 21-1 所示。

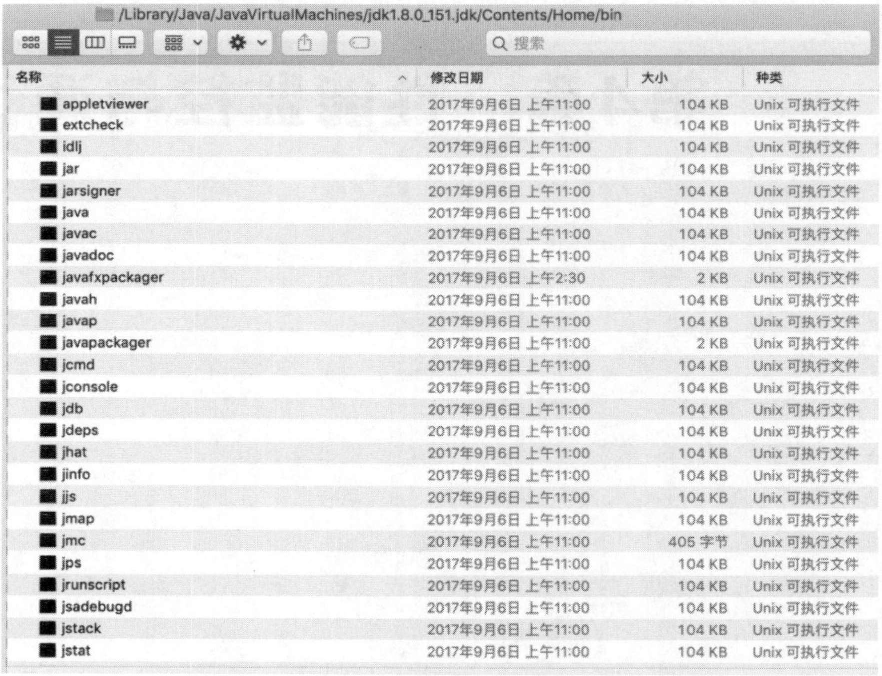
/Library/Java/JavaVirtualMachines/jdk1.8.0_151.jdk/Contents/Home/bin

名称	修改日期	大小	种类
appletviewer	2017年9月6日 上午11:00	104 KB	Unix 可执行文件
extcheck	2017年9月6日 上午11:00	104 KB	Unix 可执行文件
idlj	2017年9月6日 上午11:00	104 KB	Unix 可执行文件
jar	2017年9月6日 上午11:00	104 KB	Unix 可执行文件
jarsigner	2017年9月6日 上午11:00	104 KB	Unix 可执行文件
java	2017年9月6日 上午11:00	104 KB	Unix 可执行文件
javac	2017年9月6日 上午11:00	104 KB	Unix 可执行文件
javadoc	2017年9月6日 上午11:00	104 KB	Unix 可执行文件
javafxpackager	2017年9月6日 上午2:30	2 KB	Unix 可执行文件
javah	2017年9月6日 上午11:00	104 KB	Unix 可执行文件
javap	2017年9月6日 上午11:00	104 KB	Unix 可执行文件
javapackager	2017年9月6日 上午11:00	2 KB	Unix 可执行文件
jcmd	2017年9月6日 上午11:00	104 KB	Unix 可执行文件
jconsole	2017年9月6日 上午11:00	104 KB	Unix 可执行文件
jdb	2017年9月6日 上午11:00	104 KB	Unix 可执行文件
jdeps	2017年9月6日 上午11:00	104 KB	Unix 可执行文件
jhat	2017年9月6日 上午11:00	104 KB	Unix 可执行文件
jinfo	2017年9月6日 上午11:00	104 KB	Unix 可执行文件
jjs	2017年9月6日 上午11:00	104 KB	Unix 可执行文件
jmap	2017年9月6日 上午11:00	104 KB	Unix 可执行文件
jmc	2017年9月6日 上午11:00	405 字节	Unix 可执行文件
jps	2017年9月6日 上午11:00	104 KB	Unix 可执行文件
jrunscript	2017年9月6日 上午11:00	104 KB	Unix 可执行文件
jsadebugd	2017年9月6日 上午11:00	104 KB	Unix 可执行文件
jstack	2017年9月6日 上午11:00	104 KB	Unix 可执行文件
jstat	2017年9月6日 上午11:00	104 KB	Unix 可执行文件

图 21-1　Mac 系统 JDK 中的 bin 目录

Windows 系统 bin 目录的内容如图 21-2 所示。

虽然在 Windows 系统下都是 exe 格式的可执行文件。但事实上，它们只是 Java 程序的一层包装，其真正实现是在 tools.jar 中，如图 21-3 所示。以 jps 工具为例，在控制台执行 jps 命令和执行 java -classpath %Java_HOME%/lib/tools.jar sun.tools.jps.Jps 命令是等价的，即 jps.exe 只是这个命令的一层包装。下面介绍一些常用的命令工具。

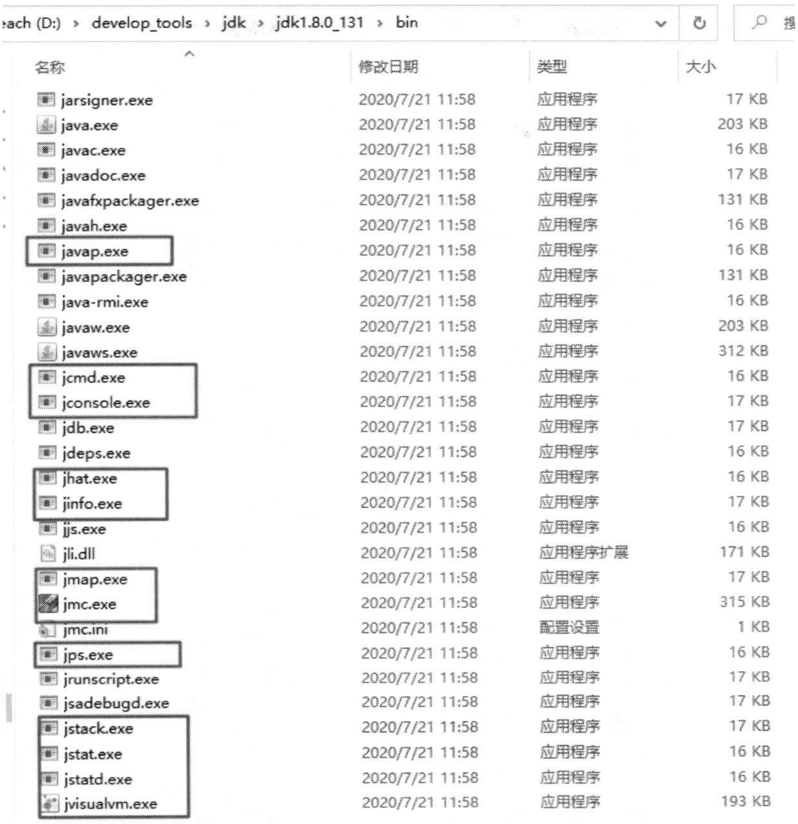

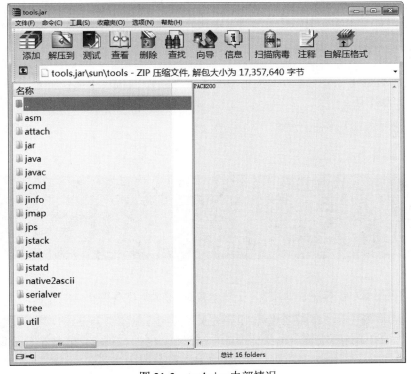

图 21-2　Windows 系统 JDK 中的 bin 目录

图 21-3　tools.jar 内部情况

21.2　jps: 查看正在运行的 Java 进程

jps（JVM Process Status Tool）命令用于查看系统内所有的 JVM 进程，可根据参数选项指定是否显示 JVM 的执行主类 [包含 main() 方法的类]，以及进程的本地 JVMID（Local Virtual Machine Identifier），对于本地 JVM 进程来说，进程的本地 JVMID 与操作系统的进程 ID 是一致的。简单来说，就是 Java 提供的一个显示当前所有 Java 进程 pid 的命令，和 Linux 系统里的 ps 命令很相似，ps 命令主要是用来显示当前系统的进程情况，比如查看进程列表和进程 ID。在日常工作中，此命令也是最常用的命令之一。

jps 的基本使用语法如下。

```
jps [ options ] [ hostid ]
```

1. [options]选项说明

jps 工具 [options] 主要选项如表 21-1 所示。

表21-1　jps命令[options]选项说明

选　　项	作　　用
-q	只输出进程 ID，省略主类名称
-m	输出 JVM 进程启动时传递给主类 main( ) 函数的参数
-l	输出主类的全名称，如果进程执行的是 jar 包，则输出 jar 路径
-v	输出 JVM 进程启动时的 JVM 参数

2. [hostid]说明

hostid 表示目标主机的主机名或 IP 地址，如果省略该参数，则目标主机为本地主机。如果想要远程监控主机上的 Java 程序，需要安装 jstatd（见 20.9 节）。对于网络安全要求非常严格的场所，需要自定义策略文件来满足对特定的主机或网络的访问，但是这种技术容易受到 IP 地址欺诈攻击。如果由于安全问题无法通过定制的策略文件处理，那么最安全的操作是在主机本地使用 jstat（见 21.3 节）和 jps 工具。

3. 使用案例

Linux 上启动 Tomcat（一种 Web 应用服务器），然后在 Linux 上面使用 ps 命令查看 Tomcat 进程 ID 使用，如下所示。

```
ps -ef | grep "tomcat"
```

运行结果如图 21-4 所示。

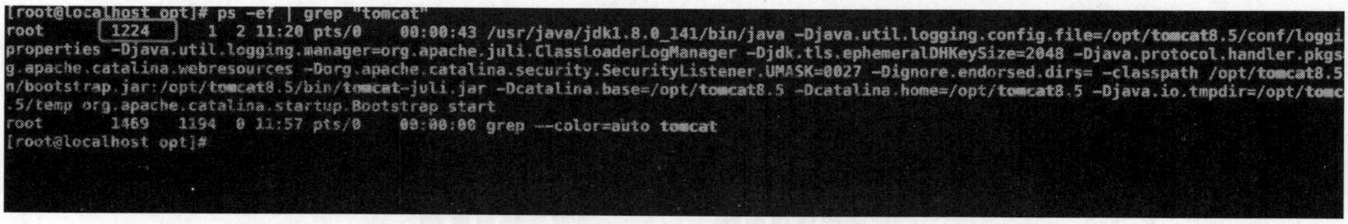

图 21-4　ps 命令查看进程 ID

可以看到进程 ID 是 1224。使用 jps -l 命令查看，如图 21-5 所示。

图 21-5　jps 命令查看进程 ID

可以查看到 Tomcat 进程 ID 也是 1224，与 ps 命令一致。接下来测试 jps 命令的其他参数选项。

（1）-q 选项：只输出进程 ID，省略主类名称。

```
jps -q
```

运行结果如图 21-6 所示。

```
[root@localhost opt]# jps -q
1585
1414
1224
[root@localhost opt]#
```

图 21-6 jps 命令 -q 选项

（2）-m 选项：输出 JVM 进程启动时传递给主类 main() 方法的参数。

```
jps -m
```

运行结果如图 21-7 所示。

```
[root@localhost opt]# jps -m
1414 Jstatd
1574 Jps -m
1224 Bootstrap start
[root@localhost opt]#
```

图 21-7 jps 命令 -m 选项

（3）-v 选项：查看输出 JVM 进程启动时的 JVM 参数。

```
jps -v
```

运行结果如图 21-8 所示。

```
[root@localhost opt]# jps -v
1414 Jstatd -Denv.class.path=/usr/java/jdk1.8.0_141/lib/ -Dapplication.home=/usr/java/jdk1.8.0_141 -Xms8m -Djava.security.policy=/opt/jstat
statd.all.policy -Djava.rmi.server.hostname=172.16.210.10
1224 Bootstrap -Djava.util.logging.config.file=/opt/tomcat8.5/conf/logging.properties -Djava.util.logging.manager=org.apache.juli.ClassLoad
ogManager -Djdk.tls.ephemeralDHKeySize=2048 -Djava.protocol.handler.pkgs=org.apache.catalina.webresources -Dorg.apache.catalina.security.Se
ityListener.UMASK=0027 -Dignore.endorsed.dirs= -Dcatalina.base=/opt/tomcat8.5 -Dcatalina.home=/opt/tomcat8.5 -Djava.io.tmpdir=/opt/tomcat8.
emp
1561 Jps -Denv.class.path=/usr/java/jdk1.8.0_141/lib/ -Dapplication.home=/usr/java/jdk1.8.0_141 -Xms8m
```

图 21-8 jps 命令 -v 选项

21.3 jstat：查看 JVM 统计信息

jstat（JVM Statistics Monitoring Tool）用于收集 JVM 各方面的运行数据，显示本地或远程 JVM 进程中的类装载、内存、垃圾收集、JIT 编译等运行数据。在没有图形用户界面时，只提供了纯文本控制台环境的服务器上，它是运行期定位 JVM 性能问题的首选工具。常用于检测垃圾回收问题以及内存泄漏问题。它的功能非常强大，可以通过它查看堆信息的详细情况。

jstat 的基本使用语法如下。

```
jstat -<option> [-t] [-h<lines>] <vmid> [<interval> [<count>]]
```

使用下面的命令可以查看 jstat 相关参数。

```
jstat -h 或 jstat -help
```

1. [options]选项说明

jstat 工具 [options] 主要选项如表 21-2 所示。

表21-2　jstat命令[options]选项说明

选　项	作　用
-class	监视类装载、卸载数量、总空间以及类装载所耗费的时间
-gc	监视 Java 堆状况，包括 Eden 区、两个 survivor 区、老年代、方法区等的容量、已用空间、GC 时间合计等信息
-gccapacity	监视内容与 -gc 基本相同，但输出主要关注 Java 堆各个区域使用到的最大、最小空间
-gcutil	监视内容与 -gc 基本相同，但输出主要关注已使用空间占总空间的百分比
-gccause	与 -gcutil 功能一样，但是会额外输出导致上一次 GC 产生的原因
-gcnew	监视新生代 GC 状况
-gcnewcapacity	监视内容与 - gcnew 基本相同，输出主要关注使用到的最大、最小空间
-gcold	监视老年代 GC 状况
-gcoldcapacity	监视内容与 -gcold 基本相同，输出主要关注使用到的最大、最小空间
-gcpermcapacity	输出永久代使用到的最大、最小空间（JDK8 之前的版本）
-compiler	输出 JIT 编译器编译过的方法、耗时等信息
-oprintcompilation	输出已经被 JIT 编译的方法

2. [-t]参数说明

[-t] 参数可以在输出信息前加上一个 Timestamp 列，显示程序的运行时间。可以比较 Java 进程的启动时间以及总 GC 时间（GCT 列），或者两次测量的间隔时间以及总 GC 时间的增量，来得出 GC 时间占运行时间的比例。如果该比例超过 20%，则说明目前堆的压力较大；如果该比例超过 90%，则说明堆里几乎没有可用空间，随时都可能抛出 OOM 异常。

3. [-h<lines>]参数说明

[-h] 参数可以在周期性数据输出时，输出设定的行数的数据后输出一个表头信息。

4. [interval]参数说明

[interval] 参数用于指定输出统计数据的周期，单位为毫秒，简单来说就是查询间隔时间。

5. [count]参数说明

[count] 用于指定查询的总次数。

6. 使用案例

由于 jstat 参数选项比较多，这里只列举一个启动了 Tomcat 的 Linux 服务器案例，查看其监视状态，命令如下所示。

```
# 查看进程 ID
jps
# 查看进程 GC 信息
jstat -gc 1224
# 每隔 1s 打印一次进程信息    打印 10 次  并且加上时间戳
jstat -gc -t 1224  1000 10
# 每隔 1s 打印一次进程信息    打印 10 次  并且加上时间戳  且每 5 行输出一次表头信息
jstat -gc -t -h5 1224  1000 10
```

运行结果如图 21-9 所示。

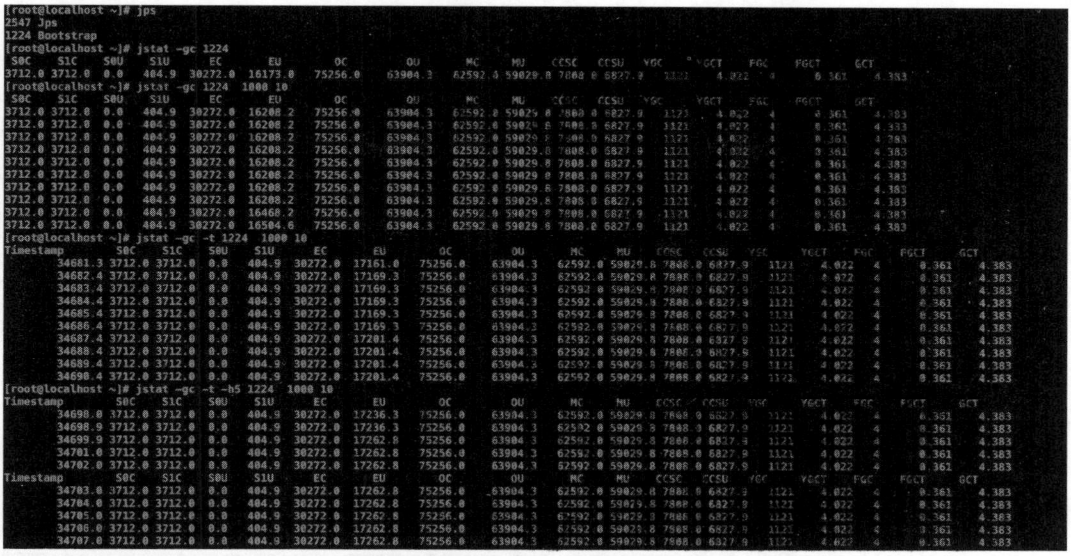

图 21-9 jstat 命令运行结果

运行结果的各列表示的含义如表 21-3 所示。

表21-3 jstat命令运行结果说明

参 数	含 义
S0C	新生代中第一个 survivor（幸存区）的容量（字节）
S1C	新生代中第二个 survivor（幸存区）的容量（字节）
S0U	新生代中第一个 survivor（幸存区）目前已使用空间（字节）
S1U	新生代中第二个 survivor（幸存区）目前已使用空间（字节）
EC	新生代中 Eden（伊甸园）的容量（字节）
EU	新生代中 Eden（伊甸园）目前已使用空间（字节）
OC	老年代的容量（字节）
OU	老年代目前已使用空间（字节）
MC	MetaSpace 区的容量
MU	MetaSpace 区目前已经使用的空间
CCSC	压缩类空间总容量
CCSU	压缩类空间已经使用的空间
YGC	从应用程序启动到采样时 YoungGC 的次数
YGCT	从应用程序启动到采样时 YoungGC 消耗的时间（秒）
FGC	从应用程序启动到采样时 Full GC 的次数
FGCT	从应用程序启动到采样时 Full GC 的消耗的时间（秒）
GCT	从应用程序启动到采样时 GC 用的总时间（秒）

jstat 还可以用来判断是否出现内存泄漏，步骤如下。

（1）在长时间运行的 Java 程序中，可以运行 jstat 命令连续获取多行性能数据，并取这几行数据中 OU 列（即已占用的老年代内存）的最小值。

（2）每隔一段较长的时间重复一次上述操作，获得多组 OU 最小值。如果这些值呈上涨趋势，则说明该 Java 程序的老年代内存已使用量在不断上涨，这意味着无法回收的对象在不断增加，因此很有可能存在内存泄漏。

21.4 jinfo：实时查看和修改 JVM 配置参数

jinfo（Configuration Info for Java）可用于查看和调整 JVM 的配置参数。在很多情况下，Java 应用程序不会指定所有的 JVM 参数。而此时，开发人员可能不知道某一个具体的 JVM 参数的默认值。在这种情况下，可能需要通过查找文档获取某个参数的默认值。这个查找过程可能是非常艰难的。但有了 jinfo 工具，开发人员可以很方便地找到 JVM 参数的当前值。上面讲解的 jps -v 命令虽然可以查看 JVM 启动时显示指定的参数列表，但是如果想要知道未被显示指定的参数的系统默认值，就需要用到 jinfo 工具了。

第二个作用就是在程序运行时修改部分参数，并使之立即生效。并非所有参数都支持动态修改，只有被标记为 manageable 的参数可以被实时修改。其实，这个修改能力是极其有限的，使用下面的命令查看被标记为 manageable 的参数。

```
java -XX:+PrintFlagsFinal -version | grep manageable
```

运行结果如图 21-10 所示。

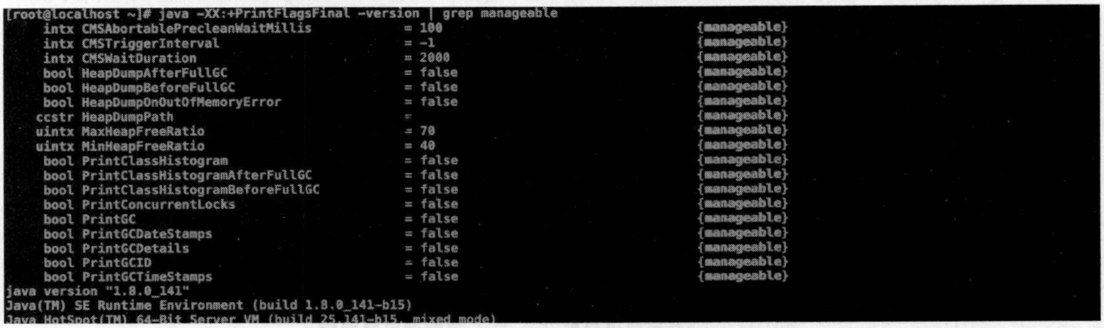

```
[root@localhost ~]# java -XX:+PrintFlagsFinal -version | grep manageable
     intx CMSAbortablePrecleanWaitMillis            = 100          {manageable}
     intx CMSTriggerInterval                        = -1           {manageable}
     intx CMSWaitDuration                           = 2000         {manageable}
     bool HeapDumpAfterFullGC                       = false        {manageable}
     bool HeapDumpBeforeFullGC                      = false        {manageable}
     bool HeapDumpOnOutOfMemoryError                = false        {manageable}
    ccstr HeapDumpPath                              =              {manageable}
    uintx MaxHeapFreeRatio                          = 70           {manageable}
    uintx MinHeapFreeRatio                          = 40           {manageable}
     bool PrintClassHistogram                       = false        {manageable}
     bool PrintClassHistogramAfterFullGC            = false        {manageable}
     bool PrintClassHistogramBeforeFullGC           = false        {manageable}
     bool PrintConcurrentLocks                      = false        {manageable}
     bool PrintGC                                   = false        {manageable}
     bool PrintGCDateStamps                         = false        {manageable}
     bool PrintGCDetails                            = false        {manageable}
     bool PrintGCID                                 = false        {manageable}
     bool PrintGCTimeStamps                         = false        {manageable}
java version "1.8.0_141"
Java(TM) SE Runtime Environment (build 1.8.0_141-b15)
Java HotSpot(TM) 64-Bit Server VM (build 25.141-b15, mixed mode)
```

图 21-10 可以通过 jinfo 修改 JVM 的参数

jinfo 的基本使用语法如下。

```
jinfo  [ options ] pid
```

1. [options]选项说明

jinfo 工具 options 主要选项如表 21-4 所示。

表21-4 jinfo命令[options]选项说明

选　项	说　明
no option	输出全部的参数和系统属性
-flag name	输出对应名称的参数
-flag [+-]name	开启或者关闭对应名称的参数，只有被标记为 manageable 的参数才可以被动态修改
-flag name=value	设置对应名称的参数的值
-flags	输出全部的参数
-sysprops	输出系统属性，和 System.getProperties() 取得的数据一致

2. pid说明

Java 进程 ID，必须要加上。

3. 使用案例

由于 jinfo 可以查看 JVM 配置信息，也可用于调整 JVM 的配置参数，下面分两类案例分别讲解如何使用。

4. jinfo用于查看JVM配置信息案例

代码清单 21-1 主要用于启动一个 JVM 进程，方便通过该进程查看 JVM 相关配置信息。

代码清单21-1　jinfo查看JVM配置参数案例

```
package com.atguigu;
import java.util.Scanner;
public class ScannerTest {
    public static void main(String[] args) {
        Scanner scanner = new Scanner(System.in);
        String info = scanner.next();
    }
}
```

程序很简单，只需要保证程序在执行状态即可。首先使用 jps 命令查看进程 ID，如下所示。

```
# 查看进程 ID
jps -l
```

执行结果如下。

```
C:\Users\Administrator>jps -l
15008 com.atguigu.ScannerTest
14820 sun.tools.jps.Jps
```

上面出现两个结果，ScannerTest 程序的进程 ID 是 15008，另外一个进程 ID 表示 jps 命令本身的进程。下面使用 jinfo 命令来查看 JVM 配置参数，命令如下。

（1）根据进程 ID 查询全部参数和系统属性。

```
# 查看全部参数和系统属性,
jinfo  15008
```

因篇幅所限，只展示部分结果，如下所示。

```
Attaching to process ID 15008, please wait...
Debugger attached successfully.
Server compiler detected.
JVM version is 25.212-b10
Java System Properties:

java.runtime.name = Java(TM) SE Runtime Environment
java.vm.version = 25.212-b10
sun.boot.library.path = D:\Program Files\Java\jdk1.8.0_212\jre\bin
java.vendor.url = http://java.oracle.com/
java.vm.vendor = Oracle Corporation
path.separator = ;
file.encoding.pkg = sun.io
java.vm.name = Java HotSpot(TM) 64-Bit Server VM
```

```
sun.os.patch.level = Service Pack 1
VM Flags:
Non-default VM flags: -XX:CICompilerCount=12
-XX:InitialHeapSize=268435456 -XX:M
  axHeapSize=4276092928 -XX:MaxNewSize=1425014784
-XX:MinHeapDeltaBytes=524288 -XX
  :NewSize=89128960 -XX:OldSize=179306496 -XX:+UseCompressedClassPointers
-XX:+Use
  CompressedOops -XX:+UseFastUnorderedTimeStamps -XX:-
UseLargePagesIndividualAlloc
  ation -XX:+UseParallelGC
  Command line: -javaagent:D:\Program Files\JetBrains\IntelliJ IDEA
2019.2.3\lib\
  idea_rt.jar=57141:D:\Program Files\JetBrains\IntelliJ IDEA 2019.2.3\bin
-Dfile.e
  ncoding=UTF-8
```

结果中含有 Java 系统属性（System Properties）和 JVM 参数（VM Flags）。

（2）根据进程 ID 查询系统属性（选项：-sysprops）命令如下。

```
# 查看系统属性
jinfo -sysprops 15008
```

运行结果如下，篇幅原因只展示部分结果，如下所示。

```
Attaching to process ID 15008, please wait...
Debugger attached successfully.
Server compiler detected.
JVM version is 25.212-b10
java.runtime.name = Java(TM) SE Runtime Environment
java.vm.version = 25.212-b10
sun.boot.library.path = D:\Program Files\Java\jdk1.8.0_212\jre\bin
java.vendor.url = http://java.oracle.com/
java.vm.vendor = Oracle Corporation
path.separator = ;
file.encoding.pkg = sun.io
java.vm.name = Java HotSpot(TM) 64-Bit Server VM
sun.os.patch.level = Service Pack 1
sun.java.launcher = SUN_STANDARD
user.script =
user.country = CN
user.dir = E:\demo
java.vm.specification.name = Java Virtual Machine Specification
java.runtime.version = 1.8.0_212-b10
java.awt.graphicsenv = sun.awt.Win32GraphicsEnvironment
os.arch = amd64
java.endorsed.dirs = D:\Program Files\Java\jdk1.8.0_212\jre\lib\
endorsed
  line.separator =
```

通过 Java 代码获取系统属性如代码清单 21-2 所示。

代码清单21-2 获取系统属性

```java
package com.atguigu;
import java.util.Properties;
public class SystemProTest {
    public static void main(String[] args) {
        Properties properties = System.getProperties();
        String[] split = properties.toString().split(",");
        for (String str:split){
            System.out.println(str);
        }
    }
}
```

运行结果如图 21-11 所示（部分结果）。

```
"D:\Program Files\Java\jdk1.8.0_212\bin\java.exe" ...
{java.runtime.name=Java(TM) SE Runtime Environment
 sun.boot.library.path=D:\Program Files\Java\jdk1.8.0_212\jre\bin
 java.vm.version=25.212-b10
 java.vm.vendor=Oracle Corporation
 java.vendor.url=http://java.oracle.com/
 path.separator=;
 java.vm.name=Java HotSpot(TM) 64-Bit Server VM
 file.encoding.pkg=sun.io
 user.country=CN
 user.script=
 sun.java.launcher=SUN_STANDARD
 sun.os.patch.level=Service Pack 1
```

图 21-11 Java 代码获取系统属性

通过比较两者结果一致。

（3）查看全部 JVM 参数配置（选项：flags），命令如下。

```
# 查看全部 JVM 参数配置
jinfo -flags 15008
```

运行结果如图 21-12 所示。

```
C:\Users\Administrator>jinfo -flags 15008
Attaching to process ID 15008, please wait...
Debugger attached successfully.
Server compiler detected.
JVM version is 25.212-b10
Non-default VM flags: -XX:CICompilerCount=12 -XX:InitialHeapSize=268435456 -XX:M
axHeapSize=4276092928 -XX:MaxNewSize=1425014784 -XX:MinHeapDeltaBytes=524288 -XX
:NewSize=89128960 -XX:OldSize=179306496 -XX:+UseCompressedClassPointers -XX:+Use
CompressedOops -XX:+UseFastUnorderedTimeStamps -XX:-UseLargePagesIndividualAlloc
ation -XX:+UseParallelGC
Command line:   -javaagent:D:\Program Files\JetBrains\IntelliJ IDEA 2019.2.3\lib\
idea_rt.jar=57141:D:\Program Files\JetBrains\IntelliJ IDEA 2019.2.3\bin -Dfile.e
ncoding=UTF-8
```

图 21-12 JVM 参数配置

可以看到里面包含初始堆大小、最大堆大小等参数配置。

（4）查看某个 Java 进程的具体参数的值（选项：-flag name），命令如下。

```
# 查看 JVM 是否使用了 ParallelGC 垃圾收集器
jinfo -flag UseParallelGC 15008
```

运行结果如图 21-13 所示。

```
C:\Users\Administrator>jinfo -flag UseParallelGC 15008
-XX:+UseParallelGC
```

图 21-13　JVM 是否使用了 ParallelGC 垃圾收集器

可以看到结果为 -XX:+UseParallelGC，其中 UseParallelGC 前面的 "+" 表示已经使用，如果没有使用的话，用 "-" 表示。也可以查看某个参数的具体数值，比如查看新生代对象晋升到老年代对象的最大年龄，命令如下。

```
# 新生代对象晋升到老年代对象的最大年龄
jinfo -flag MaxTenuringThreshold 15008
```

运行结果如图 21-14 所示，从结果可知新生代对象晋升到老年代对象的最大年龄是 15。

```
C:\Users\Administrator>jinfo -flag MaxTenuringThreshold 15008
-XX:MaxTenuringThreshold=15
```

图 21-14　新生代对象晋升到老年代对象的最大年龄

5. jinfo用于修改JVM配置信息案例

（1）开启或者关闭对应名称的参数（-flag [+-]name）（或者称为修改布尔类型的参数）。

首先查看是否开启输出 GC 日志的参数，如果 GC 日志参数是开启状态，那么使用 jinfo 命令关闭；如果 GC 日志参数是关闭状态，那么使用 jinfo 命令开启，命令如下。

```
# 查看是否有设置输出 GC 日志
jinfo -flag PrintGC 15008
# 设置开启打印 GC 日志
jinfo -flag +PrintGC 15008
# 查看是否开启输出 GC 日志成功
jinfo -flag PrintGC 15008
# 设置关闭打印 GC 日志
jinfo -flag -PrintGC 15008
# 查看是否关闭输出 GC 日志成功
jinfo -flag PrintGC 15008
```

运行结果如图 21-15 所示。

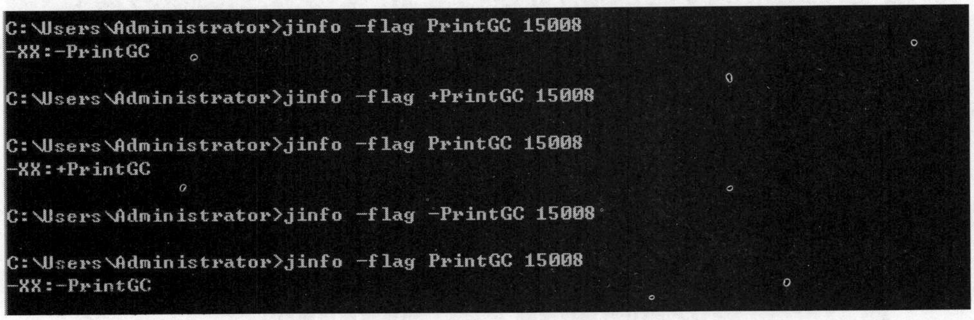

```
C:\Users\Administrator>jinfo -flag PrintGC 15008
-XX:-PrintGC

C:\Users\Administrator>jinfo -flag +PrintGC 15008

C:\Users\Administrator>jinfo -flag PrintGC 15008
-XX:+PrintGC

C:\Users\Administrator>jinfo -flag -PrintGC 15008

C:\Users\Administrator>jinfo -flag PrintGC 15008
-XX:-PrintGC
```

图 21-15　开启和关闭 JVM 参数命令

对于布尔类型的 JVM 参数，不仅可以使用 -flag [+-]name 的形式来进行值的改变，也可以使用 -flag name=value 的形式修改运行时的 JVM 参数。但是对 value 赋值必须是 1 或者 0，1 表示 "+"，0 表示 "-"，如下所示。

```
# 设置开启打印 GC 日志
jinfo -flag PrintGC=1 15008 等同于   jinfo -flag +PrintGC 15008
# 设置关闭打印 GC 日志
jinfo -flag PrintGC=0 15008 等同于   jinfo +flag -PrintGC 15008
```

（2）修改对应名称的参数（-flag name=value）（或者称为修改非布尔类型的参数）。
修改非布尔类型 MaxHeapFreeRatio 的值，命令如下。

```
# 查看是否设置 MaxHeapFreeRatio
jinfo -flag MaxHeapFreeRatio 15008
# 修改 MaxHeapFreeRatio 值
jinfo -flag MaxHeapFreeRatio=8015008
# 查看修改结果
jinfo -flag MaxHeapFreeRatio 15008
```

运行结果如图 21-16 所示。

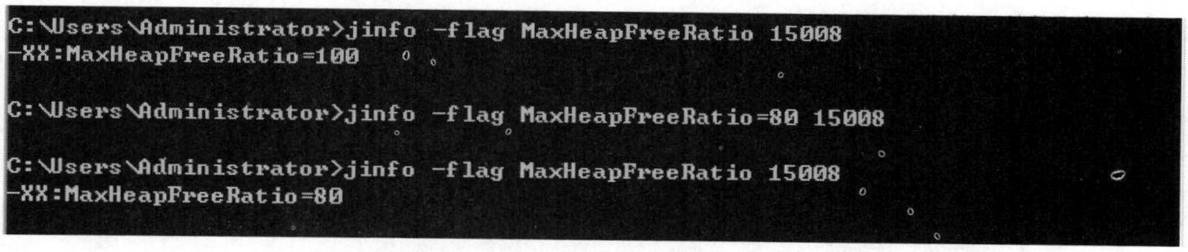

```
C:\Users\Administrator>jinfo -flag MaxHeapFreeRatio 15008
-XX:MaxHeapFreeRatio=100

C:\Users\Administrator>jinfo -flag MaxHeapFreeRatio=80 15008

C:\Users\Administrator>jinfo -flag MaxHeapFreeRatio 15008
-XX:MaxHeapFreeRatio=80
```

图 21-16 修改 JVM 参数命令

除了使用 jinfo 查看 JVM 配置参数之外，还有如下方式。

```
# 查看所有 JVM 中 -XX 类型参数启动初始值
java -XX:+PrintFlagsInitial
# 查看所有 JVM 中 -XX 类型参数
java -XX:+PrintFlagsFinal
# 查看已经被用户或者 JVM 设置过的详细的 -XX 类型参数的名称和值
java -XX:+PrintCommandLineFlags
```

java -XX:+PrintFlagsInitial 执行结果如下，展示部分结果。

```
[Global flags]
    uintx AdaptiveSizeDecrementScaleFactor      = 4
{product}
    uintx AdaptiveSizeMajorGCDecayTimeScale     = 10
{product}
    uintx AdaptiveSizePausePolicy               = 0
{product}
    uintx AdaptiveSizePolicyCollectionCostMargin = 50
{product}
    uintx AdaptiveSizePolicyInitializingSteps    = 20
{product}
```

```
    uintx AdaptiveSizePolicyOutputInterval          = 0
{product}
    uintx AdaptiveSizePolicyWeight                  = 10
{product}
    uintx AdaptiveSizeThroughPutPolicy              = 0
{product}
    uintx AdaptiveTimeWeight                        = 25   {product}
```

java -XX:+PrintFlagsFinal 执行结果如下，展示部分结果。

```
[Global flags]
    bool C1ProfileBranches              = true    {C1 product}
    bool C1ProfileCalls                 = true    {C1 product}
    bool C1ProfileCheckcasts            = true    {C1 product}
    bool C1ProfileInlinedCalls          = true    {C1 product}
    bool C1ProfileVirtualCalls          = true    {C1 product}
    bool C1UpdateMethodData             = true    {C1 product}
    intx CICompilerCount               := 4       {product}
```

输出结果中包含五列。第一列表示参数的数据类型，第二列表示参数名称，第四列表示参数的值，第五列表示参数的类别。第三列"="是参数的默认值，而":="表示参数被用户或者 JVM 赋值了。可以通过"java -XX:+PrintFlagsFinal | grep ":=""命令查看哪些参数是被用户或者 JVM 赋值的。java -XX:+PrintFlagsInitial 只展示了第三列为"="的参数。

java -XX:+PrintCommandLineFlags 执行结果如下，该参数输出被用户或者 JVM 设置过的详细的 -XX 参数的名称和值。

```
-XX:InitialHeapSize=268435456
-XX:MaxHeapSize=4294967296
-XX:+PrintCommandLineFlags
-XX:+UseCompressedClassPointers
-XX:+UseCompressedOops
-XX:+UseParallelGC
```

该参数的结果是 java -XX:+PrintFlagsFinal 的结果中带有":="的部分参数。可以通过该命令快捷地查看修改过的参数。

21.5　jmap：导出内存映像文件和内存使用情况

jmap（JVM Memory Map）用于生成 JVM 的内存转储快照，生成 heapdump 文件且可以查询 finalize 执行队列，以及 Java 堆与元空间的一些信息。jmap 的作用并不仅仅是为了获取 dump 文件（堆转储快照文件，二进制文件），它还可以获取目标 Java 进程的内存相关信息，包括 Java 堆各区域的使用情况、堆中对象的统计信息、类加载信息等。

开发人员可以在控制台中输入命令"jmap-help"，查阅 jmap 工具的具体使用方式和标准选项配置。jmap 的基本使用语法如下。

```
jmap [option] <pid>
jmap [option] <executable <core>
jmap [option] [server_id@]<remote server IP or hostname>
```

1. [options]选项说明

jmap 工具 [options] 主要选项如表 21-5 所示。

表21-5　jmap命令[options]选项说明

选　项	作　用
-dump	生成 dump 文件
-dump:live	只保存堆中的存活对象
-finalizerinfo	以 ClassLoader 为统计口径输出永久代的内存状态信息，仅 Linux/solaris 平台有效
-heap	输出整个堆空间的详细信息，包括 GC 的使用、堆配置信息，以及内存的使用信息等
-histo	输出堆空间中对象的统计信息，包括类、实例数量和合计容量
-histo:live	只统计堆中的存活对象
-permstat	以 ClassLoader 为统计口径输出永久代的内存状态信息，仅 Linux/solaris 平台有效
-F	当 JVM 进程对 -dump 选项没有任何响应时，强制执行生成 dump 文件，仅 Linux/solaris 平台有效

这些参数和 Linux 下输入显示的命令多少会有一些不同，也受 JDK 版本的影响。其中选项 -dump、-heap、-histo 是开发人员在工作中使用频率较高的指令。

2. 使用案例

（1）-dump 选项：导出内存映像文件。

一般来说，使用 jmap 指令生成 dump 文件的操作算得上是最常用的 jmap 命令之一，将堆中所有存活对象导出至一个文件之中。执行该命令，JVM 会将整个 Java 堆二进制格式转储到指定 filename 的文件中。live 子选项是可选的，如果指定了 live 子选项，堆中只有存活的对象会被转储。

通常在写 dump 文件前会触发一次 Full GC，所以 dump 文件里保存的都是 Full GC 后留下的对象信息。由于生成 dump 文件比较耗时，因此大家需要耐心等待，尤其是大内存镜像生成 dump 文件需要耗费更长的时间来完成。

如果想要浏览 dump 文件，读者可以使用 jhat（Java 堆分析工具）读取生成的文件，也可以使用本书第 22 章介绍的可视化工具进行解读，比如 MAT 内存分析工具。获取 dump 文件有手动获取和自动获取两种方式。

手动获取的意思是当发现系统需要优化或者需要解决内存问题时，需要开发者主动执行 jmap 命令，导出 dump 文件，手动获取命令如下。

```
# 手动获取堆内存全部信息
jmap -dump:format=b,file=<filename.hprof><pid>
# 手动获取堆内存存活对象全部信息
jmap -dump:live,format=b,file=<filename.hprof><pid>
```

如代码清单 21-3 所示，往堆内存中存放数据，然后导出 dump 文件。

代码清单21-3　堆中存放对象案例

```
package com.atguigu;
import java.util.ArrayList;
/**
 * -Xms60m -Xmx60m -XX:SurvivorRatio=8
 */
```

```
public class GCTest {
    public static void main(String[] args) {
        ArrayList<byte[]> list = new ArrayList<>();
        for (int i = 0; i < 1000; i++) {
            byte[] arr = new byte[1024 * 100];//100KB
            list.add(arr);
            try {
                Thread.sleep(60);
            } catch (InterruptedException e) {
                e.printStackTrace();
            }
        }
    }
}
```

运行程序，最终该程序会产生内存溢出，在执行过程中使用上述命令导出 dump 文件即可，运行结果如图 21-17 所示。

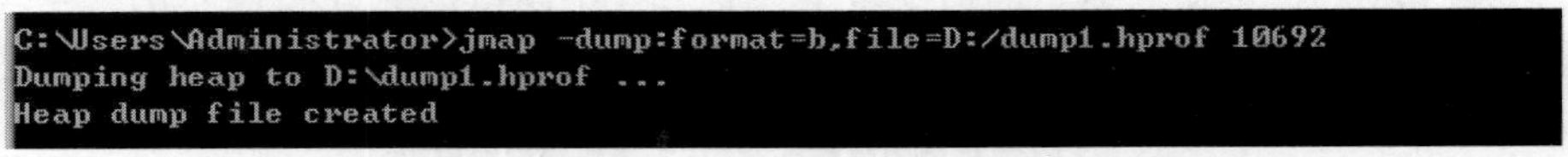

```
C:\Users\Administrator>jmap -dump:format=b,file=D:/dump1.hprof 10692
Dumping heap to D:\dump1.hprof ...
Heap dump file created
```

图 21-17　导出内存 dump 文件

上述命令中，file 表示指定文件目录，这里将文件放到 D 盘根目录，10692 表示 Java 进程 ID，结果如图 21-18 所示，dump1.hprof 就是导出的结果文件。

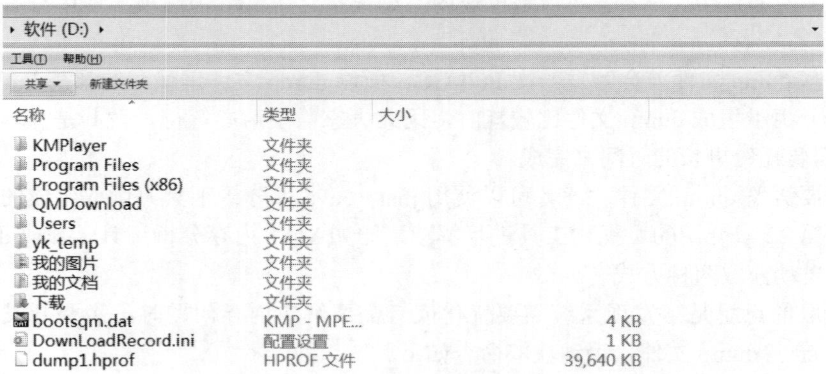

软件 (D:) ▸		
工具(T) 帮助(H)		
共享 ▾ 新建文件夹		
名称	类型	大小
KMPlayer	文件夹	
Program Files	文件夹	
Program Files (x86)	文件夹	
QMDownload	文件夹	
Users	文件夹	
yk_temp	文件夹	
我的图片	文件夹	
我的文档	文件夹	
下载	文件夹	
bootsqm.dat	KMP - MPE...	4 KB
DownLoadRecord.ini	配置设置	1 KB
dump1.hprof	HPROF 文件	39,640 KB

图 21-18　dump 文件所在目录

当程序发生内存溢出退出系统时，一些瞬时信息都随着程序的终止而消失，而重现 OOM 问题往往比较困难或者耗时。若能在 OOM 时，自动导出 dump 文件就显得非常迫切。可以配置 JVM 参数 "-XX:+HeapDumpOnOutOfMemoryError：" 使程序发生 OOM 时，导出应用程序的当前堆快照。

依然使用代码清单 21-3，在启动程序之前，在 idea 中添加如下 JVM 参数配置。

```
-Xms60m
-Xmx60m
-XX:+HeapDumpOnOutOfMemoryError
-XX:HeapDumpPath=d:/autoDump.hprof
```

添加参数如图 21-19 所示。

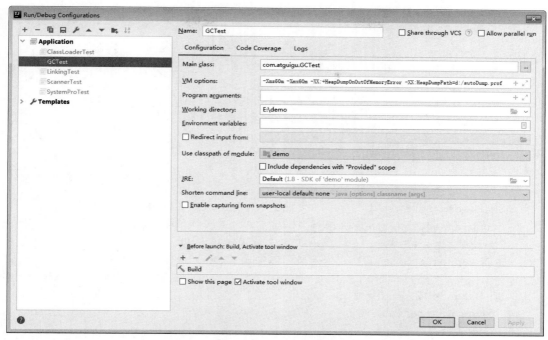

图 21-19　VM 参数配置

启动程序，运行结果如图 21-20 所示。

从结果可知，程序发生了内存溢出，此时 dump 文件自动生成到目标目录中，如图 21-21 所示。

图 21-20　内存溢出运行结果

图 21-21　dump 文件所在目录

（2）-heap 选项：显示堆内存相关信息。

命令如下。

```
#1520 表示当前进程 ID
jmap -heap 1520
```

运行结果如下。

```
C:\Users\Administrator>jmap -heap 6252
Attaching to process ID 6252, please wait...
Debugger attached successfully.
Server compiler detected.
JVM version is 25.212-b10


using thread-local object allocation.
```

```
Parallel GC with 13 thread(s)

Heap Configuration:
   MinHeapFreeRatio         = 0
   MaxHeapFreeRatio         = 100
   MaxHeapSize              = 62914560 (60.0MB)
   NewSize                  = 20971520 (20.0MB)
   MaxNewSize               = 20971520 (20.0MB)
   OldSize                  = 41943040 (40.0MB)
   NewRatio                 = 2
   SurvivorRatio            = 8
   MetaspaceSize            = 21807104 (20.796875MB)
   CompressedClassSpaceSize = 1073741824 (1024.0MB)
   MaxMetaspaceSize         = 17592186044415 MB
   G1HeapRegionSize         = 0 (0.0MB)


Heap Usage:
PS Young Generation
Eden Space:
   capacity = 15728640 (15.0MB)
   used     = 14840944 (14.153427124023438MB)
   free     = 887696 (0.8465728759765625MB)
   94.35618082682292% used
From Space:
   capacity = 2621440 (2.5MB)
   used     = 0 (0.0MB)
   free     = 2621440 (2.5MB)
   0.0% used
To Space:
   capacity = 2621440 (2.5MB)
   used     = 0 (0.0MB)
   free     = 2621440 (2.5MB)
   0.0% used
PS Old Generation
   capacity = 41943040 (40.0MB)
   used     = 41745248 (39.811370849609375MB)
   free     = 197792 (0.188629150390625MB)
   99.52842712402344% used

3147 interned Strings occupying 258488 bytes
```

打印 heap 的概要信息、GC 使用的算法、heap 的配置和使用情况，可以判断当前堆内存使用情况以及垃圾回收情况。

可以看到最大堆大小为 60MB，和前面的 VM 配置信息一致；新生代大小等于 Eden 区加 From 区加 To 的大小，总共为 20MB，符合新生代和老年代比例大小为 2∶1；老年代大小为 40MB，老年代使用率达到了 99.53%，说明老年代空间是不足的。

（3）-hiso 选项：显示堆中对象的统计信息。

命令如下。

```
#1520 表示当前进程 ID
jmap -histo 1520
```

运行结果如下，由于篇幅原因，展示部分结果。

```
num     #instances        #bytes  class name
----------------------------------------------
  1:          632       21948432  [B
  2:         4535         433464  [C
  3:          200         172840  [I
  4:         4387         105288  java.lang.String
  5:          691          78984  java.lang.Class
  6:          628          42704  [Ljava.lang.Object;
  7:          791          31640  java.util.TreeMap$Entry
  8:          628          25120  java.util.LinkedHashMap$Entry
  9:          426          18952  [Ljava.lang.String;
 10:          363          11616  java.util.HashMap$Node
 11:           23           8560  [Ljava.util.HashMap$Node;
 12:          113           8136  java.lang.reflect.Field
 13:           16           6016  java.lang.Thread
 14:           87           5568  java.net.URL
 15:          110           4400  java.lang.ref.SoftReference
 16:          256           4096  java.lang.Integer
 17:          121           3872  java.util.Hashtable$Entry
 18:          107           3424  java.util.concurrent.
ConcurrentHashMap$Node
 19:           42           2352  sun.misc.URLClassPath$JarLoader
 20:           26           2080  java.lang.reflect.Constructor
 21:           16           2048  [Ljava.util.concurrent.
ConcurrentHashMap$Nod
```

上面结果中，instances 表示当前的实例数量；bytes 表示对象占用的内存大小；classs name 表示类名，按照内存大小逆序排列。

（4）-permstat 选项。

该选项主要以 ClassLoader 为口径输出永久代的内存状态信息，仅对 Linux 和 solaris 平台有效。

（5）-finalizerinfo 选项。

该选项主要用来显示 F-Queue 中等待 Finalize 线程执行 finalize 方法的对象，就是说查看堆积在 finalizer 队列中的对象。仅对 Linux 和 solaris 平台有效。

（6）-F 选项。

该选项用于当 JVM 进程对 -dump 选项没有任何响应时，可使用此选项强制执行生成 dump 文件。仅对 Linux 和 solaris 平台有效。

由于 jmap 将访问堆中的所有对象，为了保证在此过程中不被应用线程干扰，jmap 需要借助安全点机制，让所有线程不改变堆中数据的状态。也就是说，由 jmap 导出的堆快照必定是安全点位置的。这可能导致基于该快照的分析结果存在偏差。例如，假设在编译生成的机器码中，某些对象的生命周期在两个安全点之间，那么：live 选项将无法探知到这些对象。另外如果某个线程长时间无法跑到安全点，jmap 将一直等待下去。与前面讲的 jstat 不同，垃圾收集器会主动将 jstat 所需要的摘要数据保存至固定位置中，而 jstat 只需要直接读取即可。

21.6 jhat: JDK 自带堆分析工具

jhat（JVM Heap Analysis Tool）命令一般与 jmap 命令搭配使用，用于分析 jmap 生成的 dump 文件（堆转储快照）。jhat 内置了一个微型的 HTTP/HTML 服务器，生成 dump 文件的分析结果后，用户可以在浏览器中查看分析结果。

使用了 jhat 命令，就启动了一个 http 服务，端口是 7000，即通过访问 http://localhost:7000/ 就可以在浏览器中查看结果。jhat 命令在 JDK9 中已经被删除，官方建议用 VisualVM 代替。实际工作中一般不会直接在生产服务器使用 jhat 分析 dump 文件。

jhat 的基本使用语法如下。

```
jhat  [ options ]  [ hostid ]
```

1. [options]选项说明

jhat 工具 [options] 主要选项如表 21-6 所示。

表21-6　jps命令[options]选项说明

选　　项	作　　用
-stack false|true	关闭 / 打开对象分配调用栈跟踪
-refs false|true	关闭 / 打开对象引用跟踪
-port port-number	设置 jhat HTTP Server 的端口号，默认 7000
-exclude exclude-file	执行对象查询时需要排除的数据成员列表文件
-baseline exclude-file	指定一个基准堆转储
-debug int	设置 debug 级别
-version	启动后显示版本信息就退出
-J<flag>	传入启动参数，比如 -J -Xmx512m

下面使用 jhat 命令分析 jmap 导出的 dump 文件，命令如下。

```
jhat d:\autoDump.hprof
```

运行结果如图 21-22 所示。

```
C:\Users\Administrator>jhat d:\autoDump.prof
Reading from d:\autoDump.prof...
Dump file created Thu May 27 21:01:03 CST 2021
Snapshot read, resolving...
Resolving 14354 objects...
WARNING:  Failed to resolve object id 0xfdd0efc8 for field type (signature L)
Chasing references, expect 2 dots..
Eliminating duplicate references..
Snapshot resolved.
Started HTTP server on port 7000
Server is ready.
```

图 21-22　jhat 命令运行结果

当界面出现 Server is ready 时，就可以在浏览器访问 http://localhost:7000/ 了，如图 21-23 所示。

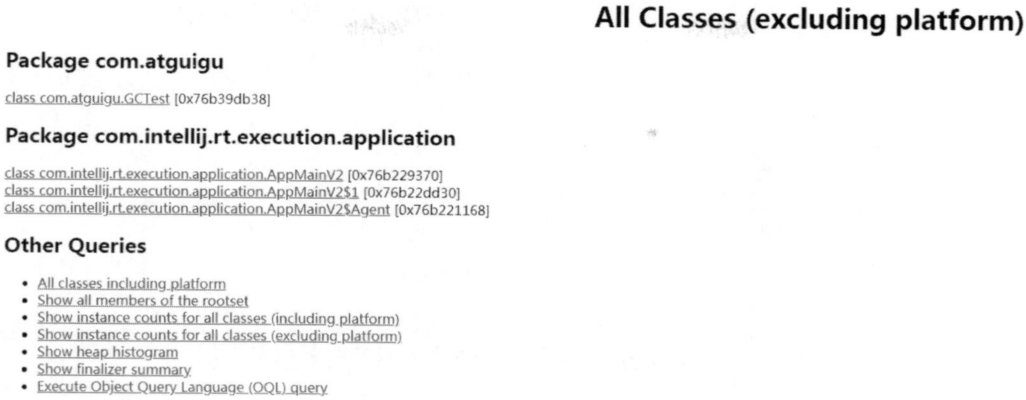

All Classes (excluding platform)

Package com.atguigu

class com.atguigu.GCTest [0x76b39db38]

Package com.intellij.rt.execution.application

class com.intellij.rt.execution.application.AppMainV2 [0x76b229370]
class com.intellij.rt.execution.application.AppMainV2$1 [0x76b22dd30]
class com.intellij.rt.execution.application.AppMainV2$Agent [0x76b221168]

Other Queries

- All classes including platform
- Show all members of the rootset
- Show instance counts for all classes (including platform)
- Show instance counts for all classes (excluding platform)
- Show heap histogram
- Show finalizer summary
- Execute Object Query Language (OQL) query

图 21-23 浏览器展示 dump 文件分析结果

分析结果默认以包的形式分组展示,当分析内存溢出或者内存泄漏问题的时候一般会用到"Show heap histogram"功能,它的作用和 jmap –histo 一样,如图 21-24 所示。

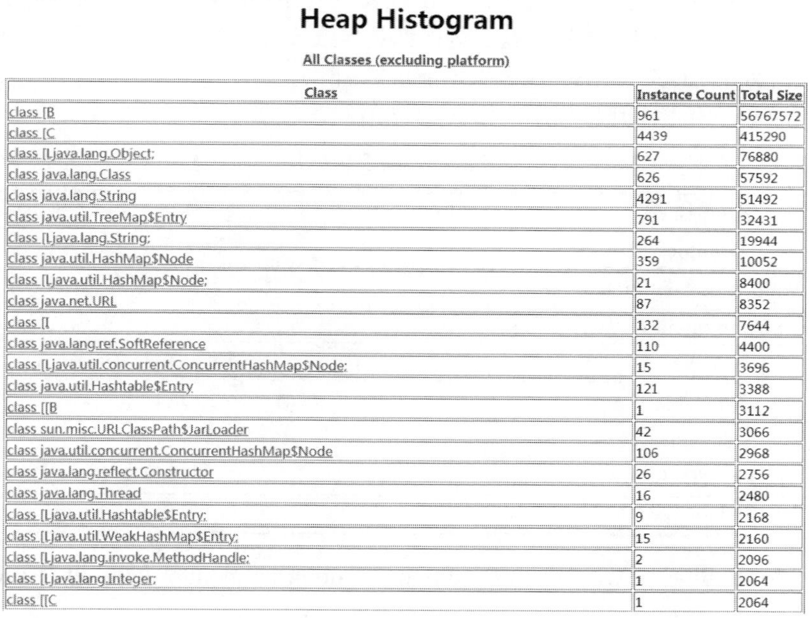

Heap Histogram

All Classes (excluding platform)

Class	Instance Count	Total Size
class [B	961	56767572
class [C	4439	415290
class [Ljava.lang.Object;	627	76880
class java.lang.Class	626	57592
class java.lang.String	4291	51492
class java.util.TreeMap$Entry	791	32431
class [Ljava.lang.String;	264	19944
class java.util.HashMap$Node	359	10052
class [Ljava.util.HashMap$Node;	21	8400
class java.net.URL	87	8352
class [I	132	7644
class java.lang.ref.SoftReference	110	4400
class [Ljava.util.concurrent.ConcurrentHashMap$Node;	15	3696
class java.util.Hashtable$Entry	121	3388
class [[B	1	3112
class sun.misc.URLClassPath$JarLoader	42	3066
class java.util.concurrent.ConcurrentHashMap$Node	106	2968
class java.lang.reflect.Constructor	26	2756
class java.lang.Thread	16	2480
class [Ljava.util.Hashtable$Entry;	9	2168
class [Ljava.util.WeakHashMap$Entry;	15	2160
class [Ljava.lang.invoke.MethodHandle;	2	2096
class [Ljava.lang.Integer;	1	2064
class [[C	1	2064

图 21-24 Heap Histogram

在这里可以找到内存中使用空间最大的对象。通常导出的堆快照信息非常大,可能很难通过页面上简单的链接索引找到想要的信息。为此,jhat 还支持使用 OQL(Object Query Language)语句对堆快照进行查询。执行 OQL 语言的界面非常简洁。单击"Execute Object Query Language (OQL) query"即可进入 OQL 查询页面,它是一种类似 SQL 的语法,可以对内存中的对象进行查询统计,例如代码清单 21-4,查询了内存中长度大于 500 的字符串。

代码清单21-4 通过OQL语句查询

```
select s from java.lang.String s where s.value.length > 500
```

结果如图 21-25 所示。

平常使用 jhat 命令的频率并不高,所以此处也不再过多赘述,各位读者将此作为了解内容即可。

Object Query Language (OQL) query

<u>All Classes (excluding platform)</u> <u>OQL Help</u>

```
select s from java.lang.String s where s.value.length > 500
```

Execute

图 21-25　OQL 查询结果集

21.7　jstack：打印 JVM 中线程快照

　　jstack（JVM Stack Trace）用于生成 JVM 指定进程当前时刻的线程快照（Thread Dump），方便用户跟踪 JVM 堆栈信息。线程快照就是当前 JVM 内指定进程的每一条线程正在执行的方法堆栈的集合。

　　生成线程快照的作用是可用于定位线程出现长时间停顿的原因，如线程间死锁、死循环、请求外部资源导致的长时间等待等问题，这些都是导致线程长时间停顿的常见原因。当线程出现停顿时，就可以用 jstack 显示各个线程调用的堆栈情况。

　　在线程快照中，有下面几种状态，如表 21-7 所示。

表21-7　线程状态

线 程 状 态	作　　用
Deadlock	死锁（重点关注）
Waiting on condition	等待资源（重点关注）
Waiting on monitor entry	等待获取监视器（重点关注）
Blocked	阻塞（重点关注）
Runnable	执行中
Suspended	暂停
Object.wait() 或 TIMED_WAITING	对象等待中
Parked	停止

　　其中线程的 Deadlock、Waiting on condition、Waiting on monitor entry 以及 Blocked 状态需要在分析线程栈的时候重点关注。

　　jstack 的基本使用语法如下。

```
jstack [ option ] <pid>
```

1. [options]选项说明

　　jstack 工具 [options] 主要选项如表 21-8 所示。

表21-8　jps命令[options]选项说明

选　　项	作　　用
-F	当正常输出的请求不被响应时，强制输出线程堆栈
-l	除堆栈外，显示关于锁的附加信息
-m	如果调用本地方法的话，可以显示 C/C++ 的堆栈信息
-h	获取帮助

2. 使用案例

代码清单 21-4 演示了线程死锁，使用 jstack 命令观察线程状态。

代码清单21-4　死锁案例

```java
package com.atguigu;
import java.util.ArrayList;
public class ThreadDeadLock {
    public static void main(String[] args) {
        StringBuilder s1 = new StringBuilder();
        StringBuilder s2 = new StringBuilder();
        new Thread(){
            @Override
            public void run() {
                synchronized (s1){
                    s1.append("a");
                    s2.append("1");
                    try {
                        Thread.sleep(100);
                    } catch (InterruptedException e) {
                        e.printStackTrace();
                    }
                    synchronized (s2){
                        s1.append("b");
                        s2.append("2");
                        System.out.println(s1);
                        System.out.println(s2);
                    }

                }

            }
        }.start();
        new Thread(new Runnable() {
            @Override
            public void run() {
                synchronized (s2){
                    s1.append("c");
                    s2.append("3");
                    try {
                        Thread.sleep(100);
                    } catch (InterruptedException e) {
                        e.printStackTrace();
                    }
                    synchronized (s1){
                        s1.append("d");
                        s2.append("4");
                        System.out.println(s1);
```

```
                            System.out.println(s2);
                        }
                    }
                }
            }).start();
            try {
                Thread.sleep(1000);
            } catch (InterruptedException e) {
                e.printStackTrace();
            }
        }
    }
```

上面例子很简单，启动了两个线程，分别获取对方的资源，如此造成死锁。下面启动程序，使用 jstack 命令查看线程状态，命令如下，其中 1776 是程序的进程 ID。

```
jstack 1776
```

运行结果如下。

```
Found one Java-level deadlock:
=============================
"Thread-1":
  waiting to lock monitor 0x0000000006f9a318 (object 0x000000076b3a1050,
a java.
  lang.StringBuilder),
  which is held by "Thread-0"
"Thread-0":
  waiting to lock monitor 0x000000000589b288 (object 0x000000076b3a1098,
a java.
  lang.StringBuilder),
  which is held by "Thread-1"

Java stack information for the threads listed above:
"Thread-1":
    at com.atguigu.ThreadDeadLock$2.run(ThreadDeadLock.java:40)
      - waiting to lock <0x000000076b3a1050> (a java.lang.
StringBuilder)
      - locked <0x000000076b3a1098> (a java.lang.StringBuilder)
    at java.lang.Thread.run(Thread.java:748)
"Thread-0":
    at com.atguigu.ThreadDeadLock$1.run(ThreadDeadLock.java:18)
      - waiting to lock <0x000000076b3a1098> (a java.lang.
StringBuilder)
      - locked <0x000000076b3a1050> (a java.lang.StringBuilder)

Found 1 deadlock.
```

从上面结果中可以发现，Thread-1 线程和 Thread-0 线程互相等待对方的资源，问题代码

出现 "com.atguigu.ThreadDeadLock$2.run()" 行。在死锁情况出现时，可以很方便地帮助定位到问题。也可以通过 Thread.getAllStackTraces() 方法获取所有线程的状态，如代码清单 21-5 所示。

代码清单21-5 获取所有线程的状态

```java
import java.util.Map;
import java.util.Set;
public class AllStackTrace {
    public static void main(String[] args) {
        Map<Thread, StackTraceElement[]> all = Thread.
                getAllStackTraces();
        Set<Map.Entry<Thread, StackTraceElement[]>> entries = all.
                entrySet();
        for(Map.Entry<Thread, StackTraceElement[]> en : entries){
            Thread t = en.getKey();
            StackTraceElement[] v = en.getValue();
            System.out.println("【Thread name is :"+t.getName() + "】");
            for(StackTraceElement s : v){
                System.out.println("\t" + s.toString());
            }
        }
    }
}
```

运行结果如图 21-26 所示，可以看到各个线程的状态。

```
"D:\Program Files\Java\jdk1.8.0_212\bin\java.exe" ...
【Thread name is :Attach Listener】
【Thread name is :Monitor Ctrl-Break】
	java.net.SocksSocketImpl$3.run(SocksSocketImpl.java:356)
	java.net.SocksSocketImpl$3.run(SocksSocketImpl.java:354)
	java.security.AccessController.doPrivileged(Native Method)
	java.net.SocksSocketImpl.connect(SocksSocketImpl.java:353)
	java.net.Socket.connect(Socket.java:589)
	java.net.Socket.connect(Socket.java:538)
	java.net.Socket.<init>(Socket.java:434)
	java.net.Socket.<init>(Socket.java:211)
	com.intellij.rt.execution.application.AppMainV2$1.run(AppMainV2.java:59)
【Thread name is :Signal Dispatcher】
【Thread name is :Finalizer】
	java.lang.Object.wait(Native Method)
	java.lang.ref.ReferenceQueue.remove(ReferenceQueue.java:144)
	java.lang.ref.ReferenceQueue.remove(ReferenceQueue.java:165)
	java.lang.ref.Finalizer$FinalizerThread.run(Finalizer.java:216)
【Thread name is :Reference Handler】
```

图 21-26 获取所有线程状态

21.8 jcmd：多功能命令行

在 JDK1.7 以后，新增了一个命令行工具 jcmd。它是一个多功能的工具，可以用来实现前面除了 jstat 之外所有命令的功能，比如用它来导出堆、内存使用、查看 Java 进程、导出线程信息、执行 GC、JVM 运行时间等。jcmd 拥有 jmap 的大部分功能，并且官方也推荐使用 jcmd 命令代替 jmap 命令。

至于 jstat 的功能，虽然 jcmd 复制了 jstat 的部分代码，并支持通过 PerfCounter.print 子命令来打印所有的 Performance Counter，但是它没有保留 jstat 的输出格式，也没有重复打印的功能。

jcmd 的基本使用语法如表 21-9 所示。

表21-9　jcmd命令使用语法

选　　项	作　　用
jcmd -l	列出所有 JVM 进程
jcmd pid help	针对指定的进程，列出支持的所有命令
jcmd pid [options]	显示指定进程的指令命令的数据

命令 jcmd 可以针对给定的 JVM 进程执行一条命令。首先来看一下使用 jcmd 列出当前系统中的所有 Java 进程，命令如下所示。

```
jcmd -l
```

运行结果如图 21-27 所示。可以看到当前有 4 个 Java 进程，其中包含命令自身。

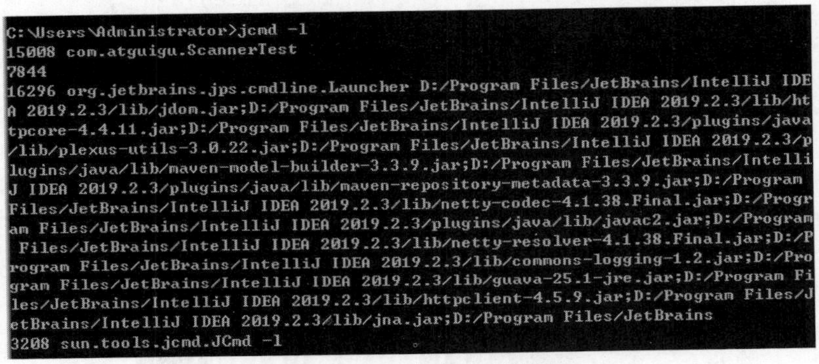

图 21-27　jcmd 命令查看进程 ID

（1）jcmd pid help 选项：针对指定的进程，列出支持的所有命令。

针对每一个进程，jcmd 可以使用 help 命令列出它们所支持的命令，如下所示。

```
jcmd15008  help
```

运行结果如下。

```
C:\Users\Administrator>jcmd 15008 help
15008:
The following commands are available:
JFR.stop
JFR.start
JFR.dump
JFR.check
VM.native_memory
VM.check_commercial_features
VM.unlock_commercial_features
ManagementAgent.stop
ManagementAgent.start_local
ManagementAgent.start
VM.classloader_stats
```

```
GC.rotate_log
Thread.print
GC.class_stats
GC.class_histogram
GC.heap_dump
GC.finalizer_info
GC.heap_info
GC.run_finalization
GC.run
VM.uptime
VM.dynlibs
VM.flags
VM.system_properties
VM.command_line
VM.version
help
```

上面罗列的是进程号为 15008 的 JVM 进程支持的 jcmd 相关命令操作，jcmd pid [options] 中的 options 就是上面列出的所有命令参数选项。下面介绍常用的几个参数选项。

（2）查看 JVM 启动时间 VM.uptime。

```
jcmd 15008 VM.uptime
```

运行结果如图 21-28 所示，当前 JVM 进程已经运行了 24120.085 秒。

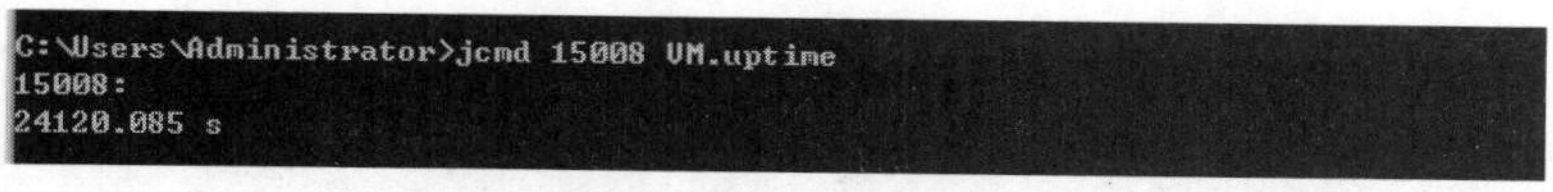

图 21-28　查看某 Java 进程的 JVM 启动时间

（3）打印线程栈信息。

```
jcmd 15008 Thread.print
```

运行结果如图 21-29 所示。

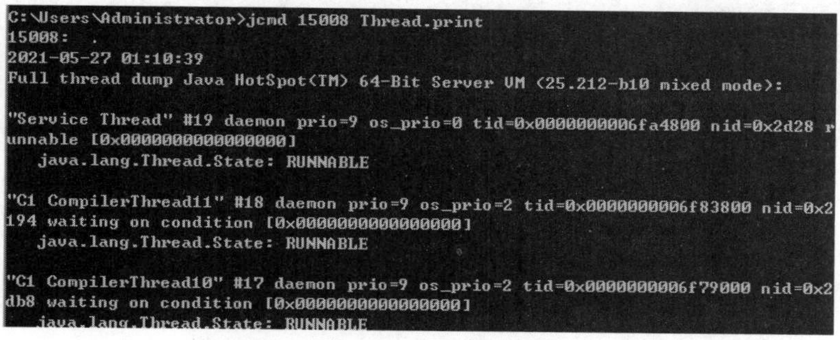

图 21-29　查看某 Java 进程线程栈信息

（4）查看系统中类的统计信息。

```
jcmd 15008 GC.class_histogram
```

运行结果如图 21-30 所示，篇幅原因，只展示部分结果。

```
E:\demo\out\production\demo>jcmd 15008 GC.class_histogram
15008:

 num     #instances         #bytes  class name
----------------------------------------------
   1:        5574          469096  [C
   2:         411          140592  [B
   3:        5438          130512  java.lang.String
   4:         774           88200  java.lang.Class
   5:         650           48528  [Ljava.lang.Object;
   6:         791           31640  java.util.TreeMap$Entry
   7:         692           22144  java.util.HashMap$Node
   8:         266           12632  [Ljava.lang.String;
   9:         146           11568  [I
  10:          28            7296  [Ljava.util.HashMap$Node;
```

图 21-30　打印系统中类的主要信息

（5）导出堆信息。

```
jcmd 15008 GC.heap_dump D:\d.hprof
```

运行结果如图 21-31 所示，可以直接存储堆文件。

```
C:\Users\Administrator>jcmd 15008 GC.heap_dump D:\d.hprof
15008:
Heap dump file created
```

图 21-31　导出堆信息

（6）获得系统的 Properties 内容。

```
jcmd 15008 VM.system_properties
```

运行结果如图 21-32 所示，篇幅原因，只展示部分结果。

```
C:\Users\Administrator>jcmd 15008 VM.system_properties
15008:
#Thu May 27 01:16:59 CST 2021
java.runtime.name=Java(TM) SE Runtime Environment
sun.boot.library.path=D:\\Program Files\\Java\\jdk1.8.0_212\\jre\\bin
java.vm.version=25.212-b10
java.vm.vendor=Oracle Corporation
java.vendor.url=http\://java.oracle.com/
path.separator=;
java.vm.name=Java HotSpot(TM) 64-Bit Server VM
file.encoding.pkg=sun.io
user.script=
user.country=CN
sun.java.launcher=SUN_STANDARD
sun.os.patch.level=Service Pack 1
java.vm.specification.name=Java Virtual Machine Specification
user.dir=E:\\demo
```

图 21-32　打印系统中类的主要信息

（7）获得启动参数。

```
jcmd 15008 VM.flags
```

运行结果如图 21-33 所示。

```
C:\Users\Administrator>jcmd 15008 VM.flags
15008:
-XX:CICompilerCount=12 -XX:InitialHeapSize=268435456 -XX:MaxHeapFreeRatio=80 -XX
:MaxHeapSize=4276092928 -XX:MaxNewSize=1425014784 -XX:MinHeapDeltaBytes=524288 -
XX:NewSize=89128960 -XX:OldSize=179306496 -XX:-PrintGC -XX:+UseCompressedClassPo
inters -XX:+UseCompressedOops -XX:+UseFastUnorderedTimeStamps -XX:-UseLargePages
IndividualAllocation -XX:+UseParallelGC
```

图 21-33　获得 JVM 启动参数

21.9　jstatd：远程主机信息收集

之前的指令只涉及监控本机的 Java 应用程序，而在这些工具中，一些监控工具也支持对远程计算机的监控（如 jps、jstat）。为了启用远程监控，则需要配合使用 jstatd 工具。

命令 jstatd 是一个 RMI 服务端程序，它的作用相当于代理服务器，建立本地计算机与远程监控工具的通信。jstatd 服务器将本机的 Java 应用程序信息传递到远程计算机。执行原理如图 21-34 所示。

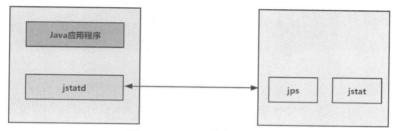

图 21-34　jstatd 执行原理图

直接打开 jstatd 服务器可能会抛出访问拒绝异常，这是因为 jstatd 程序没有足够的权限，如图 21-35 所示。jstatd 内容各位读者了解即可，本书不再详细介绍。

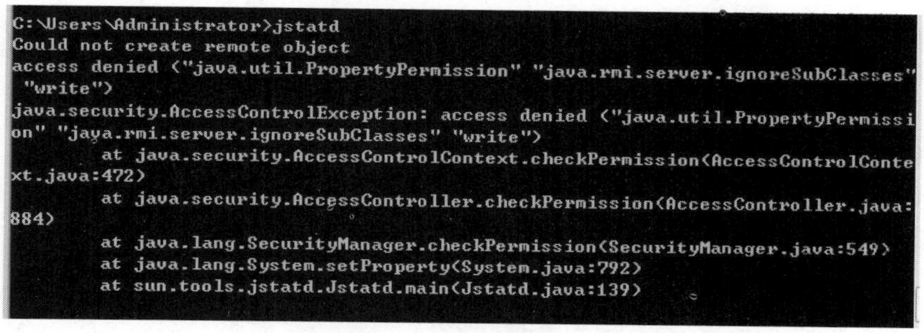

```
C:\Users\Administrator>jstatd
Could not create remote object
access denied ("java.util.PropertyPermission" "java.rmi.server.ignoreSubClasses"
"write")
java.security.AccessControlException: access denied ("java.util.PropertyPermissi
on" "java.rmi.server.ignoreSubClasses" "write")
        at java.security.AccessControlContext.checkPermission(AccessControlConte
xt.java:472)
        at java.security.AccessController.checkPermission(AccessController.java:
884)
        at java.lang.SecurityManager.checkPermission(SecurityManager.java:549)
        at java.lang.System.setProperty(System.java:792)
        at sun.tools.jstatd.Jstatd.main(Jstatd.java:139)
```

图 21-35　初始使用 jstatd

21.10　本章小结

本章介绍了 JDK 自带的命令行工具及其常用参数。当 Java 应用和服务出现莫名的卡顿、CPU 飙升等问题时，通过 JDK 自带的状态监控命令和图形化工具，可以非常方便地分析对应进程的 JVM 状态，进而定位问题并解决问题。

生产环境中，一旦出现内存泄漏，长期运行下非常容易引发内存溢出（Out Of Memory，OOM）故障。如果没有一个好的工具提供给开发人员定位问题和分析问题，那么这将会是一场噩梦。第 21 章讲解的命令行工具或命令行工具的组合使用或许能帮助获取目标 Java 应用性能相关的基础信息，但它们也有局限性，比如展示结果不够直观。本章将会介绍界面化的软件帮助我们诊断 JVM 相关问题。

22.1　概述

在工作中，通过命令行工具定位应用的性能问题，存在下列局限。

（1）无法获取方法级别的分析数据，如方法间的调用关系、各方法的调用次数和调用时间等（这对定位应用性能瓶颈至关重要）。

（2）要求用户登录到目标 Java 应用所在的宿主机上，使用起来不是很方便。

（3）分析数据通过终端输出，结果展示不够直观。

基于上面的原因，JDK 提供了一些内存泄漏的分析工具，如 jconsole、jvisualvm 等，用于辅助开发人员定位问题，但是这些工具很多时候并不足以满足快速定位问题的需求。所以本章作者将会介绍更多的实用性工具。我们把这些工具大致分为两种，一种是 JDK 自带的工具，另一种是第三方工具。

JDK 自带的工具包含下面 3 种类型。

（1）jconsole:JDK 自带的可视化监控工具，位于 JDK 的 bin 目录下。用于查看 Java 应用程序的运行概况、监控堆信息、永久区（或元空间）使用情况、类加载情况等。

（2）VisualVM:JDK 自带的可视化监视工具，位于 JDK 的 bin 目录下。它提供了一个可视界面，用于查看 JVM 上运行的基于 Java 技术的应用程序的详细信息。

（3）JMC:Java Mission Control，内置 Java Flight Recorder。能够以极低的性能开销收集 JVM 的性能数据。

第三方工具包含下面 4 种类型。

（1）MAT（Memory Analyzer Tool）：基于 Eclipse 的内存分析工具，是一个快速、功能丰富的 Java heap 分析工具，它可以帮助我们查找内存泄漏和减少内存消耗。

（2）JProfiler：商业软件，需要付费使用，功能非常强大。

（3）Arthas:Alibaba 开源的 Java 诊断工具，深受开发者喜爱。

（4）Btrace:Java 运行时追踪工具。可以在不停机的情况下，跟踪指定的方法调用、构造函数调用和系统内存等信息。

22.2　jconsole

从 Java5 开始，jconsole 就是 JDK 中自带的 Java 监控和管理控制台，主要用于对 JVM 中内存、线程和类等信息的监控，是一个基于 JMX（Java Management Extensions）的 GUI 性能监控工具。jconsole 使用 JVM 的扩展机制获取并展示 JVM 中运行的应用程序的性能和资源消耗等信息。

jconsole 可以通过三种方式连接正在运行的 JVM，分别是 Local、Remote 和 Advanced。

（1）Local：使用 jconsole 连接一个正在本地系统运行的 JVM，并且执行程序的用户和运行 jconsole 的用户必须是同一个系统用户。jconsole 使用文件系统的授权通过 RMI 连接器连接到平台的 MBean 服务器上。

（2）Remote：使用下面的 URL 通过 RMI 连接器连接到一个 JMX 代理，service:jmx:rmi:///jndi/rmi://hostName:portNum/jmxrmio hostName 填入主机名称，portNum 为 JMX 代理启动时指定的端口。jconsole 为建立连接，需要在环境变量中设置 mx.remote.credentials 来指定用户名和密码，从而进行授权。

（3）Advanced：使用一个特殊的 URL 连接 JMX 代理。一般情况使用自己定制的连接器而不是 RMI 提供的连接器来连接 JMX 代理。

jconsole 工具安装在 JDK 的 bin 目录下，启动 jconsole 后，将自动搜索本机运行的 JVM 进程，不需要 jps 命令来查询指定。双击其中一个 JVM 进程即可开始监控，也可使用"远程进程"来连接远程服务器，如图 22-1 所示。

图 22-1　jconsole 启动界面

设置 JVM 参数如下，运行代码清单 22-1，然后使用 jconsole 进行监控。

```
-Xms600m -Xmx600m -XX:SurvivorRatio=8
```

代码清单22-1　jconsole示例代码

```
package com.atguigu;
import java.util.ArrayList;
import java.util.Random;
/**
 * -Xms600m -Xmx600m -XX:SurvivorRatio=8
 */
```

```java
public class HeapInstanceTest {
    byte[] buffer = new byte[new Random().nextInt(1024 * 10)];
    public static void main(String[] args) {
        try {
            Thread.sleep(10000);
        } catch (InterruptedException e) {
            e.printStackTrace();
        }
        ArrayList<HeapInstanceTest> list = new ArrayList <HeapInstanceTest>();
        while (true) {
            list.add(new HeapInstanceTest());
            try {
                Thread.sleep(10);
            } catch (InterruptedException e) {
                e.printStackTrace();
            }
        }
    }
}
```

　　选择代码清单22-1的程序进程进入 jconsole 主界面，有"概览""内存""线程""类""VM 概要"和"MBean"六个选项卡，如图22-2所示。其中"概览"选项卡显示了关于堆内存使用量、线程、类、JVM 进程的 CPU 占用率的关键监视信息。

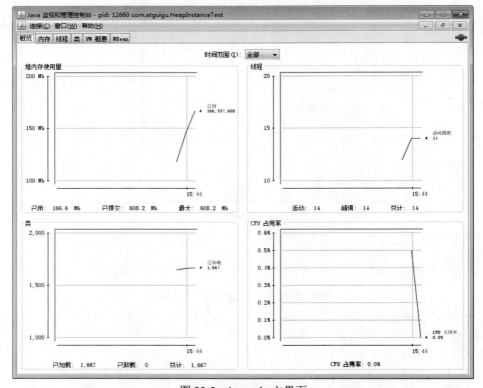

图 22-2　jconsole 主界面

　　"内存"选项卡相当于 jstat 命令，用于监视收集器管理的 JVM 内存（Java 堆和非堆）变化趋势，还可在"详细信息"选项观察 GC 执行的时间及次数，如图 22-3 所示。

　　"已用"代表当前使用的内存总量。使用的内存总量是指所有的对象占用的内存，包括可达和不可达的对象。

　　"已提交"内存数量会随时间变化而变化。JVM 可能将某些内存释放，还给操作系统，所以已提交内存可能比启动时初始分配的内存量要少，但是已提交内存总是大于或等于已使用内存。

　　"最大值"代表内存管理可用的最大内存数量。此值可能改变或者为未定义，如果 JVM 试图增加使用内存容量超出了提交内存，那么即使使用内存小于或等于最大内存（比如系统虚拟内存较低），内存分配仍可能失败。

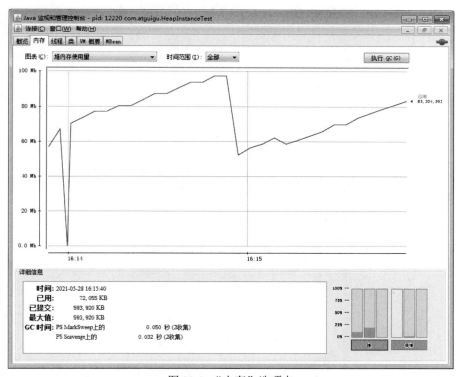

图 22-3　"内存"选项卡

　　"线程"选项卡中活动线程代表当前活动的守护线程和非守护线程数量。峰值代表自 JVM 启动后，活动线程最高数量。该选项卡可以监控发生死锁的线程，在页面最下面有"检测死锁选项"。代码清单 22-2 演示了程序发生死锁的情况，使用 jconsole 检测如图 22-4 和图 22-5 所示。

代码清单22-2　死锁案例

```
package com.atguigu;
import java.util.ArrayList;
public class ThreadDeadLock {
    public static void main(String[] args) {
        StringBuilder s1 = new StringBuilder();
        StringBuilder s2 = new StringBuilder();
        new Thread(){
            @Override
```

```java
            public void run() {
                synchronized (s1){
                    s1.append("a");
                    s2.append("1");
                    try {
                        Thread.sleep(100);
                    } catch (InterruptedException e) {
                        e.printStackTrace();
                    }
                    synchronized (s2){
                        s1.append("b");
                        s2.append("2");
                        System.out.println(s1);
                        System.out.println(s2);
                    }

                }

            }
        }.start();
        new Thread(new Runnable() {
            @Override
            public void run() {
                synchronized (s2){
                    s1.append("c");
                    s2.append("3");
                    try {
                        Thread.sleep(100);
                    } catch (InterruptedException e) {
                        e.printStackTrace();
                    }
                    synchronized (s1){
                        s1.append("d");
                        s2.append("4");
                        System.out.println(s1);
                        System.out.println(s2);
                    }
                }
            }
        }).start();
        try {
            Thread.sleep(1000);
        } catch (InterruptedException e) {
            e.printStackTrace();
        }
    }
}
```

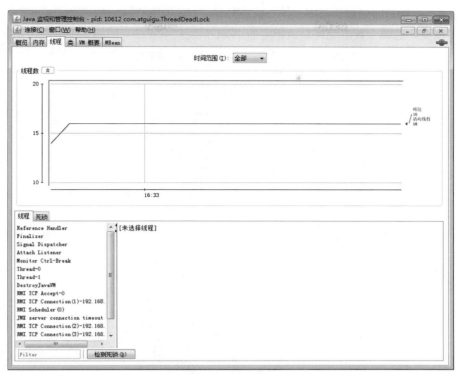

图 22-4　"线程"选项卡

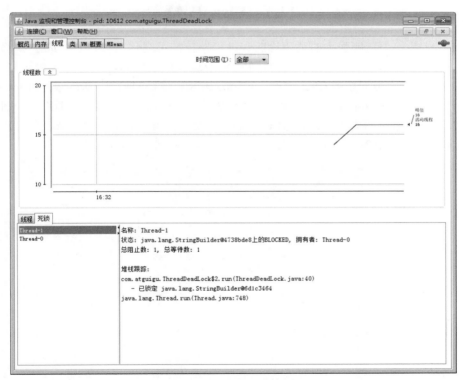

图 22-5　线程死锁检测

从图 22-5 可知线程 Thread-1 在等待一个被线程 Thread-0 持有 StringBuilder 对象，单击线程 Thread-0 则显示它也在等待一个 Integer 对象，被线程 Thread-1 持有，这样两个线程就互相卡住，都不存在等到锁释放的希望了，导致死锁。

　　"VM 概要"选项卡可清楚地显示指定的 JVM 参数及堆信息，如图 22-6 所示。

图 22-6 "VM 概要"选项卡

22.3　VisualVM

　　VisualVM 是一个功能强大的故障诊断和性能监控的可视化工具。它集成了多个 JDK 命令行工具，使用 VisualVM 可用于显示 JVM 进程及进程的配置和环境信息（功能类似 jps 和 jinfo 命令），监视应用程序的 CPU、GC、堆、方法区和线程的信息（功能类似 jstat 和 jstack 命令）等，甚至代替 jconsole。在 JDK6 Update 7 以后，VisualVM 便作为 JDK 的一部分发布（VisualVM 在 JDK/bin 目录下，称为 jvisualvm），这也意味着它完全免费。除了作为 JDK 的一部分发布以外，VisualVM 也可以作为独立的软件安装，官网主页如图 22-7 所示。

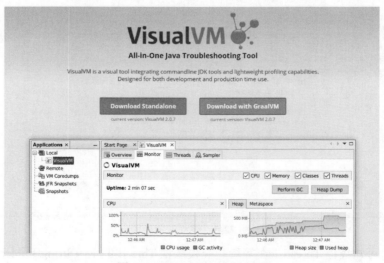

图 22-7　VisualVM 官网主页

22.3.1　插件安装

　　VisualVM 的一大特点是支持插件扩展，并且插件安装非常方便。在安装插件之前，需要先启动 VisualVM，启动 VisualVM 有两种方式。VisualVM 工具在 JDK/bin 目录下，双击jvisualvm.exe 即可启动 VisualVM。也可以直接从 IntelliJ IDEA 开发工具启动 VisualVM 监控工具。IntelliJ IDEA 开发工具中安装 VisualVM 步骤如下。

　　（1）点击"File"→"Settings"→"Plugins"，搜索"VisualVM Launcher"，安装重启即可，如图 22-8 所示。

图 22-8　VisualVM Launcher 插件安装

　　（2）配置 Idea VisualVM Launcher 插件，如图 22-9 所示。

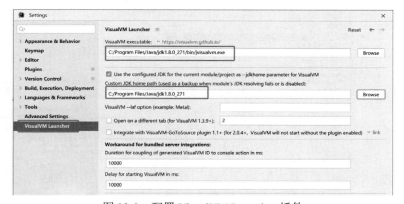

图 22-9　配置 VisualVM Launcher 插件

　　（3）通过 IntelliJ IDEA 中的 VisualVM 启动应用程序，如图 22-10 所示。

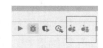

图 22-10　VisualVM Launcher 启动应用程序

启动 VisualVM 后，可以离线下载插件文件 *.nbm，然后在"插件"对话框的"已下载"选项下，添加已下载的插件即可。建议各位读者安装 VisualGC 插件，该插件可以查看 JVM 垃圾回收的具体信息，VisualVM 插件主页如图 22-11 所示。

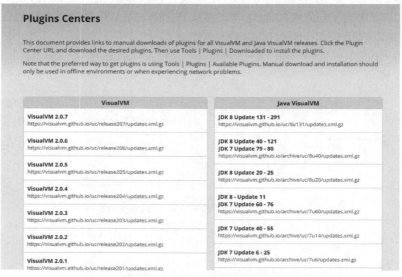

图 22-11　VisualVM 插件主页

除了离线安装插件，也可以选择在线安装。在 VisualVM 中选择"工具"→"可用插件"，找到 Visual GC 插件，单击"安装"即可，如图 22-12 所示。

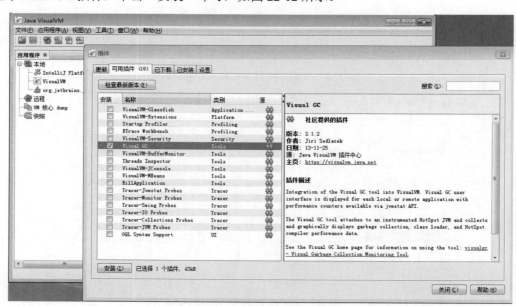

图 22-12　Visual GC 插件在线安装

22.3.2　连接方式

启动 VisualVM 工具之后，它将自动搜索本机运行的 JVM 进程，同样不需要 jps 命令来查询指定。双击其中一个本地 JVM 进程即可开始监控，也可使用远程连接来连接远程服务器，如图 22-13 所示。

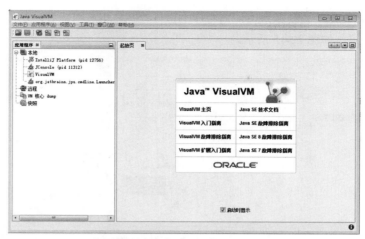

图 22-13　VisualVM 连接应用程序

远程连接的时候需要注意以下事项。

（1）确定远程服务器的 ip 地址。

（2）添加 JMX，通过 JMX 技术监控远端服务器具体是哪个 Java 进程。

（3）如果连接的服务器是 Tomcat，需要修改 bin/catalina.sh 文件。

（4）在 .../conf 中添加 jmxremote.access 和 jmxremote.password 文件。

（5）如果服务部署在阿里云，需要将服务器地址改为公网 ip 地址并且设置阿里云安全策略和防火墙策略。

（6）启动 tomcat，查看 tomcat 启动日志和端口监听。

（7）JMX 中输入端口号、用户名、密码登录。

22.3.3　主要功能

下面介绍 VisualVM 的主要功能，包括使用 VisualVM 生成内存快照、查看 JVM 参数、系统属性、查看运行中的 JVM 进程、生成 / 读取线程快照和程序资源的实时监控等。

1. 使用VisualVM生成内存快照

VisualVM 生成内存快照的方式有两种，如下所示。

（1）在"应用程序"窗口中右击应用程序节点，然后选择"堆 Dump"，如图 22-14 所示。

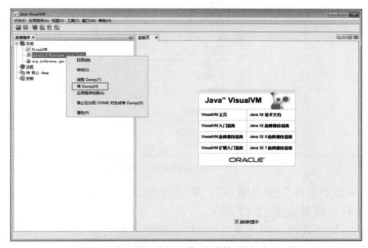

图 22-14　VisualVM 生成堆快照方式（1）

（2）在"应用程序"窗口中双击应用程序节点以打开应用程序标签，然后在"监视"标签中单击"堆 Dump"，如图 22-15 所示。

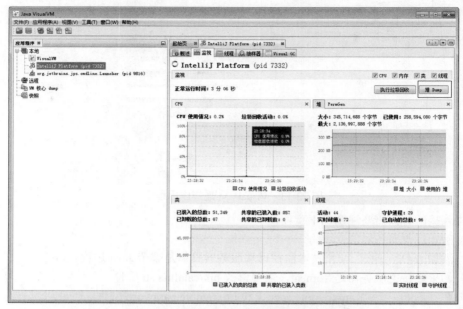

图 22-15　VisualVM 生成堆快照方式（2）

VisualVM 生成内存快照之后，选择内存快照文件，右击"另存为"按钮，即可保存内存快照到本地目录，如图 22-16 所示。

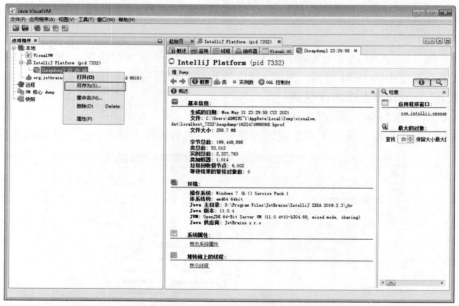

图 22-16　VisualVM 保存堆快照

VisualVM 中单击"文件"→"装入"，在文件类型一栏选择"堆"，选择要分析的 dump 文件即可打开堆文件，结果如图 22-17 所示。

单击"堆 Dump"工具栏中的"类"，以查看活动类和对应实例的列表。双击某个类名打开"实例"视图以查看实例列表。从列表中选择某个实例查看对该实例的引用。

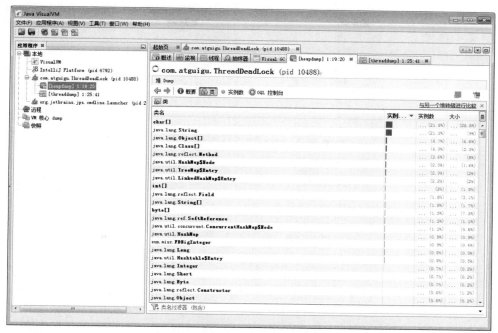

图 22-17　VisualVM 打开堆快照

2. 查看JVM参数和系统属性

使用 jinfo 可以查看的信息，在 VisualVM 中也可以查看。VisualVM 查看 JVM 配置信息，直接在应用程序打开堆快照文件，在概述栏就可以看到 JVM 参数和系统属性，如图 22-18 所示。

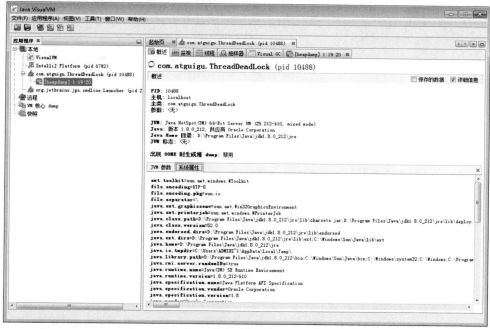

图 22-18　VisualVM 查看 JVM 参数和系统属性

3. 查看运行中的JVM进程

jps 命令可以查看 JVM 进程信息，在 VisualVM 中也可以查看。VisualVM 查看正在运行的 JVM 进程如图 22-19 所示。

图 22-19　VisualVM 查看 JVM 进程

4. 查看线程快照

jstack 命令显示 JVM 当前时刻的线程快照，用来查找运行时死锁等问题的定位。VisualVM 也可以生成 JVM 线程快照，生成线程快照的方式有两种。

（1）在"应用程序"窗口中右击应用程序节点，然后选择"线程 Dump"，如图 22-20 所示。

图 22-20　VisualVM 生成线程 dump 方式（1）

（2）在"应用程序"窗口中双击应用程序节点以打开应用程序标签，然后在"线程"标签中单击"线程 Dump"，如图 22-21 所示。

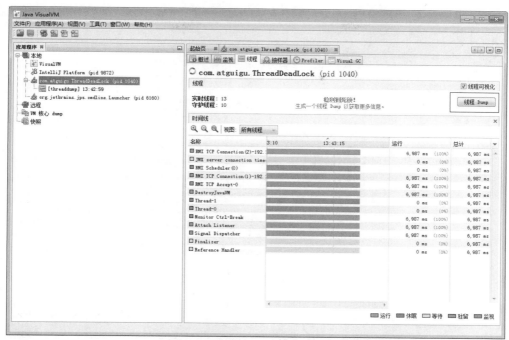

图 22-21　VisualVM 生成线程 dump 方式（2）

VisualVM 在线程快照页面，也可以右击保存快照，如图 22-22 所示。

图 22-22　VisualVM 保存线程 dump

5. 使用VisualVM检测死锁

依然使用代码清单 22-2 的死锁案例，单击线程选项卡，如图 22-23 所示，可以看到提示信息"检测到死锁！"，单击右侧"线程 Dump"按钮，即可看到死锁的明确信息，如图 22-24 所示。

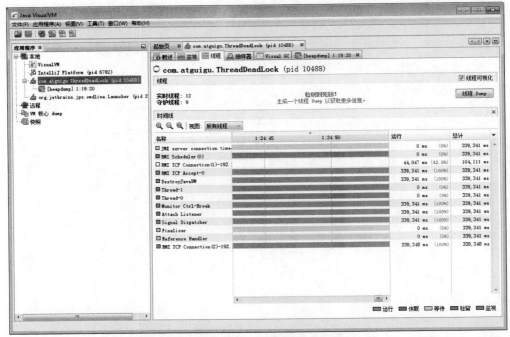

图 22-23　VisualVM 检测线程死锁

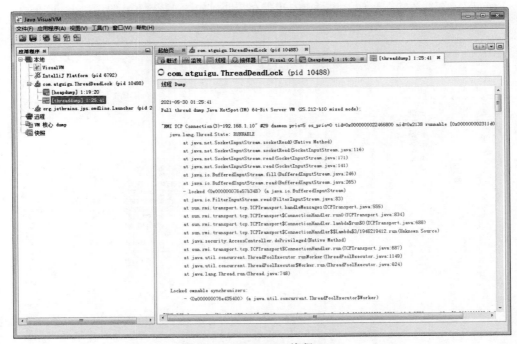

图 22-24　VisualVM 线程 dump

6. 程序资源的实时监控

jstat 命令收集 HotSpot 虚拟机各方面的运行数据，可以对 Java 应用程序的资源和性能进行实时监控，主要包括 GC 情况和 Heap Size 资源使用情况。VisualVM 通过"监视"选项卡对程序资源的实时监控，如图 22-25 所示。

通过 Visual GC 插件查看堆内存使用情况，如图 22-26 所示。

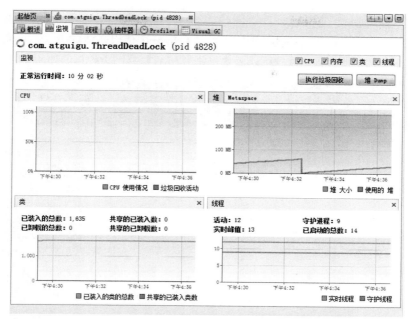

图 22-25　VisualVM 监视系统资源情况

图 22-26　VisualVM 监视系统堆内存使用情况

22.4　Eclipse MAT

MAT（Memory Analyzer Tool）工具是一款功能强大的 Java 堆内存分析器，用于查找内存泄漏以及查看内存消耗情况。在进行内存分析时，只要获得了反映当前设备内存映像的 hprof 文件，通过 MAT 打开就可以直观地看到当前的内存信息。

在工作中遇到内存溢出这种灾难性的问题，那么程序肯定存在问题，找出问题至关重要。上文讲过 jmap 命令的使用方法，但是用 jmap 导出的文件，如果不使用工具看不到里面的内容，这个时候就可以使用 MAT 了，MAT 工具能够解析这类二进制快照。MAT 是基于 Eclipse 开发的，不仅可以单独使用，还可以作为插件的形式嵌入在 Eclipse 中使用。MAT 是一款免费的性能分析工具，使用起来非常方便。各位读者可以下载并使用 MAT，官网下载页面如图 22-27 所示。

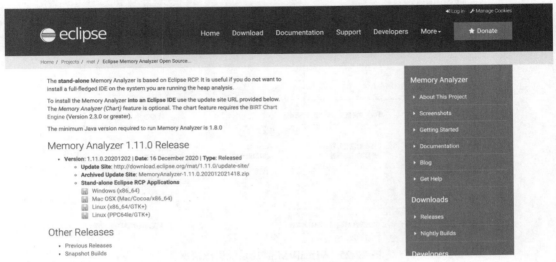

图 22-27　MAT 下载页面

只要确保机器上装有 JDK 并配置好相关的环境变量，MAT 即可正常启动。也可以在 Eclipse 中以插件的方式安装，如图 22-28 所示。

22.4.1　获取堆dump文件

MAT 可以分析堆 dump 文件。在进行内存分析时，只要获得了反映当前设备内存映像的 hprof 文件，通过 MAT 打开就可以直观地看到当前的内存信息。一般来说，这些内存信息内容如下。

（1）所有的对象信息，包括对象实例、成员变量、存储于栈中的基本类型值和存储于堆中的其他对象的引用值。

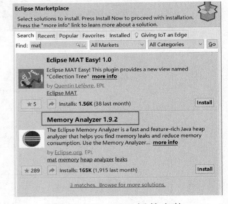

图 22-28　MAT 插件安装

（2）所有的类信息，包括 classloader、类名称、父类、静态变量等。

（3）GCRoot 到所有的这些对象的引用路径。

（4）线程信息，包括线程的调用栈及此线程的线程局部变量（TLS）。

但是 MAT 不是一个万能工具，它并不能处理所有类型的堆存储文件。但是比较主流的厂家和格式，例如 Sun、HP、SAP 所采用的 HPROF 二进制堆存储文件，以及 IBM 的 PHD 堆存储文件等都能被很好地解析。

MAT 最吸引人的还是能够快速为开发人员生成内存泄漏报表，方便定位问题和分析问题。虽然 MAT 有如此强大的功能，但是内存分析也没有简单到一键完成的程度，很多内存问题还是需要我们从 MAT 展现给我们的信息当中通过经验来判断才能发现，使用 MAT 打开 dump 文件时，会弹出向导窗口，保持默认选项，单击"Finish"，就会导向内存泄漏报告（Leak Suspects）页面，如图 22-29 所示。

分析堆内存信息，首先要获取堆 dump 文件，获取方式有以下几种。

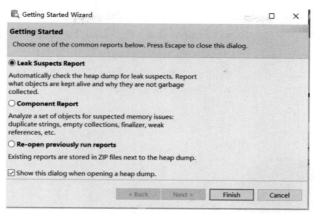

图 22-29　MAT 界面

（1）通过第 21 章介绍的 jmap 工具生成，可以生成任意一个 Java 进程的 dump 文件。

（2）通过配置 JVM 参数生成，配置参数选项"-XX:+HeapDumpOnOutOfMemoryError-XX:HeapDumpPath"或"-XX:+HeapDumpBeforeFullGC"。选项"-XX:HeapDumpPath"所代表的含义就是当程序出现 OutofMemory 时，将会在相应的目录下生成一份 dump 文件。如果不指定选项"-XX:HeapDumpPath"则在当前目录下生成 dump 文件。考虑到生产环境中几乎不可能在线对系统分析，大都是采用离线分析，因此使用"jmap+MAT 工具＋配置 JVM 参数"是最常见的一套组合拳。

（3）使用 VisualVM 可以导出堆 dump 文件。

（4）使用 MAT 既可以打开一个已有的堆快照，也可以通过 MAT 直接从活动 Java 程序中导出堆快照。该功能将借助 jps 列出当前正在运行的 Java 进程，以供选择并获取快照，如图 22-30（a）和 22-30（b）所示。

（a）

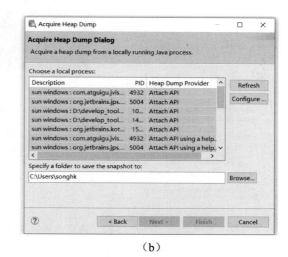

（b）

图 22-30　MAT 获取堆 dump 文件

22.4.2　分析堆dump文件

打开堆 dump 文件，进入内存泄漏报告界面，"Leak Suspects"是 MAT 分析的可能有内存泄漏嫌疑的地方，可以体现出哪些对象被保存在内存中，以及为什么它们没有被垃圾回收器回收，如图 22-31 所示。

如果打开 dump 时跳过了的话，也可以从其他入口进入。

可以在工具栏上单击"Run Expect System Test"→"Leak Suspects"选项，如图 22-32 所示。

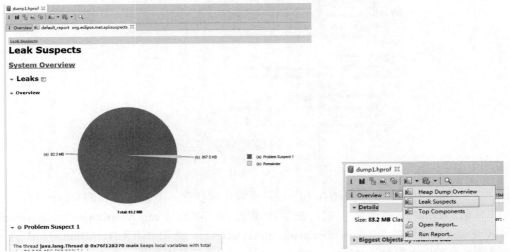

图 22-31　内存泄漏报告界面　　　　　　　　　图 22-32　内存泄漏报告界面入口（1）

也可以从 Overview 页面的"Reports"选项中的"Leak Suspects"部分进入，如图 22-33 所示。

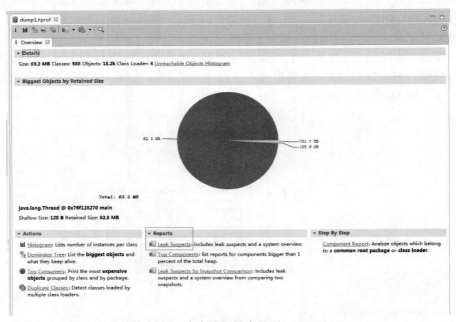

图 22-33　内存泄漏报告界面入口（2）

下面我们分别看一下 MAT 展示的各个标签页的含义。

1. histogram

MAT 的 histogram（直方图）和 jmap 的 -histo 子命令一样，都能够展示各个类的实例数目以及这些实例的浅堆（Shallow Heap）或者深堆（Retained Heap）总和。除此之外，MAT 的直方图还可以将直方图中的类按照超类、类加载器或者包名分组。

单击 Overview 页面 Actions 区域内的"Histogram"视图，如图 22-34 所示。

histogram 视图如图 22-35 所示。

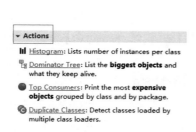

Class Name	Objects	Shallow He...	Retained H...
`<Regex>`	`<Numeric>`	`<Numeric>`	`<Numeric>`
byte[]	1,257	86,469,248	>= 86,469,...
char[]	4,411	426,128	>= 426,128
java.lang....	4,263	102,312	>= 368,464
java.lang....	625	45,944	>= 86,297,...
java.util.T...	791	31,640	>= 36,120
java.util.Li...	628	25,120	>= 40,848
java.lang....	426	18,952	>= 53,856
java.util.H...	363	11,616	>= 26,664
java.lang....	597	9,024	>= 440,840
java.util.H...	23	8,560	>= 35,032
int[]	73	6,728	>= 6,728
java.net....	87	5,568	>= 21,312
java.lang....	256	4,096	>= 4,848
java.util.H...	121	3,872	>= 5,968
java.util.c...	107	3,424	>= 11,888
java.lang....	84	3,360	>= 5,280
sun.misc....	42	2,352	>= 13,504
java.util.c...	16	2,048	>= 47,864
byte[][]	1	1,568	>= 100,432

Actions

▔ **Histogram**: Lists number of instances per class

▤ **Dominator Tree**: List the **biggest objects** and what they keep alive.

● **Top Consumers**: Print the most **expensive objects** grouped by class and by package.

◘ **Duplicate Classes**: Detect classes loaded by multiple class loaders.

图 22-34 histogram 报告界面入口   图 22-35 histogram 报告界面

视图以类的维度展示每个类的实例存在的个数、占用的浅堆和深堆（见下文）大小，分别排序显示。从 histogram 视图可以看出，哪个类的对象实例数量比较多，以及占用的内存比较大，浅堆与深堆的区别会在下文说明。不过，多数情况下，在 histogram 视图看到实例对象数量比较多的类都是一些基础类型，如 char[]、String、byte[]，所以仅这些是无法判断出具体导致内存泄漏的类或者方法的，可以使用"List objects"或"Merge Shortest Paths to GC roots"等功能继续分析数据。如果 histogram 视图展示的数量多的实例对象不是基础类型，是有嫌疑的某个类，如项目代码中自定义对象类型，那么就要重点关注了。

2. 浅堆与深堆

浅堆指一个对象所消耗的内存。在 32 位系统中，一个对象引用会占 4 字节，一个 int 类型会占 4 字节，long 型变量会占 8 字节，每个对象头需要占 8 字节。根据堆快照格式不同，对象的大小可能会向 8 字节进行对齐。

以 JDK7 中的 String 为例，String 类中有 2 个 int 类型属性，分别是 hash32、hash，2 个 int 值共占 8 字节，此外 String 类型的对象引用 ref 占 4 字节，对象头 8 字节，合计 20 字节，向 8 字节对齐，故占 24 字节，如图 22-36 所示。这 24 字节为 String 对象的浅堆大小，它与 String 的 value 实际取值无关，无论字符串长度如何，浅堆大小始终是 24 字节。

在理解深堆之前，需要先了解保留集（Retained Set）的概念，对象 A 的保留集指当对象 A 被垃圾回收后，可以被释放的所有的对象集合（包括对象 A 本身），即对象 A 的保留集可以被认为是只能通过对象 A 被直接或间接访问到的所有对象的集合。通俗地说，就是指仅被对象 A 所持有的对象的集合。

深堆是指对象的保留集中所有的对象的浅堆大小之和。深堆和浅堆的区别是浅堆指对象本身占用的内存，不包括其内部引用对象的大小。一个对象的深堆指只能通过该对象访问到的（直接或间接）所有对象的浅堆之和，即对象被回收后，可以释放的真实空间。

另外一个常用的概念是对象的实际大小。这里，对象的实际大小定义为一个对象所能触及的所有对象的浅堆大小之和，也就是通常意义上我们说的对象大小。与深堆相比，似乎这个在日常开发中更为直观和被人接受，但实际上，这个概念和垃圾收集无关。

如图 22-37 所示，显示了一个简单的对象引用关系图，对象 A 引用了对象 C 和对象 D，对象 B 引用了对象 C 和对象 E。那么对象 A 的浅堆大小只是对象 A 本身，不含对象 C 和对象 D，而对象 A 的实际大小为对象 A、对象 C、对象 D 三者之和。而对象 A 的深堆大小为对象

A 与对象 D 之和，由于对象 C 还可以通过对象 B 访问到，因此不在对象 A 的深堆范围内。

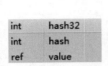

图 22-36　String 字节数

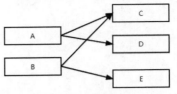

图 22-37　对象引用关系图

通过代码清单 22-3，详细了解 MAT 中深堆大小的计算方式，配置 JVM 参数，生成 nurse.
hprof 堆文件。

代码清单22-3　理解深堆大小计算方式

```java
package com.atguigu.mat;

import java.util.ArrayList;
import java.util.List;

/**
 * <pre>
 *      @author  : atguigu
 *      desc        : 护士给园区的工作人员注射疫苗
 *      JVM 参数配置 :   -XX:+HeapDumpBeforeFullGC -XX:HeapDumpPath=d:\nurse.hprof
 *      version : v1.0
 * </pre>
 */
public class NurseTrace {
    static List<People> peopleList = new ArrayList<People>();
    /**
     * 创建 100 个需要打疫苗的人员
     */
    static Integer peopleNum = 100;
    public static void createInjectPeople() {
        for (int i = 0; i < peopleNum; i++) {
            People people = new People();
            people.setAddress("beijingshi" + Integer.toString(i) + "号");
            people.setNum(Integer.toString(i));
            peopleList.add(people);
        }
    }
    public static void main(String[] args) {
        // 创建了 100 个需要打疫苗的人员
        createInjectPeople();
        // 创建 3 个护士
        Nurse nurse3 = new Nurse(3, "ZhangSan");
        Nurse nurse5 = new Nurse(5, "LiSi");
        Nurse nurse7 = new Nurse(7, "WangWu");
        for (int i = 0; i < peopleList.size(); i++) {
```

```
            if (i % nurse3.getId() == 0)
                nurse3.inject(peopleList.get(i));
            if (i % nurse5.getId() == 0)
                nurse5.inject(peopleList.get(i));
            if (i % nurse7.getId() == 0)
                nurse7.inject(peopleList.get(i));
        }
        peopleList.clear();
        System.gc();
    }
}
```

创建护士类 Nurse 如下所示。

```
package com.atguigu.mat;

import java.util.ArrayList;
import java.util.List;

/**
 * <pre>
 *     @author  : atguigu
 *     desc     : 护士人员
 *     version : v1.0
 * </pre>
 */
public class Nurse {
    private int id;
    private String name;
    private List<People> history = new ArrayList<>();
    public Nurse(int id, String name) {
        super();
        this.id = id;
        this.name = name;
    }
    public int getId() {
        return id;
    }
    public void setId(int id) {
        this.id = id;
    }
    public String getName() {
        return name;
    }
    public void setName(String name) {
        this.name = name;
    }
    public List<People> getHistory() {
```

```
        return history;
    }
    public void setHistory(List<People> history) {
        this.history = history;
    }
    public void inject(People wp) {
        if (wp != null) {
            history.add(wp);
        }
    }
}
}
```

创建人员类 People 如下所示。

```
package com.atguigu.mat;

/**
 * <pre>
 *     @author  : atguigu
 *     desc     : 需要打疫苗的人员
 *     version : v1.0
 * </pre>
 */
public class People {
    /**
     * 人员信息
     */
    private String address;
    /**
     * 人员年龄
     */
    private String num;
    public String getAddress() {
        return address;
    }
    public void setAddress(String address) {
        this.address = address;
    }
    public String getNum() {
        return num;
    }
    public void setNum(String num) {
        this.num= num;
    }
}
```

打开堆文件，进入 thread_overview 页面，如图 22-38 所示。

找到 3 名护士的引用，如图 22-39（a）所示，为读者阅读方便，这里已经标出了每个实例的护士名。除了对象名称外，MAT 还给出了浅堆大小和深堆大小。可以看到，所有 Nurse 类的浅堆统一为 24 字节，和它们持有的内容无关，而深堆大小各不相同，这和每名护士注射的人员多少有关。为了获得 WangWu 护士注射过的人员，可以在 WangWu 的记录中通过"外部引用（Outgoing References）"查找，就可以找到由 WangWu 可以触及的对象，也就是他负责注射过疫苗的人员。

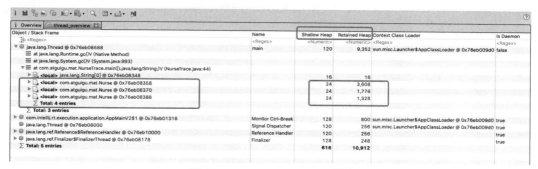

图 22-38　thread_overview 页面

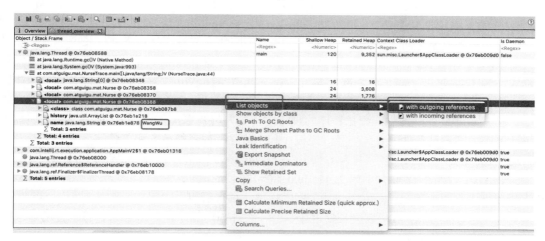

（a）

（b）

图 22-39　WangWu 外部引用

可以看到，堆中完整显示了所有 WangWu 护士的 history 中的人员（都是编号可以被 7 整除的人员）。如果现在希望查看哪些护士给"beijingshi0 号"的人员注射过疫苗，则可以在对应的人员对象中通过"Incoming References"查找。如图 22-40 所示，显然该人员被 3 名护士都注射过疫苗，这里假如疫苗可以被注射 3 次。

Class Name	Shallow Heap	Retained Heap	
<Regex>	<Numeric>	<Numeric>	
com.atguigu.mat.People @ 0x76eb1d8a0	24	136	
[0] java.lang.Object[15] @ 0x76eb1e230	80	1,224	
elementData java.util.ArrayList @ 0x76eb1e218	24	1,248	
history com.atguigu.mat.Nurse @ 0x76eb08388	24	1,328	
[0] java.lang.Object[22] @ 0x76eb1d978	104	1,680	
elementData java.util.ArrayList @ 0x76eb1d960	24	1,704	
history com.atguigu.mat.Nurse @ 0x76eb08370	24	1,776	
[0] java.lang.Object[49] @ 0x76eb1c550	216	3,504	
elementData java.util.ArrayList @ 0x76eb1c538	24	3,528	
history com.atguigu.mat.Nurse @ 0x76eb08358	24	3,608	
Σ Total: 3 entries			

图 22-40　beijingshi0 号人员被哪些护士注射过疫苗

在这个实例中，我们再来理解一下深堆的概念，如图 22-39（b）所示，在护士 WangWu 注射疫苗的人群中，一共有 15 条数据，其中 13 条 People 占 144 字节的空间（深堆），2 条 People 占 136 字节的空间（深堆），之所以会产生不同的字节数，是因为地址长度不一样造成的。而 15 条数据合计共占 $13 \times 144 + 2 \times 136 = 2144$ 字节。而 history 中的 elementData 数组实际深堆大小为 1224 字节。这是因为部分人员 People 既被 WangWu 注射疫苗，又被其他护士注射疫苗，因此 WangWu 并不是唯一可以引用到它们的对象，对于这些对象的大小，自然不应该算在护士 WangWu 的深堆中。根据程序的规律，只要人员编号（num）被 3 或者 5 整除，都不应该计算在内，满足条件的人员编号（能被 3 和 7 整除，或者能被 5 和 7 整除）有 0、21、35、42、63、70、84。它们合计大小为 $1 \times 136 + 6 \times 144 = 1000$ 字节，故 WangWu 的 history 对象中的 elementData 数组的深堆大小为 2144-1000+80=1224 字节。这里的 80 字节表示 elementData 数组的浅堆大小，由于 elementData 数组长度为 15，每个引用占 4 字节，合计 $4 \times 15 = 60$ 字节，数组对象头大小为 12 字节，数组长度占 4 字节，合计 $60 + 8 + 4 = 76$ 字节，须向后看齐 8 字节，对齐填充后最终为 80 字节。

3. 支配树

支配树（Dominator Tree）的概念源自图论。MAT 提供了一个称为支配树的对象图。支配树体现了对象实例间的支配关系。在对象引用图中，所有指向对象 B 的路径都经过对象 A，则认为对象 A 支配对象 B。如果对象 A 是离对象 B 最近的一个支配对象，则认为对象 A 为对象 B 的直接支配者。支配树是基于对象间的引用图所建立的，它有以下基本性质。

对象 A 的子树（所有被对象 A 支配的对象集合）表示对象 A 的保留集（Retained Set），即深堆。如果对象 A 支配对象 B，那么对象 A 的直接支配者也支配对象 B。

支配树的边与对象引用图的边不直接对应。如图 22-41 所示，左图表示对象引用图，右图表示左图所对应的支配树。对象 A 和对象 B 由根对象直接支配，由于在到对象 C 的路径中，可以经过对象 A，也可以经过对象 B，因此对象 C 的直接支配者也是根对象。

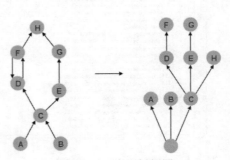

图 22-41　支配树例图

对象 F 与对象 D 相互引用，因为到对象 F 的所有路径必然经过对象 D，因此，对象 D 是对象 F 的直接支配者。而到对象 D 的所有路径中，必然经过对象 C，即使是从对象 F 到对象 D 的引用，从根节点出发，也是经过对象 C 的，所以，对象 D 的直接支配者为对象 C。

同理，对象 E 支配对象 G。到达对象 H 的可以通过对象 D，也可以通过对象 E，因此对象 D 和对象 E 都不能支配对象 H，而经过对象 C 既可以到达对象 D 也可以到达对象 E，因此对象 C 为对象 H 的直接支配者。在 MAT 中，单击工具栏上的对象支配树按钮，可以打开对象支配树视图，如图 22-42 所示。

图 22-42　MAT 支配树

图 22-43 显示了对象支配树视图的一部分。该截图显示部分 WangWu 护士的 history 队列的直接支配对象。即当 WangWu 对象被回收，也会一并回收的所有对象。显然能被 3 或者 5 整除的人员不会出现在该列表中，因为它们同时被另外两名护士对象引用。

Class Name	Shallow Heap	Retained Heap	Percentage
⸵ *.Thread.*	<Numeric>	<Numeric>	<Numeric>
▼ java.lang.Thread @ 0x76eb08588 main Thread	120	9,352	1.36%
▶ com.atguigu.mat.Nurse @ 0x76eb08358	24	3,608	0.53%
▶ com.atguigu.mat.Nurse @ 0x76eb08370	24	1,776	0.26%
▼ com.atguigu.mat.Nurse @ 0x76eb08388	24	1,328	0.19%
▼ java.util.ArrayList @ 0x76eb1e218	24	1,248	0.18%
▼ java.lang.Object[15] @ 0x76eb1e230	80	1,224	0.18%
▷ com.atguigu.mat.People @ 0x76eb1e280	24	144	0.02%
▶ com.atguigu.mat.People @ 0x76eb1e310	24	144	0.02%
▶ com.atguigu.mat.People @ 0x76eb1e3a0	24	144	0.02%
▶ com.atguigu.mat.People @ 0x76eb1e430	24	144	0.02%
▶ com.atguigu.mat.People @ 0x76eb1e4c0	24	144	0.02%
▶ com.atguigu.mat.People @ 0x76eb1e550	24	144	0.02%
▶ com.atguigu.mat.People @ 0x76eb1e5e0	24	144	0.02%
▶ com.atguigu.mat.People @ 0x76eb1e670	24	136	0.02%
Σ Total: 8 entries			
▼ java.lang.String @ 0x76eb1e878 WangWu	24	56	0.01%
▶ char[6] @ 0x76eb1e890 WangWu	32	32	0.00%
Σ Total: 2 entries			
▶ java.lang.ThreadLocal$ThreadLocalMap @ 0x76eb38de0	24	536	0.08%
▶ com.atguigu.mat.People @ 0x76eb1c7d8	24	144	0.02%
▶ com.atguigu.mat.People @ 0x76eb1c8f8	24	144	0.02%
▶ com.atguigu.mat.People @ 0x76eb1caa8	24	144	0.02%
▶ com.atguigu.mat.People @ 0x76eb1cce8	24	144	0.02%
▶ com.atguigu.mat.People @ 0x76eb1cd78	24	144	0.02%
▶ com.atguigu.mat.People @ 0x76eb1d048	24	144	0.02%

图 22-43　MAT 支配树界面

4. Thread Overview

Thread Overview 界面的入口在工具栏上，如图 22-44 所示。

Thread Overview 界面如图 22-45 所示。

图 22-44　MAT Thread Overview 界面入口

Object / Stack Frame	Name	Shallow Heap	Retained Heap	Context Class Loader	Is Da
⸵ <Regex>	<Regex>	<Numeric>	<Numeric>	<Regex>	<Reg
▷ java.lang.Thread @ 0x76f128270	main	120	86,342,456	sun.misc.Launcher$AppClassLoader @ 0x76f138000	false
▷ com.intellij.rt.execution.application.AppMainV2$1 @ 0x76f118758	Monitor Ctrl-Break	128	25,432	sun.misc.Launcher$AppClassLoader @ 0x76f138000	true
java.lang.Thread @ 0x76f128000	Attach Listener	120	864	sun.misc.Launcher$AppClassLoader @ 0x76f138000	true
java.lang.Thread @ 0x76f120178	Signal Dispatcher	120	256	sun.misc.Launcher$AppClassLoader @ 0x76f138000	true
▷ java.lang.ref.Finalizer$FinalizerThread @ 0x76f1202f0	Finalizer	128	184		true
▷ java.lang.ref.Reference$ReferenceHandler @ 0x76f130000	Reference Handler	120	176		true
Σ Total: 6 entries		736	86,369,368		

图 22-45　MAT Thread Overview 界面

在 Thread Overview 视图可以看到线程对象/线程栈信息、线程名、Shallow Heap、Retained Heap、类加载器、是否 Daemon 线程等信息。

在分析内存 Dump 的 MAT 中还可以看到线程栈信息，这本身就是一个强大的功能，类似于 jstack 命令的效果。而且还能结合内存 Dump 分析，看到线程栈帧中的本地变量，在左下方的对象属性区域还能看到本地变量的属性。

5. 获得对象相互引用的关系

在 Histogram 或 Dominator Tree 视图中，想要看某个条目（对象 / 类）的引用关系图，可以使用"List objects"功能。在某个条目上右击，选择"List object"，如图 22-46 所示。

Class Name	Objects	Shallow He...	Retained H...		
<Regex>	<Numeric>	<Numeric>	<Numeric>		
char[]	2,376	307,552	>= 307,552		
java.lang.String		List objects	▶	☑ with outgoing references	
java.lang.Object[]		Show objects by class	▶	☑ with incoming references	
java.util.TreeMap$Entry		Merge Shortest Paths to GC Roots	▶	36,120	
byte[]		Java Basics	▶	26,704	
java.lang.String[]		Java Collections	▶	14,928	
java.lang.Class		Leak Identification	▶	07,496	
java.net.URL		Export Snapshot		18,240	
java.lang.Integer		Immediate Dominators		4,848	
java.util.Hashtable$Entr		Show Retained Set		5,208	
int[]		Copy	▶	3,440	
java.lang.ref.SoftRefere		Search Queries...		4,640	
java.util.concurrent.Con		Calculate Minimum Retained Size (quick approx.)		9,872	
java.util.HashMap$Nod		Calculate Precise Retained Size		13,616	
sun.misc.URLClassPath$				11,784	
java.util.HashMap$Nod		Columns...	▶	15,168	
java.lang.ref.Finalizer				5,104	

图 22-46　MAT Thread Overview 界面

"with outgoing references"表示查看当前对象持有的外部对象引用，"with incoming references"表示查看当前对象被哪些外部对象引用。

22.4.3　支持使用OQL语言查询对象信息

MAT 支持一种类似于 SQL 的查询语言 OQL（Object Query Language）。OQL 使用类 SQL 语法，可以在堆中进行对象的查找和筛选。

1. Select子句

在 MAT 中，Select 子句的格式与 SQL 基本一致，用于指定要显示的列。Select 子句中可以使用"*"，查看结果对象的引用实例（相当于 outgoing references）。

```
SELECT * FROM java.util.Vector v
```

以上查询的输出结果如图 22-47 所示，在输出结果中，结果集中的每条记录都可以展开，查看各自的引用对象。

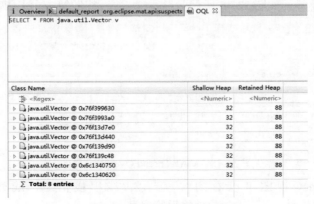

图 22-47　Select 查询结果

（第22章 JVM监控及诊断工具 | 423）

使用"OBJECTS"关键字，可以将返回结果集中的项以对象的形式显示，如下所示。

```
SELECT OBJECTS v.elementData FROM java.util.Vector v
SELECT OBJECTS s.value FROM java.lang.String s
```

结果如图 22-48 所示。

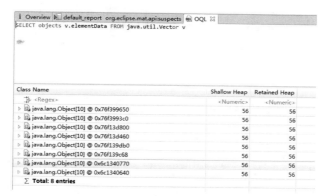

图 22-48　OBJECTS 查询结果

在 Select 子句中，使用"AS RETAINED SET"关键字可以得到所得对象的保留集。

```
SELECT AS RETAINED SET * FROM com.atguigu.mat.Student
```

结果如图 22-49 所示。

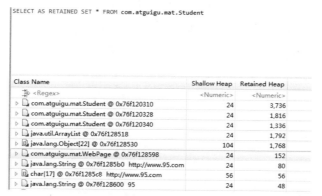

图 22-49　AS RETAINED SET 查询结果

"DISTINCT"关键字用于在结果集中去除重复对象。

```
SELECT DISTINCT OBJECTS classof(s) FROM java.lang.String s
```

结果如图 22-50 所示。

Class Name	Shallow Heap	Retained Heap
<Regex>	<Numeric>	<Numeric>
class java.lang.String @ 0x76f100010 System Class, JNI Global	24	496

图 22-50　DISTINCT 查询结果

2. From子句

From 子句用于指定查询范围，它可以指定类名、正则表达式或者对象地址。

```
SELECT * FROM java.lang.String s
```

结果如图 22-51 所示。

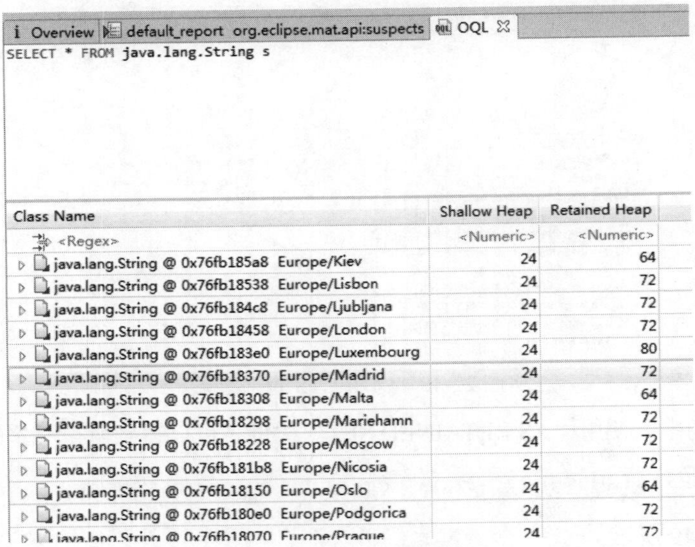

图 22-51　From 查询结果

下面使用正则表达式限定搜索范围，输出 com.atguigu 包下所有类的实例。

```
SELECT * FROM "com\.atguigu\..*"
```

结果如图 22-52 所示。

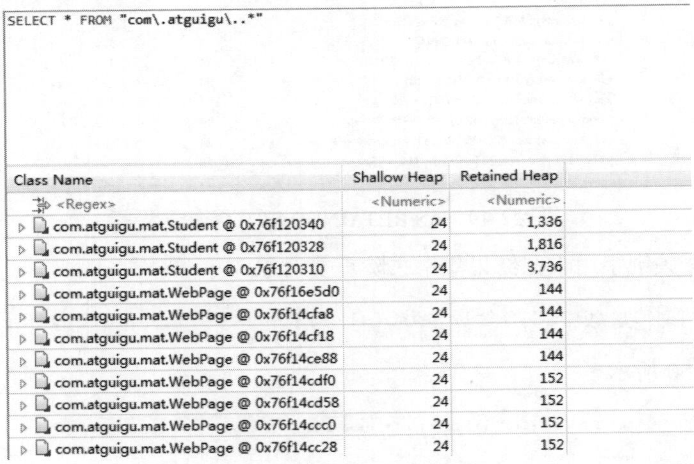

图 22-52　范围查询结果

也可以直接使用类的地址进行搜索。使用类的地址的好处是可以区分被不同 ClassLoader 加载的同一种类型。

```
select * from 0x37a0b4d
```

结果如图 22-53 所示。

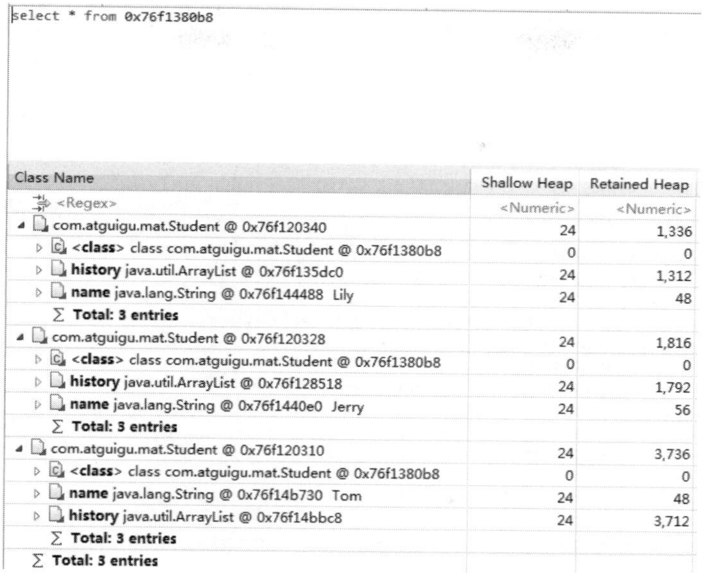
select * from 0x76f1380b8

Class Name	Shallow Heap	Retained Heap
<Regex>	<Numeric>	<Numeric>
com.atguigu.mat.Student @ 0x76f120340	24	1,336
<class> class com.atguigu.mat.Student @ 0x76f1380b8	0	0
history java.util.ArrayList @ 0x76f135dc0	24	1,312
name java.lang.String @ 0x76f144488 Lily	24	48
Σ Total: 3 entries		
com.atguigu.mat.Student @ 0x76f120328	24	1,816
<class> class com.atguigu.mat.Student @ 0x76f1380b8	0	0
history java.util.ArrayList @ 0x76f128518	24	1,792
name java.lang.String @ 0x76f1440e0 Jerry	24	56
Σ Total: 3 entries		
com.atguigu.mat.Student @ 0x76f120310	24	3,736
<class> class com.atguigu.mat.Student @ 0x76f1380b8	0	0
name java.lang.String @ 0x76f14b730 Tom	24	48
history java.util.ArrayList @ 0x76f14bbc8	24	3,712
Σ Total: 3 entries		
Σ Total: 3 entries		

图 22-53　对象地址查询结果

3. Where 子句

Where 子句用于指定 OQL 的查询条件。OQL 查询将只返回满足 Where 子句指定条件的对象。Where 子句的格式与传统 SQL 极为相似。

下面返回长度大于 10 的 char[] 数组。

```
SELECT * FROM char[] s WHERE s.@length>10
```

结果如图 22-54 所示。

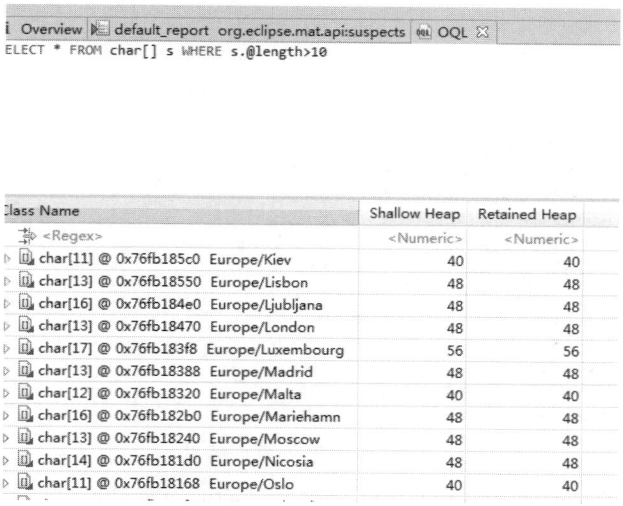

Class Name	Shallow Heap	Retained Heap
<Regex>	<Numeric>	<Numeric>
char[11] @ 0x76fb185c0 Europe/Kiev	40	40
char[13] @ 0x76fb18550 Europe/Lisbon	48	48
char[16] @ 0x76fb184e0 Europe/Ljubljana	48	48
char[13] @ 0x76fb18470 Europe/London	48	48
char[17] @ 0x76fb183f8 Europe/Luxembourg	56	56
char[13] @ 0x76fb18388 Europe/Madrid	48	48
char[12] @ 0x76fb18320 Europe/Malta	40	40
char[16] @ 0x76fb182b0 Europe/Mariehamn	48	48
char[13] @ 0x76fb18240 Europe/Moscow	48	48
char[14] @ 0x76fb181d0 Europe/Nicosia	48	48
char[11] @ 0x76fb18168 Europe/Oslo	40	40

图 22-54　Where 查询结果

下面返回包含“Java”子字符串的所有字符串，使用“LIKE”操作符，“LIKE”操作符的操作参数为正则表达式。

```
SELECT * FROM java.lang.String s WHERE toString(s) LIKE ".*java.*"
```

结果如图 22-55 所示。

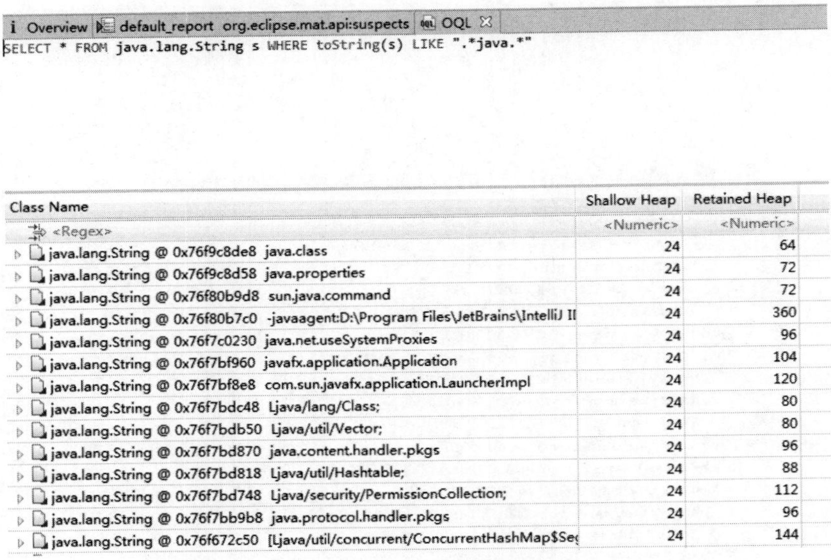

Class Name	Shallow Heap	Retained Heap
<Regex>	<Numeric>	<Numeric>
java.lang.String @ 0x76f9c8de8 java.class	24	64
java.lang.String @ 0x76f9c8d58 java.properties	24	72
java.lang.String @ 0x76f80b9d8 sun.java.command	24	72
java.lang.String @ 0x76f80b7c0 -javaagent:D:\Program Files\JetBrains\IntelliJ II	24	360
java.lang.String @ 0x76f7c0230 java.net.useSystemProxies	24	96
java.lang.String @ 0x76f7bf960 javafx.application.Application	24	104
java.lang.String @ 0x76f7bf8e8 com.sun.javafx.application.LauncherImpl	24	120
java.lang.String @ 0x76f7bdc48 Ljava/lang/Class;	24	80
java.lang.String @ 0x76f7bdb50 Ljava/util/Vector;	24	80
java.lang.String @ 0x76f7bd870 java.content.handler.pkgs	24	96
java.lang.String @ 0x76f7bd818 Ljava/util/Hashtable;	24	88
java.lang.String @ 0x76f7bd748 Ljava/security/PermissionCollection;	24	112
java.lang.String @ 0x76f7bb9b8 java.protocol.handler.pkgs	24	96
java.lang.String @ 0x76f672c50 [Ljava/util/concurrent/ConcurrentHashMap$Se(	24	144

图 22-55　LIKE 查询结果

下面返回所有 value 域不为 null 的字符串，使用“=”操作符。

```
SELECT * FROM java.lang.String s where s.value!=null
```

结果如图 22-56 所示。

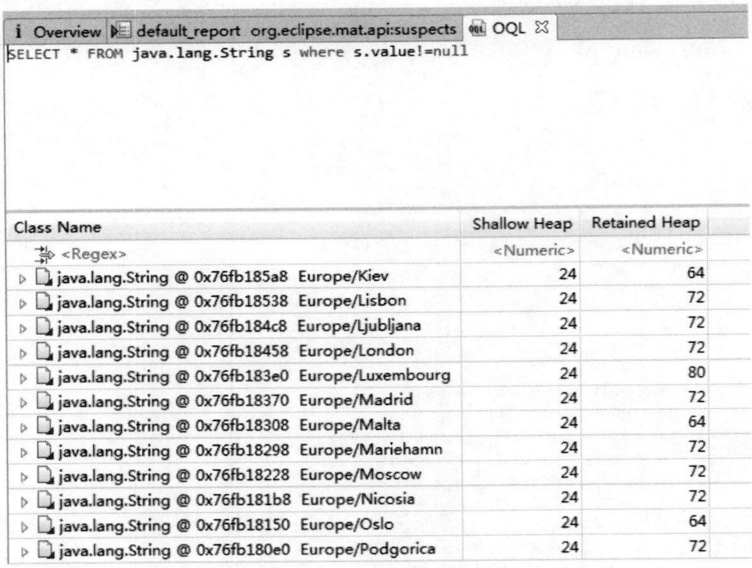

Class Name	Shallow Heap	Retained Heap
<Regex>	<Numeric>	<Numeric>
java.lang.String @ 0x76fb185a8 Europe/Kiev	24	64
java.lang.String @ 0x76fb18538 Europe/Lisbon	24	72
java.lang.String @ 0x76fb184c8 Europe/Ljubljana	24	72
java.lang.String @ 0x76fb18458 Europe/London	24	72
java.lang.String @ 0x76fb183e0 Europe/Luxembourg	24	80
java.lang.String @ 0x76fb18370 Europe/Madrid	24	72
java.lang.String @ 0x76fb18308 Europe/Malta	24	64
java.lang.String @ 0x76fb18298 Europe/Mariehamn	24	72
java.lang.String @ 0x76fb18228 Europe/Moscow	24	72
java.lang.String @ 0x76fb181b8 Europe/Nicosia	24	72
java.lang.String @ 0x76fb18150 Europe/Oslo	24	64
java.lang.String @ 0x76fb180e0 Europe/Podgorica	24	72

图 22-56　“=”查询结果

Where 子句支持多个条件的 AND、OR 运算。下面返回数组长度大于 5，并且深堆大于 10 字节的所有 Vector 对象。

```
SELECT * FROM java.util.Vector v WHERE v.elementData.@length>5 AN D v.@
retainedHeapSize>10
```

结果如图 22-57 所示。

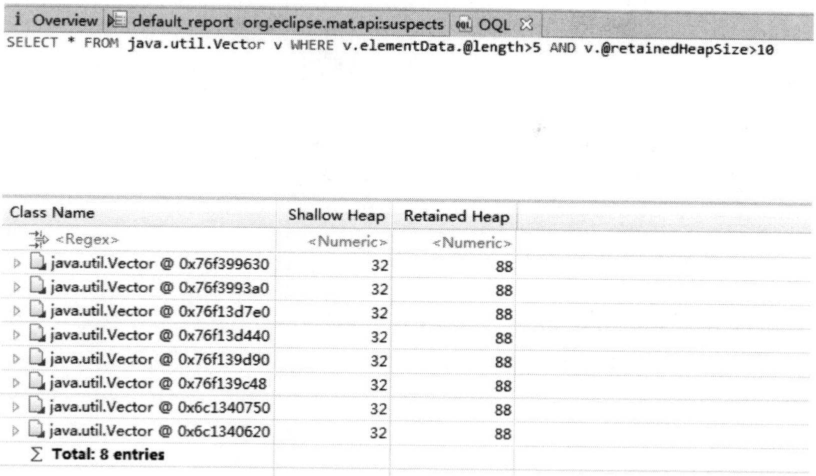

图 22-57　多条件查询结果

4. 内置对象与方法

OQL 中可以访问堆内对象的属性，也可以访问堆内代理对象的属性。访问堆内对象的属性时格式如下，其中 alias 为对象名称。

```
[<alias>.] <field> . <field>. <field>
```

使用下面的语句可以访问 java.io.File 对象的 path 属性，并进一步访问 path 的 value 属性。

```
SELECT toString(f.path.value) FROM java.io.File f
```

下面的语句显示了 String 对象的内容、objectid 和 objectAddress。

```
SELECT s.toString(), s.@objectId, s.@objectAddress FROM java.lang.String s
```

下面的语句显示 java.util.Vector 内部数组的长度。

```
SELECT v.elementData.@length FROM java.util.Vector v
```

下面的语句显示了所有的 java.util.Vector 对象及其子类型。

```
select * from INSTANCEOF java.util.Vector
```

22.4.4　Tomcat案例分析

Tomcat 是最常用的 Java Servlet 容器之一，同时也可以当作单独的 Web 服务器使用。Tomcat 本身使用 Java 实现，并运行于 JVM 之上。在大规模请求时，Tomcat 有可能会因为无法承受压力而发生内存溢出错误。这里根据一个被压垮的 Tomcat 的堆快照文件，来分析 Tomcat 在崩溃时的内部情况。

打开 Tomcat 堆内存文件，如图 22-58 所示，显示了 Tomcat 溢出时的总体信息，可以看到堆的大小为 29.7MB。从统计饼图中得知，当前深堆最大的对象为 StandardManager，它持有大约 16.4MB 的对象。

一般来说，我们总是会对占用空间最大的对象特别感兴趣，如果可以查看 Standard Manager 内部究竟引用了哪些对象，对于分析问题可能会起到很大的帮助。因此，在饼图中单击 StandardManager 所在区域，在弹出菜单中选择"with outgoing references"命令，查看其持有的外部对象引用，如图 22-59 所示，这样将会列出被 StandardManager 引用的所有对象。

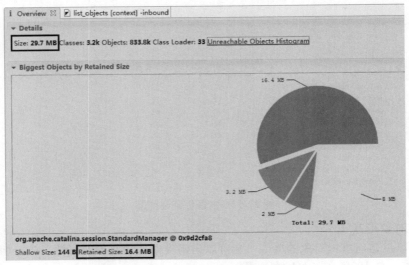

图 22-58　Tomcat 堆内存文件

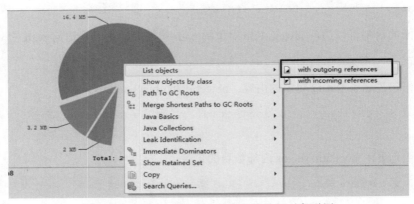

图 22-59　StandardManager 持有的外部对象引用

外部对象为 sessions 对象，它占用了约 17MB 空间，结果如图 22-60 所示。

Class Name	Shallow Heap	Retained Heap
`<Regex>`	`<Numeric>`	`<Numeric>`
▲ ○ org.apache.catalina.session.StandardManager @ 0x9d2cfa8	144	17,211,600
▷ ■ **sessions** java.util.concurrent.ConcurrentHashMap @ 0x9d2d0f0	40	17,201,792
▷ ■ **container** org.apache.catalina.core.StandardContext @ 0x98023b0	520	311,592
▷ ■ **mserver** com.sun.jmx.mbeanserver.JmxMBeanServer @ 0x95cc6e8	32	29,832
▷ ■ **sessionCreationTiming** java.util.LinkedList @ 0x9d2d080	24	4,848
▷ ■ **sessionExpirationTiming** java.util.LinkedList @ 0x9d2d0b0	24	2,448

图 22-60　StandardManager 对象的内部引用

可以看到 sessions 对象为 ConcurrentHashMap，其内部分为 16 个 Segment。从深堆大小看，每个 Segment 都比较平均，大约为 1MB，合计 17MB，如图 22-61 所示。

单击 ConcurrentHashMap 可以得到其 value 为 Session 对象，如图 22-62 所示。

通过 OQL 语句"SELECT OBJECTS s fROM org.apache.catalina.session.StandardSession s"查找当前堆中 session 对象的数量，发现其含有 9941 个 session，并且每一个 session 的深堆为 1592 字节，合计约 15MB，达到当前堆大小的 50%。由此可以知道，当前 Tomcat 发生内存溢

出的原因，极可能是由于在短期内接收大量不同客户端的请求，从而创建大量 session 导致，如图 22-63 所示。

<Regex>	<Numeric>	<Numeric>
org.apache.catalina.session.StandardManager @ 0x9d2cfa8	144	17,211,600
sessions java.util.concurrent.ConcurrentHashMap @ 0x9d2d0f0	40	17,201,792
segments java.util.concurrent.ConcurrentHashMap$Segment[16] @	80	17,201,752
[3] java.util.concurrent.ConcurrentHashMap$Segment @ 0x9d2d	32	1,151,440
[4] java.util.concurrent.ConcurrentHashMap$Segment @ 0x9d2d	32	1,117,008
[11] java.util.concurrent.ConcurrentHashMap$Segment @ 0x9d2	32	1,115,320
[8] java.util.concurrent.ConcurrentHashMap$Segment @ 0x9d2d	32	1,110,160
[15] java.util.concurrent.ConcurrentHashMap$Segment @ 0x9d2	32	1,099,808
[0] java.util.concurrent.ConcurrentHashMap$Segment @ 0x9d2d	32	1,094,672
[7] java.util.concurrent.ConcurrentHashMap$Segment @ 0x9d2d	32	1,087,800
[5] java.util.concurrent.ConcurrentHashMap$Segment @ 0x9d2d	32	1,086,048
[9] java.util.concurrent.ConcurrentHashMap$Segment @ 0x9d2d	32	1,080,920
[10] java.util.concurrent.ConcurrentHashMap$Segment @ 0x9d2	32	1,079,200
[6] java.util.concurrent.ConcurrentHashMap$Segment @ 0x9d2d	32	1,074,040
[2] java.util.concurrent.ConcurrentHashMap$Segment @ 0x9d2d	32	1,070,600
[14] java.util.concurrent.ConcurrentHashMap$Segment @ 0x9d2	32	1,046,488
[1] java.util.concurrent.ConcurrentHashMap$Segment @ 0x9d2d	32	1,017,248
[12] java.util.concurrent.ConcurrentHashMap$Segment @ 0x9d2	32	989,760
[13] java.util.concurrent.ConcurrentHashMap$Segment @ 0x9d2	32	981,160
<class> class java.util.concurrent.ConcurrentHashMap$Segment	0	0
Σ Total: 17 entries		
<class> class java.util.concurrent.ConcurrentHashMap @ 0x5756a4(	32	32

图 22-61 ConcurrentHashMap 对象

	<Numeric>	<Numeric>
sessions java.util.concurrent.ConcurrentHashMap @ 0x9d2d0f0	40	17,201,792
segments java.util.concurrent.ConcurrentHashMap$Segment[16] @ 0x9d2d118	80	17,201,752
[3] java.util.concurrent.ConcurrentHashMap$Segment @ 0x9d2d408	32	1,151,440
table java.util.concurrent.ConcurrentHashMap$HashEntry[1024] @ 0xaaddbc8	4,112	1,151,352
[112] java.util.concurrent.ConcurrentHashMap$HashEntry @ 0xaad9318	24	8,600
next java.util.concurrent.ConcurrentHashMap$HashEntry @ 0xaa6d370	24	6,880
value org.apache.catalina.session.StandardSession @ 0xaad8ca0	80	1,592
key java.lang.String @ 0xaad92b0 D54FB440CBF6A221493DD7AF99767	24	104
<class> class java.util.concurrent.ConcurrentHashMap$HashEntry @ 0x!	0	0
Σ Total: 4 entries		
[536] java.util.concurrent.ConcurrentHashMap$HashEntry @ 0xab23a28	24	6,880
next java.util.concurrent.ConcurrentHashMap$HashEntry @ 0xaa3dda8	24	5,160
value org.apache.catalina.session.StandardSession @ 0xab233b0	80	1,592
key java.lang.String @ 0xab239c0 019B9DA95527925E61DDE9DF9AA5!	24	104
<class> class java.util.concurrent.ConcurrentHashMap$HashEntry @ 0x!	0	0
Σ Total: 4 entries		
[953] java.util.concurrent.ConcurrentHashMap$HashEntry @ 0xaf86958	24	6,880
next java.util.concurrent.ConcurrentHashMap$HashEntry @ 0xadfced0	24	5,160
value org.apache.catalina.session.StandardSession @ 0xaf862e0	80	1,592
key java.lang.String @ 0xaf868f0 2520207DD1BAD988FA4BBCFD207F2I	24	104
<class> class java.util.concurrent.ConcurrentHashMap$HashEntry @ 0x!	0	0
Σ Total: 4 entries		

图 22-62 查找 Session 对象

	Overview	list_objects [context] -inbound	list_objects [context]	list_objects [context]

SELECT OBJECTS s from org.apache.catalina.session.StandardSession s

Class Name	Shallow Heap	Retained Heap
org.apache.catalina.session.StandardSession @ 0xb28a530	80	1,592
org.apache.catalina.session.StandardSession @ 0xb289e48	80	1,592
org.apache.catalina.session.StandardSession @ 0xb289760	80	1,592
org.apache.catalina.session.StandardSession @ 0xb289078	80	1,592
org.apache.catalina.session.StandardSession @ 0xb288990	80	1,592
org.apache.catalina.session.StandardSession @ 0xb288248	80	1,592
org.apache.catalina.session.StandardSession @ 0xb287b60	80	1,592
org.apache.catalina.session.StandardSession @ 0xb287478	80	1,592
org.apache.catalina.session.StandardSession @ 0xb286bc8	80	1,592
org.apache.catalina.session.StandardSession @ 0xb2864e0	80	1,592
org.apache.catalina.session.StandardSession @ 0xb285df8	80	1,592
org.apache.catalina.session.StandardSession @ 0xb2856b0	80	1,592
org.apache.catalina.session.StandardSession @ 0xb284ff0	80	1,592
org.apache.catalina.session.StandardSession @ 0xb2848e0	80	1,592
org.apache.catalina.session.StandardSession @ 0xb2841f8	80	1,592
org.apache.catalina.session.StandardSession @ 0xb283b10	80	1,592
org.apache.catalina.session.StandardSession @ 0xb283428	80	1,592
Σ Total: 22 of 9,963 entries: 9,941 more		

图 22-63 查找所有 session 对象

单击 session 对象，如图 22-64 所示，在左侧的对象属性表中，可以看到所选中的 session 的最后访问时间和创建时间。

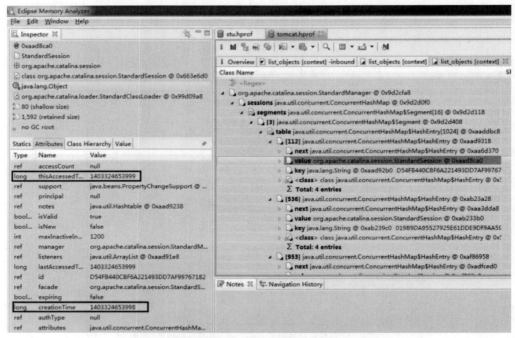

图 22-64　session 内部数据

通过 OQL 语句和 MAT 的排序功能，可以找到当前系统中最早创建的 session 和最后创建的 session，如图 22-65 所示。

根据当前的 session 总数，可以计算每秒的平均压力为：9941/(1403324677648-1403324645728)×1000=311 次 / 秒。由此推断，在发生 Tomcat 堆溢

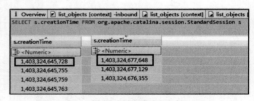

图 22-65　最早和最晚创建的 session

出时，Tomcat 在连续 30 秒的时间内，平均每秒接收了约 311 次不同客户端的请求，创建了合计 9941 个 session。

22.5　JProfiler

22.5.1　概述

如果在运行 Java 程序的时候想查看内存占用情况，在 Eclipse 里面有 MAT 插件可以看，在 IntelliJ IDEA 中也有类似的插件，就是 JProfiler。JProfiler 是由 ej-technologies 公司开发的一款 Java 应用性能诊断工具。

JProfiler 使用方便、界面操作友好，对被分析的应用影响小，对系统的 CPU、Thread、Memory 分析功能尤其强大，支持对 jdbc、noSql、jsp、servlet 和 socket 等进行分析，支持多种模式（离线、在线）的分析，支持监控本地、远程的 JVM，而且跨平台，拥有多种操作系统的安装版本。

主要功能有以下几个方面。

（1）对方法调用的分析可以帮助了解应用程序正在做什么，并找到提高其性能的方法。

（2）通过分析堆上对象，引用链和垃圾收集能帮助修复内存泄漏等问题。

（3）提供多种针对线程和锁的分析视图帮助分析多线程问题。

（4）支持对子系统进行集成分析，例如 JDBC 的调用，可以帮助找到执行比较慢的 SQL 语句。

22.5.2　安装与配置

官网下载页面如图 22-66 所示。

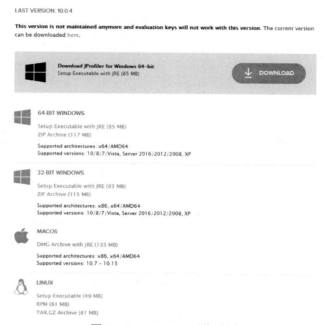

图 22-66　JProfiler 下载页面

安装后，直接启动 bin 目录下 "jprofiler.exe" 命令即可，如图 22-67 所示。

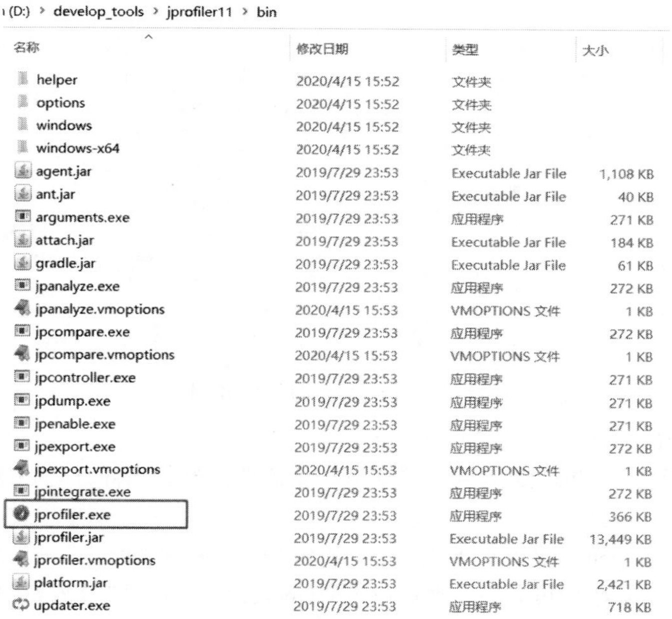

图 22-67　JProfiler 启动

启动完以后需要在 JProfiler 配置 IntelliJ IDEA 开发工具，如下所示。

（1）选择"Session"→"IDE Integration"，如图 22-68 所示。

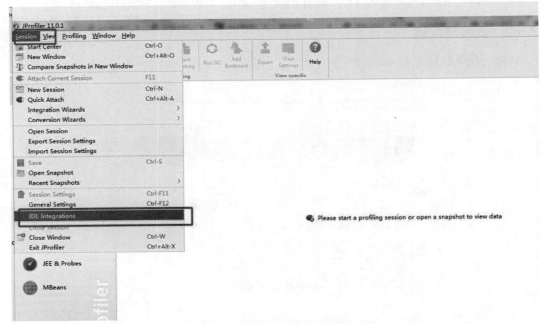

图 22-68　JProfiler 配置 IntelliJ IDEA

（2）单击"Integrate"按钮，选择对应的 IntelliJ IDEA 版本，如图 22-69 所示。

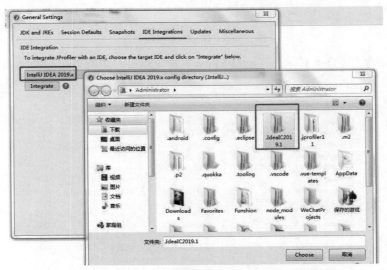

图 22-69　JProfiler 配置 IntelliJ IDEA

（3）单击"OK"即可，如图 22-70 所示。

安装完成以后在 IntelliJ IDEA 中配置 JProfiler 插件，安装插件分为在线安装和离线安装，两种方式流程如下所示。

在线安装直接在 IntelliJ IDEA 上下载即可，找到"File"→"Settings"→"Plugins"→"Browse repositories"选项，搜索"JProfiler"然后单击"Update"安装，如图 22-71 所示。

看到如图 22-72 所示则说明安装完成。

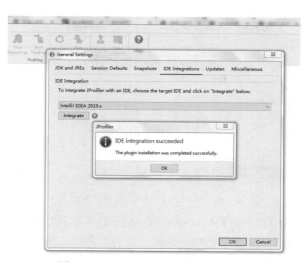

图 22-70　JProfiler 配置 IntelliJ IDEA

图 22-71　IntelliJ IDEA 配置 JProfiler 插件

图 22-72　IntelliJ IDEA 在线安装 JProfiler 插件

离线安装步骤如下。

（1）从官网下载插件，如图 22-73 所示。

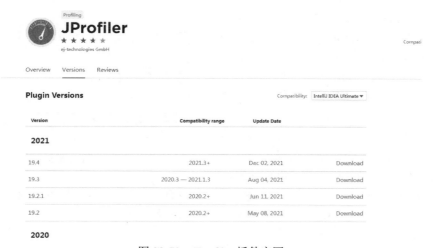

图 22-73　JProfiler 插件官网

（2）找到对应的版本下载，然后把从下载的压缩包解压出来的 JProfiler 文件夹，复制到 IntelliJ IDEA 自定义插件目录，安装完成之后，按照图 22-74 所示配置，如果不配置的话，会一直报错。

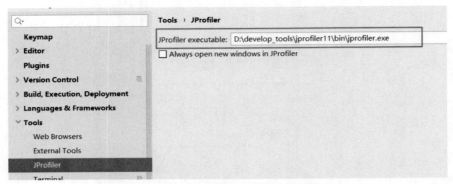

图 22-74　IntelliJ IDEA 配置 JProfiler 插件

（3）单击图 22-75 框中的按钮就可以使用 JProfiler 插件启动监测了。

（4）启动项目的时候，JProfiler 会自动调用安装的客户端，如图 22-76 所示。

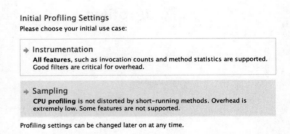

图 22-75　IntelliJ IDEA JProfiler 插件启动按钮　　　　图 22-76　IntelliJ IDEA 启动 JProfiler 插件

22.5.3　具体使用

1. JProfier数据采集方式

数据采集方式分为两种，分别是 Sampling（样本采集）和 Instrumentation（重构模式），打开 JProfier 的时候进行选择，如图 22-77 所示。

（1）Instrumentation 是 JProfiler 全功能模式。在加载类之前，JProfiler 把相关功能代码写入需要分析的 class 的 bytecode 中，对正在运行的 JVM 有一定影响。该方式的优点是功能强大。在此设置中，调用堆栈信息是准确的。缺点是如果要分析的 class 较多，则对应用的性能影响较大，CPU 开销可能很高（取决于 Filter 的控制）。因此使用此模式一般配合 Filter 使用，只对特定的类或包进行分析。

图 22-77　JProfiler 数据采集方式界面

（2）Sampling 类似于样本统计，每隔一定时间（5ms）将每个线程栈方法栈中的信息统计出来。该方式的优点是对 CPU 的开销非常低，对应用影响小。缺点是一些数据 / 特性不能提供，例如方法的调用次数、执行时间。

需要注意的是，JProfiler 本身没有指出数据的采集类型，这里的采集类型是针对方法调用的采集类型。因为 JProfiler 的绝大多数核心功能都依赖方法调用采集的数据，所以可以直接认为是 JProfiler 的数据采集类型。

2. 遥感监测（Telemetries，查看JVM的运行信息）

（1）整体视图（Overview）：显示堆内存、CPU、线程以及 GC 等活动视图，如图 22-78 所示。

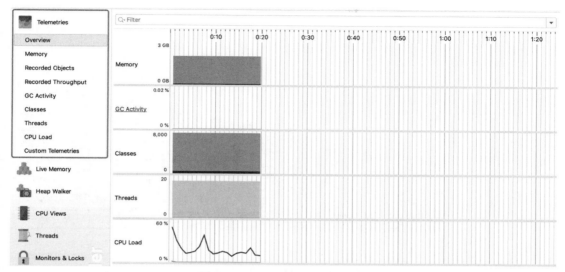

图 22-78　JProfiler 遥感监测界面

（2）内存（Memory）：显示一张关于内存变化的活动时间表，如图 22-79 所示。

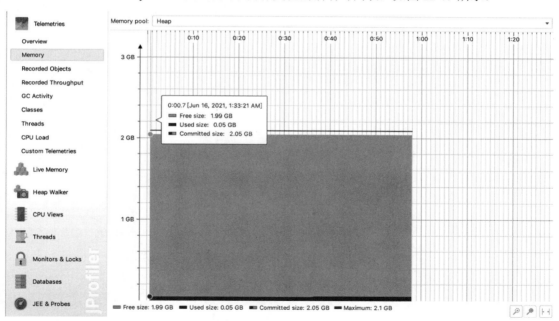

图 22-79　JProfiler 遥感监测之内存界面

（3）记录的对象（Recorded objects）：显示一张关于活动对象与数组的活动时间表，如图 22-80 所示，可以看到，在程序运行 3 分 14 秒后，非数组类型（Non-arrays）的活动对象的数量是 8187 个，数组类型（Arrays）的对象是 2099 个。

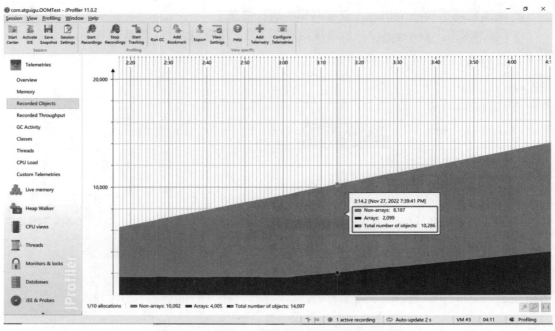

图 22-80　JProfiler 遥感监测之记录的对象界面

（4）记录吞吐量（Record Throughput）：对象创建和回收对象记录，记录单位时间间隔内对象创建和回收的数量，如图 22-81 所示，在程序运行 11 分 32 秒后，JVM 此时每秒回收 12514 个对象，每秒创建 62 个对象。

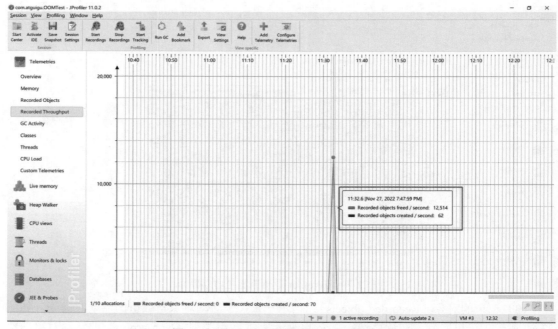

图 22-81　JProfiler 遥感监测之吞吐量界面

（5）垃圾收集活动（GC Activity）：显示一张关于垃圾回收活动的活动时间表，如图 22-82 所示，可以看到在程序运行 11 分 32 秒后，JVM 此时回收的内存占比是 27.24%。

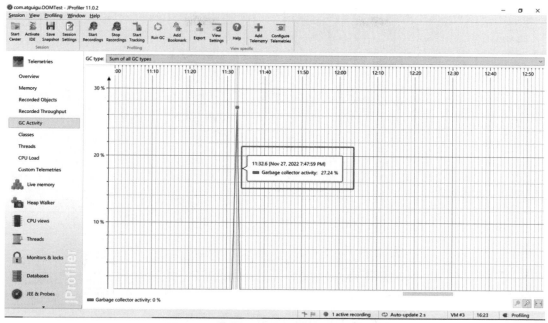

图 22-82　JProfiler 遥感监测之吞吐量界面

（6）类（Classes）：显示一个 CPU 分析和非 CPU 分析已装载类的活动时间表，非 CPU 分析的类是 Filter 设置中未包含的类，对于样本统计，CPU 将分析组成样本的类，而不分析 JVM 中加载的其他类。如图 22-83 所示，图中时刻 CPU 分析了 288 个类，非 CPU 分析的类有 646 个，全部类的数量为 934 个，如果想要改变 CPU 分析类的数量，通过"Session"→"Session Settings"→"Define Filters"即可在 Filter 选项中设置。

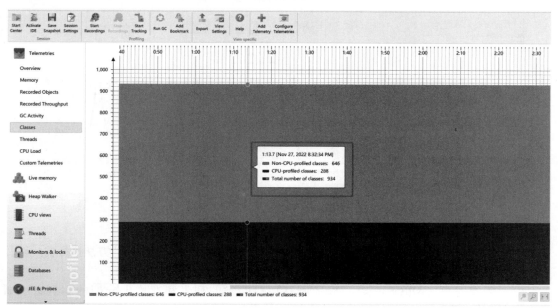

图 22-83　JProfiler 遥感监测之类界面

（7）线程（Threads）：表示线程活动状态的时间表，如图 22-84 所示。

（8）CPU 负载（CPU Load）：显示一段时间中 CPU 的负载图表，如图 22-85 所示。

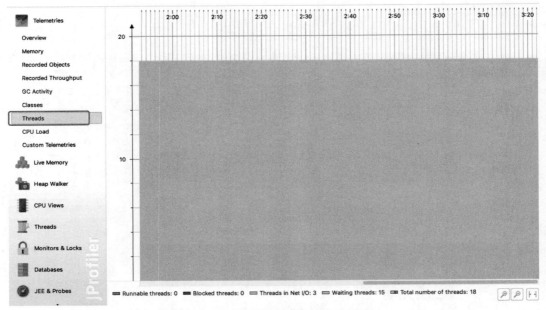

图 22-84　JProfiler 遥感监测之线程界面

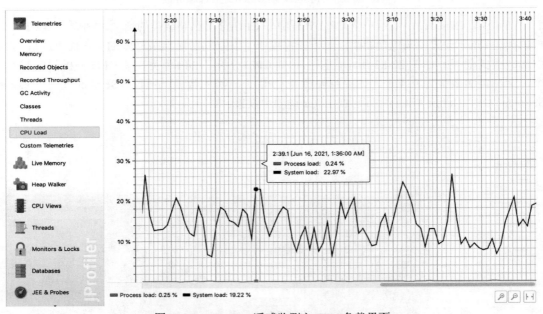

图 22-85　JProfiler 遥感监测之 CPU 负载界面

3. 内存视图（Live memory）

剖析内存中对象的相关信息。例如查看对象的个数、大小、对象创建的方法执行栈，以及对象创建的热点。

（1）所有对象（All Objects）：显示所有加载的类的列表和在堆上分配的实例数，如图 22-86 所示。

（2）记录对象（Record Objects）：查看特定时间段对象的分配，并记录分配的调用堆栈。默认不展示图表，需要手动单击右侧按钮查看，如图 22-87 所示，开始记录对象之后图表如图 22-88 所示，可以看到对象的分配数量等信息，也可以修改对象分配和记录的比例。

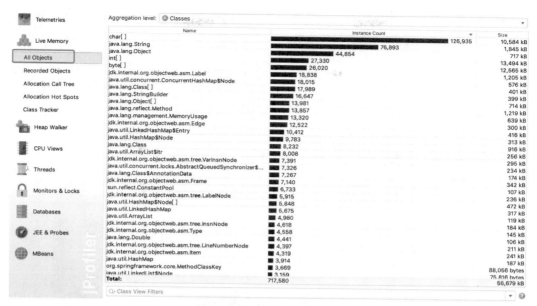

图 22-86　JProfiler 内存界面

图 22-87　JProfiler 记录对象初始界面

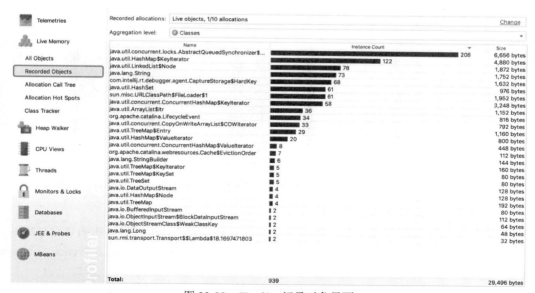

图 22-88　JProfiler 记录对象界面

（3）分配访问树（Allocation Call Tree）：显示一棵请求树，可以根据方法、类、包、组件等信息展示，默认不展示图表，需要手动单击右侧按钮查看，如图 22-89（1）所示。图 22-89（2）展示了按照方法展示访问树的图表效果。

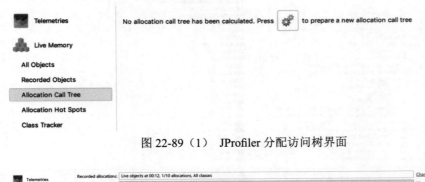

图 22-89（1）　JProfiler 分配访问树界面

图 22-89（2）　JProfiler 分配访问树界面

（4）分配热点（Allocation Hot Spots）：显示一个列表，可以根据方法、类、包或组件展示内存分配的热点信息，对于每个热点都可以显示它的跟踪记录树，不再过多介绍。

（5）类追踪器（Class Tracker）：类追踪器视图可以包含任意数量的图表，显示选定的类和包的实例与时间，如图 22-90 所示，在程序不断创建对象的过程中，对象数量的变化曲线在逐步增高。

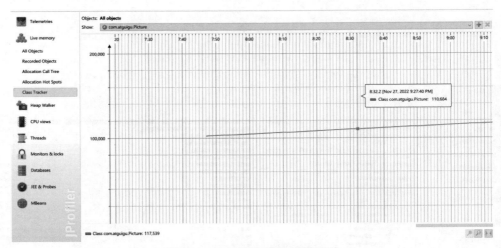

图 22-90　JProfiler 类追踪器界面

4. 堆遍历（Heap Walker）

堆遍历对一定时间内收集的内存对像信息进行静态分析，该模块可以明确查看对象的引用关系，功能强大且使用方便，包含对象的 outgoing reference、incoming reference 和 biggest object 等选项。

（1）类"Classes"：显示所有类和它们的实例，可以右击具体的类"Used Selected Instance"实现进一步跟踪，如图 22-91 所示。

（2）分配（Allocations）：为所有记录对象显示分配树和分配热点，如图 22-92 所示。

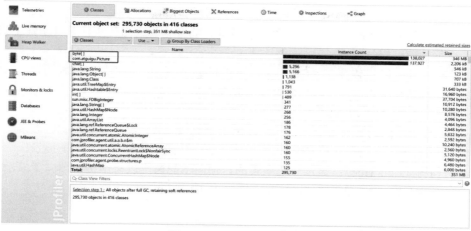

图 22-91　JProfiler 类界面

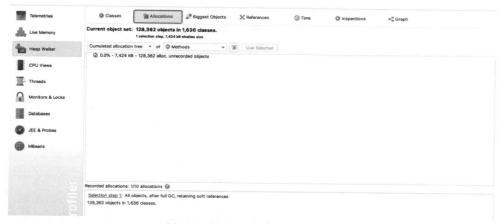

图 22-92　JProfiler 对象分配界面

（3）引用（References）：为单个对象和"显示到垃圾回收根目录的路径"提供索引图的显示功能。还能提供合并输入视图和输出视图的功能，和 MAT 中的 with outgoing references 功能一样，如图 22-93 所示。

图 22-93　JProfiler 对象引用界面

（4）时间（Time）：显示一个对已记录对象集的分配时间直方图。

（5）检查（Inspections）：显示一个数量的操作，将分析当前对象集在某种条件下的子集，实质是一个筛选的过程。

（6）图表（Graph）：需要在 references 视图和 biggest 视图手动添加对象到图表，它可以显示对象的传入和传出引用，便于找到垃圾收集器根源。

5. CPU视图（CPU views）

JProfiler 提供不同的方法来记录访问树以优化性能和细节。线程或者线程组以及线程状况可以被所有的视图选择。所有的视图可以在方法、类、包或组件等不同层面上展示。

（1）访问树（Call Tree）：显示一个积累的自顶向下的树，以树结构自顶向下显示线程方法调用树以及各个方法对 CPU 的使用情况，如图 22-94 所示。

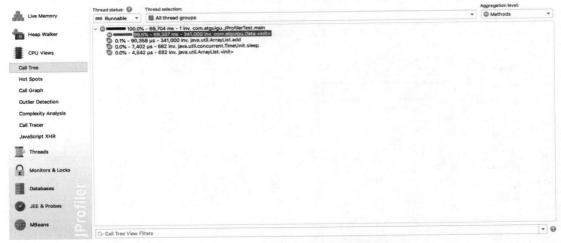

图 22-94　JProfilerCPU 之访问树界面

（2）热点（Hot Spots）：显示消耗时间最多的方法的列表。对每个热点方法都能够显示回溯树，如图 22-95 所示。

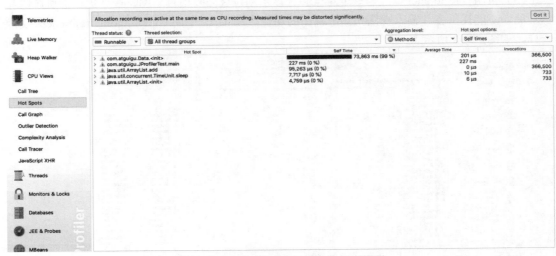

图 22-95　JProfilerCPU 之热点方法界面

（3）访问图（Call Graph）：显示一个从已选方法、类、包或 J2EE 组件开始的访问队列的图，如图 22-96 所示。

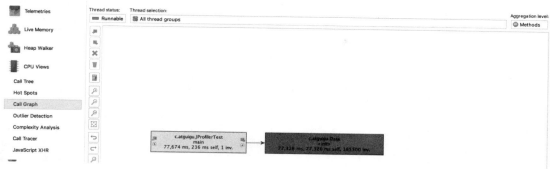

图 22-96　JProfilerCPU 之访问图界面

（4）方法统计（Method Statistis）：显示一段时间内记录的方法调用时间细节。

6. 线程视图（Threads）

JProfiler 通过对线程历史的监控判断其运行状态，并监控是否有线程阻塞产生，还能将一个线程所管理的方法以树状形式呈现。对线程剖析，依旧使用代码清单 22-2 中的代码来进行测试。

（1）线程历史（Thread History）：显示一个与线程活动和线程状态在一起的活动时间表，如图 22-97 中可以看到，两个线程始终处于阻塞状态，红色代表 Blocked。

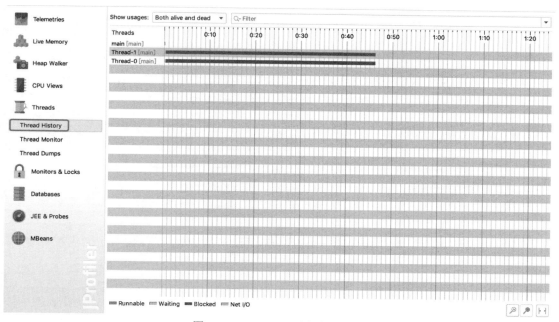

图 22-97　JProfiler 历史线程界面

（2）线程监控（Thread Monitor）：显示一个列表，包括所有的活动线程以及它们目前的活动状况，如图 22-98 所示，目前线程依然是阻塞状态。

（3）线程转储（Thread Dumps）：显示所有线程的堆栈跟踪，图 22-99 中截取了两个时间段的线程 dump。对比图 22-100，从而可以查看线程不同时间段的状态。

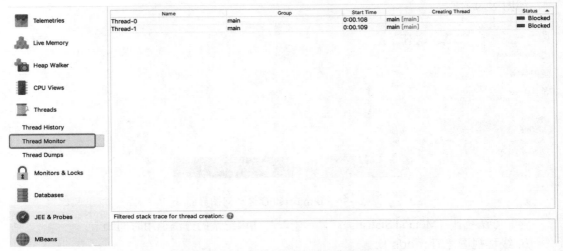

图 22-98　JProfiler 历史线程界面

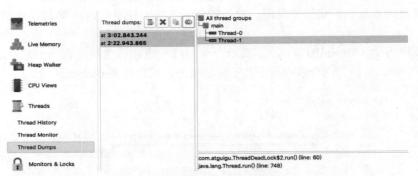

图 22-99　JProfiler 线程 dump 界面

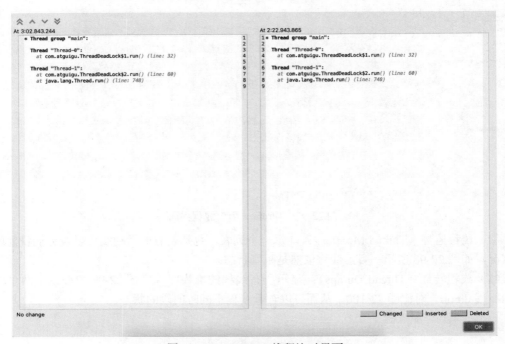

图 22-100　JProfiler 线程比对界面

线程分析主要关心以下三个方面。

（1）Web 容器的线程最大数，比如 Tomcat 的线程容量应该略大于最大并发数。

（2）线程阻塞。

（3）线程死锁。

7. 监控和锁（Monitors & Locks）

所有线程持有锁的情况以及锁的信息，观察 JVM 的内部线程并查看状态。

（1）死锁探测图表（Current Locking Graph）：显示 JVM 中的当前死锁图表，如图 22-101 所示。

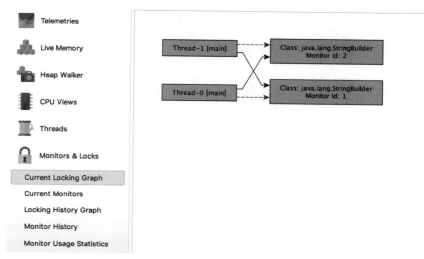

图 22-101　JProfiler 线程死锁界面

（2）目前使用的监测器（Current Monitors）：显示目前使用的监测器并且包括它们的关联线程，如图 22-102 所示。

图 22-102　JProfiler 线程检测器界面

（3）锁定历史图表（Locking History Graph）：显示记录在 JVM 中的锁定历史。

（4）历史检测记录（Monitor History）：显示重大的等待事件和阻塞事件的历史记录。

（5）监控器使用统计（Monitor Usage Statistics）：显示分组监测，线程和监测类的统计监测数据。

22.5.4　案例分析

下面我们写一段程序来进行 JProfiler 分析，如代码清单 22-4 所示。

代码清单22-4　JProfiler案例

```java
public class JProfilerTest {
    static HashMap<Integer,Object> map = new HashMap<>();
    static int init = 1;
    public static void main(String[] args) {
        while (true){
            ArrayList list = new ArrayList();
            for (int i = 0; i < 500; i++) {
                Data data = new Data();
                list.add(data);
            }
            try {
                TimeUnit.MILLISECONDS.sleep(500);
            } catch (InterruptedException e) {
                e.printStackTrace();
            }
        }
    }
}
class Data{
    private int size = 10;
    private byte[] buffer = new byte[1024 * 1024];//10kb
    private String info = "hello,atguigu";
}
```

　　通过 JProfiler 打开该程序，观察内存区域视图，可以发现，当内存使用到一段时间以后，会有一个快速回落的过程，这是由于 GC 造成的，最终形成一个锯齿的形状，比较平稳，这种一般来说都是比较正常的情况，如图 22-103 所示。

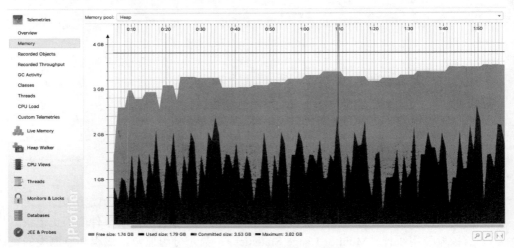

图 22-103　JProfiler 内存 GC 界面

　　观察对象的过程中，也会发现 Data 对象的数量经过一段时间后就会变少，同样是 GC 的效果，如图 22-104（1）和图 22-104（2）所示，图 22-104（1）中 Data 对象数量是 1000，一段时间后图 22-104（2）中 Data 对象数量减少为 497。

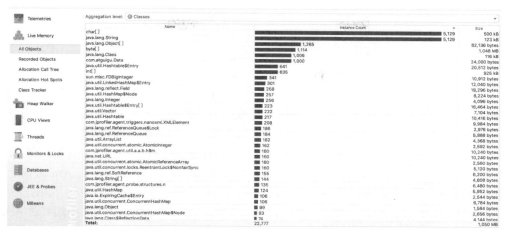

图 22-104（1）　JProfiler 类对象分配界面

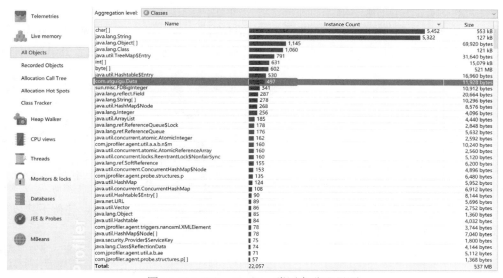

图 22-104（2）　JProfiler 类对象分配界面

22.6　Arthas

22.6.1　基本概述

前面，我们介绍了 JDK 自带的 VisualVM 等免费工具，以及商业化工具 JProfiler。这两款工具在业界知名度也比较高，它们的优点是可以在图形界面上看到各维度的性能数据，使用者根据这些数据进行综合分析，然后判断哪里出现了性能问题。

但是这两款工具也有个缺点，都必须在服务端项目进程中配置相关的监控参数，然后工具通过远程连接到项目进程，获取相关的数据。这样就会带来一些不便，比如线上环境的网络是隔离的，本地的监控工具根本连不上线上环境。那么有没有一款工具不需要远程连接，也不需要配置监控参数，同时也提供了丰富的性能监控数据呢？下面跟大家介绍一款阿里巴巴开源的性能分析神器 Arthas（阿尔萨斯），如图 22-105 所示。

图 22-105　Arthas 图标

Arthas 是 Alibaba 开源的 JVM 诊断工具，深受开发者喜爱。开发者在线排查问题，无须项目重启，Arthas 会动态跟踪 Java 程序，实时监控 JVM 状态。

Arthas 支持 JDK 6+，支持 Linux/Mac/Windows，采用命令行交互模式，同时提供丰富的 Tab 自动补全功能，进一步方便进行问题的定位和诊断。

当各位读者遇到以下类似问题而束手无策时，Arthas 可以帮助解决。这个类从哪个 jar 包加载的？为什么会报各种类相关的 Exception？修改的代码为什么没有执行到？遇到问题无法在线上 debug，难道只能通过加日志再重新发布吗？线上遇到某个用户的数据处理有问题，但线上同样无法 debug，线下无法重现。是否有一个全局视角来查看系统的运行状况？有什么办法可以监控到 JVM 的实时运行状态？Arthas 代码基于 Greys 二次开发而来，Arthas 的命令行实现基于 termd 开发，文本渲染功能基于 crash 中的文本渲染功能开发，命令行界面基于 vert.x 提供的 cli 库进行开发，等等，集各家所长开发的一款工具。下面作者带大家一起走进 Arthas。

22.6.2　安装与使用

1. 安装

Arthas 官方文档地址为 https://arthas.aliyun.com/zh-cn/。Arthas 有以下两种下载方式。

（1）可以直接在 Linux 上通过 wget 或者 curl 命令下载，选择 GitHub 或者尝试国内的码云 Gitee 下载。

```
GitHub 下载
wget https://alibaba.github.io/arthas/arthas-boot.jar
Gitee 下载
wget https://arthas.gitee.io/arthas-boot.jar
curl 下载
curl -O https://arthas.aliyun.com/arthas-boot.jar
```

（2）可以在浏览器直接访问 https://alibaba.github.io/arthas/arthas-boot.jar，等待下载成功后，上传到 Linux 服务器，如图 22-106 所示。

```
总用量 1144556
drwxr-xr-x. 9 root root      4096 1月  25 11:43 apache-tomcat-7.0.70
-rw-r--r--. 1 root root   8924465 1月  25 11:42 apache-tomcat-7.0.70.tar.gz
drwxr-xr-x. 9 root root      4096 1月  25 11:06 apache-tomcat-8.5.61
-rw-r--r--. 1 root root  10492067 1月  25 09:55 apache-tomcat-8.5.61.tar.gz
-rw-r--r--. 1 root root    138993 1月  26 00:21 arthas-boot.jar
drwxrwxr-x. 9 root users     4096 1月  11 11:56 eclipse
-rw-r--r--. 1 root root 287110893 1月  25 09:46 eclipse-jee-mars-2-linux-gtk-x8
6_64.tar.gz
-rw-r--r--. 1 root root       426 1月  25 10:13 HelloWorld.class
-rw-r--r--. 1 root root       110 1月  25 10:13 HelloWorld.java
drwxr-xr-x. 7 root root      4096 1月  25 13:12 idea-IC-192.7142.36
-rw-r--r--. 1 root root 567238341 1月  25 13:11 ideaIC-2019.2.4-no-jbr.tar.gz
drwxr-xr-x. 8 uucp  143       4096 9月  14 2017 jdk1.8.0_152
-rw-r--r--. 1 root root 189784266 1月  25 09:45 jdk-8u152-linux-x64.tar.gz
-rw-r--r--. 1 root root  36005278 1月  25 09:45 mysql-5.6.14.tar.gz
drwxr-xr-x. 2 root root      4096 3月  26 2015 rh
-rw-r--r--. 1 root root      1948 1月  25 13:15 shkstart.jar
-rw-r--r--. 1 root root  72270857 11月 11 2015 VMwareTools-10.0.5-3228253.tar.g
z
```

图 22-106　arthas 下载

Arthas 是一段 Java 程序打包成的 jar 包，所以下载完成以后可以直接用 java –jar 命令运行，如下所示。

```
java -jar arthas-boot.jar
```

2. 卸载

在 Linux/Unix/Mac 平台删除下面文件即可。

```
rm -rf ~ /.arthas/
rm -rf ~ /logs/arthas
```

Windows 平台直接删除 user home 下面的 ".arthas" 和 "logs/arthas" 目录即可。

3. Arthas工程目录

Arthas 工程目录如表 22-1 所示。

表22-1 Arthas工程目录

目　　录	意　　义
arthas-agent	基于 JavaAgent 技术的代理
bin	启动脚本
arthas-boot	Java 版本的一键安装启动脚本
arthas-client	telnet client 代码
arthas-common	一些共用的工具类和枚举类
arthas-core	核心库，各种 Arthas 命令的交互和实现
arthas-demo	示例代码
arthas-memorycompiler	内存编译器代码
arthas-packaging	Maven 打包相关
arthas-site	Arthas 站点
arthas-spy	编织到目标类中的各个切面
static	静态资源
arthas-testcase	测试

4. 启动使用

在工作中可以使用 java -jar 命令启动 Arthas，这里可以选择输入对应的 Java 进程 PID，也就可以不输入对应的 Java 进程 PID。执行成功后，Arthas 提供了一种命令行方式的交互方式，Arthas 会检测当前服务器上的 Java 进程，并将进程列表展示出来，用户输入对应的编号（1、2、3、4…）进行选择，然后按 Enter 键。

方式 1：不添加 Java 进程 PID。

```
java -jar arthas-boot.jar
```

运行结果如下。

```
[INFO] arthas-boot version: 3.5.1
[INFO] Found existing java process, please choose one and input the
serial number of the process, eg : 1. Then hit ENTER.
* [1]: 10357 org.jetbrains.idea.maven.server.RemoteMavenServer
  [2]: 10358 org.jetbrains.jps.cmdline.Launcher
  [3]: 10327
  [4]: 10362 com.atguigu.jvmdemo.JvmdemoApplication
```

选择编号，注意输入的是"[]"内编号，不是 PID，这里选择编号 4，出现如图 22-107 所示界面表示 Arthas 启动成功了。

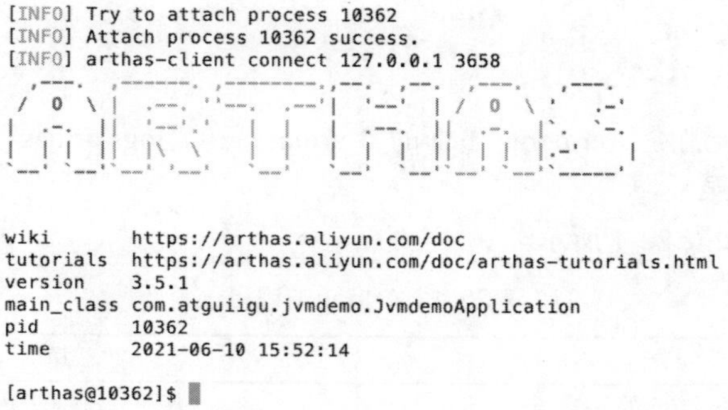

```
[INFO] Try to attach process 10362
[INFO] Attach process 10362 success.
[INFO] arthas-client connect 127.0.0.1 3658
```

```
wiki        https://arthas.aliyun.com/doc
tutorials   https://arthas.aliyun.com/doc/arthas-tutorials.html
version     3.5.1
main_class  com.atguiigu.jvmdemo.JvmdemoApplication
pid         10362
time        2021-06-10 15:52:14

[arthas@10362]$
```

图 22-107　Arthas 启动成功

方式 2：运行时选择 Java 进程 PID。

```
java -jar arthas-boot.jar [PID]
```

查看 PID 的方式可以通过 ps 命令，也可以通过 JDK 提供的 jps 命令，运行结果如图 22-108 所示。

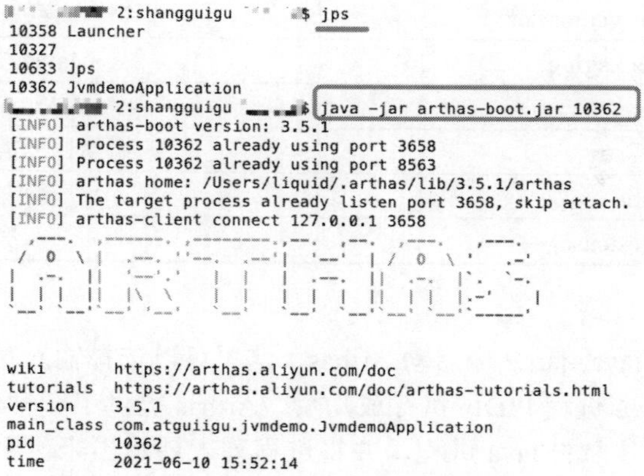

```
              2:shangguigu        $ jps
10358 Launcher
10327
10633 Jps
10362 JvmdemoApplication
              2:shangguigu        java -jar arthas-boot.jar 10362
[INFO] arthas-boot version: 3.5.1
[INFO] Process 10362 already using port 3658
[INFO] Process 10362 already using port 8563
[INFO] arthas home: /Users/liquid/.arthas/lib/3.5.1/arthas
[INFO] The target process already listen port 3658, skip attach.
[INFO] arthas-client connect 127.0.0.1 3658
```

```
wiki        https://arthas.aliyun.com/doc
tutorials   https://arthas.aliyun.com/doc/arthas-tutorials.html
version     3.5.1
main_class  com.atguiigu.jvmdemo.JvmdemoApplication
pid         10362
time        2021-06-10 15:52:14
```

图 22-108　Arthas 启动方式 2

可以通过"java -jar arthas-boot.jar –h"命令来查看启动 Arthas 的参数选项，如图 22-109 所示。

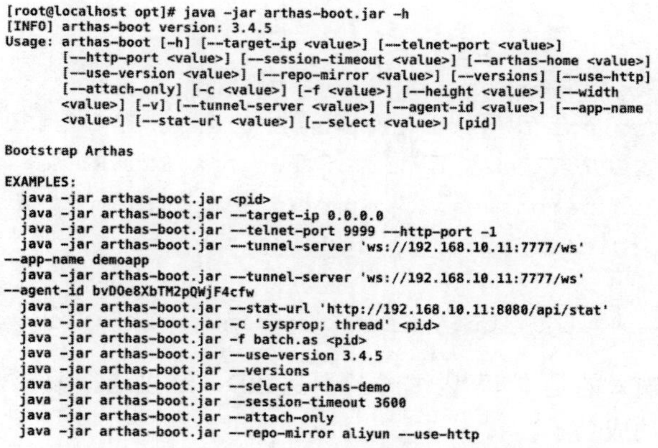

```
[root@localhost opt]# java -jar arthas-boot.jar -h
[INFO] arthas-boot version: 3.4.5
Usage: arthas-boot [-h] [--target-ip <value>] [--telnet-port <value>]
      [--http-port <value>] [--session-timeout <value>] [--arthas-home <value>]
      [--use-version <value>] [--repo-mirror <value>] [--versions] [--use-http]
      [--attach-only] [-c <value>] [-f <value>] [--height <value>] [--width
      <value>] [-v] [--tunnel-server <value>] [--agent-id <value>] [--app-name
      <value>] [--stat-url <value>] [--select <value>] [pid]

Bootstrap Arthas

EXAMPLES:
  java -jar arthas-boot.jar <pid>
  java -jar arthas-boot.jar --target-ip 0.0.0.0
  java -jar arthas-boot.jar --telnet-port 9999 --http-port -1
  java -jar arthas-boot.jar --tunnel-server 'ws://192.168.10.11:7777/ws'
--app-name demoapp
  java -jar arthas-boot.jar --tunnel-server 'ws://192.168.10.11:7777/ws'
--agent-id bvD0e8XbTM2pQWjF4cfw
  java -jar arthas-boot.jar --stat-url 'http://192.168.10.11:8080/api/stat'
  java -jar arthas-boot.jar -c 'sysprop; thread' <pid>
  java -jar arthas-boot.jar -f batch.as <pid>
  java -jar arthas-boot.jar --use-version 3.4.5
  java -jar arthas-boot.jar --versions
  java -jar arthas-boot.jar --select arthas-demo
  java -jar arthas-boot.jar --session-timeout 3600
  java -jar arthas-boot.jar --attach-only
  java -jar arthas-boot.jar --repo-mirror aliyun --use-http
```

图 22-109　Arthas 参数帮助选项

使用如下命令可以查看 Arthas 日志。

```
cat ~ /logs/arthas/arthas.log
```

结果如图 22-110 所示。

图 22-110　Arthas 日志查看

除了在命令行查看外，Arthas 目前还支持 Web Console。在成功启动连接进程之后就已经自动启动，可以直接访问 http://127.0.0.1:8563/，页面上的操作模式和控制台完全一样，如图 22-111 所示。

图 22-111　Arthas Web Console

使用"quit"或"exit"命令可以退出当前客户端使用。"stop"或"shutdown"命令可以关闭 Arthas 服务端，并退出所有客户端。

22.6.3　相关诊断命令

进入到客户端之后，需要输入相关的命令，基础命令如表 22-2 所示

表22-2　Arthas基础命令

命　令	含　义
help	查看命令帮助信息，可以查看当前 Arthas 版本支持的命令，或者查看具体命令的使用说明
cls	清空当前屏幕区域
session	查看当前会话的信息，显示当前绑定的 pid 以及会话 id。 如果配置了 tunnel server，会追加打印代理 id、tunnel 服务器的 url 以及连接状态。 如果使用了 staturl 做统计，会追加显示 statUrl 地址
reset	重置增强类，将被 Arthas 增强过的类全部还原，Arthas 服务端 stop 时会重置所有增强过的类
version	输出当前目标 Java 进程所加载的 Arthas 版本号

续表

命　　令	含　　义
history	打印命令历史，历史命令会通过一个名叫 history 的文件持久化，所以 history 命令可以查看当前 Arthas 服务器的所有历史命令，而不仅只是当前次会话使用过的命令
quit	退出当前 Arthas 客户端，其他 Arthas 客户端不受影响。等同于 exit、logout、q 三个命令。只是退出当前 Arthas 客户端，Arthas 的服务器端并没有关闭，所做的修改也不会被重置
stop	关闭 Arthas 服务端，所有 Arthas 客户端全部退出
keymap	keymap 命令输出当前的快捷键映射表
pwd	返回当前的工作目录，和 Linux 里的 pwd 命令相似
cat	打印文件内容，和 Linux 里的 cat 命令相似
echo	打印参数，和 Linux 里的 cat 命令类似
grep	匹配查找，和 Linux 里的 cat 命令类似

例如，在客户端输入 help 命令，结果如图 22-112 所示。

```
[arthas@10362]$ help
NAME           DESCRIPTION
help           Display Arthas Help
auth           Authenticates the current session
keymap         Display all the available keymap for the specified connection.
sc             Search all the classes loaded by JVM
sm             Search the method of classes loaded by JVM
classloader    Show classloader info
jad            Decompile class
getstatic      Show the static field of a class
monitor        Monitor method execution statistics, e.g. total/success/failure count, average rt, fail rate, etc.
stack          Display the stack trace for the specified class and method
thread         Display thread info, thread stack
trace          Trace the execution time of specified method invocation.
watch          Display the input/output parameter, return object, and thrown exception of specified method invocation
tt             Time Tunnel
jvm            Display the target JVM information
perfcounter    Display the perf counter information.
ognl           Execute ognl expression.
mc             Memory compiler, compiles java files into bytecode and class files in memory.
redefine       Redefine classes. @see Instrumentation#redefineClasses(ClassDefinition...)
retransform    Retransform classes. @see Instrumentation#retransformClasses(Class...)
dashboard      Overview of target jvm's thread, memory, gc, vm, tomcat info.
dump           Dump class byte array from JVM
heapdump       Heap dump
options        View and change various Arthas options
cls            Clear the screen
reset          Reset all the enhanced classes
version        Display Arthas version
session        Display current session information
```

图 22-112　Arthas Web Console

命令可以分为 JVM 相关命令、class/classloader 相关命令和 monitor/watch/trace 相关命令以及其他的命令，下面分别展开讲解。

1. JVM相关命令

（1）dashboard 命令：可以查看当前系统的实时数据面板。展示当前应用的多线程状态、JVM 各区域、GC 情况等信息，输入“Q”或者按“Ctrl+C”可以退出 dashboard 命令，如果加入“-n”参数，则在输出指定次数之后，自动退出。dashboard 命令参数说明如表 22-3 所示。

表22-3　dashboard命令参数

参数名称	参数说明
[i:]	刷新实时数据的时间间隔 (ms)，默认 5000ms
[n:]	刷新实时数据的次数

例如“dashboard -i 1000 -n 2”表示每隔 1s 输出一次信息，总共输出两次。

dashboard 命令输出结果如图 22-113 所示。

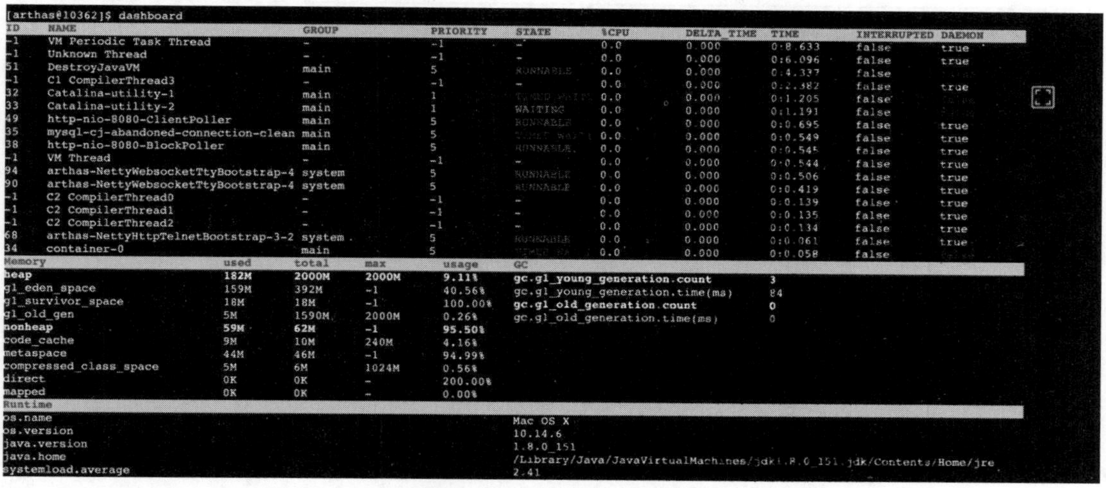

图 22-113 Arthas Web Console

可以看到，这里会显示出线程（按照 CPU 占用百分比倒排）、内存（堆空间实时情况）、GC 情况等数据。对图 22-113 的内容进行解析，如表 22-4 所示。

表22-4 dashboard命令结果含义

列 名	含 义
ID	Java 级别的线程 ID，注意这个 ID 不能跟 jstack 中的 nativeID 一一对应
NAME	线程名
GROUP	线程组名
PRIORITY	线程优先级，1 ～ 10 的数字，越大表示优先级越高
STATE	线程的状态
CPU%	线程的 CPU 使用率。比如采样间隔 1000ms，某个线程的增量 CPU 时间为 100ms，则 CPU 使用率 =100/1000=10%
DELTA_TIME	上次采样之后线程运行增量 CPU 时间，数据格式为秒
TIME	线程运行总 CPU 时间，数据格式为分：秒
INTERRUPTED	线程当前的中断位状态
DAEMON	是否为 daemon 线程
Memory	内存分区
used	已使用内存
total	总内存
max	最大内存
usage	内存使用占比
GC	GC 信息
Runtime	运行时环境信息

（2）thread 命令：查看当前 JVM 的线程堆栈信息。thread 命令参数说明如表 22-5 所示。

表22-5　thread命令参数

参 数 名 称	参 数 说 明
id	线程 id
[n:]	指定最忙的前 N 个线程并打印堆栈
[b]	找出当前阻塞其他线程的线程
[i<value>]	指定 CPU 使用率统计的采样间隔，单位为毫秒，默认值为 200
[--all]	显示所有匹配的线程

例如，有时候发现应用卡住了，通常是由于某个线程拿住了某个锁，并且其他线程都在等待这把锁。为了排查这类问题，Arthas 提供了 thread –b 命令可以一键找出罪魁祸首，如图 22-114 所示。

（3）JVM 命令：查看 JVM 详细的性能数据，由于篇幅原因，只展示部分截图，如图 22-115 所示。

Arthas 关于 JVM 相关的命令很多，剩下的命令作者不再一一演示，如表 22-6 所示。

图 22-114　Arthas thread 命令

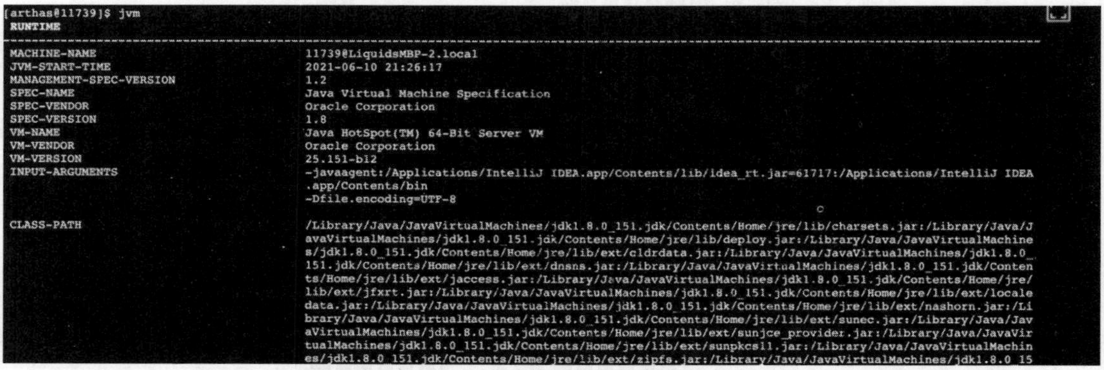

图 22-115　Arthas JVM 命令

表22-6　JVM相关命令

命 令 名 称	命 令 说 明
sysprop	查看和修改 JVM 的系统属性
sysenv	查看 JVM 的环境变量

续表

命令名称	命令说明
getstatic	查看类的静态属性
heapdump	类似 jmap 命令的堆 dump 功能，如果只有 dump live 对象，使用命令 heapdump --live

2. class/classloader相关命令

与类的字节码文件以及类加载器相关的命令有以下几种，如表 22-7 所示。

表22-7　字节码相关命令

命令名称	命令说明
sc	查看 JVM 已加载的类信息
sm	查看已加载类的方法信息
jad	反编译指定已加载类的源码
mc	内存编译器，内存编译 java 文件为 class 文件
restansform	加载外部的 class 文件，restansform 到 JVM 里
redefine	加载外部的 class 文件，redefine 到 JVM 里
dump	dump 已加载类的 byte code 到特定目录
classloader	查看 classloader 的继承树、urls、类的加载信息，使用 classloader 去 getResource

（1）sc 命令：查看 JVM 已加载的类信息，参数说明如表 22-8 所示。

表22-8　sc命令参数选项

参数名称	参数说明
class-pattern	类名表达式匹配
method-pattern	方法名表达式匹配
[d]	输出当前类的详细信息，包括这个类所加载的原始文件来源、类的声明、加载的 ClassLoader 等详细信息。如果一个类被多个 ClassLoader 加载，则会出现多次
[E]	开启正则表达式匹配，默认为通配符匹配
[f]	输出当前类的成员变量信息（需要配合参数 -d 一起使用）
[x:]	指定输出静态变量时属性的遍历深度，默认为 0，即直接使用 toString 输出
[c:]	指定 class 的 ClassLoader 的 hashcode
[classLoaderClass:]	指定执行表达式的 ClassLoader 的 class name
[n:]	具有详细信息的匹配类的最大数量（默认为 100）

class-pattern 支持全限定名，如 com/test/AAA，也支持 com.test.AAA 这样的格式，这样从异常堆栈里面把类名复制过来的时候，不需要再手动把“/”替换为“.”了。

sc 默认开启了子类匹配功能，也就是说所有当前类的子类也会被搜索出来，想要精确地匹配，请打开 options disable-sub-class true 开关。

使用案例如下，模糊查询 com.atguigu.* 包下的相关类信息，其中有两个动态类，如图 22-116 所示。

```
[arthas@2740]$ sc com.atguigu.*
com.atguigu.jvmdemo.JvmdemoApplication
com.atguigu.jvmdemo.JvmdemoApplication$$EnhancerBySpringCGLIB$$57ccbabe
com.atguigu.jvmdemo.bean.People
com.atguigu.jvmdemo.controller.MemoryTestController
com.atguigu.jvmdemo.mapper.PeopleMapper
com.atguigu.jvmdemo.service.PeopleSevice
com.sun.proxy.$Proxy60
com.sun.proxy.$Proxy61
Affect(row-cnt:8) cost in 41 ms.
```

图 22-116　模糊查询类信息

打印类的详细信息，如图 22-117 所示，可以看到 com.sun.proxy.$Proxy61 类是 PeopleMapper 的代理类。

```
[arthas@2740]$ sc -d com.sun.proxy.$Proxy61
 class-info        com.sun.proxy.$Proxy61
 code-source
 name              com.sun.proxy.$Proxy61
 isInterface       false
 isAnnotation      false
 isEnum            false
 isAnonymousClass  false
 isArray           false
 isLocalClass      false
 isMemberClass     false
 isPrimitive       false
 isSynthetic       false
 simple-name       $Proxy61
 modifier          final,public
 annotation
 interfaces        com.atguigu.jvmdemo.mapper.PeopleMapper,org.springframework.aop.SpringProxy,org.springframework.aop.framework.Advised,org.sp
                   ringframework.core.DecoratingProxy
 super-class       +-java.lang.reflect.Proxy
                     +-java.lang.Object
 class-loader      +-sun.misc.Launcher$AppClassLoader@18b4aac2
                     +-sun.misc.Launcher$ExtClassLoader@7699a589
 classLoaderHash   18b4aac2
```

图 22-117　打印类的详细信息

（2）sm 命令："Search-Method" 的简写，这个命令能搜索出所有已经加载了 Class 信息的方法信息。sm 命令只能看到由当前类所声明的方法，父类则无法看到。参数说明如表 22-9 所示。

表22-9　sm命令参数选项

参数名称	参数说明
class-pattern	类名表达式匹配
method-pattern	方法名表达式匹配
[d]	展示每个方法的详细信息
[E]	开启正则表达式匹配，默认为通配符匹配
[c:]	指定 class 的 ClassLoader 的 hashcode
[classLoaderClass:]	指定执行表达式的 ClassLoader 的 class name
[n:]	具有详细信息的匹配类的最大数量（默认为 100）

使用案例如下，这里注意要写类的全路径，如图 22-118 所示。

```
[arthas@2740]$ sm com.atguigu.jvmdemo.controller.MemoryTestController
com.atguigu.jvmdemo.controller.MemoryTestController <init>()V
com.atguigu.jvmdemo.controller.MemoryTestController main([Ljava/lang/String;)V
com.atguigu.jvmdemo.controller.MemoryTestController applyMem()V
com.atguigu.jvmdemo.controller.MemoryTestController getProduct()Ljava/util/List;
com.atguigu.jvmdemo.controller.MemoryTestController metaSpaceOom()V
com.atguigu.jvmdemo.controller.MemoryTestController testDgui(I)V
com.atguigu.jvmdemo.controller.MemoryTestController lambda$metaSpaceOom$1(Ljava/lang/Object;Ljava/lang/reflect/Method;[Ljava/lang/Object;Lorg/sp
ringframework/cglib/proxy/MethodProxy;)Ljava/lang/Object;
com.atguigu.jvmdemo.controller.MemoryTestController lambda$applyMem$0(I)V
com.atguigu.jvmdemo.controller.MemoryTestController addObject()V
Affect(row-cnt:9) cost in 11 ms.
```

图 22-118　打印类的方法信息

（3）jad 命令：反编译指定已加载类的源码，jad 命令将 JVM 中实际运行的类的字节码反编译成 Java 代码，便于理解业务逻辑。在 Arthas Console 上，反编译出来的源码是带语法高亮的，阅读更方便。当然，反编译出来的 Java 代码可能会存在语法错误，但不影响进行阅读理解。参数说明如表 22-10 所示。

表22-10　jad命令参数选项

参数名称	参数说明
class-pattern	类名表达式匹配
[c:]	指定 class 的 ClassLoader 的 hashcode
[classLoaderClass:]	指定执行表达式的 ClassLoader 的 class name
[E]	开启正则表达式匹配，默认为通配符匹配

下面的案例反编译 java.lang.String，结果如下。

```
$ jad java.lang.String
ClassLoader:
Location:

        /*
         * Decompiled with CFR.
         */
        package java.lang;
        import java.io.ObjectStreamField;
        import java.io.Serializable;
...

        public final class String
        implements Serializable,
        Comparable<String>,
        CharSequence {
            private final char[] value;
            private int hash;
            private static final long serialVersionUID = -6849794470754667710L;
            private static final ObjectStreamField[] serialPersistentFields =
new ObjectStreamField[0];
            public static final Comparator<String> CASE_INSENSITIVE_
ORDER = new CaseInsensitiveComparator();
    ...
            public String(byte[] byArray, int n, int n2, Charset charset) {
/*460*/         if (charset == null) {
                    throw new NullPointerException("charset");
                }
/*462*/         String.checkBounds(byArray, n, n2);
/*463*/          this.value = StringCoding.decode(charset, byArray, n,
n2);
            }
    ...
```

反编译时只显示源代码。默认情况下，反编译结果里会带有 ClassLoader 信息，通过 --source-only 选项，可以只打印源代码，方便和 mc/retransform 命令结合使用。

```
$ jad --source-only demo.MathGame
/*
 * Decompiled with CFR 0_132.
 */
package demo;

import java.io.PrintStream;
import java.util.ArrayList;
import java.util.Iterator;
```

```
import java.util.List;
import java.util.Random;
import java.util.concurrent.TimeUnit;

public class MathGame {
    private static Random random = new Random();
    public int illegalArgumentCount = 0;
...
```

反编译指定的方法。

```
$ jad demo.MathGame main

ClassLoader:
+-sun.misc.Launcher$AppClassLoader@232204a1
  +-sun.misc.Launcher$ExtClassLoader@7f31245a

Location:
/private/tmp/math-game.jar

          public static void main(String[] args) throws
InterruptedException {
          MathGame game = new MathGame();
          while (true) {
/*16*/         game.run();
/*17*/         TimeUnit.SECONDS.sleep(1L);
          }
      }
```

反编译时不显示行号（lineNumber），参数默认值为 true，显示指定为 false 则不打印行号。

```
$ jad demo.MathGame main --lineNumber false

ClassLoader:
+-sun.misc.Launcher$AppClassLoader@232204a1
  +-sun.misc.Launcher$ExtClassLoader@7f31245a

Location:
/private/tmp/math-game.jar

public static void main(String[] args) throws InterruptedException {
    MathGame game = new MathGame();
    while (true) {
        game.run();
        TimeUnit.SECONDS.sleep(1L);
    }
}
```

　　反编译时指定 ClassLoader，当有多个 ClassLoader 都加载了这个类时，jad 命令会输出对应 ClassLoader 实例的 hashcode，然后只需要重新执行 jad 命令，并使用参数 -c <hashcode> 就可以反编译指定 ClassLoader 加载的那个类了。

```
$ jad org.apache.log4j.Logger

Found more than one class for: org.apache.log4j.Logger, Please use jad
-c hashcode org.apache.log4j.Logger
HASHCODE    CLASSLOADER
69dcaba4    +-monitor's ModuleClassLoader
6e51ad67    +-java.net.URLClassLoader@6e51ad67
               ?+-sun.misc.Launcher$AppClassLoader@6951a712
               +-sun.misc.Launcher$ExtClassLoader@6fafc4c2
2bdd9114    +-pandora-qos-service's ModuleClassLoader
4c0df5f8    +-pandora-framework's ModuleClassLoader

Affect(row-cnt:0) cost in 38 ms.
$ jad org.apache.log4j.Logger -c 69dcaba4

ClassLoader:
+-monitor's ModuleClassLoader

Location:
/Users/admin/app/log4j-1.2.14.jar

package org.apache.log4j;

import org.apache.log4j.spi.*;

public class Logger extends Category
{
    private static final String FQCN;

    protected Logger(String name)
    {
        super(name);
    }
...
```

　　对于只有唯一实例的 ClassLoader，还可以通过 --classLoaderClass 指定 class name，使用起来更加方便。

　　--classLoaderClass 的值是 ClassLoader 的类名，只有匹配到唯一的 ClassLoader 实例时才能工作，目的是方便输入通用命令，而 -c <hashcode> 是动态变化的。

　　（4）mc 命令：Memory Compiler/ 内存编译器，编译 .java 文件生成 class。

　　（5）redefine 命令：加载外部的 class 文件，redefine JVM 已加载的类。推荐使用 retransform 命令代替 redefine 命令。

（6）ClassLoader 命令：查看 ClassLoader 的继承树、urls 和类加载信息。了解当前系统中有多少类加载器，以及每个加载器加载的类数量，帮助判断是否有类加载器泄漏。可以让指定的 ClassLoader 去 getResources，打印出所有查找到的 resources 的 url，对于 ResourceNotFoundException 比较有用。参数说明如表 22-11 所示。

表22-11　ClassLoader命令参数选项

参 数 名 称	参 数 说 明
[l]	按类加载实例进行统计
[t]	打印所有 ClassLoader 的继承树
[a]	列出所有 ClassLoader 加载的类，请谨慎使用
[c:]	ClassLoader 的 HashCode
[classLoaderClass:]	指定执行表达式的 ClassLoader 的 class name
[c: r:]	用 ClassLoader 去查找 resource
[c: load:]	用 ClassLoader 去加载指定的类

使用案例如下，按类加载类型查看统计信息，如图 22-119 所示，可以看到 AppClassLoader 总共加载了 4173 个类。

图 22-119　ClassLoader 指令

3. monitor/watch/trace相关命令

系统监控相关的命令有以下几种，如表 22-12 所示。

表22-12　系统监控相关命令

命 令 名 称	命 令 说 明
monitor	方法执行监控
watch	方法执行数据观测
trace	方法内部调用路径，并输出方法路径上的每个节点上耗时
stack	输出当前方法被调用的调用路径
tt	方法执行数据的时空隧道，记录下指定方法每次调用的入参和返回信息，并能对这些不同的时间下调用进行观测

（1）monitor 命令：方法执行监控。对匹配 class-pattern/method-pattern 的类、方法的调用进行监控，涉及方法的调用次数、执行时间、失败率等。monitor 命令是一个非实时返回命令。实时返回命令是输入之后立即返回，而非实时返回的命令，则是不断地等待目标 Java 进程返回信息，直到用户输入 Ctrl+C 为止。服务端是以任务的形式在后台跑任务，植入的代码随着任务的中止而不会被执行，所以任务关闭后，不会对原有性能产生太大影响，而且原则上，任何 Arthas 命令不会引起原有业务逻辑的改变，监控的维度说明如表 22-13 所示。

表22-13　monitor命令监控项

监 控 项	说　明
timestamp	时间戳
class	Java 类
method	方法（构造方法、普通方法）
total	调用次数
success	成功次数
fail	失败次数
rt	平均 RT
fail-rate	失败率

参数说明如表 22-14 所示，方法拥有一个命名参数 [c:]，意思是统计周期（cycle of output），拥有一个整型的参数值。

（2）watch 命令：方法执行数据观测，可以方便地观察到指定方法的调用情况。能观察到的范围为返回值、抛出异常、入参，通过编写 groovy 表达式进行对应变量的查看。watch 的参数比较多，主要是因为它能在 4 个不同的场景观察对象，参数说明如表 22-15 所示。

表22-14　monitor命令参数选项

参 数 选 项	参 数 说 明
class-pattern	类名表达式匹配
method-pattern	方法名表达式匹配
condition-express	条件表达式
[E]	开启正则表达式匹配，默认为通配符匹配
[c:]	统计周期，默认值为 120 秒
[b]	在方法调用之前计算 condition-express

表22-15　watch命令参数选项

参 数 选 项	参 数 说 明
class-pattern	类名表达式匹配
method-pattern	方法名表达式匹配
express	观察表达式
condition-express	条件表达式
[b]	在方法调用之前观察
[e]	在方法异常之后观察
[s]	在方法返回之后观察
[f]	在方法结束之后（正常返回和异常返回）观察
[E]	开启正则表达式匹配，默认为通配符匹配
[x:]	指定输出结果的属性遍历深度，默认为 1

这里重点要说明的是观察表达式，观察表达式主要由 ognl 表达式组成，所以可以这样写"{params,returnObj}"，只要是一个合法的 ognl 表达式，都能被正常支持。观察的维度也比较多，主要体现在参数 advice 的数据结构上。Advice 参数最主要是封装了通知节点的所有信息。

（3）trace 命令：方法内部调用路径，并输出方法路径上的每个节点上耗时。trace 命令能主动搜索 class-pattern/method-pattern 对应的方法调用路径，渲染和统计整个调用链路上的所有性能开销和追踪调用链路，便于帮助定位和发现因 RT 高而导致的性能问题缺陷，但其每次只能跟踪一级方法的调用链路。trace 在执行的过程中本身是会有一定的性能开销，在统计的报告中并未像 JProfiler 一样预先减去其自身的统计开销，所以统计出来有些不准，渲染路径上调用的类、方法越多，性能偏差越大，但还是能让各位读者看清一些事情的。参数说明如表 22-16 所示。

表22-16 trace命令参数选项

参数选项	参数说明
class-pattern	类名表达式匹配
method-pattern	方法名表达式匹配
condition-express	条件表达式
[E]	开启正则表达式匹配，默认为通配符匹配
[n:]	命令执行次数
#cost	方法执行耗时

（4）stack 命令：输出当前方法被调用的调用路径。很多时候我们都知道一个方法被执行了，但这个方法被执行的路径非常多，根本不知道这个方法是从哪里被执行了，此时需要的是 stack 命令。参数说明如表 22-17 所示。

表22-17 stack命令参数选项

参数选项	参数说明
class-pattern	类名表达式匹配
method-pattern	方法名表达式匹配
condition-express	条件表达式
[E]	开启正则表达式匹配，默认为通配符匹配
[n:]	执行次数限制

使用案例如下，打印 getPeopleList 方法的调用栈信息，如图 22-120 所示。

```
[arthas@3893]$ stack com.atguigu.jvmdemo.service.PeopleSevice getPeopleList
Press Q or Ctrl+C to abort.
Affect(class count: 1 , method count: 1) cost in 96 ms, listenerId: 2
ts=2021-06-18 15:47:54;thread_name=http-nio-8080-exec-1;id=23;is_daemon=true;priority=5;TCCL=org.springframework.boot.web.embedded.tomcat.Tomcat
EmbeddedWebappClassLoader@102ecc22
    @com.atguigu.jvmdemo.service.PeopleSevice.getPeopleList()
        at com.atguigu.jvmdemo.controller.MemoryTestController.getProduct(MemoryTestController.java:68)
        at sun.reflect.NativeMethodAccessorImpl.invoke0(NativeMethodAccessorImpl.java:-2)
        at sun.reflect.NativeMethodAccessorImpl.invoke(NativeMethodAccessorImpl.java:62)
        at sun.reflect.DelegatingMethodAccessorImpl.invoke(DelegatingMethodAccessorImpl.java:43)
        at java.lang.reflect.Method.invoke(Method.java:498)
        at org.springframework.web.method.support.InvocableHandlerMethod.doInvoke(InvocableHandlerMethod.java:197)
        at org.springframework.web.method.support.InvocableHandlerMethod.invokeForRequest(InvocableHandlerMethod.java:141)
        at org.springframework.web.servlet.mvc.method.annotation.ServletInvocableHandlerMethod.invokeAndHandle(ServletInvocableHandlerMethod.jav
a:106)
        at org.springframework.web.servlet.mvc.method.annotation.RequestMappingHandlerAdapter.invokeHandlerMethod(RequestMappingHandlerAdapter.j
ava:893)
        at org.springframework.web.servlet.mvc.method.annotation.RequestMappingHandlerAdapter.handleInternal(RequestMappingHandlerAdapter.java:8
07)
        at org.springframework.web.servlet.mvc.method.AbstractHandlerMethodAdapter.handle(AbstractHandlerMethodAdapter.java:87)
        at org.springframework.web.servlet.DispatcherServlet.doDispatch(DispatcherServlet.java:1061)
        at org.springframework.web.servlet.DispatcherServlet.doService(DispatcherServlet.java:961)
        at org.springframework.web.servlet.FrameworkServlet.processRequest(FrameworkServlet.java:1006)
        at org.springframework.web.servlet.FrameworkServlet.doGet(FrameworkServlet.java:898)
        at javax.servlet.http.HttpServlet.service(HttpServlet.java:626)
        at org.springframework.web.servlet.FrameworkServlet.service(FrameworkServlet.java:883)
```

图 22-120 stack 命令

（5）tt 命令：TimeTunnel 的缩写，方法执行数据的时空隧道，记录下指定方法每次调用的入参和返回信息，并能对这些不同时间下的调用进行观测。watch 虽然方便灵活，但需要提前想清楚观察表达式的拼写，这对排查问题而言要求太高，因为很多时候我们并不清楚问题出自何方，只能靠蛛丝马迹进行猜测，这个时候如果能记录下当时方法调用的所有入参和返回值、抛出的异常，会对整个问题的思考与判断非常有帮助。于是，TimeTunnel 命令就诞生了。参数说明如表 22-18 所示。

表22-18 tt命令参数选项

参 数 选 项	参 数 说 明
-t	表明希望记录下指定类的指定方法的每次执行情况
-n 3	指定你需要记录的次数,当达到记录次数时 Arthas 会主动中断 tt 命令的记录过程,避免人工操作无法停止的情况
-s	筛选指定方法的调用信息
-i	参数后边跟着对应的 INDEX 编号查看到它的详细信息
-p	重做一次调用 通过 --replay-times 指定调用次数,通过 --replay-interval 指定多次调用间隔(单位 ms, 默认 1000ms)

如图 22-121 所示,打印 getPeopleList 方法的每次执行情况。

除了上面作者为大家归类好的一些命令,还有很多其他命令,这里再列举两个供各位读者参考学习。

```
[arthas@3893]$ tt -t com.atguigu.jvmdemo.service.PeopleSevice getPeopleList
Press Q or Ctrl+C to abort.
Affect(class count: 1 , method count: 1) cost in 39 ms, listenerId: 3
INDEX    TIMESTAMP           COST(ms)   IS-RET   IS-EXP   OBJECT        CLASS           METHOD
1000     2021-06-18 15:50:00  2.884698   true     false    0x1d285f6c    PeopleSevice    getPeopleList
```

图 22-121 tt 命令

(1) profiler 命令:支持生成应用热点的火焰图。本质上是通过不断地采样,然后把收集到的采样结果生成火焰图。参数说明如表 22-19 所示。

表22-19 profiler命令参数选项

参 数 选 项	参 数 说 明
action	要执行的操作
actionArg	属性名模式
[i:]	采样间隔(单位:ns)(默认值:10'000'000,即 10 ms)
[f:]	将输出转储到指定路径
[d:]	运行评测指定秒
[e:]	要跟踪哪个事件(CPU, alloc, lock, cache-misses 等),默认是 CPU

案例如下。

①启动 profiler,如下所示。

```
[arthas@12924]$ profiler start
Started [cpu] profiling
```

②获取已采集的 sample 的数量,如下所示。

```
[arthas@12924]$ profiler getSamples
29
```

③查看 profiler 状态。

```
[arthas@12924]$ profiler status
[cpu] profiling is running for 12 seconds
```

④停止 profiler,生成 svg 格式结果,如图 22-122 所示。

```
[arthas@12924]$ profiler stop
OK
profiler output file: /Users/██████/shangguigu/vhr/jvmdemo/arthas-output/20210611-170745.svg
```

图 22-122　停止 profiler 命令

默认情况下，生成的结果保存到应用的工作目录下的 arthas-output 目录。可以通过 --file 参数来指定输出结果路径。比如，profiler stop --file /tmp/output.svg。可以通过 --format 来设置生成 html 格式结果。比如，profiler stop --format html。通过浏览器查看 arthas-output 下面的 profiler 结果。

默认情况下，Arthas 使用 3658 端口，可以打开 http://localhost:3658/arthas-output/ 查看 arthas-output 目录下面的 profiler 结果，如图 22-123 所示。

arthas-output/

20210611-140244.svg	2021-06-11 14:02:44	41877
20210611-141325.svg	2021-06-11 14:13:25	146063
20210611-170745.svg	2021-06-11 17:07:45	52025

图 22-123　profiler 结果目录

单击可以查看具体的结果，如图 22-124 所示，这种图称为火焰图。在追求极致性能的场景下，了解程序运行过程中 CPU 在干什么很重要，火焰图就是一种非常直观的展示 CPU 在程序整个生命周期过程中时间分配的工具。这个工具可以非常直观地显示出调用栈中的 CPU 消耗瓶颈，通过 x 轴横条宽度来度量时间指标，y 轴代表线程栈的层次。

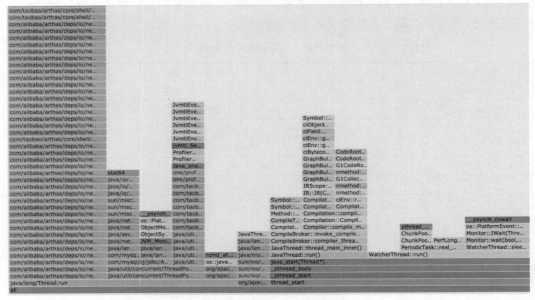

图 22-124　火焰图

（2）options 命令：全局开关。参数说明如表 22-20 所示。

表22-20　options命令参数选项

参 数 选 项	默 认 值	参 数 说 明
unsafe	false	是否支持对系统级别的类进行增强，打开该开关可能导致 JVM 崩溃，请慎重选择
dump	false	是否支持被增强了的类 dump 到外部文件中，如果打开开关，class 文件会被 dump 到 "/${application working dir}/arthas-class-dump/" 目录下，具体位置详见控制台输出

参数选项	默认值	参数说明
batch-re-transform	true	是否支持批量对匹配到的类执行 retransform 操作
json-format	false	是否支持 json 化的输出
disable-sub-class	false	是否禁用子类匹配，默认在匹配目标类的时候会默认匹配到其子类，如果想精确匹配，可以关闭此开关
support-default-method	true	是否支持匹配到 default method，默认会查找 interface，匹配里面的 default method
save-result	false	是否打开执行结果存日志功能，打开之后所有命令的运行结果都将保存到"～ /logs/arthas-cache/result.log"中
job-timeout	1d	异步后台任务的默认超时时间，超过这个时间，任务自动停止，比如设置 1d, 2h, 3m, 25s，分别代表天、小时、分、秒
print-parent-fields	true	是否打印在 parent class 里的 filed

案例如下。

①查看所有的 options，如图 22-125 所示。

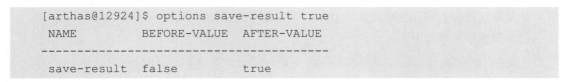

图 22-125　查看所有 options

②获取 option 的值，如图 22-126 所示，json-format 的值为 false。

```
[arthas@12924]$ options json-format
LEVEL    TYPE      NAME          VALUE    SUMMARY                        DESCRIPTION
-------------------------------------------------------------------------------------------------------
2        boolean   json-format   false    Option to support JSON format  This option enables to format object output with JSON when -
                                          of object output               x option selected.
```

图 22-126　获取 options 的值

③设置指定的 option，例如，打开执行结果存日志功能，输入如下命令即可。

```
[arthas@12924]$ options save-result true
NAME            BEFORE-VALUE   AFTER-VALUE
----------------------------------------------
save-result     false          true
```

22.7　Java Mission Control

22.7.1　概述

Java Mission Control（JMC）是 Java 官方提供的性能强劲的工具，它是一个用于对 Java 应用程序进行管理、监视、概要分析和故障排除的工具套件。它包含一个 GUI 客户端，以及众多用来收集 JVM 性能数据的插件，如 JMX Console（能够访问用来存放 JVM 各个子系统运行数据的 MXBeans），以及 JVM 内置的高效 profiling 工具 Java Flight Recorder（JFR）。

JMC 的另一个优点就是采用取样，而不是传统的代码植入技术，对应用性能的影响非常非常小，完全可以开着 JMC 来做压测（唯一影响可能是 Full GC 次数增多）。

在 Oracle 收购 Sun 之前，Oracle 的 JRockit 虚拟机提供了一款名为 JRockit Mission Control 的虚拟机诊断工具。在 Oracle 收购 Sun 之后，Oracle 公司同时拥有了 Sun HotSpot 和 JRockit 两款虚拟机。根据 Oracle 对于 Java 的战略，在今后的发展中，会将 JRockit 的优秀特性移植到 HotSpot 上。其中，一个重要的改进就是在 Sun 的 JDK 中加入了 JRockit 的支持。

22.7.2 安装使用

在 Oracle JDK 7u40 之后，JMC 这款工具已经绑定在 Oracle JDK 中发布。JMC 位于 %JAVA_HOME%/ bin/jmc.exe，双击"jmc.exe"即可打开，如图 22-127 所示。

图 22-127　JMC 目录

初次打开界面如图 22-128 所示。

图 22-128　JMC 界面

如果是远程服务器，使用前要开 JMX，使用如下流程即可打开。

（1）服务器配置如下。

```
-Dcom.sun.management.jmxremote.port=${YOUR PORT}
-Dcom.sun.management.jmxremote
-Dcom.sun.management.jmxremote.authenticate=false
-Dcom.sun.management.jmxremote.ssl=false
-Djava.rmi.server.hostname=${YOUR HOST/IP}
```

（2）客户端单击"文件"→"连接"→"创建新连接"，填入上面 JMX 参数的 host 和 port，"概览"界面如图 22-129 所示，Mission Control 的界面非常有特色，在默认的界面中，以飞机仪表的视图显示了 Java 堆使用率、CPU 使用率、Live Set 和 Fragmentation。

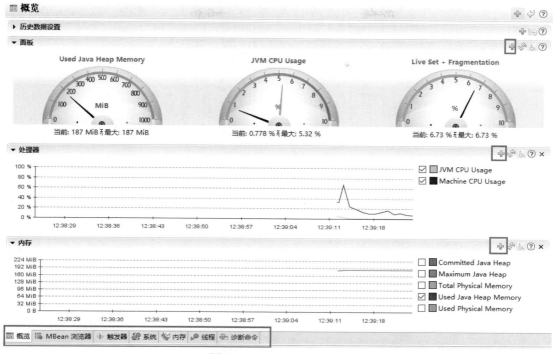

图 22-129 JMC 概览界面

22.7.3 功能介绍

JMC 的一大特点是可以自由设置图表内容。比如，如果希望在飞机仪表面板再增加一个监控项，可以单击右侧的添加按钮"+"，按需添加各种统计图表，如图 22-130 所示。

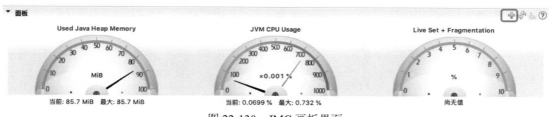

图 22-130 JMC 画板界面

例如添加 Java 堆的空闲内存仪表监控，如图 22-131 所示。

单击"完成"按钮，可以看到面板中多了"Free Java Heap Memory"仪表监控，如图 22-132 所示。

JMC 概览界面底部选项中的"触发器"选项可以根据 CPU、线程等信息，设定一定的阈值来触发报警，如图 22-133 所示。

"内存"选项提供堆和 GC 的信息。重点关注 GC 次数、时间，以及随着 GC 发生堆的内存变化情况，以此来调整 JVM 参数，如图 22-134 所示。

"线程"选项可以关注每条线程所占的 CPU、死锁情况和线程堆栈信息，如图 22-135 所示。

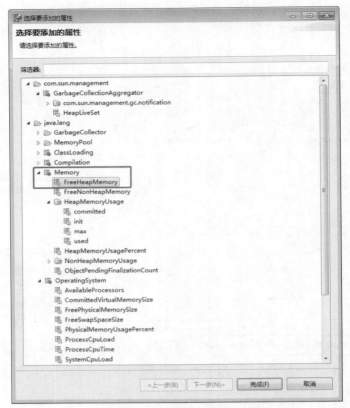

图 22-131　JMC 添加仪表监控界面

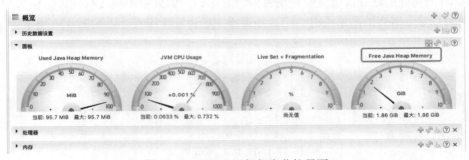

图 22-132　JMC 添加仪表监控界面

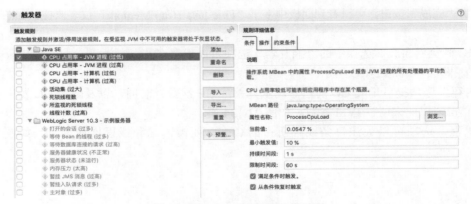

图 22-133　JMC 触发器设置界面

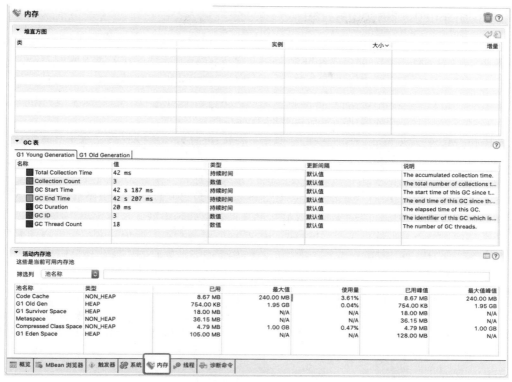

图 22-134　JMC 内存界面

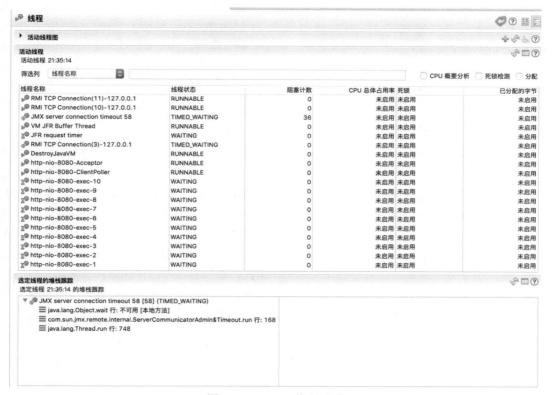

图 22-135　JMC 线程界面

22.7.4　Java Flight Recorder介绍

Java Flight Recorder（JFR）是 JMC 的一个组件。JFR 能够以极低的性能开销收集 JVM 的性能数据。自 Java11 开始，JFR 已经开源。但在之前的 Java 版本，JFR 属于商业范畴，需要通过 JVM 参数 -XX:+UnlockCommercialFeatures 开启。JFR 的性能开销很小，在默认配置下平均低于 1%。与其他工具相比，JFR 能够直接访问 JVM 内的数据，并且不会影响 JVM 的优化。因此，它非常适用于生产环境下满负荷运行的 Java 程序。

JFR 和 JMC 共同创建了一个完整的工具链。JMC 可对 JFR 连续收集低水平和详细的运行时信息进行高效详细的分析。

当启用时，JFR 将记录运行过程中发生的一系列事件。其中包括 Java 层面的事件，如线程事件、锁事件，以及 JVM 内部的事件，如新建对象、垃圾回收和即时编译事件。

按照发生时机以及持续时间来划分，JFR 的事件共有四种类型。

（1）瞬时事件（Instant Event）：用户关心的是它们发生与否，例如异常、线程启动事件。

（2）持续事件（Duration Event）：用户关心的是它们的持续时间，例如垃圾回收事件。

（3）计时事件（Timed Event）：时长超出指定阈值的持续事件。

（4）取样事件（Sample Event）：周期性取样的事件。

取样事件的其中一个常见例子便是方法抽样（Method Sampling），即每隔一段时间统计各个线程的栈轨迹。如果在这些抽样取得的栈轨迹中存在一个反复出现的方法，那么就可以推测该方法是否为热点方法。

JFR 启动方式主要有三种。

（1）第一种是在运行目标 Java 程序时添加 -XX:StartFlightRecording= 参数。

比如，下面命令中，JFR 将会在 JVM 启动 5s 后（对应 delay=5s）收集数据，持续 20s（对应 duration=20s）。当收集完毕后，JFR 会将收集得到的数据保存至指定的文件中（对应 filename=myrecording.jfr）。settings=profile 指定了 JFR 所收集的事件类型。默认情况下，JFR 将加载配置文件 JDK/lib/jfr/default.jfc，并识别其中所包含的事件类型。当使用了 settings=profile 配置时，JFR 将加载配置文件 JDK/lib/jfr/default.jfc，并识别其中所包含的事件类型。该配置文件所包含的事件类型要多于默认的 default.jfc，因此性能开销也要大一些（约为 2%）。default.jfc 以及 profile.jfc 均为 XML 文件。

```
-XX:StartFlightRecording=delay=5s,duration=20s,filename=myrecording.
jfr,settings=profile
```

由于 JFR 将持续收集数据，如果不加以限制，那么 JFR 可能会填满硬盘的所有空间。因此，我们有必要对这种模式下所收集的数据进行限制。比如，在这条命令中，maxage=10m 指的是仅保留 10 分钟以内的事件，maxsize=100m 指的是仅保留 100MB 以内的事件。一旦所收集的事件达到其中任意一个限制，JFR 便会开始清除不合规格的事件。然而，为了保持较小的性能开销，JFR 并不会频繁地校验这两个限制。因此，在实践过程中往往会发现指定文件的大小超出限制，或者文件中所存储事件的时间超出限制。最后一个参数 name 就是一个标签，当同一进程中存在多个 JFR 数据收集操作时，可以通过该标签来辨别。

```
-XX:StartFlightRecording=maxage=10m,maxsize=100m,name=SomeLabel
```

（2）通过 jcmd 来让 JFR 开始收集数据、停止收集数据，或者保存所收集的数据，对应的子命令分别为 JFR.start、JFR.stop，以及 JFR.dump。

```
$ jcmd <PID> JFR.start settings=profile maxage=10m maxsize=150m
name=SomeLabel
```

上述命令运行过后，目标进程中的 JFR 已经开始收集数据。此时，可以通过下述命令来导出已经收集到的数据。

```
$ jcmd <PID> JFR.dump name=SomeLabel filename=myrecording.jfr
```

最后，可以通过下述命令关闭目标进程中的 JFR。

```
$ jcmd <PID> JFR.stop name=SomeLabel
```

（3）通过 JMC 的 JFR 组件来启动，如图 22-136 所示。

通过 JFR 取样分析需要先在程序运行前添加 JVM 参数，参数如下。

```
-XX:+UnlockCommercialFeatures
-XX:+FlightRecorder
```

否则将会报以下问题，如图 22-137 所示。

图 22-136　启动 JFR 组件界面

图 22-137　问题提示界面

当右击选择弹出菜单中的 "Start Flight Recording…" 或者直接双击，JMC 便会弹出另一个窗口，用来配置 JFR 的启动参数，如图 22-138 所示。

这里的配置参数与前两种启动 JFR 的方式并无二致，同样也包括标签名、收集数据的持续时间、缓存事件的时间及空间限制，以及配置所要监控事件的 Event settings（这里对应前两种启动方式的 settings=default|profile）。JMC 提供了两个选择：Continuous 和 Profiling，分别对应 $JDK/lib/jfr/ 里的 default.jfc 和 profile.jfc。

取样时间默认 1 分钟，可自行按需调整，事件设置选 Profiling，然后可以设置取样 Profile 哪些信息。比如加上对象数量的统计："Java Virtual Machine" → "GC" → "Detailed" → "Object Count/Object Count after GC"，如图 22-139 所示，勾选右侧 "已启用"。

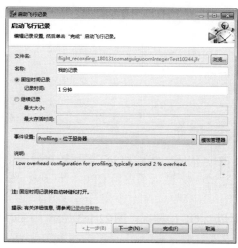

图 22-138　配置 JFR 的启动参数

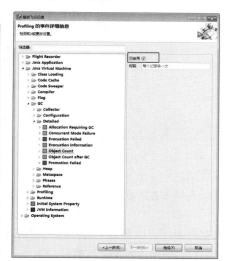

图 22-139　设置取样指标

方法调用采样的间隔从 10ms 改为 1ms，注意不能低于 1ms，否则会影响性能。选择"Java Virtual Machine" → "Profiling" → "Method Profiling Sample/Method Sampling Information"选项，如图 22-140 所示。

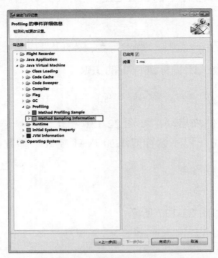

图 22-140　设置采样间隔时间

然后就开始 Profile，到时间后 Profile 结束，会自动把记录下载回来，在 JMC 中展示，如图 22-141 所示。

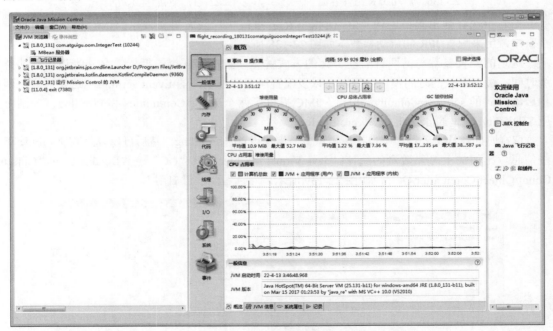

图 22-141　采样记录展示

从展示信息中，我们大致可以读到内存、CPU、代码、线程和 I/O 等比较重要的信息展示。它可以显示系统中的热点方法和占用的时间，图 22-142 显示了占用 CPU 时间最多的方法调用树信息。

在内存页面，可以看到当前内存占用情况，以及 GC 的情况。图 22-143 显示了在记录时间段内，程序的内存使用以及 GC 次数和垃圾收集器类型。

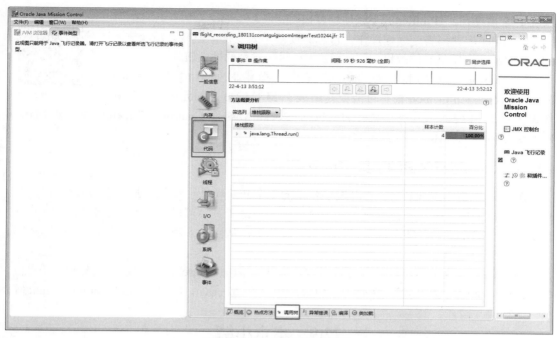

图 22-142　方法调用树信息

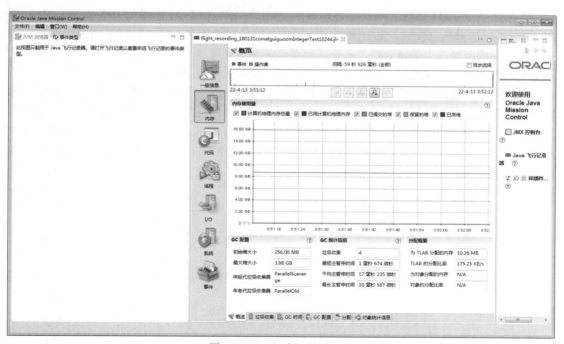

图 22-143　方法调用树信息

22.8　其他工具

22.8.1　TProfiler

阿里开源工具 TProfiler 可以用来定位性能代码，解决 GC 过于频繁的性能瓶颈，并最终将系统 TPS 再提升。TProfiler 的下载地址可扫码获取。

TProfiler 配置部署、远程操作、日志阅读都不太复杂，但是其却能够起到一针见血、立竿见影的效果，帮助解决 GC 过于频繁的性能瓶颈。

TProfiler 最重要的特性就是能够统计出指定时间段内 JVM 的 top method，这些 top method 极有可能就是造成 JVM 性能瓶颈的元凶。这是其他大多数 JVM 调优工具所不具备的，包括 JRockit Mission Control。JRockit 开发人员 Marcus Hirt 曾明确指出 JRMC 并不支持 TOP 方法的统计。

22.8.2 Java运行时追踪工具BTrace

BTrace 是 SUN Kenai 云计算开发平台下的一个开源项目，旨在为 Java 提供安全可靠的动态跟踪分析工具，是一个 Java 平台的安全的动态追踪工具，可以用来动态地追踪一个运行的 Java 程序。BTrace 通过动态调整目标应用程序的类，从而注入跟踪代码，我们称这种方法为字节码跟踪。

另外还有其他工具可以供各位读者参考使用，例如 HouseMD（该项目已经停止开发）、Greys-Anatomy（个人开发）、Byteman（JBoss 出品）、YourKit、JProbe，以及 Spring Insight 等。

22.9 本章小结

本章讲解了 JVM 监控和诊断工具，其中 jconsole 和 VisualVM 集成于 JDK 之中。MAT 和 JProfiler 可以选择独立安装，通过案例讲述了工具的使用流程和步骤，针对不同的性能指标分析可能出现的问题。上面讲到的工具都需要在服务端项目进程中配置相关的监控参数。然后通过工具远程连接到项目进程，获取相关的数据或者离线分析 dump 文件，这样就会带来一些不便，比如线上环境的网络是隔离的，本地的监控工具根本连不上线上环境。所以又讲解了一款阿里巴巴开源的性能分析神器 Arthas，该工具安装简单，使用方便，不需要远程连接，也不需要配置监控参数，同时也提供了丰富的性能监控数据，目前在企业中应用范围越来越大。在对 JVM 监控和调优的过程中，这些工具对于 Java 开发工程师来说必不可少，熟练使用以上工具可以帮助我们快速地定位问题并且解决问题。

第 23 章　JVM 运行时参数

　　熟悉 JVM 参数对于系统调优是非常重要的。比如一个高流量的延迟的电子交易平台，它要求的响应时间都是毫秒级的。要获得适合的参数组合需要大量的分析和不断地尝试，更依赖交易系统的特性。

　　在前面的章节中，多多少少都使用到了 JVM 参数，比如配置堆的初始化大小、堆空间最大值，以及输出日志信息等参数。但是并没有很详细地介绍 JVM 运行时参数都有哪些以及它们有哪些分类。本章将主要讲解 JVM 的运行时参数的分类及其使用方式。

23.1　JVM 参数选项类型

　　JVM 参数总体上来说分为三大类，分别是标准参数选项、非标准参数选项和非稳定参数选项，下面分别详细介绍三大参数类型。

23.1.1　标准参数选项

　　所有的 JVM 都必须实现标准参数的功能，而且向后兼容。标准参数是相对比较稳定的参数，后续版本基本不会发生变化，参数以 "-" 开头，例如读者常见的 "-version" 参数就是标准参数。获取标准参数的命令是在终端输入 "java" 或者 "java -help" 命令即可，获取结果如表 23-1 所示。

表23-1　标准化参数选项

参 数 选 项	含　　义
-d32	使用 32 位数据模型（如果可用）
-d64	使用 64 位数据模型（如果可用）
-server	选择 "server" VM，默认 VM 是 server
-cp< 目录和 zip/jar 文件的类搜索路径 > -classpath< 目录和 zip/jar 文件的类搜索路径 >	用 ":"（Linux 下）或 ";"（Win 下）分隔的目录，JAR 档案和 ZIP 档案列表，用于搜索类文件。例如当指定为目录时 (如 ".") 搜索目录下的所有字节码文件并解析为类
-D< 名称 >=< 值 >	设置系统属性
-verbose:[class|gc|jni]	启用详细输出
-version	输出产品版本并退出
-version:< 值 >	警告：此功能已过时，将在未来发行版中删除。需要指定的版本才能运行
-showversion	输出产品版本并继续
-jre-restrict-search|-no-jre-restrict-search	警告：此功能已过时，将在未来发行版中删除。在版本搜索中包括 / 排除用户专用 JRE
-? -help	输出此帮助消息
-X	输出非标准选项的帮助
-ea[:<packagename>...|:<classname>] -enableassertions[:<packagename>...|:<classname>]	按指定的粒度启用断言
-da[:<packagename>...|:<classname>] -disableassertions[:<packagename>...|:<classname>]	禁用具有指定粒度的断言

参 数 选 项	含　义
-esa | -enablesystemassertions	启用系统断言
-dsa | -disablesystemassertions	禁用系统断言
-agentlib:<libname>[=< 选项 >]	加载本机代理库 <libname>, 例如 -agentlib:hprof 另请参阅 -agentlib:jdwp=help 和 -agentlib:hprof=help
-agentpath:<pathname>[=< 选项 >]	按完整路径名加载本机代理库
-javaagent:<jarpath>[=< 选项 >]	加载 Java 编程语言代理，请参阅 java.lang.instrument
-splash:<imagepath>	使用指定的图像显示启动屏幕

需要注意的是 HotSpot 虚拟机的两种模式，分别是 Server 和 Client，分别通过 -server 和 -client 模式设置。

在 32 位 Windows 系统上，默认使用 Client 类型的 JVM。要想使用 Server 模式，则机器配置至少有 2 个以上的 CPU 和 2GB 以上的物理内存。Client 模式适用于对内存要求较小的桌面应用程序，默认使用 Serial 串行垃圾收集器。

64 位机器上只支持 Server 模式的 JVM，适用于需要大内存的应用程序，默认使用并行垃圾收集器。

23.1.2　非标准参数选项

我们知道 JVM 可以有不同的生产厂商，非标准参数的意思是并不保证所有 JVM 都对非标准参数进行实现，即只能被部分 JVM 识别且不保证向后兼容，功能相对来说也是比较稳定的，但是后续版本有可能会变更，参数以 "-X" 开头。可以用 java -X 来检索非标准参数，不能保证所有参数都可以被检索出来，例如其中就没有 -Xcomp。表 23-2 列出了常见的非标准参数。

表23-2　非标准参数

参 数 选 项	含　义
-Xmixed	混合模式执行（默认）
-Xint	仅解释模式执行
-Xcomp	仅采用即时编译器模式
--Xbootclasspath:< 用；（Windows 下）或 :（Linux 下）分隔的目录和 zip/jar 文件 >	设置搜索路径以引导类和资源
- Xbootclasspath/a:<用；（Windows 下）或 :（Linux 下）分隔的目录和 zip/jar 文件 >	附加在引导类路径末尾
- Xbootclasspath/p:<用；（Windows 下）或 :（Linux 下）分隔的目录和 zip/jar 文件 >	置于引导类路径之前
-Xdiag	显示附加诊断消息
-Xnoclassgc	禁用类垃圾收集
-Xincgc	启用增量垃圾收集
-showversion	输出产品版本并继续
-Xloggc:<file>	将 GC 状态记录在文件中（带时间戳）
-Xbatch	禁用后台编译
--Xms<size>	设置初始 Java 堆大小
-Xmx<size>	设置最大 Java 堆大小
-Xss<size>	设置 Java 线程堆栈大小

参 数 选 项	含 义
-Xprof	输出 CPU 配置文件数据
-Xfuture	启用最严格的检查，预期将来的默认值
-Xrs	减少 Java/VM 对操作系统信号的使用
-Xcheck:jni	对 JNI 函数执行其他检查
-Xshare:off	不尝试使用共享类数据
-Xshare:auto	在可能的情况下使用共享类数据（默认）
-Xshare:on	要求使用共享类数据，否则将失败
-XshowSettings	显示所有设置并继续
-XshowSettings:all	显示所有设置并继续
-XshowSettings:vm	显示所有与 vm 相关的设置并继续
-XshowSettings:properties	显示所有属性设置并继续
-XshowSettings:locale	显示所有与区域设置相关的设置并继续

特别注意的是 -Xint 参数表示禁用 JIT，所有的字节码都被解释执行，这个模式下系统启动最快，但是执行效率最低。-Xcomp 表示 JVM 采用编译模式，代码执行很快，但是启动会比较慢。-Xmixed 表示 JVM 采用混合模式，启动速度较快，让 JIT 根据程序运行的情况，对热点代码实行检测和编译。

虽然 -Xms、-Xmx 和 -Xss 三个参数归属于 -X 参数选项，但是这三个参数的执行效果分别等同于非稳定参数中的 -XX:InitialHeapSize、-XX:MaxHeapSize 和 -XX:ThreadStackSize。

23.1.3　非稳定参数选项

非稳定参数选项以 -XX 开头，也属于非标准参数，相对不稳定，在 JVM 中是不健壮的，也可能会突然直接取消某项参数，主要用于 JVM 调优和调试。但是这些参数中有很多参数对于 JVM 调优很有用处，所以也是使用最多的参数选项。

-XX 参数又分为布尔类型参数和非布尔类型参数。布尔类型的格式为 -XX:+/-<option>，-XX:+-<option> 表示启用 option，-XX:-<option> 表示禁用 option。例如 -XX:+UseParallelGC 表示开启 ParallelGC 垃圾收集器，-XX:-UseParallelGC 表示关闭 ParallelGC 垃圾收集器，有些参数是默认开启的，调优的时候可以考虑关闭某些参数。

非布尔类型的参数也可以理解为 Key-Value 型的参数，可以分为数值类型和非数值类型。数值类型格式为 -XX:<option>=<number>，number 可以带上单位（k、K 表示千字节，m、M 表示兆，或者使用更大的内存单位 g、G），例如 -XX:NewSize=1024m 表示设置新生代初始大小为 1024MB。非数值类型格式为 -XX:<option>=<String>，例如 -XX:HeapDumpPath=/usr/local/heapdump.hprof 用来指定 heap 转存文件的存储路径。

通过"java -XX:+PrintFlagsFinal"命令可以查看所有的 -XX 参数，如图 23-1 所示，篇幅原因截取部分截图。

图 23-1 最后一列参数的取值有多种，如下所示。

（1）product 表示该类型参数是官方支持的，属于 JVM 内部选项。

（2）rw 表示可动态写入。

（3）C1 表示 Client JIT 编译器。

（4）C2 表示 Server JIT 编译器。

（5）pd 表示平台独立。

（6）lp64 表示仅支持 64 位 JVM。

（7）manageable 表示可以运行时修改。

（8）diagnostic 表示用于 JVM 调试。

（9）experimental 表示非官方支持的参数。

```
[Global flags]
    uintx AdaptiveSizeDecrementScaleFactor        = 4          {product}
    uintx AdaptiveSizeMajorGCDecayTimeScale       = 10         {product}
    uintx AdaptiveSizePausePolicy                 = 0          {product}
    uintx AdaptiveSizePolicyCollectionCostMargin  = 50         {product}
    uintx AdaptiveSizePolicyInitializingSteps     = 20         {product}
    uintx AdaptiveSizePolicyOutputInterval        = 0          {product}
    uintx AdaptiveSizePolicyWeight                = 10         {product}
    uintx AdaptiveSizeThroughPutPolicy            = 0          {product}
    uintx AdaptiveTimeWeight                      = 25         {product}
     bool AdjustConcurrency                       = false      {product}
     bool AggressiveOpts                          = false      {product}
     intx AliasLevel                              = 3          {C2 product}
     bool AlignVector                             = false      {C2 product}
     intx AllocateInstancePrefetchLines           = 1          {product}
```

图 23-1　-XX 参数选项

默认不包含 diagnostic 和 experimental 两种类型，想要包含该类型的参数可以配合参数 -XX:+UnlockDiagnosticVMOptions 和 -XX:+UnlockExperimentalVMOptions 使用，例如 java -XX:+PrintFlagsFinal -XX:+UnlockDiagnosticVMOptions 命令结果如下（部分结果），包含了 diagnostic 类型的参数。同理可以添加 -XX:+UnlockExperimentalVMOptions 参数用于包含 experimental 类型的参数，不再演示。

```
uintx CPUForCMSThread                    = 0 {diagnostic}
 bool CheckEndorsedAndExtDirs            = false   {product}
 bool CheckJNICalls                      = false   {product}
 bool ClassUnloading                     = true    {product}
```

23.2　添加 JVM 参数的方式

在工作中经常需要配置 JVM 参数，一般有以下几种方式。

1. Eclipse界面配置

单击鼠标右键选中目标工程，选择"Run As"→"Run Configurations"→"Arguments"选项。在 VM arguments 里面填入需要的 JVM 参数即可。例如填入 -Xmx256m，这样就可以设置运行时最大内存为 256MB，Eclipse 配置参数如图 23-2 所示。

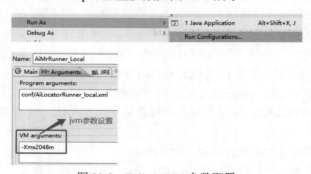

图 23-2　EclipseJVM 参数配置

2. IDEA界面配置

鼠标右键选中目标工程，选择"Run"→"Edit Configurations"选项，如图 23-3 所示。选中要添加 JVM 参数的 Application，然后在 Configuration 里面的 VM options 中输入想要添加

的 JVM 参数即可,如图 23-4 所示,例如填入 -Xmx256m,这样就可以设置运行时最大内存为 256MB。

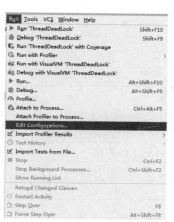

图 23-3 IDEA 参数配置(1)

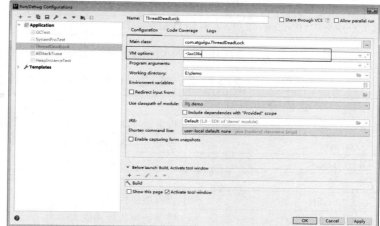

图 23-4 IDEA 参数配置(2)

3. 通过java命令配置

通过 java 命令运行 class 或者 jar 包的时候也可以添加 JVM 参数,一般多用于工程测试,如下所示。

```
// 运行 jar 包时添加 JVM 参数
java -Xms128m -Xmx256m -jar demo.jar
// 运行类的字节码文件时添加 JVM 参数
java -Xms128m -Xmx256m 类名
```

4. 通过web服务器配置

Linux 系统下可以在 tomcat/bin/catalina.sh 中添加如下 JVM 配置。

```
JAVA_OPTS="-Xms512M -Xmx1024M"
```

Windows 系统下可以在 catalina.bat 中添加如下配置。

```
set "JAVA_OPTS=-Xms512M -Xmx1024M"
```

5. 通过jinfo命令配置

jinfo 命令在第 20 章已经详细讲过,这里不再赘述。

23.3 常用 JVM 参数选项

JVM 参数选项那么多,在工作中有很多参数是很少用到的,这里汇总了几大常用的参数分类,如下所示。

(1)输出设置的 -XX 参数以及参数值的参数选项如表 23-3 所示。

表23-3 输出设置的-XX参数以及参数值的参数选项

参 数 选 项	含 义
-XX:+PrintCommandLineFlag	可以让在程序运行前打印出用户手动设置或者 JVM 自动设置的 XX 选项
-XX:+PrintFlagsInitial	表示打印出所有 XX 选项的默认值

参 数 选 项	含 义
-XX:+PrintFlagsFinal	表示打印出 XX 选项在运行程序时生效的值
-XX:+PrintVMOptions	打印 JVM 的参数

（2）堆、栈、方法区等内存大小设置的参数选项如表 23-4 所示。

表23-4　堆、栈、方法区等内存大小设置的参数选项

参 数 选 项	含 义
-Xss\<size>	等价于 -XX:ThreadStackSize，设置每个线程的栈大小
-Xms\<size>	等价于 -XX:InitialHeapSize，设置 JVM 初始堆内存大小
-Xmx\<size>	等价于 -XX:MaxHeapSize，设置 JVM 最大堆内存
-Xmn\<size>	设置新生代大小，官方推荐配置为整个堆大小的 3/8
-XX:NewSize	设置新生代初始值大小
-XX:MaxNewSiz	设置新生代最大值大小
-XX:SurvivorRatio=8	设置新生代中 Eden 区与一个 Survivor 区的比值，默认为 8
-XX:+UseAdaptiveSizePolicy	自动选择各区大小比例
-XX:NewRatio=4	设置老年代与新生代（包括 1 个 Eden 区和 2 个 Survivor 区）的比值
-XX:PretenureSizeThreadshold=1024	设置让大于此阈值的对象直接分配在老年代，单位为字节，只对 Serial、ParNew 收集器有效
-XX:MaxTenuringThreshold=15	默认值为 15，新生代每次 MinorGC 后，还存活的对象年龄 +1，当对象的年龄大于设置的这个值时就进入老年代
-XX:+PrintTenuringDistribution	让 JVM 在每次 MinorGC 后打印出当前使用的 Survivor 中对象的年龄分布
-XX:TargetSurvivorRatio	表示 MinorGC 结束后 Survivor 区域中占用空间的期望比例
-XX:PermSiz	设置永久代初始值大小
-XX:MaxPermSize	设置永久代最大值大小
-XX:MetaspaceSize	初始元空间大小
-XX:MaxMetaspaceSize	最大空间，默认没有限制
-XX:+UseCompressedOops	压缩对象指针
-XX:+UseCompressedClassPointers	压缩类指针
-XX:CompressedClassSpaceSize	设置 Klass Metaspace 的大小，默认 1G
-XX:MaxDirectMemorySize	指定 DirectMemory 容量，若未指定，则默认与 Java 堆最大值一样

（3）OutOfMemory 相关的参数选项如表 23-5 所示。

表23-5　OutOfMemory相关的参数选项

参 数 选 项	含 义
-XX:+HeapDumpOnOutOfMemoryError	表示在内存出现 OOM 的时候，把 Heap 转存（Dump）到文件以便后续分析
-XX:+HeapDumpBeforeFullGC	表示在出现 Full GC 之前，生成 Heap 转存文件
-XX:HeapDumpPath=\<path>	指定 Heap 转存文件的存储路径
-XX:OnOutOfMemoryError	指定一个可行性程序或者脚本的路径，当发生 OOM 的时候，去执行这个脚本

-XX:OnOutOfMemoryError 表示当发生内存溢出的时候，还可以让 JVM 调用任何一个 shell 脚本。大多数时候，内存溢出并不会导致整个应用都挂掉，但是最好还是把应用重启一下，因为一旦发生了内存溢出，可能会让应用处于一种不稳定的状态，一个不稳定的应用可能会提供错误的响应。例如使用以下命令。

```
-XX:OnOutOfMemoryError=/opt/Server/restart.sh
```

当给 JVM 传递上述参数的时候，如果发生了内存溢出，JVM 会调用 /opt/Server/restart.sh 这个脚本，在这个脚本中可以去用优雅的办法来重启应用。restart.sh 脚本如下所示。

```
Linux 环境:
#!/bin/bash
pid=$(ps -ef|grep Server.jar|awk '{if($8=="java") {print $2}}')
kill -9 $pid
cd /opt/Server/;
sh run.sh
Windows 环境:
echo off
wmic process where Name='java.exe' delete
cd D:\Server
start run.bat
```

（4）垃圾收集器相关的参数选项因垃圾收集器的不同而不同，关于垃圾收集器的分类以及配合使用，在第 16 章有详细的讲解。使用 -XX:+PrintCommandLineFlags 查看命令行相关参数，从中可以查看到当前系统使用的垃圾收集器，也可以使用命令行指令 jinfo 查看。

Serial 收集器作为 HotSpot 中 Client 模式下的默认新生代垃圾收集器。Serial Old 收集器是运行在 Client 模式下默认的老年代的垃圾收集器。-XX:+UseSerialGC 参数可以指定新生代和老年代都使用串行收集器，表示新生代用 Serial GC，且老年代用 Serial Old 收集器。可以获得最高的单线程收集效率。现在已经很少使用 Serial 收集器了，本书也不再赘述。

ParNew 收集器可以使用 -XX:+UseParNewGC 参数指定。它表示新生代使用并行收集器，不影响老年代。Parallel 收集器的相关 JVM 参数选项如表 23-6 所示。

表23-6 Parallel收集器的相关JVM参数选项

参 数 选 项	含 义
-XX:+UseParallelGC	手动指定新生代使用 Parallel 并行收集器执行内存回收任务，和 UseParallelOldGC 参数互相激活
-XX:+UseParallelOldGC	手动指定老年代都是使用并行回收收集器，JDK8 默认是开启的，和 UseParallelGC 参数互相激活
-XX:ParallelGCThreads	设置新生代并行收集器的线程数。一般地，最好与 CPU 数量相等，以避免过多的线程数影响垃圾收集性能，在默认情况下，当 CPU 数量小于 8 个，ParallelGCThreads 的值等于 CPU 数量；当 CPU 数量大于 8 个，ParallelGCThreads 的值等于 3+（5×CPU_Count）/8
-XX:MaxGCPauseMillis	设置垃圾收集器最大停顿时间（即 STW 的时间），单位是毫秒。为了尽可能地把停顿时间控制在 MaxGCPauseMills 以内，收集器在工作时会调整 Java 堆大小或者其他一些参数。对于用户来讲，停顿时间越短体验越好。但是在服务器端，更加注重高并发，整体的吞吐量，所以服务器端适合 Parallel，该参数使用需谨慎

参 数 选 项	含　义
-XX:GCTimeRatio	设置垃圾收集时间占总时间的比例 [1／（N＋1）]。用于衡量吞吐量的大小
-XX:+UseAdaptiveSizePolicy	设置 Parallel Scavenge 收集器具有自适应调节策略，在这种模式下，新生代的大小、Eden 区和 Survivor 区的比例、晋升老年代的对象年龄等参数会被自动调整，已达到在堆大小、吞吐量和停顿时间之间的平衡点。在手动调优比较困难的场合，可以直接使用这种自适应的方式，仅指定 JVM 的最大堆、目标的吞吐量（GCTimeRatio）和停顿时间（MaxGCPauseMills），让 JVM 自己完成调优工作

CMS 收集器的相关 JVM 参数选项如表 23-7 所示。

表23-7　CMS收集器的相关JVM参数选项

参 数 选 项	含　义
-XX:+UseConcMarkSweepGC	手动指定使用 CMS 收集器执行内存回收任务，开启该参数后会自动将 -XX:+UseParNewGC 打开。即 "ParNew（新生代用）+CMS（老年代用）+Serial Old" 的组合
-XX:CMSInitiatingOccupanyFraction	设置堆内存使用率的阈值，一旦达到该阈值，便开始进行回收，JDK5 及以前版本的默认值为 68, 即当老年代的空间使用率达到 68% 时，会执行一次 CMS 回收。JDK6 及以上版本默认值为 92%,如果内存增长缓慢，则可以设置一个稍大的值，大的阈值可以有效降低 CMS 的触发频率，减少老年代回收的次数可以较为明显地改善应用程序性能。反之，如果应用程序内存使用率增长很快，则应该降低这个阈值，以避免频繁触发老年代串行收集器。因此通过该选项便可以有效降低 Full GC 的执行次数
-XX:+UseCMSInitiatingOccupancyOnly	使用 CMSInitiatingOccupancyFraction 设定的回收阈值，如果不指定，JVM 仅在第一次使用设定值，后续则自动调整
-XX:+UseCMSCompactAtFullCollection	用于指定在执行完 Full GC 后对内存空间进行压缩整理，以此避免内存碎片的产生。不过由于内存压缩整理过程无法并发执行，所带来的问题就是停顿时间变得更长了
-XX:CMSFullGCsBeforeCompaction	设置在执行多少次 Full GC 后对内存空间进行压缩整理
-XX:ParallelCMSThreads	设置 CMS 的线程数量，CMS 默认启动的线程数是（ParallelGCThreads+3)/4, ParallelGCThreads 是新生代并行收集器的线程数。当 CPU 资源比较紧张时，受到 CMS 收集器线程的影响，应用程序的性能在垃圾回收阶段可能会非常糟糕
-XX:ConcGCThreads	设置并发垃圾收集的线程数，默认该值是基于 ParallelGCThreads 计算出来的
-XX:CMSInitiatingOccupancyFraction	假如设置值为 70 表示 CMS 在对内存占用率达到 70% 的时候开始 GC
-XX:+CMSScavengeBeforeRemark	强制 HotSpot 虚拟机在 cms remark 阶段之前做一次 minor gc，用于提高 remark 阶段的速度
-XX:+CMSClassUnloadingEnable	使持久代能真正释放不再被使用的类（JDK8 之前）
-XX:+CMSParallelInitialEnabled	用于开启 CMS initial-mark 阶段采用多线程的方式进行标记，用于提高标记速度，在 Java 8 开始已经默认开启
-XX:+CMSParallelRemarkEnabled	用户开启 CMS remark 阶段采用多线程的方式进行重新标记，默认开启

续表

参 数 选 项	含　义
-XX:+ExplicitGCInvokesConcurrent -XX:+ExplicitGCInvokesConcurrentAndUnloadsClasses	这两个参数用户指定 HotSpot 虚拟在执行 System.gc() 时使用 CMS 周期
-XX:+CMSPrecleaningEnabled	指定 CMS 是否需要进行 Pre cleaning 这个阶段

需要注意的是 JDK 9 新特性中 CMS 被标记为 Deprecate 了，如果对 JDK 9 及以上版本的 HotSpot 虚拟机使用参数 -XX:+UseConcMarkSweepGC 来开启 CMS 收集器的话，用户会收到一个警告信息，提示 CMS 未来将会被废弃。JDK 14 新特性中删除了 CMS 垃圾收集器，如果在 JDK 14 中使用 -XX:+UseConcMarkSweepGC 的话，JVM 不会报错，只是给出一个 warning 信息，但是不会 exit。JVM 会自动回退以默认 GC 方式启动 JVM。

G1 收集器的相关 JVM 参数选项如表 23-8 所示。

表23-8　G1收集器的相关JVM参数选项

参 数 选 项	含　义
-XX: +UseG1GC	手动指定使用 G1 收集器执行内存回收任务
--XX:G1HeapRegionSize	设置每个 Region 的大小。值是 2 的幂，范围是 1 ~ 32MB，目标是根据最小的 Java 堆大小划分出约 2048 个区域。默认是堆内存的 1/2000
-XX:MaxGCPauseMillis	设置期望达到的最大 GC 停顿时间指标（JVM 会尽力实现，但不保证达到）。默认值是 200ms
-XX:ParallelGCThread	设置 STW 时 GC 线程数的值。最多设置为 8
-XX:ConcGCThreads	设置并发标记的线程数。将 n 设置为并行垃圾回收线程数（ParallelGCThreads）的 1/4 左右
-XX:InitiatingHeapOccupancyPercent	设置触发并发 GC 周期的 Java 堆占用率阈值。超过此值，就触发 GC。默认值是 45
-XX:G1NewSizePercent -XX:G1MaxNewSizePercent	新生代占用整个堆内存的最小百分比（默认 5%）、最大百分比（默认 60%）

G1 收集器主要涉及 Mixed GC，Mixed GC 会回收新生代和部分老年代，G1 关于 Mixed GC 调优常用参数选项如表 23-9 所示。

表23-9　G1关于Mixed GC调优常用参数选项

参 数 选 项	含　义
-XX:InitiatingHeapOccupancyPercent	设置堆占用率的百分比（0 到 100）达到这个数值的时候触发 global concurrent marking（全局并发标记），默认为 45%。值为 0 表示间断进行全局并发标记
-XX:G1MixedGCLiveThresholdPercent	设置老年代的 region 被回收时候的对象占比，默认占用率为 85%。只有老年代的 region 中存活的对象占用达到了这个百分比，才会在 Mixed GC 中被回收
-XX:G1HeapWastePercent	在 global concurrent marking（全局并发标记）结束之后，可以知道所有的区有多少空间要被回收，在每次 young GC 之后和再次发生 Mixed GC 之前，会检查垃圾占比是否达到此参数，只有达到了，下次才会发生 Mixed GC

参 数 选 项	含 义
-XX:G1MixedGCCountTarget	一次 global concurrent marking（全局并发标记）之后，最多执行 Mixed GC 的次数，默认是 8
-XX:G1OldCSetRegionThresholdPercent	设置 Mixed GC 收集周期中要收集的 Old region 数的上限。默认值是 Java 堆的 10%

（5）GC 日志相关的参数选项如表 23-10 所示。

表23-10　GC日志相关的参数选项

参 数 选 项	含 义
-verbose:gc	输出 GC 日志信息，默认输出到标准输出
-XX:+PrintGC	等同于 -verbose:gc 表示打开简化的 GC 日志
-XX:+PrintGCDetails	在发生垃圾回收时打印内存回收详细的日志，并在进程退出时输出当前内存各区域分配情况
-XX:+PrintGCTimeStamps	输出 GC 发生时的时间戳，需要配合 -XX:+PrintGCDetails 使用
-XX:+PrintGCDateStamps	输出 GC 发生时的时间戳（以日期的形式，如 2013-05-04T21:53:59.234+0800），需要配合 -XX:+PrintGCDetails 使用
-XX:+PrintHeapAtGC	每一次 GC 前和 GC 后，都打印堆信息
-Xloggc:<file>	把 GC 日志写入到一个文件中去，而不是打印到标准输出中
-XX:+TraceClassLoading	监控类的加载
-XX:+PrintGCApplicationStoppedTime	打印 GC 时线程的停顿时间
-XX:+PrintGCApplicationConcurrentTime	垃圾收集之前打印出应用未中断的执行时间
-XX:+PrintReferenceGC	记录回收了多少种不同引用类型的引用
-XX:+PrintTenuringDistribution	让 JVM 在每次 MinorGC 后打印出当前使用的 Survivor 中对象的年龄分布
-XX:+UseGCLogFileRotation	启用 GC 日志文件的自动转储
-XX:NumberOfGClogFiles=1	GC 日志文件的循环数目
-XX:GCLogFileSize=1M	控制 GC 日志文件的大小

（6）其他常用的参数选项如表 23-11 所示。

表23-11　其他常用的参数选项

参 数 选 项	含 义
-XX:+DisableExplicitGC	禁止 HotSpot 执行 System.gc()，默认禁用
-XX:ReservedCodeCacheSize=<n>[g|m|k]、-XX:InitialCodeCacheSize=<n>[g|m|k]	指定代码缓存的大小
-XX:+UseCodeCacheFlushing	使用该参数让 JVM 放弃一些被编译的代码，避免代码缓存被占满时 JVM 切换到 interpreted-only 的情况
-XX:+DoEscapeAnalysis	开启逃逸分析
-XX:+UseBiasedLocking	开启偏向锁
-XX:+UseLargePages	开启使用大页面
-XX:+UseTLAB	使用 TLAB，默认打开
-XX:+PrintTLAB	打印 TLAB 的使用情况
-XX:TLABSize	设置 TLAB 大小

23.4　通过 Java 代码获取 JVM 参数

Java 提供了 java.lang.management 包用于监视和管理 JVM 和 Java 运行时中的其他组件，它允许本地和远程监控和管理运行的 JVM，会经常使用到其中的 ManagementFactory 类。另外还有 Runtime 类也可以获取一些内存、CPU 核数等相关的数据。通过这些 API 可以监控我们的应用服务器的堆内存使用情况，也可以设置一些阈值进行报警等处理，代码清单 23-1 演示了 Java 代码获取应用的内存使用情况。

代码清单23-1　获取JVM内存使用情况

```java
public class MemoryMonitor {
    public static void main(String[] args) {
        MemoryMXBean memorymbean = ManagementFactory.getMemoryMXBean();
        MemoryUsage usage = memorymbean.getHeapMemoryUsage();
        System.out.println("INIT HEAP:"+usage.getInit()/1024/1024+"m");
        System.out.println("MAX HEAP: "+usage.getMax()/1024/1024+"m");
        System.out.println("USE HEAP: "+usage.getUsed()/1024/1024+"m");
        System.out.println("Full Information:");
        System.out.println("Heap Memory Usage:"
                +memorymbean.getHeapMemoryUsage());
        System.out.println("Non-Heap Memory Usage:"
                +memorymbean.getNonHeapMemoryUsage());
        System.out.println("==== 通过 java 来获取相关系统状态 ====");
        // 当前堆内存大小
        System.out.println(" 当前堆内存大小 totalMemory"
                +(int)Runtime.getRuntime().totalMemory()/1024/
                1024+"m");
        // 空闲堆内存大小
        System.out.println(" 空闲堆内存大小 freeMemory"
                +(int)Runtime.getRuntime().freeMemory()/1024/1024
                +"m");
        // 最大可用总堆内存大小
        System.out.println(" 最大可用总堆内存 maxMemory"
                +Runtime.getRuntime().maxMemory()/1024/1024+"m");
    }
}
```

运行结果如下，可以看到堆内存的各项信息。

```
INIT HEAP: 256m
MAX HEAP: 3621m
USE HEAP: 5m
Full Information:
Heap Memory Usage:init = 268435456(262144K)  used = 5371960(5246K)
committed = 257425408(251392K) max = 3797417984(3708416K)
Non-Heap Memory Usage:init = 2555904(2496K)  used = 5137976(5017K)
committed = 8060928(7872K) max = -1(-1K)
========== 通过 java 来获取相关系统状态 ==========
```

```
当前堆内存大小 totalMemory245m
空闲堆内存大小 freeMemory240m
最大可用总堆内存 maxMemory3621m
```

23.5　本章小结

　　本章讲解了 JVM 运行时参数，JVM 参数对于系统调优是非常重要的，参数分为三类，分别是标准参数选项、非标准参数选项和非稳定参数选项。标准参数是所有的 JVM 实现都必须要实现的参数，不同的 JVM 拥有相同的参数功能。非标准参数无法保证所有的 JVM 都会有对应的实现，该类型参数一般以"-X"开头。非稳定参数在 JVM 中是不健壮的，属于试验性质的参数，有可能在不同的 JVM 版本中会被取消，该类型参数一般以"-XX"开头，对于 JVM 调优有很大的用处。

　　介绍完 JVM 参数以后，我们讲解了如何添加 JVM 参数，包括在 IDE 工具中以及在 Web 服务端的配置步骤。紧接着我们又讲解了在工作中常用的 JVM 参数选项，这样大家在学习过程中可以突出重点。最后我们讲解了通过 Java 代码来获取 JVM 参数的方法，如果需要在运行过程中获取内存信息，大家可以通过该方法来进行处理。通过对 JVM 参数的学习，可以让大家在工作中游刃有余地应对系统调优。

第 24 章 　 GC 日志分析

GC 日志是 JVM 产生的一种描述性的文本日志。就像开发 Java 程序需要输出日志一样，JVM 通过 GC 日志来描述垃圾收集的情况。通过 GC 日志，我们能直观地看到内存清理的工作过程，了解垃圾收集的行为，比如何时在新生代执行垃圾收集，何时在老年代执行垃圾收集。本章将详细讲解如何分析 GC 日志。

24.1 　 概述

GC 日志主要用于快速定位系统潜在的内存故障和性能瓶颈，通过阅读 GC 日志，我们可以了解 JVM 的内存分配与回收策略。GC 日志根据垃圾收集器分类可以分为 Parallel 垃圾收集器日志、G1 垃圾收集器日志和 CMS 垃圾收集器日志。第 7 章讲解堆的时候，垃圾收集分为部分收集和整堆收集，所以也可以把 GC 日志分为 Minor GC 日志、Major GC 日志和 Full GC 日志。下面开始解析不同垃圾收集器的 GC 日志。

24.2 　 生成 GC 日志

解析日志之前，我们需要先生成日志，打印内存分配与垃圾收集日志信息的相关参数如下，更多关于 GC 日志参数见第 23 章表 23-10。

1）-XX:+PrintGC

该参数表示输出 GC 日志，和参数 -verbose:gc 效果一样。

2）-XX:+PrintGCDetails

该参数表示输出 GC 的详细日志。

3）-XX:+PrintGCTimeStamps

该参数表示输出 GC 的时间戳（以基准时间的形式）。

4）-XX:+PrintGCDateStamps

该参数表示输出 GC 的时间戳（以日期的形式，如 2013-05-04T21:53:59.234+0800）。

5）-XX:+PrintHeapAtGC

该参数表示在进行 GC 的前后打印出堆的信息。

6）-Xloggc:../logs/gc.log

该参数表示日志文件的输出路径。

使用代码清单 24-1 演示不同的 GC 日志参数打印出来的日志效果。

代码清单24-1 　 GC日志演示

```
package com.atguigu.java;
import java.util.ArrayList;

public class GCLogTest {
    public static void main(String[] args) {
        ArrayList<byte[]> list = new ArrayList<>();
        for (int i = 0; i < 500; i++) {
            byte[] arr = new byte[1024 * 100];//100KB
```

```
            list.add(arr);
            try {
                Thread.sleep(50);
            } catch (InterruptedException e) {
                e.printStackTrace();
            }
        }
    }
}
```

配置 JVM 参数如下。

```
-Xms60m -Xmx60m -XX:SurvivorRatio=8
```

（1）增加输出 GC 日志参数如下。

```
-verbose:gc
```

这个参数只会显示总的 GC 堆的变化，结果如下。

```
[GC (Allocation Failure)  16300K->13798K(59392K), 0.0082154 secs]
[GC (Allocation Failure)  30182K->30112K(59392K), 0.0110103 secs]
[Full GC (Ergonomics)  30112K->29802K(59392K), 0.0127375 secs]
[Full GC (Ergonomics)  46186K->45805K(59392K), 0.0096684 secs]
```

（2）在控制台输出 GC 日志详情命令如下。

```
-verbose:gc -XX:+PrintGCDetails
```

输出日志信息如下。

```
[GC (Allocation Failure) [PSYoungGen: 16300K->2024K(18432K)]
16300K->13678K(59392K), 0.0077232 secs] [Times: user=0.01 sys=0.03,
real=0.01 secs]
 [GC (Allocation Failure) [PSYoungGen: 18408K->2016K(18432K)]
30062K->30080K(59392K), 0.0085867 secs] [Times: user=0.01 sys=0.04,
real=0.01 secs]
 [Full GC (Ergonomics) [PSYoungGen: 2016K->0K(18432K)] [ParOldGen:
28064K->29801K(40960K)] 30080K->29801K(59392K), [Metaspace:
3898K->3898K(1056768K)], 0.0105923 secs] [Times: user=0.06 sys=0.01,
real=0.01 secs]
 [Full GC (Ergonomics) [PSYoungGen: 16384K->5000K(18432K)]
[ParOldGen: 29801K->40803K(40960K)] 46185K->45804K(59392K), [Metaspace:
3898K->3898K(1056768K)], 0.0083892 secs] [Times: user=0.01 sys=0.03,
real=0.01 secs]
```

可以发现较之前的日志信息更加详细了，可以明确看到每个区域的内存变化，这使得对日志的分析更加精确了。

（3）增加 GC 日志打印时间命令如下。

```
-verbose:gc -XX:+PrintGCDetails -XX:+PrintGCTimeStamps
-XX:+PrintGCDateStamps
```

输出日志信息如下。

```
    2022-03-25T16:14:53.423-0800: 6.948: [GC (Allocation Failure)
[PSYoungGen: 16300K->2044K(18432K)] 16300K->13806K(59392K), 0.0083436 secs]
[Times: user=0.01 sys=0.03, real=0.01 secs]
    2022-03-25T16:15:02.206-0800: 15.731: [GC (Allocation Failure)
[PSYoungGen: 18428K->1968K(18432K)] 30190K->30040K(59392K), 0.0089178 secs]
[Times: user=0.01 sys=0.04, real=0.01 secs]
    2022-03-25T16:15:02.215-0800: 15.740: [Full GC (Ergonomics)
[PSYoungGen: 1968K->0K(18432K)] [ParOldGen: 28072K->29801K(40960K)]
30040K->29801K(59392K), [Metaspace: 3899K->3899K(1056768K)], 0.0109872
secs] [Times: user=0.06 sys=0.01, real=0.01 secs]
    2022-03-25T16:15:10.880-0800: 24.406: [Full GC (Ergonomics)
[PSYoungGen: 16384K->5000K(18432K)] [ParOldGen: 29801K->40803K(40960K)]
46185K->45804K(59392K), [Metaspace: 3899K->3899K(1056768K)], 0.0350833
secs] [Times: user=0.01 sys=0.01, real=0.03 secs]
    Heap
     PSYoungGen       total 18432K, used 10379K [0x00000007bec00000,
0x00000007c0000000, 0x00000007c0000000)
      eden space 16384K, 63% used [0x00000007bec00000,0x00000007bf622f48,0x
00000007bfc00000)
      from space 2048K, 0% used [0x00000007bfe00000,0x00000007bfe00000,0x00
000007c0000000)
      to   space 2048K, 0% used [0x00000007bfc00000,0x00000007bfc00000,0x00
000007bfe00000)
     ParOldGen        total 40960K, used 40803K [0x00000007bc400000,
0x00000007bec00000, 0x00000007bec00000)
      object space 40960K, 99% used [0x00000007bc400000,0x00000007bebd8ef0,
0x00000007bec00000)
     Metaspace       used 3905K, capacity 4568K, committed 4864K, reserved
1056768K
      class space    used 431K, capacity 460K, committed 512K, reserved
1048576K
```

可以看到日志信息中带上了日期，方便在生产环境中根据日期去定位 GC 日志 2022-03-25T16:14:53.423-0800 表示的日志打印时间，该信息是参数"-XX:+PrintGCDateStamps"起的作用；后面的 6.948 表示虚拟机启动以来到目前打印日志经历的时间，该信息由参数"-XX:+PrintGCTimeStamps"起作用。

（4）在生产环境中，一般都会把日志存放到某个文件中，如果想要达到这一效果可以使用下面的参数。

```
-Xloggc:path/gc.log
```

这里依然使用代码清单 24-1 中的代码，执行代码清单 24-1 之前，增加配置参数如下。

```
-Xloggc:log/gc.log
```

其中 log 表示当前目录下的 log 文件夹，所以首先需要创建 log 目录，之后执行代码即可生成日志文件。

24.3　Parallel 垃圾收集器日志解析

24.3.1　Minor GC

下面是一段 Parallel 垃圾收集器在新生代产生的 Minor GC 日志，接下来逐步展开解析。

```
2020-11-20T17:19:43.265-0800: 0.822: [GC (ALLOCATION FAILURE)
[PSYOUNGGEN: 76800K->8433K(89600K)] 76800K->8449K(294400K), 0.0088371 SECS]
[TIMES: USER=0.02 SYS=0.01, REAL=0.01 SECS]
```

日志解析如表 24-1 所示。

表24-1　Parallel垃圾收集器Minor GC日志解析

日 志 片 段	含 义
2020-11-20T17:19:43.265-0800	日志打印时间
0.822	GC 发生时，JVM 启动以来经过的秒数
[GC (Allocation Failure)	发生了一次垃圾收集，这是一次 Minor GC。它不用来区分新生代 GC 还是老年代 GC，只是区分 GC 类型，如果是 FULL GC，则会含有"Full"字样。括号里的内容是 GC 发生的原因，这里的 Allocation Failure 的原因是没有足够区域能够存放需要分配的数据而失败
[PSYoungGen:	表示 GC 发生的区域，区域名称与使用的垃圾收集器是密切相关的，例如：PSYoung 表示 Parallel Scanvenge 收集器在新生代的垃圾收集；DefNew 表示 Serial 收集器在新生代的垃圾收集；ParNew 表示 ParNew 收集器在新生代的垃圾收集；ParOldGen 表示 Parallel Old Generation 收集器在老年代的垃圾收集
76800K->8433K(89600K)	GC 前该内存区域已使用容量→ GC 后该区域内存容量（该区域内存总容量）。如果是新生代，总容量则会显示整个新生代内存的 9/10，即 eden+from/to 区：如果是老年代，总容量则是全部内存大小，无变化
76800K->8449K(294400K)	在显示完区域容量 GC 的情况之后，会接着显示整个堆内存区域的 GC 情况：GC 前堆内存已使用容量→ GC 后堆内存容量（堆内存总容量）；堆内存总容量 =9/10 新生代 + 老年代 < 初始化的内存大小
0.0088371 secs	整个 GC 所花费的时间，单位是秒
[Times: user=0.02 sys=0.01, real=0.01 secs]	user：指的是 CPU 工作在用户态所花费的时间 sys：指的是 CPU 工作在内核态所花费的时间 real：指的是在此次 GC 事件中所花费的总时间

24.3.2　FULL GC

下面解析一段 Parallel 垃圾收集器产生的 FULL GC 日志。

```
2020-11-20T17:19:43.794-0800: 1.351: [FULL GC (METADATA GC THRESHOLD)
[PSYOUNGGEN: 10082K->0K(89600K)] [PAROLDGEN: 32K->9638K(204800K)]
10114K->9638K(294400K),
  [METASPACE: 20158K->20156K(1067008K)], 0.0285388 SECS] [TIMES:
USER=0.11 SYS=0.00, REAL=0.03 SECS]
```

日志解析如表 24-2 所示。

表24-2　Parallel垃圾收集器FULL GC日志解析

日 志 片 段	含　　义
2020-11-20T17:19:43.794-0800	日志打印时间
1.351	GC 发生时，JVM 启动以来经过的秒数
Full GC (Metadata GC Threshold)	发生了一次垃圾收集，这是一次 FULL GC，因为包含了 "Full" 字样。括号里的内容是 GC 发生的原因，这里的 Metadata GC Threshold 的原因是 Metaspace 区不够用了。另外还有其他 GC 原因，例如： Full GC (Ergonomics)：JVM 自适应调整导致的垃圾收集； Full GC (System)：调用了 System.gc() 方法
[PSYoungGen:	表示 GC 发生的区域，区域名称与使用的垃圾收集器是密切相关的，例如： PSYoung 表示 Parallel Scanvenge 收集器在新生代的垃圾收集； DefNew 表示 Serial 收集器在新生代的垃圾收集； ParNew 表示 ParNew 收集器在新生代的垃圾收集； ParOldGen 表示 Parallel Old Generation 收集器在老年代的垃圾收集
10082K->0K(89600K)	GC 前该内存区域已使用容量→ GC 后该区域容量（该区域总容量）。如果是新生代，总容量则会显示整个新生代内存的 9/10，即 "eden+ from/to" 区。如果是老年代，总容量则是全部内存大小，无变化。此段日志含义表示年轻代 GC 前区域大小为 10082K，GC 后大小变为 0K，总大小是 89600K
ParOldGen: 32K->9638K(204800K)]	ParOldGen 可以看出来是老年代区域的变化，此段日志表示老年代区域没有收集内存，因为垃圾收集后的内存没有降低反而是增加的，所以是没有内存收集的
10114K->9638K(294400K)	在显示完区域容量 GC 的情况之后，会接着显示整个堆内存区域的 GC 情况：GC 前堆内存已使用容量→ GC 后堆内存容量（堆内存总容量），堆内存总容量 =9/10 新生代＋老年代＜初始化的内存大小
[Metaspace: 20158K->20156K (1067008K)]	此段日志表示 metaspace 发生 GC 后收集了 2K 空间。JDK8 中，Metaspace 区是保存在本地内存中，是没有内存上限的，最大容量与机器的内存有关；但是 XX:MetaspaceSize 是有一个默认值的，大约为 21M，所以这里可以看到内存几乎占满了，收集的空间也很小才导致的 Full GC
0.0285388secs	整个 GC 所花费的时间，单位是秒
[Times: user=0.11 sys=0.00, real= 0.03 secs]	user：CPU 工作在用户态所花费的时间 sys：CPU 工作在内核态所花费的时间 real：在此次 GC 事件中所花费的总时间

通过日志分析可以总结出 Parallel 垃圾收集器输出日志的规律，如图 24-1 所示。

图 24-1　日志规律

24.4　G1 垃圾收集器日志解析

G1 垃圾收集器的垃圾收集过程在前面的章节已经讲过了，它是区域化分代式垃圾收集器。G1 垃圾收集器的垃圾收集包含四个环节，分别是 Minor GC、并发收集、混合收集（Mixed GC）和 Full GC，下面针对每个环节的 GC 日志进行解析。

24.4.1　Minor GC

下面解析 G1 垃圾收集器产生的 Minor GC 日志。

```
2021-06-08T20:18:22.172-0800: 8.579: [GC pause (G1 Evacuation Pause)
(young), 0.0194860 secs]
    [Parallel Time: 12.1 ms, GC Workers: 8]
        [GC Worker Start (ms): Min: 8579.1, Avg: 8579.2, Max: 8579.2,
Diff: 0.1]
        [Ext Root Scanning (ms): Min: 0.4, Avg: 1.4, Max: 5.1, Diff: 4.7,
Sum: 11.0]
        [Update RS (ms): Min: 0.0, Avg: 0.0, Max: 0.2, Diff: 0.2, Sum: 0.2]
            [Processed Buffers: Min: 0, Avg: 0.1, Max: 1, Diff: 1, Sum: 1]
        [Scan RS (ms): Min: 0.0, Avg: 0.0, Max: 0.0, Diff: 0.0, Sum: 0.1]
        [Code Root Scanning (ms): Min: 0.0, Avg: 0.8, Max: 1.8, Diff: 1.8,
Sum: 6.1]
        [Object Copy (ms): Min: 6.8, Avg: 9.7, Max: 11.3, Diff: 4.4, Sum:
77.6]
        [Termination (ms): Min: 0.0, Avg: 0.0, Max: 0.0, Diff: 0.0, Sum:
0.2]
            [Termination Attempts: Min: 1, Avg: 87.0, Max: 108, Diff: 107, Sum:
696]
        [GC Worker Other (ms): Min: 0.0, Avg: 0.0, Max: 0.0, Diff: 0.0,
Sum: 0.2]
        [GC Worker Total (ms): Min: 11.9, Avg: 11.9, Max: 12.0, Diff: 0.1,
Sum: 95.5]
        [GC Worker End (ms): Min: 8591.1, Avg: 8591.1, Max: 8591.1, Diff: 0.0]
    [Code Root Fixup: 0.7 ms]
    [Code Root Purge: 0.1 ms]
    [Clear CT: 0.2 ms]
    [Other: 6.5 ms]
        [Choose CSet: 0.0 ms]
        [Ref Proc: 5.6 ms]
        [Ref Enq: 0.1 ms]
        [Redirty Cards: 0.1 ms]
        [Humongous Register: 0.0 ms]
        [Humongous Reclaim: 0.0 ms]
        [Free CSet: 0.4 ms]
    [Eden: 129.0M(129.0M)->0.0B(315.0M) Survivors: 13.0M->18.0M Heap:
142.8M(2000.0M)->20.8M(2000.0M)]
    [Times: user=0.09 sys=0.01, real=0.02 secs]
```

日志解析如表 24-3 所示。

表24-3　G1垃圾收集器 Minor GC日志解析

日 志 片 段	含 义
2021-06-08T20:18:22.172-0800	垃圾收集发生的时间
8.579	垃圾收集器发生时，JVM 启动以来经过的秒数
GC pause (G1 Evacuation Pause) (young)	新生代收集，收集 young 分区
0.0194860 secs	GC 花费的时间，单位是秒
Parallel Time	并行收集任务花费的时间
GC Workers: 8	有 8 个线程负责垃圾收集
GC Worker Start	min 表示第一个垃圾收集线程开始工作时 JVM 启动后经过的时间；Avg 表示垃圾收集线程的开始工作时 JVM 启动后经过的平均时间；max 表示最后一个垃圾收集线程开始工作时 JVM 启动后经过的时间；diff 表示 min 和 max 之间的差值
Ext Root Scanning	此活动对堆外的根（JVM 系统目录、VM 数据结构、JNI 线程句柄、硬件寄存器、全局变量、线程堆栈根）进行扫描，发现那些没有加入到暂停收集集合 CSet 中的对象。如果系统目录（单根）拥有大量加载的类，最终可能其他并行活动结束后，该活动依然没有结束而带来的等待时间
Update RS	更新 RS 的耗时，G1 中每块区域都有一个 RS 与之对应，RS 记录了该区域被其他区域引用的对象。垃圾收集时，就把 RS 作为根集的一部分，从而加快收集
Processed Buffers	表示在 Update RS 这个过程中处理多少个日志缓冲区
Scan RS	在收集当前 CSet 之前，考虑到分区外的引用，必须扫描 CSet 分区的 RSet，扫描每个新生代分区的 RSet，找出有多少指向当前分区的引用来自 CSet
Code Root Scanning	扫描代码中的 Root 节点花费的时间
Object Copy	CSet 分区存活对象的转移和 CSet 分区空间的收集，Object Copy 就负责将当前分区中存活的对象复制到新的分区
Termination	当一个垃圾收集线程完成任务时，它就会进入一个临界区，并尝试帮助其他垃圾线程完成任务，min 表示该垃圾收集线程什么时候尝试终止，max 表示该垃圾收集收集线程什么时候真正终止
Termination Attempts	如果一个垃圾收集线程成功盗取了其他线程的任务，那么它会再次盗取更多的任务或再次尝试 terminate，每次重新 terminate 的时候，这个数值就会增加
GC Worker Other	当 GC 线程被其他任务占用时的时间，GC 线程当前不再处理垃圾收集任务
GC Worker Total	垃圾收集线程的最小、最大、平均、差值和总共时间
GC Worker End	min 表示最早结束的垃圾收集线程结束时该 JVM 启动后的时间；Avg 表示垃圾收集线程的结束工作时 JVM 启动后经过的平均时间；max 表示最晚结束的垃圾收集线程结束时该 JVM 启动后的时间
Code Root Fixup	根据转移对象更新代码根
Code Root Purge	清理代码根集合表，不再指向 Region 中的对象所以需要被清除
Clear CT	清理 card table 花费的时间

日 志 片 段	含　义
Choose CSet	敲定要进行垃圾收集的 region 集合时消耗的时间，通常很小，在必须选择 old 区时会稍微长一点点
Ref Proc	处理 Java 中的各种引用——soft、weak、final、phantom、JNI 等
Ref Enq	将 soft、weak 等引用放置到待处理列表（pending list）花费的时间
Redirty Card	在收集过程中被修改的 card 将会被重置为 dirty
Humongous Register	G1 做了一个优化：通过查看所有根对象以及年轻代分区的 RSet，如果确定 RSet 中巨型对象没有任何引用，则说明 G1 发现了一个不可达的巨型对象，该对象分区会被收集
Humongous Reclaim	确保巨型对象可以被收集、释放该巨型对象所占的分区，重置分区类型，并将分区还到 free 列表，并且更新空闲空间大小花费的时间
Free CSet	收集 CSet 分区的所有空间，并加入到空闲分区中
[Eden: 129.0M(129.0M)->0.0B(315.0M)	（1）当前新生代收集触发的原因是 Eden 空间满了，分配了 129.0M，使用了 129.0M；（2）Eden 的分区清零处理；（3）Eden 分区重新设置为 315.0M
Survivors: 13.0M->18.0M	由于年轻代分区的收集处理，survivor 的空间从 13.0M 涨到 18.0M，说明从 Eden 迁移过来 5M 的对象
Heap:142.8M(2000.0M)->20.8M(2000.0M)	整个堆内存区域的 GC 情况：GC 前堆内存已使用容量→ GC 后堆内存容量，2000.0M 表示堆的最大值
Times: user=0.09 sys=0.01, real=0.02 secs	user：CPU 工作在用户态所花费的时间 sys：CPU 工作在内核态所花费的时间 real：在此次 GC 事件中所花费的总时间

24.4.2　并发收集

　　经过 Minor GC 之后就会来到 G1 垃圾收集的下一个阶段：并发收集，以下面一段 G1 垃圾收集器并发收集为案例进行解析。

```
    2021-06-08T20:18:24.897-0800: 12.304: [GC pause (G1 Evacuation Pause)
(young)(initial-mark), 0.0798555 secs]
        ...（这里和 Minor GC 日志一样，不再展示）
    2021-06-08T20:18:25.431-0800: 18.838: [GC concurrent-root-region-scan-
start]
    2021-06-08T20:18:25.431-0800: 18.838: [GC concurrent-root-region-scan-
end, 0.0001166 secs]
    2021-06-08T20:18:25.431-0800: 18.838: [GC concurrent-mark-start]
    2021-06-08T20:18:25.720-0800: 11.127: [GC concurrent-mark-reset-for-
overflow]
    2021-06-08T20:18:26.013-0800: 12.420: [GC concurrent-mark-end,
2.3018752 secs]
    2021-06-08T20:18:26.014-0800: 12.421: [GC remark
    2021-06-08T20:18:26.014-0800: 12.421: [Finalize Marking, 0.0002438 secs]
    2021-06-08T20:18:26.014-0800: 12.421: [GC ref-proc, 0.0018184 secs]
    2021-06-08T20:18:26.016-0800: 12.423: [Unloading, 0.0042254 secs],
0.0081429 secs]
```

```
    [Times: user=0.04 sys=0.00, real=0.01 secs]
    2021-06-08T20:18:26.022-0800: 12.429: [GC cleanup 1912M->1753M(2000M),
0.0019143 secs]
    [Times: user=0.01 sys=0.00, real=0.00 secs]
    2021-06-08T20:18:26.024-0800: 12.431: [GC concurrent-cleanup-start]
    2021-06-08T20:18:26.024-0800: 12.431: [GC concurrent-cleanup-end,
0.0000828 secs]
```

1. 并发垃圾收集阶段的开始

GC pause(G1 Evacuation Pause)(young)(initial-mark) 标志着并发垃圾收集阶段的初始标记开始，该阶段会伴随一次 Minor GC。

2. 根分区扫描

GC concurrent-root-region-scan-start：根分区扫描开始，根分区扫描主要扫描新的 Survivor 分区，找到这些分区内的对象指向当前分区的引用，如果发现有引用，则做个记录。

GC concurrent-root-region-scan-end：根分区扫描结束，耗时 0.0001166 s。

3. 并发标记阶段

GC Concurrent-mark-start：并发标记阶段开始。并发标记阶段的线程是跟应用线程一起运行的，不会 STW，所以称为并发，此过程可能被 Minor GC 中断。在并发标记阶段，若发现区域对象中的所有对象都是垃圾，那这个区域会被立即收集。

GC concurrent-mark-reset-for-overflow：表示全局标记栈已满，发生了栈溢出。并发标记检测到该溢出并重置数据结构，之后重新启动标记。

GC Concurrent-mark-end：并发标记阶段结束，耗时 2.3018752 s。

4. 重新标记阶段

Finalize Marking：Finalizer 列表里的 Finalizer 对象处理，耗时 0.0002438 s；

GC ref-proc：引用（soft、weak、final、phantom、JNI 等）处理，耗时 0.0018184 s；

Unloading：类卸载，耗时 0.0042254 s。

除了前面这几个事情，这个阶段最关键的结果是绘制出当前并发周期中整个堆的最后面貌，剩余的 SATB 缓冲区会在这里被处理，所有存活的对象都会被标记。

5. 清理阶段

[GC cleanup 1912M->1753M(2000M), 0.0019143 secs]：清理阶段会发生 STW。它遍历所有区域的标记信息，计算每个区域的活跃数据信息，重置标记数据结构，根据垃圾收集效率对区域进行排序。总堆大小是 2000M，计算活跃数据之后，发现总活跃数据大小从 1912M 降到了 1753M，耗时 0.0019143secs。

6. 并发清理阶段

2021-06-08T20:18:26.024-0800: 12.431: [GC concurrent-cleanup-start]：表示并发清理阶段开始，它释放在上一个 STW 阶段期间被发现为空的 regions（不包含任何的活跃数据的区域）。

GC concurrent-cleanup-end：并发清理阶段结束，耗时 0.0012954s。

24.4.3　混合收集

在并发收集阶段结束后，会看到混合收集阶段的日志。该日志的大部分内容跟之前讨论的新生代收集相同，只有第 1 部分不一样，即 GC pause(G1 Evacuation Pause)(mixed)，0.0129474s，这一行表示垃圾混合收集。在混合垃圾收集处理的 CSet 不仅包括新生代的分区，还包括并发标记阶段标记出来的那些老年代分区。

24.4.4　Full GC

如果堆内存空间不足以分配新的对象，或者是 Metasapce 空间使用率达到了设定的阈值，那么就会触发 Full GC，在使用 G1 的时候应该尽量避免这种情况发生，因为 G1 的 Full GC 是单线程，会发生 STW，代价非常高。Full GC 的日志如下所示。

```
2021-06-08T20:18:26.232-0800: 12.639: [Full GC (Allocation Failure)
1852M->1615M(2000M), 4.1360525 secs]
    [Eden: 0.0B(100.0M)->0.0B(100.0M) Survivors: 0.0B->0.0B Heap:
1852.3M(2000.0M)->1615.5M(2000.0M)], [Metaspace: 34013K->34013K(1081344K)]
    [Times: user=7.08 sys=0.03, real=4.13 secs]
```

Full GC（Allocation Failure），表示 Full GC 的原因，这里是 Allocation Failure，表示空间不足，1852M->1615M(2000M) 表示内存区域收集，和之前讲解的含义一样，不再赘述，可以看到 GC 的原因是由堆内存不足导致的。4.1360525 secs 表示 Full GC 的耗时。Full GC 频率不能太快，每隔几天发生一次 Full GC 暂且可以接受，但是每隔 1 小时发生一次 Full GC 则不可接受。

24.5　CMS 垃圾收集器日志解析

24.5.1　Minor GC

选择了 CMS 垃圾收集器之后，新生代默认选择了 ParNew 垃圾收集器，以下面一段 ParNew 垃圾收集器 GC 日志案例进行解析。

```
2021-06-08T15:46:15.522-0800: 39.184: [GC (Allocation Failure) 2021-06-
08T15:46:15.522-0800: 39.184: [ParNew: 611740K->63220K(613440K), 0.0685218
secs] 657826K->153103K(1979904K), 0.0686689 secs] [Times: user=0.22
sys=0.08, real=0.07 secs]
```

日志解析如表 24-4 所示。

表24-4　CMS垃圾收集器Minor日志解析

日 志 片 段	含　义
2021-06-08T15:46:15.522-0800	日志打印时间
39.184	垃圾收集器发生时，JVM 启动以来经过的秒数
[GC (Allocation Failure)	发生了一次垃圾收集，这是一次 Minor GC。它不区分新生代 GC 还是老年代 GC，括号里的内容是垃圾收集器发生的原因，这里的 Allocation Failure 的原因是新生代中没有足够区域能够存放需要分配的数据而失败
[ParNew:	表示 GC 发生的区域，区域名称与使用的 GC 收集器是密切相关的,例如： PSYoung 表示 Parallel Scanvenge 收集器在新生代的垃圾收集； DefNew 表示 Serial 收集器在新生代的垃圾收集； ParNew 表示 ParNew 收集器在新生代的垃圾收集； ParOldGen 表示 Parallel Old Generation 收集器在老年代的垃圾收集
611740K->63220K(613440K)	GC 前该内存区域已使用容量→ GC 后该区域容量（该区域总容量）。 如果是新生代，总容量则会显示整个新生代内存的 9/10，即"eden+from/to"区； 如果是老年代，总容量则是全部内存大小，无变化

日 志 片 段	含 义
0.0685218 secs	未完成最终清理的收集持续时间
657826K->153103K(1979904K)	在显示完区域容量 GC 的情况之后，会接着显示整个堆内存区域的 GC 情况：GC 前堆内存已使用容量→GC 堆内存容量（堆内存总容量）堆内存总容量 =9/10 新生代 + 老年代 < 初始化的内存大小
0.0686689 secs	整个 GC 所花费的时间，单位是秒。ParNew 收集器标记和复制年轻代活着的对象所花费的时间（包括和老年代通信的开销、对象晋升到老年代开销、垃圾收集周期结束一些最后的清理对象等的花销）
[Times: user=0.02 sys=0.01, real=0.01 secs]	user：CPU 工作在用户态所花费的时间 sys：CPU 工作在内核态所花费的时间 real：在此次 GC 事件中所花费的总时间

24.5.2　Major GC

　　CMS 垃圾收集器主要收集老年代的垃圾，所以产生的日志称为 Major GC。CMS 垃圾收集器的垃圾收集过程分为 7 个阶段，分别是初始标记、并发标记、并发预清除、可终止的并发预清理、最终标记、并发清除和并发重置，其中初始标记和最终标记阶段是需要暂停用户线程的，其他阶段垃圾收集线程与用户线程并发执行。下面解析 CMS 垃圾收集器的 GC 日志。

```
   2021-06-08T15:47:51.236-0800: 134.900: [GC (CMS Initial Mark) [1 CMS-
initial-mark: 1366463K(1366464K)] 1664869K(1979904K), 0.2668741 secs]
[Times: user=0.27 sys=0.00, real=0.27 secs]
   2021-06-08T15:47:51.503-0800: 135.167: [CMS-concurrent-mark-start]
   2021-06-08T15:47:51.516-0800: 135.180: [CMS-concurrent-mark:
0.014/0.014 secs] [Times: user=0.03 sys=0.00, real=0.01 secs]
   2021-06-08T15:47:51.516-0800: 135.180: [CMS-concurrent-preclean-start]
   2021-06-08T15:47:51.972-0800: 135.636: [CMS-concurrent-preclean:
0.456/0.456 secs] [Times: user=0.45 sys=0.00, real=0.46 secs]
   2021-06-08T15:47:51.972-0800: 135.636: [CMS-concurrent-abortable-
preclean-start]
   2021-06-08T15:47:51.972-0800: 135.636: [CMS-concurrent-abortable-
preclean: 0.000/0.000 secs] [Times: user=0.00 sys=0.00, real=0.00 secs]
   2021-06-08T15:47:51.972-0800: 135.637: [GC (CMS Final Remark) [YG
occupancy: 298405 K (613440 K)]2021-06-08T15:47:51.972-0800: 135.637:
[Rescan (parallel) , 0.3767260 secs]2021-06-08T15:47:52.349-0800: 136.013:
[weak refs processing, 0.0006384 secs]2021-06-08T15:47:52.350-0800:
136.014: [class unloading, 0.0036943 secs]2021-06-08T15:47:52.354-0800:
136.018: [scrub symbol table, 0.0058363 secs]2021-06-08T15:47:52.359-0800:
136.024: [scrub string table, 0.0004256 secs][1 CMS-remark:
1366463K(1366464K)] 1664869K(1979904K), 0.3875221 secs] [Times: user=2.85
sys=0.01, real=0.39 secs]
   2021-06-08T15:47:52.360-0800: 136.024: [CMS-concurrent-sweep-start]
   2021-06-08T15:47:53.241-0800: 136.905: [CMS-concurrent-sweep:
0.881/0.881 secs] [Times: user=0.88 sys=0.00, real=0.88 secs]
   2021-06-08T15:47:53.241-0800: 136.905: [CMS-concurrent-reset-start]
```

```
2021-06-08T15:47:53.242-0800: 136.907: [CMS-concurrent-reset:
0.002/0.002 secs] [Times: user=0.00 sys=0.00, real=0.00 secs]
```

1. 初始标记（Initial Mark）

```
2021-06-08T15:47:51.236-0800: 134.900: [GC (CMS Initial Mark) [1 CMS-
initial-mark: 1366463K(1366464K)] 1664869K(1979904K), 0.2668741 secs]
[Times: user=0.27 sys=0.00, real=0.27 secs]
```

初始标记是 CMS 中两次 STW 事件中的一次。它有两个目标，一是标记老年代中所有的 GC Roots；二是标记被年轻代中活着的对象引用的对象。各段日志表示的含义如下，前面的日期和上面讲述的是一样的，此处不再赘述。

（1）1 CMS-initial-mark：收集阶段，开始收集所有的 GC Roots 和直接引用到的对象。

（2）1366463K(1366464K)：当前老年代的使用情况，括号中表示老年代可用容量。

（3）1664869K(1979904K)：当前整个堆的使用情况，括号中表示整个堆的容量，所以新生代容量 = 整个堆 (1979904K) - 老年代 (1366464K) = 613440K。

2. 并发标记（Concurrent Mark）

```
2021-06-08T15:47:51.503-0800: 135.167: [CMS-concurrent-mark-start]
2021-06-08T15:47:51.516-0800: 135.180: [CMS-concurrent-mark:
0.014/0.014 secs] [Times: user=0.03 sys=0.00, real=0.01 secs]
```

这个阶段会遍历整个老年代并且标记所有存活的对象，从"初始化标记"阶段找到的 GC Roots 开始。并发标记的特点是和应用程序线程同时运行，并不是老年代的所有存活对象都会被标记，因为标记的同时应用程序会改变一些对象的引用。

（1）CMS-concurrent-mark：进入并发收集阶段，这个阶段会遍历老年代并且标记活着的对象。

（2）0.014/0.014 secs：该阶段持续的时间。

3. 并发预清除（Concurrent Preclean）

```
2021-06-08T15:47:51.516-0800: 135.180: [CMS-concurrent-preclean-start]
2021-06-08T15:47:51.972-0800: 135.636: [CMS-concurrent-preclean:
0.456/0.456 secs] [Times: user=0.45 sys=0.00, real=0.46 secs]
```

这个阶段也是一个并发的过程，即垃圾收集线程和应用线程并行运行，不会中断应用线程。在并发标记的过程中，一些对象的引用也在发生变化，此时 JVM 会标记堆的这个区域为 Dirty Card（包含被标记但是改变了的对象，被认为"dirty"），这就是 Card Marking。

在 pre-clean 阶段，那些能够从 Dirty Card 对象到达的对象也会被标记，这个标记做完之后，Dirty Card 标记就会被清除了。

一些必要的清扫工作也会做，还会做一些 Final Remark 阶段需要的准备工作。

CMS-concurrent-preclean 在这个阶段负责前一个阶段标记了又发生改变的对象标记。

4. 可终止的并发预清理（Concurrent Abortable Preclean）

```
2021-06-08T15:47:51.972-0800:135.636:[CMS-concurrent-abortable-
preclean-start]
2021-06-08T15:47:51.972-0800:135.636:[CMS-concurrent-abortable-
preclean: 0.000/0.000 secs] [Times: user=0.00 sys=0.00, real=0.00 secs]
```

该阶段依然不会停止应用程序线程。该阶段尝试着去承担 STW 的 Final Remark 阶段足够多的工作。这个阶段持续的时间依赖很多因素，由于这个阶段是重复的做相同的事情直到发生 aboart 的条件（比如重复的次数、多少量的工作、持续的时间等）之一才会停止。

这个阶段很大程度地影响着即将来临的 Final Remark 的停顿，有相当一部分重要的 configuration options 和失败的模式。

5. 最终标记（Final Remark）

```
  2021-06-08T15:47:51.972-0800: 135.637: [GC (CMS Final Remark) [YG
occupancy: 298405 K (613440 K)]
  2021-06-08T15:47:51.972-0800: 135.637: [Rescan (parallel) , 0.3767260
secs]
  2021-06-08T15:47:52.349-0800: 136.013: [weak refs processing, 0.0006384
secs]
  2021-06-08T15:47:52.350-0800: 136.014: [class unloading, 0.0036943 secs]
  2021-06-08T15:47:52.354-0800: 136.018: [scrub symbol table, 0.0058363
secs]
  2021-06-08T15:47:52.359-0800: 136.024: [scrub string table, 0.0004256
secs]
  [1 CMS-remark: 1366463K(1366464K)] 1664869K(1979904K), 0.3875221 secs]
[Times: user=2.85 sys=0.01, real=0.39 secs]
```

这个阶段是 CMS 中第二个并且是最后一个 STW 的阶段。该阶段的任务是完成标记整个老年代的所有的存活对象。由于之前的预处理是并发的，它可能跟不上应用程序改变的速度，这个时候，是很有必要通过 STW 来完成最终标记阶段。

通常 CMS 运行 Final Remark 阶段是在年轻代足够干净的时候，目的是消除紧接着的连续的几个 STW 阶段。CMS Final Remark 收集阶段，会标记老年代全部的存活对象，包括那些在并发标记阶段更改的或者新创建的引用对象。

- YG occupancy: 298405 K (613440 K) 年轻代当前占用的情况和容量；
- Rescan (parallel)：这个阶段在应用停止的阶段完成存活对象的标记工作；
- weak refs processing：第一个子阶段，随着这个阶段的进行处理弱引用；
- class unloading：第二个子阶段，类的卸载；
- scrub symbol table：最后一个子阶段，清理字符引用等；
- [1 CMS-remark: 1366463K(1366464K)]：在这个阶段之后老年代占有的内存大小和老年代的容量；
- 1664869K(1979904K)：在这个阶段之后整个堆的内存大小和整个堆的容量。

6. 并发清除（Concurrent Sweep）

通过以上 5 个阶段的标记，老年代所有存活的对象已经被标记并且清除那些没有标记的对象并且收集空间。该阶段和应用线程同时进行，不需要 STW。并发清除阶段的日志如下所示。

```
  2021-06-08T15:47:52.360-0800: 136.024: [CMS-concurrent-sweep-start]
  2021-06-08T15:47:53.241-0800: 136.905: [CMS-concurrent-sweep:
0.881/0.881 secs] [Times: user=0.88 sys=0.00, real=0.88 secs]
```

7. 并发重置（Concurrent Reset）

CMS-concurrent-reset 阶段重新设置 CMS 算法内部的数据结构，为下一个收集阶段做准备。并发重置阶段的日志如下所示。

```
2021-06-08T15:47:53.241-0800: 136.905: [CMS-concurrent-reset-start]
     2021-06-08T15:47:53.242-0800: 136.907: [CMS-concurrent-reset:
0.002/0.002 secs] [Times: user=0.00 sys=0.00, real=0.00 secs]
```

24.5.3　浮动垃圾

标记阶段是从 GCRoots 开始标记可达对象，那么在并发标记阶段可能产生两种变动。

（1）本来可达的对象，变得不可达。

由于应用线程和垃圾收集线程是同时运行或者交叉运行的，那么在并发标记阶段如果产生新的垃圾对象，CMS 将无法对这些垃圾对象进行标记。最终会导致这些新产生的垃圾对象没有被及时收集，从而只能在下一次执行垃圾收集时释放这些之前未被收集的内存空间。这些没有被及时收集的对象称为浮动垃圾。

（2）本来不可达的对象，变得可达。

如果并发标记阶段应用线程创建了一个对象，而它在初始标记和并发标记中是不能被标记的，也就是遗漏了该对象。如果没有最终标记阶段来将这个对象标记为可达，那么它会在清理阶段被收集，这是很严重的错误。所以这也是为什么需要最终标记阶段的原因。

这两种变动相比，浮动垃圾是可容忍的问题，而不是错误。那么为什么最终标记阶段不处理第一种变动呢？由可达变为不可达这样的变化需要重新从 GC Roots 开始遍历，相当于再完成一次初始标记和并发标记的工作，这样不仅前两个阶段变成多余，造成了开销浪费，还会大大增加重新标记阶段的开销，所带来的暂停时间是追求低延迟的 CMS 所不能容忍的。

24.6　日志解析工具

24.5 节介绍了如何看懂 GC 日志，但是 GC 日志看起来比较麻烦，本节将会介绍 GC 日志可视化分析工具 GCeasy 和 GCviewer 等。通过可视化分析工具，可以很方便地看到 JVM 的内存使用情况、垃圾收集次数、垃圾收集的原因、垃圾收集占用时间、吞吐量等指标，这些指标在 JVM 调优的时候非常有用。

24.6.1　GCeasy

GCeasy 是一款非常方便的在线分析 GC 日志的网站。官网首页如图 24-2 所示，单击"选择文件"即可上传日志，最后单击"Analyze"按钮便可开始分析日志。

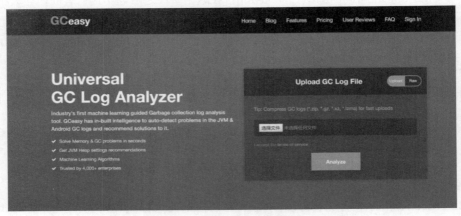

图 24-2　GCeasy 官网首页

通过代码清单 24-1 生成日志文件，为了增大效果，我们将其中的循环做如下修改。

```
for (int i = 0; i <10000; i++) {
    byte[] arr = new byte[1024 * 100];//100KB
    list.add(arr);
}
```

JVM 参数配置如下，其中 log 表示在工作目录下的 log 文件夹，所以首先需要创建 log 目录，之后执行代码即可生成日志文件 gc.log。

```
-Xms600m -Xmx600m -XX:SurvivorRatio=8 -Xloggc:log/gc.log
-XX:+PrintGCDetails -XX:+PrintGCTimeStamps -XX:+PrintGCDateStamps
```

内存的分析报告如图 24-3 所示，其中新生代内存大小为 180M，最多使用了 179.91M。老年代内存大小为 400M，最多使用了 400M。

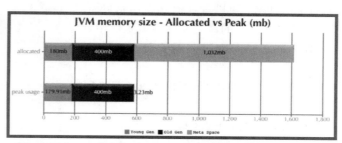

图 24-3　GCeasy 堆内存分析

吞吐量和停顿时间分析结果如图 24-4 所示，其中吞吐量为 6.736%，平均停顿时间为 51.4ms，最长停顿时间为 100ms。

垃圾收集报告如图 24-5 所示，可以看到 GC 的次数、收集的内存空间、总时间、平均时间、最短时间和最长时间等相关信息。

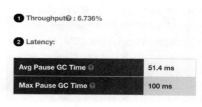

图 24-4　吞吐量和停顿时间报告

Total GC stats

Total GC count	7
Total reclaimed bytes	12.34 mb
Total GC time	360 ms
Avg GC time	51.4 ms
GC avg time std dev	30.9 ms
GC min/max time	10.0 ms / 100 ms
GC Interval avg time	64.0 ms

Minor GC stats

Minor GC count	2
Minor GC reclaimed	8.39 mb
Minor GC total time	150 ms
Minor GC avg time	75.0 ms
Minor GC avg time std dev	5.00 ms
Minor GC min/max time	70.0 ms / 80.0 ms
Minor GC Interval avg	93.0 ms

Full GC stats

Full GC Count	5
Full GC reclaimed	3.95 mb
Full GC total time	210 ms
Full GC avg time	42.0 ms
Full GC avg time std dev	31.9 ms
Full GC min/max time	10.0 ms / 100 ms
Full GC Interval avg	52.0 ms

GC Pause Statistics

Pause Count	7
Pause total time	360 ms
Pause avg time	51.4 ms
Pause avg time std dev	0.0
Pause min/max time	10.0 ms / 100 ms

图 24-5　GC 报告

24.6.2　GCViewer

上面介绍了一款在线的 GC 日志分析器，下面介绍一款离线版的 GCViewer。GCViewer 是一个免费的、开源的分析小工具，用于可视化查看由 SUN/Oracle、IBM、HP 和 BEA 虚拟机产生的垃圾收集器的日志。

GCViewer 用于可视化 JVM 参数 -verbose:gc 和 .NET 生成的数据 -Xloggc:<file>。它还计算与垃圾收集相关的性能指标，比如吞吐量、累积的暂停、最长的暂停等。当通过更改世代大小或设置初始堆大小来调整特定应用程序的垃圾收集时，此功能非常有用。

1. 下载GCViewer工具

下载完成之后执行 mvn clean install -Dmaven.test.skip=true 命令进行编译，编译完成后在 target 目录下会看到 jar 包，打开即可。也可以直接下载运行版本。

2. 运行

通过 java 命令即可运行该工具，命令如下。

```
java -jar gcviewer-1.3x.jar
```

打开界面如图 24-6 所示。

打开之后，选择"File"→"Open File"选项，选择 GC 日志，可以看到图 24-7 所示页面，图标是可以放大缩小的，主要内容就是图中标记的部分，里面的内容跟上面的 GCeasy 比较类似。

Chart 图标中各个颜色代表的含义如图 24-8 所示。

Full GC Lines 表示 Full GC。

Inc GC Lines 表示增量 GC。

GC Times Line 表示垃圾收集时间。

GC Times Rectangles 表示垃圾收集器时间区域。

Total Heap 表示总堆大小。

Tenured Generation 表示老年代。

图 24-6　GCViewer 打开界面

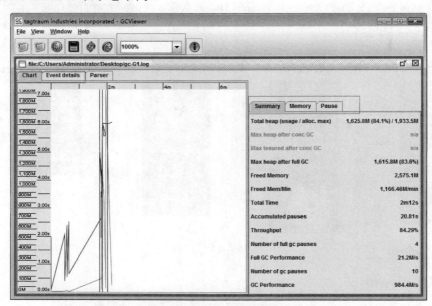

图 24-7　GCViewer 报告图表

日志分析报告如图24-9所示，可以得知其中经过 Full GC 之后最大堆内存大小为 1615.8M，吞吐量是 84.29%。

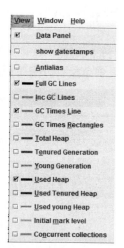

图 24-8　GC 日志报告图标颜色含义

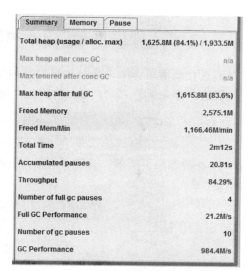

图 24-9　GC 日志报告汇总

内存报告如图 24-10 所示，可以得知老年代分配内存 1334.4M，新生代分配内存 599.1M 等信息。

停顿时间相关的报告如图 24-11 所示，可以得知总的停顿报告和 Full GC 相关的报告以及 GC 的停顿报告。停顿总时间为 20.81s，停顿次数为 14 次，Full GC 的停顿时间为 18.59s，次数为 4 次。

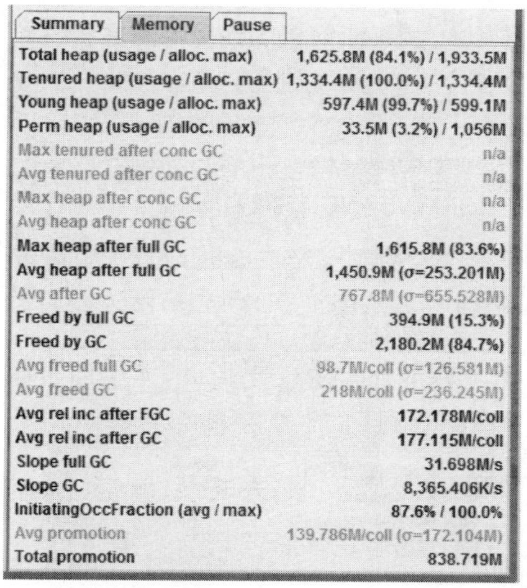

图 24-10　GC 日志内存报告

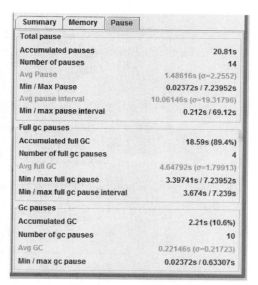

图 24-11　GC 停顿时间

24.6.3　其他工具

GChisto 也是一款专业分析垃圾收集器日志的工具，可以通过垃圾收集器日志来分析 Minor GC、Full GC 的次数、频率、持续时间等。最后通过列表、报表、图表等不同形式来反映垃圾收集器的情况。

另外还有 HPjmeter，该工具很强大，但只能打开由 -verbose:gc 和 -Xloggc:gc.log 参数生成的 GC 日志。添加其他参数生成的 gc.log 无法打开。

24.7　根据日志信息解析堆空间数据分配

各位读者请看代码清单 24-2，运行代码的时候加入以下 JVM 参数配置，该参数可以使得老年代和新生代的内存分别是 10M，垃圾收集器使用 Serial GC。首先在 JDK7 中测试。

```
-verbose:gc -Xms20M -Xmx20M -Xmn10M -XX:+PrintGCDetails
-XX:SurvivorRatio=8 -XX:+UseSerialGC
```

代码清单 24-2 的意思很简单，分别申请四个数组，前面三个数组的大小分别是 2M，最后一个数组大小是 5M。

代码清单24-2　堆内存分配

```java
package com.atguigu.java;
/**
 * @author atguigu
 */
public class GCLogTest1 {
    private static final int _1MB = 1024 * 1024;

    public static void testAllocation() {
        byte[] allocation1, allocation2, allocation3, allocation4;
        allocation1 = new byte[2 * _1MB];
        allocation2 = new byte[2 * _1MB];
        allocation3 = new byte[2 * _1MB];
        allocation4 = new byte[5 * _1MB];
    }

    public static void main(String[] agrs) {
        testAllocation();
    }
}
```

当堆内存中存储 allocation4 对象时发现 Eden 区中的内存不足，S0 区和 S1 区的空间也不足以存下新对象，如图 24-12 所示。

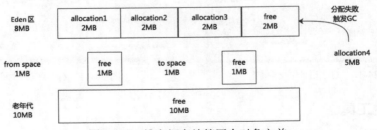

图 24-12　堆空间存放第四个对象之前

这时进行 GC 把 Eden 区中的数据转移到老年代，再把新对象的数据存放到 Eden 区，结果如图 24-13 所示。Eden 区放入对象 allocation4，老年代放入另外三个数组对象，内存大小总和为 6M，占比 60%。

其日志输出结果如图 24-14 所示。可以看到 Eden 区占比为 65%，老年代占比为 60%，正好对应了前面的说法。

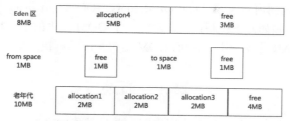

图 24-13　堆空间存放第四个对象之后

```
"D:\Program Files\Java\jdk1.7.0_80\bin\java.exe" ...
[GC[DefNew: 7640K->527K(9216K), 0.0046215 secs] 7640K->6671K(19456K), 0.0046650 secs] [Times: user=0.00 sys=0.00, real=0.00 secs]
Heap
 def new generation   total 9216K, used 5896K [0x00000000f9a00000, 0x00000000fa400000, 0x00000000fa400000)
  eden space 8192K,  65% used [0x00000000f9a00000, 0x00000000f9f3e600, 0x00000000fa200000)
  from space 1024K,  51% used [0x00000000fa300000, 0x00000000fa383c68, 0x00000000fa400000)
  to   space 1024K,   0% used [0x00000000fa200000, 0x00000000fa200000, 0x00000000fa300000)
 tenured generation   total 10240K, used 6144K [0x00000000fa400000, 0x00000000fae00000, 0x00000000fae00000)
   the space 10240K,  60% used [0x00000000fa400000, 0x00000000faa00030, 0x00000000faa00200, 0x00000000fae00000)
 compacting perm gen  total 21248K, used 3058K [0x00000000fae00000, 0x00000000fb0fcad0, 0x0000000100000000)
   the space 21248K,  14% used [0x00000000fae00000, 0x00000000fb0fcad0, 0x00000000fb0fcc00, 0x00000000fc2c0000)
No shared spaces configured.
```

图 24-14　JDK 7 堆内存的分布情况

需要注意的是在 JDK 1.8 中，可能出现两种结果，一种是老年代占比为 60%，和 JDK 1.7 中内存分配是一样的，还有一种情况是老年代占比为 40%，这是由于 JDK 1.8 小版本号的不同导致的，这里的 40% 指的是 allocation1 和 allocation2 的内存之和，allocation3 并没有转移到老年代，这只是小版本号之间的差异，读者只要能够根据 GC 日志分析清楚哪些对象在哪个区域即可。

如果使用的是 ParallelGC，也可能出现直接把 allocation4 放入老年代的情况，占比为50%，其日志输出结果如图 24-15 所示。

```
"D:\Program Files (x86)\Java\jdk1.8.0_321\bin\java.exe" ...
Heap
 PSYoungGen      total 9216K, used 7455K [0x05000000, 0x05a00000, 0x05a00000)
  eden space 8192K, 91% used [0x05000000,0x05747e18,0x05800000)
  from space 1024K, 0% used [0x05900000,0x05900000,0x05a00000)
  to   space 1024K, 0% used [0x05800000,0x05800000,0x05900000)
 ParOldGen       total 10240K, used 5120K [0x04600000, 0x05000000, 0x05000000)
  object space 10240K, 50% used [0x04600000,0x04b00010,0x05000000)
 Metaspace       used 153K, capacity 2280K, committed 2368K, reserved 4480K
```

图 24-15　JDK 8 堆内存的分布情况

24.8　本章小结

本章讲解了 GC 日志分析，主要针对三种垃圾收集器产生日志进行分析，分别是 Parallel 垃圾收集器日志解析、G1 垃圾收集器日志解析和 CMS 垃圾收集器日志解析，讲述了每一段日志的含义以及垃圾收集器在不同阶段产生的日志信息。

在工作中，GC 日志文件往往会比较大，我们手动翻阅查看很容易忽略掉关键信息，接下来介绍了常用的日志分析工具，通过日志分析工具可以获得很多关键信息，比如堆内存分析、GC 吞吐量和 GC 时间等信息。根据这些信息调整 JVM 参数进而观察应用的表现，最终达到比较理想的程度。

第25章　OOM 分类及解决方案

在工作中会经常遇到内存溢出（Out Of Memory，OOM）异常的情况，每当遇到 OOM，总是让人头疼不已，不知如何下手解决。本章汇总了 OOM 产生的不同场景，从案例出发，模拟产生不同类型的 OOM，针对不同类型的 OOM 给出相应的解决方案。

25.1　概述

当 JVM 没有足够的内存来为对象分配空间，并且垃圾回收器也已经没有空间可回收时，就会抛出 OOM 异常。OOM 可以分为四类，分别是堆内存溢出、元空间溢出、GC overhead limit exceeded 和线程溢出。

25.2　OOM 案例1：堆内存溢出

堆内存溢出报错信息如下。

```
java.lang.OutOfMemoryError: Java heap space
```

模拟线上环境产生 OOM，如代码清单 25-1 所示。

代码清单25-1　模拟线上环境产生OOM

```java
public void addObject(){
        ArrayList<People> people = new ArrayList<>();
        while (true){
            people.add(new People());
        }
    }
//People 类
@Data
public class People {
    private String name;
    private Integer age;
    private String job;
    private String sex;
}
```

JVM 参数配置如下。

```
-XX:+PrintGCDetails                                    -XX:MetaspaceSize=64m
-XX:+HeapDumpOnOutOfMemoryError    -XX:HeapDumpPath=heap/heapdump.hprof
-XX:+PrintGCDateStamps -Xms200M  -Xmx200M  -Xloggc:log/gc-oom.log
```

运行结果如下所示。

```
java.lang.OutOfMemoryError: Java heap space
    at java.util.Arrays.copyOf(Arrays.java:3210) ~ [na:1.8.0_151]
    at java.util.Arrays.copyOf(Arrays.java:3181) ~ [na:1.8.0_151]
    at java.util.ArrayList.grow(ArrayList.java:265) ~ [na:1.8.0_151]
```

运行程序得到 heapdump.hprof 文件，在设置的 heap 目录下，如图 25-1 所示。

图 25-1　heapdump.hprof

由于我们当前设置的内存比较小，所以该文件比较小，但是正常在线上环境，该文件是比较大的，通常以 G 为单位。

下面使用工具分析堆内存文件 heapdump.hprof，通过 Java VisualVM 工具查看哪个类的实例占用内存最多，这样就可以初步定位到问题所在。如图 25-2 所示，可以看到在堆内存中存在大量的 People 类对象，占用了 99.9% 内存，基本上就可以定位问题所在了。当然这里的代码比较简单，在工作中，定位问题的思路基本一致。

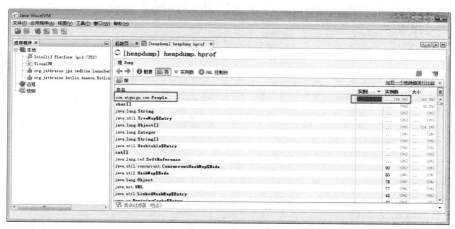

图 25-2　Java VisualVM 打开 heapdump.hprof

内存溢出的原因有很多，比如代码中存在大对象分配，导致没有足够的内存空间存放该对象；再比如应用存在内存泄漏，导致在多次垃圾收集之后，依然无法找到一块足够大的内存容纳当前对象。

对于堆溢出的解决方法，这里提供如下思路。

（1）检查是否存在大对象的分配，最有可能的是大数组分配。

（2）通过 jmap 命令，把堆内存 dump 下来，使用内存分析工具分析导出的堆内存文件，检查是否存在内存泄漏的问题。

（3）如果没有找到明显的内存泄漏，考虑加大堆内存。

（4）检查是否有大量的自定义的 Finalizable 对象，也有可能是框架内部提供的，考虑其存在的必要性。

25.3　OOM 案例 2：元空间溢出

方法区与堆一样，是各个线程共享的内存区域，它用于存储已被 JVM 加载的类信息、常量、静态变量、即时编译器编译后的代码等数据。JDK 8 后，元空间替换了永久代来作为方法区的实现，元空间使用的是本地内存。

Java 虚拟机规范对方法区的限制非常宽松，除了和堆一样不需要连续的内存和可以选择固定大小或者可扩展外，还可以选择不实现垃圾收集。垃圾收集行为在这个区域是比较少出现的，其内存回收目标主要是针对常量池的回收和对类型的卸载。当元空间无法满足内存分配需求时，将抛出 OOM 异常。元空间溢出报错信息如下。

```
java.lang.OutOfMemoryError: Metaspace
```

元空间溢出可能有如下几种原因。

（1）运行期间生成了大量的代理类，导致元空间被占满，无法卸载。

（2）应用长时间运行，没有重启。

（3）元空间内存设置过小。

该类型内存溢出解决方法有如下几种。

（1）检查是否永久代空间或者元空间设置得过小。

（2）检查代码中是否存在大量的反射操作。

（3）dump 之后通过 mat 检查是否存在大量由于反射生成的代理类。

如代码清单 25-2 所示，代码含义是使用动态代理产生类使得元空间溢出。

代码清单25-2　元空间溢出

```
@RequestMapping("/metaSpaceOom")
public void metaSpaceOom(){
    ClassLoadingMXBean classLoadingMXBean = ManagementFactory
            .getClassLoadingMXBean();
    while (true){
        Enhancer enhancer = new Enhancer();
        enhancer.setSuperclass(People.class);
        enhancer.setUseCache(false);
        enhancer.setCallback((MethodInterceptor)
                (o, method, objects, methodProxy) -> {
            System.out.println(" 我是加强类哦，输出 print 之前的加强方法 ");
            return methodProxy.invokeSuper(o,objects);
        });
        People people = (People)enhancer.create();
        people.print();
        System.out.println(people.getClass());
        System.out.println("totalClass:" + classLoadingMXBean
                .getTotalLoadedClassCount());
        System.out.println("activeClass:" + classLoadingMXBean
                .getLoadedClassCount());
        System.out.println("unloadedClass:" + classLoadingMXBean
                .getUnloadedClassCount());
    }
}
public class People {
    public void print(){
        System.out.println(" 我是 print 本人 ");
    }
}
```

JVM 参数配置如下。

```
-XX:+PrintGCDetails -XX:MetaspaceSize=60m -XX:MaxMetaspaceSize=60m -Xss512K
-XX:+HeapDumpOnOutOfMemoryError
-XX:HeapDumpPath=heap/heapdumpMeta.hprof              -XX:SurvivorRatio=8
-XX:+TraceClassLoading                            -XX:+TraceClassUnloading
-XX:+PrintGCDateStamps  -Xms60M  -Xmx60M -Xloggc:log/gc-oom.log
```

浏览器发送如下请求。

```
http://localhost:8080/metaSpaceOom
```

运行结果如下所示。

```
我是加强类哦，输出 print 之前的加强方法
我是 print 本人
class com.atguigu.jvmdemo.bean.People$$EnhancerByCGLIB$$6ef22046_10
totalClass:8819
activeClass:8819
unloadedClass:0
Caused by: java.lang.OutOfMemoryError: Metaspace
at java.lang.ClassLoader.defineClass1(Native Method)
at java.lang.ClassLoader.defineClass(ClassLoader.java:763)
at sun.reflect.GeneratedMethodAccessor1.invoke(Unknown Source)
```

查看监控，如图 25-3 所示。

从图 25-3 中可以看到元空间几乎已经被全部占用。查看 GC 状态，如图 25-4 所示。

可以看到，Full GC 非常频繁，而且元空间占用了 59190KB 即 57.8MB 空间，几乎把整个元空间占用。所以得出的结论是方法区空间设置过小，或者存在大量由于反射生成的代理类。查看 GC 日志如下。

图 25-3　Java VisualVM 打开 heapdumpMeta.hprof

```
                 jstat -gc 35145  1000 10
S0C    S1C    S0U    S1U    EC       EU      OC       OU       MC      MU      CCSC    CCSU   YGC    YGCT    FGC   FGCT    GCT
2048.0 2048.0 704.0  0.0    16384.0  7646.7  40960.0  19285.0  61440.0 59190.2 6272.0  5791.9  336    0.724   213   8.658   9.382
2048.0 2048.0 704.0  0.0    16384.0  7977.5  40960.0  19285.0  61440.0 59190.2 6272.0  5791.9  336    0.724   213   8.658   9.382
2048.0 2048.0 704.0  0.0    16384.0  7977.5  40960.0  19285.0  61440.0 59190.2 6272.0  5791.9  336    0.724   213   8.658   9.382
2048.0 2048.0 704.0  0.0    16384.0  8308.4  40960.0  19285.0  61440.0 59190.2 6272.0  5791.9  336    0.724   213   8.658   9.382
2048.0 2048.0 704.0  0.0    16384.0  8639.2  40960.0  19285.0  61440.0 59190.2 6272.0  5791.9  336    0.724   213   8.658   9.382
2048.0 2048.0 704.0  0.0    16384.0  8641.3  40960.0  19285.0  61440.0 59190.2 6272.0  5791.9  336    0.724   213   8.658   9.382
2048.0 2048.0 704.0  0.0    16384.0  8974.1  40960.0  19285.0  61440.0 59190.2 6272.0  5791.9  336    0.724   213   8.658   9.382
2048.0 2048.0 704.0  0.0    16384.0  8974.1  40960.0  19285.0  61440.0 59190.2 6272.0  5791.9  336    0.724   213   8.658   9.382
2048.0 2048.0 704.0  0.0    16384.0  9305.0  40960.0  19285.0  61440.0 59190.2 6272.0  5791.9  336    0.724   213   8.658   9.382
2048.0 2048.0 704.0  0.0    16384.0  9309.1  40960.0  19285.0  61440.0 59190.2 6272.0  5791.9  336    0.724   213   8.658   9.382
```

图 25-4　查看 GC 状态

```
   2020-12-04T10:22:59.192-0800: 29.903: [GC (Metadata GC Threshold)
[PSYoungGen: 0K->0K(19968K)] 14495K->14495K(60928K), 0.0012588 secs]
[Times: user=0.00 sys=0.00, real=0.00 secs]
   2020-12-04T10:22:59.193-0800: 29.904: [Full GC (Metadata GC Threshold)
[PSYoungGen: 0K->0K(19968K)] [ParOldGen: 14495K->14495K(40960K)]
14495K->14495K(60928K), [Metaspace: 58974K->58974K(1103872K)], 0.0398514
secs] [Times: user=0.23 sys=0.00, real=0.04 secs]
   2020-12-04T10:22:59.233-0800: 29.944: [GC (Last ditch collection)
```

```
[PSYoungGen: 0K->0K(19968K)] 14495K->14495K(60928K), 0.0021074 secs]
[Times: user=0.00 sys=0.00, real=0.00 secs]
```

可以看到 Full GC 是由于元空间不足引起的，那么接下来分析到底是什么数据占用了大量的方法区。导出 dump 文件，使用 Java VisualVM 分析。

首先确定是哪里的代码发生了问题，可以通过线程来确定，因为在实际生产环境中，有时候无法确定是哪块代码引起的 OOM，那么就需要先定位问题线程，然后定位代码，如图 25-5 所示。

图 25-5　Java VisualVM 打开 heapdumpMeta.hprof

定位到问题线程之后，使用 MAT 工具打开继续分析，如图 25-6 所示，先打开线程视图，然后根据线程名称打开对应线程的栈信息，最后找到对应的代码块。

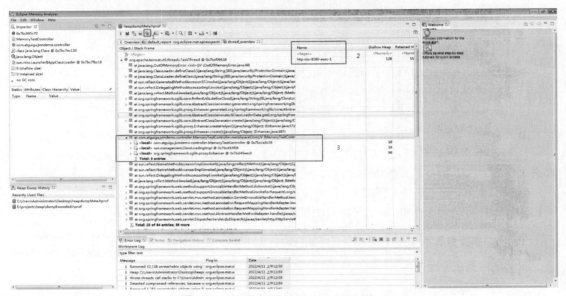

图 25-6　MAT 打开 heapdumpMeta.hprof

定位到代码以后，发现有使用到 cglib 动态代理，那么猜想问题是由于产生了很多代理类。接下来，可以通过包看一下类加载情况。由于代码是代理的 People 类，所以直接打开该类所在的包，如图 25-7 所示。

可以看到确实加载了很多的代理类，想一下解决方案，是不是可以只加载一个代理类以及控制循环的次数，当然如果业务上确实需要加载很多类的话，就要考虑增大方法区大小和控制循环的次数，所以这里修改代码如下。

```
enhancer.setUseCache(true);
```

修改代码 enhancer.setUseCache(false)。当设置为 true 的话，表示开启 cglib 静态缓存，这样每次动态代理的结果是生成同一个类。再看程序运行结果如下。

```
...
我是 print 本人
```

```
class com.atguigu.jvmdemo.bean.People$$EnhancerByCGLIB$$65398cd
totalClass:6872
activeClass:6872
unloadedClass:0
我是加强类哦，输出 print 之前的加强方法
...
```

可以看到，生成代理类的数量几乎不变，元空间也没有溢出。到此，问题解决。如果需要生成不同的类，调整代码更改循环次数即可。

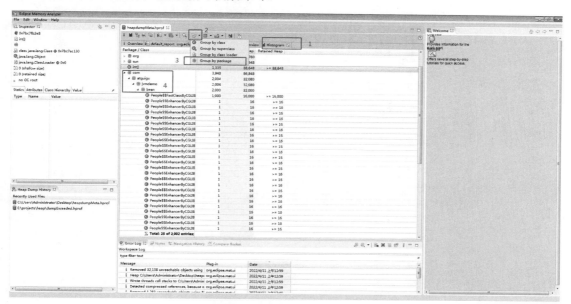

图 25-7　打开类所在的包

25.4　OOM 案例 3: GC overhead limit exceeded

出现 GC overhead limit exceeded 这个错误是由于 JVM 花费太长时间执行 GC，且只能回收很少的堆内存。根据 Oracle 官方文档表述，默认情况下，如果 Java 进程花费 98% 以上的时间执行 GC，并且每次只有不到 2% 的堆被恢复，则 JVM 抛出 GC overhead limit exceeded 错误。换句话说，这意味着应用程序几乎耗尽了所有可用内存，垃圾收集器花了太长时间试图清理它，并多次失败。这本质是一个预判性的异常，抛出该异常时系统没有真正的内存溢出，GC overhead limit exceeded 异常的最终结果是 Java heap space。

在这种情况下，用户会体验到应用程序响应非常缓慢，通常只需要几毫秒就能完成的某些操作，此时则需要更长的时间来完成，这是因为所有的 CPU 正在进行垃圾收集，因此无法执行其他任务。使用代码清单 25-3 演示 GC overhead limit exceeded 异常。

代码清单25-3　GC overhead limit exceeded

```java
public class TestOOM {
    public static void test1() {
        int i = 0;
        List<String> list = new ArrayList<>();
        try {
```

```
            while (true) {
                list.add(UUID.randomUUID().toString().intern());
                i++;
            }
        } catch (Throwable e) {
            System.out.println("***********i: " + i);
            e.printStackTrace();
            throw e;
        }
    }

    public static void test2() {
        String str = "";
        Integer i = 1;
        try {
            while (true) {
                i++;
                str += UUID.randomUUID();
            }
        } catch (Throwable e) {
            System.out.println("***********i: " + i);
            e.printStackTrace();
            throw e;
        }
    }

    public static void main(String[] args) {
        test2();
    }
}
```

JVM 配置如下所示。

```
 -XX:+PrintGCDetails   -XX:+HeapDumpOnOutOfMemoryError
-XX:HeapDumpPath=heap/dumpExceeded.hprof -XX:+PrintGCDateStamps  -Xms10M -
Xmx10M -Xloggc:log/gc-oom.log
```

　　test1() 方法的含义是运行期间将内容放入常量池，运行结果是 GC overhead limit exceeded 错误。test2() 方法的含义是不停地追加字符串 str，运行结果是 Java heap space 错误。读者可能会疑惑，看似 test1() 方法和 test2() 方法也没有太大的差别，为什么 test2() 方法没有报 GC overhead limit exceeded 呢？以上两个方法的区别在于发生 Java heap space 的 test2() 方法每次都能回收大部分的对象（中间产生的 UUID），只不过有一个对象是无法回收的，慢慢长大，直到内存溢出。发生 GC overhead limit exceeded 的 test1() 方法由于每个字符串都在被 list 引用，所以无法回收，很快就用完内存，触发不断回收的机制。

　　需要注意的是，有些版本的 JDK，有可能不会发生 GC overhead limit exceeded，各位读者知道即可。该案例报错信息如下。

```
 [Full GC (Ergonomics) [PSYoungGen: 2047K->2047K(2560K)]
[ParOldGen: 7110K->7095K(7168K)] 9158K->9143K(9728K), [Metaspace:
3177K->3177K(1056768K)], 0.0479640 secs] [Times: user=0.23 sys=0.01,
real=0.05 secs]
```

```
java.lang.OutOfMemoryError: GC overhead limit exceeded
 [Full GC (Ergonomics) [PSYoungGen: 2047K->2047K(2560K)]
[ParOldGen: 7114K->7096K(7168K)] 9162K->9144K(9728K), [Metaspace:
3198K->3198K(1056768K)], 0.0408506 secs] [Times: user=0.22 sys=0.01,
real=0.04 secs]
```

通过查看 GC 日志可以发现，系统在频繁地做 Full GC，但是却没有回收多少空间，那么引起的原因可能是内存不足，也可能是存在内存泄漏的情况，接下来我们要根据堆内存文件具体分析 GC overhead limit exceeded 的原因。

1. 定位问题代码块

通过线程分析，可以定位发生 OOM 的代码块，如图 25-8 所示。

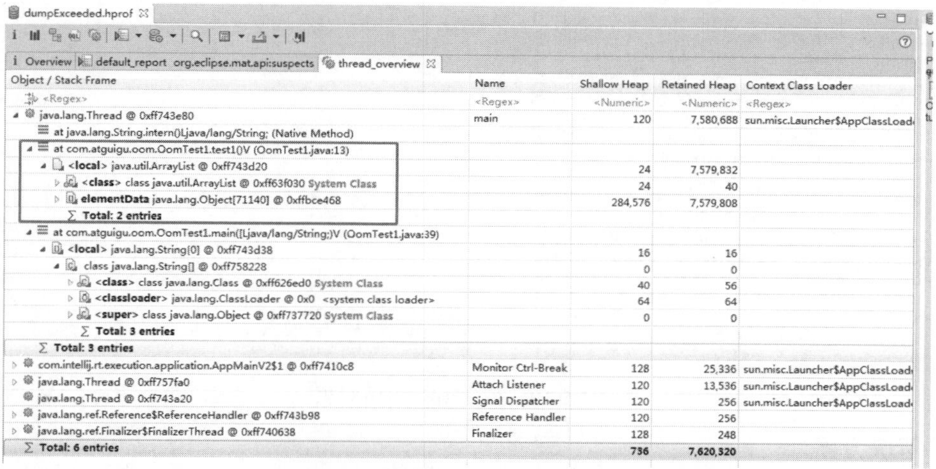

图 25-8　定位发生 OOM 的代码块

2. 分析堆内存文件

可以看到发生 OOM 是因为死循环，不停地往 ArrayList 存放字符串常量，JDK 1.7 以后，字符串常量池移到了堆中存储，所以最终导致内存不足发生了 OOM。

打开"Histogram"选项，如图 25-9 所示。可以看到，String 类型的字符串占用了大概7.5M 的空间，几乎把堆占满，但是还没有占满，所以这也符合官方对此异常的定义。

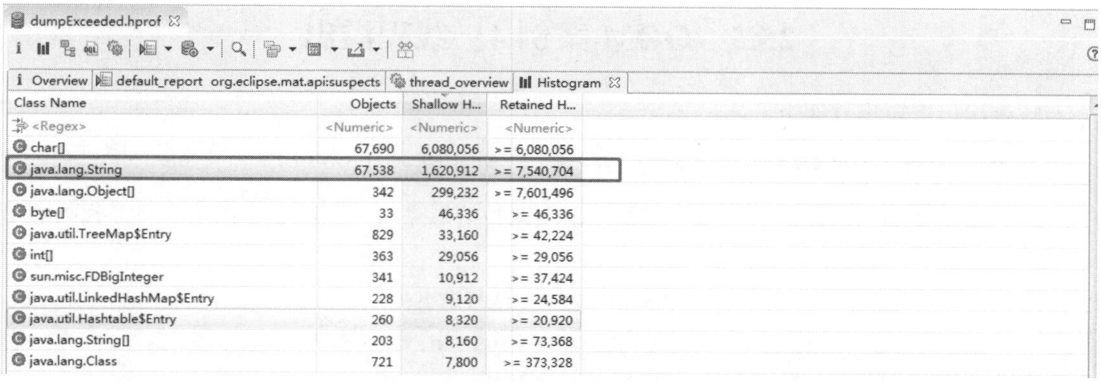

图 25-9　打开"Histogram"选项

右击选择"List objects"，列出图 25-9 中对象下面的所有引用对象，如图 25-10 所示，可以看到所有 String 对象。

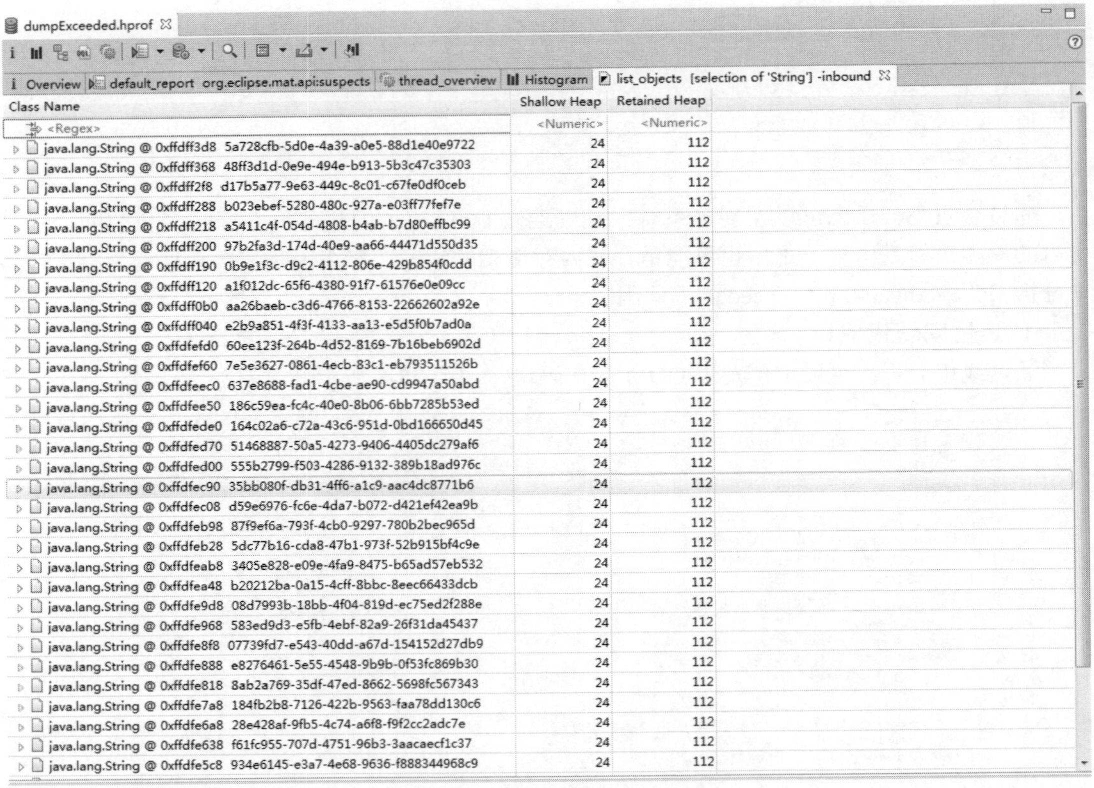

图 25-10　列出所有引用对象

3. 解决方案

这个是 JDK 6 新加的错误类型，一般都是堆空间不足导致的。针对该问题的解决方法如下。

（1）检查项目中是否有大量的死循环或有使用大内存的代码，优化代码。

（2）添加 JVM 参数 -XX:-UseGCOverheadLimit 禁用这个检查，其实这个参数解决不了内存问题，只是把错误的信息延后，最终出现 java.lang.OutOfMemoryError: Java heap space。

（3）导出堆内存文件，如果没有发生内存泄漏，加大内存即可。

25.5　OOM 案例 4：线程溢出

线程溢出报错信息如下。

```
java.lang.OutOfMemoryError : unable to create new native Thread
```

线程溢出是因为创建的了大量的线程。出现此种情形之后，可能造成系统崩溃。代码清单25-4 模拟了线程溢出。

代码清单25-4　线程溢出

```java
import java.util.concurrent.CountDownLatch;
public class TestNativeOutOfMemoryError {
    public static void main(String[] args) {
        for (int i = 0; ; i++) {
            System.out.println("i = " + i);
```

```
                  new Thread(new HoldThread()).start();
        }
    }
}
class HoldThread extends Thread {
    CountDownLatch cdl = new CountDownLatch(1);
    @Override
    public void run() {
        try {
            cdl.await();
        } catch (InterruptedException e) {
        }
    }
}
```

结果如下。

```
    i = 14271
    Exception in thread "main" java.lang.OutOfMemoryError: unable to create
new native thread
        at java.lang.Thread.start0(Native Method)
        at java.lang.Thread.start(Thread.java:717)
         at TestNativeOutOfMemoryError.main(TestNativeOutOfMemoryError.
java:9)
```

JDK 5.0 以后栈默认为 1MB，以前栈默认为 256KB。根据应用的线程所需内存大小进行调整，通过参数 -Xss 设置栈内存。在相同物理内存下，减小这个值能生成更多的线程。但是操作系统对一个进程内的线程数还是有限制的，不能无限生成，经验值是 3000 ～ 5000。

操作系统能创建的线程数的具体计算公式如下。

```
(MaxProcessMemory - JVMMemory - ReservedOsMemory) / (ThreadStackSize) =
Number of threads
```

其中各项代表含义如下。

（1）MaxProcessMemory 表示进程可寻址的最大空间。

（2）JVMMemory 表示 JVM 内存。

（3）ReservedOsMemory 表示保留的操作系统内存。

（4）ThreadStackSize 表示线程栈的大小。

在 Java 语言里，JVM 在创建一个 Thread 对象的同时创建一个操作系统线程，而这个系统线程的内存用的不是 JVMMemory，而是系统中剩下的内存（RemainMemory），计算公式如下。

```
MaxProcessMemory - JVMMemory - ReservedOsMemory = RemainMemory
```

由公式得出：JVM 分配内存越多，那么能创建的线程越少，越容易发生 java.lang.OutOfMemoryError: unable to create new native thread。

针对该问题的解决方案如下。

（1）如果程序中有 bug，导致创建大量不需要的线程或者线程没有及时回收，那么必须解决这个 bug，修改参数是不能解决问题的。

（2）如果程序确实需要大量的线程，现有的设置不能达到要求，那么可以通过修改 MaxProcessMemory、JVMMemory 和 ThreadStackSize 三个因素，来增加能创建的线程数。比如使用 64 位操作系统可以增大 MaxProcessMemory、减少 JVMMemory 的分配或者减小单个线程的栈大小。

在实验过程中，64 位操作系统下调整 Xss 的大小并没有对产生线程的总数产生影响，程序执行到极限的时候，操作系统会死机，无法看出效果。

在 32 位 Win7 操作系统下测试，发现调整 Xss 的大小会对线程数量有影响，随着 Xss 值的变大，线程数量越来越少。如表 25-1 所示，其中 JDK 版本是 1.8（适配 32 位操作系统）。

表25-1　32位Win7操作系统Xss值对线程数量的影响结果

Xss值	线 程 数 量
256KB	5174
512KB	2519
1M	1238
10M	140

Xss 参数的调整对于 64 位操作系统的实验结果是不明显的，但是对于 32 位操作系统的实验结果却是非常明显的，为什么会有这样的区别呢？上面讲到过线程数量的计算公式如下所示。

```
(MaxProcessMemory - JVMMemory - ReservedOsMemory) / (ThreadStackSize) =
Number of threads
```

MaxProcessMemory 表示最大寻址空间，在 32 位系统中，CPU 的寻址范围就受到 32 个二进制位的限制。32 位二进制数最大值是 11111111 11111111 11111111 11111111，2 的 32 次方 = 4294967296B = 4194304KB = 4096M =4GB。也就是说 32 位 CPU 只能访问 4GB 的内存。再减去显卡上的显存等内存，可用内存要小于 4GB，所以 32 位操作系统可用线程数量是有限的。

64 位 二 进 制 数 的 最 大 值 是 11111111 11111111 11111111 11111111 11111111 11111111 11111111 11111111，2 的 64 次方 =17179869184GB，大家可以看看 64 位操作的寻址空间大小比 32 位操作系统多了太多，所以这也是我们总是无法测试出很好效果的原因。

综上，在生产环境下如果需要更多的线程数量，建议使用 64 位操作系统，如果必须使用 32 位操作系统，可以通过调整 Xss 的大小来控制线程数量。除此之外，线程总数也受到系统空闲内存和操作系统的限制。

25.6　本章小结

本章讲解了常见的内存溢出场景，针对不同的场景分析了出现异常的原因，并给出了不同的解决方案。本章重点讲解了遇到问题时，对问题的解决思路。在工作中，业务场景会更加复杂，内存溢出问题也更加难以解决，这就需要花更多的精力和时间去认真分析问题。

第 26 章　性能优化案例

前面我们已经学了很多 JVM 的相关知识，比如运行时数据区的划分、垃圾收集、字节码文件结构和各种性能分析工具。相信大家对 JVM 也有了比较深入的了解，正所谓实践出真知，学习完理论知识，接下来就要在 Java 应用中检验 JVM 知识的使用。本章将从案例出发，从不同的方面优化应用的性能。

26.1　概述

JVM 性能调优的目标就是减少 GC 的频率和 Full GC 的次数，使用较小的内存占用来获得较高的吞吐量或者较低的延迟。程序在运行过程中多多少少会出现一些与 JVM 相关的问题，比如 CPU 负载过高、请求延迟过长、tps 降低等。更甚至系统会出现内存泄漏、内存溢出等问题进而导致系统崩溃，因此需要对 JVM 进行调优，使得程序在正常运行的前提下，用户可以获得更好的使用体验。一般来说，针对 JVM 调优有以下几个比较重要的指标。

（1）内存占用：程序正常运行需要的内存大小。

（2）延迟：由于垃圾收集而引起的程序停顿时间。

（3）吞吐量：用户程序运行时间占用户程序和垃圾收集占用总时间的比值，这里针对的是 JVM 层面的吞吐量，需要区别于后面讲到的 Apache JMeter 的吞吐量，JMeter 中的吞吐量表示服务器每秒处理的请求数量。

当然，调优时所考虑的方向也不同，在调优之前，必须要结合实际场景，有明确的优化目标，找到性能瓶颈，对瓶颈有针对性的优化，最后测试优化后的结果，通过各种监控工具确认调优后的结果是否符合目标。

26.2　性能测试工具：Apache JMeter

Apache JMeter（简称 JMeter）是 Apache 组织开发的基于 Java 的压力测试工具，用于对软件做压力测试。它最初用于 Web 应用测试，后来也扩展到其他测试领域。JMeter 可以用于对服务器、网络或对象模拟巨大的负载，来自不同压力类别下测试它们的强度和分析整体性能。本章使用 JMeter 测试不同的虚拟机配置对性能的影响结果，下面介绍 JMeter 的基本使用流程。

（1）启动 JMeter 后一般会默认生成一个测试计划，如图 26-1 所示。

（2）在测试计划下添加线程组。线程组有以下几种重要的参数。

● 线程数：虚拟用户数，用于并发测试。

● Ramp-Up 时间（秒）：这个参数表示准备时长，即设置的虚拟用户数需要多长时间全部启动。如果线程数为 10，准备时长为 2，那么需要 2 秒启动 10 个线程，也就是每秒启动 5 个线程。

● 循环次数：每个线程发送请求的次数。如果线程数为 10，循环次数为 1000，那么每个线程发送 1000 次请求。总请求数为 10×1000=10000。如果勾选了"永远"，那么所有线程会一直发送请求，直到选择停止运行脚本，如图 26-2 所示。

（3）新增 HTTP 采样器。

采样器用于对具体的请求进行性能数据的采样，如图 26-3 所示，本章案例添加 HTTP 请求的采样。

添加完 HTTP 采样器之后需要对请求的具体目标进行设置，比如目标服务器地址，端口号，路径等信息，具体含义如下。

● 协议：向目标服务器发送 HTTP 请求协议，可以是 HTTP 或 HTTPS，默认为 HTTP。
● 服务器名称或 IP：HTTP 请求发送的目标服务器名称或 IP。
● 端口号：目标服务器的端口号，默认值为 80。
● 方法：发送 HTTP 请求的方法，包括 GET、POST、HEAD、PUT、OPTIONS、TRACE、DELETE 等。

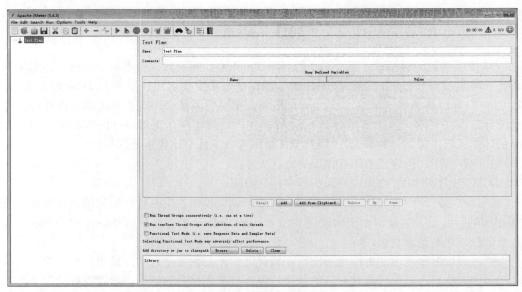

图 26-1　JMeter 主界面

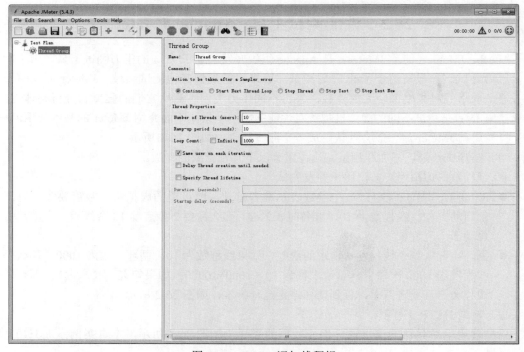

图 26-2　JMeter 添加线程组

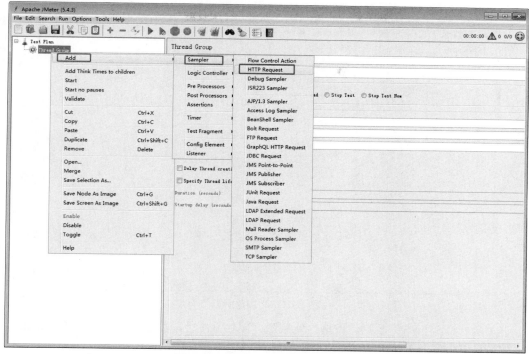

图 26-3　JMeter 添加 HTTP 采样器

- 路径：目标 URL 路径（URL 中去掉服务器地址、端口及参数后剩余部分）。
- 内容编码：编码方式，默认为 ISO-8859-1 编码，这里配置为 utf-8。

如图 26-4 所示，JMeter 会按照设置对目标进行批量的请求。

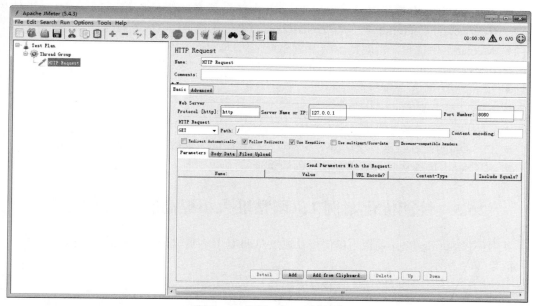

图 26-4　设置 HTTP 采样器

（4）添加监听器。

对于批量请求的访问结果，JMeter 会以报告的形式展现出来，在监听器中，添加聚合报告，如图 26-5 所示。

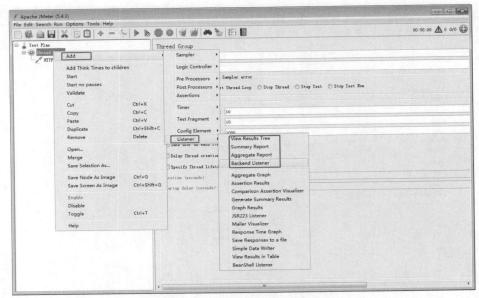

图 26-5　添加监听器

调试运行，分析指标数据、挖掘性能瓶颈、评估系统性能状态，主要查看聚合报告的结果，聚合报告中各个指标详解如下。

- Label：每个 JMeter 的元素（例如 HTTP Request）都有一个 Name 属性，这里显示的就是 Name 属性的值。
- #Samples：这次测试中一共发出了多少个请求，如果模拟 10 个用户，每个用户迭代 10 次，那么这里显示 100。
- Average：平均响应时间。默认情况下是单个请求的平均响应时间（ms），当使用 Transaction Controller 时，以 Transaction 为单位显示平均响应时间。
- Median：中位数，也就是 50% 用户的响应时间。
- 90% Line：90% 用户的响应时间。
- Min：最小响应时间。
- Max：最大响应时间。
- Error%：错误率，即错误请求数 / 请求总数。
- throughput：吞吐量。默认情况下表示每秒完成的请求数（Request per Second）。
- KB/Sec：每秒从服务器端接收到的数据量。

26.3　性能优化案例 1：调整堆大小提高服务的吞吐量

案例创建 Spring Boot 项目，以便可以通过 Web 访问。这里使用 JMeter 模拟批量请求，如代码清单 26-1 所示。

代码清单26-1　Web服务

```
@RequestMapping("/visit")
public List<People> visit() {
    int _1MB = 1024 * 1024;
    // 模拟项目从数据库中获取数据
    byte[] bytes = new byte[_1MB];
```

```
    List<byte[]> list = new ArrayList<>();
    list.add(bytes);
    // 模拟从数据库取值的过程，目的是防止 Young GC 过快而导致没有对象进入老年代
    List<People> peopleList = peopleSevice.getPeopleList();
    System.out.println(peopleList.size());
    return peopleList;
}
```

JVM 配置如下。

```
-XX:+PrintGCDetails -XX:MetaspaceSize=64m -XX:+PrintGCDateStamps
-Xms40M  -Xmx40M -Xloggc:log/gc.log
```

JMeter 线程组配置如图 26-6 所示，这里读者可以根据自己机器自行设置。

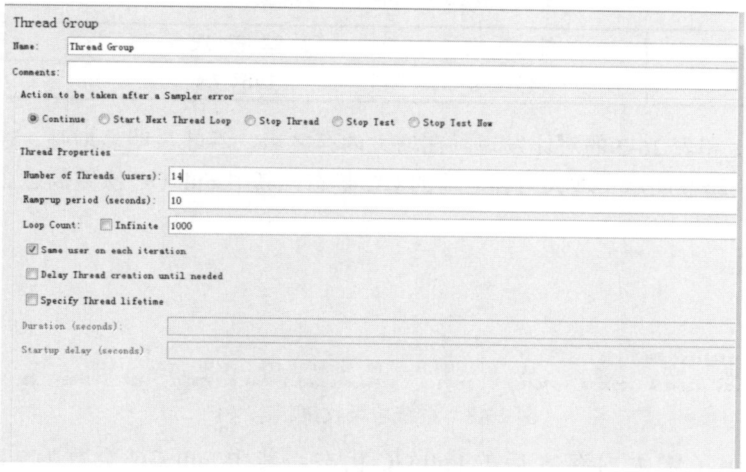

图 26-6　配置线程组

JMeter 设置 HTTP 采样器，如图 26-7 所示。

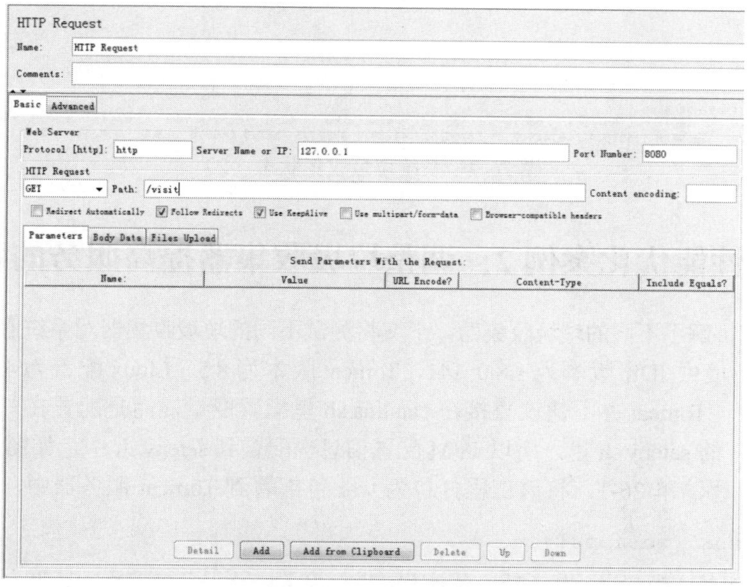

图 26-7　配置 HTTP 请求

启动 Spring Boot 工程，运行 JMeter，查看 JMeter 吞吐量，如表 26-1 所示，这里测试三次数据，最后取平均值。

表26-1　JMeter吞吐量

第 一 次	第 二 次	第 三 次	平 均 值
750.1/s	772.9/s	769.5/s	764.2/s

修改 JVM 配置，增加初始化内存和最大内存配置，如下所示。

```
-XX:+PrintGCDetails -XX:MetaspaceSize=64m -XX:+PrintGCDateStamps -
Xms90M  -Xmx90M -Xloggc:log/gc.log
```

重启 Spring Boot 工程，运行 JMeter，查看 JMeter 吞吐量，如表 26-2 所示。

表26-2　JMeter吞吐量

第 一 次	第 二 次	第 三 次	平 均 值
1459.9/s	1457.0/s	1464.7/s	1460.5/s

通过表 26-1 和表 26-2 的对比发现，在增大内存之后，吞吐量明显增强。通过 jstat 命令查看 GC 状态，图 26-8 展示了增大内存之前的 GC 状态，其中 Full GC 次数高达 221 次，Full GC 时间为 6.037s。

```
LiquidsMBP-2:~ liquid$ jps
8946 Launcher
8947 JvmdemoApplication
6564 ApacheJMeter.jar
8165
8954 Jps
LiquidsMBP-2:~ liquid$ jstat -gc 8947
 S0C    S1C    S0U    S1U      EC       EU        OC         OU       MC      MU     CCSC   CCSU   YGC    YGCT    FGC    FGCT     GCT
512.0  512.0  256.0   0.0   12288.0  2179.4   27648.0   20572.9  41344.0 38765.5 5504.0 4976.7  1427   1.833   221   6.037   7.870
```

图 26-8　系统垃圾收集状态（1）

图 26-9 展示了增大内存之后的 Full GC 状态，其中 Full GC 次数为 2 次，GC 时间为 0.087s。发现增大内存之后，Full GC 的次数明显减少，这样系统暂停时间就会减少，所以每秒处理的请求数量就会增多。

```
LiquidsMBP-2:~ liquid$ jps
6564 ApacheJMeter.jar
8165
8905 Launcher
8906 JvmdemoApplication
8907 Jps
LiquidsMBP-2:~ liquid$ jstat -gc 8906
 S0C    S1C    S0U    S1U      EC       EU        OC         OU       MC      MU     CCSC   CCSU   YGC    YGCT    FGC    FGCT     GCT
512.0  512.0  224.0   0.0   29696.0  25929.4  61440.0   58766.6  41600.0 38993.3 5504.0 5005.5  622    0.819    2    0.087   0.906
```

图 26-9　系统垃圾收集状态（2）

26.4　性能优化案例 2：调整垃圾收集器提高服务的吞吐量

前面的章节讲解了不同的垃圾收集器，下文将测试不同的垃圾收集器对系统服务性能的影响。本次测试环境中 JDK 版本为 1.8.0_141，Tomcat 版本为 8.5，Linux 配置为 4 核、4G 物理内存。生产环境下，Tomcat 并不建议直接在 catalina.sh 里配置变量，而是配置在与 catalina 同级目录（bin 目录）下的 setenv.sh 里，所以 JVM 配置信息也配置到 setenv.sh 中，如图 26-10 所示。

依旧使用代码清单 26-1，将该工程打包为 war 包部署到 Tomcat 服务器中，如下所示。

```
[root@linux1 webapps]#ls
docs  examples  guigu_web  guigu_web.war  host-manager  manager  ROOT
```

JMeter 线程组配置如图 26-11 所示，这里读者可以根据自己机器自行设置，保证请求不出现错误即可。

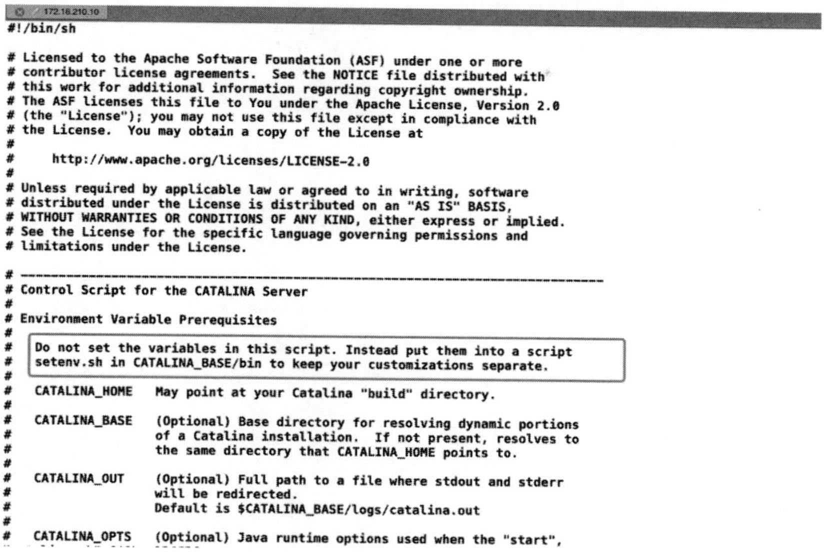

```
#!/bin/sh

# Licensed to the Apache Software Foundation (ASF) under one or more
# contributor license agreements.  See the NOTICE file distributed with
# this work for additional information regarding copyright ownership.
# The ASF licenses this file to You under the Apache License, Version 2.0
# (the "License"); you may not use this file except in compliance with
# the License.  You may obtain a copy of the License at
#
#     http://www.apache.org/licenses/LICENSE-2.0
#
# Unless required by applicable law or agreed to in writing, software
# distributed under the License is distributed on an "AS IS" BASIS,
# WITHOUT WARRANTIES OR CONDITIONS OF ANY KIND, either express or implied.
# See the License for the specific language governing permissions and
# limitations under the License.

# -----------------------------------------------------------------------------
# Control Script for the CATALINA Server
#
# Environment Variable Prerequisites
#
#   Do not set the variables in this script. Instead put them into a script
#   setenv.sh in CATALINA_BASE/bin to keep your customizations separate.
#
#   CATALINA_HOME   May point at your Catalina "build" directory.
#
#   CATALINA_BASE   (Optional) Base directory for resolving dynamic portions
#                   of a Catalina installation.  If not present, resolves to
#                   the same directory that CATALINA_HOME points to.
#
#   CATALINA_OUT    (Optional) Full path to a file where stdout and stderr
#                   will be redirected.
#                   Default is $CATALINA_BASE/logs/catalina.out
#
#   CATALINA_OPTS   (Optional) Java runtime options used when the "start",
```

图 26-10　Tomcat 中 JVM 参数配置位置

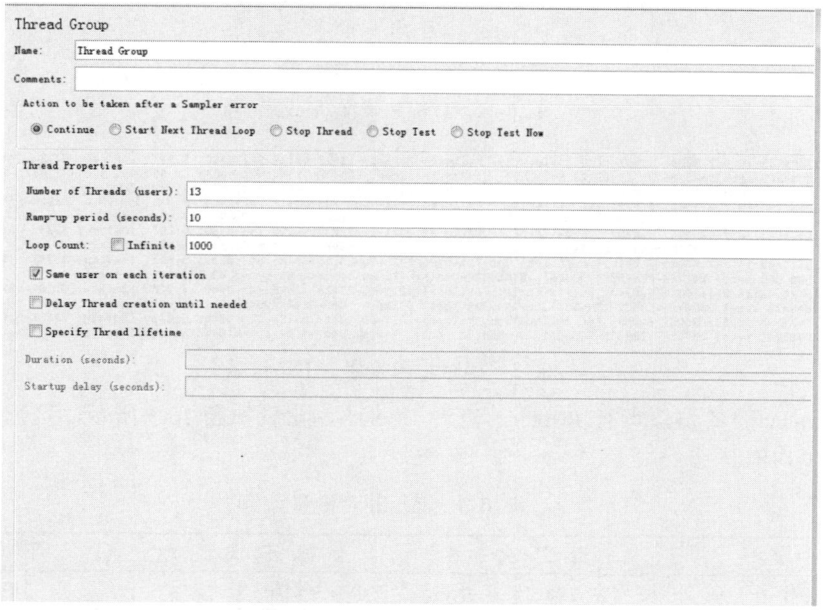

图 26-11　线程组配置

JMeter 设置 HTTP 采样器如图 26-12 所示，这里读者需要根据自己的项目路径进行设置。

使用串行垃圾收集器，服务器 JVM 配置如下。

```
export CATALINA_OPTS="$CATALINA_OPTS -Xms30m"
export CATALINA_OPTS="$CATALINA_OPTS -Xmx30m"
export CATALINA_OPTS="$CATALINA_OPTS -XX:+UseSerialGC"
export CATALINA_OPTS="$CATALINA_OPTS -XX:+PrintGCDetails"
export CATALINA_OPTS="$CATALINA_OPTS -XX:MetaspaceSize=64m"
```

```
export CATALINA_OPTS="$CATALINA_OPTS -XX:+PrintGCDateStamps"
export CATALINA_OPTS="$CATALINA_OPTS -Xloggc:/opt/tomcat8.5/logs/gc.log"
```

可以看到 GC 日志显示 DefNew，如图 26-13 所示，说明用的是串行收集器 Serial GC。

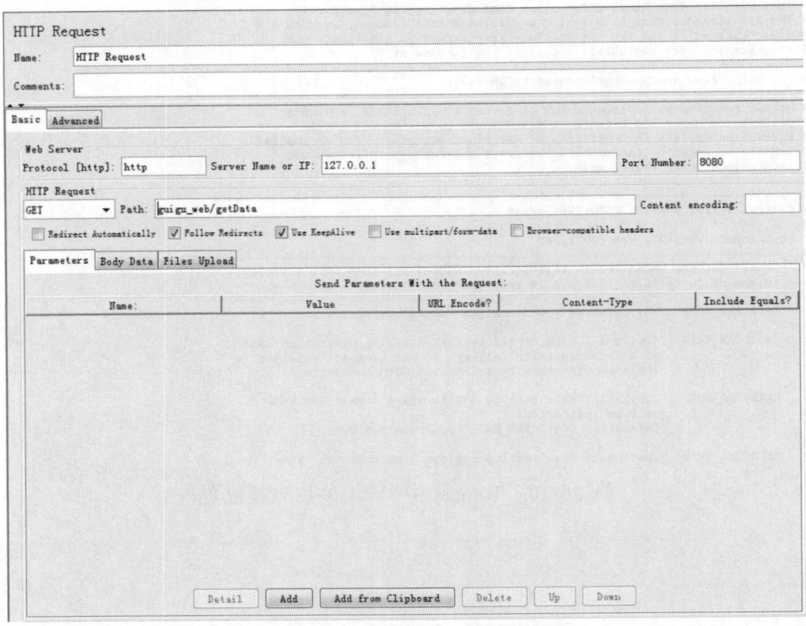

图 26-12　HTTP 采样器配置

```
2021-06-23T23:43:15.562+0800: 5.501: [GC (Allocation Failure) 2021-06-23T23:43:15.562+0800: 5.501: [DefNew: 9215K->9215K(9
216K), 0.0000505 secs]2021-06-23T23:43:15.562+0800: 5.501: [Tenured: 18641K->15308K(20480K), 0.0661959 secs] 27857K->15308
K(29696K), [Metaspace: 29300K->29300K(1075200K)], 0.0664252 secs] [Times: user=0.13 sys=0.00, real=0.07 secs]
2021-06-23T23:43:15.700+0800: 5.639: [GC (Allocation Failure) 2021-06-23T23:43:15.700+0800: 5.639: [DefNew: 8192K->522K(92
16K), 0.0031548 secs] 23500K->15830K(29696K), 0.0032992 secs] [Times: user=0.01 sys=0.00, real=0.00 secs]
2021-06-23T23:43:15.759+0800: 5.698: [GC (Allocation Failure) 2021-06-23T23:43:15.759+0800: 5.698: [DefNew: 8714K->346K(92
16K), 0.0037351 secs] 24022K->15932K(29696K), 0.0039069 secs] [Times: user=0.01 sys=0.01, real=0.00 secs]
2021-06-23T23:43:15.862+0800: 5.801: [GC (Allocation Failure) 2021-06-23T23:43:15.862+0800: 5.801: [DefNew: 8538K->1023K(9
216K), 0.0048589 secs] 24124K->16752K(29696K), 0.0049860 secs] [Times: user=0.01 sys=0.00, real=0.01 secs]
2021-06-23T23:43:15.985+0800: 5.924: [GC (Allocation Failure) 2021-06-23T23:43:15.985+0800: 5.925: [DefNew: 9215K->871K(92
16K), 0.0068373 secs] 24944K->17576K(29696K), 0.0069395 secs] [Times: user=0.02 sys=0.00, real=0.01 secs]
2021-06-23T23:43:16.120+0800: 6.059: [GC (Allocation Failure) 2021-06-23T23:43:16.120+0800: 6.059: [DefNew: 9063K->1024K(9
216K), 0.0063041 secs] 25768K->18081K(29696K), 0.0064171 secs] [Times: user=0.02 sys=0.00, real=0.01 secs]
```

图 26-13　串行垃圾收集器 GC 日志

启动 Tomcat 服务器，运行 JMeter，查看 JMeter 吞吐量如表 26-3 所示，这里测试三次数据，最后取平均值。

表26-3　JMeter吞吐量

第 一 次	第 二 次	第 三 次	平 均 值
149.0/s	148.2/s	150.3/s	149.2/s

修改垃圾收集器，新生代和老年代全部使用并行收集器，JVM 配置如下。

```
export CATALINA_OPTS="$CATALINA_OPTS -Xms30m"
export CATALINA_OPTS="$CATALINA_OPTS -Xmx30m"
export CATALINA_OPTS="$CATALINA_OPTS -XX:+UseParallelGC"
export CATALINA_OPTS="$CATALINA_OPTS -XX:+UseParallelOldGC"
export CATALINA_OPTS="$CATALINA_OPTS -XX:ParallelGCThreads=4"
export CATALINA_OPTS="$CATALINA_OPTS -XX:+PrintGCDetails"
export CATALINA_OPTS="$CATALINA_OPTS -XX:MetaspaceSize=64m"
```

```
export CATALINA_OPTS="$CATALINA_OPTS -XX:+PrintGCDateStamps"
export CATALINA_OPTS="$CATALINA_OPTS -Xloggc:/opt/tomcat8.5/logs/
gc.log"
```

重启 Tomcat 服务器，运行 JMeter，查看 JMeter 吞吐量，如表 26-4 所示。

表26-4　JMeter吞吐量

第 一 次	第 二 次	第 三 次	平 均 值
243.5/s	238.2/s	240.0/s	240.6/s

通过表 26-3 和表 26-4 的对比发现，在改为并行垃圾收集器之后，吞吐量明显增强。这是因为并行垃圾收集器在串行垃圾收集器的基础上做了优化，垃圾收集由单线程变成了多线程，这样可以缩短垃圾收集的时间。虽然并行垃圾收集器在收集过程中也会暂停应用程序，但是多线程并行执行速度更快，暂停时间也就更短，系统的吞吐量随之提升。

接下来我们改为 G1 收集器看看效果，修改 JVM 参数配置，将垃圾收集器改为 G1，配置参数如下。

```
export CATALINA_OPTS="$CATALINA_OPTS -XX:+UseG1GC"
export CATALINA_OPTS="$CATALINA_OPTS -Xms30m"
export CATALINA_OPTS="$CATALINA_OPTS -Xmx30m"
export CATALINA_OPTS="$CATALINA_OPTS -XX:+PrintGCDetails"
export CATALINA_OPTS="$CATALINA_OPTS -XX:MetaspaceSize=64m"
export CATALINA_OPTS="$CATALINA_OPTS -XX:+PrintGCDateStamps"
export CATALINA_OPTS="$CATALINA_OPTS -Xloggc:/opt/tomcat8.5/logs/
gc.log"
```

启动 Tomcat 服务器，运行 JMeter，查看 JMeter 吞吐量，如表 26-5 所示，这里测试三次数据，最后取平均值。

表26-5　JMeter吞吐量

第 一 次	第 二 次	第 三 次	平 均 值
290.0/s	305.5/s	294.7/s	296.7/s

查看压测效果，吞吐量比并行收集器效果更佳，平均值由原来的 240.6/s 增加为 296.7/s。

综上，当各位读者在工作中如果服务器的垃圾收集时间较长，或者对请求的处理性能没有达到目标要求的时候，可以考虑使用不同的垃圾收集器来做优化。

26.5　性能优化案例 3：JIT 优化

前面章节讲了 OOM 和垃圾收集器的选择优化。下文从 JVM 的执行机制层面来优化 JVM。

第 12 章讲过 Java 为了提高 JVM 的执行效率，提出了一种叫作即时编译（JIT）的技术。即时编译的目的是避免函数被解释执行，而是将整个函数体编译成机器码，每次函数执行时，只执行编译后的机器码即可，这种方式可以使执行效率大幅度提升。根据二八定律（百分之二十的代码占据百分之八十的系统资源），对于大部分不常用的代码，我们无须耗时将之编译为机器码，而是采用解释执行的方式，用到就去逐条解释运行。对于一些仅占据较少系统资源的热点代码（可认为是反复执行的重要代码），则可将之翻译为符合机器的机器码高效执行，提高程序的执行效率。

1. 即时编译的时间开销

通常说 JIT 比解释快，其实说的是"执行编译后的代码"比"解释器解释执行"要快，并不是说"编译"这个动作比"解释"这个动作快。JIT 编译再怎么快，至少也比解释执行一次略慢一些，而要得到最后的执行结果还得再经过一个"执行编译后的代码"的过程。所以，对"只执行一次"的代码而言，解释执行其实总是比 JIT 编译执行要快。只有频繁执行的代码（热点代码），JIT 编译才能保证有正面的收益。

2. 即时编译的空间开销

对一般的 Java 方法而言，编译后代码的大小相对于字节码的大小，膨胀比达到 10 倍是很正常的。同上面说的时间开销一样，这里的空间开销也是，只有执行频繁的代码才值得编译，如果把所有代码都编译则会显著增加代码所占空间，导致代码爆炸。这也就解释了为什么有些 JVM 会选择不总是做 JIT 编译，而是选择用解释器和 JIT 编译器的混合执行引擎。

具体的即时编译案例在第 7 章讲解堆的时候已经详细描述过了，这里不再做具体的案例分析，各位读者在工作中可以考虑在代码层面进行优化。

26.6　性能优化案例 4：G1 并发执行的线程数对性能的影响

将 Linux 服务器更换为 8 核。依然使用代码清单 26-1 的代码，初始化内存和最大内存调整小一些，目的是让程序发生 Full GC，关注点是 GC 次数、GC 时间，以及 JMeter 的平均响应时间。

JMeter 线程组配置如图 26-14 所示，这里读者可以根据自己机器配置自行设置，保证请求不出现错误即可。

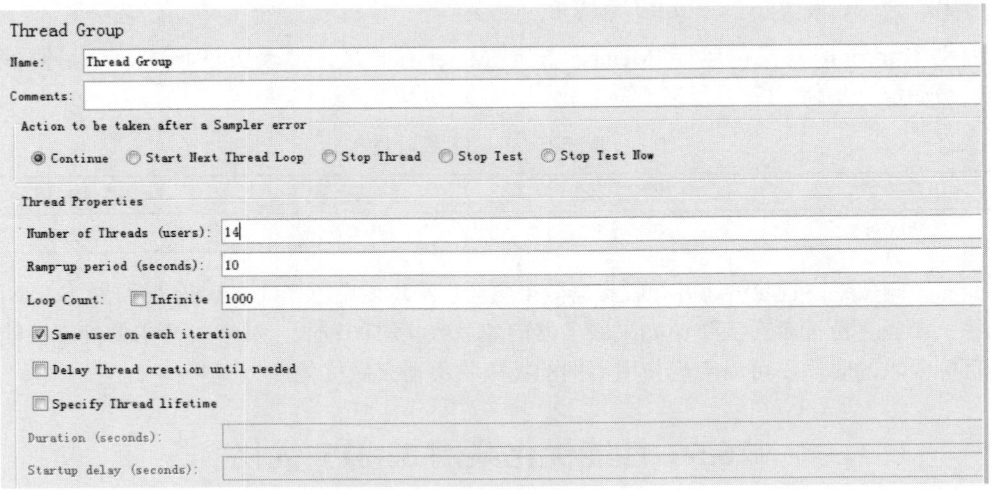

图 26-14　线程组设置

JVM 配置如下，并发线程数量为 2。

```
export CATALINA_OPTS="$CATALINA_OPTS -XX:+UseG1GC"
export CATALINA_OPTS="$CATALINA_OPTS -Xms40m"
export CATALINA_OPTS="$CATALINA_OPTS -Xmx40m"
export CATALINA_OPTS="$CATALINA_OPTS -XX:+PrintGCDetails"
export CATALINA_OPTS="$CATALINA_OPTS -XX:MetaspaceSize=64m"
export CATALINA_OPTS="$CATALINA_OPTS -XX:+PrintGCDateStamps"
```

```
export CATALINA_OPTS="$CATALINA_OPTS -Xloggc:/opt/tomcat8.5/logs/
gc.log"
    export CATALINA_OPTS="$CATALINA_OPTS -XX:ConcGCThreads=2"
```

启动 Tomcat，查看 JVM 统计信息，命令如下。

```
jstat -gc pid
```

JVM 统计信息如图 26-15 所示。

```
[root@localhost bin]# jstat -gc 1312
 S0C    S1C    S0U    S1U     EC       EU       OC        OU       MC      MU     CCSC   CCSU  YGC    YGCT   FGC   FGCT    GCT
 0.0  2048.0  0.0  2048.0  13312.0  8192.0  25600.0  18485.0  31232.0 30171.3 3840.0 3541.4  48   0.836    0   0.000   0.836
```

图 26-15 JMeter 压测之前的 JVM 统计信息

从图 26-15 中可以得出如下信息。

YGC：youngGC 次数是 48 次

FGC：Full GC 次数是 0 次

GCT：GC 总时间是 0.836s

JMeter 压测之后的 JVM 统计信息如图 26-16 所示。

```
[root@localhost bin]# jstat -gc 1312
 S0C    S1C    S0U    S1U     EC       EU       OC        OU       MC      MU     CCSC   CCSU  YGC    YGCT   FGC   FGCT    GCT
 0.0  1024.0  0.0  1024.0  13312.0  1024.0  26624.0  21403.1  37248.0 36365.7 4224.0 4020.1 2475  48.133   0   0.000  48.133
```

图 26-16 JMeter 压测之后的 JVM 统计信息

从图 26-16 中可以得出如下信息。

YGC：youngGC 次数是 2475 次

FGC：Full GC 次数是 0 次

GCT：GC 总时间是 48.133s

由此可以计算出压测过程中，发生的 GC 次数和 GC 时间差。

压测过程 GC 状态如下所示。

YGC：youngGC 次数是 2475- 48= 2427 次

FGC：Full GC 次数是 0 - 0 = 0次

GCT：GC 总时间是 48.133 - 0.836 = 47.297s

JMeter 聚合报告如图 26-17 所示。

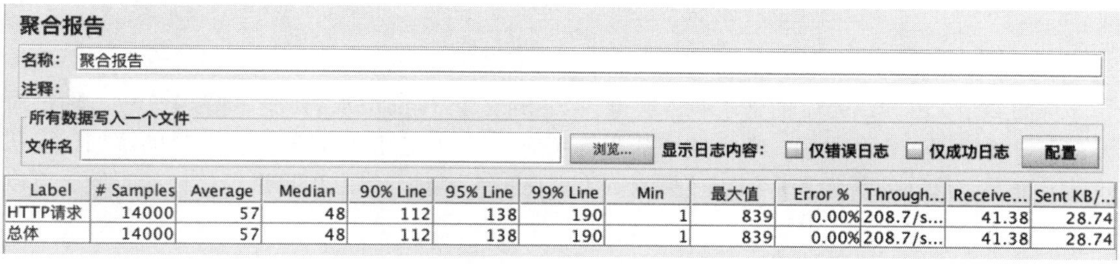

聚合报告

名称: 聚合报告

注释:

所有数据写入一个文件

文件名: ［浏览...］ 显示日志内容: ☐仅错误日志 ☐仅成功日志 ［配置］

Label	# Samples	Average	Median	90% Line	95% Line	99% Line	Min	最大值	Error %	Through...	Receive...	Sent KB/...
HTTP请求	14000	57	48	112	138	190	1	839	0.00%	208.7/s...	41.38	28.74
总体	14000	57	48	112	138	190	1	839	0.00%	208.7/s...	41.38	28.74

图 26-17 聚合报告

从图 26-17 中可以看到 95% 的请求响应时间为 138ms，99% 的请求响应时间为 190ms。
下面我们设置并发线程数量为 1，如下所示。

```
export CATALINA_OPTS="$CATALINA_OPTS -XX:ConcGCThreads=1"
```

为了让服务器保持状态一致性，每次实验完成以后重启服务器，Tomcat 启动之后的 JVM
统计信息如图 26-18 所示。

```
[root@localhost bin]# jstat -gc 1308
 S0C    S1C    S0U    S1U    EC         EU       OC      OU       MC      MU      CCSC   CCSU   YGC   YGCT    FGC   FGCT    GCT
 0.0    1024.0 0.0    1024.0 13312.0    7168.0  26624.0 19997.9 31232.0 30119.4 3840.0 3534.3  48    1.213   0     0.000   1.213
```

图 26-18　Tomcat 启动之后的 JVM 统计信息

从图 26-18 中可以得出如下信息。

> YGC：youngGC 次数是 48 次
> FGC：Full GC 次数是 0 次
> GCT：GC 总时间是 1.213s

JMeter 压测之后的 JVM 统计信息如图 26-19 所示。

```
[root@localhost bin]# jstat -gc 1308
 S0C    S1C    S0U    S1U    EC         EU       OC      OU       MC      MU      CCSC   CCSU   YGC   YGCT     FGC   FGCT    GCT
 0.0    0.0    0.0    0.0    15360.0    1024.0  25600.0 24656.6 37248.0 36372.0 4224.0 4020.1  3160  76.421   162   9.391   85.812
```

图 26-19　JMeter 压测之后的 JVM 统计信息

从图 26-19 中可以得出如下信息。

> YGC：youngGC 次数是 3160 次
> FGC：Full GC 次数是 162 次
> GCT：GC 总时间是 85.812s

由此可以计算出压测过程中，发生的 GC 次数和 GC 时间差。压测过程 GC 状态如下所示。

> YGC：youngGC 次数是 3160 - 48 = 3112 次
> FGC：Full GC 次数是 162 - 0 = 1162 次
> GCT：GC 总时间是 85.812 - 1.213 = 84.599s

压测结果如图 26-20 所示。

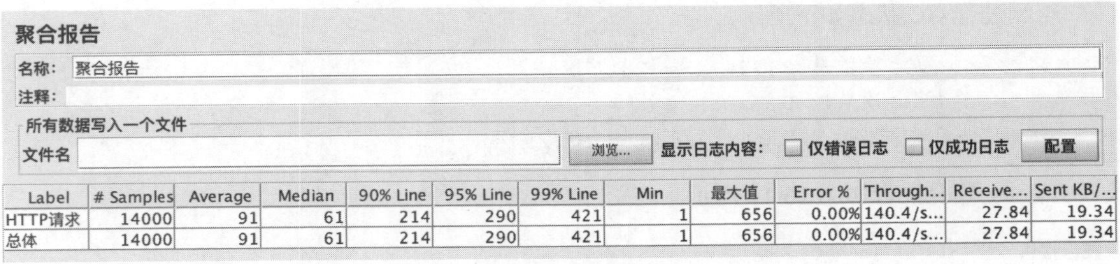

图 26-20　聚合报告

Label	# Samples	Average	Median	90% Line	95% Line	99% Line	Min	最大值	Error %	Through...	Receive...	Sent KB/...
HTTP请求	14000	91	61	214	290	421	1	656	0.00%	140.4/s...	27.84	19.34
总体	14000	91	61	214	290	421	1	656	0.00%	140.4/s...	27.84	19.34

从图 26-20 可知，95% 的请求响应时间为 290ms，99% 的请求响应时间为 421ms。通过对
比发现设置线程数为 1 之后，服务请求的平均响应时间和 GC 时间都有一个明显的增加。仅从
效果上来看，这次的优化是有一定效果的。大家在工作中对于线上项目进行优化的时候，可以
考虑到这方面的优化。

26.7　性能优化案例 5：合理配置堆内存

在案例 1 中我们讲到了增加内存可以提高系统的性能而且效果显著，那么随之带来的一个
问题就是，增加多少内存比较合适？如果内存过大，那么产生 Full GC 的时候，GC 时间会相
对比较长；如果内存较小，那么就会频繁的触发 GC，在这种情况下，我们该如何合理配置堆

内存大小呢？可以根据 *Java Performance* 里面的推荐公式来进行设置，如图 26-21 所示。

公式的意思是 Java 中整个堆大小设置原则是 Xmx 和 Xms 设置为老年代存活对象的 3 ～ 4 倍，即 Full GC 之后堆内存是老年代内存的 3 ～ 4 倍。方法区（永久代 PermSize 和 MaxPermSize）设置为老年代存活对象的 1.2 ～ 1.5 倍。新生代 Xmn 的设置为老年代存活对象的 1 ～ 1.5 倍。老年代的内存大小设置为老年代存活对象的 2 ～ 3 倍。

Space	Command Line Option	Occupancy Factor
Java heap	-Xms and -Xmx	3x to 4x old generation space occupancy after full garbage collection
Permanent Generation	-XX:PermSize -XX:MaxPermSize	1.2x to 1.5x permanent generation space occupancy after full garbage collection
Young Generation	-Xmn	1x to 1.5x old generation space occupancy after full garbage collection
Old Generation	Implied from overall Java heap size minus the young generation size	2x to 3x old generation space occupancy after full garbage collection

图 26-21　*Java Performance*

但是，上面的说法也不是绝对的，也就是说这给的是一个参考值，根据多次调优之后得出的一个结论，大家可以根据这个值来设置初始化内存。在保证程序正常运行的情况下，我们还要去查看 GC 的回收率，GC 停顿耗时，内存里的实际数据来判断，Full GC 是基本上不能太频繁的，如果频繁就要做内存分析，然后再去做一个合理的内存分配。还要注意到一点就是，老年代存活对象怎么去判定。计算老年代存活对象的方式有以下 2 种。

方式 1：JVM 参数中添加 GC 日志，GC 日志中会记录每次 Full GC 之后各代的内存大小，观察老年代 GC 之后的空间大小。可观察一段时间内（比如 2 天）的 Full GC 之后的内存情况，根据多次的 Full GC 之后的老年代的空间大小数据来预估 Full GC 之后老年代的存活对象大小（可根据多次 Full GC 之后的内存大小取平均值）。

方式 2：方式 1 的方案虽然可行，但需要更改 JVM 参数，并分析日志。同时，在使用 CMS 收集器的时候，有可能无法触发 Full GC（只发生 CMS GC），所以日志中并没有记录 Full GC 的日志，在分析的时候就比较难处理。所以，有时候需要强制触发一次 Full GC，来观察 Full GC 之后的老年代存活对象大小。需要注意的是强制触发 Full GC，会造成线上服务停顿（STW），要谨慎。我们建议在强制 Full GC 前先把服务节点摘除，Full GC 之后再将服务挂回可用节点，使之对外提供服务。在不同时间段触发 Full GC，根据多次 Full GC 之后的老年代内存情况来预估 Full GC 之后的老年代存活对象大小，触发 Full GC 的方式有下面三种。

（1）使用如下命令将当前的存活对象 dump 到文件，此时会触发 Full GC。

```
jmap -dump:live,format=b,file=heap.bin <pid>
```

（2）使用如下命令打印每个 class 的实例数目、内存占用和类全名信息，此时会触发 Full GC。

```
jmap -histo:live <pid>
```

（3）在性能测试环境，可以通过 Java 监控工具来触发 Full GC，比如使用 VisualVM 和 JConsole，这些工具在最新的 JDK 的 bin 目录下可以找到。VisualVM 或者 JConsole 上面有一个触发 GC 的按钮，在第 21 章有讲过，此处不再赘述。

最开始可以将内存设置得大一些，比如设置为 4GB。当然也可以根据业务系统估算，比如从数据库获取一条数据占用 128 字节，每次需要获取 1000 条数据，那么一次读取到内存的大小就是（128/1024/1024）×1000=0.122MB，程序可能需要并发读取，比如每秒读取 1000 次，那么内存占用就是 0.122×1000=12MB，如果堆内存设置为 1GB，新生代大小大约就是 333MB，那么每 333/12=27.75s 就会把新生代内存填满，也就是说我们的程序几乎每分钟进行两次 Young GC。

现在我们通过 IDEA 启动 Spring Boot 工程，将内存初始化为 1024MB。这里就从 1024MB 的内存开始分析系统的 GC 日志，根据上面的一些知识来进行一个合理的内存设置。

JVM 设置如下。

```
 -XX:+PrintGCDetails -XX:MetaspaceSize=64m -Xss512K -XX:+HeapDumpOnOutOf
MemoryError
 -XX:HeapDumpPath=heap/heapdump.hprof  -XX:SurvivorRatio=8  -XX:+PrintGC
DateStamps  -Xms1024M  -Xmx1024M -Xloggc:log/gc-oom.log
```

系统代码如下所示，这里只是从数据库中获取数据列表返回到前端，没有做过多的业务处理。

controller 层代码如下所示。

```
@RequestMapping("/getData")
public List<People> getProduct(){
    List<People> peopleList = peopleSevice.getPeopleList();
    return peopleList;
}
```

service 层代码如下所示。

```
@Service
public class PeopleSevice {
    @Autowired
    PeopleMapper peopleMapper;
    public List<People> getPeopleList(){
        return peopleMapper.getPeopleList();
    }
}
```

mapper 层代码如下所示。

```
@Repository
public interface PeopleMapper {
    List<People> getPeopleList();
}
```

bean 层代码如下所示。

```
@Data
public class People {
    private Integer id;
    private String name;
    private Integer age;
    private String job;
    private String sex;
}
```

xml 配置文件如下所示。

```
<?xml version="1.0" encoding="UTF-8"?>
<!DOCTYPE mapper PUBLIC "-//mybatis.org//DTD Mapper 3.0//EN""http://
mybatis.org/dtd/mybatis-3-mapper.dtd">
    <mapper namespace="com.atguiigu.jvmdemo.mapper.PeopleMapper">
```

```
        <resultMap id="baseResultMap" type="com.atguiigu.jvmdemo.bean.
People">
        <result column="id" jdbcType="INTEGER" property="id" />
        <result column="name" jdbcType="VARCHAR" property="name" />
        <result column="age" jdbcType="VARCHAR" property="age" />
        <result column="job" jdbcType="INTEGER" property="job" />
        <result column="sex" jdbcType="VARCHAR" property="sex" />
    </resultMap>

    <select id="getPeopleList" resultMap="baseResultMap">
        select id,name,job,age,sex from people
    </select>
</mapper>
```

通过 JMeter 访问一段时间后，主要是看项目是否可以正常运行，使用下面的命令查看 JVM 统计信息状态。

```
jstat -gc pid
```

JVM 统计信息如图 26-22 所示。

S0C	S1C	S0U	S1U	EC	EU	OC	OU	MC	MU	CCSC	CCSU	YGC	YGCT	FGC	FGCT	GCT
28160.0	1024.0	0.0	864.1	298496.0	268327.6	699392.0	14997.3	42368.0	39814.3	5504.0	5041.8	7	0.120	0	0.000	0.120

图 26-22　JVM 统计信息

从图 26-22 中可以得出如下信息。

```
YGC 平均耗时: 0.12s * 1000/7 = 17.14ms
FGC 未产生
```

看起来似乎不错，YGC 触发的频率不高，FGC 也没有产生，但这样的内存设置是否还可以继续优化呢？是不是有一些空间是浪费的呢？

为了快速看数据，我们使用了方式 2，通过命令 jmap -histo:live pid 产生几次 Full GC，Full GC 之后，使用 jmap -heap 来查看当前的堆内存情况。

通过以下命令观察老年代存活对象大小。

```
jmap -heap pid
```

查看一次 Full GC 之后剩余的空间大小，如图 26-23 所示。

可以看到老年代存活对象占用内存空间大概为 13.36MB，老年代的内存分配为 683MB 左右。按照整个堆大小是老年代 Full GC 之后的 3 ～ 4 倍计算的话，设置堆内存在 Xmx=14×3 = 42MB 至 14×4 = 56MB 之间。

```
Heap Usage:
PS Young Generation
Eden Space:
   capacity = 297795584 (284.0MB)
   used     = 2984024 (2.845870483398438MB)
   free     = 294811560 (281.15421295166016MB)
   1.0020376930774098% used
From Space:
   capacity = 29884416 (28.5MB)
   used     = 0 (0.0MB)
   free     = 29884416 (28.5MB)
   0.0% used
To Space:
   capacity = 29884416 (28.5MB)
   used     = 0 (0.0MB)
   free     = 29884416 (28.5MB)
   0.0% used
PS Old Generation
   capacity = 716177408 (683.0MB)
   used     = 14011600 (13.362503051757812MB)
   free     = 702165808 (669.6374969482422MB)
   1.9564426137273518% used
```

图 26-23　内存空间分配

我们修改堆内存大小为 60MB，JVM 参数设置如下所示。

```
-XX:+PrintGCDetails -XX:MetaspaceSize=64m -Xss512K
-XX:+HeapDumpOnOutOfMemoryError -XX:HeapDumpPath=heap/heapdump.hprof -XX:
SurvivorRatio=8 -XX:+PrintGCDateStamps -Xms60M -Xmx60M -Xloggc:log/gc-
oom.log
```

修改完之后，查看 JVM 统计信息，如图 26-24 所示。

S0C	S1C	S0U	S1U	EC	EU	OC	OU	MC	MU	CCSC	CCSU	YGC	YGCT	FGC	FGCT	GCT
1024.0	1024.0	256.0	0.0	18432.0	14338.5	40960.0	30625.7	43008.0	40277.5	5632.0	5050.6	68	0.195	0	0.000	0.195

图 26-24　JVM 统计信息

修改完之后 YGC 平均耗时为 0.195s×1000/68 = 2.87ms，没有产生 Full GC。整体的 GC 耗时减少。但 GC 频率比之前的 1024M 时要多一些。依然未产生 Full GC，所以我们内存设置为 60MB 也是比较合理的，相对之前节省了很大一块内存空间，所以本次内存调整是比较合理的。

再次手动触发 Full GC，查看堆内存结构，如图 26-25 所示，可以发现堆内存足够使用。

从以上试验得知在内存相对紧张的情况下，可以按照上述的方式来进行内存的调优，找到一个在 GC 频率和 GC 耗时上都可接受的内存设置，用较小的内存满足当前的服务需要。

```
Heap Usage:
PS Young Generation
Eden Space:
   capacity = 19398656 (18.5MB)
   used     = 4246952 (4.050209045410156MB)
   free     = 15151704 (14.449790954589844MB)
   21.893021867081927% used
From Space:
   capacity = 524288 (0.5MB)
   used     = 0 (0.0MB)
   free     = 524288 (0.5MB)
   0.0% used
To Space:
   capacity = 524288 (0.5MB)
   used     = 0 (0.0MB)
   free     = 524288 (0.5MB)
   0.0% used
PS Old Generation
   capacity = 41943040 (40.0MB)
   used     = 15922912 (15.185272216796875MB)
   free     = 26020128 (24.814727783203125MB)
   37.96318054199219% used
```

图 26-25　内存空间分配

但当内存相对宽裕的时候，可以相对给服务多增加一点内存，减少 GC 的频率。一般要求低延时的可以考虑多设置一点内存，对延时要求不高的，可以按照上述方式设置较小内存。

如果在垃圾收集日志中观察到堆内存发生 OOM，尝试把堆内存扩大到物理内存的 80% ～ 90%。在扩大了内存之后，再检查垃圾收集日志，直到没有 OOM 为止。如果应用运行在稳定状态下没有 OOM 就可以进入下一步了，计算活动对象的大小。

26.8　性能优化案例 6：CPU 占用很高排查方案

当系统出现卡顿或者应用程序的响应速度非常慢，就可能要考虑到服务器上排查一番，作为应用负责人，都希望自己负责的应用能够在线上环境运行顺畅，不出任何错误，也不产生任何告警，当然这是最理想的结果。可实际上应用总会在不经意间发生一些意外的情况，例如 CPU 偏高、内存占用偏高、应用没有响应、应用自动挂掉等。这里分享的案例是关于如何排查 CPU 偏高的问题。代码清单 26-2 用于模拟应用 CPU 占用偏高。大家都知道，如果某个线程一直对这个 CPU 的占用不释放，会把这个 CPU 给占满，其他线程无法使用，如果机器核数比较低，那么就会感觉到明显的卡顿。

代码清单26-2　模拟CPU占用很高案例

```java
import java.util.concurrent.atomic.AtomicInteger;
public class HighCpuTest {
    public static void main(String[] args) {
        AtomicInteger i = new AtomicInteger();
        Thread thread = new Thread(() -> {
            while (true){
                i.getAndIncrement();
            }
        });
        thread.setName("threadTest1");
        thread.start();
        Thread thread2 = new Thread(() -> {
            System.out.println("threadTest2 is running");
```

```
        });

        thread2.setName("threadTest2");

        thread2.start();

    }

}
```

把代码上传到 Linux 系统执行，用于模拟线上环境，Linux 报错如下所示。

错误：找不到或无法加载主类 HighCpuTest

修改 etc/profile 中的环境变量如下，".:"表示当前目录。

```
export CLASSPATH=.:$JAVA_HOME/lib/tools.jar
```

运行结果如下所示。

```
[root@linux1 ～]# java HighCpuTest
threadTest2 is runninng
```

可以看到，程序依然处于运行状态。现在我们知道错误是线程执行期间无限循环造成的，那么如果是生产环境的话，怎么样才能发现目前程序有问题呢？如果线程一直处于无限循环状态，那么线程一直在占用 CPU，这样就会导致 CPU 一直处于一个比较高的占用率。通过 top 命令查看，可以发现 PID 为 2100 的进程占用 CPU 较高，如图 26-26 所示。

```
[root@linux1 ~]# top
top - 00:13:30 up  1:23,  2 users,  load average: 1.00, 1.01, 0.95
Tasks: 273 total,   1 running, 272 sleeping,   0 stopped,   0 zombie
%Cpu(s):  6.2 us,  0.0 sy,  0.0 ni, 93.7 id,  0.0 wa,  0.0 hi,  0.0 si,  0.0 st
KiB Mem :  4028428 total,  2771008 free,   653768 used,   603652 buff/cache
KiB Swap:  4390908 total,  4390908 free,        0 used.  3060164 avail Mem

  PID USER      PR  NI    VIRT    RES    SHR S  %CPU %MEM     TIME+ COMMAND
 2100 root      20   0 4813740  71044  11508 S 100.0  1.8  81:37.62 java
 2320 root      20   0  162112   2520   1604 R   0.3  0.1   0:12.58 top
    1 root      20   0  194660   7764   4156 S   0.0  0.2   0:03.37 systemd
    2 root      20   0       0      0      0 S   0.0  0.0   0:00.03 kthreadd
    3 root      20   0       0      0      0 S   0.0  0.0   0:00.02 ksoftirqd/0
    5 root       0 -20       0      0      0 S   0.0  0.0   0:00.00 kworker/0:0H
    7 root      rt   0       0      0      0 S   0.0  0.0   0:01.71 migration/0
    8 root      20   0       0      0      0 S   0.0  0.0   0:00.00 rcu_bh
    9 root      20   0       0      0      0 S   0.0  0.0   0:00.38 rcu_sched
   10 root       0 -20       0      0      0 S   0.0  0.0   0:00.00 lru-add-drain
   11 root      rt   0       0      0      0 S   0.0  0.0   0:00.01 watchdog/0
   12 root      rt   0       0      0      0 S   0.0  0.0   0:00.01 watchdog/1
   13 root      rt   0       0      0      0 S   0.0  0.0   0:01.84 migration/1
   14 root      20   0       0      0      0 S   0.0  0.0   0:00.00 ksoftirqd/1
   16 root       0 -20       0      0      0 S   0.0  0.0   0:00.00 kworker/1:0H
   17 root      rt   0       0      0      0 S   0.0  0.0   0:00.06 watchdog/2
   18 root      rt   0       0      0      0 S   0.0  0.0   0:01.71 migration/2
   19 root      20   0       0      0      0 S   0.0  0.0   0:00.00 ksoftirqd/2
```

图 26-26　进程 PID

解决问题的步骤如下所示。

（1）使用 top 命令定位到占用 CPU 高的进程 PID。

（2）根据进程 PID 检查当前异常线程的 PID。

（3）把十进制线程 PID 转为十六进制，例如，31695 转为十六进制结果为 7bcf，然后得到线程 PID 为 0x7bcf。

（4）jstack 进程的 pid|grep-A20 0x7bcf 得到相关进程的代码，鉴于当前代码量比较小，线程也比较少，所以就把所有的线程信息全部导出来。

从图 26-26 可以得到 PID 为 2100 的进程占用 CPU 较高，接下来根据进程 ID 查看当前使用异常线程的 PID。

```
top -Hp 2100
```

结果如图 26-27 所示。

图 26-27　线程 PID

从图 26-27 可以看出，当前占用 CPU 比较高的线程 PID 是 2133。接下来把线程 PID 转换为十六进制，转换结果为 855，在计算机中显示为 0x855。

```
# 10 进制线程 PId 转换为 16 进制
2133------->855
#855 在计算机中显示为 0x855
```

最后使用 jstack 命令把线程信息输入到文件中，如下所示。

```
注意：这里是进程的 PID，不是线程 PID
jstack  2100 > jstack.log
```

所有的准备工作已经完成，接下来分析日志中的信息，来定位问题出在哪里。打开 jstack.log 文件，查找刚刚转换完的十六进制 PID 是否存在，如图 26-28 所示。

图 26-28　线程栈信息

jstack 命令生成的线程信息包含了 JVM 中所有存活的线程，里面确实是存在定位到的线程 PID，在线程信息中每个线程都有一个 nid，在 nid=0x855 的线程调用栈中，可以定位到线程异常的代码块（HighCpuTest.java 文件中的第 8 行代码，正好是代码中的死循环处的代码）和出现问题的线程名称（threadTest1）。到此就可以定位到问题出现的原因了，针对不同的业务情况做出不同的修改方案。

26.9 性能优化案例 7：日均百万级订单交易系统设置 JVM 参数

每天百万级订单绝对是现在顶尖电商公司的交易量级。百万级订单一般在 4 小时内产生，我们计算一下每秒产生多少订单：3000000/4/3600 = 208 单 /s，为了方便计算，我们按照每秒 300 单来计算。

这种系统一般至少需要三四台机器去支撑，假设我们部署了三台机器，也就是每台机器每秒大概处理 100 单，也就是每秒大概有 100 个订单对象在堆空间的新生代内生成，一个订单对象的大小跟里面的字段多少及类型有关，比如 int 类型的订单 id 和用户 id 等字段，double 类型的订单金额等，int 类型占用 4 字节，double 类型占用 8 字节，粗略估计一个订单对象大概是 1KB，也就是说每秒会有 100KB 的订单对象分配在新生代内，如图 26-29 所示。

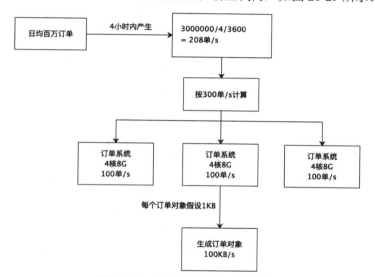

图 26-29 每秒产生订单对象大小

真实的订单交易系统肯定还有大量的其他业务对象，比如购物车、优惠券、积分、用户信息、物流信息等，实际每秒分配在新生代内的对象大小应该要再扩大几十倍，假设是 20 倍，也就是每秒订单系统会往新生代内分配近 2MB 的对象数据，这些数据在订单提交的操作做完之后，基本都会成为垃圾对象，如图 26-30 所示。

假设我们选择 4 核 8G 的服务器，JVM 堆内存分到 4GB 左右，于是给新生代至少分配 1GB，这样差不多需要 650 秒可以把新生代占满，进而触发 Minor GC，这样的 GC 频率是可以接受的，如图 26-31 所示。另外，也可以继续调整新生代大小，新生代和老年代比例不一定必须是 1∶2，这样也可以降低 GC 频率，进入老年代的对象也会降低，减少 Full GC 频率。

如果系统业务量继续增长，那么可以水平扩容增加更多的机器，比如 5 台甚至 10 台机器，这样每台机器的 JVM 处理请求可以保证在合适范围，不致因压力过大导致大量的 GC。

假设业务量暴增几十倍，在不增加机器的前提下，整个系统每秒要生成几千个订单，之前每秒往新生代里分配的 2MB 对象数据可能增长到几十兆，而且因为系统压力骤增，一个订单的生成不一定能在 1 秒内完成，可能要几秒甚至几十秒，那么就有很多对象会在新生代里存活几十秒之后才会变为垃圾对象，如果新生代只分配了几百兆，意味着一二十秒就会触发一次 Minor GC，那么很有可能部分对象就会被挪到老年代，这些对象到了老年代后因为对应的业务操作执行完毕，马上又变为了垃圾对象，随着系统不断运行，被挪到老年代的对象会越来越多，最终可能又会导致 Full GC，如图 26-32 所示。

图 26-30　模拟实际交易场景每秒产生订单对象大小　　　　图 26-31　内存分配和内存回收频率

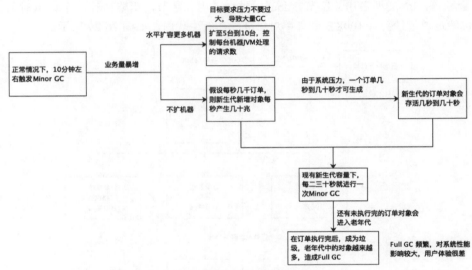

图 26-32　JVM 参数设置流程

26.10　性能优化案例 8：综合性能优化

本案例将模拟生产环境中出现的高占用 CPU 和 OOM 问题的出现对系统进行优化，程序如代码清单 26-3 所示。

代码清单26-3　综合性能优化案例

```
@RequestMapping("/getData")
@ResponseBody
public Void getData(){
    //1、创建线程池
    int count = 7;
    ThreadFactory builder = new ThreadFactoryBuilder()
            .setNameFormat("BizThreadPool-%d").build();
    ExecutorService executorService = new ThreadPoolExecutor(count,
            count,
```

```
                    2,
                    TimeUnit.HOURS,
                    new ArrayBlockingQueue(10),
                    builder);
        // 模拟获取商品信息
        CompletableFuture<Void> productList = CompletableFuture.supplyAsync(()
                ->{
            while (true) {
            }
    }, executorService);
        // 模拟获取商品价格
        CompletableFuture<Void> productPrice = CompletableFuture.
                supplyAsync(() -> {
                    for (long i = 0; i < Long.MAX_VALUE; i++) {
                        System.out.println(" 商品价格为:"+ 10 +" 元 ");
                        try {
                            // 模拟 I/O 等待、切换
                            Thread.sleep(20);
                        } catch (InterruptedException e) {
                            e.printStackTrace();
                        }
                    }
                    return null;
                }, executorService);
        // 模拟获取商品分类信息
        CompletableFuture<Void> productClassify = CompletableFuture.
                supplyAsync(() -> {
                    for (int i = 0; i < Integer.MAX_VALUE; i++) {
                    }
                    System.out.println(" 商品分类为: 电子商品 ");
                    return null;
                }, executorService);
        CompletableFuture.anyOf(productList, productPrice, productClassify).
                join();
        return null;
    }
```

  案例中模拟一个 Web 网站请求后台数据的接口,当用户访问一个页面时,后台有可能调用多个服务,比如请求商品详情页面,需要调用商品信息、商品价格,以及商品分类等信息。如果在该服务中,对上面几个服务进行串行调用,无疑会增加服务的响应时间,造成用户体验非常差,所以这里采用了异步编排技术(CompletableFuture)和线程池来对各个服务进行异步调用,这样可以最大程度提升系统响应时间。

  代码中,"模拟获取商品信息服务"使用了死循环代码,这里只是为了模拟在服务调用过程中出现的线程长时间占用 CPU 的情况,和前面讲到的案例 6 一样。模拟"获取商品价格服务"中线程每次休眠 20 ms,是用于模拟 I/O 等待、切换。模拟"获取商品分类信息"服务中使用了有限的循环次数,这样做是为了保证服务最终可以被正常调用,不会出现请求一直等待的状态。

将 Web 服务部署到 Tomcat 服务器，JVM 配置如下。

```
export CATALINA_OPTS="$CATALINA_OPTS -Xms600m"
export CATALINA_OPTS="$CATALINA_OPTS -Xmx600m"
export CATALINA_OPTS="$CATALINA_OPTS -XX:+UseG1GC"
export CATALINA_OPTS="$CATALINA_OPTS -XX:SurvivorRatio=8"
export CATALINA_OPTS="$CATALINA_OPTS -XX:+HeapDumpOnOutOfMemoryError"
export CATALINA_OPTS="$CATALINA_OPTS -XX:HeapDumpPath=/opt/apache-
tomcat-8.5.41/heap/"
export CATALINA_OPTS="$CATALINA_OPTS -XX:+PrintGCDetails"
export CATALINA_OPTS="$CATALINA_OPTS -XX:MetaspaceSize=64m"
export CATALINA_OPTS="$CATALINA_OPTS -XX:+PrintGCDateStamps"
export CATALINA_OPTS="$CATALINA_OPTS -Xloggc:/opt/apache-tomcat-8.5.41/
logs/gc.log"
```

启动 Tomcat，通过 top 命令查看机器状态，机器负载以及 CPU 占用率均正常，如图 26-33 所示。

可以看到此时机器运行状态无异常，通过请求访问服务，浏览器输入以下地址 http://172.16.210.10:8080/guigu_web-1.1-SNAPSHOT/getData。其中"172.16.210.10"为服务器 IP 地址。再次通过 top 命令查看机器状态，如图 26-34 所示。

图 26-33　top 命令查看机器状态（1）　　　图 26-34　top 命令查看机器状态（2）

各位读者可以发现，其中只有 Cpu1 处于 100% 的状态，但是如果"获取商品价格服务"中线程删除每次休眠 50 ms，不再用于模拟 I/O 等待、切换，那么此时就会有两个 CPU 处于 100% 的状态，为了验证"获取商品价格服务"一直处于运行状态，可以查看日志信息，如下所示。

```
商品价格为: 10 元
商品价格为: 10 元
商品价格为: 10 元
商品价格为: 10 元
商品价格为: 10 元
商品价格为: 10 元
商品价格为: 10 元
```

```
商品价格为：10 元
商品价格为：10 元
商品价格为：10 元
商品价格为：10 元
商品价格为：10 元
```

可以发现，日志一直处于打印状态，说明线程一直在运行。这两段代码说明了一个问题，一个满载运行的线程（不停执行“计算”型操作时）可以把单个核心的利用率全部占用，多核心 CPU 最多只能同时执行等于核心数的满载线程数，在本机器中，最多只能同时执行 4 个线程。当项目中存在 I/O 等暂停类操作时，CPU 处于空闲状态，操作系统调度 CPU 执行其他线程，可以提高 CPU 利用率，同时执行更多的线程。本案例使用线程休眠来模拟该操作，其他的 I/O 操作例如在项目中需要大量数据插入数据库，或者打印了大量的日志信息等操作（注意，如果打印日志信息过多，会造成服务运行时间加长，但是机器的负载不会增加，工作中还是要尽量打印简洁明了的日志信息）。

进行多次请求，此时再通过 top 命令查看机器性能，每多一次请求，就多一个 CPU 核心利用率被占满，如图 26-35 所示。

使用案例 6 中的解决方案进行问题定位。

```
# 查看所有 Java 进程 ID
jps -l
```

结果如下。

```
[root@localhost bin]# jps -l
2057 sun.tools.jps.Jps
1963 org.apache.catalina.startup.Bootstrap
```

根据进程 PID 检查当前使用异常线程的 PID。

```
top -Hp 1963
```

结果如图 26-36 所示。

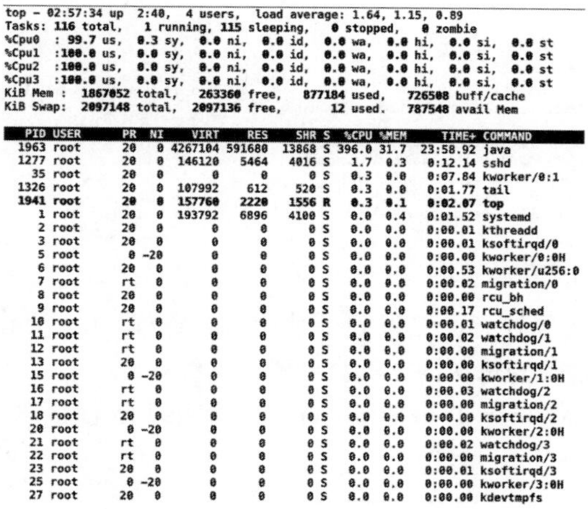

```
top - 02:57:34 up  2:40,  4 users,  load average: 1.64, 1.15, 0.89
Tasks: 116 total,   1 running, 115 sleeping,   0 stopped,   0 zombie
%Cpu0  : 99.7 us,  0.3 sy,  0.0 ni,  0.0 id,  0.0 wa,  0.0 hi,  0.0 si,  0.0 st
%Cpu1  :100.0 us,  0.0 sy,  0.0 ni,  0.0 id,  0.0 wa,  0.0 hi,  0.0 si,  0.0 st
%Cpu2  :100.0 us,  0.0 sy,  0.0 ni,  0.0 id,  0.0 wa,  0.0 hi,  0.0 si,  0.0 st
%Cpu3  :100.0 us,  0.0 sy,  0.0 ni,  0.0 id,  0.0 wa,  0.0 hi,  0.0 si,  0.0 st
KiB Mem :  1867052 total,   263360 free,   877184 used,   726508 buff/cache
KiB Swap:  2097148 total,  2097136 free,       12 used.   787548 avail Mem

  PID USER      PR  NI    VIRT    RES    SHR S  %CPU %MEM     TIME+ COMMAND
 1963 root      20   0 4267104 591680  13868 S 396.0 31.7  23:58.92 java
 1277 root      20   0  146120   5464   4016 S   1.7  0.3   0:12.14 sshd
   35 root      20   0       0      0      0 S   0.3  0.0   0:07.84 kworker/0:1
 1326 root      20   0  107992    612    520 S   0.3  0.0   0:01.77 tail
 1941 root      20   0  157760   2220   1556 R   0.3  0.1   0:02.07 top
    1 root      20   0  193792   6896   4100 S   0.0  0.4   0:01.52 systemd
    2 root      20   0       0      0      0 S   0.0  0.0   0:00.01 kthreadd
    3 root      20   0       0      0      0 S   0.0  0.0   0:00.01 ksoftirqd/0
    5 root       0 -20       0      0      0 S   0.0  0.0   0:00.00 kworker/0:0H
    6 root      20   0       0      0      0 S   0.0  0.0   0:00.53 kworker/u256:0
    7 root      rt   0       0      0      0 S   0.0  0.0   0:00.02 migration/0
    8 root      20   0       0      0      0 S   0.0  0.0   0:00.00 rcu_bh
    9 root      20   0       0      0      0 S   0.0  0.0   0:00.17 rcu_sched
   10 root      rt   0       0      0      0 S   0.0  0.0   0:00.01 watchdog/0
   11 root      rt   0       0      0      0 S   0.0  0.0   0:00.02 watchdog/1
   12 root      rt   0       0      0      0 S   0.0  0.0   0:00.00 migration/1
   13 root      20   0       0      0      0 S   0.0  0.0   0:00.00 ksoftirqd/1
   15 root       0 -20       0      0      0 S   0.0  0.0   0:00.00 kworker/1:0H
   16 root      rt   0       0      0      0 S   0.0  0.0   0:00.03 watchdog/2
   17 root      rt   0       0      0      0 S   0.0  0.0   0:00.00 migration/2
   18 root      20   0       0      0      0 S   0.0  0.0   0:00.00 ksoftirqd/2
   20 root       0 -20       0      0      0 S   0.0  0.0   0:00.00 kworker/2:0H
   21 root      rt   0       0      0      0 S   0.0  0.0   0:00.02 watchdog/3
   22 root      rt   0       0      0      0 S   0.0  0.0   0:00.00 migration/3
   23 root      20   0       0      0      0 S   0.0  0.0   0:00.01 ksoftirqd/3
   25 root       0 -20       0      0      0 S   0.0  0.0   0:00.00 kworker/3:0H
   27 root      20   0       0      0      0 S   0.0  0.0   0:00.00 kdevtmpfs
```

图 26-35　top 命令查看机器状态（3）

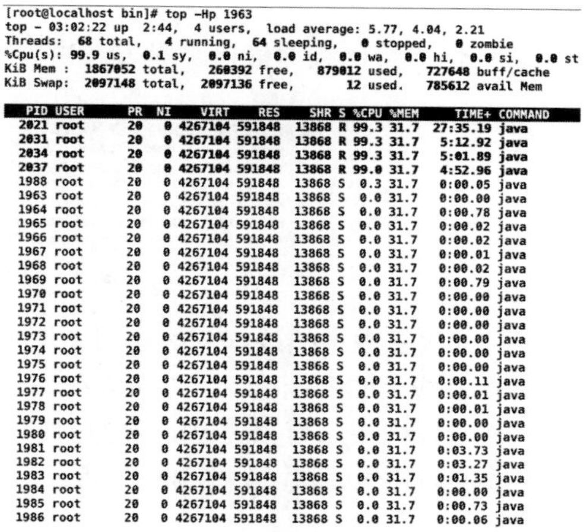

```
[root@localhost bin]# top -Hp 1963
top - 03:02:22 up  2:44,  4 users,  load average: 5.77, 4.04, 2.21
Threads:  68 total,   4 running,  64 sleeping,   0 stopped,   0 zombie
%Cpu(s): 99.9 us,  0.1 sy,  0.0 ni,  0.0 id,  0.0 wa,  0.0 hi,  0.0 si,  0.0 st
KiB Mem :  1867052 total,   260392 free,   879012 used,   727648 buff/cache
KiB Swap:  2097148 total,  2097136 free,       12 used.   785612 avail Mem

  PID USER      PR  NI    VIRT    RES    SHR S %CPU %MEM     TIME+ COMMAND
 2021 root      20   0 4267104 591848  13868 R 99.3 31.7  27:35.19 java
 2031 root      20   0 4267104 591848  13868 R 99.3 31.7   5:12.92 java
 2034 root      20   0 4267104 591848  13868 R 99.3 31.7   5:01.89 java
 2037 root      20   0 4267104 591848  13868 R 99.0 31.7   4:52.96 java
 1988 root      20   0 4267104 591848  13868 S  0.3 31.7   0:00.05 java
 1963 root      20   0 4267104 591848  13868 S  0.0 31.7   0:00.00 java
 1964 root      20   0 4267104 591848  13868 S  0.0 31.7   0:00.78 java
 1965 root      20   0 4267104 591848  13868 S  0.0 31.7   0:00.02 java
 1966 root      20   0 4267104 591848  13868 S  0.0 31.7   0:00.02 java
 1967 root      20   0 4267104 591848  13868 S  0.0 31.7   0:00.01 java
 1968 root      20   0 4267104 591848  13868 S  0.0 31.7   0:00.02 java
 1969 root      20   0 4267104 591848  13868 S  0.0 31.7   0:00.79 java
 1970 root      20   0 4267104 591848  13868 S  0.0 31.7   0:00.00 java
 1971 root      20   0 4267104 591848  13868 S  0.0 31.7   0:00.00 java
 1972 root      20   0 4267104 591848  13868 S  0.0 31.7   0:00.00 java
 1973 root      20   0 4267104 591848  13868 S  0.0 31.7   0:00.00 java
 1974 root      20   0 4267104 591848  13868 S  0.0 31.7   0:00.00 java
 1975 root      20   0 4267104 591848  13868 S  0.0 31.7   0:00.00 java
 1976 root      20   0 4267104 591848  13868 S  0.0 31.7   0:00.11 java
 1977 root      20   0 4267104 591848  13868 S  0.0 31.7   0:00.01 java
 1978 root      20   0 4267104 591848  13868 S  0.0 31.7   0:00.01 java
 1979 root      20   0 4267104 591848  13868 S  0.0 31.7   0:00.00 java
 1980 root      20   0 4267104 591848  13868 S  0.0 31.7   0:00.00 java
 1981 root      20   0 4267104 591848  13868 S  0.0 31.7   0:03.73 java
 1982 root      20   0 4267104 591848  13868 S  0.0 31.7   0:03.27 java
 1983 root      20   0 4267104 591848  13868 S  0.0 31.7   0:01.35 java
 1984 root      20   0 4267104 591848  13868 S  0.0 31.7   0:00.00 java
 1985 root      20   0 4267104 591848  13868 S  0.0 31.7   0:00.73 java
 1986 root      20   0 4267104 591848  13868 S  0.0 31.7   0:00.06 java
```

图 26-36　top 命令查看机器状态（4）

从图 26-36 可以看出，当前占用 CPU 比较高的线程 PID 是 2021、2031、2034 和 2037。接下来把线程 PID 转换为十六进制，如下所示。

```
# 10 进制线程 PID 转换为十六进制
2021-------> 0x7e5
2031-------> 0x7ef
2034-------> 0x7f2
2037-------> 0x7f5
```

最后我们使用 jstack 命令将线程信息存储到日志文件中，如下所示，注意，这里是进程的 PID，不是线程 ID。

```
jstack 1963> jstack.log
```

打开 jstack.log 文件，查找一下刚刚转换完的十六进制 ID，0x7e5 对应的线程信息如图 26-37 所示。

```
"BizThreadPool-0" #48 prio=5 os_prio=0 tid=0x00007f0bec13f800 nid=0x7e5 runnable [0x00007f0c31075000]
   java.lang.Thread.State: RUNNABLE
      at com.atguigu.controller.MemoryTestController.lambda$getData$2(MemOrytestcController.java:145)
      at com.atguigu.controller.MemoryTestController$$Lambda$8/1522671807.get(Unknown Source)
      at java.util.concurrent.CompletableFuture$AsyncSupply.run(CompletableFuture.java:1590)
      at java.util.concurrent.ThreadPoolExecutor.runWorker(ThreadPoolExecutor.java:1149)
      at java.util.concurrent.ThreadPoolExecutor$Worker.run(ThreadPoolExecutor.java:624)
      at java.lang.Thread.run(Thread.java:748)
```

图 26-37 线程栈日志信息（1）

0x7ef 对应的线程信息如图 26-38 所示。

```
"BizThreadPool-0" #51 prio=5 os_prio=0 tid=0x00007f0bec0ee000 nid=0x7ef runnable [0x00007f0bf9ee1000]
   java.lang.Thread.State: RUNNABLE
      at com.atguigu.controller.MemoryTestController.lambda$getData$2(MemOrytestController.java:145)
      at com.atguigu.controller.MemoryTestController$$Lambda$8/1522671807.get(Unknown Source)
      at java.util.concurrent.CompletableFuture$AsyncSupply.run(CompletableFuture.java:1590)
      at java.util.concurrent.ThreadPoolExecutor.runWorker(ThreadPoolExecutor.java:1149)
      at java.util.concurrent.ThreadPoolExecutor$Worker.run(ThreadPoolExecutor.java:624)
      at java.lang.Thread.run(Thread.java:748)
```

图 26-38 线程栈日志信息（2）

0x7f2 对应的线程信息如图 26-39 所示。

```
"BizThreadPool-0" #54 prio=5 os_prio=0 tid=0x00007f0c0005000 nid=0x7f2 runnable [0x00007f0bf9bde000]
   java.lang.Thread.State: RUNNABLE
      at com.atguigu.controller.MemoryTestController.lambda$getData$2(MemOrytestController.java:145)
      at com.atguigu.controller.MemoryTestController$$Lambda$8/1522671807.get(Unknown Source)
      at java.util.concurrent.CompletableFuture$AsyncSupply.run(CompletableFuture.java:1590)
      at java.util.concurrent.ThreadPoolExecutor.runWorker(ThreadPoolExecutor.java:1149)
      at java.util.concurrent.ThreadPoolExecutor$Worker.run(ThreadPoolExecutor.java:624)
      at java.lang.Thread.run(Thread.java:748)
```

图 26-39 线程栈日志信息（3）

0x7f5 对应的线程信息如图 26-40 所示。

```
"BizThreadPool-0" #57 prio=5 os_prio=0 tid=0x00007f0c08003800 nid=0x7f5 runnable [0x00007f0bf98db000]
   java.lang.Thread.State: RUNNABLE
      at com.atguigu.controller.MemoryTestController.lambda$getData$2(MemOrytestController.java:145)
      at com.atguigu.controller.MemoryTestController$$Lambda$8/1522671807.get(Unknown Source)
      at java.util.concurrent.CompletableFuture$AsyncSupply.run(CompletableFuture.java:1590)
      at java.util.concurrent.ThreadPoolExecutor.runWorker(ThreadPoolExecutor.java:1149)
      at java.util.concurrent.ThreadPoolExecutor$Worker.run(ThreadPoolExecutor.java:624)
      at java.lang.Thread.run(Thread.java:748)
```

图 26-40 线程栈日志信息（4）

线程信息中虽然线程名称相同，但是各位读者要注意，这里并不是同一个线程，tid 表示 JVM 内部线程的唯一标识。之所以线程名称相同是因为每次请求都会创建新的线程池。

通过堆栈信息可以发现定位的问题代码都是 MemoryTestController 类中的第 145 行代码，即无限循环的代码块，如图 26-41 所示。

```
143        //模拟获取商品信息
144        CompletableFuture<Void> productList = CompletableFuture.supplyAsync(() -> {
145            while (true){
146            }
147        }, executorService);
```

图 26-41 定位问题代码

到此线程占用 CPU 较高的原因以及问题代码定位完成。修改代码如下，修改死循环为有限循环，如下所示。

```java
@RequestMapping("/getData")
@ResponseBody
public Void getData(){
    // 创建线程池
    int count = 7;
    ThreadFactory builder = new ThreadFactoryBuilder()
            .setNameFormat("BizThreadPool-%d").build();
    ExecutorService executorService = new ThreadPoolExecutor(count,
            count,
            2,
            TimeUnit.HOURS,
            new ArrayBlockingQueue(10),
            builder);
    // 模拟获取商品信息
    CompletableFuture<Void> productList = CompletableFuture.
supplyAsync(() -> {
        for (long i = 0; i < 10000; i++) {
            try {
                System.out.println("商品信息：华为Mate40");
                // 模拟 I/O 等待、切换
                Thread.sleep(20);
            } catch (InterruptedException e) {
                e.printStackTrace();
            }
        }
        return null;
    }, executorService);
    // 模拟获取商品价格
    CompletableFuture<Void> productPrice = CompletableFuture.
supplyAsync(() -> {
        for (long i = 0; i < 10000; i++) {
            System.out.println("商品价格为："+ 10 +"元");
            try {
                // 模拟 I/O 等待、切换
                Thread.sleep(20);
            } catch (InterruptedException e) {
                e.printStackTrace();
            }
        }
        return null;
    }, executorService);
    // 模拟获取商品分类信息
    CompletableFuture<Void> productClassify = CompletableFuture.
supplyAsync(() -> {
```

```
        for (int i = 0; i < Integer.MAX_VALUE; i++) {
        }

        System.out.println(" 商品分类为：电子商品 ");
        return null;
    }, executorService);
        CompletableFuture.anyOf(productList, productPrice,
productClassify).join();
        return null;
    }
```

重新部署服务到 Tomcat，再次发送请求，通过 top 命令查看机器状态，机器负载以及 CPU 占用率均正常，如图 26-42 所示。

通过 jstat 查看 JVM 的统计信息，4 次 young GC，无 Full GC，目前效果可以接受，如图 26-43 所示。

通过 JMeter 进行压力测试，设置线程组并发数为 30，如图 26-44 所示。

开始运行 JMeter，此时机器未发生异常。当项目运行一段时间之后，用户数增加，设置线程组并发数为 800，如图 26-45 所示。

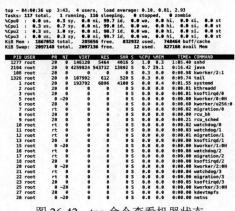

图 26-42　top 命令查看机器状态

```
[root@localhost bin]# jstat -gc 2194
 S0C     S1C     S0U     S1U     EC        EU        OC        OU        MC       MU       CCSC    CCSU    YGC    YGCT    FGC    FGCT     GCT
 0.0   41984.0   0.0   41984.0 345088.0 153600.0 227328.0  34312.0   31872.0 30884.6 3968.0 3620.8    4    0.173    0    0.000   0.173
```

图 26-43　JVM 统计信息

Thread Group	
Name:	Thread Group
Comments:	

Action to be taken after a Sampler error
◉ Continue　○ Start Next Thread Loop　○ Stop Thread　○ Stop Test　○ Stop Test Now

Thread Properties

Number of Threads (users):	30
Ramp-up period (seconds):	10
Loop Count: ☐ Infinite	1

☑ Same user on each iteration

☐ Delay Thread creation until needed

☐ Specify Thread lifetime

Duration (seconds):	
Startup delay (seconds):	

图 26-44　JMeter 线程组设置（1）

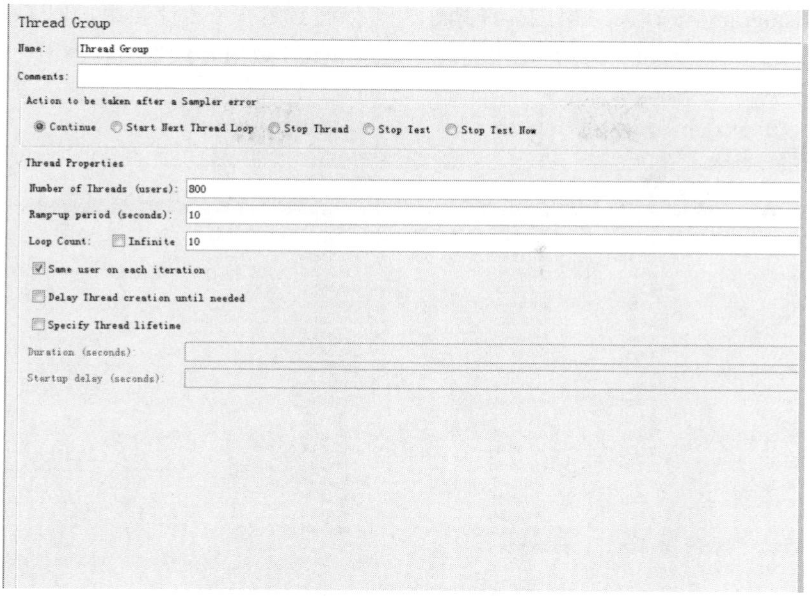

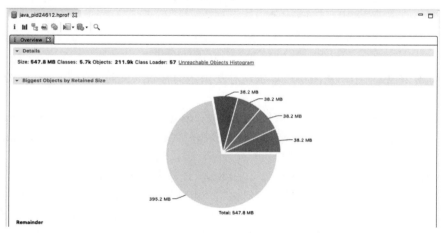

图 26-45　线程组设置

此时系统发生"java.lang.OutOfMemoryError: Java heap space"异常，如下所示。

```
商品信息：华为 Mate40
java.lang.OutOfMemoryError: Java Heap space
商品信息：华为 Mate40
java.lang.OutOfMemoryError: Java Heap space
商品价格为：10 元
java.lang.OutOfMemoryError: Java Heap space
```

在 JVM 配置文件中，当发生堆内存溢出异常时，会自动生成堆 dump 文件到 /opt/apache-tomcat-8.5.41/heap/ 目录下，如下所示。

```
[root@localhost bin]# ls
java_pid24612.hprof
```

通过内存分析工具 Mat 打开 java_pid24612.hprof，如图 26-46 所示。

图 26-46　Mat 打开堆 dump 文件

打开"Histogram"选项，如图 26-47 所示，可以看到这个 byte[] 数组占用了 534.87M，而我们设置的最大堆内存为 600M，可以确定就是这个 byte[] 数组导致了内存溢出。

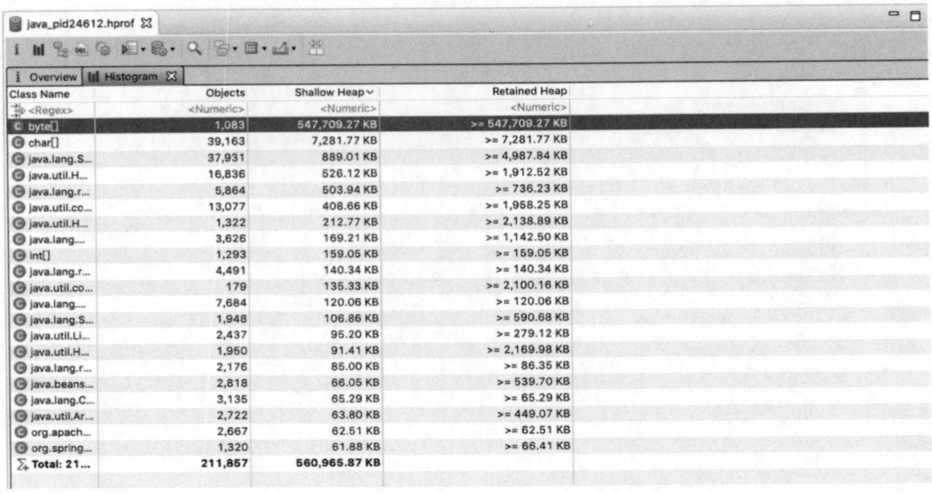

图 26-47　Mat 打开堆 dump 文件直方图

选中 byte[] 数组行，右击"Merge Shortest Paths to GC Roots"→"with all references"选项，查看所有的对象引用，如图 26-48 所示。

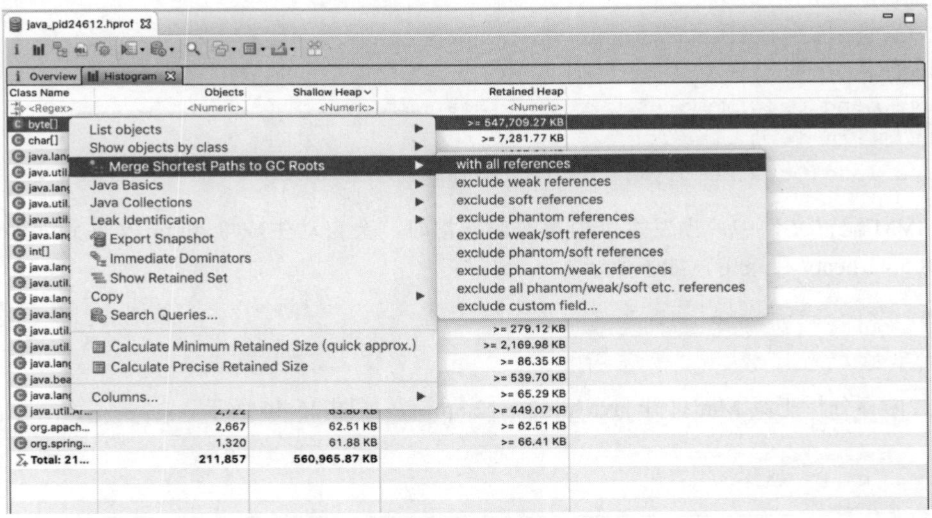

图 26-48　查看所有的对象引用

结果如图 26-49 所示，从图中可以发现存在占用内存较大的对象为 Tomcat 中的线程，每个线程占用内存 76.3MB。

打开其中一个线程继续跟踪，可以看到存在 org.apache.coyote.http11.Http11InputBuffer 类型的对象 inputBuffer 和 org.apache.coyote.http11.Http11OutputBuffer 类型的对象 outputBuffer，分别占用大约 39MB 的内存空间，如图 26-50 所示。

继续单击线程栈信息，进入"thread_overview"选项卡，如图 26-51 所示。

单击图 26-51 中某个线程左侧的三角形按钮，继续追踪调用栈信息，可以发现 org.apache.coyote.http11.Http11InputBuffer 和 org.apache.coyote.http11.Http11OutputBuffer 类型的对象是被 org.apache.coyote.http11.Http11Processor 类型的对象引用的，如图 26-52 所示。

　　追踪 Tomcat 源代码，如图 26-53 所示，可以发现在创建 Http11Processor 对象的时候，创建了 Http11InputBuffer 和 Http11OutputBuffer 类型的对象，里面传入了参数 maxHttpHeaderSize，该参数会影响对象的大小。因为每一次请求都要创建 Http11OutputBuffer 对象，不断占用内存，最终导致了 OOM。

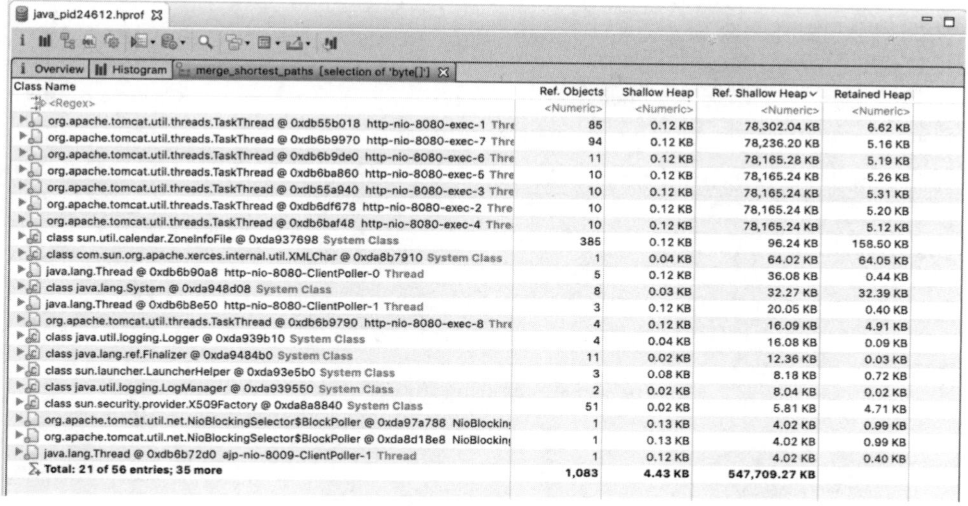

图 26-49　定位大对象（1）

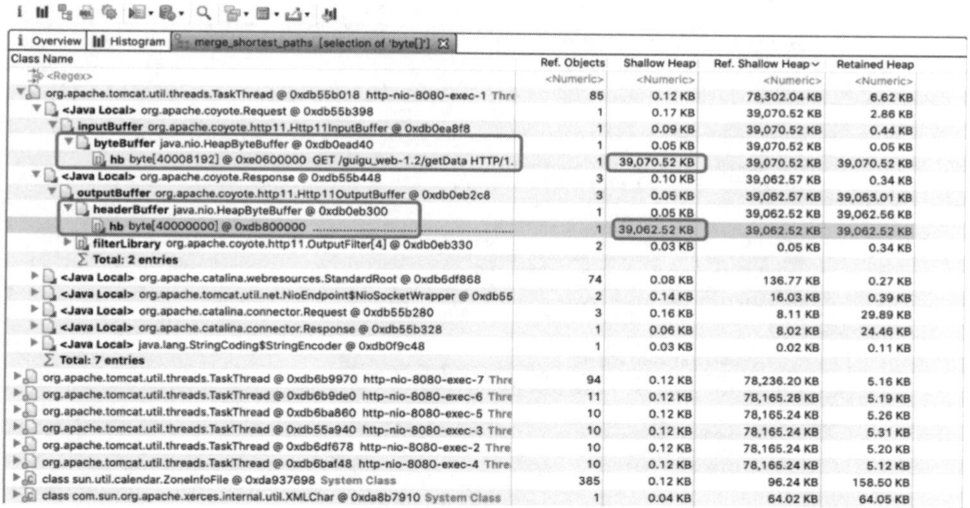

图 26-50　定位大对象（2）

　　打开 Tomcat 中 server.xml 配置文件，如图 26-54 所示，本次案例中配置的请求头长度大小为 40000000 字节，大约为 38MB，一个线程中包含 inputBuffer 和 outputBuffer 两个对象，正好为 76MB。本案例将 maxHttpHeaderSize 去掉（默认值为 4KB），再次测试，未出现 OOM 现象。

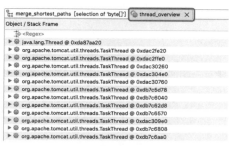

图 26-51　线程的堆栈信息（1）

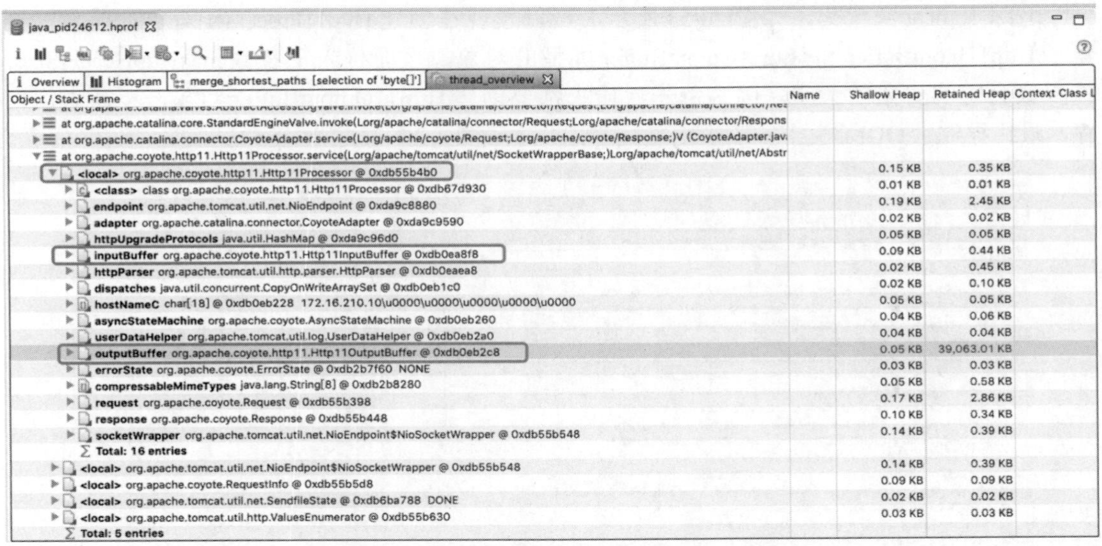

图 26-52　线程的堆栈信息（2）

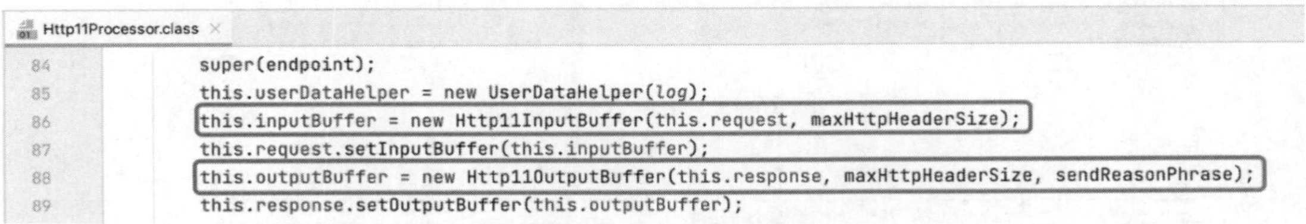

图 26-53　Tomcat 源代码

```
<!--The connectors can use a shared executor, you can define one or more named thread pools-->
<!--
<Executor name="tomcatThreadPool" namePrefix="catalina-exec-"
    maxThreads="150" minSpareThreads="4"/>
-->


<!-- A "Connector" represents an endpoint by which requests are received
     and responses are returned. Documentation at :
     Java HTTP Connector: /docs/config/http.html
     Java AJP  Connector: /docs/config/ajp.html
     APR (HTTP/AJP) Connector: /docs/apr.html
     Define a non-SSL/TLS HTTP/1.1 Connector on port 8080
-->
<Connector port="8080" protocol="HTTP/1.1"
           connectionTimeout="20000"
           redirectPort="8443" maxHttpHeaderSize="40000000"/>
<!-- A "Connector" using the shared thread pool-->
<!--
<Connector executor="tomcatThreadPool"
           port="8080" protocol="HTTP/1.1"
           connectionTimeout="20000"
           redirectPort="8443" />
```

图 26-54　修改 server.xml

26.11　本章小结

在对 JVM 进行调优的过程中，首先要发现问题，这也要求我们需要使用一些监控工具，比如当机器负载过高时告警通知技术人员。然后就需要依托一些工具去定位问题原因，比如使用 GCeasy 分析 GC 日志，或者 JDK 自带的 jstack 等工具。最后就需要根据学习到的知识和经验去解决问题，比如通过调整 JVM 参数，优化源代码等。